Dieter Heß

Biochemische Genetik

Eine Einführung
unter besonderer Berücksichtigung höherer Pflanzen

Mit 140 Abbildungen

Springer-Verlag Berlin · Heidelberg · New York 1968

Professor Dr. Dieter Heß, Direktor des Institutes für botan. Entwicklungsphysiologie der Universität Hohenheim. 7000 Stuttgart-Hohenheim, Fruwirthstraße 20

ISBN-13: 978-3-642-49095-8   e-ISBN-13: 978-3-642-85766-9
DOI: 10.1007/978-3-642-85766-9

Vorwort

Die Biochemische Genetik und hier vor allem die Molekulare Genetik hat wesentlichen Anteil an der rapiden Entwicklung der Biologie in den letzten Jahren. Die Grunddaten der Molekularen Genetik wurden an Viren und Mikroorganismen ermittelt. Nach wie vor sind Viren und Mikroorganismen in dieser Hinsicht überaus lohnende Studienobjekte. Darüber hinaus macht sich aber zunehmend die Tendenz bemerkbar, zu überprüfen, inwieweit die an niederen Organisationsstufen des Lebendigen erarbeiteten Daten auch für höhere Organismen zutreffend sind, und herauszufinden, mit welchen Varianten und neuen Erscheinungen höhere Pflanzen und Tiere aufzuwarten haben.

Bücher zur Biochemischen Genetik von Viren, Mikroorganismen und in geringerem Maß tierischen Objekten stehen nicht nur im ausländischen, sondern seit einigen Jahren auch im deutschen Sprachbereich zur Verfügung. Dagegen fehlt im Schrifttum des In- und Auslandes ein Werk, das die Biochemische Genetik höherer Pflanzen zum Gegenstand hat. Diese Lücke versucht das vorliegende Buch zu schließen. Es wendet sich dabei in erster Linie an diejenigen, die in Zukunft die Forschung zu tragen haben, an unsere Studenten. Vorausgesetzt werden Kenntnisse in Allgemeiner Botanik, Genetik und Chemie, die in den ersten Studiensemestern, in selteneren Fällen vielleicht schon auf der höheren Schule erworben werden können. Darüber hinaus mag aber auch der interessierte Wissenschaftler dem Buch entnehmen, welchen Stand die Biochemische Genetik höherer Pflanzen gegenwärtig erreicht hat.

Die Befunde an höheren Pflanzen werden, soweit möglich, in den Rahmen dessen gestellt, was an Viren, Mikroorganismen und Tieren ermittelt werden konnte. Damit wird das Buch zu dem Versuch, in die Genphysiologie generell einzuführen. Diese Darstellungsweise dürfte auch dem Charakter der Genetik entsprechen, einigendes Band zwischen verschiedenen Fachbereichen der Biologie, Chemie und Physik zu sein.

Auch der Student sollte keinesfalls nur einen Baustein des Wissens nach dem anderen in den Kammern seines Gedächtnisses verstauen und dort bis zum Examen ruhen lassen, sondern vor allem zum kritischen Mitdenken angeregt werden. Das ist nur möglich, wenn wenigstens in aller Kürze der experimentelle Weg geschildert wird, auf dem „gesicherte" Ergebnisse gewonnen oder Hypothesen aufgestellt wurden. Entsprechende Hinweise werden gegeben. Aus dem gleichen Grund werden auch Hypothesen nicht aus dem Text verbannt, sondern eben als Hypothesen zur Diskussion gestellt.

Der Autor nimmt gerne die Gelegenheit wahr, wenigstens einigen seiner akademischen Lehrer — stellvertretend auch für weitere, ungenannt bleibende — an dieser Stelle zu danken: Herrn Prof. Dr. Dr. h. c. mult. F. Oehlkers, der, obwohl selbst Botaniker der „klassisch" cytogenetischen Arbeitsrichtung, die Ambitionen seines Schülers und Mitarbeiters auf pflanzenphysiologischem Gebiet stets verständnisvoll förderte, und Herrn Prof. Dr. Dr. h. c. mult. F. LYNEN, der den Botaniker in seinem biochemisch ausgerichteten Institut ebenso verständnisvoll trainieren ließ.

Danken möchte ich auch Herrn Prof. Dr. J. STRAUB, der seinem Mitarbeiter Jahre ungestörten wissenschaftlichen Arbeitens ermöglichte. Dank gebührt allen Kollegen im In- und Ausland, die bereitwillig Sonderdrucke, teilweise auch damals noch unveröffentlichte Manuskripte zur Verfügung stellten. Dank gebührt des weiteren den Damen und Herren des Springer-Verlages, insbesondere Herrn Dr. KONRAD F. SPRINGER, die sich stets bemühten, den Wünschen des Autors auf Umfang, Ausstattung, möglichst niedrigen Preis und möglichst rasche Drucklegung des Buches zu entsprechen.

Zu danken habe ich schließlich auch meiner lieben Frau, die ihren Ehegatten an langen Abenden und Wochenenden nur selten, und dann meist hinter Büchern, Sonderdrucken oder der Schreibmaschine verschanzt zu Gesicht bekam.

Stuttgart-Hohenheim, im Juli 1968 DIETER HESS

Inhalt

Inhalt

Einleitung

Die als Genotypus bezeichnete genetische Gesamtinformation ist in Form bestimmter *chemischer* Substanzen in den Zellen der Lebewesen gespeichert. Im Verlauf *chemischer* Prozesse erfolgt eine identische Reproduktion dieser genetischen Information und ihre Verteilung auf die Nachkommen. Weitere ebenfalls *chemische* Vorgänge führen zu einer Manifestation dieser ererbten genetischen Information in der Ontogenese der Nachkommen. Mit der chemisch-physikalischen Struktur des Genotyps, mit dem Modus seiner identischen Reproduktion und mit dem Mechanismus seiner Manifestation befaßt sich die Genetik. Jede Genetik ist somit auch eine biochemische Genetik. Bei einigen Organisationsstufen des

$$DNS_a \rightarrow RNS_a \rightarrow Enzym_a \begin{cases} A \\ B \end{cases}$$
$$DNS_b \rightarrow RNS_b \rightarrow Enzym_b \begin{cases} B \\ C \end{cases}$$
$$DNS_c \rightarrow RNS_c \rightarrow Enzym_c \begin{cases} C \\ D \end{cases}$$
$$\downarrow$$
$$Merkmal$$

Abb. 1. Hypothese zur Wirkungsweise der Gene

Lebendigen ist es gelungen, das Vererbungsgeschehen weitgehend auf bekannte chemische Teilprozesse zurückzuführen, bei anderen jedoch stehen derartige Versuche einer Analyse erst in den Anfängen. Die höheren Pflanzen, unter denen hier die Samenpflanzen (*Spermatophyta*) verstanden seien, gehören zu denjenigen Objekten, bei denen die Kausalanalyse des genetischen Geschehens vom Standpunkt des Biochemikers her gesehen noch erhebliche Lücken aufweist. Von Art zu Art und von Phänomen zu Phänomen ist der Grad unseres Wissens verschieden. Einige Merkmalsbildungen bei höheren Pflanzen lassen sich — wortwörtlich genommen — bereits auf eine einfache chemische Formel bringen, bei anderen sind wir von diesem Ziel noch weit entfernt. In dieser Situation sei versucht, einige wesentliche Aspekte unseres Wissens über den Chemismus der Vererbung in höheren Pflanzen als „Biochemische Genetik" zusammenzufassen und vor den in ihrem Chemismus noch völlig unverstandenen Phänomenen herauszustellen.

Die ersten Teile dieses Buches orientieren sich nach einer Hypothese zur Wirkungsweise der Gene, zu deren Aufstellung Ergebnisse vor allem an Viren und Mikroorganismen berechtigen. Diese Hypothese besagt in ihren Grundzügen (Abb. 1): Die im Kern der Lebewesen enthaltene genetische Information ist in Form von DNS auf den Chromosomen lokalisiert. Durch Vermittlung von RNS wird diese Information in das Zytoplasma eingeschleust und dort in physiologisches Geschehen umgemünzt. Eine bestimmte DNS steuert dabei die Ausbildung einer ihr entsprechenden Boten-RNS (messenger-RNS), die dann ihrerseits im Zytoplasma die Synthese eines ganz bestimmten Proteins induziert. Oft handelt es sich um ein Enzymprotein. Das betreffende Enzym fungiert dann als Katalysator einer chemischen Reaktion. Meistens sind viele derart gengesteuerte chemische Prozesse hintereinandergeschaltet, bis es zu einer bestimmten Merkmalsbildung kommt.

Das sind grob skizziert die Grundzüge des Wirkungsmechanismus der auf den Chromosomen lokalisierten Gene. Genauer gesagt handelt es sich dabei allerdings nur um eine ganz bestimmte Gruppe dieser Gene. Doch darauf sei später (S. 260) eingegangen. Bis dahin ist ein Gen für uns eine materielle Einheit mit der Funktion, die Ausbildung eines bestimmten Merkmals in einem bestimmten Abschnitt der Ontogenese in einem bestimmten Gewebe zu induzieren.

Im ersten Teil dieses Buches wollen wir versuchen, vom phänotypischen Merkmal über die gengesteuerte Reaktion und das daran beteiligte Enzym bis zum Bereich der Nucleinsäuren vorzustoßen. Die eben skizzierte Wirkkette soll also vom Merkmal zum Gen hin verfolgt werden.

Im zweiten Teil des Buches soll die Beweisführung dafür gebracht werden, daß auch bei höheren Pflanzen DNS das genetische Material ist und über RNS-Systeme wirksam wird. Wir müssen uns hier mit der autokatalytischen und mit der heterokatalytischen Funktion der DNS befassen. Die Befunde an höheren Pflanzen sollen dabei im Zusammenhang mit den wichtigsten Ergebnissen an Mikroorganismen und Tieren gesehen werden.

Im dritten Teil des Buches schließlich werden wir feststellen, daß keineswegs alle vorhandenen Gene in allen Entwicklungsstadien und in allen Geweben aktiv sind und damit das Phänomen der differentiellen Genaktivität kennenlernen. In den letzten Kapiteln werden wir dann auf einige bislang bekannte Ursachen dieser differentiellen Genaktivität, d.h. also auf die Regulierung der Genaktivität eingehen. Auch hier sollen einschlägige Befunde an tierischen Organismen in die Darstellung einbezogen werden.

1. Teil: Gene und chemische Merkmale

A. Methodik: Aufklärung von Biosynthese-Wegen

I. Primäre und sekundäre, essentielle und nicht essentielle Stoffe

Im folgenden ersten Teil dieses Buches haben wir zu untersuchen, ob und wie die Ausbildung chemischer Merkmale höherer Pflanzen genabhängig ist. Dazu sollen

1. bestimmte Merkmalsbildungen mit der Existenz steuernder Gene korreliert und

2. die Wirkungsmechanismen dieser Gene bei den betreffenden Merkmalsbildungen untersucht werden.

Wie bei den Mikroorganismen, so hat sich auch bei höheren Pflanzen bei der Klärung insbesondere der zweiten Frage eine Zusammenarbeit zwischen Genetikern und Biochemikern als äußerst fruchtbar erwiesen. Leider sind die höheren Pflanzen recht schwierig zu bearbeitende Objekte. Verglichen mit Viren und Mikroorganismen sind sie hochkompliziert, verglichen mit tierischen Objekten weisen sie einen für enzymchemisches Arbeiten nachteilig niederen Proteingehalt und ebenso nachteilig hohen Gehalt an Störsubstanzen auf. Solche Störsubstanzen wie Phenole der verschiedensten Art müssen aus den Pflanzenextrakten mehr oder weniger umständlich enfernt werden, weil sie die Enzymproteine denaturieren oder den enzymatischen Test auf andere Weise hindern. Zudem fehlt bei höheren Pflanzen die Konzentration von Enzymen in besonders stoffwechselaktiven Organen, die der Leber, der Niere oder dem Herz der Tiere vergleichbar wären. Meristematische Gewebe oder besonders aktive Entwicklungsstadien wie Keimlinge bieten einen nur dürftigen Ersatz. So sind die höheren Pflanzen im großen und ganzen rechte Stiefkinder geblieben, was das Interesse der Biochemiker und insbesondere der Enzymchemiker anbelangt.

Dabei verdienten es die höheren Pflanzen, weitaus eingehender biochemisch untersucht zu werden. Ein Grund hierfür liegt darin, daß sie in viel stärkerem Maße als Tiere und auch Mikroorganismen Synthesewege aufweisen, die von den Grundbahnen des Stoffwechsels abzweigen und nach vielfachen Verästelungen schließlich zur Ausbildung sog. „sekundärer Pflanzenstoffe" führen.

Die Begriffe sekundäre und primäre Pflanzenstoffe wurden im Lauf der Zeit in wechselnder Bedeutung verwendet [1—3]. Stellen wir die beiden Extreme heraus: Einmal kann die biologische Wertigkeit der betreffenden Substanzen als Maßstab dienen. Alle lebensnotwendigen Stoffe wären dann als primär, alle nicht unbedingt lebensnotwendigen Stoffe als sekundär zu bezeichnen. Zum anderen können biochemische Aspekte als Kriterium dienen: primär nannte man die am Grundstoffwechsel beteiligten Stoffe, sekundär die nicht am Grundstoffwechsel beteiligten Stoffe. Angesichts großer Lücken in der Kenntnis der Biosynthesewege war es nur früher recht schwierig, den Begriff Grundstoffwechsel klar zu definieren.

Die beiden Kriterien, biologische Wertigkeit und biogenetische Stellung können nun keinesfalls parallelisiert werden. Denn Substanzen, die ihrer Biosynthese nach „sekundär" sind, können ihrer biologischen Bedeutung nach sehr gut „primär" sein. Beispiele sind die Phytohormone, Coenzyme und vor allem auch die Purin- und Pyrimidin-Basen der Nucleinsäuren. Ein doppelsinniger Gebrauch der Begriffe primär und sekundär, der bald auf die biologische Wertigkeit, bald auf die biogenetische Ableitung Beziehung nimmt, kann verwirrend wirken. Im folgenden

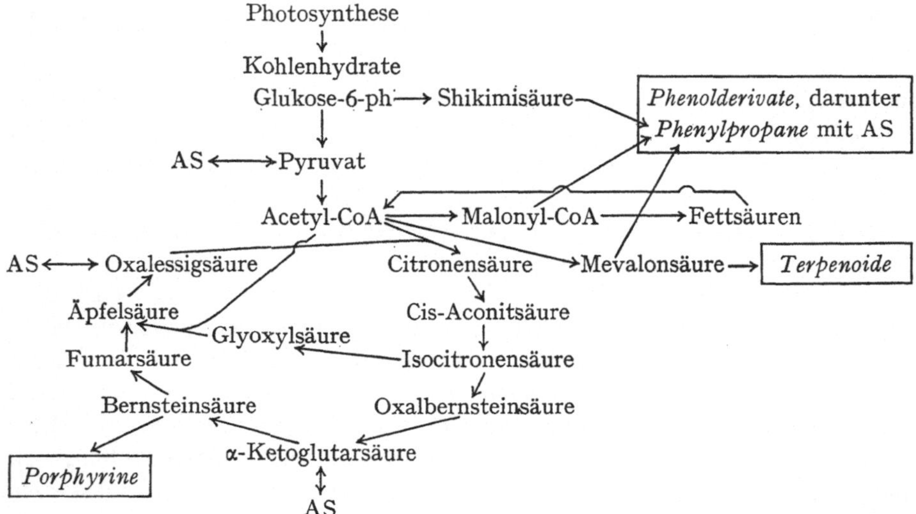

Abb. 2. Schema des Grundstoffwechsels mit dem Anschluß einiger sekundärer Stoffe (kursiv). AS = Aminosäuren. Der Übersichtlichkeit wegen wurden u. a. *Nucleinsäuren*, Fette, Proteine und die an die einzelnen Aminosäuren anzuschließenden *Alkaloide* nicht eingezeichnet

wird deshalb das Begriffspaar primär—sekundär nur im Zusammenhang mit der biogenetischen Stellung gebraucht, während im Zusammenhang mit der biologischen Wertigkeit das weitere Begriffspaar essentiell—nicht essentiell verwendet werden soll. Die beiden Begriffspaare lassen sich wie folgt definieren:

Primäre Substanzen liegen im Grundstoffwechsel der Kohlenhydrate, Aminosäuren und Fettsäuren. Der Grundstoffwechsel bei höheren Pflanzen soll den Komplex der CO_2-Assimilation, die Glykolyse, den Citronensäure-Zyklus, den Glyoxylat-Zyklus sowie die von diesem Grundgerüst abzweigenden Wege zu den Fettsäuren und den einzelnen Aminosäuren umfassen. Auch die Bildung von polymeren Kohlenhydraten, Fetten und Proteinen wollen wir zum Grundstoffwechsel zählen. *Sekundär* sind alle Substanzen, die von dem so definierten Grundstoffwechsel der Kohlenhydrate, Aminosäuren und Fettsäuren abgeleitet sind (Abb. 2).

Essentielle Substanzen sind absolut lebensnotwendig. Fehlen sie, so kommt die Entwicklung des Organismus früher oder später zum Stillstand und die Fortpflanzung unterbleibt. *Nicht essentielle* Substanzen dagegen werden vom Organismus nicht unbedingt benötigt, wenngleich ihr Vorhandensein mit Vorteilen verknüpft sein kann. Das Fehlen einer nicht essentiellen Substanz hat deshalb überhaupt keine oder nur geringfügig nachteilige Folgen für Entwicklung und Fortpflanzung.

Daß derartige Versuche zur Abgrenzung bestimmter Stoffgruppen mit vielen Fragezeichen behaftet sind, liegt auf der Hand. Eine Trennung in primäre und sekundäre Substanzen ist bei der allseitigen Verflechtung der Stoffwechselprozesse vielfach kaum möglich und besitzt oft nur didaktischen Wert [2]. Zudem können manche Stoffwechselprozesse in bestimmten Pflanzen zum obligatorischen Grundstoffwechsel gehören, in anderen dagegen nicht. So kann der Glyoxylat-Zyklus bei Pflanzen mit fettspeichernden Samen zum Grundstoffwechsel gezählt werden, in Pflanzen mit kohlenhydrat-speichernden Samen kaum.

Oben war erwähnt worden, daß die biologische Wertigkeit und die biogenetische Stellung nicht parallelisiert werden dürfen. Das schließt nicht aus, daß die Begriffspaare primär—sekundär und essentiell—nicht essentiell einander überlappen können. So sind alle hier als primär definierten Stoffe auch essentiell. Sekundäre Stoffe dagegen sind teils essentiell, teils nicht essentiell, teils bestehen noch Zweifel über ihre biologische Bedeutung. Gerade höhere Pflanzen enthalten, wie gesagt, eine Fülle von sekundären Stoffen verschiedener biologischer Wertigkeit. Es sei nur an die Phytohormone (S. 273) und die großen Gruppen der Isoprenoide (S. 37), Phenylpropane (S. 62) und Alkaloide (S. 106) erinnert. Vielfach finden sich diese sekundären Stoffe ausschließlich in höheren Pflanzen. Dann bieten die höheren Pflanzen auch die einzige Gelegenheit, die Biosynthese und die genetische Regulierung der Biosynthese dieser in vielen Fällen auch für den Menschen überaus wichtigen „sekundären Pflanzenstoffe" zu untersuchen.

II. Isotopenversuche *in vivo*

Bevor wir uns im einzelnen mit der Biosynthese von Pflanzenstoffen und ihrer genetischen Regulierung befassen, seien einige allgemein gehaltene Angaben zur Methodik und vor allem zu den Schwierigkeiten gemacht, die bei der Anwendung der verschiedenen Methoden auftreten können. Dabei werden hier zunächst Modelle diskutiert. Auf die Realisation der Modellsituationen bei bestimmten Problemen der biochemischen Genetik werden wir später eingehen.

1. „Strukturanalyse" (Abb. 3)

Aus der chemischen Struktur einer Substanz X lassen sich schon erste Anhaltspunkte für ihre Biosynthese gewinnen. Denn beim Vergleich verschiedener Strukturformeln kann man bestimmte Einheiten A_x, B_x und C_x erkennen, die das Endprodukt, Substanz X, aufzubauen scheinen. Derartige „Strukturanalysen" gaben

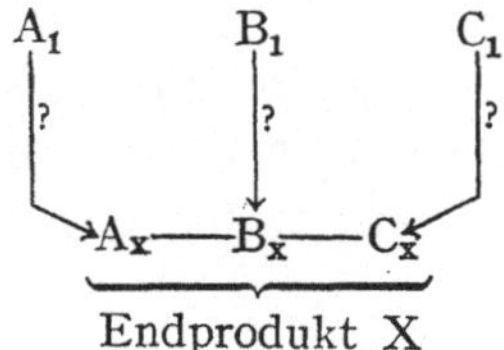

Abb. 3. Strukturanalyse. Vgl. den Text

wiederholt Anlaß, Hypothesen zur Biosynthese der analysierten Endprodukte aufzustellen, die dann in entsprechenden Experimenten auf ihre Gültigkeit hin überprüft wurden.

2. Bausteinanalyse (Abb. 4)

Die Überprüfung beginnt in der Regel mit einer Bausteinanalyse, in der man ermittelt, aus welchen Bausteinen sich das Endprodukt X zusammensetzt. Die hypothetischen Vorstufen (Definition s.u.) A_1, B_1 und C_1 werden dem Organismus in
getrennten Versuchen radioaktiv markiert zugeführt. Beispielsweise kann man in

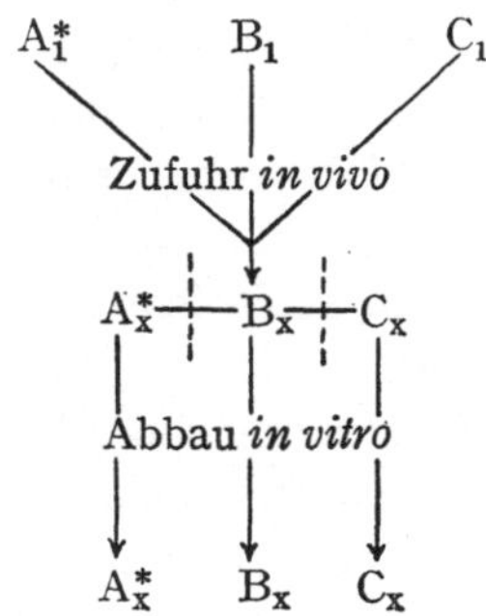

Abb. 4. Bausteinanalyse. Vgl. den Text

einem der Versuche A_1 als C^{14}-Verbindung zuführen. Nach einiger Zeit isoliert
man Substanz X aus dem betreffenden Organismus und überprüft, ob sie Radioaktivität enthält. Ist das der Fall, so zerlegt man sie mit Hilfe geeigneter Abbau-
methoden in ihre Bestandteile A_x, B_x und C_x. Wenn nun A_x Radioaktivität aufweist, ist es schon recht wahrscheinlich, daß A_1 bei der Synthese von Substanz X
als Vorstufe von A_x dienen kann. Sicherheit besteht aber erst dann, wenn in A_x
dieselben C-Atome radioaktiv markiert sind wie in A_1. Entsprechende Versuche
wie mit A_1 werden dann auch mit B_1 und C_1 durchgeführt. Wenn man auf diese
Weise die Herkunft aller C-Atome der Substanz X ermittelt hat, ist die Bausteinanalyse in der Regel abgeschlossen. Denn die Herkunft der C-Atome ist meistens
das zentrale Problem der Bausteinanalyse.

3. Vorstufe und Zwischenstufe, Haupt- und Nebenweg (Abb. 5)

Wenn man herausgefunden hat, daß eine Substanz A_1 als Baustein für ein Endprodukt X fungieren kann, muß ihre Stellung im Biosyntheseweg geklärt werden.
Man unterscheidet hierbei zwischen Vorstufen und Zwischenstufen [4,5]. Eine
Vorstufe ist jede Substanz, die in das Endprodukt X überführt wird, ganz gleich,
ob sie wie A_1, A_2, A_3 im Syntheseweg liegt oder ob sie wie A dem Syntheseweg
seitlich angeschlossen ist. Eine *Zwischenstufe* dagegen liegt unmittelbar im Syntheseweg (A_1, A_2, A_3).

Nun kann man nicht bestreiten, daß von A über A_2, A_3 etc. ebenfalls ein
Syntheseweg zu Substanz X verläuft. Dieser Weg wäre aber hier gegenüber der

Abfolge A_0, A_1, A_2 etc. ein Nebenweg. So klar wie von uns in der Abb. 5 bestimmt, sind die Verhältnisse in der Natur nun keineswegs. Man muß erst herausfinden, welches der Hauptsyntheseweg und welches der oder die Nebenwege der Synthese (A, A_2 etc. und A^1, A^2, A^3) sind. Das Problem Vorstufe—Zwischenstufe ist also mit dem weiteren Problem *Hauptweg—Nebenweg* gekoppelt.

Die Entscheidung Vorstufe oder Zwischenstufe und Hauptweg oder Nebenweg ist vielfach nur schwer zu treffen. Oft verwendete Kriterien sind die Einbaurate (Gesamtaktivität im Endprodukt $\times$ 100/Gesamtaktivität in der zugeführten Vorstufe), die Verdünnung (spezifische Aktivität der Vorstufe/spezifische Aktivität des Endproduktes) oder die spezifische Einbaurate (spezifische Aktivität des Endproduktes $\times$ 100/spezifische Aktivität der Vorstufe). Je höher die Einbaurate oder spezifische Einbaurate und je geringer die Verdünnung der überprüften Substanz

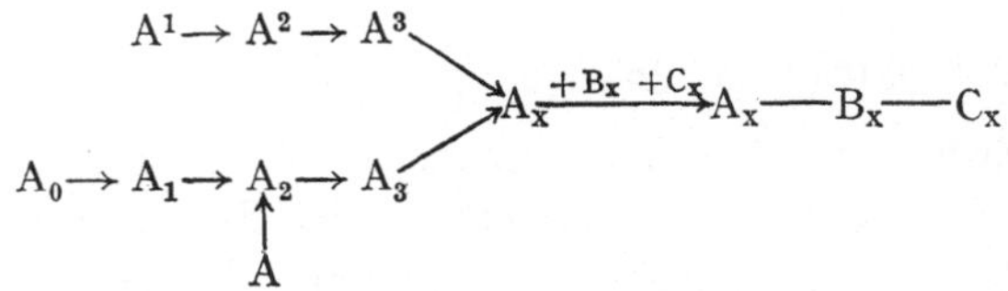

Abb. 5. Vorstufe und Zwischenstufe, Haupt- und Nebenweg. Vgl. den Text

im Vergleich mit anderen möglichen Bausteinen ist, desto größer ist die Chance, daß es sich bei ihr um eine auf dem Hauptsyntheseweg liegende Zwischenstufe handelt.

Leider sind die genannten Kriterien oft wenig zuverlässig. Schon bei Mikroorganismen und potenziert bei den vielfach komplizierter gebauten höheren Pflanzen treten Schwierigkeiten auf. Einige Fehlerquellen seien genannt [6].

a) Aufnahme, Transport, Intrabilität

Die Aufnahme der zu testenden Vorstufe durch die Wurzeln oder durch andere Pflanzenteile, ihr Transport im Leitbündelsystem der Pflanze und ihre Intrabilität in das Zytoplasma der Zellen spielen eine wesentliche Rolle. Im Zytoplasma selbst muß schließlich der Transfer zum jeweiligen Syntheseort gewährleistet sein. Eine Zwischenstufe, die z.B. schlecht transportiert wird, kann eine viel niedrigere Einbaurate liefern als eine nicht im Hauptsyntheseweg liegende Vorstufe, die aber gut transportiert wird.

b) Dosis

Die mutmaßliche Zwischenstufe darf nur in minimalen Mengen zugeführt werden. Denn falls sie eine außerhalb des untersuchten Biosynthesewegs liegende physiologische Aktivität ausüben sollte, könnte der betreffende Biosyntheseweg indirekt im positiven oder auch negativen Sinn beeinflußt werden.

c) Chemische Veränderungen

Zugeführte mutmaßliche Zwischenstufen können chemischen Veränderungen unterzogen werden. Manche Veränderungen, etwa Aktivierungen oder eine Erhöhung der Löslichkeit durch Glykosidierung können sich gegebenenfalls positiv auf die Höhe der Einbaurate auswirken. Vielfach werden die zugeführten Substanzen aber mehr oder weniger stark abgebaut. Oxydasen verschiedenen Typs spielen hier eine höchst unerwünschte Rolle. Ein anderer Mechanismus, der die für die Synthese verfügbare Menge an zugeführter markierter Substanz unangenehm herabsetzen kann, sind Polymerisierungen, durch die insbesondere phenolische Stoffe in für weitere Synthesen unverwertbarer Form stillgelegt werden können.

d) Endogene Konzentration

Eine oft übersehene Rolle spielt auch die endogene Konzentration oder endogene „pool"-Größe der zu testenden Substanz. Eine hohe Verdünnung kann durchaus auf eine hohe endogene Konzentration der Testsubstanz zurückgehen.

e) Konkurrierende Synthesewege

Eine gegebene Zwischenstufe kann in mehr als einem Syntheseweg verwertet werden. Wird viel Zwischenstufe in konkurrierende Synthesewege eingeschleust, so steht dementsprechend weniger Zwischenstufe für den untersuchten Biosyntheseweg zur Verfügung. Die Einbaurate über den untersuchten Syntheseweg sinkt dann ab.

f) Zustand des Pflanzenmaterials

Viele Syntheseleistungen gerade auf dem Sektor der sekundären Pflanzenstoffe sind an bestimmte Entwicklungszustände oder an bestimmte Pflanzenorgane gebunden. Anthocyane etwa werden bei vielen Arten nur in den Epidermiszellen der Blüten oder Blütenknospen gebildet. Vor Isotopenversuchen muß man sich also genau darüber informieren, ob und in welchem Ausmaß der betreffende Syntheseprozeß im untersuchten Pflanzenmaterial abläuft. Daß dabei auch die äußeren Bedingungen in Betracht gezogen werden müssen, ist bei einem System, das derart leicht auf einen Wechsel in Außenbedingungen wie Wasserversorgung, Licht- und Temperaturverhältnisse anspricht wie die höhere Pflanze, eine Selbstverständlichkeit.

III. Mutanten und die Aufklärung von Biosynthesewegen

1. Experimentell zugängliche Mutanten bei Mikroorganismen und höheren Pflanzen

Bei höheren Pflanzen werden ebenso wie bei Mikroorganismen zur Aufklärung von Biosynthesewegen Formen eingesetzt, die in ihrer genetischen Konstitution von einem festgesetzten Standard, oft einer Wildform abweichen und kurzweg als Mutanten bezeichnet werden. Die Art der für biochemische Untersuchungen experimentell verwertbaren Mutanten ist aber bei Mikroorganismen und höheren Pflanzen in der Regel verschieden.

Vergegenwärtigen wir uns, wie der Mikrobiologie auf eine ganz bestimmte Mutante hin selektioniert. Im Prinzip geht er meist so vor, daß er seine Objekte, etwa Bakterien, zunächst auf einem Optimalmedium auswachsen läßt und dann Replica-Kulturen auf Nährböden anlegt, denen jeweils ein bestimmter essentieller Metabolit, z.B. ein Vitamin oder eine Aminosäure fehlt. Mutanten, die den betreffenden Metaboliten nicht mehr selbst bilden können, kommen auf diesen Nährböden nicht mehr zur Entwicklung. Solche Mutanten lassen sich durch einen Vergleich zwischen Replicaplatten und Ausgangsplatte auf der Ausgangsplatte lokalisieren und von dort abimpfen. Man erhält mit dieser Technik Mutanten, die in der Biosynthese essentieller Metaboliten defekt sind.

Versucht man, bei höheren Pflanzen eine entsprechende Selektionstechnik anzuwenden, so stößt man meistens auf erhebliche Schwierigkeiten. Denn nur in Ausnahmefällen ist es technisch möglich, höhere Pflanzen wie Mikroorganismen in Petrischalen oder überhaupt nur unter sterilen Bedingungen auf definierten Nährböden bis zur Fruchtreife zu kultivieren. Eine solche Ausnahme ist die winzige *Crucifere Arabidopsis thaliana*. Bei *Arabidopsis* konnte man dann auch prompt Mutanten erhalten, die bestimmte essentielle Metaboliten nicht mehr synthetisieren können (S. 15). Die Mehrzahl der höheren Pflanzen, man denke etwa an den Mais, das Standardobjekt der Genetik höherer Pflanzen, läßt sich aber nicht ohne erheblichen technischen Aufwand auf definierten Nährböden heranziehen. Infolgedessen gehen alle Mutanten verloren, die nur nach Zusatz bestimmter Stoffe zu definierten Nährböden erfaßt werden können. Das sind aber gerade diejenigen Mutanten, die einen Block in der Biosynthese essentieller Metaboliten aufweisen. Andererseits kommen alle Mutanten zur Entwicklung, bei denen die Synthese von nicht essentiellen Stoffen verändert oder blockiert ist. Bei höheren Pflanzen stehen also im Gegensatz zu Mikroorganismen vor allem Mutanten zur Verfügung, die in der Biosynthese nicht essentieller Stoffe verändert oder defekt sind.

Fassen wir zusammen: In günstigen Fällen kann man bei höheren Pflanzen ebenso wie bei Mikroorganismen Mutanten erhalten, die in der Biosynthese essentieller Metaboliten defekt sind. Es überwiegen jedoch bei weitem Mutanten, die für die Aufklärung der Biosynthese gerade derjenigen Stoffe herangezogen werden können, die für höhere Pflanzen besonders charakteristisch sind, nämlich der nicht essentiellen sekundären Pflanzenstoffe.

2. Lokalisierung des genetischen Blocks

Die Zielsetzungen bei der Untersuchung von Mutanten sind fallweise verschieden. Es kann sich darum handeln, einen genetischen Block in einem bekannten Biosyntheseweg zu lokalisieren, um so die Mutante zu charakterisieren. Häufiger ist das Ziel aber, die Art eines genetischen Blocks zu bestimmen, um daraus Rückschlüsse auf den Verlauf eines unbekannten Biosyntheseweges ziehen zu können. In beiden Fällen muß der genetische Block lokalisiert werden.

a) Zufuhr von Intermediär-Substanzen hinter dem genetischen Block: Normalisierungsversuche

Eine erste Möglichkeit zur Bestimmung eines genetischen Blocks besteht in Normalisierungsversuchen. Schon durch Herstellen eines Kontaktes zwischen

Normal- und Mutanten-Gewebe kann es gelingen, Mutanten-Gewebe zu normalisieren. Denn das Normal-Gewebe kann dem Mutanten-Gewebe gegebenenfalls die dort ausgefallenen Substanzen liefern. Wenn zwei miteinander im Gewebekontakt stehende Partner sich über eine Abgabe genabhängiger Stoffe beeinflussen, spricht man von einer *Partnerinduktion* [7]. Je nachdem, wie weit die vom Partner gestellten Substanzen transportiert werden, kann man von Fern- und Nahwirkungen bei der Partnerinduktion sprechen. Fernwirkungen ließen sich mehrfach bei Pfropfungen genetisch verschiedener Partner feststellen. So wird beim Löwenmäulchen (*Antirrhinum majus*) eine in ihrem Wachstum gehemmte Mutante nach Pfropfkombination mit der Standardform Sippe 50 normalisiert [8]. Die Mutante *chloronerva* der Tomate (*Lycopersicon esculentum*) bildet nach Pfropfkontakt mit der Normalform ebenfalls normal grüne Blätter aus (S. 22). Die Beispiele ließen sich vermehren, es sei jedoch nur noch erwähnt, daß auch ein Defekt weiter-

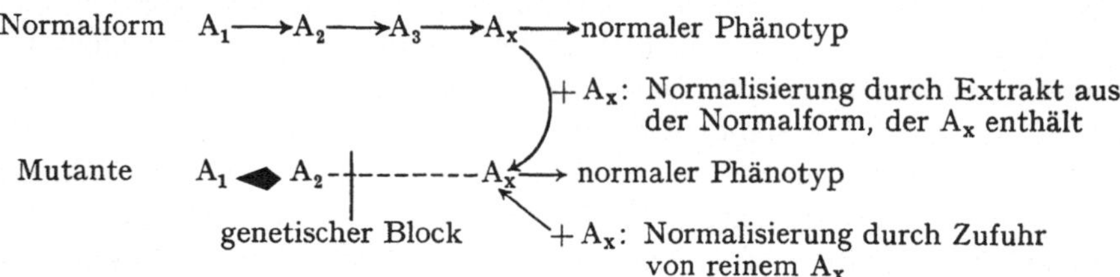

Abb. 6. Versuche zur Normalisierung von Mutanten durch Zufuhr von Extrakten aus der Normalform und von definierten Substanzen

gegeben werden kann: eine Chlorophyll-Mutante (S. 12) von *Petunia nyctaginiflora* induziert im genetisch normalen Partner ebenfalls einen Chlorophyllschwund [9]. In allen Fällen wird nur der Phänotypus der Mutante normalisiert. Der Genotypus der Mutanten bleibt nach wie vor gegenüber der Normalform verändert.

Vielfach bleibt die Partnerinduktion aber auf den Nahbereich beschränkt. So gelingt es nicht, Petunien (*Petunia hybrida*), die infolge von Mutationen die Fähigkeit zur Synthese von Blütenanthocyanen verloren hatten, durch Pfropfungen mit anthocyanführenden Petunien zur Anthocyanbildung zu bringen [10]. Anders im Nahbereich. In Periklinalchimären von *Euphorbia pulcherrima* werden Gewebe ohne die genetische Potenz zur Anthocyansynthese durch anthocyanhaltiges Nachbargewebe zur Anthocyanbildung veranlaßt (S. 231). Beim Mais brachte man Endosperm mit der genetischen Potenz zur Anthocyansynthese mit Endosperm ohne diese genetische Potenz in engen Kontakt. Auch hier kam es zu einer Anthocyansynthese im sonst anthocyanfreien Partner (S. 88). Im Nahbereich von Zelle zu Zelle ist also eine Partnerinduktion der Anthocyansynthese möglich.

Partnerinduktionen können den Nachweis liefern, daß die Mutanten bestimmte chemische Reaktionen bei der jeweiligen Merkmalsbildung nicht mehr durchzuführen vermögen. Welche Zwischenstufen ausgefallen sind, läßt sich jedoch nicht sagen. Dazu sind weitere Untersuchungen mit anderer Methodik notwendig. So kann man eine Normalisierung mit Hilfe von Extrakten aus der Normalform versuchen und den eventuell im Extrakt vorhandenen normalisierenden Faktor A_x (Abb. 6) ermitteln. Man kann aber auch bekannte Substanzen auf eine normalisierende Wirkung testen. Wenn man so oder so einen normalisierenden Faktor A_x

bestimmt hat, kann man einigermaßen sicher sein, daß in der Mutante die Produktion des Faktors A_x ausgefallen ist. Man weiß aber noch nicht, welcher der zu A_x führenden Syntheseschritte blockiert ist. Infolgedessen überprüft man nun mutmaßliche Zwischenstufen in der Synthese von A_x auf ihre normalisierende Wirkung. Der genetische Block liegt dann zwischen der ersten Zwischenstufe, die nicht mehr normalisierend wirkt, und der ersten Zwischenstufe, die schon normalisierend wirkt (in Abb. 6 zwischen A_2 und A_3). Auf diese Art und Weise hat man z. B. in verschiedenen Mutanten den jeweiligen Block in der Synthese von Thiaminpyrophosphat bestimmt (S. 15).

b) Anhäufung von Zwischenstufen vor dem genetischen Block

Die unmittelbar vor einem genetischen Block liegende Zwischenstufe sollte sich anhäufen, weil sie nach wie vor angeliefert, aber nicht mehr zur Synthese des

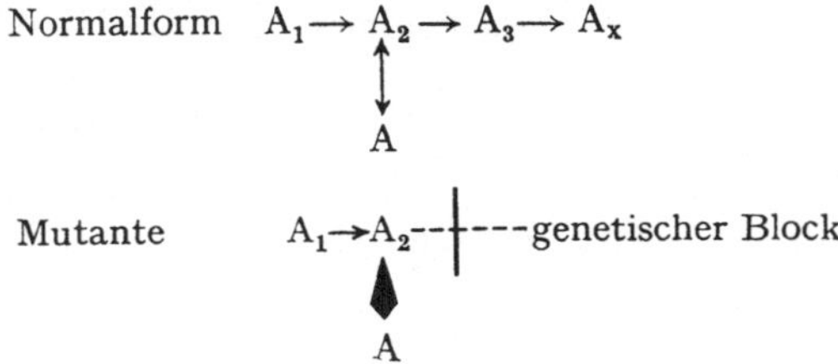

Abb. 7. Ableitung einer Zwischenstufe vor einem genetischen Block in einen zweiten Syntheseweg

jeweiligen Endproduktes verwertet werden kann (A_2 in Abb. 6). Durch quantitative Bestimmungen kann man so die Zwischenstufe bestimmen und damit den genetischen Block lokalisieren.

Leider kann die Anwendung dieser auf den ersten Blick so einleuchtenden Technik in die Irre führen. Einmal ist daran zu denken, daß die weitere Anlieferung der Zwischenstufe vor dem Block durch eine Endprodukt-Hemmung oder eine Repression unterbunden werden könnte (S. 261 f.). Die Anhäufung der Zwischenstufe kann also ausbleiben. Umgekehrt kann es zu einer Anhäufung von Substanzen kommen, die gar keine Zwischenstufen in der Synthese des ausgefallenen Endproduktes sind. Denn gerade bei der Biosynthese sekundärer Pflanzenstoffe finden sich vielfach verzweigte Synthese-Systeme (Abb. 7). In solchen verzweigten Systemen können Zwischenstufen nach Blockierung eines Syntheseweges (Weg nach A_x) vermehrt in einen anderen Syntheseweg (Weg nach A) eingeschleust werden. Infolgedessen häuft sich in der Mutante A an. A ist aber keine Zwischenstufe im Syntheseweg nach A_x, sondern das Endprodukt eines zweiten Syntheseweges.

Derartige Komplikationen sind bei manchen Substanzgruppen sehr wahrscheinlich (z. B. bei den Flavonoiden, S. 87), für andere sind sie erwiesen (z. B. Lupinen-Alkaloide, S. 108). Inwieweit Substratinduktionen (S. 261) bei der Ableitung in einen zweiten Syntheseweg eine Rolle spielen können, bleibt noch zu klären. Wenn man mit verzweigten Synthesewegen rechnen muß, ist jedenfalls die Anhäufung einer Substanz kein verläßliches Kriterium dafür, daß es sich bei ihr um eine Zwischenstufe vor dem genetischen Block handelt.

IV. Versuche im zellfreien System

Bei verzweigten Synthese-Systemen führen die Versuche mit Mutanten zum
gleichen Problem wie die mit Isotopen: man kann vielfach nicht entscheiden, ob
eine bestimmte Substanz, die im Isotopenversuch in das Endprodukt inkorporiert
wird oder die sich im Mutantenversuch anreichert, Zwischenstufe in der Synthese
des betreffenden Endproduktes ist oder nicht. Versuche im zellfreien System
können hier weiterhelfen. Denn unter den definierten Bedingungen eines zellfreien Systems kann man überprüfen, welche Enzyme vorhanden sind und welche
nicht. Wäre z. B. gemäß Abb. 7 A_2 Zwischenstufe in der Biosynthese von A_x, so
müßte sich in der Normalform ein Enzym nachweisen lassen, das A_2 in A_3 überführt. In der Mutante müßte dieses Enzym funktionell ausgefallen sein.

Daß solche Versuche im zellfreien System bei höheren Pflanzen nicht immer
ganz einfach durchzuführen sind, bedarf kaum der Erwähnung. Zu den auf S. 3
genannten generellen Schwierigkeiten kommen spezielle Hindernisse. So stehen
vielfach die Substrate der zu testenden Enzyme nicht oder nicht in entsprechend
aktivierter Form zur Verfügung. Dennoch ist es unumgänglich, Isotopenversuche
in vivo und Mutantenversuche auch bei höheren Pflanzen mehr als bisher durch
Experimente im zellfreien System zu ergänzen.

B. Genwirkungen in Biosynthesewegen

I. Essentielle Metaboliten und Chlorophyll-Mutanten

Wie erwähnt kann man bei höheren Pflanzen nur selten die Technik anwenden,
die bei Mikroorganismen zur Selektion von Mutanten mit einem Block in der
Synthese essentieller Metaboliten dient. Einige Fälle, in denen eine vergleichbare
Selektionstechnik praktikabel war und auch zum Ziele führte, sollen hier zusammengestellt werden. Zwar haben die von der Mutation jeweils betroffenen
Stoffwechselprozesse unmittelbar wenig miteinander zu tun. Jedoch ist ihnen von
wenigen Ausnahmen abgesehen gemeinsam, daß der genetische Block zum Erscheinungsbild der Chlorophyll-Mutante führen kann.

1. Chlorophyll-Mutanten

Ein sensibler Indikator der jeweiligen Stoffwechselsituation ist die Synthese
von Chlorophyllen und ihre in bestimmten Mengenverhältnissen erfolgende Einlagerung in die dafür vorgesehenen Lamellarstrukturen der Chloroplasten. Im
Normalfall, d. h. bei ungestörter Synthese und bei ungestörtem Einbau, erscheinen
die betreffenden Pflanzenteile grün. Treten Störungen im Stoffwechsel auf, seien
sie nun von Außenfaktoren induziert oder von der genetischen Konstitution bedingt oder von beidem abhängig, kann es zu Defekten in der Chlorophyll-Ausbildung kommen, die in Farbveränderungen sichtbar werden. Manchmal setzt die
Synthese nur eines Chlorophylls aus, etwa die des Chlorophylls b. Manchmal

kommt es zu einem mehr oder weniger vollständigen Stop in der Synthese aller Chlorophylle. In den weitaus meisten Fällen bleibt jedoch die Fähigkeit zur Chlorophyll-Synthese erhalten, kommt aber nicht zur Auswirkung, weil andere Voraussetzungen wie etwa der Aufbau der Chloroplastenstruktur nicht oder nur unvollständig gegeben sind.

Sind die Defekte in der Chlorophyll-Ausbildung durch Mutationen bedingt, so spricht man von Chlorophyll-Mutanten. Solche Chlorophyll-Mutanten können ganz verschieden aussehen, je nach Art und Stärke des Defektes. Man unterscheidet dem Aussehen nach zwischen hellgrünen *viridis*-Mutanten, gelbgrünen *chlorina*-Mutanten, gelben *xantha*-Mutanten ohne Chlorophylle, weißen *albina*-Mutanten ohne Chlorophylle und ohne gefärbte Carotinoide und noch anderen Formen [11]. Hinter all diesen Defekten in der Chlorophyll-Ausbildung verbergen sich die verschiedensten biochemischen Noxen. Die Chlorophyll-Synthese selbst wird wie erwähnt meistens nur indirekt beeinflußt.

2. Selektionstechnik

Ideale Objekte wären die winzigen Wasserlinsen (*Lemnaceae*), die sich auf engem Raum in großer Zahl in Flüssigkeitskultur halten lassen. Ihrer Verwendung steht entgegen, daß sie sich überwiegend vegetativ fortpflanzen und bei der seltenen sexuellen Fortpflanzung überdies nur wenige Samen liefern. Ohne sexuelle Fortpflanzung in entsprechender Größenordnung, d. h. ohne klare Spaltungen in der zweiten Nachkommenschaftsgeneration lassen sich aber bei diploiden Organismen die überwiegend recessiv bedingten Mutanten nicht fassen. Die Analyse bleibt auf die wenigen dominanten Mutanten beschränkt. Bei der Wasserlinse *Spirodela oligorhiza* hat man so eine dominante Mutante gefunden, die zu ihrem Wachstum eine Zufuhr von Leucin und Isoleucin verlangt [12].

Nach den Wasserlinsen, deren Verwendungsmöglichkeit aus den genannten Gründen begrenzt ist, bietet die *Crucifere Arabidopsis thaliana* die wohl günstigsten Voraussetzungen. Im Gegensatz zu den Wasserlinsen handelt es sich um eine Art mit normal funktionierender sexueller Fortpflanzung und für Kreuzungsanalysen ausreichender Samenproduktion. Die Entwicklung ist schnell — bei manchen Rassen von der Aussaat bis zur Samenreife 30 Tage — und der Raumbedarf gering — Anzucht auf sterilen Nährböden im Reagenzglas oder in Petrischalen. Infolge ihrer Vorteile hat man *Arabidopsis* in gelinder Übertreibung sogar als „botanische *Drosophila*" bezeichnet [13].

Ein Beispiel für die Selektion von Chlorophyll-Mutanten bei *Arabidopsis* ([14], Abb. 8): Samen wurden mit Äthylmethansulfonat, einer stark mutagenen Substanz (S. 198) behandelt. Die aus diesen Samen heranwachsende erste Mutationsgeneration (M_1) und auch die weiteren Mutationsgenerationen (M_2, M_3) wurden unter sterilen Bedingungen in Petrischalen auf Perlit mit Nährstoffzusatz aufgezogen. In der M_2 waren die ersten Mutanten zu erwarten (vgl. [15]). Die M_2 wurde deshalb auf einem nur aus Perlit mit Mineralienzusatz bestehenden Minimalmedium angekeimt. Normal aussehende Keimlinge wurden abgetötet. In den Petrischalen verblieben Keimlinge mit sichtbaren Defekten. Nun wurde das Minimalmedium durch Zusatz organischer Substanzen zu einem Maximalmedium ergänzt. Die defekten Keimlinge entwickelten sich daraufhin und kamen zur Samenbildung. Die Samen wurden von den einzelnen Pflanzen der M_2 getrennt geerntet und als M_3 teils in Minimalmedium, teils in Minimalmedium mit jeweils verschiedenen organischen Zusätzen herangezogen. Auf Zufuhr von hinter dem genetischen Block liegenden Substanzen antworteten die Mutanten mit Ergrünen und normaler Entwicklung. Auf diese Weise ließen sich die Substanzen bestimmen, deren Synthese in den einzelnen Mutanten blockiert war.

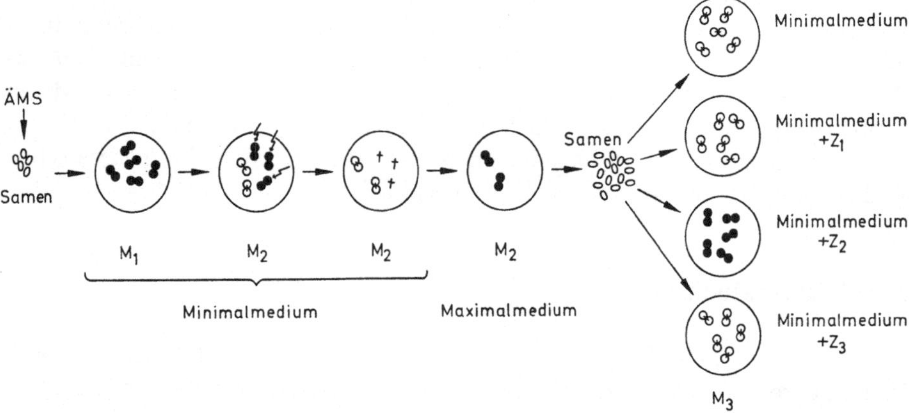

Abb. 8. Beispiel für die Selektion von Mutanten bei *Arabidopsis*. Die Pflanzenzahlen pro Petrischale sind im Beispiel der Übersichtlichkeit halber stark reduziert. ÄMS = Äthyl-methansulfonat (Formel S. 198). Z = Zusatz. Vgl. auch den Text

Ähnlich ging man bei der Gerste vor ([16—18], Abb. 9). Samen der spaltenden Nachkommenschaftsgeneration wurden auf Schaumstoffstopfen unter sterilen Bedingungen angekeimt. Die Keimlinge entwickelten sich zunächst mit Hilfe der Reservestoffe des Korns. Sobald die Mutanten an ihrer abweichenden Färbung kenntlich waren, wurden sie mit dem Stopfen auf Reagenzgläser mit Minimal- und Maximalmedium aufgesetzt. Das Minimalmedium enthielt nur Mineralsalze, das Maximalmedium neben einigen anderen Zusätzen insbesondere alle wichtigen Protein-Aminosäuren. Nachkommenschaften von Mutanten, die auf dem Maximalmedium normalisiert wurden, wurden dann auf Minimalmedien getestet, die mit jeweils einer anderen Aminosäure ergänzt waren. Auf diese Weise konnte das Aminosäuren-Bedürfnis einiger Gersten-Mutanten ermittelt werden.

Die für *Arabidopsis* und die Gerste geschilderte Selektionstechnik weist einen Nachteil auf. Bei Bakterien geht man in der Regel von einem Maximalmedium auf das Minimalmedium über: man legt Replicakulturen auf Minimalmedium an. Eine solche Technik ist bei höheren Pflanzen nicht möglich. Die Pflanzen mußten deshalb umgekehrt zunächst bis zum Sichtbarwerden der Mutanten auf Minimalmedium aufgezogen werden. Erst dann erfolgte die Umstellung auf Maximalmedium. Bei diesem Verfahren könnten in bestimmten Mutanten während des Aufwachsens noch auf dem Minimalmedium irreversible Defekte ausgebildet werden, Schädigungen also, die sich auch bei der anschließenden Überführung auf das Maximalmedium nicht mehr beheben lassen. Damit würde die Selektion

einseitig. Denn nur die Mutanten würden erfaßt, bei denen die auf dem Minimalmedium eingetretenen Störungen so gering sind, daß sie auf dem Maximalmedium
wieder ausgeglichen werden können. Des weiteren können auch alle Mutationen,
durch die schon die Bildung von Samen verhindert wird, nicht erfaßt werden. Für

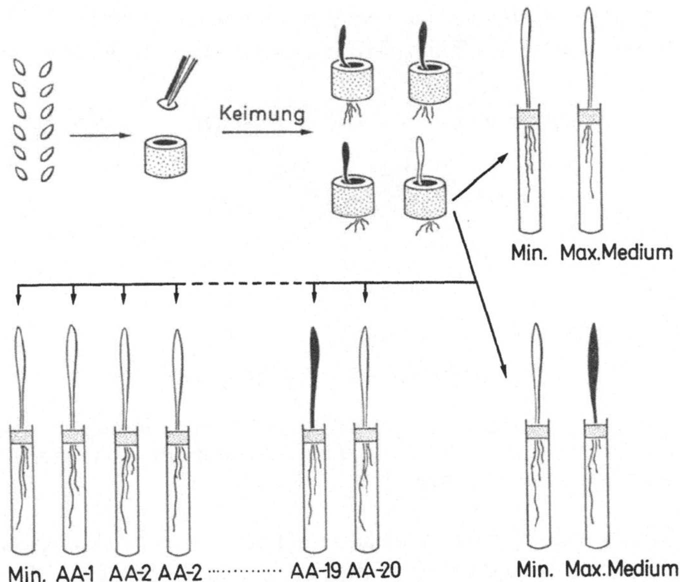

Abb. 9. Selektion von Aminosäure-Mangelmutanten bei der Gerste (aus [16]). AA =
Aminosäure. Vgl. auch den Text

die Möglichkeit einer durch die Selektionstechnik bedingten einseitigen Auslese
sprechen bestimmte Fakten. So hat man in einem Mutationsversuch an *Arabidopsis* nur Thiamin-Mangelmutanten, keine anderen Mangelmutanten gefunden
[14].

3. Genetisch bedingte Blockierungen der Synthese essentieller Metaboliten bei Chlorophyll-Mutanten

a) Thiamin-pyrophosphat

Zu den ersten Mutanten höherer Pflanzen, die einen normalisierbaren Defekt in
der Synthese essentieller Metaboliten aufwiesen, gehörten in Versuchen mit
Röntgen-Strahlen erhaltene Formen von *Arabidopsis* [19, 20]. Unter diesen „repa-
rablen" Mutanten fanden sich solche, die auf Zufuhr von Rohrzucker, Cocosnuß-
milch oder Thiamin zu normaler Entwicklung kamen. Auch in späteren Mutations-
versuchen wiederum mit Röntgen-Strahlen, aber auch mit Äthylmethansulfonat
wurden Thiamin-Mangelmutanten von *Arabidopsis* aufgefunden [14, 21]. Von der
Tomate sind ebenfalls Thiamin-Mangelmutanten bekannt [22].

Thiamin entsteht durch Koppelung einer Pyrimidin- mit einer Thiazol-Komponente und wird dann durch das Enzym Thiamin-kinase mit Hilfe von ATP in

seine biologisch aktive Form, das Thiamin-pyrophosphat überführt (Abb. 10). Thiamin-pyrophosphat fungiert als Co-Decarboxylase. Bei der Decarboxylierung von Pyruvat und α-Ketoglutarat greift sie an zentraler Stelle in den Stoffwechsel ein.

Normalisierungsversuche erlaubten es, den Block in der Synthese des Thiaminpyrophosphates in den einzelnen Mutanten zu lokalisieren. Man führte dazu den Mutanten von *Arabidopsis* und der Tomate Thiamin-pyrophosphat, Thiamin, die Pyrimidin-Komponente, die Thiazol-Komponente oder beide Komponenten zu

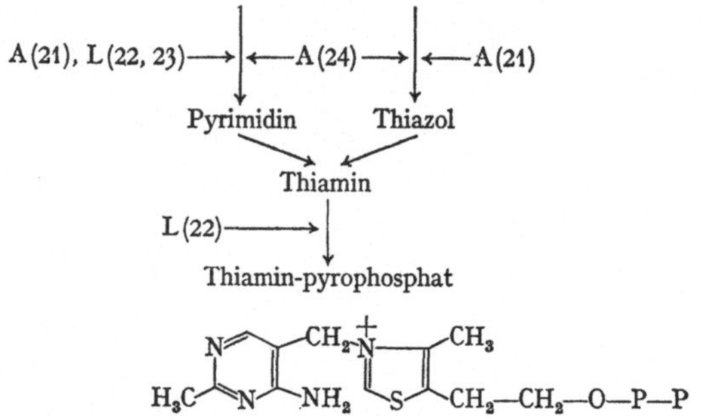

Abb. 10. Genetische Kontrolle der Synthese von Thiamin-pyrophosphat bei *Arabidopsis thaliana* und *Lycopersicon esculentum*. A = Mutante von *Arabidopsis*, L = Mutante von *Lycopersicon*. Literatur in Klammern

und überprüfte, welche der Substanzen eine normale Entwicklung ermöglichte. Bei der Tomate wurde außerdem in Mutanten und Normalform der endogene Gehalt an Thiamin-pyrophosphat und an Thiamin bestimmt [22]. Dabei zeigte es sich, daß der genetische Block in den einzelnen Mutanten an ganz verschiedener Stelle liegen konnte. Die Mutanten vermochten entweder die Pyrimidin- oder die Thiazol-Komponente oder auch beide Thiamin-Bausteine nicht zu bilden oder sie konnten Thiamin nicht in sein Pyrophosphat überführen. Entsprechende Mutanten sind von Mikroorganismen schon länger bekannt. Bei ihnen fand sich noch eine weitere Gruppe von Mutanten, die die Koppelung der beiden Komponenten nicht durchführen konnte. Doch wird diese Gruppe bei einer Ausweitung der Versuche sicher auch bei höheren Pflanzen nachzuweisen sein (Abb. 10).

Alle Mutanten sind einfach recessiv bedingt. Man darf deshalb annehmen, daß in ihnen infolge Mutation jeweils ein Gen und damit ein Enzym, das sich an der Synthese von Thiamin-pyrophosphat beteiligt, funktionell ausgefallen ist. Ebenso wie bei Mikroorganismen sind also auch bei höheren Pflanzen die einzelnen Reaktionsschritte in der Synthese von Thiamin-pyrophosphat nachweislich genetisch kontrolliert.

Wie kann man sich nun den Zusammenhang zwischen einem Block in der Synthese von Thiamin-pyrophosphat und dem Phänotypus Chlorophyll-Mutante vorstellen? Mehrere Möglichkeiten kommen in Betracht. Man kann an eine direkte Beeinflussung der Chlorophyllsynthese, aber auch an indirekte Mechanismen denken, bei denen nach Ausfall der Co-Decarboxylase der gesamte Stoffwechsel und damit sekundär auch die Chlorophyllsynthese oder die Entwicklung der Plastidenstruktur in Mitleidenschaft gezogen werden könnten. Die erste Möglichkeit führt uns zu Chlorophyll-Mutanten, in denen die Synthese der Chlorophylle selbst beeinträchtigt ist.

b) Chlorophylle

b1. *Biosynthese* [25—29, 156]

Die Biosynthese der Chlorophylle kann hier nur in einigen wichtigen Etappen wiedergegeben werden (Abb. 11).

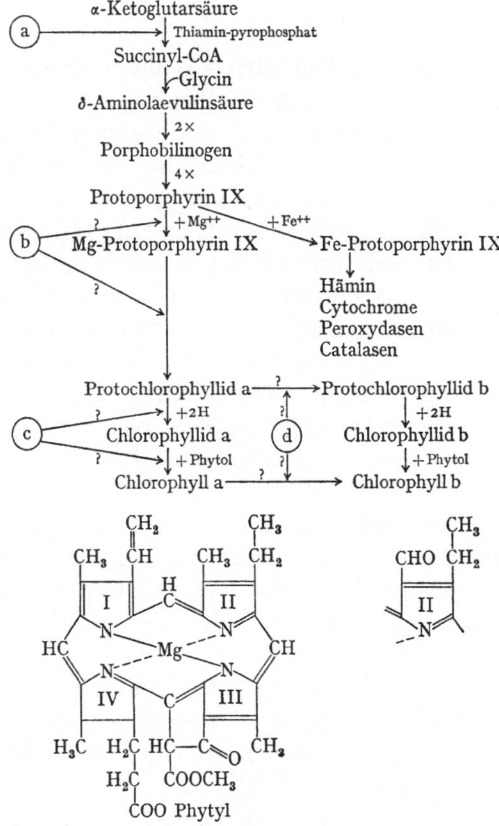

Abb. 11. Die Biosynthese der Chlorophylle a und b und ihre genetische Kontrolle. Buchstaben in Kreisen geben die Lokalisierung von Genwirkungen an

Der erste Baustein, der in der Regel nur zur Synthese des Pyrrolsystems verwendet wird, ist die δ-Aminolävulinsäure. Sie entsteht aus Succinyl-Coenzym A und Glycin. An der Überführung von α-Ketoglutarsäure in Succinyl-Coenzym A beteiligt sich auch die Co-Decarboxylase Thiamin-pyrophosphat.

Zwei Einheiten δ-Aminolävulinsäure stellen den 5-Ring des Porphobilinogens, das erste Pyrrol. Vier solcher Pyrrolringe werden dann zu einem cyklischen Tetrapyrrol, dem Uroporphyrinogen I vereinigt. Weitere Veränderungen des Tetrapyrrolsystems folgen, bis schließlich die Stufe des Protoprophyrins IX erreicht wird. Durch Einbau von Fe++ kommt man von ihm aus über das Fe-Protoporphyrin IX zu den Zellhäminen, dem Häm, den Cytochromen, Peroxydasen und Catalasen, durch Einbau von Mg++ erhält man zunächst das Mg-Protoporphyrin IX und später das Protochlorophyllid a. Protochlorophyllid a wird zu

Chlorophyllid a reduziert und dieses mit Phytol zum Chlorophyll a verestert. Der Anschluß des zweiten wichtigen Chlorophylls, des Chlorophylls b, ist nicht mit Sicherheit bekannt. Es könnte direkt aus Chlorophyll a entstehen. Die Synthesewege zu den beiden Chlorophyllen könnten sich aber auch schon früher, etwa auf der Stufe des Protochlorophyllids a, voneinander trennen.

b2. Genetik

Von höheren Pflanzen sind einige Mutanten bekannt, in denen die lange Synthesekette bis hin zu den Chlorophyllen unterbrochen ist.

Thiamin-Mangel kann die Anlieferung von Succinyl-Coenzym A und damit die Chlorophyllsynthese drosseln. Hier könnte ein direkter Zusammenhang zwischen einem genetisch bedingten Block in der Synthese von Thiamin-pyrophosphat und der Chlorophyllsynthese bestehen (a in Abb. 11).

In anderen Mutanten sind Umwandlungen auf dem Niveau der cyklischen Tetrapyrrole blockiert. Die Gersten-Mutante *xantha*-10 weist einen Block auf dem Weg vom Protoporphyrin IX zum Protochlorophyllid a auf ([30], b in Abb. 11). Eine Mutante von *Arabidopsis* vermag noch Protochlorophyllid zu bilden, aber kein Chlorophyll. Setzt man dieser Mutante Extrakt aus der Normalform zu, so ergrünt sie. Der Block liegt auf dem Syntheseweg zwischen den beiden genannten Substanzen, vermutlich bei der Reduktion des Protochlorophyllids ([31], c in Abb. 11).

Eine ganze Reihe von Mutanten vermag kein Chlorophyll b zu bilden. Ihr Gehalt an Chlorophyll a kann dabei gesenkt, aber auch normal sein. Chlorophyll b-freie Mutanten kennt man z.B. vom Mais [32, 33], der Gerste [34, 35], der Erbse [36—39] und von *Arabidopsis* [40]. Zum Teil handelt es sich um lethale, zum Teil aber auch um lebensfähige Formen.

Welche Reaktionen in den Chlorophyll b-freien Mutanten blockiert sind, bleibt noch zu klären. Es könnte sich um die Umwandlung von Chlorophyll a in b, oder — falls Chlorophyll b auf diesem Weg entstünde — um die Überführung von Protochlorophyllid a in b handeln (d in Abb. 11).

In einigen chlorophyll b-freien Mutanten, nämlich einer bei *Arabidopsis* [40] und einer bei der Erbse [39] unterbleibt auch die Ablagerung von Assimilationsstärke in den Chloroplasten. Diese Koppelung von Chlorophyll b-Verlust und Verlust der Fähigkeit zur Ablagerung von Assimilationsstärke schien Auffassungen zu bestätigen, nach denen dem Chlorophyll b eine Funktion bei der Bildung von Assimilationsstärke zukommen sollte [41, 42]. In anderen chlorophyll b-freien oder chlorophyll b-armen Mutanten gerade auch von *Arabidopsis* wurde jedoch Assimilationsstärke nachgewiesen [43]. Die Frage nach einem möglichen Zusammenhang zwischen Chlorophyll b und der Bildung von Assimilationsstärke ist also noch unbeantwortet.

c) Aminosäuren

Viele Chlorophyll-Mutanten weisen Störungen im Bau der Chloroplasten auf, die sich mit Hilfe des Elektronenmikroskopes erkennen lassen. Einige dieser Mutanten kann man durch Zufuhr bestimmter Aminosäuren normalisieren. Bevor wir auf diese Versuche eingehen, sei jedoch die normale Entwicklung der Chloroplasten skizziert.

c1. *Entwicklung der Chloroplastenstruktur* ([44—49], Abb. 12)

Chloroplasten entstehen durch Differenzierungsprozesse aus Proplastiden. Proplastiden meristematischer Zellen sind rundliche, weniger als 1 μ messende farblose Körperchen. Ihre Herkunft ist umstritten. Teils wird die Ansicht vertreten, Proplastiden seien *corpora sui generis* und entstünden durch Teilung oder Knospung stets aus ihresgleichen, teils wird angenommen, sie würden vom Kern abgeschnürt (S. 223). So umstritten die Herkunft der Proplastiden ist, hinsichtlich

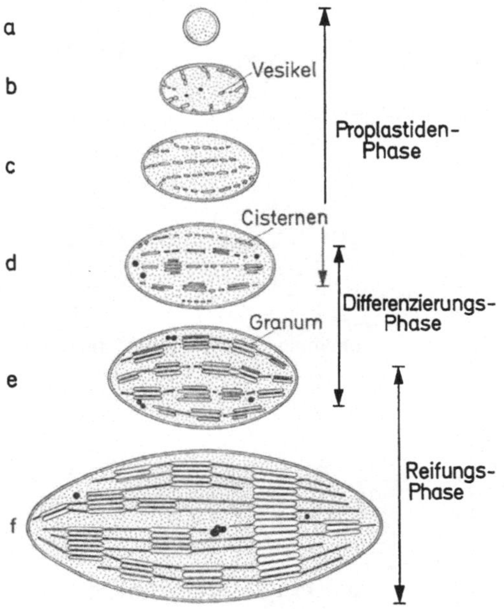

Abb. 12. Schema der Chloroplasten-Differenzierung. (Aus [47])

ihrer weiteren Differenzierung herrscht weitgehende Übereinstimmung. Die Proplastiden bestehen aus einem granulären Stroma, das von einer Doppelmembran umgeben wird. Von ihnen leiten sich durch entsprechende Differenzierungen die verschiedenen Plastidentypen der höheren Pflanze ab. Der Übergang zum Chloroplasten geht folgendermaßen vor sich:

Sobald die Proplastiden etwas größer geworden sind, 1 μ oder mehr im Durchmesser, stülpt sich die innere Schicht der begrenzenden Doppelmembran an verschiedenen Stellen nach innen ein und beginnt kleine blasen- oder röhrenförmige Gebilde abzuschnüren. Bei Lichtexposition verschmelzen sie zu größeren flächigen Lamellarsystemen, die man ihrer an leere oder nur mäßig gefüllte Säcke erinnernden Form wegen Thylakoide (griech. *thylakoeides* = sackförmig) getauft hat. Thylakoide sind also in sich selbst geschlossene Doppelmembranen, die einzeln oder in Stapeln im Stroma des Chloroplasten liegen [44]. Die Thylakoid-Stapel kommen dadurch zustande, daß sich Ausstülpungen verschiedener Thylakoidsysteme überlappen [48]. Sie sind identisch mit den schon lichtmikroskopisch sichtbaren Grana, also Orte maximaler Chlorophyll-Konzentration und damit der CO_2-Assimilation.

c2. *Aminosäure-Mangelmutanten* [17, 18]

Manche Chlorophyll-Mutanten lassen sich durch Zufuhr von Aminosäuren normalisieren. Bei der Gerste sprachen 6 von 37 untersuchten Chlorophyll-Mutanten auf Zufuhr bestimmter Aminosäuren positiv an [18].

Gerade bei der Gerste wurden Aminosäure-Mangelmutanten auch elektronenoptisch untersucht. Dabei zeigte es sich, daß in den Mutanten die Differenzierung

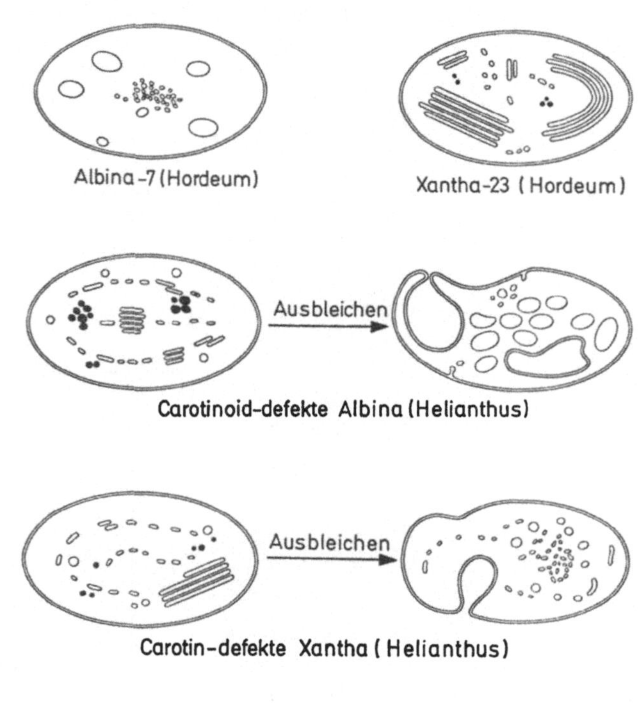

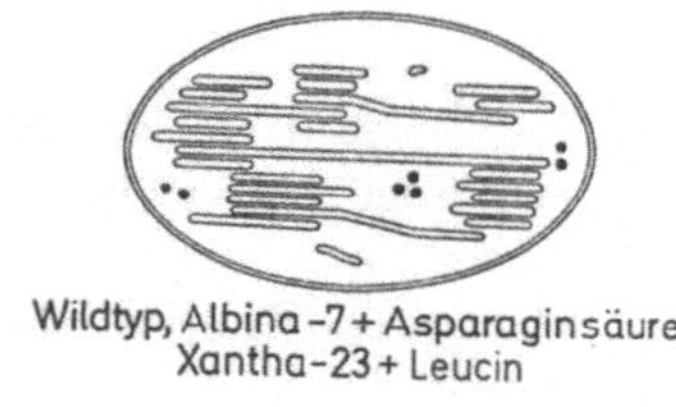

Abb. 13. Schema der Plastiden-Struktur in einigen Mutanten der Gerste und der Sonnenblume. (Aus [18])

der Thylakoide gestört war. Nach Zufuhr der jeweils ausgefallenen oder in geringerem Maß produzierten Aminosäuren verlief die Differenzierung normal. Die Mutante *albina-7* etwa verlangt Asparaginsäure, die Mutante *xantha-23* Leucin zur ungestörten Entwicklung ([18, 50], Abb. 13).

Welche Rolle die beiden Aminosäuren bei der Differenzierung der Chloroplasten spielen, ist noch nicht geklärt. Doch läßt sich vermuten, daß sie als Komponenten des Strukturproteids der Thylakoide benötigt werden. Für das Leucin steht auch noch ein anderer Wirkungsmechanismus zur Diskussion: Leucin kann Vorstufe in der Synthese von Carotinoiden sein. Carotinoide sind

Schutzsubstanzen gegen die photooxydative Zerstörung der Chlorophylle in den Plastiden (S. 59). Darüber hinaus — oder damit im Zusammenhang stehend — scheinen sie aber auch zur normalen Differenzierung der Thylakoide notwendig zu sein. Denn bei einigen Mutanten der Sonnenblume (*Helianthus annuus*), die Defekte in ihrer Carotinoid-Synthese aufweisen, bleicht bei Belichtung nicht nur das Chlorophyll aus, sondern es bricht außerdem die ohnehin schon gestörte Differenzierung der Thylakoide vollständig zusammen ([18, 51, 52], Abb. 13).

Durch Aminosäure-Defizienz bedingte Chlorophyll-Mutanten sind auch von anderen Pflanzen bekannt. Bei *Arabidopsis* verursacht ein instabiles Gen im eine Scheckung der Blätter. In im/im-Pflanzen verläuft die Differenzierung der Chloroplasten in bestimmten Blattbezirken normal, in anderen nicht. Das Resultat sind grün-weiß gescheckte Blätter. Niedere Temperaturen und Cystein begünstigen das normale Ergrünen, höhere Temperaturen und Homocystein die Störungen. Der Wirkungsmechanismus des Cysteins bzw. Homocysteins ist unbekannt [53].

Bei der Gerste konnte man eine weitere Mutante induzieren, bei der vor allem die Entwicklung der Ähre verändert ist. Der untere Teil der Ähre ist mehr oder weniger normal und weist 6 Reihen Ährchen auf, während im oberen Teil Ährchen ausfallen oder in spelzige Anhangsorgane umgewandelt werden. Da der obere Teil der Ähre der Quecke *(Agropyron repens)* ähnelt, nannte man die Mutante *agropyroides* (ag). ag/ag-Pflanzen enthielten in drei verschiedenen daraufhin untersuchten Entwicklungsstadien weniger Arginin als Ag/Ag-Pflanzen. Führt man Arginin zu, so wird es von ag/ag-Pflanzen weitaus stärker in Protein inkorporiert als von Ag/Ag-Pflanzen. Gleichzeitig normalisierte sich der Phänotypus der Mutante weitgehend. Diese Befunde sprechen dafür, daß die Mutante *agropyroides* einen Defekt in der Arginin-Synthese aufweist [54].

Möglicherweise ist auch bei einigen auf Hawai angebauten Varietäten des Zuckerrohrs *(Saccharum officinale)* die Arginin-Synthese gestört. Im Saft und in der Molasse dieser Varietäten findet sich Arginin höchstens in Spuren. Führt man Arginin zu, so wird das Austreiben von Sproßaugen und das Wachstum der gesamten Pflanze gefördert [55].

Der Wirkungsmechanismus des Arginins ist ebenfalls ungeklärt. In erster Linie mag man daran denken, daß Arginin als wichtige Protein-Aminosäure für die verschiedensten Prozesse unerläßlich ist. Bei der *agropyroides*-Mutante der Gerste hat man auch spekuliert, die Synthese von überwiegend aus Arginin bestehenden Histonen und damit die Regulierung der Genaktivität (S. 283) könne durch einen Block in der Arginin-Synthese in Mitleidenschaft gezogen werden [54].

d) Eisen und Chelatbildung

Bei zu geringer oder fehlender Versorgung mit Eisen entwickelt sich bei Pflanzen das Krankheitsbild der Chlorose. Die gelbe oder gelbgrüne Färbung chlorotischer Pflanzen geht auf Defekte in der Chlorophyll-Ausbildung zurück, die indirekt mit dem Eisenstoffwechsel gekoppelt sind. Manche Chlorophyll-Mutanten weisen große Ähnlichkeit mit derartigen Eisen-Mangelpflanzen auf. Einige von ihnen hat man deshalb auf eine genetisch bedingte Störung in ihrem Eisenstoffwechsel untersucht.

d1. Die yellow-stripe-Mutante des Maises

Eine Mutante des Maises ist unter anderem dadurch charakterisiert, daß die Intercostalfelder zwischen den Hauptgefäßbündeln der Blätter gelb gefärbt sind. Man nannte die durch ein recessives Gen bedingte Mutante deshalb „yellow stripe", ys_1/ys_1.

Entsprechende Versuche zeigten, daß die Mutante einen Defekt im Eisenstoffwechsel aufwies, der nicht in den Blättern lokalisiert war [56]. Man verglich daraufhin die Verwertung bestimmter Eisen-Chelate durch Mutante und Normalform. Denn es war bekannt, daß die Chelatbildung einer der Faktoren ist, durch die im Boden befindliches Eisen in eine für die Pflanze verwertbare Form gebracht wird. Bei ungenügender oder fehlender Chelatisierung des Eisens kommt es leicht zu chlorotischen Erscheinungen (z.B. [57]).

Es zeigte sich, daß die Mutante auf bestimmte Eisen-Chelate mit Ergrünen ansprach, auf andere dagegen nicht. Der Block lag wie vermutet nicht in den Blättern, sondern in den Wurzeln. Denn entwurzelte Mutanten ergrünten auf allen Chelaten. Wenn man nun Mutanten zusammen mit Normalpflanzen in einer Nährlösung aufzog oder sie in einer Nährlösung hielt, in der zuvor Normalpflanzen gewachsen waren, ergrünten sie ebenfalls. Demnach dürfte der genetisch bedingte Unterschied zwischen Normalpflanzen und Mutante darin bestehen, daß die Wurzeln von Normalpflanzen eine chelatisierende Substanz abgeben, während den Wurzeln von Mutanten diese Fähigkeit abgeht. Eisen wird von den Wurzeln der Normalform wie der Mutante nur oder überwiegend in Form dieses besonderen Chelates aufgenommen. Die Mutante kann deshalb nur ergrünen, wenn zugeführte Eisenverbindungen dieses Chelat zu ersetzen vermögen oder wenn man die Barriere der Wurzeln entfernt [58].

d2. Die Mutante chloronerva der Tomate

Die Mutante *chloronerva* der Tomate ist ähnlich wie die yellow-stripe-Mutante des Maises unter anderem dadurch gekennzeichnet, daß die Intercostalfelder insbesondere junger Blätter chlorotisch sind. Die Mutante läßt sich auf verschiedene Weise normalisieren, etwa durch Pfropfungen auf normale Tomaten oder durch Behandlung mit bestimmten Eisen-Chelaten. Dabei wirkt auf die Blätter aufgesprühtes Eisen-Chelat weitaus stärker normalisierend als durch die Wurzeln zugeführtes. Die Normalisierung geht aber auch in diesem Fall nur langsam vonstatten. Die Wurzeln der Mutante nehmen nun ebensoviel Eisen-Chelat auf wie die der Normalform und die Chelate werden auch bis in die Blattspurstränge hinein transportiert. Wie Versuche mit radioaktivem Fe^{56} zeigten, bleibt das Eisen dann aber in der unmittelbaren Nähe der Gefäßbündel liegen und wandert nur zögernd in die Intercostalfelder hinein. So kommt es auch in Anwesenheit von Eisenchelat zu einem nur langsamen Ergrünen [59—61].

Eine der möglichen Interpretationen wäre, daß das experimentell zugeführte Eisen-Chelat den pflanzeneigenen Träger des Eisens nicht zu ersetzen vermag und deshalb die Zellschranken beim Eindringen in die Intercostalfelder nur schwer überwinden kann. Man hat nun beobachtet, daß wässerige Auszüge aus der Normalform, aber auch aus anderen Arten wie vor allem der Luzerne nach Aufsprühen auf die Blätter der Mutante ein Ergrünen bewirkten [59, 60]. Der betreffende normalisierende Faktor konnte aus Luzernen isoliert und chemisch charakterisiert werden. Es handelt sich um ein Peptid aus den Aminosäuren Glyzin, Serin und Glutaminsäure [62]. In der Mutante *chloronerva* ist die Produktion dieses Peptides ausgefallen. Möglicherweise handelt es sich bei ihm um den eben erwähnten hypothetischen „carrier".

Das Erscheinungsbild „Chlorophyll-Mutante" kann also auf die verschiedensten genetisch bedingten Stoffwechselblockierungen zurückgehen. Defekte in der Synthese von Thiamin-pyrophosphat, Chlorophyllen, Aminosäuren, Carotinoiden (S. 59), Zuckern und Cholin [20] führen ebenso wie Störungen in der Mineralstoffversorgung zum Phänotypus Chlorophyll-Mutante.

II. Stärke

1. Chemische Konstitution ([63], Abb. 14)

Stärke besteht aus zwei Komponenten, der Amylose und dem Amylopektin. Beide bauen sich aus demselben Baustein α-D-Glukopyranose auf.

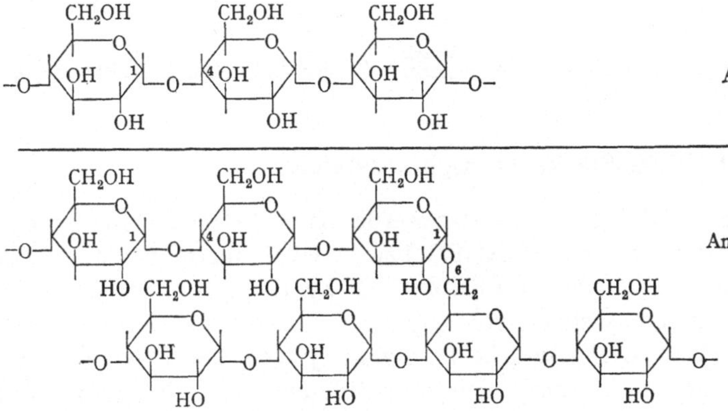

Abb. 14. Struktur-Schema der Amylose und des Amylopektins

a) Amylose

Amylose wird von unverzweigten, sog. linearen Molekülketten gebildet. Die Ketten werden aus in α-glykosidischer 1—4-Bindung miteinander verknüpften Glukose-Einheiten aufgebaut und sind schraubig aufgewunden. Die bekannte Blaufärbung der Stärke bei Jodbehandlung beruht auf der Einlagerung von Jodmolekeln in die Amyloseschrauben.

b) Amylopektin

Amylopektin ist im Gegensatz zur Amylose nicht linear, sondern verzweigt gebaut. An Ketten vom Amylosetyp werden weitere Ketten gleichen Baus angesetzt. Die Verbindung erfolgt über die C-Atome 1 und 6. Amylopektin färbt sich mit Jod rotbraun bis rot.

Glykogen, das wichtigste Reservekohlenhydrat der Tiere, ähnelt dem Amylopektin. Nur sind seine Ketten kürzer und die Verzweigungen zahlreicher. In einer Reihe von Pflanzen, z.B. im Endosperm des Maises, finden sich leicht wasserlösliche glykogenähnliche Polysaccharide, die als Phytoglykogene bezeichnet werden.

2. Biosynthese [63—67]

Man hat für Pflanzen verschiedene Enzyme nachgewiesen, die im Reagenzglas die 1—4- und 1—6-Bindungen der Stärke zu knüpfen vermögen. Diesen Enzymen dürfte auch bei der *in vivo*-Synthese der Stärke eine entsprechende Funktion zukommen. Im gegebenen Zusammenhang sind wichtig:

a) Das P-Enzym (Stärke-Phosphorylase)

Das Enzym überträgt in reversibler Reaktion Glukose-1-phosphat auf einen Acceptor, wobei eine α-glykosidische 1—4-Bindung zwischen Glukose und Acceptor gelegt wird. Als Acceptoren kommen vor allem längere Glukose-Ketten in Frage. Der kleinstmögliche Acceptor umfaßt drei Glukosemoleküle. Die Stärke-Phosphorylase bildet also zumindest im Reagenzglas aus kleineren Bausteinen Amyloseketten.

$$\text{Glu 1–ph} + \underset{\text{(Acceptor)}}{\text{Glu 1–4 Glu 1–4 Glu}} \xrightleftharpoons{\text{P-Enzym}} \text{ph} + \text{Glu 1–4 Glu 1–4 Glu 1–4 Glu}$$

b) ADPG- und UDPG-Stärke-Transglukosylasen

ATP bzw. UTP + Glukose-1-phosphat werden zunächst mit Hilfe der entsprechenden Pyrophosphorylasen in ADPG bzw. UDPG überführt. Beide Formen der aktiven Glukose können in Pflanzen zur Synthese von Stärke verwendet werden. Der wichtigere, vielfach wohl sogar der einzige Glukosedonator ist dabei ADPG. ADPG- bzw. UDPG-Stärke-Transglukosylasen übertragen Glukose von den beiden Donatoren auf Acceptoren unter Bildung von α-glykosidischen 1—4-Bindungen. Der kleinste mögliche Acceptor ist die aus zwei Glukose-Molekülen bestehende Maltose. Es kann sich bei den Acceptoren aber auch um größere Einheiten, so um Amylose oder Amylopektin handeln. Durch die Tätigkeit der Transglukosylasen werden dann die in diesen beiden Stärketypen schon vorhandenen 1—4-Ketten verlängert.

$$\text{ATP} \quad \text{(UTP)}$$

$$\downarrow \text{— Glukose–1–ph}$$
$$\downarrow \longrightarrow \text{PP}$$

$$\text{ADPG} \quad \text{(UDPG)} + \underset{\text{(Acceptor)}}{\text{Glu 1–4 Glu}} \xrightleftharpoons{\text{Stärke-Transglukosylase}} \underset{+\text{ ADP (UDP)}}{\text{Glu 1–4 Glu 1–4 Glu}}$$

c) Das Q-Enzym

Das Q-Enzym legt 1—6-Bindungen und dürfte deshalb für die im Amylopektin vorhandenen Verzweigungen verantwortlich sein. Es kann aus Amylose Glukose-Ketten herausbrechen und sie mit anderen Amylose-Ketten in 1—6-Bindung verknüpfen. Es baut also aus Amylose Amylopektin auf. Außerdem kann das Q-Enzym aber auch an die Ketten schon vorhandenen Amylopektins weitere Glukose-Ketten in 1—6-Bindung anfügen.

$$
\begin{array}{l}
\text{Glu 1–4 Glu 1–4 Glu-Enzym} \quad + \quad \text{Glu 1–4 Glu 1–4 Glu 1–4 Glu 1–} \\[2mm]
\qquad\qquad\qquad \downarrow \\[1mm]
\qquad\qquad \text{Glu 1–4 Glu 1–4 Glu 1} \\
\qquad\qquad\qquad\qquad | \\
\qquad\qquad\qquad\qquad 6 \\
\qquad\qquad \text{Glu 1–4 Glu 1–4 Glu 1–4 Glu–} \quad + \text{ Enzym}
\end{array}
$$

Soweit die hier wichtigsten, *in vitro* gewonnenen Daten. Das Zusammenwirken der genannten und weiterer Enzyme *in vivo* ist noch nicht geklärt. So liefern *in vitro*-Kombinationen von P-Enzym und Q-Enzym stets Amylopektin, während *in vivo* zumindest in der Regel außer dem Amylopektin auch Amylose gebildet wird. *In vivo* scheinen Cooperationen ganz bestimmter Enzyme für die Art des Produktes, Amylose oder Amylopektin oder beides, verantwortlich zu sein. Hinweise in dieser Richtung lieferte auch die Genetik der Stärkebildung.

3. Genetik [68, 69]

a) Stärkebildung in den Cotyledonen der Erbse

Eines der Merkmale, dessen Genetik bereits Mendel untersuchte, war das Auftreten runzeliger Erbsen neben normal runden Erbsen. Wie Mendel zeigte, wird die runzelige Beschaffenheit der Erbsen durch ein recessives Gen bedingt, die glatt-runde Beschaffenheit durch das entsprechende dominante Allel. Erbsen mit dem Genotypus r/r sind also runzelig, solche mit den Allelkombinationen R/r und R/R glatt.

Spätere Untersuchungen zeigten, daß runzelige Erbsen einen partiellen Block in ihrer Stärkesynthese aufweisen. Runzelige Erbsen enthalten wesentlich weniger Stärke als die Normalform. Sie führen pro kg Trockengewicht nur ca. 20 g Stärke gegenüber ca. 35 g in normalen Erbsen. Außerdem ist die Zusammensetzung ihrer Stärke verändert. Denn wie bei bestimmten Rassen des Maises (s. unten) ist in der noch vorhandenen Stärke der Anteil der Amylose erhöht [67]. Das Defizit an Stärke wird in etwa ausgeglichen durch einen Anstieg im Gehalt an löslichen Kohlenhydraten, vor allem an Stachyose [71]. Stachyose ist ein Tetrasaccharid aus zwei Molekülen Galaktose und je einem Molekül Glukose und Fruktose, das in Leguminosen recht verbreitet ist.

Hinzu kommt daß die Cotyledonen runzeliger Erbsen schon in frühen Reifungsstadien mehr Wasser führen als Cotyledonen glatt-runder Erbsen. Wahrscheinlich besteht hier ein Zusammenhang mit der eben erwähnten Erhöhung im

Gehalt an zu lösenden Kohlenhydraten. Beim Trocknen geben die Cotyledonen runzeliger Erbsen dementsprechend relativ mehr Wasser ab als die Cotyledonen runder Erbsen. Die Cotyledonen runzeliger Erbsen schrumpfen also beim Reifen sehr stark. Die Samenschale, die mit den Cotyledonen in festem Zusammenhang steht, paßt sich der starken Volumenverringerung durch „Runzelung" an [72]. Entsprechende Verhältnisse finden sich bei runzeligen Maiskörnern.

Eine exakte Lokalisierung des Blocks in der Stärkesynthese war bei der Erbse noch nicht möglich. Dennoch ist das Beispiel von Interesse, denn es zeigt uns, daß man schon in den „klassischen" Zeiten der Genetik höherer Pflanzen auch morphologische Merkmale auf bestimmte chemische Defekte zurückführen konnte.

b) Stärkebildung im Endosperm des Maises

b1. Der Mais als Versuchsobjekt

Der Mais *(Zea mays)* ist wohl die in genetischer Hinsicht am eingehendsten untersuchte höhere Pflanze. Zu dieser Starposition kam der Mais aus einer ganzen Reihe von Gründen. Einmal ist er eine wichtige Kulturpflanze. Hinzu kommt: Er weist

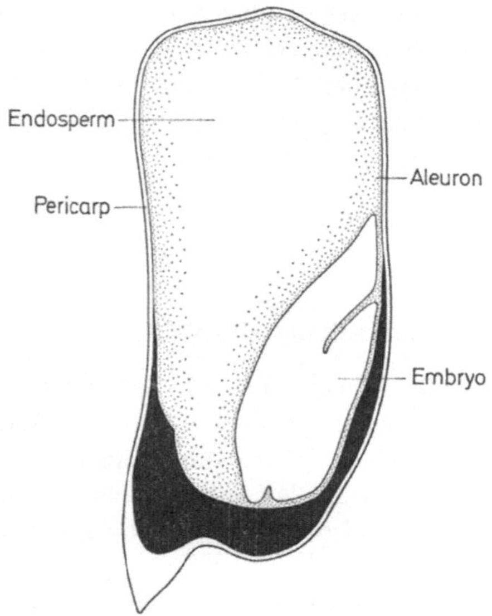

Abb. 15. Längsschnitt durch ein Maiskorn. (Aus [1152])

getrenntgeschlechtliche Blütenstände auf und erleichtert so die Durchführung von Kreuzungen. Schon eine einzige Ähre liefert eine hohe Zahl von Nachkommen. Die Chromosomenzahl ist relativ gering (n = 10) und die Chromosomen sind so groß und charakteristisch gestaltet, daß eine cytologische Bearbeitung relativ einfach ist. Schließlich kann man eine Reihe von Kreuzungsergebnissen bereits an der Ausbildung des Endosperms der Körner ablesen und sich so gegebenenfalls die Aufzucht einer ganzen Generation ersparen.

Im gegebenen Zusammenhang interessiert uns das Maiskorn (Abb. 15). Quantitativ vorherrschend an ihm ist das Endosperm. In diesem triploiden Gewebe stammen je zwei identische Chromosomensätze von der Mutter, ein dritter möglicherweise genetisch abweichender von der väterlichen Seite. Hierfür ein Beispiel:

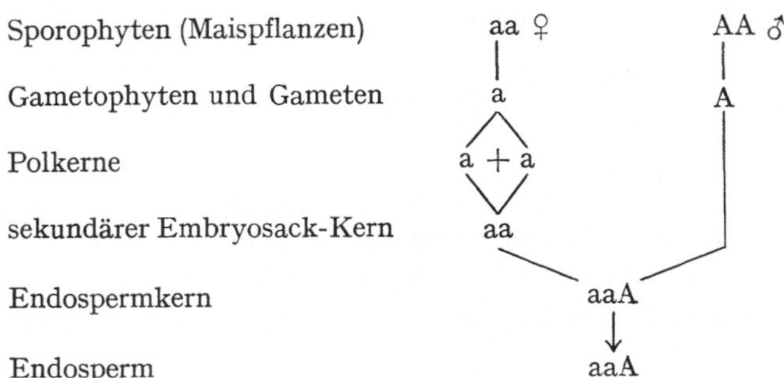

Wenn das durch A bedingte Merkmal bereits im Korn zur Manifestation kommt, läßt sich das Kreuzungsergebnis schon an der Ausbildung des Endosperms erkennen. Dabei muß man freilich etwas vorsichtig sein, weil in einigen Fällen die doppelt recessiven Partner ihr in der Einzahl vorhandenes dominantes Allel übertrumpfen können.

Kornmerkmale. Hinsichtlich der Ausstattung mit Kohlenhydraten kennt man beim Mais eine ganze Reihe verschiedener Korntypen. Vereinfacht dargestellt sind die hier wichtigsten:

Das *Stärkekorn* mit einem normalen Gehalt an Stärke (Tabelle 1), die zu rund 25% aus Amylose und zu rund 75% aus Amylopektin besteht.

Das *Zuckerkorn*, das weitaus weniger Stärke führt als das normale Korn. Die Stärkemenge wechselt dabei je nach der genetischen Konstitution (Tabelle 1). In der noch vorhandenen Stärke ist der Anteil an Amylose erheblich erhöht (Tabelle 2). An Stelle von Stärke finden sich niedermolekulare Zucker und Phytoglykogene. Beim Trocknen entstehen runzelige oder geschrumpfte Körner, eine Parallelerscheinung zu den runzeligen Erbsen.

Tabelle 1. *Trockengewichte und Kohlenhydrat-Fraktionen von genotypisch verschiedenen Maiskörnern. Alle drei im Endosperm möglichen Allele eines gegebenen Genlocus waren jeweils gleich. Bestimmungen 28 Tage nach der Bestäubung. Kohlenhydrate in Prozent des Trockengewichtes der Körner. Gensymbole: ae = amylose-extender, du = dull, su = sugary, sh = shrunken, wx = waxy.* (Nach [75])

Genotyp	Trockengewicht (g/100 Körner)	Reduzierende Zucker (%)	Saccharose (%)	Phytoglykogene (%)	Stärke (%)	Kohlenhydrate insgesamt (%)
Normal	22,26	0,06	1,34	4,00	76,09	81,49
ae	13,06	0,18	1,67	5,60	49,10	56,55
du	20,93	0,20	1,72	4,57	63,73	70,22
sh$_2$	11,28	1,45	4,45	4,40	26,00	36,30
su$_1$	10,78	1,34	4,99	19,20	32,90	58,43
su$_2$	20,94	0,22	1,48	4,30	61,90	67,90
wx	18,73	0,21	1,25	7,43	68,67	77,56

Das *Wachskorn* mit einer Stärke, die fast nur aus Amylopektin besteht. Das Korn ist von klebrig-wachsiger Beschaffenheit. Die Wachskorn-Varietät des Maises stammt aus Ostasien, wo sich auch Wachskorn-Rassen anderer Getreide, z.B. des Reises und der Hirse finden.

b2. Genetik [73—75]

b2.1. Das Zuckerkorn

Die Stärkebildung resultiert aus einem komplexen Zusammenspiel einer Reihe von Genen. Die dominanten Allele dieser Genloci bedingen eine normale Stärkebildung. Ersetzt man sie durch die entsprechenden recessiven Allele, so sinkt der

Tabelle 2. *Stärke-Gehalt und Stärke-Zusammensetzung in verschiedenen Zuckerkörnern und im Wachskorn. Stärke-Gehalt in Prozent des Trockengewichtes der Körner, Stärke-Zusammensetzung (Amylose und Amylopektin) in Prozent des Stärke-Gehaltes. Gensymbole wie in Tabelle 1.* (Nach Literaturzitaten in [74] und [75])

Genotyp	Stärke-Gehalt (%)	Amylose	Amylopektin
		in % des Stärke-Gehaltes	
Normal	76	25	75
ae	49	50—60	40—50
su$_2$	62	40	60
du	63	38	62
wx	69	—	ca. 100

Stärkegehalt der Körner und ihr Gehalt an Zuckern und Phytoglykogenen steigt an. Tabelle 1 zeigt, wie sich die Mengenverhältnisse ändern, wenn man im Endosperm alle drei dominanten Allele eines bestimmten Genlocus gegen die entsprechenden drei recessiven Allele austauscht. Natürlich lassen sich auch alle beliebigen Kombinationen zwischen recessiven und dominanten Allelen aller beteiligten Genloci herstellen.

Die Situation wird nun wie schon erwähnt noch dadurch kompliziert, daß in Zuckerkörnern nicht nur der Stärkegehalt abnimmt, sondern sich auch die Stärkezusammensetzung ändert. Der Amylose-Anteil der Reststärke wird erhöht (Tabelle 2). Doch bleibt diese Regel nicht ohne Ausnahme. Denn man hat an zwei weiteren Loci recessive Allele aufgefunden, die im Zuckerkorn den Stärkegehalt erhöhen, ohne dabei den Amylose-Anteil dieser Stärke zu erniedrigen [76]. Zu allem Überfluß sind auch noch andere Komponenten des Korns Gehaltsschwankungen unterworfen. Mit steigendem Stärkegehalt kann im Endosperm bestimmter Linien die Menge an Nicotinsäure, Thiamin und Biotin absinken [71]. Vielleicht darf man in solchen Fakten einen Hinweis darauf sehen, daß der genetische Block nicht in allen Fällen im Syntheseweg der Stärke selbst liegt. Er könnte auch an ganz anderer Stelle lokalisiert sein und von dort aus eine Reihe weiterer Prozesse, darunter eben auch die Stärkebildung nur sekundär beeinflussen. In dieser Situation nimmt es jedenfalls nicht Wunder, daß bisher kaum sichere Daten zur Lokalisierung des genetischen Blocks in Zuckerkörnern erbracht werden konnten.

Eine Ausnahme in dieser Hinsicht macht das Gen sh_2, das bei der Kornreife einen erhöhten Zucker- und verminderten Stärkegehalt bedingt ([77], Tabelle 1). Denn in sh_2-Körnern ließ sich keine ADPG-Pyrophosphorylase nachweisen [78]. Es fehlt also das Enzym, das aus ATP und Glukose-1-ph ADPG, den wichtigsten Glukosedonator bei der Stärkesynthese anliefert. Damit wird es verständlich, daß einerseits die Stärkesynthese gedrosselt wird und sich andererseits Zucker anhäufen.

b2.2. Das Wachskorn

Günstiger liegen die Verhältnisse im Fall des Wachskorns. Ein dominantes Gen Wx bedingt ein normales Stärkekorn, sein recessives Allel wx den wachsartigen Charakter.

Tabelle 3. *Hypothese zum Zusammenwirken verschiedener Enzyme bei der Bildung der Stärke-Komponenten Amylose und Amylopektin im normalen Stärkekorn und im Wachskorn.* (Nach Daten in [79])

Korntyp	Enzyme		Stärke-Komponente
Stärkekorn	P-Enzym + Q-Enzym	→	Amylopektin
	ADPG-Transglukosylase	→	Amylose
Wachskorn	P-Enzym + Q-Enzyme	→	Amylopektin

Heterozygote Wx/wx-Pflanzen bilden Gameten im Verhältnis 1:1 Wx:wx. Diese Spaltung läßt sich an Hand des „waxy"-Charakters schon an den Gametophyten, den Pollenkörnern auszählen. Denn der Pollen führt entweder normale Stärke, die sich mit Jod blau färbt, oder nur Amylopektin, das sich mit Jod rot färbt. Zählt man die Pollen einer Wx/wx-Pflanze nach Jodbehandlung aus, so erhält man nicht nur beim Mais, sondern auch bei den Wachskorn-Varietäten der Hirse und des Reises ein Zahlenverhältnis von 1:1 blau:rot.

Man hat nun versucht, die Blockierung der Amylose-Synthese in Wachskörnern auf eine Deficienz an bestimmten Enzymen zurückzuführen. Bei entsprechenden Vergleichen zeigte es sich, daß Wachsmais gegenüber Stärkemais keine Unterschiede in der Aktivität des P-Enzyms und des Q-Enzyms aufweist. Aber in der ADPG- und auch der UDPG-Transglukosylase ist Wachsmais defizient [79, 80]. Erinnern wir uns daran, daß zumindest *in vitro* nicht nur die ADPG-Transglukosylase, sondern auch das P-Enzym die 1—4-Bindungen der Amylose zu legen vermag. Der Wachsmais bildet aber trotz der Anwesenheit des P-Enzyms keine Amylose. Man nimmt deshalb an, daß das P-Enzym zusammen mit dem Q-Enzym lediglich für die Bildung von Amylopektin zuständig ist und zumindest im Maiskorn nichts mit der Synthese von Amylose zu tun hat. Die Amylose würde mit Hilfe der ADPG-Transglukosylase gebildet ([79], Tabelle 3). Die Maisgenetik liefert also Hinweise darauf, wie man sich das Zusammenspiel der verschiedenen Enzyme der Stärkesynthese *in vivo* vorstellen könnte.

III. Fettsäuren

1. Chemische Konstitution

Fettsäuren kommen in Pflanzen überwiegend in Form von Fetten vor. Solche Fette sind Triglyzeride, dreifache Ester des dreiwertigen Alkohols Glyzerin. Die Besetzung des Glyzerins mit Fettsäureresten erfolgt nach der Regel größtmöglicher Heterogeneität, d.h. die einzelnen Fettsäurekomponenten eines gegebenen

Tabelle 4. *Namen und Strukturformeln einiger wichtiger Fettsäuren*

Nr.	Name	Zahl der C-Atome	Strukturformel
1	Laurinsäure	12	$H_3C—(CH_2)_{10}—COOH$
2	Myristinsäure	14	$H_3C—(CH_2)_{12}—COOH$
3	Palmitinsäure	16	$H_3C—(CH_2)_{14}—COOH$
4	Stearinsäure	18	$H_3C—(CH_2)_{16}—COOH$
5	Arachinsäure	20	$H_3C—(CH_2)_{18}—COOH$
6	Behensäure	22	$H_3C—(CH_2)_{20}—COOH$
7	Ölsäure	18	$H_3C—(CH_2)_7—CH = CH—(CH_2)_7—COOH$
8	Linolsäure	18	$H_3C—(CH_2)_4—CH = CH—CH_2—CH = CH-(CH_2)_7—COOH$
9	Linolensäure	18	$H_3C—CH_2—CH = CH—CH_2—CH = CH—CH_2—CH = CH-(CH_2)_7—COOH$
10	Eicosensäure	20	$H_3C—(CH_2)_7—CH = CH—(CH_2)_9—COOH$
11	Erucasäure	22	$H_3C—(CH_2)_7—CH = CH—(CH_2)_{11}—COOH$
12	Ricinolsäure	18	$H_3C—(CH_2)_5—CH(OH)—CH_2—CH = CH—(CH_2)_7—COOH$

Triglyzerides sind in den meisten Fällen voneinander verschieden. Die Variable im System Glyzerin—Fettsäuren sind die Fettsäuren. Sie bestimmen den Charakter des jeweils vorliegenden Fettes. Unsere Betrachtung beschränkt sich deshalb auf die Fettsäuren.

Die in Tabelle 4 angegebenen Formeln machen das Bauprinzip der Fettsäuren klar: sie sind aus 2-C-Einheiten aufgebaut und primär gesättigter Natur. Von diesem Grundbauplan leiten sich Varianten ab, etwa durch Dehydrierungen und durch Einfügung von Hydroxylgruppen (Nr. 7—12 in Tabelle 4).

In den Pflanzenfetten sind in der Regel die ungesättigten Fettsäuren vorherrschend. Öl- und Linolsäure machen zusammen über 60% aller in Pflanzen vorliegenden Fettsäuren aus [66]. Ihrer Häufigkeit nach folgen den ungesättigten 18-C-Säuren die gesättigten Vertreter mit 18, 16 und 12 C-Atomen. Selten, wenn auch in bestimmten systematischen Gruppen wichtig, sind ungeradzahlige Fettsäuren, verzweigte Fettsäuren und Fettsäuren mit C-Zahlen unter 12 und über 20.

Von den abweichend gebauten Säuren seien die Ricinolsäure und die Erucasäure erwähnt. Die Ricinolsäure wurde bislang nur in der Gattung *Ricinus* mit Sicherheit nachgewiesen, kann dort aber in erheblichen Quantitäten vorliegen.

So besteht das Samenfett von *Ricinus communis* zu ca. 85 % aus Ricinolsäure [81], die im übrigen das abführend wirkende Prinzip des aus den Ricinus-Samen gewonnenen Ricinus-Öls darstellt. Die Erucasäure mit ihrer regelwidrig zwischen C 13 und 14 liegenden Doppelbindung (sonst liegt die erste Doppelbindung zwischen C 9 und 10, die folgenden zwischen C 12 und 13, C 15 und 16) ist für die *Cruciferen* und für die mit diesen weitläufig verwandten *Tropaeolaceae* charakteristisch. Erucasäure macht im Raps-Samen rund 50 % des Gesamtbestandes an Fettsäuren aus. Durch ihr Vorkommen in diesem wichtigen Öl-Lieferanten ist sie ökonomisch wichtig [82, 83].

2. Biosynthese ([70, 84—86], Abb. 16)

Alle grundlegenden Daten zur Biosynthese der Fettsäuren wurden an Hefen, Bakterien und tierischen Objekten gewonnen. Doch folgen auch die Pflanzen, von einigen Varianten abgesehen, dem an diesen Objekten ermittelten Reaktionsschema [86, 328].

a) Bildung von Malonyl-CoA

Die Bausteine der Fettsäuren sind Acetyl-CoA und Malonyl-CoA. Malonyl-CoA kann über Acetyl-CoA angeliefert werden. Dabei wird unter Beteiligung von CO_2-Biotin, der „aktivierten Kohlensäure", CO_2 in Acetyl-CoA fixiert. Das Enzym dieser CO_2-Fixierung ist die Acetyl-CoA-Carboxylase.

In einer Reihe von Pflanzen oder Pflanzenteilen konnte man nun keine oder nur eine geringe Aktivität der Acetyl-CoA-Carboxylase nachweisen, obwohl diese Pflanzen über Malonat in großen Quantitäten verfügten. In den Wurzeln von Buschbohnen z. B. läßt sich kaum Acetyl-CoA-Carboxylase fassen, obwohl Malonat in erheblichen Mengen gebildet wird [87]. Es ließ sich zeigen, daß in diesem und in weiteren Fällen Malonat durch eine Peroxydase aus Oxalacetat angeliefert wird [87, 88].

Eine Examinierung einer ganzen Reihe von Arten zeigte, daß der Weg Oxalacetat—Malonat besonders in Wurzeln eingeschlagen wird, während die Bildung von Malonat in Blättern überwiegend über Acetyl-CoA zu verlaufen scheint. Die erwähnte Peroxydase liefert Malonat, nicht Malonyl-CoA. Doch sind für höhere Pflanzen bereits Enzyme nachgewiesen worden, die Malonat in seinen CoA-Ester überführen können [86].

b) Synthese gesättigter Fettsäuren durch die Fettsäure-Synthetase

Bei der Hefe, bei Bakterien und auch bei höheren Pflanzen können sich alle von Acetyl-CoA und von Malonyl-CoA ausgehenden Reaktionen, d.h. aber die eigentliche Fettsäure-Synthese an einem Multienzym-Komplex abspielen, der alle für die einzelnen Teilschritte erforderlichen Enzyme in sich vereinigt. Acetyl-CoA und Malonyl-CoA geben ihre Acylreste an HS-Gruppen dieses als Fettsäure-Synthetase bezeichneten Enzym-Komplexes ab.

In einer Startreaktion wird der Acetylrest von der HS-Gruppe des Coenzyms A auf eine der HS-Gruppen der Fettsäuresynthetase übertragen. Die Fettsäure-

Gene und chemische Merkmale

Synthese wird also mit Acetat bzw. Acetyl-CoA gestartet. Die Verlängerung dieser
2-C-Einheit um je eine weitere 2-C-Einheit erfolgt mit Hilfe von Malonyl-CoA.
Dazu wird der Malonylrest zunächst von einer zweiten HS-Gruppe der Synthetase
übernommen. Es schließt sich die Kondensationsreaktion an, in der der Acetylrest unter Decarboxylierung auf den Malonylrest übertragen wird. Das dabei frei-

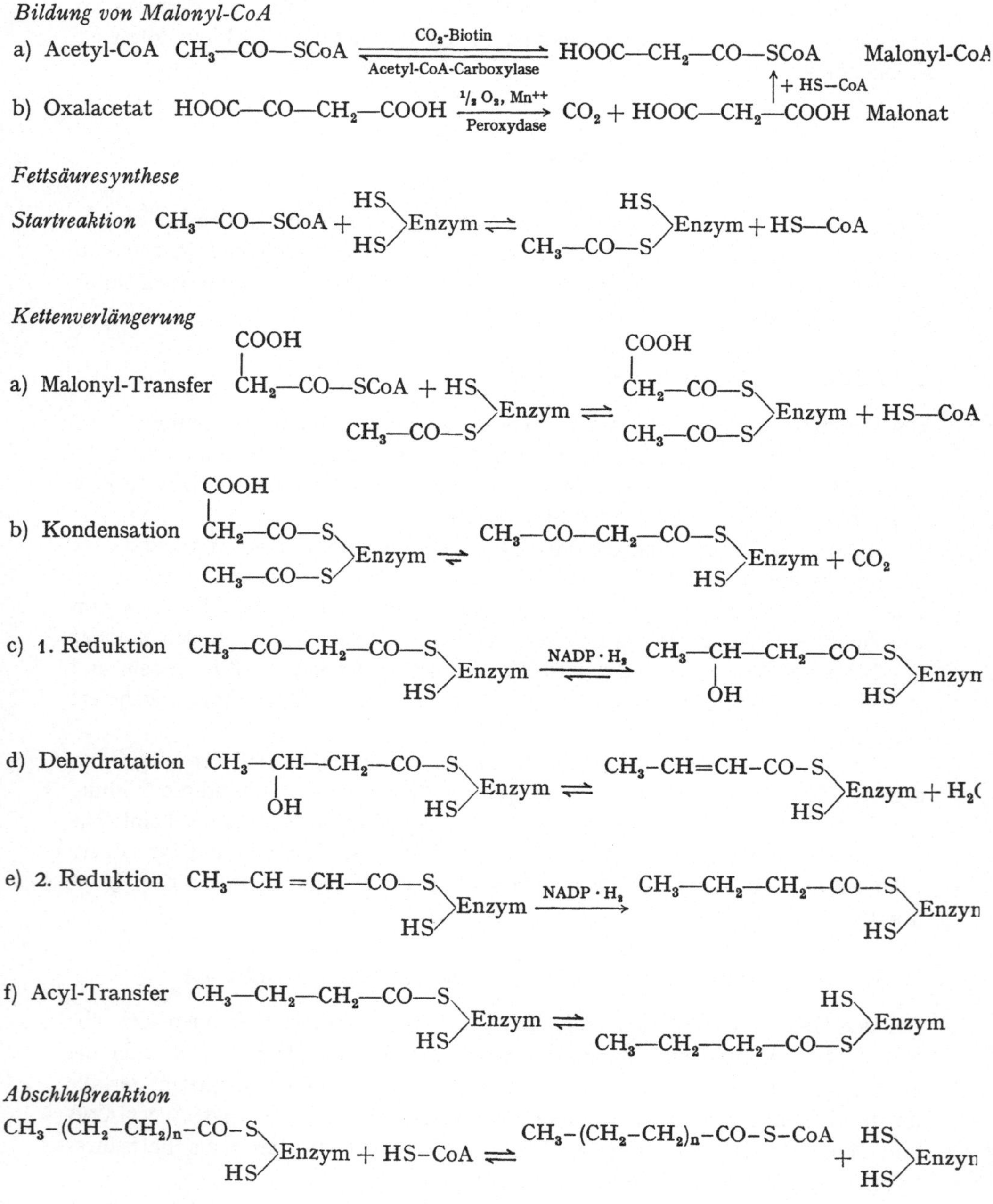

Bildung von Malonyl-CoA

a) Acetyl-CoA CH_3—CO—SCoA $\xrightarrow[\text{Acetyl-CoA-Carboxylase}]{CO_2\text{-Biotin}}$ HOOC—CH_2—CO—SCoA   Malonyl-CoA

b) Oxalacetat HOOC—CO—CH_2—COOH $\xrightarrow[\text{Peroxydase}]{^1/_2\ O_2,\ Mn^{++}}$ CO_2 + HOOC—CH_2—COOH Malonat

Fettsäuresynthese

Startreaktion CH_3—CO—SCoA + HS⟩Enzym ⇌ HS⟩Enzym + HS—CoA (with CH_3—CO—S)

Kettenverlängerung

a) Malonyl-Transfer (COOH–)CH_2—CO—SCoA + HS⟩Enzym (CH_3—CO—S) ⇌ (COOH–)CH_2—CO—S⟩Enzym + HS—CoA (CH_3—CO—S)

b) Kondensation (COOH–)CH_2—CO—S⟩Enzym (CH_3—CO—S) ⇌ CH_3—CO—CH_2—CO—S⟩Enzym + CO_2 (HS)

c) 1. Reduktion CH_3—CO—CH_2—CO—S⟩Enzym (HS) $\xrightarrow{NADP \cdot H_2}$ CH_3—CH(OH)—CH_2—CO—S⟩Enzym (HS)

d) Dehydratation CH_3—CH(OH)—CH_2—CO—S⟩Enzym (HS) ⇌ CH_3–CH=CH–CO–S⟩Enzym + H_2O (HS)

e) 2. Reduktion CH_3—CH=CH—CO—S⟩Enzym (HS) $\xrightarrow{NADP \cdot H_2}$ CH_3—CH_2—CH_2—CO—S⟩Enzym (HS)

f) Acyl-Transfer CH_3—CH_2—CH_2—CO—S⟩Enzym (HS) ⇌ HS⟩Enzym (CH_3—CH_2—CH_2—CO—S)

Abschlußreaktion

CH_3–(CH_2–CH_2)$_n$–CO–S⟩Enzym + HS–CoA (HS) ⇌ CH_3–(CH_2–CH_2)$_n$–CO–S–CoA + HS⟩Enzym (HS)

Abb. 16. Die Biosynthese der Fettsäuren. (Verändert nach [85])

gesetzte CO_2 stammt aus der bislang freien Carboxylgruppe des Malonylrestes. Die Kondensation ist unter verschiedenen Aspekten eine zentrale Reaktion der Synthese-Sequenz: einmal wird durch sie das thermodynamische Gleichgewicht zugunsten der Synthese verschoben, zum anderen findet in ihr die Verlängerung der C-Kette um 2 C-Atome statt. Im ersten Kondensationszyklus wird Acetoacetat gebildet, das an die HS-Gruppe der Synthetase gebunden ist. Die folgenden Reaktionen sind: eine erste Reduktion mit Hilfe von $NADPH + H^+$, eine Dehydratation und eine zweite Reduktion mit Hilfe von $NADPH + H^+$. Es resultiert ein enzymgebundener Fettsäurerest von 4 C-Atomen Länge. Er kann in einen neuen Kondensationszyklus eintreten. Dazu wird er am Ende des ersten Kondensationszyklus wieder auf die HS-Gruppe der Synthetase übertragen, die eingangs den Acetylrest übernommen hatte. Anschließend laufen dieselben Reaktionen wie im ersten Kondensationszyklus ab. Dieser Prozeß kann sich wiederholen, bis eine bestimmte Länge des Fettsäurenrestes erreicht ist.

Erfolgen keine weiteren Kettenverlängerungen mehr, so kommt es zu einer Abschlußreaktion, in der der Acylrest von der Synthetase auf CoA übertragen wird. Diese Abschlußreaktion findet bei einer ganz bestimmten Kettenlänge, oft bei 16 oder 18 C-Atomen statt. Die Gründe hierfür sind unbekannt.

c) Synthese ungesättigter Fettsäuren [89]

Bei der Biosynthese der ungesättigten Fettsäuren hat man zwischen der Entstehung der ersten Doppelbindung und derjenigen der weiteren Doppelbindungen zu unterscheiden. Die erste Doppelbindung kann bei Mikroorganismen und Tieren auf zwei Wegen zustande kommen: 1. kann eine gesättigte Fettsäure zu der einfach ungesättigten Fettsäure gleicher C-Zahl dehydriert werden und 2. kann die Doppelbindung schon auf einem frühen Stadium der Biosynthese noch vor Erreichen der endgültigen C-Zahl gezogen werden. Anschließend werden an den so entstandenen einfach ungesättigten Acylrest weitere 2-C-Einheiten bis zum Erreichen der endgültigen Kettenlänge angeschlossen. Bei höheren Pflanzen scheint zumindest in den Grundzügen die zweite Möglichkeit realisiert zu sein. Jedoch sind gegenüber dem Synthese-Mechanismus bei Mikroorganismen und Tieren Unterschiede im Detail vorhanden, so daß man von einem eigenen „plant pathway" der Synthese ungesättigter Fettsäuren gesprochen hat.

Ist erst einmal eine einfach ungesättigte Fettsäure vorhanden, so können von ihr auch bei höheren Pflanzen [86] mehrfach ungesättigte Fettsäuren durch die entsprechenden Dehydrierungen abgeleitet werden.

3. Genetik

Eine ganze Reihe z.T. älterer Arbeiten befaßt sich mit der Genetik des Fettgehaltes bestimmter Nutzpflanzen [90]. Doch da meistens nur summarische Angaben über den Gesamtfettgehalt und den Anteil gesättigter und ungesättigter Fettsäuren an diesem Gesamtfettgehalt gemacht werden, tragen diese Veröffentlichungen nur wenig zum Verständnis des Synthesemechanismus bei. Eine Änderung brachten methodische Fortschritte: die Gaschromatographie ermöglichte es, auch einzelne Individuen, z.B. einzelne Samen auf ihren Gehalt an ganz bestimmten Säuren zu analysieren. Erst damit wurden exakte Auszählungen von Spaltungen durchführbar. Hand in Hand ging die Anwendung der Isotopentechnik zur Lösung von Fragen, die aus den genetischen Befunden resultierten.

Versuche mit C^{14}-markierten Fettsäuren hatten gezeigt, daß Stearin- und Palmitinsäure in höheren Pflanzen nicht in Ölsäure überführt werden können, wohl aber kürzere Fettsäuren wie Myristin- und Laurinsäure [91]. Nach diesen Befunden wäre es denkbar, daß die erste Dehydrierung schon auf der Stufe von Myristin- oder Laurinsäure zwischen den späteren C-Atomen 9 und 10 der Ölsäure stattfindet. Über Ketten-Verlängerung durch Anhängen von Acetat-Einheiten entstünde dann aus dieser einfach ungesättigten C12- oder C14-Säure die Ölsäure. Von der Ölsäure könnten sich Linol- und Linolensäure durch progressive Dehydrierung zum Methylende hin und die Erucasäure durch Anfügen weiterer Acetat-Einheiten ableiten (Abb. 17). Biochemisch-genetische Untersuchungen am Mais und am Raps stützen diese Auffassung.

a) Öl- und Linolsäure im Mais

Maiskörner enthalten 5—10% Fett vor allem in den Embryonen. Dominierend unter den in diesem Fett enthaltenen Säuren sind mit je rund 40% die Öl- und die Linolsäure, die restlichen 20% verteilen sich auf eine Reihe weiterer ungesättigter und gesättigter Fettsäuren [83].

Zur Analyse des Erbgangs der Öl- und der Linolsäure wurden zwei Stämme miteinander gekreuzt, von denen der eine viel Öl- und wenig Linolsäure und der andere umgekehrt wenig Öl- und viel Linolsäure in seinen Körnern aufwies. Die einzelnen Körner der Nachkommenschaften wurden gaschromatographisch untersucht. Die F_1 zeigte Dominanz des Merkmals „viel Ölsäure" und recessives Verhalten des Merkmals „viel Linolsäure". Die Zahl der beteiligten Gene wurde in Rückkreuzungen bestimmt: sowohl der Erbgang des Ölsäure- als auch derjenige des Linolsäure-Gehaltes ist monogen bedingt.

In allen untersuchten Körnern war der Gesamtgehalt an Öl- $+$ Linolsäure gleich. War in einem Korn viel Ölsäure vorhanden, so führte es nur wenig Linolsäure und umgekehrt. Im einzelnen war der Erbgang des Gehaltes an Ölsäure also von demjenigen des Gehaltes an Linolsäure reziprok verschieden.

Die Interpretation lautete: Ein dominantes Gen bestimmt die Synthese der Ölsäure. Liegt es homozygot als recessives Allel vor, so wird die Ölsäure zu Linolsäure dehydriert. Dem Minus an Ölsäure entspricht dabei exakt ein Plus an Linolsäure. Die im Kreuzungsexperiment ermittelte Situation entspricht somit den eingangs genannten biochemischen Befunden, nach denen Ölsäure durch Dehydrierung in Linolsäure überführt werden kann [92].

Eine in Südaustralien aufgefundene Mutante der Färberdistel *Carthamus tinctorius* enthält im fetten „Öl" ihrer Blüten 74—79% Öl- und 11—19% Linolsäure, während die Normalform in Südaustralien umgekehrt 15—22% Öl- und 72—79% Linolsäure führt. Auch in diesem Fall wird die Dehydrierung durch ein einziges Gen kontrolliert, das unvollständige Dominanz für hohen Linolsäure-Gehalt zu bedingen scheint [93].

b) Erucasäure im Raps

Samen des Rapses (*Brassica napus*) enthalten rund 30—40% Fett, An seinem Aufbau beteiligt sich die Erucasäure mit rund 50%, die Ölsäure mit 25% und die Linolsäure mit 15% des Gesamtgehaltes an Fettsäuren [83].

Die mengenmäßig dominierende Erucasäure läßt sich wie erwähnt rein formelmäßig von der Ölsäure durch Addition von Acetat-Einheiten herleiten (Abb. 17). In einem ersten Additionsschritt entstünde eine Eicosensäure mit einer Doppelbindung zwischen C11 und C12 und mit dem zweiten Additionsschritt Erucasäure mit ihrer Doppelbindung zwischen C13 und C14. Das postulierte Zwischenprodukt Eicosensäure ist im Rapsöl enthalten. Doch könnte sie ebensogut wie eine Zwischenstufe auf dem Weg zur Erucasäure auch ein unabhängig davon entstandenes Dehydrierungsprodukt der ebenfalls im Rapsöl nachgewiesenen Eicosan-(= Arachin-)Säure sein. In genetischen Untersuchungen wurde eine Klärung erstrebt.

Man kreuzte dazu einen Stamm von *Brassica napus*, der viel Eruca-Säure (41,3%) führte, mit einem Erucasäure-freien Stamm. In der F_2 kam es zu einer Aufspaltung

$$1:4:11$$
$$0—3 \ : \ 4—13 \ : \ \text{über } 14\% \text{ Erucasäure im Öl.}$$

Es entspricht das einem Zahlenverhältnis 1:4:6:4:1, bei dem die drei letzten Klassen nicht voneinander zu unterscheiden sind. Ein solches Zahlenverhältnis 1:4:6:4:1 hat man dann zu erwarten, wenn zwei nicht-allele dominante Gene additiv und in gleicher Stärke am Zustandekommen eines bestimmten Merkmals zusammenwirken. Rückkreuzungen bestätigten diese Erwartung.

Ein Schönheitsfehler ist, daß im oben zahlenmäßig wiedergegebenen Versuch die erste Gruppe 0—3% Erucasäure enthielt. Sie sollte völlig frei von Erucasäure sein. Der bisweilen ermittelte geringe Gehalt an Erucasäure dürfte wohl auf Verunreinigungen zurückgehen, denn in anderen Nachkommenschaften gelang es, das theoretisch zu erwartende Verhältnis 1 (Erucasäure-frei):15 (Erucasäure-führend) festzustellen.

Jedes der beiden additiv wirkenden dominanten Gene bedingt einen Anstieg im Gehalt an Erucasäure um ca. 9—10%. Es fragte sich nun, ob der veränderte Gehalt an Erucasäure mit Gehaltsschwankungen anderer Säuren korreliert war, wie es für das Paar Ölsäure—Linolsäure im Maiskorn schon geschildert wurde. Um diesen Punkt zu überprüfen, wurden Formen hergestellt, die 0, 1, 2, 3, 4 Gene für Erucasäurebildung enthielten. Der Gesamtfettgehalt ist in allen diesen Formen etwa gleich (Tabelle 5). Nimmt nun die Menge an Erucasäure je nach der genetischen Konstitution ab, so nimmt die Quantität an Ölsäure um den gleichen Betrag zu. Eine Ausnahme macht der Übergang von Formen mit einem Gen für Erucasäure zu Formen mit 0 Genen für Erucasäure: hier nimmt der Ölsäuregehalt stärker zu als erwartet. Aber in Erucasäure-freien Formen wird nun auch keine Eicosensäure mehr gebildet — und das unerwartete Mehr an Ölsäure entspricht mengenmäßig dem Weniger an Eicosensäure. Diese Befunde sprechen dafür, daß Erucasäure über Eicosensäure aus Ölsäure gebildet wird [94].

Eine Ergänzung der genetischen Analysen brachten Isotopenversuche. Reifenden Samen, in denen die Fettsäurensynthese bereits in Gang war, wurde Acetat-

Gene und chemische Merkmale

Tabelle 5. *Gehalt an bestimmten Fettsäuren und Rapssamen mit verschiedener Anzahl von Genen für Erucasäure-Bildung. Gen für Erucasäurebildung = +. (Nach [94])*

Genotyp	Ölgehalt der Samen (%)	Fettsäuren in % der Gesamtmenge an Fettsäuren					
		Palmitin-säure	Öl-säure	Eicosan-säure	Eicosen-säure	Eruca-säure	Linol-säure
$++++$	39,0	0,8	18,4	0,8	11,0	39,2	15,8
$-+++$	45,5	1,3	24,3	1,0	13,9	30,4	15,7
$--++$	38,9	1,4	34,2	0,7	14,1	20,9	16,3
$---+$	39,4	0,8	41,8	1,0	12,1	12,8	18,7
$----$	43,4	1,2	63,1	0,8	1,0	0,0	20,0

Tabelle 6. *Aktivitätsverteilung in den Fettsäuren nach Zufuhr von Acetat-C^{14} in reifende Rapssamen. (Nach [95])*

Fettsäure	Spaltprodukte und ihre spezifische Aktivität (spez. Akt.) in mμ C/mM			
	Monocarbonsäure	Spez. Akt.	Dicarbonsäure	Spez. Akt.
Ölsäure	$H_3C-(CH_2)_7-COOH$	26,9	$HOOC-(CH_2)_7-COOH$	20,7
Eicosensäure	$H_3C-(CH_2)_7-COOH$	33,2	$HOOC-(CH_2)_9-COOH$	101,5
Erucasäure	$H_3C-(CH_2)_7-COOH$	26,9	$HOOC-(CH_2)_{11}-COOH$	388,0

C^{14} zugeführt. Nach Einbau des Acetates wurden die ungesättigten Fettsäuren isoliert und an ihrer Doppelbindung oxydativ gespalten. Jede Fettsäure lieferte dabei immer dieselbe Monocarbonsäure (entstehend aus dem Fettsäureteil von der Methylgruppe bis zur Doppelbindung) und eine von Fettsäure zu Fettsäure verschieden lange Dicarbonsäure (entstehend aus dem Fettsäureteil von der Doppelbindung bis zur Carboxylgruppe). Die Monocarbonsäure, die aus der Ölsäure, der Eicosensäure und der Erucasäure erhalten wurde, wies jeweils ungefähr die gleiche spezifische Aktivität auf (Tabelle 6). In den Dicarbonsäuren aus Öl-, Eicosen- und Erucasäure dagegen verhalten sich die spezifischen Aktivitäten wie 1:5:19. Die Radioaktivität ist also in der Eicosensäure und Erucasäure überwiegend in denjenigen Molekülteilen lokalisiert, von denen man vermutete, sie könnten durch

$H_3C-(CH_2)_{10}-COOH$ Laurinsäure

$\downarrow$ $-2H$

$H_3C-(CH_2)_7-CH=CH-CH_2-COOH$

$\downarrow$ $+3C_2$

$H_3C-(CH_2)_7-CH=CH-(CH_2)_7-COOH$ Ölsäure $\xrightarrow{-2H}$ $H_3C-(CH_2)_4-CH=CH-CH_2-CH=CH-(CH_2)_7-COOH$ Linolsäure

$\downarrow$ $+C_2$

$H_3C-(CH_2)_7-CH=CH-(CH_2)_9-COOH$ Eicosensäure

$\downarrow$ $+C_2$

$H_3C-(CH_2)_7-CH=CH-(CH_2)_{11}-COOH$ Erucasäure

Abb. 17. Möglicher Biosyntheseweg ungesättigter Fettsäuren in höheren Pflanzen

Anlagerung von 2-C-Einheiten an Ölsäure gebildet werden. Die Radioaktivitätsverteilung in den Spaltprodukten stützt diese Auffassung [95].

Das folgende Schema faßt die hier wiedergegebenen Befunde zur Biosynthese der erwähnten ungesättigten Fettsäuren zusammen (Abb. 17).

IV. Terpenoide

1. Chemische Konstitution [98, 99, 147, 208]

Terpenoide oder Isoprenoide lassen an ihren Strukturformeln einen Aufbau aus verzweigten 5-C-Einheiten erkennen. Früher nahm man an, Isopren sei der betreffende 5-C-Baustein, daher der Name Isoprenoide. Doch hat es sich gezeigt, daß nicht das Isopren selbst, sondern das ihm chemisch nahestehende Isopentenylpyrophosphat bzw. sein Isomeres γ,γ-Dimethylallyl-pyrophosphat das zur Biosynthese verwendete „aktive Isopren" ist [96, 97].

Tabelle 7. *Übersicht über die Terpenoide*

5-C-Einheiten	Gruppe	Einige Beispiele, Formeln z.T. im Text
1 × 5-C	Hemiterpene	„Prenylrest" in Chinonen und Cumarinen
2 × 5-C	Monoterpene	offen: Citral, Geraniol, Linalool monocyclisch: Limonen, Menthol, Thymol, Menthon, Carvon, Cineol, Phellandren bicyclisch: Kampfer, α- und β-Pinen
3 × 5-C	Sesquiterpene	offen: Farnesol cyclisch: β-Cadinen
4 × 5-C	Diterpene	offen: Phytol cyclisch: Harzsäuren, Gibberelline
6 × 5-C = 2 × 15-C	Triterpene	offen: Squalen cyclisch: Triterpenalkohole, Triterpensäuren, Steroide, Gossypol, Cucurbitacine
8 × 5-C = 2 × 20-C	Tetraterpene	Carotinoide (Carotine, Xanthophylle)
n × 5-C	Polyterpene	Kautschuk, Guttapercha, Balata

Je nach der Zahl der am Aufbau des Moleküls beteiligten 5-C-Einheiten unterscheidet man verschiedene Gruppen von Terpenoiden. Tabelle 7 gibt eine Übersicht, in der einige wichtigere Vertreter aus jeder Gruppe genannt werden. Soweit die Formeln im gegebenen Zusammenhang von Belang sind, werden sie in den Abschnitten 2. Biosynthese und 3. Genetik gebracht.

Betrachtet man diese Formeln genauer, so erkennt man, daß beim Aufbau der Terpenoide offensichtlich 5-C-Einheiten „Kopf an Schwanz" aneinandergereiht werden können, so bei den Mono-, Sesqui-, Di- und Polyterpenen. Daneben zeichnet sich ein zweites Bauprinzip ab: größere, durch Kopf-Schwanz-Addition entstandene Einheiten können „Kopf an Kopf" zu übergeordneten Molekülen vereinigt werden. Solche durch eine Kopf-an-Kopf-Addition entstandenen Terpenoide können ein Symmetriezentrum in der Mitte des Moleküls tragen. Meistens wird die anfänglich gegebene Symmetrie aber durch Umbauten des Moleküls zerstört. Durch Kopf-an-Kopf-Addition von zwei Einheiten aus je drei 5-C-Bausteinen entstehen die Triterpene, durch Kopf-an-Kopf-Addition von zwei Einheiten aus je vier 5-C-Bausteinen die Tetraterpene. Diese Ableitung war zunächst nur eine „Strukturanalyse", deren Schlüsse aber im biochemischen Experiment bestätigt werden konnten.

Außer offenen gibt es in allen Gruppen von den Monoterpenen an aufwärts auch zyklische Vertreter. Dabei treten vielfach, ebenfalls schon bei den Monoterpenen, mehrere Ringsysteme im Molekül auf. Je nach der Anzahl der Ringe pro Molekül spricht man von monocyclischen, bicyclischen, tricyclischen etc. Terpenen. An der Bildung eines solchen Ringes beteiligen sich nur C-Atome, eine C—O—C-Verbindung wie z.B. im 1,8-Cineol (S. 41) wird nicht als Ring gewertet. 1,8-Cineol ist also ebenso wie Limonen ein monocyclisches Monoterpen, dagegen sind der Kampfer, α- und β-Pinen bicyclische Monoterpene (Formeln S. 43).

2. Biosynthese [70, 84, 98—102]

Abb. 18 zeigt die Grundzüge der Terpenoid-Biosynthese. Die Ableitung offener und zyklischer Terpene vom Hauptweg der Biosynthese bis hin zu den Polyterpenen ist angegeben. Auf diese Seitenwege wird im Abschnitt 3. Genetik fallweise noch einzugehen sein.

Ausgangsmaterial der Biosynthese ist Acetyl-CoA. Drei Einheiten Acetyl-CoA bilden Mevalonsäure, die Schlüsselsubstanz der Terpenoid-Biosynthese [103, 104]. Aus Mevalonsäure entsteht durch Decarboxylierung, Wasserentzug und Überführung in das Pyrophosphat das „aktive Isopren" Isopentenyl-pyrophosphat. Isopentenyl-pyrophosphat steht mit seinem Isomeren $\gamma\gamma$-Dimethylallyl-pyrophosphat im Gleichgewicht. Durch Kondensation dieser beiden Isomeren wird die Biosynthese der Terpene gestartet. Nur für diese Startreaktion ist $\gamma\gamma$-Dimethylallyl-pyrophosphat notwendig. Als erstes terpenoides Produkt entsteht Geranyl-pyrophosphat. Die weitere Kettenverlängerung erfolgt jeweils durch Anlagerung von Isopentenyl-pyrophosphat. Nacheinander entstehen so Farnesyl-pyrophosphat mit drei 5-C-Einheiten, Geranyl-geranyl-pyrophosphat mit vier 5-C-Einheiten und schließlich, falls die Biosynthesekette nicht vorher abgestoppt wird, die Polyterpene.

Vom Geranyl-pyrophosphat ausgehend werden weitere offene und die cyclischen Monoterpene, vom Farnesyl-pyrophosphat aus weitere offene und die cyclischen Sesquiterpene, vom Geranyl-geranyl-pyrophosphat aus weitere offene und die cyclischen Diterpene gebildet. Durch Kopf-an-Kopf-Addition zweier Moleküle Farnesyl-pyrophosphat — von denen eines vermutlich als das isomere

Nerolidyl-pyrophosphat vorliegt — entstehen zunächst offene Triterpene wie das Squalen und schließlich cyclische Triterpene wie das Cholesterin. Durch eine entsprechende Kopf-an-Kopf-Addition zweier Einheiten Geranyl-geranyl-pyrophosphat werden Tetraterpene gebildet.

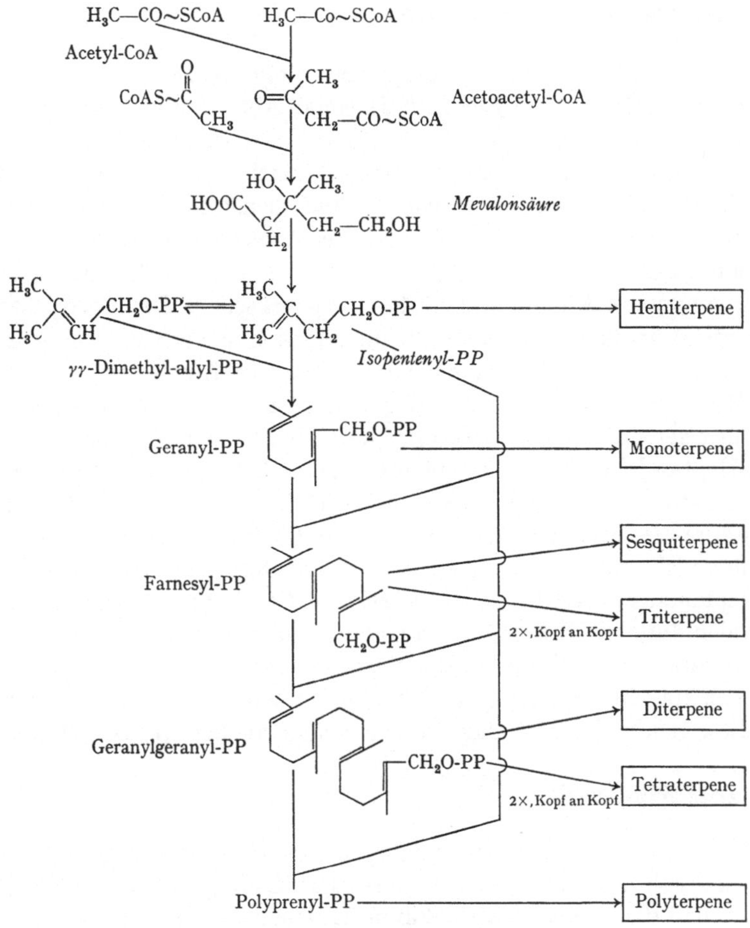

Abb. 18. Schema der Terpenoid-Synthese

Viele Schritte in der Biosynthese der Terpene konnten auch durch Versuche im zellfreien System belegt werden. Die zunächst dabei verwendeten Enzyme stammten mit Ausnahme des Kautschuks [105] vor allem aus Mikroorganismen. Doch konnte man auch aus Erbsen Enzymsysteme gewinnen, die von Mevalonsäure ausgehend alle Reaktionen der Terpenoid-Synthese bis zum Farnesyl-pyrophosphat und seinem Isomeren Nerolidyl-pyrophosphat bewerkstelligen konnten [106]. Damit ist der Beweis erbracht, daß die Terpenoid-Synthese auch in höheren Pflanzen nach dem Schema der Abb. 18 verläuft.

Jedoch sind viele Einzelheiten nicht nur bei höheren Pflanzen ungeklärt. Vielfach hat die Genetik hier Ergebnisse erzielt und Formen bereitgestellt, die zur Bearbeitung der noch offenen Fragen geeignet erscheinen. Einige Beispiele seien im folgenden erwähnt.

3. Genetik

a) Monoterpene

a1. Das Auftreten von Monoterpenen

Wenn in einer Pflanze höhere Terpene, etwa Polyterpene oder Carotinoide gebildet werden, verläuft deren Biosynthese gemäß Abb. 18 über bestimmte niedere Terpene. Man könnte nun annehmen, von diesen als Zwischenstufen fungierenden niederen Terpenen würden quasi selbstverständlich als Nebenprodukte weitere niedere Terpene abgezweigt, etwa von der Zwischenstufe Geranyl-pyrophosphat das Limonen. Es ließ sich jedoch zeigen, daß eine solche Abzweigung nur dann erfolgt, wenn die genetische Grundlage dafür gegeben ist. Ein Beispiel:

Das Harz unserer Kiefern besteht durchweg aus schwer flüchtigen Harzsäuren von Diterpen-Charakter und aus leicht flüchtigen Monoterpenen wie dem α- und β-Pinen. Einige wenige Kiefern machen jedoch eine Ausnahme. So hat *Pinus jeffreyi* MURR. in ihrem Harz zwar Harzsäuren, aber keine Monoterpene. Stattdessen führt der Baum bis zu 95% n-Heptan. Man hatte nun zunächst vermutet, dieses n-Heptan leite sich durch entsprechenden Abbau von Monoterpenen her. Diese Vermutung ließ sich jedoch nicht bestätigen. Denn nach Fütterung mit Mevalonsäure-C^{14} fand sich keine Radioaktivität im n-Heptan, es handelt sich also bei ihm nicht um ein Abbauprodukt von Monoterpenen. Allem Anschein nach fällt n-Heptan aus dem Acetatstoffwechsel direkt und ohne intermediäre Bildung von Mevalonsäure an [101, 107]. Die Untersuchungen an Kiefern zeigten somit, daß die Abzweigung bestimmter Monoterpene vom Hauptsyntheseweg der Terpene eine entsprechende genetische Konstitution voraussetzt. Fehlt wie bei *Pinus jeffreyi* diese genetische Grundlage, so fehlen auch die betreffenden Monoterpene.

a2. Der erste Ringschluß

Daß aus offenen Monoterpenen monocyclische Monoterpene gebildet werden können, ist durch Isotopenexperimente gesichert. Es fragt sich nun, ob es Beweise dafür gibt, daß dieser erste Ringschluß unter genetischer Kontrolle steht.

Erste Hinweise geben Vergleiche zwischen nahe verwandten Arten oder auch zwischen Rassen einer Art. Dabei zeigte es sich wiederholt, daß von nahen Verwandten der eine überwiegend offene, der andere überwiegend monocyclische Monoterpene führen kann (Abb. 19). Man darf vermuten, daß solche Differenzen auf entsprechenden Verschiedenheiten im Genotypus der betreffenden Arten bzw. Rassen basieren.

Einen echten Beweis stellen solche Vergleiche jedoch nicht dar. Hierzu sind Kreuzungsexperimente notwendig. Solche Kreuzungsanalysen wurden in der Gattung *Eucalyptus* vorgenommen [110]. Als Eltern dienten *E. macarthuri* und *E. cinerea*. Beide lassen sich an Hand morphologischer Kriterien gut voneinander unterscheiden. Sie weisen erhebliche Unterschiede in der Zusammensetzung ihrer ätherischen Öle auf. *E. macarthuri* enthält in seinem ätherischen Öl viel (50%) Geranylacetat und kein Cineol., *E. cinerea* dagegen umgekehrt kein Geranylacetat und viel (40%) Cineol. Beide Arten enthalten Geraniol.

Die F_1-Generation wurde improvisiert. Sie bestand aus zwei natürlichen Hybriden, die an morphologischen Kriterien als solche kenntlich waren. Die durch Selbstung dieser F_1 erhaltene F_2 spaltete, wie bei einer genetischen Fixierung zu erwarten, hinsichtlich der Zusammensetzung ihres ätherischen Öls auf. Die genetische Steuerung der Terpensynthese scheint recht komplizierter Art zu sein,

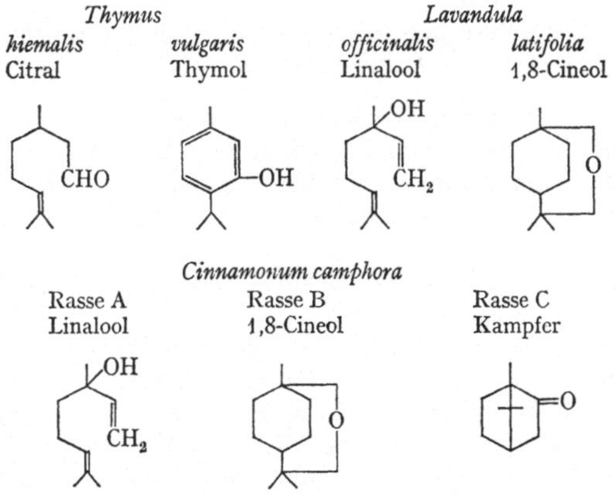

Abb. 19. Das Vorkommen offener, monocyclischer oder im Falle des Kampfers auch bicyclischer Monoterpene in nahe verwandten Arten der Gattungen *Thymus* [108] und *Lavandula* [109] sowie in Rassen von *Cinnamonum camphora* [1]

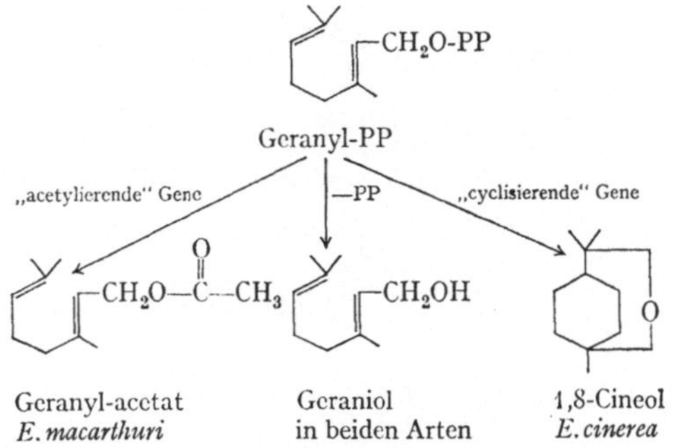

Abb. 20. Mögliche Lokalisierung der Genwirkungen bei der Biosynthese offener und cyclischer Monoterpene in der Gattung *Eucalyptus*

denn unter den 38 Pflanzen der F_2 fand sich keine, die einer der beiden Ausgangsarten *E. macarthuri* und *E. cinerea* in der Zusammensetzung des ätherischen Öls qualitativ *und* quantitativ entsprach. Aber es traten Pflanzen auf, die wenigstens in qualitativer Hinsicht der Parentalgeneration entsprachen, zumindest was das Auftreten bzw. Fehlen von Geranylacetat und Cineol anbetraf. Wenn auch die Zahl der steuernden Gene schon auf Grund der kleinen Nachkommenschaften nicht bestimmt werden konnte, wurde mit diesem Herausspalten der Parental-Typen doch der Beweis erbracht, daß eine solche genetische Grundlage überhaupt existiert. Abb. 20 bringt eine hypothetische Lokalisierung der betreffenden Genwirkungen.

a3. Das Auftreten von Carbonyl-Funktionen, Hydrierungen im Ringsystem

Die durch Cyclisierung offener Monoterpene erhaltenen Ringsysteme können auf verschiedene Weise verändert werden, etwa durch das Auftreten von Carbonyl- und Hydroxyl-Funktionen, durch Hydrierungen, Dehydrierungen und sekundäre Ringschlüsse. In der Gattung *Mentha* wurden die genetischen Grundlagen für einige dieser Modifikationen erarbeitet. Zunächst sei die genetische Kontrolle beim Auftreten von Carbonyl-Funktionen und bestimmten Hydrierungen besprochen.

Die Systematik der Gattung *Mentha* ist kompliziert und keineswegs völlig geklärt. Die im gegebenen Zusammenhang wichtigen Formen sind [111, 112, 152]:

Mentha piperita: „Pfefferminze". Bastard aus *M. aquatica* × *M. spicata. M. spicata* vermutlich Bastard aus *M. longifolia* × *M. rotundifolia*. Enthält rund 50% Menthol.

Mentha arvensis: „Ackerminze". Enthält in manche Varietäten bis zu 80% Menthol.

Mentha pulegium: „Poleiminze". Hoher Gehalt an Pulegon.

Mentha rotundifolia: „Rundblätterige Minze". Relativ viel Piperitenon.

Mentha longifolia = M. sylvestris: „Roßminze". Relativ viel Piperiton.

Mentha spicata = M. viridis: „Grüne Minze, Ährenminze". Relativ viel Carvon und Dihydrocarvon. Aber in einer Rasse auch viel Menthon (s. unten).

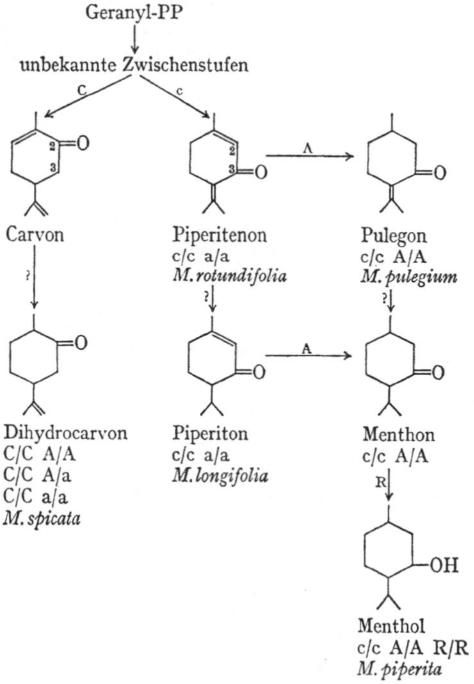

Abb. 21. Mögliche biogenetische Zusammenhänge zwischen den Monoterpenen der Gattung *Mentha*. Die im Text erwähnten Genwirkungen wurden lokalisiert. Fragezeichen deuten an, daß die genetische Steuerung des betreffenden Syntheseschrittes noch ungeklärt ist. Unter den Formeln der Monoterpene genetische Konstitutionen, bei denen der jeweilige Inhaltsstoff ausgebildet wird (auf eine Wiedergabe der Polyploidie-Situation wurde dabei verzichtet). Des weiteren wurde diejenige Art der Gattung *Mentha* genannt, die sich durch einen besonders hohen Gehalt an dem betreffenden Monoterpen auszeichnet. (Verändert nach [113—115])

Durch Kreuzungen zwischen bestimmten Rassen dieser *Mentha*-Arten wurde die Genetik der Inhaltsstoffe weitgehend geklärt [113—115]. Ist ein dominantes Gen C vorhanden, so bilden sich die Ketone Carvon und Dihydrocarvon, die ihre Carbonyl-Funktion an C2 tragen. Ist der Genlocus durch das recessive Allel c vertreten, so entstehen stattdessen Ringsysteme mit der Carbonyl-Funktion an C3, nämlich die Ketone Piperitenon und Piperiton. Unter Einwirken eines weiteren dominanten Genes A können an Stelle von Piperitenon und Piperiton deren hydrierte Derivate Pulegon und Menthon auftreten. Falls A durch sein recessives Allel a ersetzt wird, unterbleibt die Bildung von Pulegon, Menthon und auch Menthol (Abb. 21).

a4. Die Hydrierung von Carbonyl-Funktionen

In Kreuzungsexperimenten, in denen als Eltern eine Rasse von *M. arvensis* mit viel Menthol (67,5%) und wenig Menthon (17,6%) und eine Rasse von *M. spicata* mit umgekehrt wenig Menthol (3,7%) und viel Menthon (56,1%) eingesetzt wurden, konnte festgestellt werden, daß ein dominantes Gen R für hohen Menthol-Gehalt verantwortlich ist. Gen R steuert die Hydrierung von Menthon zu Menthol ([114], Abb. 21).

Die genetischen Daten stehen mit den Ergebnissen von Isotopenversuchen *in vivo* im Einklang. Die Kinetik der Überführung von Acetat-C^{14} und Mevalonat-C^{14} in die Terpene einiger *Mentha*-Arten spricht für das Vorliegen einer ersten Reaktionsabfolge Piperitenon, Piperiton, Menthon, Menthol und einer zweiten Sequenz Piperitenon, Pulegon, Menthon [116]. Auch in einem zellfreien System aus *Mentha piperita* wurde Pulegon in Menthon und Menthol überführt [116b]. Es sind das eben die biogenetischen Beziehungen, die schon auf Grund der Kreuzungsanalysen postuliert worden waren.

a5. Der zweite Ringschluß

Beispiele für bicyclische Monoterpene sind der Kampfer und das α- und β-Pinen. Daß *Cinnamonum camphora* in bestimmten Rassen das monocyclische Cineol, in anderen den bicyclischen Kampfer führt, läßt eine genetische Kontrolle auch des zweiten Ringschlusses vermuten. Die zur Beweisführung notwendigen Kreuzungen wurden u. a. an Kiefern durchgeführt. Trotz einer erheblichen quantitativen und qualitativen Variabilität innerhalb einer gegebenen Art der Gattung *Pinus*

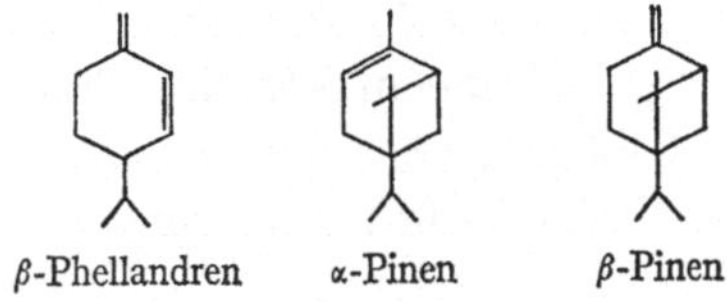

läßt sich eine genetische Kontrolle der Terpensynthese nachweisen [117]. Versuchsobjekte waren *Pinus contorta* und *P. banksiana* sowie deren Nachkommen. *P. contorta* enthält in ihren flüchtigen Harzbestandteilen überwiegend das monocyclische β-Phellandren, *P. banksiana* das bicyclische α- und β-Pinen. Ebenso wie im Fall des *Eucalyptus* (S. 40) erlaubten die Versuchsergebnisse keine exakten

Aussagen über die Zahl der beteiligten Gene, ließen jedoch den Schluß zu, daß die Ausbildung des Monocyclus β-Phellandren einerseits und der Bicyclen α- und β-Pinen andererseits genetisch fixiert ist [118].

Wie in anderen Untersuchungen an Kiefern gezeigt werden konnte, steht auch die Synthese von α- oder β-Pinen, d.h. die Lokalisierung der Doppelbindung im Grundgerüst des Pinens, unter genetischer Kontrolle [119].

Zusammenfassend läßt sich sagen: Manche der erwähnten Experimente lassen einige Wünsche unerfüllt. Es liegt das an der Wahl der Objekte, die zwar wirtschaftlich außerordentlich wichtig sind und auch deshalb in die Untersuchungen einbezogen wurden, aber wie etwa *Eucalyptus* und Kiefer keine allzu idealen Voraussetzungen für genetische Analysen bieten. Dennoch kann schon auf Grund der bislang erbrachten Daten die Aussage gemacht werden, daß alle wesentlichen Schritte in der Biosynthese der Monoterpene nachweislich genetisch kontrolliert sind.

b) Diterpene

b1. Gibberelline [120—129]

b1.1. Chemische Konstitution

Ein auffälliges Symptom einer von dem Schlauchpilz *Gibberella fujikuroa* hervorgerufenen Krankheit des Reises ist ein extrem gesteigertes Längenwachstum der befallenen Pflanzen. Die Steigerung des Längenwachstums geht auf bestimmte Pilzprodukte zurück, die man Gibberelline nannte. Gibberelline rufen bei höheren Pflanzen noch eine ganze Reihe weiterer Effekte hervor, von denen außer der Förderung des Längenwachstums hier nur noch das Brechen der Samenruhe und die Auslösung der Blütenbildung bei bestimmten Pflanzengruppen unter nicht induktiven Außenbedingungen (vgl. S. 199) genannt seien.

Heute kennt man eine ganze Reihe chemisch voneinander leicht verschiedener Gibberelline, die man Gibberellin A_1, A_2 ... nennt. Zu den bereits bekannten Gibberellinen kommen immer wieder neue hinzu. In höheren Pflanzen wurden nachgewiesen: die Gibberelline A_1, A_3 bis A_8. Hinzu kommt ein Gibberellin aus Bambussprossen [135]. Eine wichtige Rolle spielt das Gibberellin A_3 oder die Gibberellinsäure, die oft in Experimenten eingesetzt wird. Auch sie ist in höheren Pflanzen nachgewiesen worden, so in verschiedenen *Gramineen* [136], in der Wildgurke *Echinocystis macrocarpa* [137] und im Tabak [138]. Einige Gibberelline wie das Gibberellin A_5 (= Bohnenfaktor II) sind bislang sogar nur von höheren Pflanzen bekannt. Gibberelline sind also nicht nur Stoffwechselprodukte des phytopathogenen Pilzes *Gibberella fujikuroa*, sondern auch Wirkstoffe höherer Pflanzen.

Führt man höheren Pflanzen Gibberelline zu, so kann man finden, daß die einzelnen Arten auf die verschiedenen Gibberelline unterschiedlich stark ansprechen. Man darf annehmen, daß jede Spezies „ihr" Gibberellin besitzt, auf dessen Zufuhr sie dann auch mit einer besonders starken Reaktion antwortet. Dabei ist es durchaus möglich, daß innerhalb ein und derselben Art für einen ersten Prozeß ein anderes Gibberellin zuständig ist als für einen zweiten Prozeß [130, 131].

In höheren Pflanzen sind vielfach Substanzen nachgewiesen worden, die in ihrer Wirkungsweise den Gibberellinen ähneln, deren chemische Struktur aber nocht nicht bekannt ist. Um diese „gibberellinähnlichen" Substanzen von den Gibberellinen abzugrenzen, hat man folgende Definitionen eingeführt:

Gibberelline sind Substanzen mit dem C-Skelett der Gibberellinsäure oder einem ähnlichen C-Skelett, die ebenso wie Gibberellinsäure das Längenwachstum bestimmter Zwergmutanten (etwa des Maises, s. u.) fördern.

Gibberellinähnliche Substanzen sind Stoffe, deren chemische Struktur noch unbekannt ist, die aber ebenso wie Gibberellinsäure das Längenwachstum bestimmter Zwergmutanten fördern.

Solche gibberellinähnlichen Substanzen können sich bei genauer Untersuchung als echte Gibberelline erweisen. So erfolgte einer der ersten Nachweise gibberellinähnlicher Substanzen bei der Wildgurke *Echinocystis macrocarpa* [132]. Die damals ihrer Struktur nach noch unbekannten Substanzen sind inzwischen teilweise identifiziert. Es handelt sich um die Gibberelline A_1, A_4, A_3 und A_7 [137].

Die Strukturformeln, von denen hier diejenigen der Gibberelline A_1, A_3 und A_5 wiedergegeben sind (Abb. 22), lassen erkennen, daß nur geringfügige Veränderungen des Grundskelettes den Unterschied zwischen den einzelnen Gibberellinen ausmachen. Damit taucht schon die Frage auf, ob nicht vielleicht diese strukturmäßig so ähnlichen Substanzen auch ihrer Biogenese nach miteinander im Zusammenhang stehen.

b1.2. Biosynthese

Ihrer Biosynthese nach sind die Gibberelline Diterpene. Den ersten experimentellen Beweis hierfür lieferten Isotopen-Experimente an *Gibberella*. Führte man dem Pilz Acetat-C^{14} und Mevalonat-C^{14} zu, so entsprach die Radioaktivitätsverteilung in der danach gebildeten Gibberellinsäure der Erwartung. Die Radioaktivität fand sich an den Stellen des Moleküls, an denen sie nach Bildung eines offenen Diterpens und anschließender Cyclisierung und weiterer Veränderungen dieses Diterpens erwartet wurde [124].

Erst Hinweise auf mögliche Zwischenstufen der Biosynthese gaben Befunde an Zwergmutanten. Eine Reihe sog. Ein-Gen-Zwerge des Maises (s. u.) nimmt nach Zufuhr von Gibberellinsäure eine normale Wuchsform an. Einige dieser Zwergformen, die Mutanten d_5 und an_1, lassen sich nun auch durch Zufuhr des Diterpens (—)-Kauren-19-ol und verwandter Diterpene wie der Kaurensäure und des Steviols normalisieren [124, 133]. Es wurde vermutet, daß in der Normalform von *Zea mays* die Biosynthese der Gibberelline über die genannten oder ähnliche Diterpene verläuft, in den zwei Mutanten aber vor der Stufe dieser Diterpene genetisch blockiert ist.

Diese Vermutung ließ sich bestätigen. Sowohl bei *Gibberella* als auch bei höheren Pflanzen verläuft die Biosynthese über Mevalonat, Isopentenyl-pyrophosphat bzw. γγ-Dimethylallel-pyrophosphat, Geranyl-geranyl-pyrophosphat, (—)-Kauren und (—)-Kauren-19-ol zur Gibberellinsäure bzw. zu anderen Gibberellinen (Abb. 22).

Besonders überzeugend waren Versuche mit dem flüssigen Endosperm von *Echinocystis*, denn hier konnte die gesamte Synthesekette im zellfreien System verfolgt werden [134]. Hinzu kamen weitere Beobachtungen auch bei höheren Pflanzen. So ließen sich die Zwischenstufen (—)-Kauren und (—)-Kauren-19-ol in Embryonen der Gerste nachweisen [139] und nach Zufuhr von Mevalonat-C^{14} findet sich in isolierten Wurzelspitzen der Sonnenblume ebenfalls markiertes (—)-Kauren-19-ol [140].

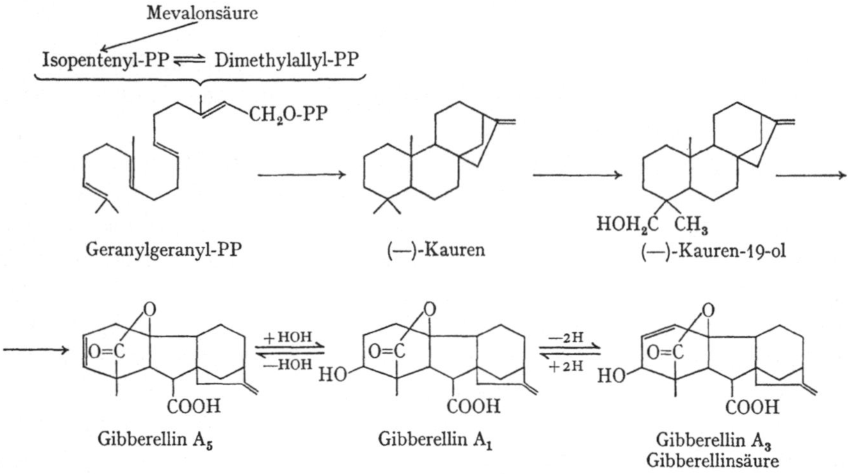

Abb. 22. Die Biosynthese der Gibberelline bei *Gibberella fujikuroa* und im flüssigen Endosperm von *Echinocystis macrocarpa*. Der biogenetische Zusammenhang zwischen den drei Gibberellinen A_5, A_1 und A_3 ist noch hypothetisch

Befunde an Zwergmutanten (s. u.) lieferten darüber hinaus Hinweise auf die biogenetischen Zusammenhänge zwischen den Gibberellinen selbst. Möglicherweise können die Gibberelline A_5, A_1 und A_3 wie in Abb. 22 angegeben ineinander überführt werden.

b1.3. Genetik

Von einer ganzen Reihe von Pflanzen sind Zwergformen bekannt. Ihr Hauptcharakteristicum sind stark gestauchte Internodien. Die Zahl der Internodien ist in der Regel nicht verringert. Die Pflanzen mit Zwergwuchs lassen sich in die beiden Gruppen der „physiologischen" und der „genetischen Zwerge" einteilen.

Physiologische Zwerge kennt man z. B. aus der Gattung *Prunus* (von Aprikose, Pfirsich, Pflaume), von *Malus arnoldiana* und *Päonia suffruticosa*. Nach einer Kältebehandlung nehmen diese physiologischen Zwerge Normalwuchs an. Physiologische Zwerge geben also ihre niedrige Wuchsform auf, wenn bestimmte Außenbedingungen auf sie einwirken konnten. Unter diesem Aspekt kann man auch die Rosetten der Langtagpflanzen und der kältebedürftigen Annuellen und Biennen zu den physiologischen Zwergen zählen. Denn auch sie geben ihren gestauchten Wuchs erst auf, sie schießen erst dann, wenn bestimmte induktive Außenbedingungen auf sie eingewirkt hatten.

Im Gegensatz zu den physiologischen Zwergen werden *genetische Zwerge* durch Variationen der Außenbedingungen in ihrer Wuchsform kaum beeinflußt. Von solchen genetischen Zwergen sind insbesondere diejenigen mit Erfolg untersucht worden, bei denen ein einziges Gen für den Zwergwuchs verantwortlich ist. Solche „Ein-Gen-Zwerge" kennt man u.a. von *Zea mays, Hordeum sativum, Lolium perenne, Pharbitis nil, Pisum sativum* und *Lathyrus odoratus* [123, 124, 141].

Die Bezeichnung „physiologischer" Zwerg darf nicht zu der Annahme verleiten, bei solchen Zwergen sei das Verhalten gegenüber den verschiedenartigen Außenbedingungen etwa nicht genetisch fixiert. Eine genetische Potenz für Normalwuchs ist bei den physiologischen Zwergen sehr wohl vorhanden. Die Bedeutung der Außenfaktoren liegt darin, diese vorhandene genetische Potenz für Normalwuchs zu aktivieren. Bei den genetischen Zwergen dagegen ist die genetische Potenz für Normalwuchs infolge Mutation verlorengegangen oder stark abgeschwächt.

Keineswegs alle, aber doch eine ganze Anzahl physiologischer und genetischer Zwerge können durch Zufuhr von Gibberellinen zu normalem Wuchs gebracht werden. Für dieses positive Ansprechen auf Gibberelline lassen sich mehrere Ursachen denken: Die Zwergformen könnten erstens einen niedrigeren endogenen Gibberellinspiegel aufweisen als die Normalformen. Zweitens könnten die Zwergformen bei gleichem Gibberellingehalt mehr Hemmstoffe der Gibberelline aufweisen als die Normalformen. Solche Antigibberelline wurden im Hanf und in Bohnen nachgewiesen [142]. Ihre chemische Natur ist noch unbekannt. Drittens könnten die Zwergformen gegenüber Gibberellinen weniger empfindlich sein als die Normalformen. Schließlich ließen sich auch Kombinationen dieser Möglichkeiten konstruieren. Welche dieser Möglichkeiten im Einzelfall auch immer verwirklicht sein mag: die betreffende Zwergform wird auf Zufuhr von Gibberellinen mit mehr oder weniger vollständigem Übergang zu normalem Wachstum antworten. Hier ist die erstgenannte Möglichkeit von Interesse. Sie ist bei den Ein-Gen-Zwergen des Maises realisiert.

Die Ein-Gen-Zwerge des Maises sind die bestuntersuchten genetischen Zwerge [123, 124, 143—145]. Von 10 monogen bedingten Zwergmutanten können 5 durch Gibberelline normalisiert werden. Die 5 auf Gibberelline ansprechenden Zwergmutanten tragen die Bezeichnungen d_1, d_2, d_3, d_5 (d = dwarf) und an_1 (an = anther ear). In ihnen ist die Gibberellin-Synthese an jeweils verschiedenen Stellen blockiert. Die Lage der genetisch bedingten Blockierungen ließ sich in Normalisierungsversuchen mit verschiedenen Gibberellinen und Gibberellin-Vorstufen ungefähr feststellen (Tabelle 8).

Die einzelnen Zwergmutanten reagieren auf die Zufuhr der einzelnen Gibberelline unterschiedlich. Alle Mutanten lassen sich durch Gibberellin A_3 leicht normalisieren. Auf A_5 sprechen zwar d_2, d_3, d_5 und an_1 stark an, d_1 dagegen weit schwächer

Tabelle 8. *Lokalisierung des genetischen Blocks in der Gibberellinsäuresynthese von Ein-Gen-Zwergen von Zea mays durch Normalisierungsversuche.*
(Daten in [123, 124, 133, 143—145])

Mutante	Normalisierung			Lage des genetischen Blocks
	A_3	A_5	(−)-Kauren-19-ol	
d_1	+	− oder (+)	−	zwischen A_5 und A_3 ?
d_2	+	+	−	vor A_5
d_3	+	+	−	vor A_5
d_5	+	+	+	vor Kaurenol
an_1	+	+	+	vor Kaurenol

(Abb. 23). Nun lassen sich die Gibberelline A_5 und A_3 durch einfache chemische Veränderungen zumindest theoretisch leicht miteinander in Zusammenhang bringen (Abb. 22). Würde eine solche Abfolge auch bei der Biosynthese eine Rolle spielen und läge des weiteren der genetische Block in der Mutanten d_1 zwischen A_5 und A_3, so wäre es verständlich, daß A_5 bei dieser Mutante wirkungslos bleiben mußte: Die Mutante d_1 vermochte das ihr gebotene A_5 nicht in das physiologisch wirksame Endprodukt A_3 zu überführen. In dem unterschiedlichen Ansprechen der Zwergmutanten auf die Gibberelline A_5 und A_3 kann man also einen wenn auch schwachen Hinweis auf mögliche biogenetische Zusammenhänge zwischen den genannten Gibberellinen sehen.

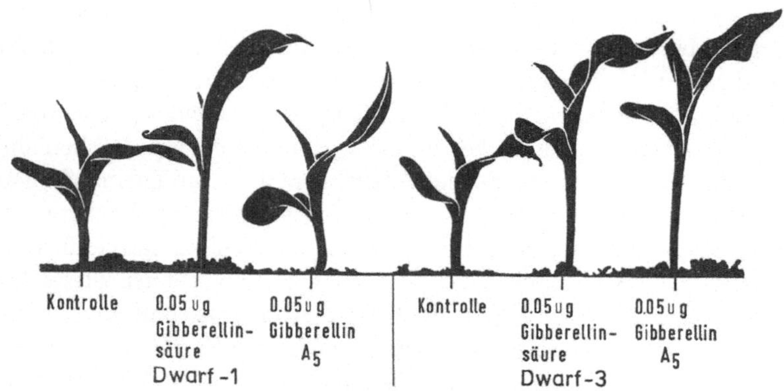

Abb. 23. Die Wirkung von Gibberellinsäure (Gibberellin A_3) und von Gibberellin A_5 auf die Zwergmutanten d_1 und d_3 von *Zea mays*. ug = µg (Aus [124])

Die Mutanten d_2, d_3, d_5 und an_1 reagieren wie erwähnt auf A_5 mit normalem Wachstum. Bei ihnen muß der Block im Syntheseweg demnach vor A_5 liegen. Eine weitere Einengung war für die Mutanten d_5 und an_1 möglich. Beide lassen sich durch Kaurenol und verwandte Diterpene wie das Steviol zu normalem Wachstum bringen. Das bedeutet aber, daß bei ihnen der genetische Block vor der Stufe des (—)-Kauren-19-ol angesetzt werden muß [124, 133].

Bestimmungen des Gehaltes an pflanzeneigenen gibberellinähnlichen Substanzen stützten die Auffassung, die genannten Ein-Gen-Zwerge seien in der Biosynthese von Gibberellinen defekt. In Keimlingen der Mutanten d_3, d_5 und an_1 konnten keine, in denjenigen der Mutanten d_1 und d_2 nur relativ wenig gibberellinähnliche Substanzen nachgewiesen werden [143]. Ebenfalls nachgewiesene Unterschiede im Gehalt an Indol-3-essigsäure, einem weiteren wichtigen Wuchsstoff, sind nur indirekter Art, denn die Mais-Mutanten reagieren auf seine Zufuhr so gut wie überhaupt nicht.

Bei den Ein-Gen-Mutanten von *Zea mays* konnte damit eine grundlegende Veränderung der gesamten Erscheinungsform auf einen jeweils monogen bedingten Defekt in der Biosynthese eines wichtigen Metaboliten zurückgeführt werden.

c) Triterpene

Die Triterpene sind eine chemisch außerordentlich heterogene Stoffklasse, zu der u.a. neben kleineren Gruppen wie den Triterpensäuren, Triterpenalkoholen vor allem die große Gruppe der Steroide gehört. Die Biosynthese der Triterpene verläuft über Farnesyl-pyrophosphat. Zumindest für das Steroid Cholesterin ist exakt bewiesen, daß zwei Einheiten Farnesyl-pyrophosphat bzw. eine Einheit Farnesyl-pyrophosphat + eine Einheit isomeres Nerolidyl-pyrophosphat zunächst durch Kopf-an-Kopf-Addition das offene Triterpen Squalen bilden. Aus ihm entsteht dann durch entsprechende Cyclisierungsprozesse das Grundgerüst der Steroide, das Cyclopentano-perhydrophenanthren, durch dessen Modifikationen die Fülle der verschiedenen Triterpene angeliefert wird, zu denen auch das Cholesterin gehört [146].

Eine derart klare Beweisführung liegt zwar für die meisten anderen Triterpene, insbesondere für diejenigen pflanzlicher Herkunft nicht vor, doch ist immerhin gesichert, daß ihre Biosynthese nach den gleichen Prinzipien verläuft [99, 148].

Zu den Steroiden gehören Stoffe von hohem pharmakologischen oder wirtschaftlichen Wert. Aus dem Pflanzenreich seien die Inhaltsstoffe der Gattung *Digitalis* und die Steroidalkaloide der Gattung *Solanum* genannt. Der Name „Herzglykoside" für die Stoffe aus unseren Fingerhut-Arten weist auf ihre pharmakologische Verwendung hin. Die Steroidalkaloide sind in einigen Vertretern Schutzstoffe gegen Kartoffelkäferbefall [149, 150], in anderen wichtige Ausgangsstoffe für die industrielle Synthese von Steroidhormonen [151]. Man hat sich bemüht, in den genannten Gattungen Rassen mit dem gewünschten Gehalt an Steroiden zu züchten. Soweit diesen Bemühungen Erfolg beschieden war, blieb doch die genetische Grundlage im Detail unklar. Es ließ sich wenig mehr aussagen, als daß eine wohl recht komplizierte genetische Steuerung vorhanden sein muß [111, 112, 152—154]. Weitergehende Aussagen als bei den Digitalisglykosiden und den Steroidalkaloiden ließen sich bei einigen weiteren Triterpenen machen.

c1. Gossypol [155, 156]

In manchen kultivierten, besonders häufig aber in wildlebenden Formen der Baumwolle (*Gossypium* spec.) findet sich in besonderen Pigmentdrüsen der gelbe Farbstoff Gossypol. Gossypol ist für eine Reihe von Schadinsekten und für Säugetiere mit Ausnahme der Wiederkäuer toxisch. Es dürfte ein wichtiger Resistenzfaktor der Baumwolle sein.

Einbau-Versuche bestätigten eine Hypothese, der zufolge Gossypol auf dem üblichen Weg der Terpensynthese über Mevalonat gebildet werden sollte. Nach Zufuhr von Acetat-C^{14} war die Radioaktivitätsverteilung im Molekül des Gossypols so, wie sie bei einem Aufbau der Substanz aus 2×3 Einheiten Mevalonat erwartet werden mußte [157]. Gossypol ist also ein echtes Triterpen.

Über den Bildungsort in der Pflanze herrscht noch keine völlige Klarheit. Zwar vermögen auch isolierte Wurzeln Gossypol zu bilden, doch ist damit noch nicht bewiesen, daß die Wurzel der einzige Syntheseort ist [158].

Über den Gossypol-Gehalt der verschiedenen Baumwollrassen entscheiden zwei Gruppen von Faktoren:

Gene, die die Synthese von Gossypol selbst steuern. Eine Reihe von Baumwollrassen besitzt solche Gene nicht und ist infolgedessen frei von Gossypol.

Gene, die die Ausbildung der Pigmentdrüsen steuern. Bei *Gossypium hirsutum* sind es mindestens vier Genloci, die die Besetzung der Blätter mit den Pigmentdrüsen regulieren. Sie wirken in gleicher Richtung — Ausbildung von Pigmentdrüsen — aber in verschiedener Expressivität. In Anwesenheit von zweien dieser Gene werden nur die Blattränder und die Gegend der Mittelrippe mit Drüsen besetzt. Kommen zwei weitere Gene hinzu, so weitet sich die Drüsenbildung über die gesamte Blattspreite aus [159]. Mit zunehmender Zahl der Drüsen steigt auch der Gehalt an Gossypol, falls die genetische Potenz für die Synthese von Gossypol gegeben ist [160]. Die Untersuchungen zur Genetik der Gossypol-Bildung in der Baumwolle sind somit ein Beispiel dafür, daß eine an sich vorhandene genetische Potenz nur dann voll und ganz realisiert werden kann, wenn bestimmte andere Voraussetzungen, hier die Existenz der Pigmentdrüsen gegeben sind.

c2. *Cucurbitacine* [161]

c2.1. Chemische Konstitution

Die Cucurbitacine sind giftige Bitterstoffe, die in wildwachsenden Kürbisgewächsen (*Cucurbitaceae*) weit verbreitet sind, gelegentlich aber auch in kultivierten Formen auftreten können. Besonders in der Südafrikanischen Union führte der Genuß von bitterstoffhaltigen Früchten immer wieder zu Vergiftungserscheinungen, weshalb dort eine genaue Untersuchung dieser Substanzen in chemischer, biochemischer, pharmakologischer und genetischer Hinsicht in die Wege geleitet wurde.

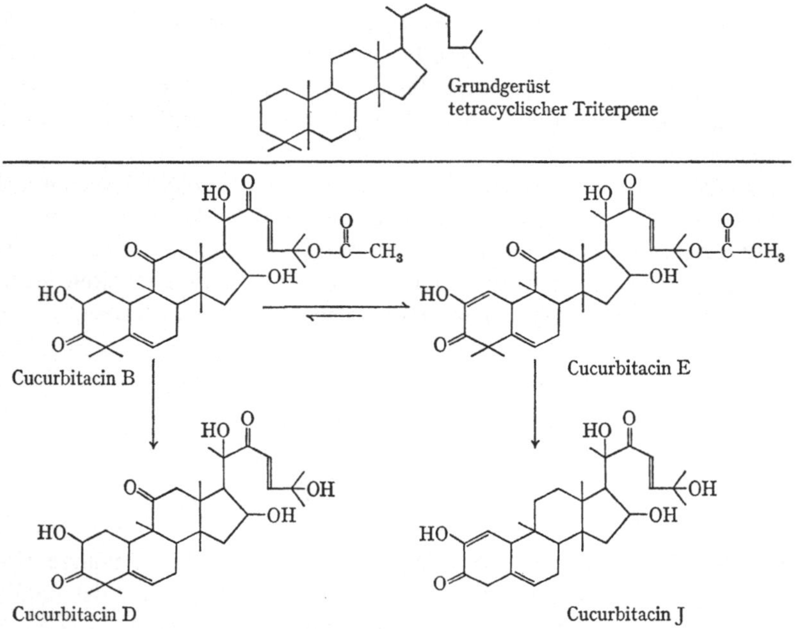

Abb. 24. Biogenetische Zusammenhänge zwischen vier wichtigeren Cucurbitacinen. (Verändert nach [162])

50

Ihrer chemischen Konstitution nach sind die Cucurbitacine tetracyclische Triterpene (Abb. 24). Die Struktur einiger Cucurbitacine, darunter der Cucurbitacine B, D, E und I sind bekannt. B und E besitzen die gleiche acetylierte Seitenkette, unterscheiden sich aber im Ring A, der bei B keine Doppelbindung trägt. D stimmt im Bau des Ringes A mit B, I mit E überein. Beiden fehlt aber die Acetylgruppe in der Seitenkette.

Je nach der Spezies liegen die Cucurbitacine als Aglyka oder als Glykoside in den Früchten vor.

c 2.2. Biosynthese

B und E sind die beiden primären Cucurbitacine. Sie werden im Keimling zuerst gebildet. Die übrigen Cucurbitacine — I, D und weitere Bitterstoffe — kommen gegebenenfalls später hinzu. B und E können durch den Fruchtsaft verschiedener Arten ineinander überführt werden, wobei die Reaktion von B nach E leicht, die umgekehrte Reaktion nur schwer vonstatten geht. Auch die Desacetylierung von B zu D und E zu I ist *in vitro* geglückt. Sie wird von einer Acetylesterase durchgeführt, deren Auftreten nicht an das Vorhandensein von Cucurbitacinen gebunden ist [162]. An diese vier zentralen Cucurbitacine lassen sich vermutlich alle anderen Bitterstoffe biogenetisch anschließen, wie die Reihenfolge ihres ersten Auftretens während der Entwicklung vermuten läßt.

Alle Formen, die keine Glykoside, sondern Aglyka enthalten, führen eine als „Elaterase" bezeichnete β-Glykosidase, die das Aglykon durch Abspalten der Zuckerkomponente freisetzt. In der Spritzgurke *Ecballium elaterium* finden sich ausnahmsweise Glykoside und Elaterase, doch sind beide in frischen Früchten räumlich voneinander getrennt. Glykosid und Enzym kommen erst im überreifen Zustand oder bei Verletzungen miteinander in Kontakt.

Bei *Cucumis anguaria var. longipes* konnten Hinweise auf eine Substratinduktion der Elaterase gewonnen werden. Die genannte Varietät enthält noch in den Fruchtknoten keinerlei Bitterstoffe, weder als Aglykon noch als Glykosid. Erst nach der Befruchtung werden Bitterstoffglykoside gebildet und gleichzeitig steigt die Elaterase-Aktivität stark an. Man könnte also, beweiskräftige Versuche stehen freilich noch aus, versucht sein, den Anstieg in der Elaterase-Aktivität auf eine Induktion durch das Substrat Bitterstoffglykosid zurückzuführen (vgl. S. 261).

c 2.3. Genetik

Es ließ sich eine ganze Anzahl von Genen nachweisen, die jeweils verschiedene Teilschritte der Biosynthese steuern:

Gene, die das Auftreten von Bitterstoffen steuern. Bei einer Reihe von Arten wurden bittere und nicht-bittere Rassen miteinander gekreuzt. Die F_2 spaltete stets im Verhältnis 3:1 bitter:nicht-bitter auf. Die Ausbildung von Cucurbitacinen wird also durch jeweils ein dominantes Gen bestimmt. Diese Aussage gilt gleichermaßen für Keimlinge wie für Früchte.

Mehrfach können zwar die Keimlinge Bitterstoffe führen, während die später gebildeten Früchte frei davon sind. Das Gen für Bitterstoffsynthese kann also im Lauf der Entwicklung inaktiviert werden.

Gene, die die Art der Bitterstoff-Aglyka steuern. Kreuzt man eine Rasse des Kürbis (*Cucurbita pepo*) mit viel E (95 %) und wenig B (5 %) mit einer zweiten

Rasse, die umgekehrt wenig E (20%) und viel B (80%) enthält, so erweist sich „viel E" in der F_1 als dominant. In der F_2 findet sich eine Aufspaltung 3:1 „viel E" : „wenig E". Das Auftreten von E wird also durch ein dominantes Gen bestimmt.

Gene, die die Quantität an Bitterstoffen bestimmen. Die Auswertung entsprechender Kreuzungen wurde durch das Einwirken von Außenfaktoren verschiedener Art erschwert, die ebenfalls die Quantität an Bitterstoffen veränderten. Allem Anschein nach gibt es sowohl dominante Gene, die einen hohen, als auch dominante Gene, die einen niederen Bitterstoffgehalt induzieren.

Gene, die die Ausbildung von Elaterase steuern. Auch hier stören Außenfaktoren und verschleiern die Zahlenverhältnisse. Mehr als die generelle Aussage, daß die Bildung der Elaterase genetisch kontrolliert ist, ließ sich nicht erreichen.

Die Curcurbitacine dürften ein günstiges Ausgangsmaterial für weitere biochemisch-genetische Untersuchungen sein. Da einige Umwandlungen bereits im zellfreien System durchgeführt werden konnten, sollte es in absehbarer Zeit möglich sein, ein bestimmtes Gen mit einem bestimmten Enzym zu korrelieren. Die Schwankungen in Art und Menge der Bitterstoffe in den einzelnen Pflanzenorganen im Lauf der Entwicklung lassen auch Untersuchungen über differentielle Genaktivitäten (S. 237) als aussichtsreich erscheinen.

d) Tetraterpene: Carotinoide

d1. Chemische Konstitution [164]

Die beiden Hauptgruppen der Carotinoide sind die Carotine und die Xanthophylle. Weniger wichtig ist die Gruppe der Carotinoidsäuren, die zwar keine Tetraterpene sind, aber sich aller Wahrscheinlichkeit nach von solchen ableiten und deshalb hier angeschlossen werden.

Carotine sind Kohlenwasserstoffe, deren Molekül aus zwei Einheiten zu je vier 5-C-Körpern durch Kopf-an-Kopf-Addition aufgebaut wird. Infolgedessen findet sich ein Symmetriezentrum in der Mitte des Moleküls. Die aus 40 C-Atomen bestehenden Verbindungen sind mehr oder weniger weitgehend dehydriert. Farbig sind nur Carotinoide mit einer bestimmten Mindestzahl an konjugierten Doppelbindungen. So sind Phytoen und Phytofluen noch farblos. Die erste gefärbte Substanz ist das ζ-Carotin (Strukturformeln Abb. 26).

Außer offenen gibt es auch cyclische Carotine. Bei ihnen bilden die Enden der 40-C-Sequenz entweder auf nur einer oder auf beiden Seiten ein Ringsystem. Solche endständigen Ringsysteme bezeichnet man je nach der Lage ihrer Doppelbindung als α- oder β-Jononringe. Zwei β-Jononringe besitzt das β-Carotin, eines der häufigsten Carotinoide, während das ebenfalls wichtige α-Carotin einen α- und einen β-Jononring aufweist (Abb. 25 und 27).

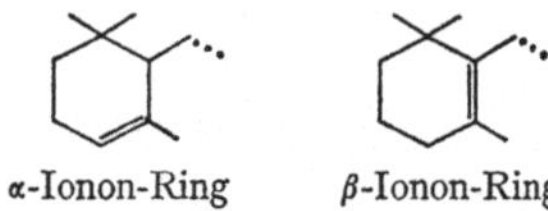

Carotine mit β-Jononringen können im tierischen Organismus in der Mitte des Moleküls gespalten werden, wobei aus den Spalthälften mit dem β-Jononring Vitamin A entstehen kann. Carotine mit dem β-Jononring sind also Provitamine A.

Xanthophylle sind Oxydationsprodukte der Carotine, und zwar nicht nur ihrer Formel, sondern auch ihrer Biosynthese nach. Bei in der C-Zahl unverändertem Grundgerüst kann man sie durch Einfügen von Sauerstoff-Funktionen von den entsprechenden Carotinen ableiten (Abb. 25). Auch von den Xanthophyllen kennt man cyclische und offene Vertreter.

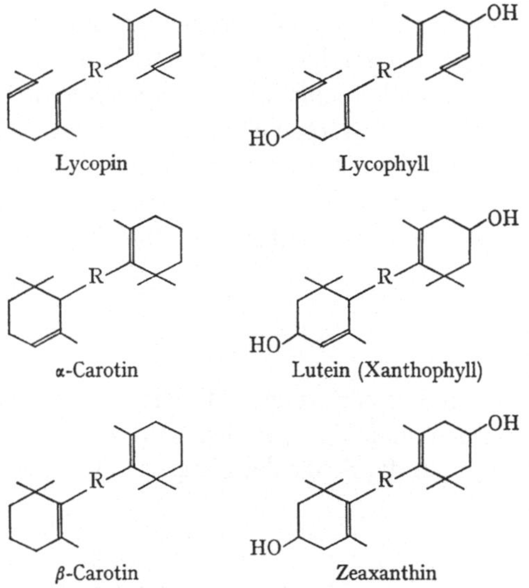

Abb. 25. Einige Carotine und von ihnen ableitbare Xanthophylle

Carotinoidsäuren leiten sich von Carotinen bzw. Xanthophyllen zumindest formelmäßig durch oxydativen Abbau des C-Gerüstes von beiden Enden her ab. Eine bekannte Carotinoidsäure ist das Crocetin. Durch Veresterung seiner beiden Carboxylgruppen mit je einem Molekül Gentiobiose erhält man das Crocin, den gelben Farbstoff in den Narben des Safrans *Crocus sativus*.

Bei allen Carotinoiden ist durch die Doppelbindungen die Möglichkeit zur Stereoisomerie gegeben. In der Natur scheinen die all-trans-Formen, bei denen sich alle Gruppen in trans-Stellung befinden, vorzuherrschen.

Die Carotinoide sind gelb bis rot gefärbt. Auf Grund ihres lipophilen Charakters sind sie in der Regel nicht wie bestimmte ebenfalls gelbe Flavanderivate (S. 65) im Zellsaft gelöst, sondern sind in Plastiden lokalisiert. Im Zellsaft finden sich vor allem Carotinoidsäuren und ihre Zuckerester.

d2. *Biosynthese* [66, 98, 165, 319, 1157]

d2.1. Bildung des 40-C-Grundgerüstes

Acetat-C^{14}, Mevalonat-C^{14}, Isopentenyl-pyrophosphat-C^{14} und Farnesyl-pyrophosphat-C^{14} wurden *in vivo* und in einigen Fällen auch von isolierten Plastiden in Carotinoide eingebaut. Triterpene entstehen durch Kopf-an-Kopf-Addition von zwei Einheiten Farnesyl-pyrophosphat. Ganz entsprechend sollten die Tetraterpene durch eine Kopf-an-Kopf-Addition von zwei Einheiten Geranyl-geranyl-pyrophosphat gebildet werden. Ein Einbau von Geranyl-geranyl-pyrophosphat in Carotinoide ist bislang zwar noch nicht nachgewiesen worden. Aber es konnte gezeigt werden, daß der Einbau von Farnesyl-pyrophosphat in Carotinoide durch Isopentenyl-pyrophosphat stimuliert wird. Man darf annehmen, daß dabei Farnesyl-pyrophosphat durch Anlagerung von Isopentenyl-pyrophosphat zunächst in Geranyl-geranyl-pyrophosphat überführt wird, das dann Kopf-an-Kopf zusammengeschlossen wird.

Ein Unterschied zur Synthese der Triterpene aus Farnesyl-pyrophosphat sei erwähnt: Bei den Triterpenen erfolgt die Kopf-an-Kopf-Addition unter gleichzeitiger Reduktion. Dem Squalen fehlt infolgedessen eine mittelständige Doppelbindung. Das entsprechende Tetraterpen wäre das Lycopersen. Die Kopf-an-Kopf-Addition führt aber im Fall der Tetraterpene nicht zu dem zentral hydrierten Lycopersen, sondern ohne Reduktion zum Phytoen, das eine mittelständige Doppelbindung aufweist. Das Phytoen ist der erste 40-C-Körper in der Biosynthese der Carotinoide.

d 2.2. Dehydrierungen

Das Phytoen kann durch Dehydrierungen, Cyclisierungen und die Einführung von Sauerstoff-Funktionen verändert werden. Auf diese Weise leitet sich von der Muttersubstanz Phytoen die Schar der übrigen Carotinoide ab.

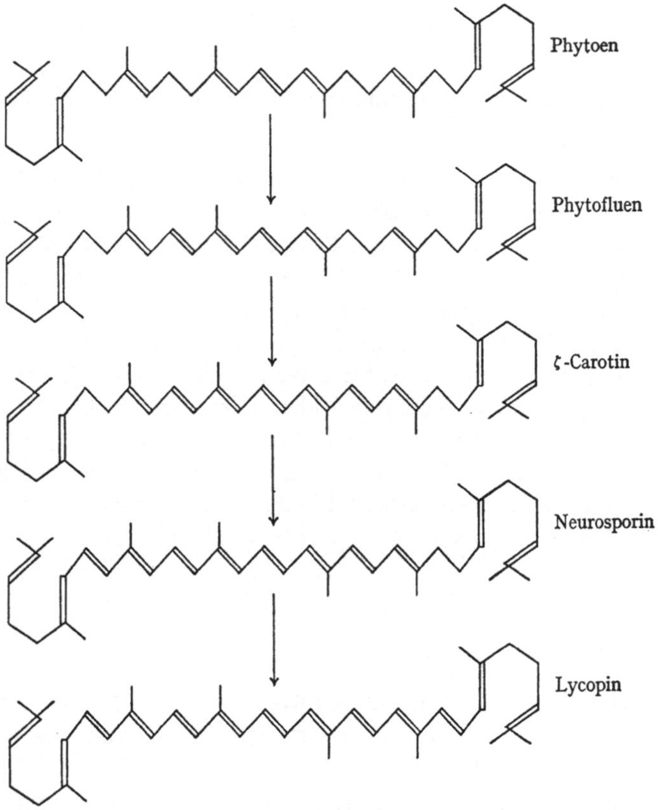

Abb. 26. Die Dehydrierungen des in der Carotinoid-Synthese zuerst gebildeten C_{40}-Körpers, des Phytoens, bis zum Lycopin

Durch zu den Kettenenden hin fortschreitende Dehydrierungen entstehen aus dem Phytoen das Phytofluen, ζ-Carotin, Neurosporin und Lycopin (Abb. 26). Das Lycopin, der Hauptfarbstoff roter Tomaten, ist das erste Carotin in dieser Sequenz, das von der letzten 5-C-Einheit an jedem Molekülende abgesehen ein durchgehendes System konjugierter Doppelbindungen aufweist.

d2.3. Cyclisierungen

Was die Cyclisierung anbelangt, so ist noch nicht endgültig entschieden, von welchem offenen Carotin aus sie gestartet wird. Vor allem Neurosporin und Lycopin werden als Ausgangssubstanzen in Betracht gezogen (Wege a und b in Abb. 27).

Für eine vom Neurosporin ausgehende Cyclisierung spricht unter anderem, daß die erwarteten Zwischenstufen α- und β-Zeacarotin tatsächlich im Mais nachgewiesen werden konnte [166]. Doch könnte es sich bei ihnen auch um Endglieder von vom Neurosporin ausgehenden Synthesen handeln, die nicht mit dem γ-Carotin bzw. δ-Carotin im Zusammenhang stehen.

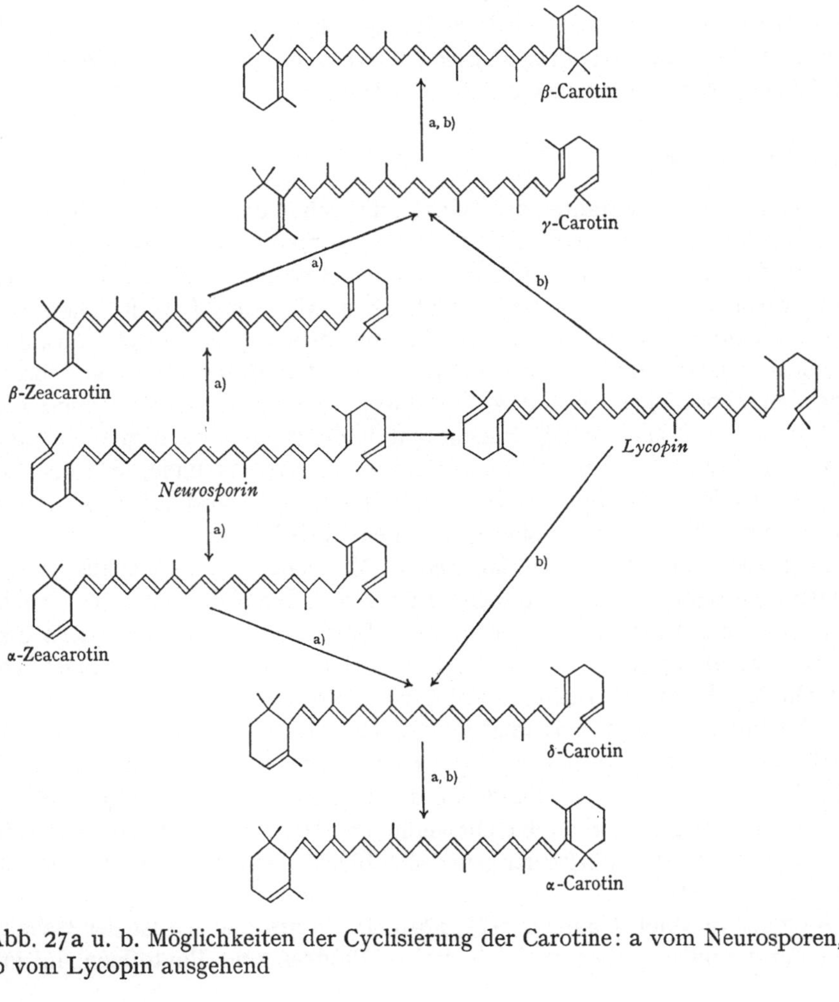

Abb. 27a u. b. Möglichkeiten der Cyclisierung der Carotine: a vom Neurosporen, b vom Lycopin ausgehend

Für eine vom Lycopin ausgehende Cyclisierung spricht unter anderem, daß Plastiden aus Mais, Tomate und Spinat Lycopin in δ-, γ-, und β-Carotin überführen können [167—169].

d2.4. Oxydationen

Befunde an *Chlorella* und *Euglena*, vor allem aber auch an Bakterien wie *Rhodospirillum* und *Rhodopseudomonas* zeigten, daß Xanthophylle durch Aufoxydation von Carotinen entstehen können.

Für höhere Pflanzen ist es noch ungeklärt, wann im Lauf der Biosynthese die Sauerstoff-Funktionen eingeführt werden. Möglicherweise können die Oxydationen je nach der Spezies bald vor, bald nach der Cyclisierung stattfinden. Allem Anschein nach können auch umgekehrt Xanthophylle zu Carotinen reduziert werden [169, 170].

d3. Genetik

An einer ganzen Reihe wirtschaftlich wichtiger Pflanzen wurden Untersuchungen zur Genetik der Carotinoid-Synthese durchgeführt, so an Erbsen, Gerste, Mais, Mango, Mohrrüben, Orangen, Paprika, Pfeffer, Reis, Süßkartoffeln, Tomaten und Weizen. Am besten untersucht ist die Tomate.

d3.1. Tomate [190]

Man kennt mehrere Mutanten der Tomate, die sich in der Qualität und Quantität ihrer Carotinoide untereinander und von der Normalform unterscheiden. Normal rote Früchte führen als Hauptcarotinoid das Lycopin, begleitet von mengenmäßig weniger wichtigen weiteren Carotinoiden wie dem β-Carotin. Dieses Carotinoidspektrum resultiert aus einem Zusammenspiel einer ganzen Anzahl verschiedener Genloci, die sich an Hand der erwähnten Mutanten fassen ließen. Im folgenden sei nacheinander auf die Wirkungen der einzelnen Genloci eingegangen.

R bzw. *r* (red, [171—174]). Ersetzt man in der roten Normalfrucht R gegen r, so wird die Synthese aller Carotinoide gehemmt. Lycopin findet sich überhaupt nicht mehr oder nur in Spuren, der Gehalt an β-Carotin wird auf ein Drittel oder weniger gesenkt. r/r-Früchte sind gelb. Offensichtlich kontrollieren R bzw. r die Bildung einer Vorstufe für alle Carotinoide. Man kann mit der Lokalisierung der Genwirkung sogar vor das Phytoen zurückgehen. Denn da sich in r/r-Früchten kein Phytoen anhäuft, muß der genetische Block noch vor dem Phytoen liegen.

At bzw. *at* (apricot, [175, 176]). Die Wirkung von at ist derjenigen von r sehr ähnlich. In at/at-Früchten wird der Gehalt an allen Carotinoiden gesenkt. Die Früchte werden aprikosenfarbig. Jedoch wirkt at weniger drastisch als r. Der Lycopin-Gehalt liegt höher als in r/r-Früchten. Der Gehalt an β-Carotin, der ja auch durch r weniger beeinflußt wurde als der an Lycopin, ist gegenüber der Normalfrucht sogar überhaupt nicht verändert. Da sich auch in at/at-Früchten kein Phytoen anhäuft, dürfte der genetische Block wie im Fall von r vor der Stufe des Phytoens liegen.

Hp bzw. *hp* (high pigment, [177, 179]). In hp/hp-Pflanzen ist der Gehalt an allen Carotinoiden gesteigert, auch der an Phytoen und Phytofluen. hp greift also ebenfalls noch vor der Stufe des Phytoens in die Biosynthese der Carotinoide ein.

Ein weiterer Effekt von hp macht sich an den Blättern bemerkbar. hp/hp-Pflanzen führen mehr Chlorophyll in ihren Blättern als Normal-Pflanzen [187]. Die Ursache hierfür liegt möglicherweise in einer mit erhöhtem Carotinoid-Gehalt ebenfalls erhöhten Schutzwirkung der Carotinoide gegen Photo-Oxydation der Chlorophylle (S. 59).

Gh bzw. *gh* (ghost, [174]). Unter normal rotfrüchtigen Tomaten fand sich eine Chlorophyll-Mutante mit einer instabilen Chlorophyll-Deficienz. Solche gh/gh-Mutanten keimen mit grünen Cotyledonen, verlieren dann aber ihren Chlorophyllgehalt rasch. Durch Pfropfkombinationen mit normal grünen Tomaten kann man ghost-Triebe zum Fruchten bringen.

Die ghost-Früchte sind kleiner als normal und zunächst milchweiß. Gelegentlich treten — die Chlorophyll-Deficienz ist ja instabil — in den Früchten grüne Sektoren auf. gh/gh-Früchte enthalten an Stelle von Lycopin das farblose Phytoen. Das Gen Gh steuert also anscheinend die Überführung von Phytoen in Lycopin. Sein recessives Allel gh vermag diese Umwandlung nicht zu induzieren.

Eine Schwierigkeit bei dieser Interpretation schien darin zu liegen, daß von Gh bzw. gh ja nicht nur der Lycopin-Gehalt, sondern auch die Chlorophyll-Ausbildung beeinflußt wird. Eben wurde jedoch schon erwähnt, daß Veränderungen in der Carotinoid-Synthese sekundäre Veränderungen im Chlorophyllgehalt nach sich ziehen können. Eine gesteigerte Carotinoidsynthese kann sich wie im Fall von hp positiv auf den Chlorophyll-Gehalt auswirken. Wie im folgenden Abschnitt genauer ausgeführt wird, hat man auch das negative Gegenstück hierzu mehrfach aufgefunden: Ein Defekt in der Carotinoid-Synthese kann sekundär einen Chlorophyll-Defekt mit all seinen weiteren Folgeerscheinungen nach sich ziehen. Die Mutante ghost könnte ein weiterer Fall einer solchen sekundären Störung der Chlorophyll-Ausbildung sein.

Die Beziehungen zwischen Carotinoid- und Chlorophyll-Gehalt lassen sich nun nicht immer auf die einfache Formel „Mehr Carotinoide — mehr Chlorophylle" oder umgekehrt „Weniger Carotinoide — weniger Chlorophylle" bringen. Gerade auch von der Tomate ist eine Mutante „dirty red" oder green flesh" bekannt, die auch in der reifen Frucht noch Chlorophyll enthält. Folge der Carotinoid-Chlorophyll-Mischung ist die „schmutzig-rote" Färbung der Frucht. Diese Mutante führt nun nicht mehr, sondern weniger Carotinoide. Eine erste Erklärungsmöglichkeit für diesen Befund wäre, daß die Carotinoid- und die Chlorophyll-Synthese um gemeinsame 20-C-Vorstufen konkurrieren. In der Carotinoidsynthese werden ja je zwei 20-C-Einheiten zur Kopf-an-Kopf-Addition benötigt und im Chlorophyll ist der 20-C-Alkohol Phytol enthalten. Es wäre aber auch möglich, daß die Carotinoide in ihrer Mitte gespalten und die anfallenden 20-C-Einheiten in Phytol überführt werden. Eine derartige Verwertung von Carotinoiden in der Phytol- und damit auch Chlorophyll-Synthese war bereits bekannt [178].

T bzw. *t* (tangerine, [171, 173, 180—182]). Tauscht man das in der Normalfrucht vorliegende T gegen sein recessives Allel t aus, so werden an Stelle des Lycopins vermehrt ζ-Carotin und Prolycopin gebildet. Prolycopin ist ein Isomer des Lycopins, das eine Reihe von cis-Konfigurationen aufweist. Nach diesen Daten könnte T entweder die Umwandlung von ζ-Carotin in Lycopin [182] oder die von Prolycopin in Lycopin [181] bewirken. Ihrem Mechanismus nach sind die beiden Umwandlungen grundverschieden. Denn im ersten Fall handelt es sich um Dehydrierungen, im zweiten um stereochemische Umformungen. Da ζ-Carotin im Hauptsyntheseweg des Lycopins liegt, ist die erstgenannte Möglichkeit einer Überführung von ζ-Carotin in Lycopin die wahrscheinlichere.

b bzw. *B* (beta-orange, [172, 173, 176, 183—185]). Führt man aus *Lycopersicon hirsutum* das dominante Gen B in normal rote Tomaten (L. esculentum) ein, so bilden die Früchte anstatt Lycopin β-Carotin. B-Früchte sind orange gefärbt. Was den Wirkungsmechanismus des Gens B anbelangt, so dürfte es die Cyclisierung einer offenen Vorstufe kontrollieren. Um von einer offenen Vorstufe wie etwa dem Lycopin zum β-Carotin zu gelangen, sind zwei Cyclisierungen notwendig, von denen jede einen der beiden β-Jonon-Ringe liefert. Man darf annehmen, daß beide, in ihrem Mechanismus gleiche Cyclisierungen auch gleichermaßen von B gesteuert werden.

Erwähnt sei, daß es ein Gen mit der Wirkung von B auch bei einer anderen Tomaten-Art, bei *L. pimpinellifolium* gibt. Eine auf den Galapagos heimische Rasse dieser Art führt verglichen mit den Festlandsrassen wesentlich mehr β-Carotin. Das steuernde Gen dürfte dem Gen B von *L. hirsutum* sehr ähnlich, wenn nicht mit ihm identisch sein [185].

Mo$_B$ bzw. *mo$_B$* (modifier of beta-orange, [186]). Das dominante Allel Mo$_B$ schwächt den Einfluß von B ab. B-Früchte, die gleichzeitig Mo$_B$ enthalten, führen weniger β-Carotin und mehr Lycopin als B-Tomaten ohne Mo$_B$.

Del bzw. *del* (delta, [188, 189]). Früchte mit einem oder zwei Del-Allelen enthalten wesentlich mehr δ-Carotin als del/del-Früchte. Auch der Gehalt an α-Carotin ist erhöht, der an Lycopin dagegen erniedrigt. Phytoen wird nicht beeinflußt. Del induziert also die Bildung des α-Jononringes. Wie entsprechende Kreuzungsanalysen mit B-Stämmen und Del-Stämmen zeigten, konkurrieren die Gene B und Del um eine gemeinsame Vorstufe, bei der es sich um Lycopin handeln könnte. In Anwesenheit von B wird diese Vorstufe unter Bildung von β-Jononringen, in Anwesenheit von Del unter Bildung eines α-Jonon-Ringes cyclisiert.

In Abb. 28 sind die Wirkungen der eben aufgezählten Gene im Biosyntheseweg der Carotinoide lokalisiert. Das Schema geht von der Voraussetzung aus, daß Lycopin im Biosyntheseweg des β- und auch des δ-Carotins liegt. Der endgültige Beweis hierfür steht wie erwähnt (S. 55) noch aus.

$$\downarrow \text{At, Hp, R}$$
$$\text{Phytoen}$$
$$\downarrow \text{Gh}$$
$$\zeta\text{-Carotin}$$
$$\downarrow \text{T}$$
$$\text{Lycopin} \xrightarrow{\text{Del}} \delta\text{-Carotin}$$
$$\downarrow \text{Mo}_B,\ B$$
$$\gamma\text{-Carotin}$$
$$\downarrow \text{Mo}_B,\ B$$
$$\beta\text{-Carotin}$$

Abb. 28. Lokalisation von Genwirkungen im Biosyntheseweg der Carotine nach Untersuchungen an der Tomate

d3.2. Chlorophyll-Mutanten mit Defekten in der Carotinoid-Synthese

Wie schon ausgeführt, kann das Erscheinungsbild einer „Chlorophyll-Mutante"
auf ganz verschiedene Ursachen zurückgehen. Eine dieser Ursachen ist ein genetisch bedingter Block in der Carotinoidsynthese.

Bei bestimmten Albino-Mutanten des Maises ist nicht nur die Synthese der
Chlorophylle, sondern auch die der Carotinoide gestört. So führt von zwei genauer
untersuchten, monogen bedingten Albino-Mutanten die eine an Stelle von β-
Carotin ζ-Carotin, die andere Lycopin [191]. Die eine Mutante weist also einen
genetischen Block nach der Stufe des ζ-Carotins, die andere nach der Stufe des
Lycopins auf. Nun ist in beiden Mutanten aber noch außerdem die Ausbildung
der Chlorophylle unterbunden. Damit stellte sich die Frage, ob beide Gruppen
von Plastidenpigmenten, die Chlorophylle und die Carotinoide, unabhängig voneinander beeinflußt werden, oder ob eine Veränderung der einen Komponente
eine Veränderung auch der anderen nach sich zieht.

Die zweite Möglichkeit traf zu. Denn wenn man Keimlinge der beiden Mutanten bei niederen Lichtintensitäten aufzieht, bilden sie dieselben Chlorophylle
wie die Normalform, aber nach wie vor „Defekt-Carotinoide". Erhöht man die
Lichtintensität auf die des Tageslichtes, so bleichen die bislang grünen Keimlinge
infolge Chlorophyll-Abbaus aus. Der Defekt in der Carotinoid-Synthese ist also
primär, der in der Chlorophyll-Ausbildung sekundär [192—194].

Man kennt beim Mais eine stattliche Anzahl weiterer Albino-Mutanten, die
ebenfalls einen Defekt in ihrer Carotinoid-Synthese aufweisen, darunter eine
Form, die an Stelle von β-Carotin Phytoen führt [195, 196]. Diese und 17 weitere
daraufhin untersuchte Mutanten bildeten bei der Keimung Protochlorophyll, das
bei Belichtung zunächst auch in Chlorophyll überführt wird. Bei weiterer Belichtung bleicht das Chlorophyll jedoch aus [195—197]. Die genetische Potenz zur
Chlorophyll-Synthese ist also in allen diesen Mutanten vorhanden. Das Verschwinden des Chlorophylls ist auch hier sekundärer Natur.

Auch bei der Sonnenblume hat man zwei Chlorophyll-Mutanten gefunden,
eine *albina*- und eine *xantha*-Form, die einen Defekt in ihrer Carotinoid-Synthese
aufweisen. In schwachem Licht bilden beide Mutanten Chlorophyll, d.h. der
Defekt in der Chlorophyll-Ausbildung ist auch bei ihnen sekundär [198, 199].

Möglicherweise lassen sich noch weitere Chlorophyll-Mutanten mit einer gestörten Carotinoid-Synthese in Zusammenhang bringen. Wie schon erwähnt
(S. 20) kann die Gersten-Mutante *xantha*-23 durch Leucin normalisiert werden.
Leucin könnte dabei auf zwei Wegen wirksam werden, einmal als Protein-Bau-
stein, speziell als Baustein des Strukturproteids der Chloroplasten, zum anderen
als Vorstufe in der Biosynthese der Carotinoide. Hier interessiert die zweite
Möglichkeit: Von Mikroorganismen ist bekannt, daß sie Leucin in Mevalonat
[70, 84] und dann in Carotine [200] überführen können. Auch bei der Gerste dürfte
dieser Weg gangbar sein, denn man hat nachgewiesen, daß Leucin in ihre Carotinoide eingebaut werden kann [201]. Demnach könnte die normalisierende Wirkung von Leucin darauf beruhen, daß ein Engpaß in der Leucinversorgung beseitigt wird, der zu Störungen auch der Carotinoid-Synthese geführt hatte.

In einer Albino-Mutante des Weizens findet sich ein Defekt ebenfalls im Stoffwechsel des Leucins, der im gleichen Sinn interpretiert wurde [201]. In dieser

Mutante häuft sich Leucin an, d.h. nicht die Synthese, sondern die weitere Verwendung von Leucin möglicherweise auch für die Carotinoid-Synthese ist unterbunden.

Bei diesen Deutungen ist eines zu berücksichtigen: Es liegen keinerlei Daten zur Bedeutung des Leucin-Weges der Mevalonat-Bildung in höheren Pflanzen vor. Damit muß es fraglich bleiben, ob ein Defekt auf diesem Weg sich trotz des ungestörten Funktionierens der Acetat-Route der Mevalonatsynthese überhaupt auf die Carotinoid-Synthese auswirken kann.

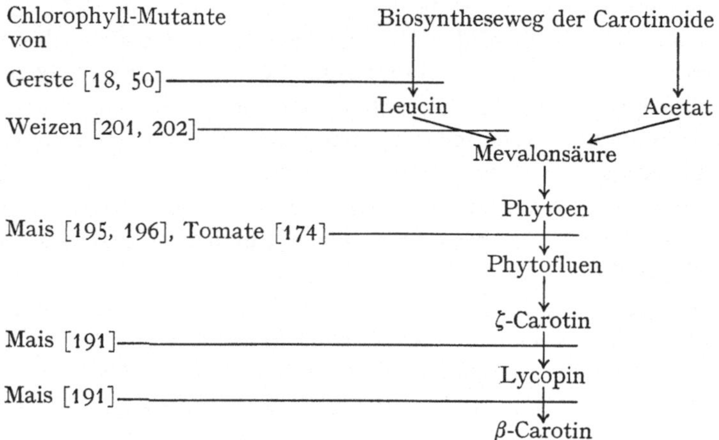

Abb. 29. Einige Chlorophyll-Mutanten mit einem genetischen Block in der Carotinoid-Biosynthese. Literatur in Klammern

Das Ausbleichen der Chlorophylle ist ein oxydativer Prozeß. Hierzu nur ein Befund, der an Mutanten gemacht wurde: eine Albino-Mutante des Maises verliert ihr im Schwachlicht gebildetes Chlorophyll bei Erhöhung der Lichtintensität. Dieser Chlorophyll-Abbau unterbleibt jedoch, wenn man die höheren Lichtintensitäten in N_2-Atmosphäre, also unter Ausschluß von Luft-Sauerstoff zuführt [196].

Der Causalzusammenhang zwischen diesem oxydativen Ausbleichen der Chlorophylle und den Defekten in der Carotinoid-Synthese ist noch nicht völlig geklärt. Aller Wahrscheinlichkeit nach leiten die Carotinoide der Mutanten im photoaktivierten Zustand Oxydationsprozesse ein, die von den Carotinoiden der Normalform nicht induziert werden. Von diesen Oxydationsvorgängen werden auch die Chlorophylle betroffen (z.B. [203—206]).

Im folgenden Schema sind die hier erwähnten Chlorophyll-Mutanten zusammengestellt, soweit der genetische Block in ihrer Carotinoid-Synthese wenigstens annähernd lokalisiert werden konnte (Abb. 29).

e) Polyterpene: Kautschuk

Kreuzungsexperimente innerhalb der Gattung *Cryptostegia* (*Asclepiadaceae*) erbrachten den Beweis, daß die Fortführung des Hauptweges der Terpenoid-Synthese bis zu den Polyterpenen (Abb. 18) unter genetischer Kontrolle steht. *Cryptostegia grandiflora* führt Kautschuk, *Cr. madagascariensis* das Triterpen

Lupeol. Nach Kreuzungen beider Arten findet sich in der F_1 einheitlich Kautschuk. Die F_2 spaltet im Verhältnis $3:1$ Kautschuk:Lupeol. Die Kautschuk-Bildung wird also durch ein dominantes Gen bedingt [207].

Der Wirkungsort dieses Gens läßt sich wenigstens tentativ angeben. Die letzte Zwischenstufe, die Kautschuk und Triterpene gemeinsam haben, ist das Farnesyl-pyrophosphat ([105], Abb. 18). Nach der Stufe des Farnesyl-pyrophosphates gabeln sich die Wege. Ist das dominante Kautschuk-Gen vorhanden, so werden entweder n Einheiten Farnesyl-pyrophosphat Kopf-an-Schwanz oder eine Einheit Farnesyl-pyrophosphat mit n Einheiten Isopentenyl-pyrophosphat ebenfalls Kopf-an-Schwanz zusammengeschlossen. In beiden Fällen resultiert das Polyterpen Kautschuk. Liegt das Kautschuk-Gen dagegen in seinem recessiven

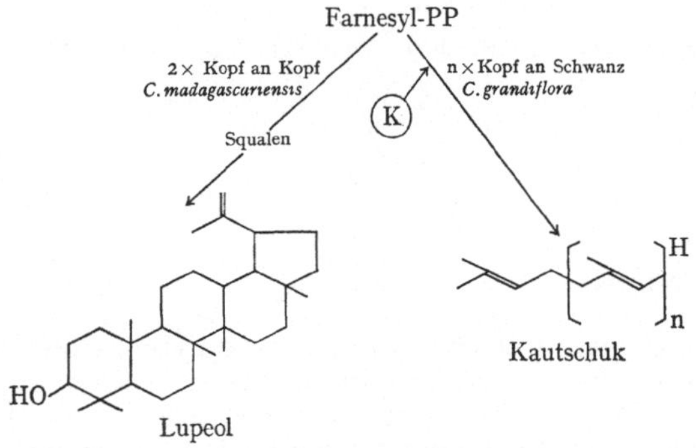

Abb. 30. Die genetische Kontrolle der Kautschuk- bzw. Lupeol-Synthese in der Gattung *Cryptostegia*. K = Gen für Kautschuk-Synthese

Allel vor, so werden zwei Einheiten Farnesyl-pyrophosphat Kopf an Kopf zunächst zu Squalen kondensiert. Das Squalen wird dann in das cyclische Triterpen Lupeol überführt. Ein Gen entscheidet also in der Gattung *Cryptostegia* darüber, ob die Kopf-an-Schwanz-Addition bis zum Kautschuk hin fortgesetzt oder ob statt dessen die Synthese-Folge durch eine Kopf-an-Kopf-Addition kurzgeschlossen wird (Abb. 30).

V. Phenole und Phenolderivate [210]

1. Chemische Konstitution [66, 212]

Zu den Phenolen zählt man Substanzen mit einem aromatischen Ringsystem, das mindestens eine Hydroxylfunktion aufweist. Von diesen Phenolen der Formel nach ableitbar sind Phenolderivate, bei denen die Hydroxylgruppe durch eine Carbonylfunktion ersetzt sein kann und die mehr oder weniger umfangreiche weitere Substituenten an ihrem aromatischen System tragen können. Unter den Begriff der Phenole und Phenolderivate fallen also recht verschiedenartige Substanzen. Auch ihrer Biosynthese nach sind die Phenole und Phenolderivate eine heterogene Gruppe. Hier seien nur solche Vertreter der Stoffklasse behandelt, die sich ihrer Biosynthese nach von Acetat über Malonat oder von Shikimisäure oder von beiden Substanzen herleiten. Auf Phenole, die ihrer Biosynthese nach wie Thymol und Gossypol Terpenoide sind [211], wird im folgenden nicht eingegangen. Der nachstehenden Besprechung sei vorausgeschickt, daß die meisten Phenole in den Pflanzen nicht als solche, sondern als Glykoside, Zuckerester oder Depside (S. 63) vorliegen [213].

a) Einfache Phenole

Einfache Phenole bestehen aus einem aromatischen Kern, in den ein bis mehrere Hydroxylgruppen eingeführt sind. Diese Hydroxyle können in ihre Methyläther überführt werden. So ist das Arbutin oft mit seinem Methyläther, dem Methylarbutin vergesellschaftet. Weitere Substituenten fehlen den einfachen Phenolen. Das wichtigste in der Natur vorkommende einfache Phenol ist das Hydrochinon, das als Glukosid Arbutin z.B. in den Blättern von Birnen und *Ericaceen* zu finden ist.

Phenol   Hydrochinon   Arbutin

b) Phenolcarbonsäuren

Phenolcarbonsäuren tragen zusätzlich zu ihren Hydroxylsubstituenten, die wieder als Methyläther vorliegen können, eine 1-C-Seitenkette in Form einer Carboxylgruppe. Von den angeführten Phenolcarbonsäuren schließen sich oft zwei Einheiten Gallussäure zu einem Dimeren, der Ellagsäure zusammen. Durch Polymerisation vieler Einheiten Gallussäure und Ellagsäure entsteht eine der beiden großen Gruppen der Gerbstoffe, die der Gallotannine [1159].

p-Oxybenzoesäure   Protocatechusäure   Gallussäure

Vanillinsäure   Syringasäure

c) Zimtsäuren

Die Zimtsäuren tragen an ihrem aromatischen Kern eine Seitenkette aus drei C-Atomen, die eine Doppelbindung aufweist und mit einer Carboxylgruppe endigt. Substanzen, die wie die Zimtsäuren aus einem aromatischen Ringsystem mit einer 3-C-Seitenkette bestehen, bezeichnet man als Phenylpropanderivate. Namengebend für die Gruppe der Zimtsäuren ist die Zimtsäure selbst, von der sich die übrigen Vertreter durch Einfügen von Substituenten in das Ringsystem herleiten lassen.

Von den angeführten Zimtsäuren sind die 3,4,5-Trihydroxyzimtsäure und die 5-Hydroxyferulasäure noch nicht aus pflanzlichem Material isoliert worden. Jedoch konnte wahrscheinlich gemacht werden, daß sie in geringer stationärer Konzentration in Pflanzen vorkommen können.

Die Zimtsäuren liegen in den Pflanzen seltener frei, häufiger als Glykoside, Zuckerester oder Depside vor. Solche Depside sind Ester von aromatischen Hydroxysäuren mit einer zweiten aromatischen Hydroxysäure oder mit einer anderen Oxysäure. Zimtsäuren bilden gerne mit der Chinasäure Depside. Der bekannteste und häufigste dieser Zimtsäure-Chinasäure-Ester ist die Kaffeesäure-Chinasäure-Verbindung, die Chlorogensäure [214].

Zimtsäure

p-Cumarsäure

Kaffeesäure

Ferulasäure

3,4,5-Trihydroxy-zimtsäure

5-Hydroxy-ferulasäure

Sinapinsäure

d) Cumarine

Cumarine sind wie die Zimtsäuren Phenylpropanderivate. Ihre biogenetische Verwandtschaft mit den Zimtsäuren (s. oben) kommt schon im Formelbild zum Ausdruck. Oxydiert man z. B. die cis-Zimtsäure zur o-Oxy-cis-zimtsäure und bildet dann das Lacton, so erhält man das Cumarin selbst. Entsprechende Ableitungen lassen sich für alle anderen Zimtsäuren durchführen. Man erhält dann eine Schar verschiedener Cumarine: aus p-Cumarsäure das Umbelliferon, aus Kaffeesäure das Aesculetin, aus Ferulasäure das Scopoletin, aus 5-Hydroxyferulasäure das Fraxetin, aus Sinapinsäure das Isofraxetin. Mit dem Cumarin verwandt ist das Melilotin, das sich von der Melilotsäure herleitet. Die Melilotsäure ihrerseits ist eine in der Seitenkette aufhydrierte o-Oxy-zimtsäure.

cis-Zimtsäure

o-Oxy-cis-zimtsäure

Cumarin

Melilotsäure

Melilotin

Umbelliferon

Äsculetin

Scopoletin

Fraxetin

Isofraxetin

63

In unverletzten Pflanzen liegt das Cumarin selbst überwiegend als „gebundenes Cumarin" vor [215—218]. Bei diesem gebundenen Cumarin handelt es sich um das β-Glukosid der Cumarinsäure, aus dem bei Verletzungen und beim Trocknen durch eine β-Glukosidase das Cumarin freigesetzt wird (S. 77).

In verdorbenem Heu findet sich oft das Dicumarol, das von Pilzen aus Zwischenstufen der Cumarinsynthese gebildet wird. Dicumarol ruft bei Schafen und Rindern das „sweet-clover-disease" hervor (S. 77).

e) Lignin [219—224]

Der Holzstoff Lignin ist eine für viele Landpflanzen unerläßliche Errungenschaft. Denn das Lignin ist die wichtigste Skelettsubstanz der Pflanzen [1]. Es findet sich als Inkruste zwischen den Cellulosefibrillen der Zellwände und in Intercellularen. Der pflanzliche Organismus verdankt dieser Kittsubstanz einen Großteil seiner mechanischen Eigenschaften.

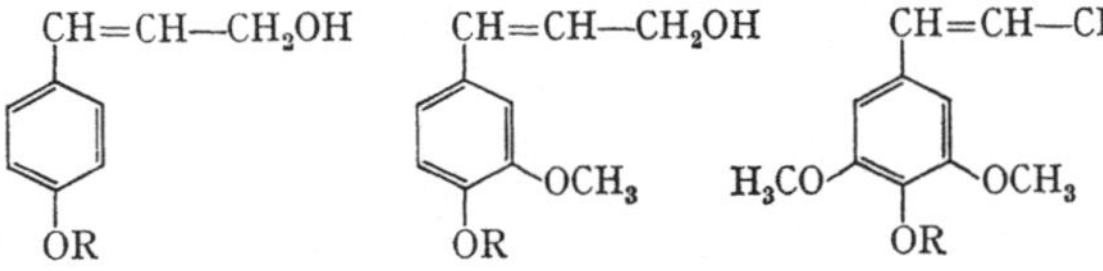

R = H:	p-Cumaryl-alkohol	Coniferyl-alkohol	Sinapyl-alkohol
R = Glukose:	Gluko-cumaryl-alkohol	Coniferin	Syringin

Lignin ist eine hochpolymere Substanz. Seine Bausteine sind die der p-Cumarsäure, der Ferulasäure und der Sinapinsäure entsprechenden Alkohole p-Cumaryl-alkohol, Coniferyl-alkohol und Sinapyl-alkohol. Lignin ist also ebenfalls ein Phenylpropanderivat. Die Transportformen der genannten drei Alkohole sind ihre Glukoside, der Gluko-cumaryl-alkohol, das Coniferin und das Syringin. Aus ihnen werden die Alkohole unmittelbar vor der Polymerisation zum Lignin freigesetzt (S. 79).

Abb. 31 zeigt einen Ausschnitt aus dem Lignin der Fichte, in dem die einzelnen Bausteine deutlich erkennbar sind. Das Konstitutionsschema des Fichten-

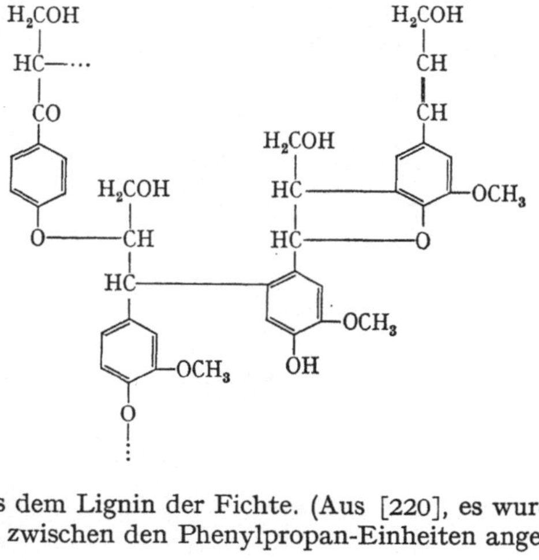

Abb. 31. Ausschnitt aus dem Lignin der Fichte. (Aus [220], es wurden nur einige der Bindungsmöglichkeiten zwischen den Phenylpropan-Einheiten angegeben)

lignins ließ sich allerdings nur zweidimensional wiedergeben, während in der Natur ein dreidimensionales Netzwerk vorliegt.

Je nach den Mengenverhältnissen der einzelnen Zimtalkohole im Lignin unterscheidet man verschiedene Formen. Fichte enthält in ihrem Lignin p-Cumaryl-alkohol, Coniferyl-alkohol und Sinapyl-alkohol im Verhältnis 14:80:6. Der Coniferyl-Alkohol dominiert also im für Coniferen typischen Lignin. Buchen-Lignin enthält die gleichen Alkohole im Verhältnis 5:49:46. Im Lignin der Buche und der Angiospermen überhaupt sind also gleiche Mengen an Coniferyl- und Sinapyl-alkohol enthalten [222].

f) Flavanderivate [225—229]

Die Flavanderivate oder Flavonoide sind durch ein Flavanskelett gekennzeichnet, das aus einem aromatischen Ring A, einem mittleren sauerstoff-haltigen Heterocyclus und einem aromatischen Ring B besteht.

Der Name der Substanzgruppe nimmt Bezug darauf, daß eine Reihe von Flavonoiden (*flavus* = lat. gelb) eine gelbe Färbung aufweist. Es gilt das jedoch keineswegs für alle Angehörigen der Gruppe. Die Anthocyane z.B. sind rote oder blaue Farbstoffe.

Flavan

Chalkon   Dihydro-chalkon   Flavanon   Dihydro-flavonol   Flavon

Isoflavon   Flavonol   Catechin   Anthocyanidin   Flavan-3,4-diol   Auron

Die meisten Flavonoide liegen in den Pflanzen in glykosidiertem Zustand vor. Besonders häufig findet sich eine Zuckerkomponente am Hydroxyl des C-Atomes 3, soweit ein solches vorhanden ist. Aber auch die Hydroxyle der C-Atome 5 und 7 sind oft mit Zuckern besetzt.

Je nach dem Oxydationszustand des mittleren Heterocyclus unterscheidet man einzelne Gruppen von Flavonoiden. Auch die Chalkone, Dihydrochalkone und Aurone seien hier besprochen, obwohl sie kein Flavanskelett aufweisen. Denn sie stehen mit den echten Flavonoiden in engem biogenetischen Zusammenhang.

f1. Chalkone

Chalkone sind gelbe Pigmente, die in größerer Menge in den Blüten vor allem von *Compositen* und *Leguminosen* vorkommen, ohne jedoch in anderen Familien zu fehlen. Chalkone stehen *in vitro* mit den entsprechenden Favanonen im Gleichgewicht. Bei saurem pH liegt dieses Gleichgewicht mehr auf Seiten des Flavanons, bei alkalischem mehr auf Seiten des Chalkons. Der spontane Übergang läßt bereits die enge Beziehung zwischen Chalkonen und Flavanonen erkennen. Eines der Chalkone aus *Compositen* ist das Butein, das in den Gattungen *Butea, Cosmos, Coryopsis* und *Dahlia* vorkommt.

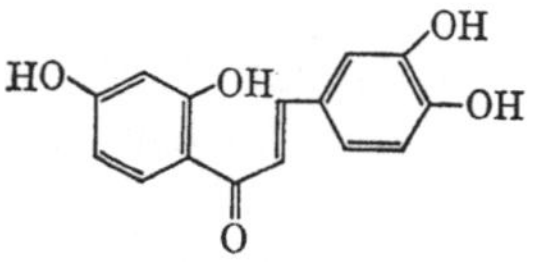

Butein

f2. Dihydrochalkone

Dihydrochalkone sind in Pflanzen ziemlich selten. Der bekannteste Vertreter ist das Phloretin, das in allen daraufhin untersuchten Arten der Gattung *Malus*, also auch in unseren Apfelbäumen als Glukosid Phloridzin vorkommt.

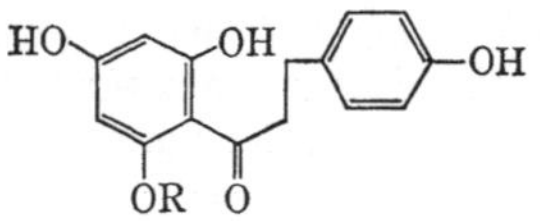

R = H: Phloretin
R = Glukose: Phloridzin

f3. Aurone

Aurone sind ebenfalls gelbe Pigmente, die oft mit Chalkonen vergesellschaftet sind und zusammen mit ihnen zuweilen als „Anthochlor-Pigmente" bezeichnet werden. Ihrer chemischen Konstitution nach sind die Aurone sog. Benzalcumarone, ihrer Biogenese nach gehören sie aber ebenso wie die Chalkone in die Verwandtschaft der Flavan-Derivate. Ein Beispiel für ein Auron ist das Aureusidin, das im Löwenmäulchen *Antirrhinum majus* in glykosidierter Form vorkommt.

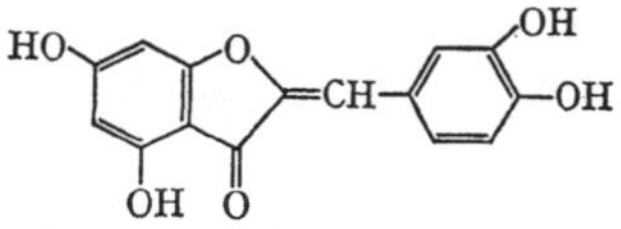

Aureusidin

f4. Flavanone

Flavanone stehen wie erwähnt mit den Chalkonen in enger Beziehung. Sie sind recht weit verbreitet, in etwas größeren Mengen z.B. in *Compositen, Leguminosen* und *Rosaceen*. Typische Vertreter sind das Naringenin und das Eriodictyol.

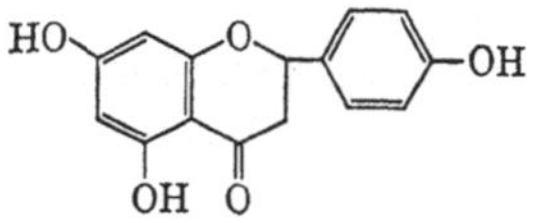

Naringenin

f5. Flavanonole = Dihydroflavonole

Wenn Dihydroflavonole in größeren Mengen auftreten, so im Gegensatz zu den übrigen Flavanderivaten oft als zuckerfreie „Aglyka". Dihydroflavonole sind charakteristische Bestandteile des Kernholzes von Laub- und Nadelhölzern. Sie fehlen aber auch an anderen Stellen keineswegs. So findet sich das auch als Glykosid weit

verbreitete Taxifolin = Dihydroquercetin (Quercetin s. unten) u.a. in den Blüten
von Petunien.

Dihydroquercetin

f6. Flavone

Flavone unterscheiden sich von den Flavanonen durch den Besitz einer Doppelbindung im Heterocyclus. Flavon selbst kommt als weißes Mehl an den Sprossen und
Blättern unserer Primelgewächse vor (z.B. Mehlprimel, *Primula farinosa*). Weitaus
häufiger sind jedoch Apigenin und Luteolin. Glykoside dieser beiden Flavone finden
sich z.B. im Löwenmäulchen.

Flavon

$R_1 = H, R_2 = OH$:
Apigenin
$R_1 = R_2 = OH$:
Luteolin

f7. Isoflavone

Im Gegensatz zu den Flavonen setzt hier der Ring B nicht am C-Atom 2, sondern
am C-Atom 3 an. Isoflavone sind gelbe Farbstoffe insbesondere der *Papilionaceen*,
wie z.B. das mehrfach nachgewiesene Formononetin.

Formononetin

f8. Flavonole

Flavonole leiten sich von den Flavonen durch Einfügen einer Hydroxylgruppe
am C-Atom 3 ab. Flavonole sind in allen Pflanzenteilen weitverbreitete gelbe
Pigmente. In keiner daraufhin untersuchten Pflanze fehlten sie. Die beiden
häufigsten Vertreter sind Kämpferol und Quercetin, weniger oft findet sich
Myricetin.

$R_1 = R_3 = H, R_2 = OH$: Kämpferol
$R_1 = R_2 = OH, R_3 = H$: Quercetin
$R_1 = R_2 = R_3 = OH$: Myricetin

f9. Flavan-3-ole (Catechine) und Flavan-3,4-diole

Beides sind weit verbreitete und zu Kondensationen neigende Flavanderivate. Durch
Zusammenschluß vieler Einheiten Flavan-3-ol und Flavan-3,4-diol entsteht das drei-
dimensionale Netzwerk der „Kondensierten Tannine", der zweiten großen Gruppe der
Gerbstoffe [230, 231, 1159].

Die Flavan-3,4-diole zählen zu den sog. Leukoanthocyanen, die *in vitro* beim
Kochen mit alkoholischer Salzsäure in Anthocyane überführt werden können. Doch
sind nicht alle Leukoanthocyane Flavan-3,4-diole, sodaß die beiden Bezeichnungen
nicht wie vielfach üblich gleichbedeutend gebraucht werden sollten.

ƒ10. Anthocyanidine und Anthocyane

Anthocyanidine sind Flavan-Derivate, deren Heterocyclus in saurem Medium Oxonium-Struktur aufweist. In der Natur kommen sie fast ausschließlich als Glykoside vor. Diese Glykoside bezeichnet man als *Anthocyane*.

Anthocyanidin

Anthocyane finden sich im Zellsaft meistens der Epidermis. Die roten und blauen Färbungen anthocyanhaltiger Pflanzenteile gehen auf ein kompliziertes Zusammenspiel einer ganzen Reihe von Faktoren zurück. Keineswegs ist der pH-Wert des Zellsaftes alleinverantwortlich für rote oder blaue Färbung, wie man früher annahm [232].

In Blüten werden die Anthocyane besonders auffällig, sie finden sich aber häufig auch in anderen Pflanzenteilen. Sogar in Wurzelspitzen können Anthocyane gebildet werden [233]. Und nicht nur Blüten-Anthocyane, sondern auch solche Anthocyane in Wurzelspitzen von Gräsern wurden genetisch untersucht [234], ein erster Hinweis auf die intensive chemogenetische Durchmusterung gerade der anthocyanhaltigen Pflanzen.

Das Grundgerüst eines Anthocyanidins, eines Anthocyan-Aglykons kann verschiedene Veränderungen aufweisen. Diese Veränderungen bestehen im Auftreten bestimmter Substituenten im Ring B, in Glykosidierungen und Acylierungen.

ƒ10.1. Auftreten von Substituenten im Ring B

Durch Einfügen von Hydroxylen in bestimmten Positionen des Ringes B und durch Methylierungen einiger dieser Hydroxyle kann man sich formell die wichtigsten Anthocyanidine ableiten. Daß jedoch auch bei der Biosynthese alle Substituenten auf diese Weise in den Ring B sonst schon kompletter Anthocyanidine eingefügt werden, ist sehr unwahrscheinlich.

Pelargonidin

Cyanidin

Päonidin

Delphinidin

Petunidin

Malvidin

ƒ10.2. Glykosidierung

Durch Glykosidierungen wird aus dem Anthocyanidin das Anthocyan. Bevorzugte Eintrittsstelle der Zucker ist das Hydroxyl des C-Atomes 3, das nur in seltenen Ausnahmefällen kein Zuckermolekül trägt. Eine zweite Zuckerkomponente wird oft am Hydroxyl des C-Atomes 5 eingefügt, in der Regel aber nur dann, wenn das 3-Hydroxyl bereits glykosidiert ist. Seltener kann auch das Hydroxyl an C-Atom 7 zur Glykosidierung herangezogen werden.

Die Zahl der Zuckermoleküle pro Anthocyanmolekül wechselt von Fall zu Fall. Am Hydroxyl des C-Atoms 3 können ein Zuckermolekül, aber auch zwei oder drei unter sich wieder glykosidisch verbundene Zuckereinheiten eingefügt werden. Die übrigen Hydroxyle tragen nur eine Zuckereinheit.

Was die Art der Zucker anbelangt, so ist Glukose am häufigsten, gefolgt von Galaktose, Rhamnose, Xylose und Arabinose. Am Hydroxyl des C-Atoms 3 können mehrere verschiedene Zucker befestigt sein. Oft steht dann Glukose mit dem Hydroxyl des Anthocyanidins in Verbindung, während die anderen Zucker an die Glukose angefügt werden. In Stellung 5 und 7 wurde bislang nur jeweils ein Zuckermolekül nachgewiesen, bei dem es sich stets um Glukose handelte.

Je nach der Eintrittsstelle, der Zahl und der Art der Zuckerkomponenten kann man verschiedene Klassen von Glykosiden unterscheiden. Dabei scheint die theoretisch gegebene Möglichkeit zur Variation bei weitem nicht ausgeschöpft zu sein, denn man kennt gegenwärtig nur zwischen 20 und 30 Glykosidierungstypen von Anthocyanen [229].

f10.3. Acylierung

Unter einer Acylierung versteht man das Einfügen von Säureresten R—CO—, also von Acylresten in Hydroxyle der Anthocyane. In allen genau überprüften Fällen zeigte es sich, daß die Acylkomponente in ein Hydroxyl der Zucker in Position 3 eingefügt wird. Die sog. „Kernacylierung", d.h. die Acylierung des Aglykons selbst, ist noch nicht einwandfrei erwiesen. Im Gegensatz zu älteren Angaben werden die Anthocyane nur von Zimtsäuren acyliert, und zwar von p-Cumarsäure, Kaffeesäure und Ferulasäure [235].

Ob auch die vierte wichtige Zimtsäure, die Sinapinsäure, zur Acylierung herangezogen werden kann, ist noch umstritten. So wird für ein Anthocyan des Rotkohls eine Acylierung mit Sinapinsäure teils bejaht [236], teils verneint [235].

Nach ihrer Glykosidierung und gegebenenfalls auch Acylierung können Anthocyane recht kompliziert gebaute Strukturen sein. Als Beispiel sei die Strukturformel des in *Petunia hybrida* häufigen Negreteins, eines mit p-Cumarsäure an der Rhamnose acylierten Malvidin-rhamnosyl (1—6)-glucosido-5-glucosids gebracht [237].

2. Biosynthese [4, 66, 238—243]

Wie bei der Besprechung der Terpenoide seien hier zunächst nur die Grundzüge der Biosynthese skizziert. Details werden, soweit zum Verständnis notwendig, im Abschnitt Genetik bei der Besprechung der einzelnen Phenolgruppen gebracht.

Stickstoff-freie aromatische Substanzen können in höheren Pflanzen auf drei Wegen gebildet werden:

a) Von Acetat oder Leucin ausgehend über Mevalonat und Isopentenylpyrophosphat. Dieser erste Weg wird z.B. bei der Synthese von Thymol und Gossypol eingeschlagen.

b) Von Acetat ausgehend über Malonat.

c) Von Glukose ausgehend über Shikimisäure.

Von diesen drei Wegen gehört der erste in den Bereich der Terpenoid-Biosynthese [211]. Im folgenden seien die beiden anderen Wege besprochen.

a) Der Acetat-Malonat-Weg (Abb. 32)

Acetat-Einheiten werden Kopf an Schwanz addiert. Für eine ganze Reihe von Phenolen ist dabei Malonyl-CoA die aktive Zwischenstufe. Sie reagiert mit einem ebenfalls in Form des Coenzym A-Esters aktivierten Acylrest R—CO—S—CoA.

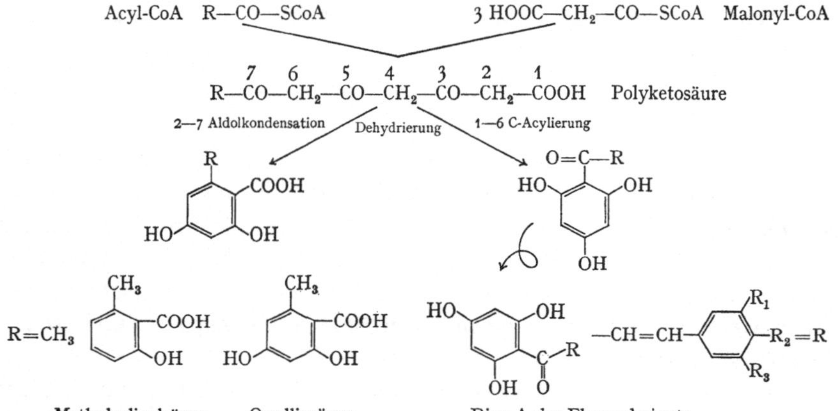

Abb. 32. Schema der Biosynthese von Phenolen auf dem Acetat-Malonat-Weg

Der Acylrest kann fallweise verschieden gestaltet sein. Im einfachsten Fall handelt es sich um den Acetylrest. Die Kopf-Schwanz-Addition erfolgt dann ganz nach dem Modus der Fettsäure-Synthese (S. 31). Es resultiert eine Polyketo-Verbindung, die nun, wohl noch im Kontakt mit der jeweiligen Enzymoberfläche, auf verschiedene Weise cyclisiert werden kann. Einmal kann es zu einer Verbindung zwischen C2 und C7 nach dem Typus einer Aldolkondensation kommen, zum anderen kann auch eine C-Acylierung zwischen C1 und C6 stattfinden. Im Fall einer Aldolkondensation entstehen Aromaten mit dem Hydroxylmuster des Resorcins, wie z.B. Methylsalicylsäure und Orsellinsäure, im Fall einer C-Acylierung solche mit dem Hydroxylmuster des Phloroglucins wie z.B. der Ring A der Flavanderivate.

Schon die Strukturanalyse hatte zu der Vermutung geführt, eine ganze Reihe von Aromaten könne durch eine Addition von 2-C-Einheiten entstanden sein. Ganz entsprechend hatte man ebenfalls auf dem Weg der Strukturanalyse für viele Terpenoide einen Aufbau aus 5-C-Einheiten hergeleitet. Die „Isoprenregel" vom Aufbau der Terpenoide findet also in einer „Polyacetatregel" vom Aufbau der Aromaten ihr Gegenstück. Markierungsversuche haben für viele Phenole das Zutreffen der Polyacetat-Regel bestätigt.

Zum Mechanismus der Additionsreaktion wurde eine interessante Hypothese entwickelt, nach der die Bildung der Polyacetat-Verbindungen ganz nach dem Muster der Fettsäure-Synthese an einem Multienzymkomplex vor sich gehen soll [243]. Ein aktivierter Acylrest dient als Starter, mit dem drei Einheiten Malonyl-CoA nacheinander in Reaktion gebracht werden. Je nach der Art des Starters entstünden dann an jeweils verschiedenen Multienzymkomplexen auch verschiedene Phenolderivate. Wäre der Starter Acetyl-CoA, so entstünde Methylsalicalsäure, wäre der Starter ein aktiviertes Zimtsäure-Derivat, so entstünde ein Chalkon, von dem sich dann alle übrigen Flavanderivate durch entsprechende Umwandlungen herleiten könnten (S. 80).

Die Hypothese verlangt also erstens eine Synthese an einem Multienzymkomplex und zweitens eine Synthese unter Beteiligung von Malonyl-CoA und der CoA-Ester der startenden Moleküle.

Der erste Punkt ist noch nicht bewiesen. Dagegen steht es fest, daß sich Malonyl-CoA und Acetyl-CoA an der Synthese von Aromaten beteiligen können. Im zellfreien System mit Enzymen aus *Penicillium patulum* wird Methylsalicylsäure wie erwartet aus Malonyl-CoA und Acetyl-CoA gebildet. Nach Markierungsversuchen *in vivo* wird der Acetat-Malonat-Weg auch bei der Bildung der Orsellinsäure und anderer Aromaten eingeschlagen.

Eine noch offene Frage ist es, ob an Stelle von Acetyl-CoA auch andere Coenzym A-Ester, besonders die der Zimtsäuren in die Reaktion eingehen können. Voraussetzung für einen derartigen Mechanismus der Biosynthese wäre, daß höhere Pflanzen überhaupt die Coenzym A-Ester der Zimtsäuren bilden können. In tierischen Objekten ließ sich bereits ein Enzymsystem nachweisen, das die Coenzym A-Ester von Zimtsäuren anliefern kann [244]. Der Nachweis eines analogen Enzyms in höheren Pflanzen steht noch aus, dürfte aber nur eine Frage der Zeit sein.

b) Der Shikimisäure-Weg (Abb. 33)

Der Shikimisäure-Weg der Biosynthese aromatischer Substanzen wurde in Versuchen mit Mangelmutanten von *Escherichia coli* aufgedeckt [4]. Durch Abbau von Glucose wird Phosphoenolpyruvat einerseits, D-Erythrose-4-phosphat andererseits angeliefert. Beide werden zu einem Zwischenprodukt mit 7 C-Atomen zusammengeschlossen, das zu 5-Dehydro-chinasäure cyclisiert. 5-Dehydro-chinasäure steht mit Chinasäure im Gleichgewicht. Der Syntheseweg verläuft jedoch nicht über Chinasäure, sondern geht über 5-Dehydro-shikimisäure weiter. Einige Mikroorganismen und höhere Pflanzen können 5-Dehydro-shikimisäure in Protocatechusäure und Gallussäure überführen. Der Hauptweg der Synthese führt weiter zu Shikimisäure und schließlich unter Anlagerung eines weiteren Moleküls Phosphoenolpyruvat zu Prephensäure. Nach der Stufe der Prephensäure verzweigt sich der Syntheseweg zum Phenylalanin einerseits und zum Tyrosin andererseits.

Der Shikimisäure-Weg zu den beiden aromatischen Aminosäuren wird auch in höheren Pflanzen eingeschlagen. Die Ergebnisse von Markierungsversuchen *in vivo* und vor allem auch von Experimenten im zellfreien System [245—249] lassen daran keinen Zweifel.

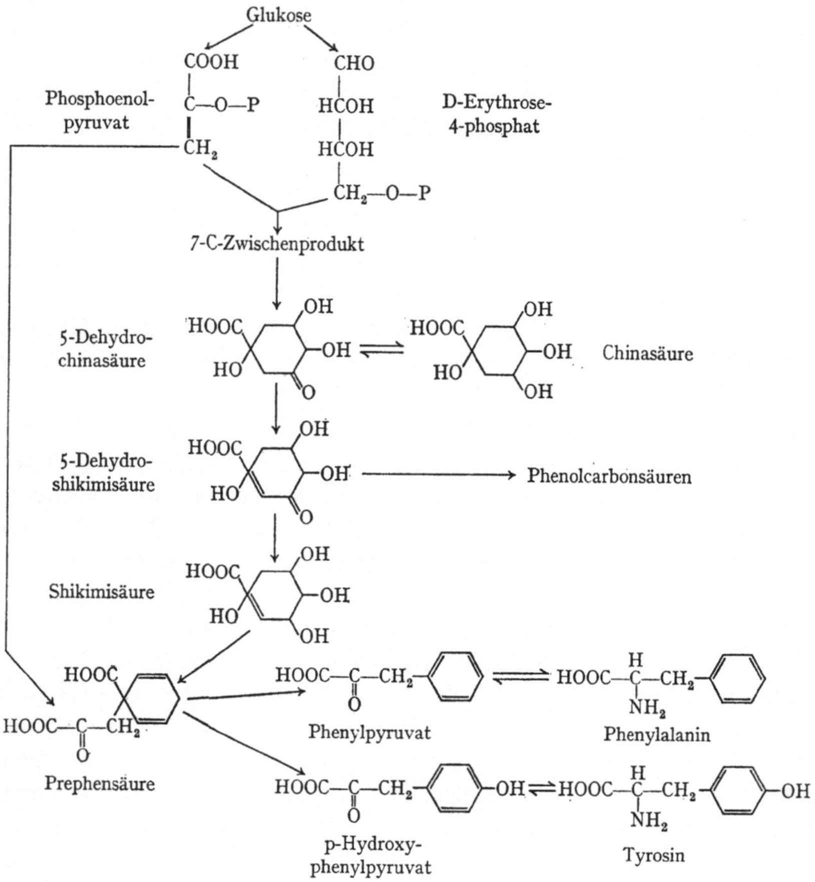

Abb. 33. Schema der Biosynthese von Phenolen auf dem Shikimisäure-Weg

An Phenylalanin und Tyrosin sind weitere Aromaten angeschlossen (Abb. 34). Durch Desaminierung und entsprechende Substitutionen des Ringsystems leiten sich von ihnen zunächst die Zimtsäuren ab (a), die ihrerseits einen Knotenpunkt des Phenolstoffwechsels bilden. Denn von ihnen ausgehend werden gebildet

durch β-Oxydation Phenolcarbonsäuren und aus diesen durch Decarboxylierung einfache Phenole (b),

durch o-Oxydation und Lactonisierung die Cumarine (c),

durch Reduzierung zu Zimtsäure-Alkoholen und Polymerisation derselben die Lignine (d),

durch Zusammenschluß mit drei aktivierten Acetat-Einheiten die Flavanoide (e).

Der Acetat-Weg scheint insbesondere für Mikroorganismen von Wichtigkeit zu sein. Für höhere Pflanzen wird er in erster Linie durch die Bildung des Ringes A der Flavanderivate (S. 80) bedeutsam. Alle anderen wichtigen Gruppen von Phenolen können bei höheren Pflanzen über den Shikimisäure-Weg angeliefert werden. Auch bei einem Vergleich mit dem Acetat-Mevalonat-Weg zeigt es sich, daß der Shikimisäure-Weg die wichtigste Quelle aromatischer Verbindungen in höheren Pflanzen ist.

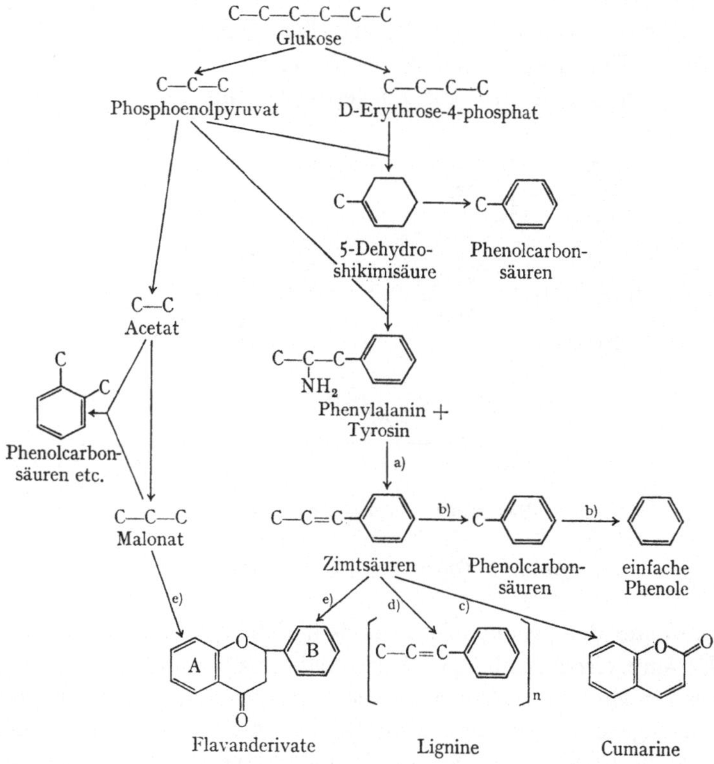

Abb. 34. Die Entstehung einiger wichtiger Phenole auf dem Acetat-Malonat-Weg und auf dem Shikimisäure-Weg. Die Buchstaben weisen auf entsprechende Abschnitte im Kapitel Genetik hin

3. Genetik

a) Zimtsäuren

a1. Biosynthese (Abb. 35)

Ausgangspunkt der Biosynthese sind die beiden aromatischen Aminosäuren Phenylalanin und Tyrosin. Sie stehen miteinander im Zusammenhang: Phenylalanin wird durch eine in höheren Pflanzen zuerst im Spinat nachgewiesene Hydroxylase in Tyrosin überführt [250]. Die Synthese der Zimtsäuren verläuft aber nun nicht ausschließlich über Tyrosin, sondern kann von Tyrosin und von Phenylalanin aus gestartet werden. Phenylalanin wird dabei durch Phenylalanin-ammonium-lyase [251], Tyrosin durch Tyrosin-ammonium-lyase [252] desaminiert. Beide Enzyme sind verschiedentlich in höheren Pflanzen nachgewiesen worden (z.B. [253—257]). Durch ihre Tätigkeit wird Zimtsäure bzw. p-Cumarsäure gebildet. Zimtsäure kann in p-Cumarsäure überführt werden. Eine entsprechende Zimtsäure-hydroxylase ließ sich z.B. in Gewebekulturen des Tabaks nachweisen [258].

An der p-Cumarsäure setzt dann eine Sequenz weiterer Syntheseschritte an, in der eine bestimmte Zimtsäure jeweils Vorstufe in der Synthese der nächst höher substituierten Zimtsäure ist.

Sehr wahrscheinlich erfolgen die einzelnen Substitutionsschritte nicht nur an den freien Zimtsäuren, sondern — vielleicht sogar bevorzugt — an ihren Derivaten, etwa den Estern mit Zuckern oder mit Chinasäure. So kann der

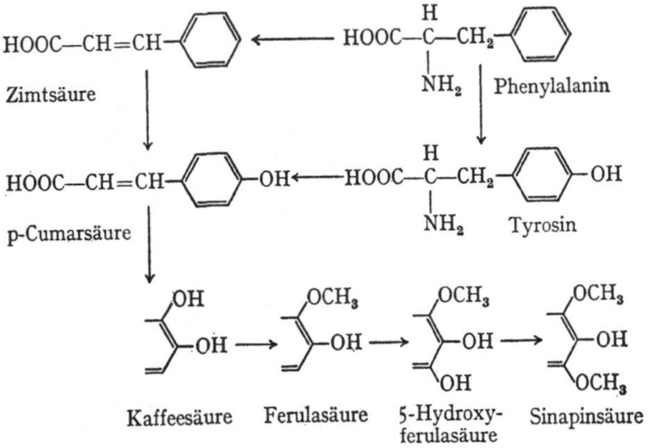

Abb. 35. Die Biosynthese der Zimtsäuren

Chinasäure-Ester der p-Cumarsäure im zellfreien System zum Chinasäure-Ester der Kaffeesäure, also zu Chlorogensäure oxydiert werden [259]. Neben oxydierenden Systemen sind besonders auch die methylierenden Enzyme im zellfreien Extrakt nachgewiesen worden. Enzyme aus mehreren Pflanzen methylieren Kaffeesäure zu Ferulasäure [260—262] und 5-Hydroxyferulasäure zu Sinapinsäure [263].

a2. Genetik

Art- oder Rassen-spezifische Unterschiede in der Zimtsäure-Ausstattung wurden wiederholt festgestellt, so beim Wein, wo Zimtsäuren wie auch in anderen Arten als Resistenzfaktoren diskutiert werden [264, 265], in der Gattung *Lathyrus*, wo Zimtsäuren als chemotaxonomische Charakteristica von allerdings beschränkter Bedeutung gewertet werden können [266, 267] oder in der Petersilie, bei der Zimtsäurederivate wie in vielen anderen Pflanzen Bestandteile des ätherischen Öls sind [268]. Aussagen über die genetische Steuerung der Biosynthese der Zimtsäuren selbst ließen sich aus diesen Daten nicht gewinnen. Die Zimtsäuren sind somit für die biochemische Genetik in erster Linie als Bausteine genetisch gut untersuchter Stoffgruppen wie vor allem der Anthocyane von Interesse.

b) Arbutin und Phloridzin [269]

Birnen enthalten als wichtige Phenole Arbutin oder Methylarbutin, Äpfel das Phloridzin. Alle drei Substanzen, im Fall des Phloridzins auch sein Aglykon

Phloretin, werden als mögliche Resistenzfaktoren gegen den Schorfbefall der Früchte diskutiert [270].

b1. Die Biosynthese des Arbutins

p-Cumarsäure, die ihrerseits von Zimtsäure oder von Tyrosin abstammt, wird zunächst durch β-Oxydation in p-Oxybenzoesäure überführt [253].

Auf ganz analoge Weise können auch die übrigen Phenolcarbonsäuren durch oxydativen Abbau der entsprechend substituierten Zimtsäuren angeliefert werden, etwa die Protocatechusäure aus der Kaffeesäure, die Vanillinsäure aus der Ferulasäure usf. Weitere Wege zu den Phenolcarbonsäuren sind der Acetat-Malonat-Weg und die direkte Ableitung von Shikimisäure ohne den Umweg über die Zimtsäuren. Doch scheinen diese beiden Wege in höheren Pflanzen weniger wichtig zu sein [272—274].

HOOC—CH=CH—⟨ ⟩—OH → HOOC—⟨ ⟩—OH → HO—⟨ ⟩—OH → HO—⟨ ⟩—O—Glukose

p-Cumarsäure · p-Hydroxy-benzoesäure · Hydrochinon · Arbutin

Die in der p-Oxybenzoesäure noch vorhandene Carboxylgruppe kann ebenfalls oxydativ eliminiert werden, wodurch Hydrochinon entsteht [275]. Mit Hilfe von UDPG wird dann schließlich Hydrochinon zu Arbutin glukosidiert [276].

b2. Die Biosynthese des Phloridzins

Der Ring A des Phloridzins wird von drei Acetat-Einheiten (vgl. S. 80), der mittlere Abschnitt und der Ring B werden von einem Phenylpropan-Derivat gestellt [277, 278]. Das erste Kondensationsprodukt mit zwei aromatischen Ringen dürfte ein Chalkon sein. Denn von Enzymen aus Apfelblättern wurde ein entsprechend substituiertes Chalkon *in vivo* und *in vitro* zu seinem Dihydrochalkon Phloridzin hydriert [279].

Chalkonglukosid → Phloridzin

b3. Genetik

Arbutin und Phloridzin entstehen auf zwei völlig selbständigen Synthesewegen. Ein Berührungspunkt ist nur insofern vorhanden, als beide von Phenylpropan-Vorstufen ausgehen. Einen Mangel an Phenylpropan-Einheiten vorausgesetzt wäre es denkbar, daß beide Syntheseprozesse um die C_6—C_3-Vorstufen konkurrieren könnten. Das hinwiederum könnte sich in Verschiebungen im Verhältnis Arbutin : Phloridzin bemerkbar machen.

Aber von dieser Möglichkeit abgesehen sind die Biosynthesewege voneinander unabhängig. Auf dem Niveau der Gene bedeutet das: falls die beiden Merkmalsbildungen genetisch kontrolliert sind, muß in der Birne ein Satz von Genen für die Synthese des Arbutins und im Apfel ein anderer Satz von Genen für die Synthese des Phloridzins vorhanden sein. In Hybriden zwischen Birne und Apfel sollten sich dann beide Gensätze und infolgedessen beide Substanzen, Arbutin und Phloridzin finden. Das trifft zu: Bastarde zwischen Birne und Apfel enthalten Arbutin und Phloridzin. Damit ist der Nachweis einer voneinander unabhängiger genetischen Kontrolle der beiden Synthesewege erbracht [280].

c) Cumarine

c1. *Biosynthese* ([241, 281—284], Abb. 36)

Nach Untersuchungen *in vivo* und *in vitro* geht die Synthese des Cumarins selbst folgendermaßen vonstatten:

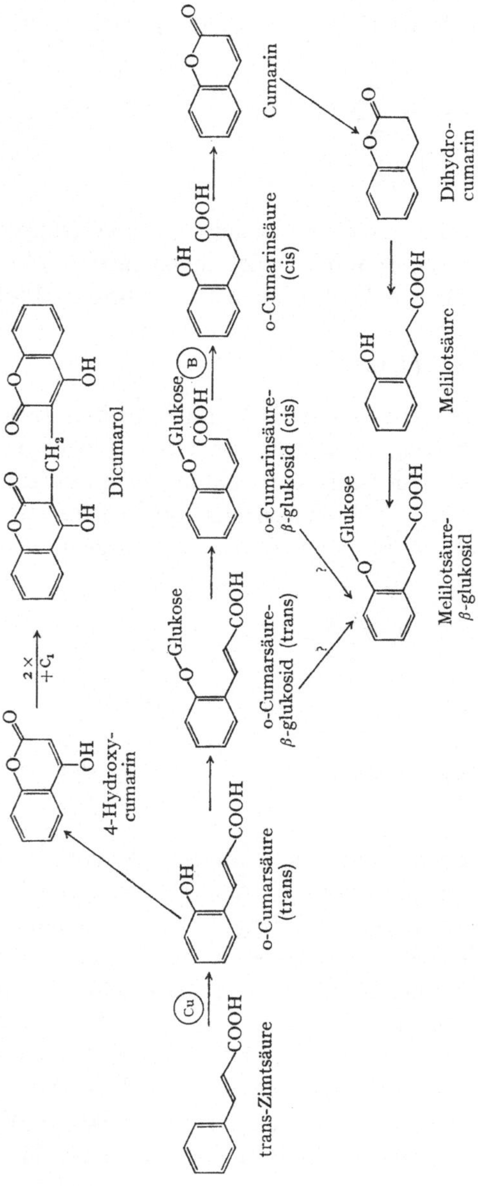

Abb. 36. Die Biosynthese des Cumarins und ihre genetische Kontrolle. Die Buchstaben in Kreisen geben die Lokalisierung von Genwirkungen an

Ausgangssubstanz ist die *trans*-Zimtsäure. Durch eine entsprechende Oxydation wird sie in o-Oxy-*trans*-zimtsäure, die o-Cumarsäure überführt. o-Cumarsäure wird an ihrem phenolischen Hydroxyl glukosidiert [286]. Der nächste Schritt ist die Umwandlung des o-Cumarsäure-β-glukosids in das o-Cumarinsäure-β-glukosid, also die Überführung der *trans*- in die entsprechende *cis*-Form. Diese Isomerisierung geht auch im lebenden Gewebe nicht-enzymatisch unter dem Einfluß von Licht, besonders von UV-Licht vor sich [287—290]. o-Cumarinsäure-β-glukosid ist wie bereits erwähnt das gebundene Cumarin. Es wird durch eine spezifisch auf *cis*-β-Glukoside eingestellte Glukosidase in Glukose und o-Cumarinsäure gespalten. Die *trans*-Form, also o-Cumarsäure-β-glukosid wird nur sehr viel langsamer zerlegt [291]. Die o-Cumarinsäure lactonisiert spontan zu Cumarin.

Auf ganz ähnliche Weise wie beim Cumarin selbst dürfte auch die Biosynthese der anderen Cumarine ablaufen. Vermutlich werden ihre Substituenten schon auf der Stufe von Zimtsäuren eingefügt. Die einzelnen Zimtsäuren durchlaufen dann dieselbe Synthesekette wie die *trans*-Zimtsäure im Fall des Cumarins, also o-Oxydation, Glukosidierung etc. So dürfte Umbelliferon von p-Cumarsäure, Herniarin von p-Methoxy-zimtsäure und Scopoletin von Ferulasäure aus gebildet werden [292—296].

Mit dem gebundenen Cumarin ist in *Melilotus albus* das Melilotsäure-glukosid vergesellschaftet [291, 297]. Melilotsäure könnte über o-Cumarsäure, o-Cumarinsäure bzw. deren β-Glukoside durch Hydrierung der Doppelbindung in der Seitenkette oder auf dem Umweg über Cumarin und Dihydrocumarin entstehen. Der Weg über Dihydrocumarin wurde in Isotopenversuchen belegt [298]. Dihydrocumarin wird durch die zuerst in *Melilotus albus* nachgewiesene Dihydrocumarinhydrolase zu Melilotsäure hydrolysiert, die dann glukosidiert werden kann [299].

Dicumarol, ein Antagonist der K-Vitamine, ist Ursache des sweet-clover-disease der Rinder und Schafe, dessen Symptome auf eine Hemmung der Blutgerinnungsfähigkeit zurückgehen. Dicumarol entsteht in faulendem Heu durch die Tätigkeit von Pilzen [300]. Zunächst nahm man an, es entstünde aus Cumarin selbst. Doch dürfte die Ausgangssubstanz die o-Cumarsäure sein, die über hypothetische Zwischenstufen in 4-Hydroxy-cumarin übergeht. Zwei Einheiten 4-Dihydroxy-cumarin werden dann über eine aus dem C_1-Stoffwechsel stammende Methylenbrücke miteinander verbunden [300, 301].

c2. Genetik

Die landwirtschaftlich wichtigste cumarinhaltige Pflanze ist der Weiße Steinklee *Melilotus albus*. Um ihn nicht nur zur Gründüngung, sondern auch als Futterpflanze verwenden zu können, war die Züchtung von Formen mit einem niedrigen Gehalt an gebundenem Cumarin notwendig. Denn einmal ist das gebundene Cumarin ein unangenehm schmeckender Bitterstoff, zum anderen kann aus seiner Vorstufe o-Cumarsäure gegebenenfalls das gefährliche Dicumarol gebildet werden. Somit erschien es wünschenswert, Rassen zu züchten, in denen die Biosynthese des gebundenen Cumarins möglichst noch vor der Stufe der o-Cumarsäure unterbunden war. Dieses Ziel wurde erreicht, als man aus dem Gezähnten Steinklee *Melilotus dentatus* Gene für „Bitterstoff-Freiheit" in *Melilotus albus* übertrug [302]. Die aus diesen Kreuzungen resultierenden Rassen sind praktisch frei von gebundenem Cumarin.

Derzeit kennt man zwei Paare von Allelen, die auf die Bildung von Cumarin Einfluß nehmen, Cu/cu und B/b. In Anwesenheit von Cu findet sich ein hoher Gehalt an Cumarinsäure-glukosid. cu/cu-Pflanzen führen dagegen nur wenig Cumarinsäure- und auch Cumarsäure-glukosid [303—305]. Der bei Fehlen von Cu vorhandene genetische Block sollte also noch vor der Stufe des o-Cumarsäure-glukosides liegen.

Isotopenversuche ermöglichten eine genauere Lokalisierung. Man führte Cu/Cu- und cu/cu-Pflanzen C^{14}-markiertes Phenylalanin, *trans*-Zimtsäure und o-Cumarsäure zu. o-Cumarsäure wurde in Cu/Cu- und auch in cu/cu-Pflanzen in o-Cumarinsäure-glukosid überführt. Der Angriffspunkt von Cu bzw. cu mußte demnach vor der Stufe der o-Cumarsäure liegen. Die mit Phenylalanin-C^{14} und *trans*-Zimtsäure-C^{14} erhaltenen Ergebnisse erlaubten eine weitere Einengung. Denn beide Substanzen wurden zwar von Cu/Cu-Pflanzen, nicht aber von cu/cu-Pflanzen in o-Cumarsäure umgewandelt. Das Eingreifen des Cu-Gens bzw. der Syntheseblock in cu/cu-Pflanzen ist demnach bei der Hydroxylierung von *trans*-Zimtsäure zu o-Cumarsäure anzusetzen ([306], Abb. 36).

Das zweite Allelenpaar B/b beeinflußt die Ausbildung der β-Glukosidase, die o-Cumarinsäure-β-glukosid in o-Cumarinsäure und Glukose spaltet. Ergebnis dieser Reaktion ist — nach der spontanen Lactonisierung der o-Cumarinsäure — die Bildung von Cumarin.

Indizien für diese Lokalisierung der Genwirkung lieferten schon ältere Arbeiten. Man hatte bemerkt, daß man aus B/B-Pflanzen außer gebundenem auch freies Cumarin, aus b/b-Pflanzen dagegen nur gebundenes Cumarin erhalten konnte. In den Extrakten aus B/B-Pflanzen war demnach — wenn man nicht jede enzymatische Tätigkeit durch eine entsprechende Methodik unterband — eine o-Cumarinsäure-β-glukosidase aktiv geworden, in den Extrakten aus b/b-Pflanzen dagegen nicht. [304].

Der Beweis konnte durch Untersuchungen im zellfreien System erbracht werden. Extrakte aus B/B-Pflanzen wiesen eine 800mal höhere Aktivität an der genannten β-Glukosidase auf als Extrakte aus b/b-Pflanzen, die fast keine Aktivität enthielten. B/b-Pflanzen hielten die Mitte. Die Aktivität in aus ihnen gewonnenen Extrakten war nicht ganz halb so hoch wie in Extrakten aus B/B-Pflanzen. Das Gen B induziert also die Synthese oder Aktivierung des Enzyms o-Cumarinsäure-β-glukosidase ([307, 308], Abb. 36).

Von dem erstgenannten Allelenpaar Cu/cu wird auch die Synthese der Melilotsäure beeinflußt. Cu/Cu-Pflanzen führen dreimal soviel Melilotsäure wie cu/cu-Pflanzen [287]. Die fördernde Wirkung des Cu-Gens ist leicht verständlich, wenn Melilotsäure auf dem Umweg über Cumarin gebildet wird (Abb. 36).

Einen neuen Aspekt bot dagegen die Wirkung des Allelenpaars B/b auf den Gehalt an Melilotsäure. Wenn Melilotsäure ausschließlich auf dem Umweg über Cumarin und Dihydrocumarin entstünde, so sollten CuCubb-Pflanzen keine oder nur sehr wenig Melilotsäure aufweisen. Denn ihnen fehlt ja die β-Glukosidase, deren Tätigkeit Voraussetzung zur Bildung des Cumarins und damit auch der Melilotsäure sein müßte. CuCubb-Pflanzen enthalten nun aber rund 50% des Melilotsäure-Gehaltes von CuCuBB-Pflanzen, d.h., aber weit mehr als erwartet. Dieser Befund ist ein Indiz dafür, daß es in Melilotus noch einen zweiten Weg der Melilotsäure-Synthese geben muß, der nicht über Cumarin verläuft. Es wird angenommen, daß auf diesem zweiten Weg Cumarsäure- oder Cumarinsäure-glukosid direkt zum Melilotsäure-glukosid hydriert werden könnte [309].

d) Lignin

d1. *Biosynthese* [222—224, 310—316]

Die Biosynthese des Lignins ist noch nicht in allen Einzelheiten aufgeklärt. Eine der diskutierten Hypothesen [222] nimmt folgenden Verlauf an:

Zunächst werden die Zimtsäuren zu den entsprechenden Zimtalkoholen reduziert. Die Zimtalkohole gelangen dann in Form ihrer Glukoside an den Ort der Ligninsynthese, beispielsweise an die Zellen des Xylems einige Zellschichten innerhalb des Cambiums. Eine an solchen Orten der Ligninbildung nachgewiesene β-Glukosidase setzt die Zimtalkohole aus ihrer glukosidischen Transportform frei. Gleichzeitig fällt damit die stabilisierende Wirkung der Glukose fort. Phenoloxydasen wie Laccase oder Peroxydase (S. 116) überführen die Zimtalkohole in phenolische Radikale, die miteinander in Verbindung treten. Durch fortlaufende Polymerisationen entstehen zunächst Dilignole aus zwei Phenylpropan-Einheiten, dann höhere Lignole und schließlich das Lignin selbst. Der Bindungsmodus zwischen den einzelnen Phenylpropan-Einheiten kann dabei wechseln. Die Polymerisation soll spontan, d.h. nicht-enzymatisch ablaufen.

An den so entstandenen Kern des Lignins können noch Zimtsäuren angefügt werden. Sie sind dann über ihre Carboxylgruppe mit freien Hydroxylen an den 3-C-Seitenketten der einzelnen Lignin-Bausteine verestert [318].

d2. *Genetik*

Beim Mais wurden vier Mutanten aufgefunden, deren hervorstechendstes Charakteristicum eine braungefärbte Mittelrippe der Blätter ist. Die Mutanten wurden danach brown midrib-1 bis brown midrib-4 genannt. Die mutierten Gene sind recessiv: bm_1 bis bm_4. Die entsprechenden normalen Allele sind Bm_1 bis Bm_4. Die Mutanten führen in den Zellwänden der Blattmittelrippe ein abnorm gefärbtes Lignin. Die Mittelrippen erhalten dadurch ein braunes bis rotes Aussehen, während sie bei Normalpflanzen graugrün erscheinen. Das abnorme Lignin findet sich auch in den lignifizierten Xylembereichen des Stammes und des Maiskolbens, nur ist es dort nicht so augenfällig.

Bei der Mutante brown midrib-1 wurde versucht, die genetisch bedingte Veränderung im Bau des Lignins zu charakterisieren. Dazu wurde das Lignin von Normalpflanzen mit demjenigen von Mutanten verglichen. Es zeigte sich zunächst, daß die Mutanten nur unwesentlich weniger Lignin führen als die Normalformen. Auch die Überführung von Phenylalanin und Tyrosin in Lignin-Bausteine geht in den Mutanten ebenso glatt vonstatten wie in den Normalpflanzen. Der genetisch bedingte Defekt kann also nicht bei der Anlieferung der Lignin-Bausteine liegen. Auch das Verhältnis der Coniferyl-, Sinapyl- und p-Cumaryl-Einheiten zueinander ist in normalem und abnormem Lignin gleich. Der abweichende Charakter des Mutanten-Lignins kann demnach auch nicht auf einer Verschiebung dieses Verhältnisses beruhen. Aber es zeigte sich, daß bei einer bestimmten Lignin-Abbaumethode, der Nitrobenzoloxydation, die Mutanten einen höheren Prozentsatz nicht weiter abbaubarer Ligninreste lieferten als die Normalform. Des weiteren sind im Mutanten-Lignin weniger p-Cumarsäure-Einheiten mit dem Ligninkern verestert [318].

Nach diesen Daten kann angenommen werden, daß in der Mutante brown midrib-1 die Kondensation der Lignin-Monomeren nach einem anderen Modus abläuft als in der Normalform und so einen abweichend gebauten Ligninkern liefert. Der abweichende Bau läßt sich an dem höheren Prozentsatz nitrobenzol-resistenter Ligninreste erkennen, aber auch daran, daß weniger Eintrittsstellen für p-Cumarsäure vorhanden sind. Sollte diese Interpretation zutreffen, so stünde auch die Polymerisation von phenolischen Radikalen, für die teilweise ein spontaner Ablauf angenommen wird, unter genetischer und damit auch enzymatischer Kontrolle [318].

e) Flavan-Derivate, insbesondere Anthocyane

e1. Biosynthese [320—326]

e1.1. Der Aufbau des 15-C-Grundgerüstes

Die Flavan-Derivate sind biogenetische Zwitter. Denn am Aufbau ihres 15-C-Grundgerüstes beteiligen sich der Acetat-(Malonat-) und der Shikimisäure-Weg der Bildung von Aromaten. Wie Isotopenversuche für die einzelnen Gruppen der

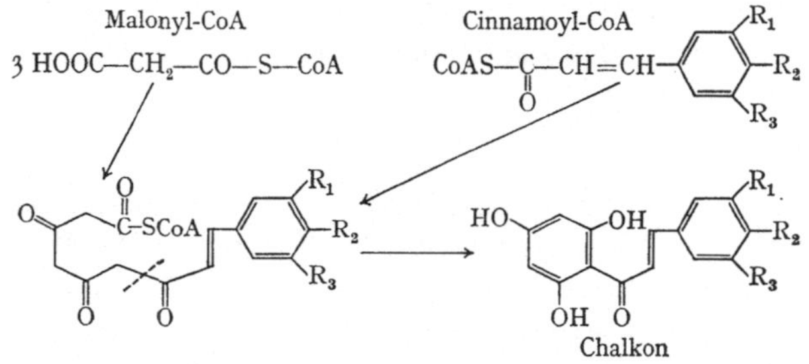

Abb.37. Hypothese zur Synthese des 15-C-Grundgerüstes der Flavonoide aus Malonyl-CoA und Cinnamoyl-CoA

Flavanderivate zeigten, wird der Ring A jeweils von drei Kopf an Schwanz addierten Acetat-Einheiten, der Ring B und die C-Atome 2, 3, 4 des mittleren Heterocyclus dagegen von einer Phenylpropan-Einheit gestellt. Bei den Phenyl-propan-Einheiten handelt es sich um Zimtsäure-Derivate wie p-Cumarsäure, Kaffeesäure etc.

Sowohl Acetat als auch Phenylpropan müssen zunächst in einen aktiven Zustand überführt werden. Diese aktivierten Formen könnten Malonyl-CoA bzw. die CoA-Ester der betreffenden Zimtsäuren sein. Nach dieser Hypothese dient die CoA-Verbindung einer Zimtsäure in Analogie zur Fettsäuresynthese als Starter, mit dem nacheinander drei Einheiten Malonyl-CoA reagieren. Ebenfalls in Analogie zur Fettsäuresynthese könnte die Synthese an einem Multienzymkomplex ablaufen (S. 31). Die Addition von Acetat-Einheiten liefert von einem C_6—C_3-Körper ausgehend zuerst einen C_6—C_3—C_2—, dann einen C_6—C_3—C_4 und schließlich einen C_6—C_3—C_6-Körper. C_6—C_3—C_4-Körper finden sich in Form der 6-Styryl-5-pyrone zusammen mit Chalkonen im Rhizom des Rauschpfeffers *Piper methysticum* [329]. Das erste Kondensationsprodukt mit 15 C-Atomen wäre eine bislang noch hypothetische Substanz mit nur einem aromatischen Ring, nämlich dem von der Phenylpropan-Einheit eingebrachten späteren Ring B. Durch Ringschluß auch auf der Acetat-Seite des Moleküls entstünde dann die erste Substanz mit beiden aromatischen Ringen, ein Chalkon (Abb. 37).

Die Beteiligung von CoA-Verbindungen des Malonates bzw. der Zimtsäuren an der Flavonoid-Synthese ist noch nicht bewiesen (S. 71). Insbesondere im Fall der Phenylpropaneinheiten könnte man auch in Erwägung ziehen, daß Zuckerester und nicht die CoA-Ester in die Reaktion eingingen. Der in Abb. 37 gezeigte Mechanismus ist also in seinen Einzelheiten noch stark hypothetisch.

e 1.2. Die Veränderungen im mittleren Heterocyclus: von den Chalkonen zu den einzelnen Flavan-Derivaten

Chalkone stehen *in vitro* in spontanem Gleichgewicht mit den Flavanonen, die echte Flavanderivate sind. Enzyme aus Orangen [285] und Sojabohnen [317] katalysieren diese Umwandlung auch im zellfreien System. Damit ist der Anschluß der Chalkone an die Flavan-Derivate gegeben. Isotopenversuche mit markierten Chalkonen zeigten, daß die Chalkone Schlüsselsubstanzen in der Biosynthese aller Flavanderivate sind. Die mutmaßlichen biogenetischen Zusammenhänge zeigt Abb. 38. Danach entstehen aus den Chalkonen zunächst die Aurone, Dihydrochalkone und Flavanone. Alle weiteren Flavan-Derivate lassen sich dann von den Flavanonen durch entsprechende Veränderungen im Oxydationszustand des mittleren Heterocyclus herleiten. Jedes Flavan-Derivat durchläuft also während seiner Biogenese ein Chalkon- bzw. Flavanon-Stadium.

e 1.3. Die Substitution des Ringes B

Das Einfügen der Substituenten des Ringes B (vgl. z.B. Formeln der Anthocyanidine auf S. 68) könnte im Lauf der Biosynthese erfolgen

erstens auf der Stufe von Zimtsäuren vor der Bildung des 15-C-Grundgerüstes. Die Substituenten würden dann letztlich zu Substituenten des Ringes B der Flavonoide.

zweitens auf der Stufe von 15-C-Körpern, d.h. nach der Bildung des Flavonoid-Grundgerüstes.

Der Zeitpunkt der Substitution ist ein zentrales Problem der biochemischen Genetik der Flavonoide. Biochemische und genetische Daten sollen gemeinsam besprochen werden.

e 1.4. Die Glykosidierung

Die Glykosidierung ist vermutlich ein später Schritt in der Biosynthese der Flavonoide. Sie kann mit Hilfe der UDP-Verbindungen der betreffenden Zucker erfolgen. So überführt ein Enzym aus Bohnen UDP-Glukose zunächst in UDP-

Rhamnose, die dann ihrerseits ihre Rhamnose an Quercetin-3-glukosid abgibt und so Rutin entstehen läßt [327, 330, 331]:

$$\text{UDP-Glukose}$$
$$\downarrow \text{NADPH} + \text{H}^+$$
$$\text{Quercetin-3-glukose} \xrightarrow{\text{UDP-Rhamnose}} \text{Quercetin-3-glukose-rhamnose (Rutin)}$$

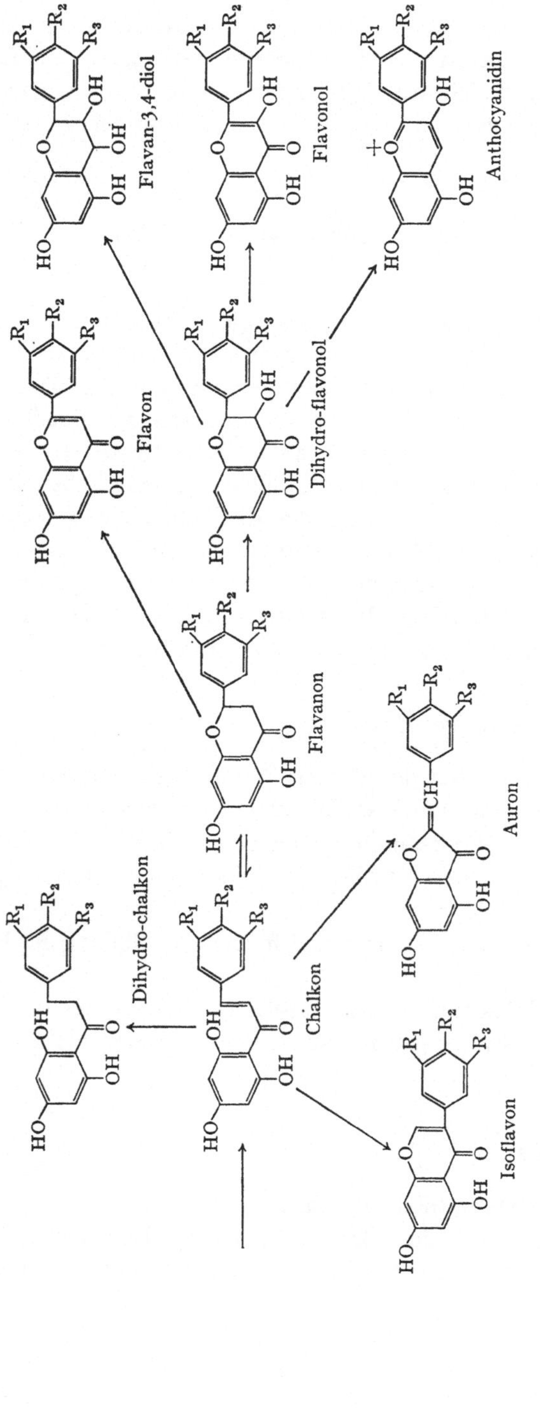

Abb. 38. Hypothetisches Schema der biogenetischen Zusammenhänge zwischen Chalkonen und Flavonoiden. (Verändert nach [229] und [325])

e1.5. Die Acylierung

Zum Mechanismus der Acylierung liegen noch keine biochemischen Befunde vor.

e2. Genetik [229, 332—336

e2.1. Historik

Die Genetik der Flavonoide ist in erster Linie eine Genetik der Anthocyane. Ihre Anfänge fallen mit dem Beginn der exakten Genetik zusammen. Denn bereits MENDEL befaßte sich in seinen Kreuzungsexperimenten an rot- und weißblühenden Erbsen mit der genetischen Steuerung der Anthocyan-Synthese. Schon kurz nach der Wiederentdeckung der Mendelschen Regeln im Jahre 1900 wurde dann die Genetik der Anthocyan-Bildung beim Löwenmäulchen untersucht. Damals wurde erstmals eine Korrelation zwischen Gen und chemischer Merkmalsbildung herausgestellt und somit die biochemische Genetik begründet [338]. Wenig später wurden biochemisch-genetische Befunde zur Alkaptonurie veröffentlicht [339]. Weitere grundlegende Arbeiten zur Anthocyan-Genetik fallen in die 30er Jahre [340, 341]. Dabei konnten nun bestimmten Genen ebenso bestimmte Veränderungen in der Struktur der Anthocyane zugeordnet werden. Diese Veränderungen waren einfacher Art und ließen vermuten, daß sie auch in jeweils einem Reaktionsschritt vollzogen wurden.

Gleichfalls von den 30er Jahren an wurden Fragen der biochemischen Genetik zunächst an den Dipteren *Drosophila* und *Ephestia* und dann in immer stärkerem Maße an Mikroorganismen bearbeitet. Ergebnisse an diesen neuen Objekten der Genetik führten zur Aufstellung der für die gesamte molekulare Biologie entscheidend wichtigen Ein-Gen- Ein-Enzym-Hypothese (S. 110).

Im Bereich der Anthocyan-Genetik erschöpfte sich — und erschöpft sich zum Teil heute noch — die Tätigkeit damit, an immer neuen Arten im Prinzip ähnliche Befunde zu erbringen. Die Methodik blieb dabei rein chemogenetisch, d.h. bestimmte Gene wurden mit bestimmten Veränderungen der Anthocyane korreliert. Zum Mechanismus dieser Genwirkungen ließen sich nur Hypothesen aufstellen. Die Bestätigung oder Widerlegung dieser Hypothesen durch biochemische Untersuchungen, etwa in Isotopenversuchen *in vivo* oder durch Experimente im zellfreien System wurde praktisch nicht in Angriff genommen. Umgekehrt wurde von biochemischer Seite die Genetik der Anthocyane vielfach ignoriert. Dazu mag beigetragen haben, daß die grundlegenden Daten zur Biosynthese der Anthocyane an Keimlingen gewonnen wurden, für die auch heute noch kaum genetische Daten vorliegen. Die Genetik andererseits war im wesentlichen eine Genetik der Blütenfarben. Jedenfalls unterblieb zunächst der Brückenschlag zwischen Genetik und Biochemie, der für die Sache nur von Vorteil gewesen wäre.

Was die Genetik anbelangt, so darf über einer gewissen Erstarrung nicht vergessen werden, daß durch die Untersuchung eines umfangreichen Pflanzenmaterials eine breite Basis gelegt und die Aufstellung bestimmter Regeln ermöglicht wurde. Davon konnten Arbeiten ausgehen, in denen seit den 60er Jahren versucht wird, genetische und biochemische Methoden auch im Bereich der Anthocyane miteinander zu kombinieren [342, 343].

e 2.2. Die Umsteuerung zwischen Carotinoiden und Anthocyanen

Carotinoide und Flavonoide, vor allem Anthocyane, sind die wichtigsten Gruppen von Blütenfarbstoffen. In ihrer Biosynthese weisen sie insofern einen gemeinsamen Punkt auf, als beide unter Beteiligung von Acetyl-CoA gebildet werden. Nur wird das Acetat in die Carotinoide über den Acetat-Mevalonat-Weg und in die Anthocyane aller Wahrscheinlichkeit nach über den Acetat-Malonat-Weg eingeführt.

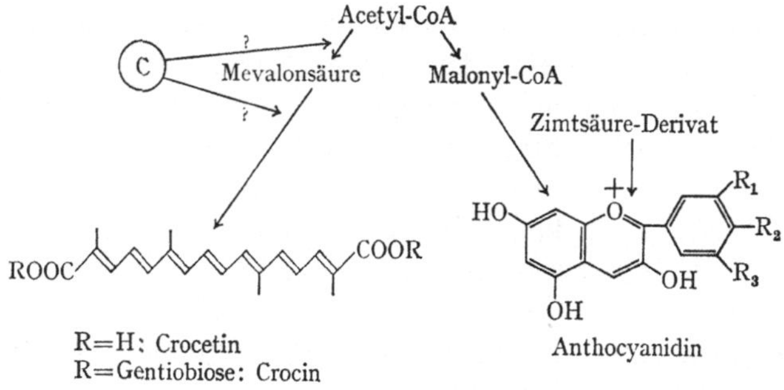

Abb. 39. Die genetische Umsteuerung zwischen Carotinoiden (Crocetin) und Anthocyanen bei *Nemesia*

In vielen Gattungen kommen nun neben gelbblühenden, carotinoidhaltigen auch rot- oder blaublühende, anthocyanführende Arten vor. Bekannte Beispiele sind unter unseren Enzianen und Primeln zu finden [344]. In anderen Fällen finden sich innerhalb einer gegebenen Art carotinoid- und anthocyanführende Varietäten. Die Frage war nun, ob sich in solchen Formen eine genetisch kontrollierte Umsteuerung von den Carotinoiden zu den Anthocyanen oder umgekehrt würde nachweisen lassen.

Vom Elfenspiegel *Nemesia strumosa* sind gelbe, rote und blaue Varietäten bekannt. In einer älteren Arbeit war schon gezeigt worden, daß die gelbe Färbung auf ein dominantes Gen zurückgehen kann [345]. In neueren Untersuchungen wurden die Farbstoffe identifiziert und die genetische Steuerung genauer analysiert. Bei dem intensiv gelben Farbstoff von Nemesien-Blüten handelt es sich um Crocin (S. 53), bei den roten und blauen Farbstoffen um komplizierte Mischungen von vor allem Cyanidin- und Delphinidin-Derivaten [228, 346, 347]. Ein Gen C bedingt das Auftreten von Crocin. C verhält sich bestimmten Anthocyan-Genen gegenüber dominant. Dann bilden die Blüten Crocin und nur Spuren von Anthocyan. In Kombinationen von C mit anderen Anthocyan-Genen kann es dagegen auch zu einem intermediären Erbgang kommen: die Blüten enthalten dann erhebliche Quantitäten von Crocin und auch von Anthocyanen [347].

Gen C läßt sich tentativ lokalisieren: Es könnte dort anzusetzen sein, wo sich der Acetat-Mevalonat-Weg zu den Carotinoiden vom Acetat-Malonat-Weg zu den Anthocyanen trennt (Abb. 39). Ist C vorhanden, so wird Acetat in den Acetat-Mevalonat-Weg eingeschleust und liefert Crocin. Fehlt C, so fließt das Acetat nur in den Acetat-Malonat-Weg ab. In den Blüten findet man dann Anthocyane und höchstens Spuren von Crocin. Das Gen C bedingt also eine Umsteuerung zwischen zwei Möglichkeiten in der Verwertung von Acetyl-CoA.

Darüber hinaus zeigen die Versuche auch, gemessen an ihrem Verhalten gegenüber C, eine Ungleichwertigkeit der Gene für die Synthese von Anthocyanen. Denn teils kommen sie gegenüber dem Crocin-Gen überhaupt nicht zum Zuge — die Blüten sind dann anthocyan-frei —, teils setzen sie sich so weit durch, daß in den Blüten Crocin und Anthocyane gebildet werden. Wir werden auf diesen Punkt in anderem Zusammenhang noch zurückkommen.

e2.3. Der Aufbau des 15-C-Grundgerüstes

In vielen Arten kennt man Mutanten mit weißen Blüten. Solchen Blüten fehlen Anthocyane, sie enthalten aber meistens noch andere Flavan-Derivate wie

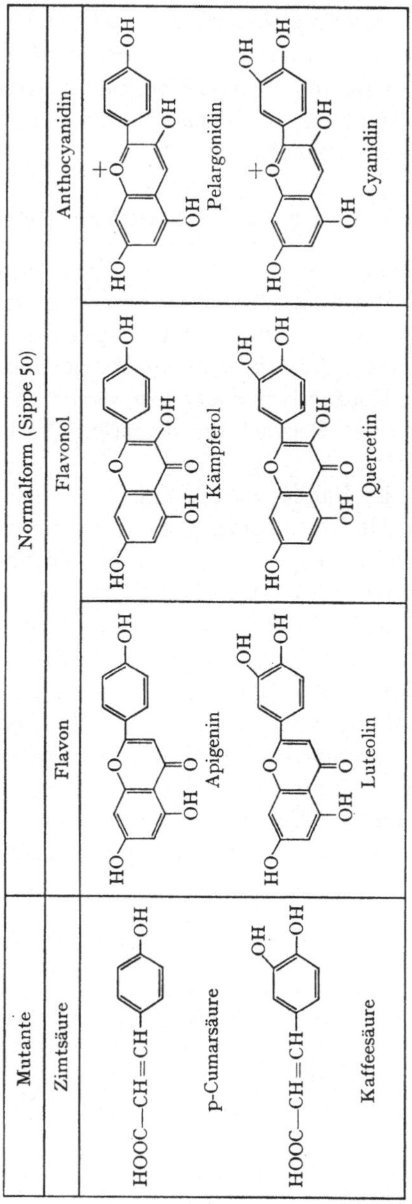

Abb. 40. Vergleich der in der „echten" Albino-Mutante von *Antirrhinum majus* angehäuften Zimtsäure-Derivate mit den in der Normalform gebildeten Flavan-Derivaten. Es wurden nur die Aglyka wiedergegeben. Ähnliche Verhältnisse finden sich auch in der Mutante *nivea* von *Antirrhinum* [342]

Chalkone, Aurone, Flavone und Flavonole. Eine der wenigen Ausnahmen ist die „echte" Albino-Mutante des Löwenmäulchens. Sie führt in ihren Blüten keinerlei Flavanderivate, d.h. sie vermag zumindest in ihren Blüten die Synthese des 15-C-Grundgerüstes der Flavonoide nicht mehr durchzuführen. Statt dessen reichern sich in den Blüten Ester der p-Cumarsäure, Kaffeesäure und Ferulasäure an [348—350]. p-Cumarsäure und Kaffeesäure tragen in ihren aromatischen Ringsystemen dieselben Substituenten wie die in der Normalform gebildeten Flavanderivate. Der p-Cumarsäure entsprechen in der Normalform das Flavon Apigenin, das Flavonol Kämpferol und das Anthocyanidin Pelargonidin, der Kaffeesäure das Flavon Luteolin, das Flavonol Quercetin und das Anthocyanidin Cyanidin. Es wurde angenommen, die Zimtsäurederivate häuften sich in den weißen Blüten deshalb an, weil sie zwar nach wie vor angeliefert, aber nicht mehr zur Synthese der entsprechend substituierten Flavan-Derivate verwendet würden. Die Genetik lieferte der Biochemie mit diesem Befund einen ersten Hinweis darauf, daß sich Phenylpropane an der Flavonoidsynthese beteiligen könnten, wie dann ja in der Folgezeit auch nachgewiesen werden konnte (Abb. 40).

e2.4. Die Veränderungen im Oxydationszustand des mittleren Heterocyclus

Genetische Untersuchungen an einigen Arten machten es schon vor der genaueren Erforschung der Synthesewege wahrscheinlich, daß die einzelnen Flavan-Derivate miteinander in einem biogenetischen Zusammenhang stehen. So wurde beobachtet, daß bei einem gengesteuerten Ansteigen in der Menge eines bestimmten Flavan-Derivates gleichzeitig die Konzentration an einem zweiten Flavan-Derivat abfallen kann. Ein gut analysiertes Beispiel für derartige Wechselwirkungen liefert *Dahlia variabilis* [351].

Die untersuchte Kulturform der Dahlie war allo-oktaploid. Solche Allo-oktaploide verhalten sich genetisch wie Tetraploide. Was hier interessiert: ein bestimmter Genlocus kann viermal in gegebenenfalls verschiedenen Allelen im Genom auftreten. Hat man ein Allelenpaar A/a, so kann man demnach A und a auf 5 verschiedene Weisen miteinander kombinieren: AAAA, AAAa, AAaa, Aaaa und aaaa, und so einen etwa vorhandenen Gendosiseffekt fassen.

Bei *Dahlia* steuern die vier dominanten Gene A, B, I, und Y den Oxydationszustand des Heterocyclus und damit die Ausbildung bestimmter Flavan-Derivate (Tabelle 9). Die entsprechenden recessiven Allele weisen nur eine zu vernachlässigende Wirkung auf die Flavonoid-Synthese auf. Man kann nun die vier dominanten Gene in verschiedenen Dosen miteinander kombinieren und ihr Zusammenspiel bei der Ausbildung des Flavonoidmusters der Blüten untersuchen. Dabei ließ

Tabelle 9. *Die Zuordnung bestimmter Flavan-Derivate zu den Genen A, B, I und Y bei Dahlia variabilis*

Gen	Flavan-Derivat	Gruppe der Flavan-Derivate	Strukturformel
A	Cyanidin	Anthocyanidin	S. 68
B	Pelargonidin	Anthocyanidin	S. 68
I	Apigenin	Flavon	S. 67
Y	Butein	Chalkon	S. 66

sich erkennen: Pflanzen, die von den vier erwähnten Genen nur A und/oder B enthalten, führen in ihren Blüten Cyanidin und/oder Pelargonidin, also Anthocyanidine. Baut man in ihr Genom in entsprechenden Kreuzungsexperimenten ein bis vier I-Gene ein, so sinkt der Anthocyan-Gehalt immer weiter ab, während derjenige an Apigenin mit der Zahl der I-Gene zunimmt. Ganz ähnliche Verhältnisse finden sich, wenn man die Zahl an Y-Genen erhöht: geht man von A- und B-Pflanzen aus, so werden die Anthocyane, geht man von I-Pflanzen aus, so werden die Flavone zunehmend durch das Chalkon Butein ersetzt. Eine Zunahme an dem einen Flavan-Derivat geht also auf Kosten eines anderen Flavan-Derivates.

Die Deutung dieser Befunde war deswegen schwierig, weil man bei den Flavan-Derivaten mit verzweigten Synthesewegen rechnen mußte. Infolgedessen gibt es mehrere Möglichkeiten der Interpretation, von denen keine frei von Unstimmigkeiten ist. Ursprünglich nahm man eine Konkurrenz der verschiedenen Flavan-Derivate um eine gemeinsame Vorstufe an:

$$\text{Vorstufe} \begin{cases} \text{---Y} \longrightarrow \text{Chalkon} \\ \text{---I} \longrightarrow \text{Flavon} \\ \text{---A, B} \rightarrow \text{Anthocyanidine} \end{cases}$$

Greifen wir nur eines der beteiligten Gene, Y, heraus. Seine Wirkung besteht dieser Interpretation zufolge in einer Förderung der Chalkonsynthese.

Doch man kann auch eine Deutung versuchen, die der Auffassung Rechnung trägt, die Chalkone seien Vorstufen in der Synthese aller Flavan-Derivate:

$$\longrightarrow \text{Chalkon} \cdots | \text{Y} \cdots \begin{cases} \text{I} \longrightarrow \text{Flavon} \\ \text{A, B} \rightarrow \text{Anthocyanidine} \end{cases}$$

In diesem Fall bestünde die Wirkung von Y darin, die weitere Verwertung von Chalkonen zur Flavonoid-Synthese zu unterbinden.

Die Ergebnisse von Markierungsversuchen mit Chalkonen sprechen wie erwähnt für die zweite Deutung. Die genetischen Daten allein lassen keine Entscheidung zu. Aber sie hatten immerhin schon vor Durchführung des ersten Markierungsversuches gezeigt, daß zwischen den einzelnen Flavan-Derivaten ein biogenetischer Zusammenhang besteht.

Wie erwähnt finden sich in den meisten Anthocyan-freien Mutanten noch andere Flavanderivate. In diesen Mutanten ist also der Aufbau des 15-C-Grundgerüstes der Flavonoide noch möglich, aber die Überführung des Heterocyclus in die Oxoniumstruktur der Anthocyane ist blockiert. Dabei ist durchaus nicht immer so wie bei der Dahlie der Fortfall der Anthocyane von einem Anstieg im Gehalt der anderen Flavonoide begleitet.

In den einzelnen Anthocyan-freien Mutanten einer gegebenen Art kann der Block in der Anthocyan-Synthese an ganz verschiedenen Stellen des Synthese-Weges liegen. Kreuzt man solche Mutanten mit unterschiedlichen genetischen Defekten, so führt die F_1 Anthocyan. Denn das Gen, das in dem einen Genom ausgefallen war, funktioniert in dem anderen und umgekehrt. In der F_1 ergänzen sich die Genome der beiden Eltern dann zur Anthocyanbildung. Ein erster Schritt in der Analyse solcher komplementären Gene bzw. ihrer mutierten Allele ist die

Ermittlung der Reihenfolge, in der sie in die Anthocyansynthese eingreifen. In den meisten Fällen kann man nun überhaupt keine Reihenfolge der Genwirkungen aufstellen. Hinderlich war vor allem, daß Partnerinduktionen über Pfropfungen nicht möglich waren (S. 10). Nur für das Aleuron des Maises konnte man mit Hilfe einer besonderen Komplementations-Technik eine einigermaßen gesicherte Reihenfolge etablieren.

Das Auftreten von Anthocyan im *Aleuron des Maises* wird von einer Reihe komplementärer Gene gesteuert. Sind ihre recessiven Allele vorhanden, so unterbleibt die Anthocyansynthese in der Regel. Die Anthocyan-Bildung findet auch

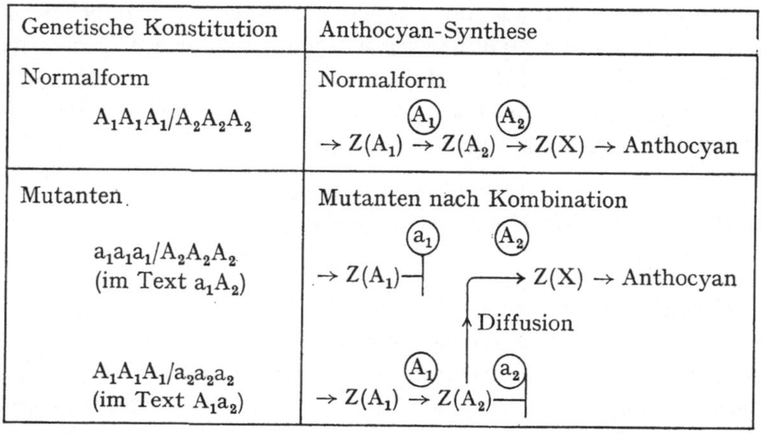

Genetische Konstitution	Anthocyan-Synthese
Normalform $A_1A_1A_1/A_2A_2A_2$	Normalform $\overset{(A_1)}{}\qquad\overset{(A_2)}{}$ $\rightarrow Z(A_1) \rightarrow Z(A_2) \rightarrow Z(X) \rightarrow$ Anthocyan
Mutanten $a_1a_1a_1/A_2A_2A_2$ (im Text a_1A_2) $A_1A_1A_1/a_2a_2a_2$ (im Text A_1a_2)	Mutanten nach Kombination $\overset{(a_1)}{}\qquad\overset{(A_2)}{}$ $\rightarrow Z(A_1)\dashv \qquad \rightarrow Z(X) \rightarrow$ Anthocyan $\uparrow$ Diffusion $\overset{(A_1)}{}\qquad\overset{(a_2)}{}$ $\rightarrow Z(A_1) \rightarrow Z(A_2)\dashv$

Abb. 41. Partnerinduktion bei der Anthocyan-Synthese im Aleuron des Maises. Z = Zwischenstufe

im isolierten und auf Agar kultivierten Aleuron statt [352]. Im folgenden wollen wir der Einfachheit halber ein $a_1/a_1/a_1$-Aleuron ein a_1-Aleuron und ein $A_2/A_2/A_2$-Aleuron ein A_2-Aleuron nennen. Wenn man zwei genetisch verschiedene Anthocyan-freie Aleurontypen auf dem Agar miteinander in Kontakt brachte, so bildete das eine Anthocyan, das andere blieb Anthocyan-frei. Wenn man z. B. a_1A_2-Aleuron mit A_1a_2-Aleuron kombinierte, so bildete das a_1A_2-Aleuron Anthocyan, das A_1a_2-Aleuron nicht. Die Erklärung (Abb. 41): Der durch a_2 bedingte genetische Block liegt später im Biosyntheseweg als der von a_1 verursachte. Im A_1a_2-Aleuron häuft sich Zwischenstufe A_2 an und diffundiert in das a_1A_2-Aleuron hinüber. Damit wird der genetische Block im a_1A_2-Gewebe umgangen. Nun könnte man fragen, warum die Beeinflussung nur einseitig ist. Denn eigentlich sollte aus dem normalisierten a_1A_2-Gewebe nun Zwischenstufe X in das A_1a_2-Gewebe diffundieren und dort eine Anthocyan-Synthese ermöglichen. Das war aber nicht der Fall. Die Ursache ist wohl darin zu sehen, daß sich X im Gegensatz zu Zwischenstufe A_2 nicht anreichert, sondern rasch in Anthocyan überführt wird. Infolge der niedrigen stationären Konzentration an X kann es zu keiner nennenswerten Diffusion kommen.

Wie aus Abb. 41 ersichtlich, liegt der genetische Block im Anthocyan-bildenden Aleuron stets früher in der Synthesekette als im Anthocyan-frei bleibenden Partner. Durch entsprechende Paarungen konnte man so für eine Reihe von Anthocyan-Genen des Mais-Aleurons bestimmen, in welcher Reihenfolge sie in die

Anthocyan-Synthese eingreifen [353]. Voll und ganz bewiesen wird diese Reihenfolge aber erst dann sein, wenn ergänzende biochemische Untersuchungen durchgeführt und insbesondere die diffundierenden Zwischenstufen chemisch charakterisiert worden sind.

e2.5. Die Substitution des Ringes B

e2.51. Chemogenetische Daten

An nahezu 20 Arten wurde bewiesen, daß das Auftreten der Substituenten im Ring B der Anthocyane genetisch kontrolliert ist. Im folgenden seien zunächst die wichtigsten chemogenetischen Befunde gebracht. Anschließend werden die Möglichkeiten zur Deutung dieser Daten diskutiert.

Hydroxyl-Substituenten (Tabelle 10)

Alle bekannten Anthocyanidine tragen ein Hydroxyl in der 4'-Stellung. Infolgedessen fehlt das Ausgangsmaterial für Kreuzungsexperimente, in denen man Daten zu einer genetischen Kontrolle beim Auftreten dieses allgegenwärtigen ersten Hydroxyls gewinnen könnte. Aller Wahrscheinlichkeit nach bringt schon das den Ring B liefernde Zimtsäurederivat zumindest dieses erste Hydroxyl mit sich, ganz unabhängig davon, ob nun die übrigen Substituenten auch schon auf der Stufe von Zimtsäuren oder erst auf derjenigen von 15-C-Körpern eingefügt werden (s.u.). Genetische Daten zum Auftreten des zweiten Hydroxyls in der 3'-Stellung und des dritten Hydroxyls in der 5'-Stellung sind dagegen reichlich vorhanden. In den meisten Fällen steuert ein einziges Gen das Auftreten des Hydroxyls in der 3'-Position und ein anderes Gen das Auftreten des Hydroxyls in der 5'-Position. Dabei ist das Zusammenwirken der beteiligten Gene in der Regel derart, daß ein höherer Substitutionsgrad des Ringes B über einen niederen dominiert. Die Ausbildung von Cyanidin ist also gegenüber derjenigen von Pelargonidin und diejenige von Delphinidin gegenüber derjenigen von Cyanidin dominant: Pelargonidin < Cyanidin < Delphinidin.

Seltener sind die Fälle, in denen umgekehrt ein niederer Substitutionsgrad über einen höheren dominiert. So finden sich bei *Papaver rhoeas* [354], bei *Salvia splendens* [355] und bei *Impatiens balsamina* [356] dominante Gene, die einen Austausch von Cyanidin — bei *Papaver* und *Salvia* — oder von Päonidin — bei *Impatiens* — gegen Pelargonidin bewirken. In Gartenformen von *Verbena* verhält sich ein Gen für Pelargonidin je nach der Kreuzung bald dominant, bald recessiv gegenüber einem Gen für Delphinidin [357].

Methyl-Substituenten (Tabelle 11)

Die genetische Kontrolle des Auftretens von Methylgruppen in den 3'- und 5'-Hydroxylen wurde erst an relativ wenigen Pflanzen genauer untersucht. Die Norm dürfte sein, daß ein erstes Gen eine generelle Besetzung mit Methylen in der 3'- und der 5'-Stellung steuert. Neben dieser allgemein methylierenden Potenz ist vielfach noch ein zweites Gen vorhanden, das ein Auftreten von Methylen nur in der 3'-Stellung kontrolliert, und seltener ein drittes Gen, das bevorzugt ein Auftreten von Methylen in der 5'-Stellung induziert.

Tabelle 10. *Die genetische Kontrolle der Substitution des Ringes B: Hydroxyl-Substituenten.* (Beispiele nach [229, 332—335] und im Text erwähnter Literatur)

Substitutionsänderung durch den Gen-Locus Gen-Locus vertreten durch das		Spezies
rezessive Allel	dominante Allel	
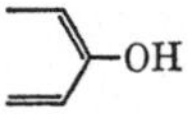 —OH	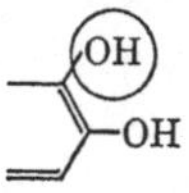 OH / —OH	*Antirrhinum majus* *Cheiranthus cheiri* *Dianthus caryophyllus* *Lathyrus odoratus* *Matthiola incana* *Raphanus sativus* *Streptocarpus hybrida*
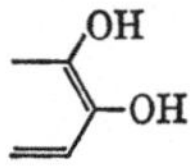 OH / —OH	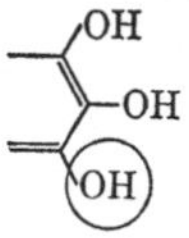 OH / —OH / OH	*Impatiens balsamina* *Lathyrus odoratus* *Pisum sativum* *Primula sinensis* *Solanum tuberosum* *Streptocarpus hybrida*
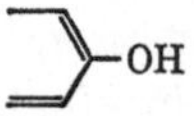 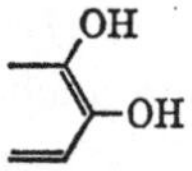 —OH OH / —OH	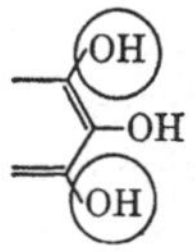 OH / —OH / OH	*Phaseolus vulgaris*
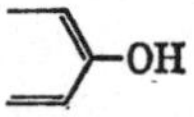 —OH	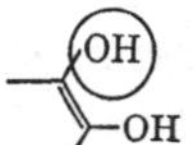 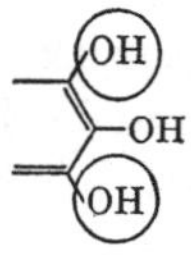 OH / —OH OH / —OH / OH	*Salvia splendens*
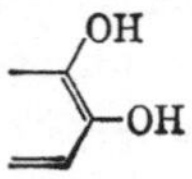 OH / —OH	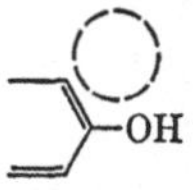 —OH	*Papaver rhoeas* *Salvia splendens*
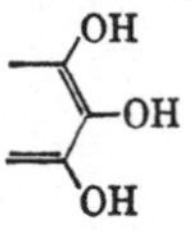 OH / —OH / OH	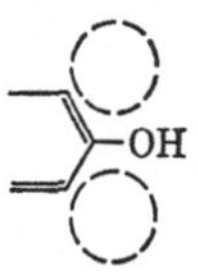 —OH	*Anagallis arvensis* *Cyclamen* (Kulturformen) *Verbena hybrida*
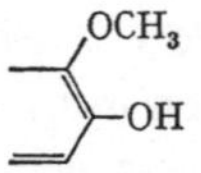 OCH_3 / —OH	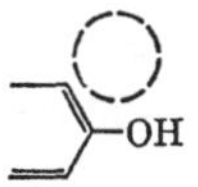 —OH	*Impatiens balsamina*

Tabelle 11. *Die genetische Kontrolle der Substitution des Ringes B: Methyl-Substituenten.*
(Beispiele nach [229, 332—335])

Substitutionsänderung durch den Gen-Locus Gen-Locus vertreten durch das		Spezies
rezessive Allel	dominante Allel	
(Struktur: —OH, —OH, —R) R = H oder OH	(Struktur: O—CH₃, —OH, —R) R = H oder OH	*Petunia hybrida* *Solanum tuberosum* bei beiden mit Acylierung und 5-Glukosidierung gekoppelt
(Struktur: —OCH₃, —OH, —OH)	(Struktur: —OCH₃, —OH, O—CH₃)	*Petunia hybrida* *Solanum tuberosum*
(Struktur: —OH)	(Struktur: OCH₃, —OH, OCH₃)	*Impatiens balsamina* *Pelargonium zonale* *Primula sinensis* *Streptocarpus hybrida*

e2.52. Chemogenetische Daten und Substitutionshypothese

1. Substitutionshypothese

Die chemogenetischen Daten zur Substitution des Ringes B lassen sich auf verschiedene Weise deuten. Eine Möglichkeit der Interpretation ist die folgende: Jedes beteiligte Gen steuert über ein Enzym entsprechender Spezifität jeweils einen Substitutionsschritt. Beispielsweise könnte ein erstes Gen eine Hydroxylierung in der 3'-Stellung des Ringes B und ein zweites Gen eine Methylierung dieser Hydroxylgruppe induzieren. In einer Succession von Gen-gesteuerten Substitutionsschritten würde so der Ring B aus einem niederen in einen höheren Substitutionsgrad überführt. Wir wollen diese Hypothese als Substitutionshypothese bezeichnen.

Früher nahm man an, Anthocyane selbst würden substituiert. Es ist das jedoch auf Grund neuerer genetischer und biochemischer Befunde sehr unwahrscheinlich geworden. Stattdessen wird eine Substitution von 15-C-Vorstufen oder von Zimtsäure-Vorstufen der Anthocyane in Betracht gezogen. Stellen wir diese Frage vorläufig zurück und überprüfen wir, ob die chemogenetischen Daten tatsächlich mit der Annahme einer schrittweisen, von je einem Gen gesteuerten Substitution — ganz gleich auf welcher Etappe des Syntheseweges — in Einklang stehen.

2. Dominanzverhältnisse und Substitutionshypothese

Für die Substitutionstheorie spricht auf den ersten Blick, daß unter den bisher untersuchten Pflanzen Arten überwiegen, bei denen eine Dominanz höherer über niedere Substitutiongrade festgestellt wurde.

Wenn ein Gen-gesteuertes Enzym in ein Substrat einen neuen Substituenten einfügt, wird dieses Substrat nach und nach in ein höher substituiertes Produkt überführt. Bei entsprechend geringem Nachschub an Substrat kann seine stationäre Konzentration bis zum Wert Null absinken. In der Sprache der Genetiker: der höhere Substitutionsgrad dominiert. Die Dominanz der höheren Substitutionsgrade wäre also eine zwangsläufige Folge der enzymchemischen Situation, in der ein bestimmtes substituierendes Enzym das Produkt eines zuvor tätigen Enzyms als Substrat benützt. Es erscheint leicht verständlich, daß man diese enzymchemische Normalsituation häufig findet, daß man also häufig auf Pflanzen mit einer Dominanz höherer über niedere Substitutionsgrade stößt. Damit verglichen wäre die Dominanz niederer über höhere Substitutionsgrade eine seltene Ausnahmesituation, in der vielleicht hochaktive Enzyme Substituenten aus dem Ring B eliminieren könnten.

Der Angelpunkt dieser Hypothese ist: Pflanzen mit einer Dominanz höherer über niedere Substitutionsgrade sind deshalb so häufig, weil diese Dominanzverhältnisse eine zwangsläufige Folge einer schrittweisen Substitution sind. Die Dominanzverhältnisse scheinen also die Substitutionshypothese zu stützen.

Nun läßt sich aber das Überwiegen von Pflanzen mit einer Dominanz höherer Substitutionsgrade nicht nur als Folge der enzymchemischen Gegebenheiten, sondern auch als Ergebnis einer natürlichen Selektion auffassen. Viele Insekten, darunter die als Bestäuber überaus wichtigen Bienen, sind rotblind, aber im Blau- und UV-Bereich äußerst farbtüchtig [358, 359]. Gerade die höher substituierten Anthocyane liegen in den Blüten oft als blaue Farbkomplexe vor. Vielfach sind sie zudem noch acyliert, wodurch ihr Adsorptionsspektrum eine Schulter im UV erhält und so auch in diesen für die Insekten wichtigen Wellenlängenbereich mehr als sonst hineinreicht. Es erscheint plausibel, daß Insekten Blüten, die ihrer Farbtüchtigkeit in Blau und UV entsprechen, bevorzugt bestäuben und so die betreffenden Pflanzen selektionieren. Blüten mit rein roten Farben werden weniger häufig aufgesucht. Formen mit roten Blüten, zu denen etwa die Pelargonidin-führenden Arten und Rassen gehören, werden infolgedessen bei Bestäubung durch Insekten — von rottüchtigen Schmetterlingen abgesehen — zahlenmäßig zurücktreten. In der Tat findet sich in unserer abgesehen vom Wind in erster Linie von Insekten bestäubten heimischen Flora nur selten ein Rot ohne Blau oder Violett.

In den Tropen und Subtropen finden sich nun häufig von Vögeln bestäubte Blüten. Vögel sehen im Gegensatz zu vielen Insekten Rot ausgezeichnet. Dementsprechend prangen von ihnen aufgesuchte Blüten in einem auffallenden „Vogelblumenrot". Rote und rotgelbe Farben können wie erwähnt auf Glykoside des Pelargonidins zurückgehen. Wenn ebenso wie Blau oder UV bei Insekten Rot bei Vögeln einen Selektionsvorteil bedeutet, sollte man unter den Vogelblumen auch auf ein dominantes Pelargonidin-Rot stoßen. Das ist in der Tat der Fall: schon bei der ersten genauer untersuchten Vogelblume, dem von Kolibris bestäubten Glänzenden Salbei (*Salvia splendens*) konnte man prompt ein dominantes Gen für Pelargonidin fassen [355].

Daß in unserer Flora Formen mit einer Dominanz hoher Substitutionsgrade überwiegen, beruht also nicht darauf, daß eine schrittweise Substitution zwangsläufig zu einer solchen Dominanz führt, sondern ist Folge einer Blau-Selektion durch die bestäubenden Insekten [229, 362]. Die Dominanzverhältnisse gestatten also keinen zwingenden Rückschluß auf das biochemische Geschehen. Es kann sich, aber es muß sich nicht um eine schrittweise Substitution handeln.

3. Intermediäre Vererbung von Anthocyanen und Substitutionshypothese

Neuere Untersuchungen lassen Zweifel daran aufkommen, ob wirklich jeder Befund über eine simple Dominanz der höher substituierten Anthocyane zutreffend ist. An einem klassischen Objekt der Anthocyan-Genetik, der *Gesneriacee*

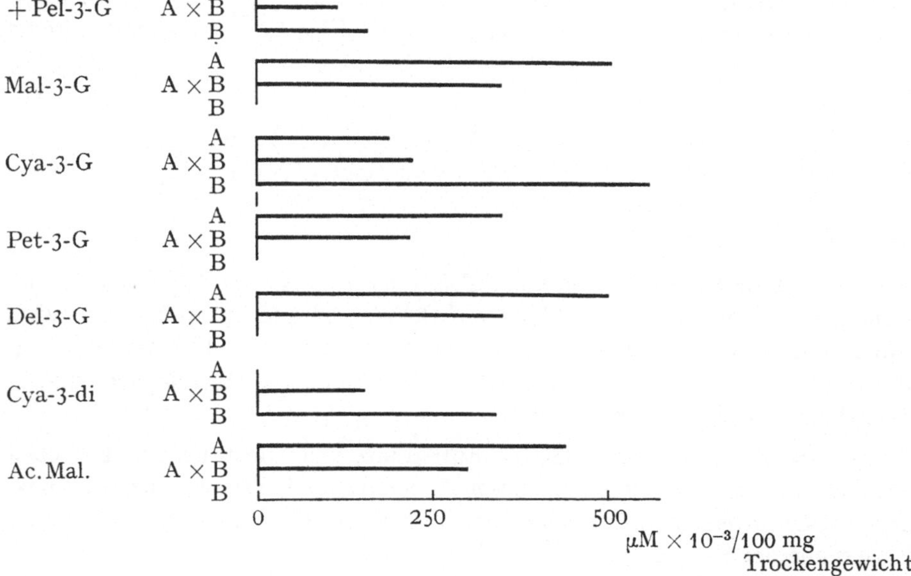

Abb. 42. Ein Beispiel für die intermediäre Vererbung von Anthocyanen in den Blüten von *Streptocarpus hybrida*. Untersucht wurden die beiden reinen Linien A und B sowie ihre Hybride A × B. In der — hier nicht wiedergegebenen — F_2 fand sich eine Aufspaltung 1:2:1 nach A:A × B:B. Päo = Päonidin, Pel = Pelargonidin, Mal = Malvidin, Cya = Cyanidin, Pet = Petunidin, Del = Delphinidin; G = Glukosid, di = Xylosido-glukosid; Ac. Mal. = Malvidin-3,5-Diglukosid

Streptocarpus hybrida, konnte zunächst in Übereinstimmung mit älteren Untersuchungen [362] in einer Reihe von Kreuzungen ein dominanter Erbgang der höher substituierten Anthocyane nachgewiesen werden. In anderen Kreuzungsanalysen wurde aber auch eine intermediäre Vererbung festgestellt. Dabei fanden sich in der F_1 und in den Hybriden der F_2 die Anthocyan-Spektren beider Eltern. In quantitativer Hinsicht lagen die Anthocyan-Mengen der Hybriden zwischen denjenigen der Eltern. Es traf das für nieder ebenso wie für hoch substituierte Anthocyane zu (Abb. 42). Der in qualitativer und quantitativer Hinsicht intermediäre Erbgang widerspricht der Substitutionstheorie [363].

Die genannten Untersuchungen an *Streptocarpus* waren nur mit Hilfe der leistungsfähigen Dünnschicht-Chromatographie auf Kieselgel G [364] möglich. Weder die früher übliche Papier-Chromatographie noch die Dünnschicht-Chromatographie auf Cellulosepulver lieferten ähnlich scharfe Trennungen. Es wäre wünschenswert, auch weitere Arten mit dieser oder einer entsprechenden Technik auf die Vererbung der Anthocyane zu überprüfen.

4. Ein Gen — mehrere Substitutionsschritte

In vielen Fällen ist es nicht möglich, einem Gen auch jeweils einen Substitutionsschritt zuzuordnen. So findet sich bei *Pelargonium zonale* [691], *Streptocarpus hybrida* [362], *Primula sinensis* [365] und *Impatiens balsamina* [356] jeweils ein dominantes Gen, das an Stelle von Pelargonidin Malvidin entstehen läßt. Um den Ring B des Pelargonidins in denjenigen des Malvidins zu überführen, sind zwei Hydroxylierungen und zwei Methylierungen notwendig. Bei der Gartenbohne (*Phaseolus vulgaris*) kennt man ein dominantes Gen, das die Bildung von Delphinidin bedingt. Ersetzt man es durch sein recessives Allel, so werden stattdessen Pelargonidin und Cyanidin gebildet [366]. Eine ähnliche Situation findet

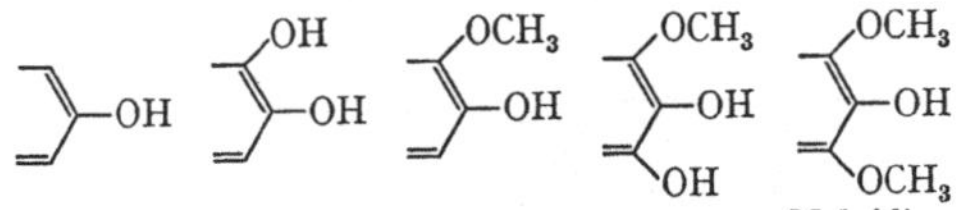

sich bei bestimmten Farbrassen von *Salvia splendens*. Hier bestimmt ein unvollständig dominantes Gen die Bildung von Delphinidin und Cyanidin, während in Anwesenheit seines recessiven Allel Pelargonidin auftritt [367]. Um vom Substitutionsgrad des Pelargonidins zu demjenigen des Delphinidins zu gelangen, müssen zwei Hydroxyle eingeführt werden.

Entsprechendes gilt auch für die Entfernung von Substituenten. Der oben erwähnte monogen bedingte Ersatz von Päonidin durch Pelargonidin bei *Impatiens* würde im ersten Schritt eine Demethylierung und im zweiten Schritt die Entfernung der 3′-Hydroxylgruppe erfordern.

Situationen wie die geschilderten, in denen ein Gen mehrere Veränderungen im Substitutionsmuster induziert, lassen sich nur durch unbewiesene Zusatzhypothesen mit der Substitutionshypothese in Einklang bringen.

5. Substitution und Veränderung der Mengenverhältnisse an Anthocyan

Mehrfach hat man gefunden, daß eine Veränderung des Substitutionsmusters mit einer Stimulation der Anthocyan-Synthese gekoppelt sein kann. Die erwähnten dominanten Gene für Pelargonidin in *Papaver* und *Impatiens* verändern nicht nur das Substitutionsmuster, sondern bewirken auch, daß mehr Pelargonidin als zuvor Cyanidin bzw. Päonidin gebildet wird. Um diesen Effekt zu erklären, hat man angenommen, bestimmte Substitutionsmuster könnten die Ausbildung der Oxoniumstruktur der Anthocyanidine fördern [334]. Nun fördert aber bei *Phaseolus vulgaris* eine dreifache Substitution die Synthese von Anthocyanidinen — es entsteht Delphinidin [366], in den eben erwähnten Fällen dagegen eine nur einfache Substitution — es entsteht Pelargonidin. Das Substitutionsmuster kann also kaum einen Einfluß auf die Bildung der Anthocyanidinstruktur im mittleren Heterocyclus ausüben. Auf der Basis der Substitutionshypothese läßt sich die Koppelung von Substitutionsmuster und Quantität an Anthocyan also nicht verstehen.

e2.53. Chemogenetische Daten und Zimtsäurestart-Hypothese

1. Zimtsäurestart-Hypothese

Zur Aufstellung der Zimtsäurestart-Hypothese berechtigten folgende Fakten: In allen Pflanzen, deren Lignin den Sinapylrest enthält, muß die gesamte Zimtsäurekette von der p-Cumarsäure bis zur Sinapinsäure funktionieren. Denn von ihr werden die entsprechend substituierten Ligninbausteine abgezweigt. Von dieser Überlegung abgesehen wurde die successive Umwandlung der Zimtsäuren für

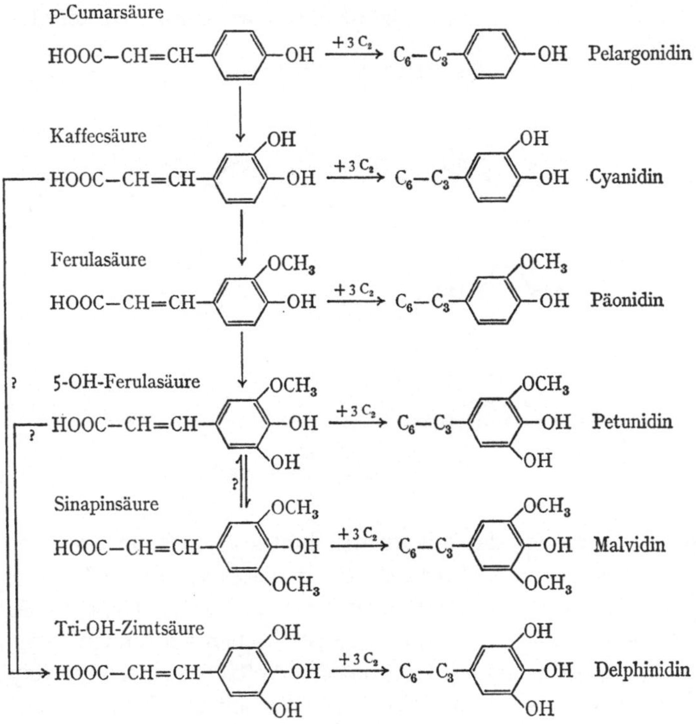

Abb. 43. Schema der Anthocyan-Synthese nach der Zimtsäurestart-Hypothese. Links von oben nach unten die Biosynthesekette der Zimtsäuren, von der Glieder zur Synthese entsprechend substituierter Anthocyane abgezweigt werden können. (Aus [361])

mehrere Pflanzen im Experiment bewiesen. In sehr vielen Arten finden sich also alle Zimtsäuren der erwähnten Kette, wenn auch ihre stationäre Konzentration fallweise so niedrig sein mag, daß sie sich dem Nachweis entziehen.

Ein weiteres Faktum ist, daß bereits substituierte Zimtsäuren zur Anthocyan-Synthese eingesetzt werden können. Die Substituenten der Zimtsäuren werden dabei zu Substituenten des Ringes B der Anthocyane (s.u.). p-Cumarsäure liefert nach Kondensation mit aktiviertem Acetat Pelargonidin, Kaffeesäure Cyanidin usw. (Abb. 43).

Nun könnte man vermuten, daß immer alle Zimtsäuren zur Anthocyan-Synthese herangezogen würden. Dann müßte jeder Zimtsäure ein Anthocyan gleicher Substitution entsprechen. Das ist jedoch nicht der Fall. Noch nicht einmal alle in größerer Menge vorhandenen Zimtsäuren werden zur Anthocyan-

Synthese verwendet. Bei *Petunia hybrida* führten alle untersuchten reinen Linien p-Cumarsäure, aber keine enthielt das entsprechend substituierte Pelargonidin. Alle Linien führten auch Kaffeesäure, Ferulasäure und — allerdings in Spuren — Sinapinsäure. Die entsprechend substituierten Anthocyanidine Cyanidin, Päonidin und Malvidin fanden sich dagegen nur in einigen dieser Linien, in anderen fehlten sie [343]. Bei *Streptocarpus hybrida* ist die Situation ähnlich [363].

Unter dem Angebot an Zimtsäuren wird also eine Auswahl getroffen. Der biochemische Mechanismus dieser Selektion ist noch unbekannt. Alle Erklärungsmöglichkeiten laufen im Prinzip darauf hinaus, daß der Start der Anthocyan-Synthese mit Zimtsäuren genetisch kontrolliert wird. Für jede Zimtsäure ist ein

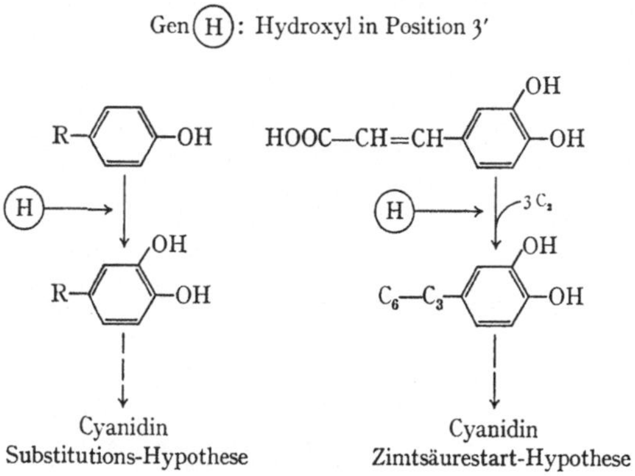

Abb. 44. Vergleich von Substitutions-Hypothese und Zimtsäurestart-Hypothese

Enzymsystem vorhanden, das mit ihr die Synthese eines entsprechend substituierten Anthocyans zu starten vermag. Fehlt dieses startende Enzymsystem, so unterbleibt die Synthese des betreffenden Anthocyans. Die Gene der Substitution kontrollieren die Bildung dieser zimtsäurespezifischen startenden Enzyme.

Ein Beispiel: Gegeben ist ein Gen, das das Auftreten einer Hydroxylgruppe in der 3'-Stellung des Ringes B kontrolliert. Nach der Substitutionshypothese induziert dieses Gen ein Enzym, das in der betreffenden Position eine Hydroxylgruppe einführt. Nach der Zimtsäurestart-Hypothese dagegen stellt dieses Gen ein Enzym bereit, das die Anthocyan-Synthese mit Kaffeesäure zu starten vermag. Das Resultat ist in beiden Fällen das Auftreten des 3'-hydroxylierten Cyanidins (Abb. 44). Die Zimtsäurestart-Hypothese nimmt also an, daß die Gene der Substitution den Start der Anthocyan-Synthese mit jeweils ganz bestimmten Zimtsäuren kontrollieren.

Der weitere Ablauf der Anthocyan-Synthese entspricht den Schemata der Abb. 37 und 38. Nach der Kondensation mit Acetat entsteht ein im späteren Ring B bereits substituierter 15-C-Körper, der nacheinander die Stadien des Chalkons, Flavanons etc. bis zum Anthocyanidin durchläuft. Ganz entsprechend ließen sich solche bereits substituierten 15-C-Körper auch in andere Flavonoide überführen.

Im Sinne der Zimtsäurestart-Hypothese wurden die chemogenetischen Ergebnisse gedeutet, die von drei verschiedenen Arbeitsgruppen am Löwenmäulchen *Antirrhinum majus* erarbeitet wurden [349, 368, 369]. Auch Befunde jüngeren

Datums, etwa an *Cyclamen* [360], *Petunia* [343] und *Streptocarpus* [363] entsprechen der Zimtsäurestart-Hypothese. Die meisten chemogenetischen Daten lassen sich jedoch sowohl nach der Substitutions- als auch nach der Zimtsäurestart-Hypothese interpretieren. Der Vorzug der Zimtsäurestart-Hypothese ist, daß sie bestimmte chemogenetische Befunde verständlich macht, für die die Substitutions-Hypothese keine Erklärung zu geben vermag.

2. Vererbungsmodus und Zimtsäurestart-Hypothese

Wenn man zwei Pflanzen kreuzt, von denen die eine der Zimtsäurestart-Hypothese folgend p-Cumarsäure zur Synthese von Pelargonidin, die andere Kaffeesäure zur Synthese von Cyanidin einsetzen kann, sollte in der F_1 sowohl Pelargonidin als auch Cyanidin gebildet werden. Ein solcher intermediärer Erbgang von Anthocyanen ist in der Tat nachgewiesen (Abb. 42). Er läßt sich über die Substitutionshypothese nur unbefriedigend erklären. Nun ist es aber auch denkbar, daß eine der beiden von den Eltern eingebrachten Potenzen in der F_1 nicht oder nicht voll realisiert werden kann, etwa weil die Synthesen von Pelargonidin und Cyanidin miteinander um gemeinsame Vorstufen wie aktiviertes Acetat konkurrieren oder weil eine der zum Start benötigten Zimtsäuren nicht in genügender Menge zur Verfügung steht. Je nachdem welche Verhältnisse jeweils vorliegen, wird dann in den Hybriden bald Pelargonidin, bald Cyanidin, bald beide Anthocyane in wechselnden Quantitäten auftreten. Dem entspricht die tatsächlich beobachtete Situation: Bei der Vererbung eines bestimmten Anthocyanidins finden sich je nach Art und Rasse alle Übergänge vom dominanten über unvollständig dominantes und intermediäres bis zum recessiven Verhalten. Alle diese Möglichkeiten werden nach der Zimtsäurestart-Hypothese auf einen Mechanismus zurückgeführt. Dabei eingeschlossen ist auch die Dominanz niederer über höhere Substitutionsgrade, die mit der Substitutionshypothese nur durch Zusatzhypothesen vereinbar ist.

3. Ein Gen — mehrere Substitutions-Schritte

Auch mit der Substitutionshypothese kaum vereinbare Befunde, nach denen ein Gen mehrere Substitutions-Schritte steuern kann, finden über die Zimtsäurestart-Hypothese eine zwanglose Erklärung. Der erwähnte monogen bedingte Ersatz von Pelargonidin durch Malvidin z.B. ginge einfach darauf zurück, daß in Anwesenheit des Malvidin-Gens nicht mehr p-Cumarsäure, sondern Sinapinsäure zur Anthocyan-Synthese eingesetzt wird.

4. Substitution und Veränderung der Mengenverhältnisse an Anthocyan

Für die Koppelung von Substitutionsmuster und Intensität der Anthocyan-Synthese konnte die Substitutionshypothese ebenfalls keine befriedigende Erklärung bieten, wohl aber die Zimtsäurestart-Hypothese. So wird z.B. bei *Impatiens* unter monogener Kontrolle nicht nur Päonidin gegen Pelargonidin ausgetauscht, sondern es wird auch mehr Pelargonidin als zuvor Päonidin gebildet (S. 94). Nach der Zimtsäurestart-Theorie hängt wie erwähnt das Ausmaß der Anthocyan-Synthese von der Menge an aktivierten Vorstufen und von der Art der am Zimtsäurestart beteiligten Enzyme ab. Wenn also mehr aktivierte p-Cumarsäure als Ferulasäure zur Verfügung steht oder wenn die p-Cumarsäure schneller in Anthocyanidin überführt wird als die Ferulasäure, wird bei einem monogen bedingten Austausch von Päonidin gegen Pelargonidin mehr Pelargonidin als zuvor Päonidin gebildet werden.

Die Zimtsäurestart-Hypothese ist der Substitutionshypothese also insofern überlegen, als mit ihrer Hilfe chemogenetische Fakten erklärt werden können, die mit der Substitutionshypothese nur schwer vereinbar sind.

e2.54. Zeitpunkt der Substitution: Entscheidung zwischen den beiden Hypothesen

Wie kann man nun herausfinden, welche der beiden Hypothesen zur Entstehung des Substitutionsmusters der Anthocyane zutrifft? Entscheidend muß der Zeitpunkt der Substitution sein. Denn wenn die Substitution erst auf der Stufe von 15-C-Körpern stattfindet, hat sich damit die Substitutionshypothese als richtig erwiesen. Wenn aber die Substitution schon auf der Stufe von Zimtsäuren erfolgt, muß die Zimtsäurestart-Hypothese zutreffen. Denn dann muß ein genetisch fixierter Regulationsmechanismus vorhanden sein, der dafür sorgt, daß aus dem Angebot an Zimtsäuren jeweils nur ganz bestimmte zur Anthocyan-Synthese eingesetzt werden. Einen solchen Regulationsmechanismus postuliert die Zimtsäurestart-Hypothese. Wir haben also zu überprüfen, ob die Substitution auf der Stufe von 15-C-Körpern oder auf derjenigen von Zimtsäuren stattfindet.

1. Substitution auf der Stufe von 15-C-Körpern

Für eine Substitution auf der Stufe von 15-C-Körpern sprechen in erster Linie Ergebnisse, die in Versuchen mit C^{14}-markierten Chalkonen an Keimlingen des Rotkohls und des Buchweizens gewonnen werden konnten [325, 371]. Zwar müssen unter Verwendung von Chalkonen erhaltene Daten stets mit einiger Vorsicht interpretiert werden, weil Chalkone nicht nur intakt in Flavonoide überführt [372], sondern auch unter Freisetzung von Zimtsäuren gespalten werden können [373]. Dennoch lassen die Chalkon-Experimente kaum Zweifel daran, daß 15-C-Körper in höheren Pflanzen hydroxyliert werden können.

Die Einführung von Hydroxylgruppen findet dabei offensichtlich erst nach der Stufe des Chalkons, vermutlich auf der Stufe von Dihydroflavonolen statt. Versuche mit verschiedenartig substituierten Chalkonen lieferten hierfür Belege. Buchweizenkeimlingen wurde in getrennten Versuchen ein Chalkon I mit einer und ein Chalkon II mit zwei Hydroxylgruppen im späteren Ring B zugeführt (Abb. 45). Aus den Keimlingen wurden danach das Flavonol Quercetin und das Anthocyanidin Cyanidin isoliert. Chalkon I wird in Quercetin um rund 35% besser eingebaut als Chalkon II. Die 3-Hydroxylgruppe wird also erst nach der Stufe des Chalkons eingeführt. Denn bei einer Substitution vor oder auf der Stufe des Chalkons hätte Chalkon II, das ja bereits das Substitutionsmuster des Quercetins besitzt, besser als Chalkon I verwertet werden müssen.

Im Fall des Cyanidins ist die Einbaurate der beiden Chalkone dagegen nahezu gleich. Da in der Versuchszeit zwar nur rund 10% des bei Versuchsabschluß vorhandenen Quercetins, aber 100% des Cyanidins gebildet wurden, hätte man hier bei einer besseren Verwertung von Chalkon I eine noch viel größere Differenz in den Einbauraten erwarten müssen als im Falle des Quercetins. Was die Anthocyan-Synthese anbelangt können also aus den Versuchsdaten keine sicheren Schlüsse auf den Zeitpunkt der Substitution gezogen werden [371].

Auch Versuche mit Tritium-markierten Dihydroflavonolen lassen es als wahrscheinlich erscheinen, daß wenigstens Flavonole auf der Stufe von Dihydroflavonolen hydroxyliert werden können [379].

Nun besagt die Tatsache, daß ein exogen zugeführter 15-C-Körper hydroxyliert werden kann, noch nicht, daß eine derartige Hydroxylierung von 15-C-Körpern auch bei der normalen Anthocyan-Synthese eine Rolle spielt. Die durch die Wurzeln oder angeschnittenen Sprosse aufgenommenen Chalkone werden in

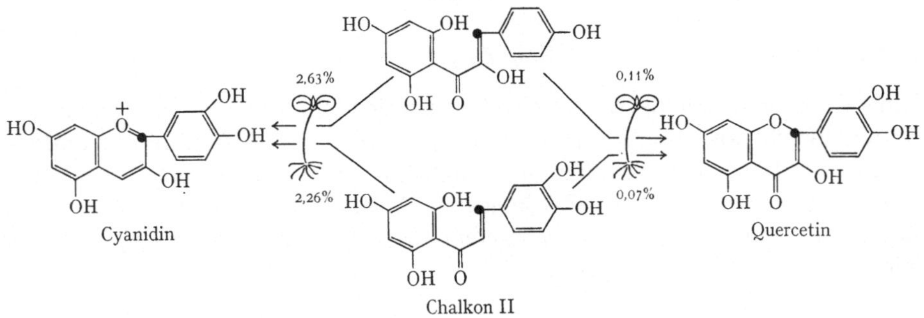

Abb. 45. Versuch mit markierten Chalkonen zum Nachweis einer Substitution auf der Stufe von 15-C-Körpern. Die Einbauraten der beiden Chalkone in Cyanidin bzw. Quercetin sind angegeben. Vgl. den Text

den Gefäßbahnen den Zellen der Anthocyan-Synthese zugeleitet. Im Bereich der Gefäßbündel finden sich aber hochaktive Phenoloxydasen und Peroxydasen, die im Dienste der Lignifizierung stehen. Nicht nur die Phenoloxydasen, sondern unter bestimmten Voraussetzungen auch die Peroxydasen können Hydroxyle in phenolische Ringsysteme einführen. Es wäre also denkbar, daß die Chalkone schon auf ihrem Weg zum Syntheseort der Anthocyane beim Passieren der Gefäßbündel und der sie umgebenden Zellschichten hydroxyliert werden.

Eine weitere Schwierigkeit resultiert daraus, daß man auf Grund der Chalkonversuche eine Hydroxylierung auf der Stufe von Dihydroflavonolen annehmen muß. Da sich der Biosyntheseweg der Anthocyane und Flavonole erst auf der Stufe des Dihydroflavonols gabelt, sollten Anthocyane und Flavonole dann eigentlich dieselben Substituenten tragen (vgl. Abb. 38). Das ist bei den Methyl-Substituenten so gut wie nie der Fall. Aber auch bei einer Beschränkung nur auf die Hydroxyl-Substituenten stellt man fest: Bei einigen Arten und Rassen weisen Anthocyane und Flavonole übereinstimmende Hydroxylierungsmuster auf, bei anderen dagegen nicht. So finden sich bei *Dianthus caryophyllus, Lathyrus odoratus, Primula sinensis, Solanum phureja* [333], bei *Cyclamen* [360], *Gossypium* [374], *Petunia hybrida* [343], *Phaseolus vulgaris* [366, 370] und *Streptocarpus hybrida* [363] reine Linien, in denen Anthocyane und Flavonole voneinander verschiedene Hydroxyl-Substituenten besitzen. Diese Daten lassen sich auch nicht dadurch erklären, daß ein bestimmtes Hydroxylierungsmuster die Bildung von

Flavonolen, ein anderes diejenige von Anthocyanidinen begünstige. Denn ein und dasselbe Hydroxylierungsmuster kann sich bald bei den Flavonolen, bald bei den Anthocyanidinen finden. Die chemogenetischen Daten widersprechen also der Annahme, die Hydroxylierung fände auch bei der normalen Anthocyan-Synthese auf der Stufe von Dihydroflavonolen statt.

Was für die Anthocyane und Flavonole gilt, trifft auch für die anderen Gruppen der Flavonoide zu und ist hier schon lange bekannt. Gene, die die Substitution einer bestimmten Flavonoid-Gruppe kontrollieren, können auf die Substitution anderer Flavonoid-Gruppen ohne jeden Einfluß bleiben. Wenn man also an einer Substitution auf der Stufe von 15-C-Körpern festhalten will, müßte sie für die einzelnen Flavonoid-Gruppen unabhängig voneinander an verschiedenen Stellen des Syntheseweges erfolgen.

2. Substitution auf der Stufe von Zimtsäuren

Einer der ersten Befunde, der für eine Substitution schon auf der Stufe von Zimtsäuren sprach, war die Situation bei der „echten" Albino-Mutante des Löwenmäulchens. Denn in ihr häuften sich Zimtsäuren mit demselben Substitutionsmuster wie die ausgefallenen Flavonoide an (Abb. 40). Im folgenden sollen einige neuere biochemische Ergebnisse mitgeteilt werden, die für eine Substitution auf der Stufe von Zimtsäuren sprechen.

Fehlen einer Korrelation zwischen den Genen der Substitution und hydroxylierenden und methylierenden Enzymen

Die Substitutionshypothese postuliert positionsspezifische substituierende Enzyme: Es müßten Enzyme für die Hydroxylierung und ebenso auch für die Methylierung der 3'- und der 5'- sowie beider Positionen zugleich vorhanden sein. Fände die Substitution auf der Stufe von 15-C-Körpern statt, müßten diese Enzyme nach dem eben Gesagten noch außerdem für jede Gruppe der Flavonoide spezifisch sein. Man hätte also mit einer Vielzahl positions- und gruppenspezifischer, von den Substitutionsgenen gesteuerter Enzyme zu rechnen.

Weder für die hydroxylierenden noch für die methylierenden Enzyme ließen sich bislang irgendwelche von den Substitutionsgenen kontrollierte Spezifitäten nachweisen. Reine Linien von *Petunia hybrida* wiesen ein und dasselbe Isozym-Muster (S. 129) an Phenolasen und auch Peroxydasen, also an Enzymen der Phenol-Hydroxylierung auf, obwohl sie ganz verschiedene Gene der Hydroxyl-Substitution enthielten [375]. Und auch die *in vivo* und *in vitro* getesteten methylierenden Potenzen reiner Linien von *Petunia* konnten nicht mit dem Vorhandensein von Genen der Methyl-Substitution korreliert werden [376, 377].

Nun wäre es denkbar, daß die postulierten Enzyme zwar vorhanden, aber mit der verwendeten Technik nicht nachweisbar sein könnten. Dagegen sprechen jedoch Versuche an *Impatiens balsamina*. Von außen zugeführtes Pelargonidin-3-monoglukosid wird in ihren Blütenknospen in eine höhere Glykosidierungsstufe überführt und auch acyliert. Es wird aber auf keine höhere Substitutionsstufe gebracht, auch nicht in Blütenknospen, die das hochsubstituierte Malvidin bilden können. Da die glykosidierenden und acylierenden Enzyme funktionieren, ist nicht einzusehen, warum das nicht auch bei den substituierenden Enzymen so sein sollte. Die Existenz von Enzymen, die *in vivo* 15-C-Körper, speziell Anthocyane in spezifischer Weise substituieren, wird damit unwahrscheinlich [378].

Maximum der Methylierung bei den Zimtsäuren

Im Gegensatz zu der Situation bei den 15-C-Körpern sind für Zimtsäuren alle Enzyme der Substitution bereits *in vivo* oder *in vitro* nachgewiesen worden (S. 74). Besonders die methylierenden Enzyme wurden genauer untersucht. Enzyme aus *Petunia* führen im zellfreien System in alle getesteten o-Diphenole eine Methylgruppe in m-Stellung zur Seitenkette ein. Dabei lag das Maximum der

Abb. 46. Die spezifische Aktivität von O-Methyl-transferasen bei der Bildung verschiedener methylierter Produkte. Die Enzyme stammten aus dem Cyanidin-Typ von *Petunia hybrida*. 1 = Guajakol, 2 = Vanillinsäure, 3 = Ferulasäure, 4 = Sinapinsäure, 5 = Päonidin-3-monoglukosid, 6 = Malvidin-3-monoglukosid, 7 = α-Conidendrin. Päonidin und Malvidin tragen in ihrem Ring B die gleichen Substituenten wie Ferulasäure und Sinapinsäure. Die methylierenden Enzyme sind bei ihrer Bildung nicht aktiver als bei der Bildung des in Petunien überhaupt nicht vorkommenden α-Conidendrins. (Aus [377])

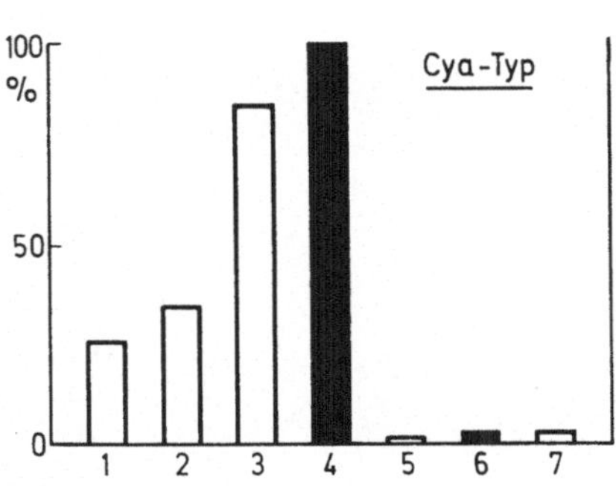

Methylierung bei den Zimtsäuren. Sie werden bis zu mehr als 100mal besser methyliert als die ebenfalls überprüften Anthocyane. Diese Befunde sprechen dafür, daß die Zimtsäuren die eigentlichen Substrate der methylierenden Enzymsysteme sind. Andere Substrate wie etwa die Anthocyane werden zwar wenigstens *in vitro* ebenfalls methyliert, die in diesen Fällen niedrige Methylierungsrate zeigt jedoch, daß es sich bei ihnen kaum um natürliche Substrate handeln dürfte ([376, 377], Abb. 46).

Einbau von p-Methoxy-zimtsäure in Isoflavone

Die Isoflavone der Kichererbse *Cicer arietinum*, Formononetin und Biochanin A, führen in der 3′-Stellung ihres Ringes B eine Methoxylgruppe. Von allen überprüften, verschiedenartig substituierten Zimtsäuren und Chalkonen erwies sich die Zimtsäure mit der entsprechenden Substitution, die p-Methoxy-zimtsäure als die beste Vorstufe für die Synthese der beiden Isoflavone [381]. Dieses Ergebnis spricht für eine Substitution auf der Stufe von Zimtsäuren.

Im einzelnen wird die Deutung der Versuche dadurch erschwert, daß in den Kichererbsen Methyle abgespalten und neue Methyle wieder eingefügt werden können. Es bleibt zu überprüfen, inwieweit solche De- und Remethylierungen auch bei der normalen Biosynthese eine Rolle spielen.

Einbau von Trihydroxy-zimtsäure in Delphinidin

In den Blüten von *Campanula medium* findet sich Delphinidin. Die entsprechend substituierte 3,4,5-Trihydroxy-zimtsäure (S. 63) wird in *Campanula*-Blüten besser in Delphinidin eingebaut als p-Cumarsäure und Kaffeesäure, wodurch ebenfalls eine Substitution schon auf der Stufe von Zimtsäuren wahrscheinlich gemacht wird [382].

Einbau von Shikimisäure über Trihydroxy-zimtsäure in Delphinidin

Auch die Blüten von *Viola cornuta* enthalten Delphinidin. Shikimisäure ist für dieses Delphinidin eine bessere Vorstufe als Zimtsäure. Aller Wahrscheinlichkeit nach führt ein bis dahin noch unbekannter Syntheseweg von der Shikimisäure

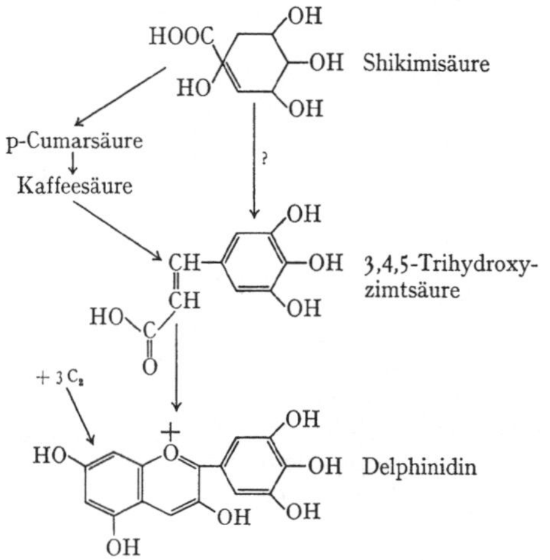

Abb. 47. Schema zur Möglichkeit eines noch unbekannten direkten Weges von Shikimisäure zu 3,4,5-Trihydroxy-zimtsäure

direkt zur 3,4,5-Trihydroxy-zimtsäure, die dann in entsprechend substituiertes Chalkon und schließlich in Delphinidin überführt wird. Der andere Weg einer Synthese von Trihydroxy-zimtsäure über p-Cumarsäure und Kaffeesäure ist in *Viola*-Blüten weniger effektiv [(383], Abb. 47).

Stimulierung der Anthocyan-Synthese durch entsprechend substituierte Zimtsäuren

Führt man isolierten Petalen von *Petunia* Zimtsäuren zu, so wird von mehreren vorhandenen Anthocyanen die Synthese desjenigen gefördert, das der eingesetzten Zimtsäure in der Substitution entspricht. So wird bei Zufuhr von Ferulasäure die Synthese des entsprechend substituierten Päonidins stimuliert, nicht aber die des anders substituierten Cyanidins (Abb. 125). Die plausibelste Erklärung für diesen Befund ist die Verwendung der zugeführten Zimtsäuren zur Synthese entsprechend substituierter Anthocyane [361].

Einbau Methylgruppen-markierter Zimtsäuren in Anthocyane

Die eben für die Zimtsäure-Stimulation gegebene Erklärung ließ sich in weiteren Versuchen stützen. Knospen von *Petunia* wurde Ferulasäure-methyl-C^{14} oder Sinapinsäure-methyl-C^{14} zugeführt. Von mehreren Blütenanthocyanen wies dann das entsprechend substituierte die höchste Radioaktivität auf, nach Zufuhr von Sinapinsäure-methyl-C^{14} z. B. das Malvidin-3-monoglukosid. In den Methylgruppen dieses Malvidins ließ sich Radioaktivität nachweisen. *Beide* Befunde zusammengenommen — höchste Aktivität im entsprechend substituierten Anthocyan und der Nachweis von Radioaktivität in seinen Methylen — lassen den Einbau der Zimtsäuren mit ihren Substituenten als sehr wahrscheinlich erscheinen [384].

e 2,55. Substratinduktion durch Zimtsäuren: Beteiligung der Gene der Substitution am Einbau substituierter Zimtsäuren in Anthocyane

Die im vorhergehenden Abschnitt erwähnten Befunde lassen kaum Zweifel daran, daß bereits substituierte Zimtsäuren so wie es die Zimtsäurestart-Hypothese fordert in Anthocyane eingebaut werden können. Doch ebenso wie bei der Hydroxylierung von 15-C-Körpern muß man auch hier die Frage stellen, ob es sich dabei um das normalphysiologische Geschehen handelt.

In Versuchen mit Antimetaboliten der Nucleinsäuren- und Protein-Synthese konnte nun belegt werden, daß bei der Zimtsäure-Stimulation einer Anthocyan-Synthese eine Substratinduktion stattfindet (S. 266). Nach Zufuhr von z.B. Ferulasäure wird DNS, also genetisches Material, dazu angeregt, in erhöhtem Maß die Bildung eines Enzyms in die Wege zu leiten, das Ferulasäure zur Synthese von Päonidin verwenden kann. Gen-Material ist also am Einbau der substituierten Zimtsäuren in Anthocyane beteiligt. Man könnte sich vorstellen, daß alle zugeführten Zimtsäuren die Synthese immer desselben Enzyms induzieren. Kaffeesäure würde das Enzym induzieren und dann zur Synthese von Cyanidin verwendet werden. Ferulasäure würde dasselbe Enzym induzieren und dann zur Synthese von Päonidin eingesetzt werden. Es konnte jedoch ausgeschlossen werden, daß ein derart unspezifisch arbeitendes Enzym induziert wird. Denn ein solches unspezifisches Enzym hätte auch durch p-Cumarsäure induziert werden und dann p-Cumarsäure zur Synthese von Pelargonidin verwenden müssen. Es ist aber nicht möglich, in Petalen von *Petunia* durch Zufuhr von p-Cumarsäure die Synthese von Pelargonidin zu induzieren. Dem entsprechen die chemogenetischen Daten: In keiner der untersuchten Linien von *Petunia* konnte Pelargonidin gebildet werden. Die Substratinduktion durch Zimtsäuren hält sich also innerhalb der durch die Gene der Substitution gesetzten Reaktionsnorm [385].

Damit wird es sehr wahrscheinlich, daß es die Gene der Substitution selbst sind, die von den zugeführten Zimtsäuren stimuliert werden. Zumindest aber müssen Gene vorhanden sein, die über Enzyme entsprechender Spezifität nur jeweils ganz bestimmte Zimtsäuren zur Synthese entsprechend substituierter Anthocyane heranziehen. Eben das fordert aber die Zimtsäurestart-Hypothese.

e 2.56. Gene der Substitution als Gene der Anthocyan-Grundstruktur

Falls die Zimtsäurestart-Hypothese zutrifft, sollten dieselben Gene nicht nur die Substitution, sondern auch den Aufbau des 15-C-Grundgerüstes steuern. Denn die Zimtsäure bringt ja nicht nur die Substituenten des Ringes B ein, sondern sie stellt ja auch gleichzeitig einen Teil des Anthocyan-Grundgerüstes. In der Regel kann man den chemogenetischen Daten nicht entnehmen, ob diese Anforderung erfüllt ist. Denn meistens sind mehrere Anthocyane in den Blüten vorhanden.

Wenn dann eines von ihnen nicht mehr gebildet wird, kann ebensogut ein substituierendes Enzym wie ein Zimtsäure-spezifisches Starter-Enzym ausgefallen sein. Mit der Bildung eines neuen Anthocyanidins verhält es sich entsprechend.

Für die postulierte Koppelung von Substitution und Synthese des 15-C-Grundgerüstes spricht zunächst, daß die Gene der Substitution gleichzeitig die Menge der von ihnen produzierten neuen Anthocyanidine verändern können (S. 94). Eine weitere Testmöglichkeit für diese Koppelung ergab sich bei *Nemesia strumosa.*

Kreuzt man eine reine Linie von *Nemesia*, die keine Anthocyane, dafür aber Crocin führt (S. 53), mit einer anderen reinen Linie, die Delphinidin als wichtigstes Anthocyan enthält, so wird in den Hybriden kein Anthocyan gebildet. Das Crocin-Gen dominiert also gegenüber dem Delphinidin-Gen. Kreuzt man dagegen die Crocin-Linie mit einer weiteren reinen Linie, die Cyanidin- und Päonidin-Derivate aufweist, so werden in den Hybriden Crocin, Cyanidin und Päonidin gebildet. In Kombination mit den Genen für Cyanidin und Päonidin liefert das Crocin-Gen also einen intermediären Erbgang.

Entsprechende Resultate lieferten Kreuzungen unter Verwendung einer Linie, die ein Gen für Anthocyan-Freiheit enthielt. Kreuzt man die Anthocyan-freie Linie mit der Delphinidin-Linie, so sind die Hybriden Anthocyan-frei. Das Gen für Anthocyan-Freiheit dominiert also über das Delphinidin-Gen. Kreuzt man die Anthocyan-freie Linie mit der Cyanidin/Päonidin-Linie, so wird in den Hybriden Cyanidin und Päonidin gebildet. Das Gen für Anthocyan-Freiheit verhält sich also gegenüber den Genen für Cyanidin und Päonidin recessiv.

In beiden Kreuzungsgruppen läßt sich das Delphinidin-Gen durch andere Gene, das Crocin-Gen und das Gen für Anthocyan-Freiheit ausschalten, die Gene für Cyanidin und Päonidin dagegen nicht. An Stelle von Delphinidin wird dabei auch kein anderes Anthocyanidin gebildet. Es ist also nicht einfach ein Enzym der Substitution ausgefallen, sondern die Fähigkeit zur Synthese des 15-C-Grundgerüstes. Das Auftreten bestimmter Substitutionsmuster und die Fähigkeit zur Synthese des 15-C-Grundgerüstes sind also miteinander gekoppelt. Damit entspricht die Situation bei *Nemesia* den Anforderungen der Zimtsäurestart-Hypothese [347, 385].

Die Substitution des Ringes B der Anthocyane wurde eingehender besprochen. Einmal liegen auf keinem Gebiet der Genetik höherer Pflanzen derart viele chemogenetische Daten vor wie auf dem der Substitution des Ringes B. Darüber hinaus ist die Situation, die wir hier angetroffen haben, typisch für die Aufklärung von Genwirkungen bei höheren Pflanzen. Chemogenetische Daten liegen zur Genüge vor, sind aber zumindest teilweise revisionsbedürftig. Biochemisch-genetische Untersuchungen haben eben erst begonnen. Ihre Ergebnisse erlauben es noch nicht, einen endgültigen Schluß zu ziehen. Möglicherweise sind die Biosynthesewege je nach dem Pflanzenmaterial verschieden.

e 2.6. Die Glykosidierung

Bei Untersuchungen zur genetischen Kontrolle der Glykosidierung macht das Einfügen des ersten Zuckers in das Hydroxyl des C-Atomes drei Schwierigkeiten. Denn es findet sich in der Natur kein Anthocyan, das an diesem Hydroxyl keinen

Zucker aufweist. Infolgedessen fehlt wie im Fall des Hydroxyls in der 3'-Position das Ausgangsmaterial für entsprechende Kreuzungsexperimente. Doch ließ sich immerhin bei *Streptocarpus* auf indirektem Weg zeigen, daß auch das Auftreten dieses ersten Zuckers unter genetischer Kontrolle steht [362]. Unbekannt ist, auf welcher Stufe dieser Zucker eingeführt wird, ob in das fertige Aglykon oder in eine Vorstufe des Aglykons.

Der Einbau weiterer Zucker ist nachweislich genetisch gesteuert. Allen vorliegenden Daten nach wird schrittweise unter Beteiligung jeweils eines Gens, manchmal auch zweier Gene, eine Zuckerkomponente nach der anderen am

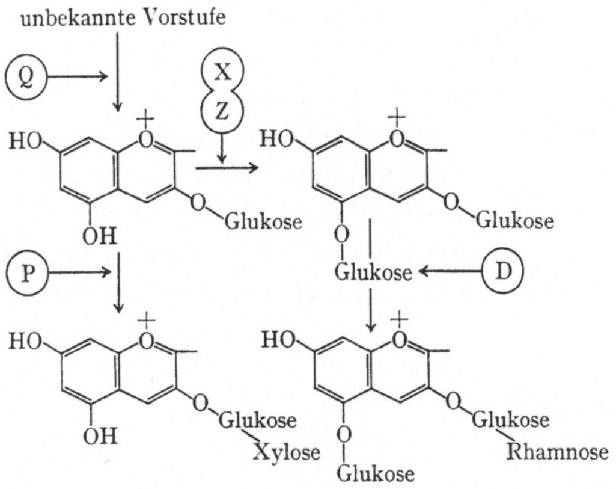

Abb. 48. Die genetische Kontrolle der Glykosidierung bei *Streptocarpus hybrida*. Gene in Kreisen. (Verändert nach [333])

3-Monoglukosid angefügt. Als Beispiel mag *Streptocarpus hybrida* dienen ([362], Abb. 48). Aller Wahrscheinlichkeit nach beteiligen sich an der Glykosidierung die UDP-aktivierten Zucker. Wo die Wirkung der „glykosidierenden" Gene anzusetzen ist, ob bei der Bereitstellung entsprechender Transglykosidasen, ob bei der Aktivierung der Zucker oder an noch anderer Stelle, ist unbekannt und sicherlich fallweise verschieden.

e 2.7. Die Acylierung

Zur genetischen Kontrolle der Acylierung liegen erst von einigen wenigen Pflanzen Daten vor, die aber bereits recht komplizierte Verhältnisse vermuten lassen. So bewirkt ein Gen bei der „Eierpflanze" *Solanum melongena* eine Acylierung mit Zimtsäure-Derivaten *und* eine Glukosidierung der 5-Stellung [387], ein Gen bei *Solanum tuberosum* [388] und bei *Petunia hybrida* [389] eine Acylierung mit Zimtsäure-Derivaten *und* eine Glukosidierung der 5-Stellung *und* eine Methylierung der 3'-Position.

Für solche Daten bieten sich zwei Möglichkeiten der Interpretation. Einmal könnte es sich nicht um ein Gen, sondern um mehrere sehr eng gekoppelte Gene handeln. Zum andern könnte aber auch ein einziges, pleiotrop wirkendes Gen vorliegen. In diesem Fall müßte seine Wirkung auf die Anthocyan-Synthese angesichts der Verschiedenheit der beeinflußten Prozesse indirekter Art sein. Auch die Situation bei der Kontrolle der Acylierung zeigt also, daß die biochemische Genetik der Anthocyane keineswegs so simpel ist, wie sie manchmal hingestellt wurde.

VI. Alkaloide

Alkaloide sind Stickstoff-haltige basisch reagierende Stoffe, bei denen der Stickstoff in der Regel heterocyclisch eingebaut ist [390]. Sie sind im Pflanzenreich weit verbreitet. Man kennt gegenwärtig rund 3000 verschiedene Alkaloide, die sich auf etwa 4000 Pflanzenarten verteilen [391]. Diese Zahlen dürften sich bei weiteren Untersuchungen noch erheblich erhöhen. Doch auch im Tierreich fehlen die Alkaloide nicht völlig. Die Bezeichnung „Pflanzenbasen" ist also auch in dieser Hinsicht nicht korrekt. Die pharmakologische Bedeutung vieler Alkaloide ist bekannt, ihre physiologische Funktion in der Pflanze selbst umstritten [392]. Ihrer Biosynthese nach leiten sich die Alkaloide von bestimmten Aminosäuren ab [337, 390—394]. Aus der Fülle der Alkaloide können hier nur wenige Gruppen herausgegriffen und unter biochemisch-genetischen Aspekten behandelt werden.

1. Lupinen-Alkaloide

a) Chemie

Lupinen- oder Chinolizidin-Alkaloide finden sich in mehreren Pflanzenfamilien, vor allem aber bei den *Papilionaceen*. Den Namen Lupinen-Alkaloide verdanken sie ihrem Vorkommen in der Gattung *Lupinus*. Vier wichtige Vertreter sind das Lupinin, Spartein, Lupanin und Hydroxy-lupanin.

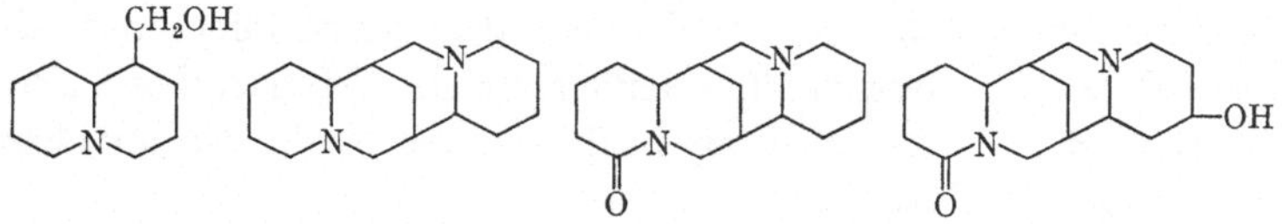

Lupinin   Spartein   Lupanin   Hydroxy-lupanin

b) Biosynthese ([395,], Abb. 49)

Ausgangsmaterial ist die Aminosäure Lysin, die zu Cadaverin decarboxyliert wird. Cadaverin oder entsprechende Zwischenstufen liefern über Cyclisierungen die Lupinen-Alkaloide. Zwei Einheiten Cadaverin stellen das Lupinin, drei das Spartein, Lupanin und Hydroxy-lupanin. Wie ein Blick auf die Formeln zeigt, muß dabei aus dem Cadaverin Stickstoff eliminiert werden. Das hierbei tätige Enzym, eine Diaminoxydase, konnte auch im zellfreien System nachgewiesen werden.

Spartein könnte über Lupinin angeliefert werden, doch besteht auch die Möglichkeit, daß es aus Cadaverin direkt entsteht. Auch die weitere Synthesefolge ist noch fraglich. Zwar konnte man mehrfach nachweisen, daß Spartein zu Lupanin und weiter zu Hydroxy-lupanin oxydiert werden kann. Aber es ließ sich nicht ausschließen, daß Lupanin auch auf einem von Spartein unabhängigen Weg gebildet werden könnte.

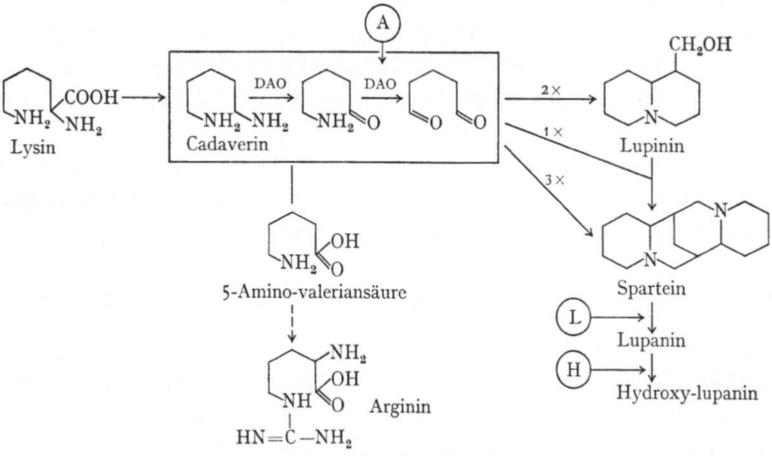

Abb. 49. Die Biosynthese der Lupinen-Alkaloide und ihre genetische Kontrolle. Gene in Kreisen. DAO = Diaminoxydase. A = einer der möglichen Angriffspunkte von Genen für Alkaloid-Armut, L = Gen für Lupanin-Synthese, H = Gen für Hydroxy-lupanin-Synthese

c) Genetik

c1. Die Züchtung der Süßlupinen [399—401]

Lupinen weisen zwei Verbreitungszentren auf: im Mittelmeergebiet und an der mittleren Westküste der Neuen Welt. Wichtige kultivierte Arten aus dem Mittelmeer-Raum sind die Weiße, Gelbe und Blaue Lupine *(Lupinus albus, luteus* und *angustifolius)*. Die Weiße Lupine wurde wegen des hohen Proteingehaltes insbesondere der Samen schon im Altertum in Ägypten und im Mittelmeergebiet angebaut. Störend war jedoch der hohe Gehalt aller Pflanzenteile, gerade auch der Samen an bitterschmeckenden, toxischen Lupinen-Alkaloiden. Zwar ließen sich die Alkaloide durch Wässern auslaugen, doch traten dabei stets auch erhebliche Verluste an Protein auf. Abhilfe konnte man von der Selektion alkaloidarmer Typen und deren züchterischer Verbesserung erwarten.

Eine derartige Selektion wurde aber erst möglich, nachdem in der ersten Hälfte unseres Jahrhunderts semiquantitative Schnellmethoden zur Abschätzung des Alkaloidgehaltes entwickelt worden waren. Eine häufig verwendete Methode bestand darin, angeschnittene Samen im Reagenzglas aufzukochen und den wässerigen Extrakt mit einem Tropfen Jodjodkalium zu versetzen. In Gegenwart von Alkaloiden bildet sich ein brauner Niederschlag [399]. Will man nicht Samen, sondern Grünmaterial untersuchen, so kann man z.B. Saft aus dem Blattstiel auf Filterpapier abtupfen. Nach Behandlung mit Jodjodkalium erhält man beim Vorhandensein von Alkaloiden braune Flecken auf dem Filterpapier [402].

Mit Hilfe solcher Methoden wurden 1927—1930 6 bis 7 Millionen Pflanzen auf Lupinen-Alkaloide getestet. Der Erfolg blieb nicht aus. In allen drei oben genannten Arten fand man alkaloidarme Mutanten, die man als „Süßlupinen" bezeichnete. In *L. albus* und *angustifolius* sind es jeweils mindestens drei, in *L. luteus* mindestens 4 Genloci, die Alkaloidarmut bedingen können [401]. Völlig alkaloidfrei war keine der Mutanten. Doch sank der Alkaloidgehalt so stark ab — bei *L. angustifolius* z.B. von 0,25 % in der Ausgangsform bis zu 0,001 % in einer der Mutanten —, daß er zumindest für Futterzwecke bedeutungslos wurde. Für die menschliche Ernährung allerdings ist auch der Restalkaloidgehalt meistens noch zu hoch.

Die Alkaloidarmut ist inzwischen mit einer Reihe weiterer erwünschter Eigenschaften kombiniert worden [401]. Damit ist die Süßlupine das Paradebeispiel für die Entstehung einer Kulturpflanze in unserem Jahrhundert.

c2. Lokalisierung einiger Gene für die Synthese von Lupinen-Alkaloiden

Wo greifen nun die Gene für Alkaloidarmut in die Biosynthese ein? Alle bekannten Gene für Alkaloidarmut sind recessiv. Man durfte also annehmen, daß es sich bei ihnen um inaktive oder wenig aktive Zustandsformen von Genloci handelte, die im dominanten Zustand Enzyme der Alkaloid-Synthese anlieferten.

Die Genwirkungen lassen sich bislang nur ungefähr lokalisieren. Alle bekannten Gene für Alkaloidarmut senken nicht nur den Gehalt an Lupinen-Alkaloiden, sondern verhindern auch die Synthese einfacher Ringsysteme wie des Piperidins. Der Angriffspunkt dieser Gene muß also bei oder vor der Cyclisierung liegen. In einigen alkaloidarmen Mutanten ist nun die Aktivität der Diaminoxydase, die zwischen Cadaverin und Cyclisierung anzusetzen ist, gesenkt. Möglicherweise könnten also in diesen alkaloidarmen Sorten Gene für die Synthese der Diaminoxydase mutiert sein [396]. Doch kann diese Erklärung nicht für alle alkaloidarmen Mutanten zutreffen.

Wenn die Synthese der Lupinen-Alkaloide genetisch blockiert ist, können die anfallenden Zwischenstufen in andere Stoffwechselkanäle umgeleitet werden. Bei Vorliegen der Gene für Alkaloidarmut a_1 und a_2 in der Blauen Lupine, der Gene *primus* und *dulcis* in der Weißen Lupine und eines entsprechenden Gens für Alkaloidarmut in *Lupinus perennis* häuft sich in den Samen Arginin an. Vermutlich entsteht es aus dem Pool der Cadaverin-Derivate über 5-Aminovaleriansäure ([396], Abb. 49).

Dieser Befund muß als Warnzeichen gewertet werden. Ohne gründliche biochemische Überprüfungen sind nur allzu leicht Fehldeutungen chemogenetischer Daten möglich. Nur zu oft wurde es als selbstverständlich angenommen, daß eine Substanz, die sich bei genetischer Blockierung eines bestimmten Syntheseweges anhäuft, eine vor dem Block liegende Zwischenstufe in diesem Syntheseweg sein müsse. Hier häuft sich bei genetischer Blockierung eines Syntheseweges eine Substanz an, nämlich Arginin. Aber diese Substanz ist keine Zwischenstufe im blockierten Stoffwechselweg, sondern das Endprodukt eines als Ersatz fungierenden Seitenweges! Entsprechende Verhältnisse könnten auch in anderen Fällen, so bei der Biosynthese der Flavonoide vorliegen (vgl. auch S. 11).

Außer den Genen für Alkaloidarmut ließen sich in Kreuzungen an europäischen und kalifornischen Lupinen noch weitere Gene nachweisen, die darüber entscheiden, ob Spartein, Lupanin oder Hydroxylupanin gebildet werden. Mit einiger Sicherheit steuert je ein dominantes Gen das Auftreten von Lupanin an

Stelle von Spartein und das Auftreten von Hydroxy-lupanin an Stelle von Lupanin. Fütterungsversuche sprechen dafür, daß die betreffenden Gene die Umwandlung eines Alkaloids in das andere dirigieren ([397, 398], Abb. 49).

2. Morphin-Alkaloide

a) Chemie und Biosynthese ([390—394, 403], Abb. 50)

Im Schlafmohn *Papaver somniferum* und seinen Verwandten findet sich eine Reihe von „Opium-Alkaloiden", die verschiedenen Alkaloidgruppen angehören. Zwei wichtige Gruppen sind die Papaverin- und vor allem die Morphin-Gruppe. Das wichtigste Morphin-Alkaloid ist das Morphin selbst. Seine Biosynthese geht von zwei Einheiten Tyrosin aus und verläuft über Norlaudanosolin, 6,4'-Dimethyl-laudanosolin, Thebain und Codein. Thebain, Codein und Morphin kommen oft vergesellschaftet vor. Daß das höchstmethylierte Produkt in dieser Reihe, das Thebain, nicht Endstufe, sondern Zwischenglied ist, verdient hervorgehoben zu werden. Man hätte das Gegenteil erwarten können.

b) Genetik

Der Mohn ist seit einigen tausend Jahren eine wichtige Heilpflanze. Medizinisch interessante Inhaltsstoffe sind vor allem Codein und Morphin. Der Gehalt an sehr vielen „Opium-Alkaloiden" kann je nach den Außenbedingungen, dem Pflanzenteil und dem Entwicklungszustand erheblichen Schwankungen unterliegen [404, 405]. Diese Gehaltänderungen halten sich aber im Rahmen einer genetisch fixierten Reaktionsnorm: ob hoher oder niedriger Alkaloidgehalt steht unter einer komplizierten polygenen Kontrolle. Hybridisierungen führen in der Regel zu Heterosiserscheinungen im Gehalt an Morphin und auch den anderen Alkaloiden [404, 406].

Gegenwärtig leichter durchschaubar als die Genetik der Alkaloid-Quantität sind Genwirkungen auf die Qualität der Alkaloide, insbesondere in der Dreiergruppe Thebain-Codein-Morphin.

Von *Papaver bracteatum* ist eine Mutante bekannt, die sehr viel Thebain und praktisch kein Codein und Morphin enthält [407]. Diese Mutante wurde mit dem Schlafmohn *Papaver somniferum* gekreuzt. *P. somniferum* führt viel Morphin und Codein und relativ wenig Thebain. Im Bastard zwischen beiden Arten fand sich wenig Thebain, aber eine erhebliche Quantität an Morphin. Die Interpretation: Die genetische Konstitution von *P. bracteatum* Thebain-reich erlaubt zwar die Synthese von Thebain, aber die Gene und dementsprechend auch die Enzyme für die folgenden Demethylierungen fehlen oder sind funktionell ausgefallen. *P. somniferum* verfügt über diese Gene und steuert sie dem Bastard bei. Infolgedessen kann im Bastard anfallendes Thebain zu Morphin demethyliert werden. Die genetische Analyse zeigt also auf, daß es Gene und damit auch Enzyme für die Demethylierung von Thebain zu Codein und Morphin gibt und ergänzt somit die biochemischen Befunde zum Zusammenhang zwischen Thebain und Morphin ([408], Abb. 50).

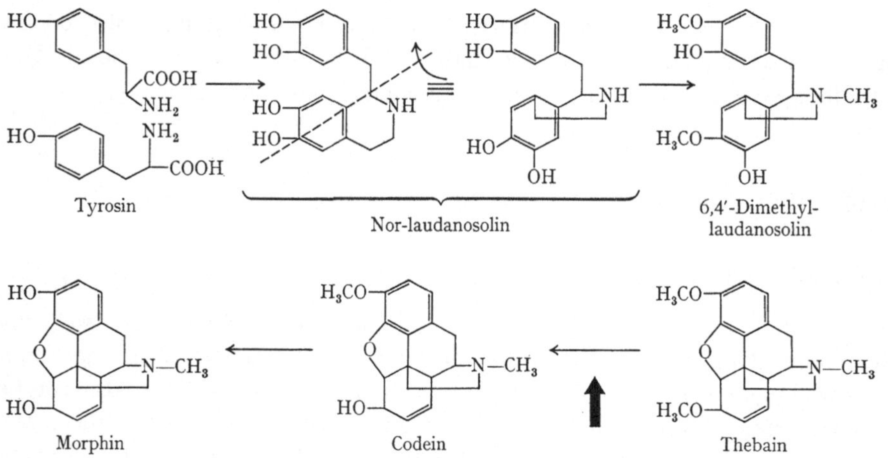

Abb. 50. Die Biosynthese einiger wichtiger Morphin-Alkaloide. ↑ = genetischer Block in der Thebain-reichen Mutante von *Papaver bracteatum*

Eine ähnliche Situation wie bei der Reihe Thebain-Codein-Morphin könnte auch bei den Tabak-Alkaloiden Nicotin und Nornicotin vorliegen. Nicotin wird in den Wurzeln der Tabakpflanze gebildet und steigt von dort in den Sproß auf [392]. Vor

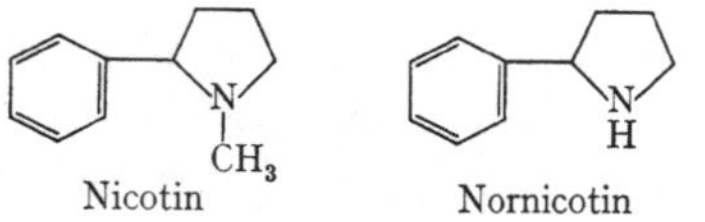

allem in den Blättern kann dann Nicotin zu Nornicotin demethyliert werden [393, 409, 410]. In bestimmten Tabaksorten ist diese Demethylierung besonders intensiv. Solche Sorten werden dann sekundär nicotinarm. Die Demethylierung des Nicotins in diesen nicotinarmen Varietäten ist nachweislich genetisch gesteuert [411, 412].

C. Die Ein-Gen-Ein-Enzym-Hypothese und ihre Modifikationen

I. Die Ein-Gen-Ein-Enzym-Hypothese [413, 414]

In den vorangegangenen Kapiteln waren Belege dafür gebracht worden, daß chemische Merkmalsbildungen unter der Kontrolle von Genen stehen. In einer Reihe von Fällen sind die chemischen Reaktionen bekannt, auf die die Gene Einfluß nehmen, und in einer kleineren Zahl von Untersuchungen ließ sich zeigen, daß die Gene diese Reaktionen über die Synthese von reaktionsspezifischen Biokatalysatoren, von Enzymen steuern. Im Prinzip ähnlich hat man sich die Wirkungsweise auch anderer Gene vorzustellen, bei denen es infolge schwer durchschaubarer Verhältnisse noch nicht möglich war, eine derartige Abfolge Gen—Enzym—Reaktion—Merkmal zu etablieren. Hierzu gehören vor allem diejenigen Gene, die auf die Ausbildung morphologischer, d.h. aber aus vielen chemischen Einzelmerkmalen zusammengesetzter Charakteristica einwirken. Die Erkenntnis, daß eine Relation zwischen Genen und Enzymen besteht, wurde in aller Klarheit erst nach Untersuchungen an Mikroorganismen herausgestellt. Experimentell günstige Voraussetzungen, wie sie vor allem Mangelmutanten des Ascomyceten *Neurospora crassa* boten, führten schon vor mehr als 20 Jahren zur Aufstellung einer Hypothese, derzufolge ein Gen über die Synthese eines Enzyms eine ganz bestimmte chemische Merkmalsbildung steuern kann. Die Gültigkeit dieser Ein-Gen-Ein-Enzym-Hypothese konnte durch Befunde an Mikroorganismen, aber auch an höheren tierischen und pflanzlichen Organismen unter Beweis gestellt werden.

Oft wurde nun im Verlauf entsprechender Untersuchungen nur die Aktivität der betreffenden Enzyme getestet. Dann bleibt es aber offen, ob eine gemessene Veränderung auf einen Wechsel in der Enzymaktivität oder auf eine Veränderung in der Konzentration des interessierenden Enzyms zurückzuführen ist. Eine etwas neuere Fassung der Ein-Gen-Ein-Enzym-Hypothese berücksichtigt diese beiden Möglichkeiten: „Es existiert eine große Gruppe von Genen, von denen jedes einzelne Gen die Synthese oder Aktivität eines einzigen Enzyms steuert" [415].

Vielfach sind nun aber Enzymsynthese und Aktivitätsänderung miteinander gekoppelt, etwa dann, wenn bei der Synthese des Enzyms unter der Steuerung durch ein mutiertes Gen ein Austausch von Aminosäuren stattfindet und dieser Austausch eine verminderte Aktivität zur Folge hat. Oft wird die Enzymaktivität durch die Anlieferung oder Entfernung von Cofaktoren oder Inhibitoren verändert. Für die Bereitstellung dieser fördernden und hemmenden Faktoren sind aber wiederum Enzyme notwendig, auf deren Synthese Gene Einfluß nehmen. Vielfach wird es also möglich sein, gemessene Änderungen lediglich der Aktivität eines Enzyms mit einer Gen-kontrollierten Enzymsynthese an anderer Stelle zu korrelieren. Deshalb sei hier die ältere Fassung der Hypothese beibehalten, nach der ein Gen die Synthese eines Enzyms steuert.

Im Verlauf der letzten Jahre wurde die Ein-Gen-Ein-Enzym-Hypothese modifiziert. Sie wurde zunächst zur Ein-Gen-Ein-Protein-Hypothese und dann zur Ein-Gen-Ein-Polypeptid-Hypothese. Versuche, die zu diesen Abwandlungen Anlaß gaben, wurden auch an höheren Pflanzen durchgeführt. Wie so oft, so waren auch hier neue oder verfeinerte alte Methoden ursächlich mit dem wissenschaftlichen Fortschritt verknüpft. Auf einige dieser Methoden sei zunächst kurz eingegangen, weil ihre Kenntnis Voraussetzung zum Verständnis der folgenden Abschnitte ist.

II. Methodik

1. Serologische Methoden [267, 416, 417, 421]

Zu den empfindlichsten Methoden, die zur Charakterisierung von Proteinen eingesetzt werden können, gehören serologische Verfahren. Führt man einem Organismus einen Fremdstoff zu, so kann es in ihm zu Abwehrmaßnahmen kommen, die in der Ausbildung von Substanzen bestehen, die den zugeführten Fremdstoff unschädlich machen. Exogene Stoffe, die eine solche Abwehrreaktion auslösen, nennt man Antigene, die gebildeten Schutzstoffe Antikörper. Die Antikörper sind im Antiserum enthalten. Antigene und Antikörper können auf verschiedene Weise miteinander reagieren. Die im gegebenen Zusammenhang wichtigste serologische

Reaktion ist die Präcipitations-Reaktion, bei der Antigen und Antikörper unter Bildung eines schwer löslichen Antigen-Antikörper-Komplexes, eines Präcipitates miteinander reagieren:

$$\text{Antigen} + \text{Antikörper (im Antiserum)} \xrightarrow{\text{Präcipitation}} \text{Präcipitat.}$$

Wichtig bei dieser und allen anderen serologischen Reaktionen ist, daß Antigen und Antikörper exakt aufeinander abgestimmt sein müssen, wenn es zu einer Antigen-Antikörper-Reaktion kommen soll. Einem bestimmten exogen zugeführten Antigen entspricht ein spezifisch auf dieses Antigen zugeschnittener Antikörper.

Antigene sind vielfach Proteine oder Proteide. Die Träger ihrer Spezifität sind meist nur Teile des Gesamtmoleküls, bei Proteiden z.B. Kohlenhydratkomponenten. Die Antikörper sind Proteine aus der Gruppe der γ-Globuline. Ihre Spezifität beruht möglicherweise auf bestimmten räumlichen Konfigurationen ihrer Polypeptidketten. Die Spezifität der Antigene und Antikörper macht es nun möglich, ein unbekanntes Antigen zu bestimmen: reagiert das unbekannte Antigen mit einem gegen ein bekanntes Antigen A ausgebildeten Antikörper, so handelt es sich bei ihm ebenfalls um Antigen A.

Bei serologischen Untersuchungen im Bereich der Botanik wird meistens der Präcipitationstest in verschiedenen Varianten verwendet. Die Produzenten des Antiserums sind in der Regel Kaninchen. Die wichtigsten Teste seien im folgenden kurz geschildert.

a) Der Flockungstest

Eine verdünnte Antigen-Lösung wird in einem kalibrierten Röhrchen mit etwas unverdünntem Antiserum versetzt. Nach Mischen beider Flüssigkeiten wird eine bestimmte Zeit lang inkubiert und dann die Höhe des entstandenen Niederschlags abgelesen. Der Flockungstest wurde zur Aufstellung des „Königsberger Stammbaumes" benutzt, der die Verwandtschaftsverhältnisse der Pflanzen auf Grund allein serologischer Daten wiederzugeben versuchte [418]. In der Folge entbrannten heftige Kontroversen über die Zuverlässigkeit der angewendeten Technik. In der Tat waren die seinerzeit verwendeten Methoden noch recht unzulänglich.

b) Der Trübungstest

Bei diesem Verfahren wird auf im einzelnen verschiedene Weise die bei der Präcipitat-Bildung eintretende Trübung photometrisch bestimmt. So kann man etwa mit Hilfe eines Mikroskopes feststellen, wieviel Licht ein auf einem Objektträger erzeugtes Präcipitat noch passieren kann. Diese densitometrische Methode wird heute in einigen Laboratorien verwendet, die serologische Kriterien zur Beantwortung pflanzensystematischer Fragestellungen heranziehen.

c) Der Ringtest

Von den beiden Flüssigkeiten — Antigen und Antikörper — wird zunächst die dichtere in ein Teströhrchen einpipettiert und dann vorsichtig mit der Flüssigkeit geringerer Dichte überschichtet. Nach einiger Zeit tritt an der Schichtgrenze ein Präcipitatring auf. Die Verdünnung des Antigens, bei der noch eine Ringbildung auftritt, die Zeit bis zum Erscheinen des Ringes und die Dicke des Ringes gestatten quantitative Aussagen. Der Ringtest wurde z.B. bei serologischen Untersuchungen zur Incompatibilität von *Oenothera* und *Petunia* verwendet (S. 127).

d) Die Geldiffusionsmethode (Ouchterlony-Methode, Abb. 51)

Die Präcipitation erfolgt hier in Agargel. Man kann z.B. in die Mitte einer Agarplatte ein Loch stanzen, das mit dem Antiserum gefüllt wird. In einige weitere, im Kreis um das erste Loch ausgestanzte Löcher gibt man jeweils verschiedene Antigene. Antikörper und Antigene diffundieren nun durch den Agar aufeinander zu (Abb. 51 a). In der Kontaktzone zwischen Antikörper und dem korrespondierenden Antigen entsteht ein Präcipitat, das in der Aufsicht meist als gebogene Linie erscheint (P in Abb. 51 b). Auch die Geldiffusionsmethode wurde bei Untersuchungen zur Incompatibilität von *Oenothera* und *Petunia* eingesetzt (S. 128).

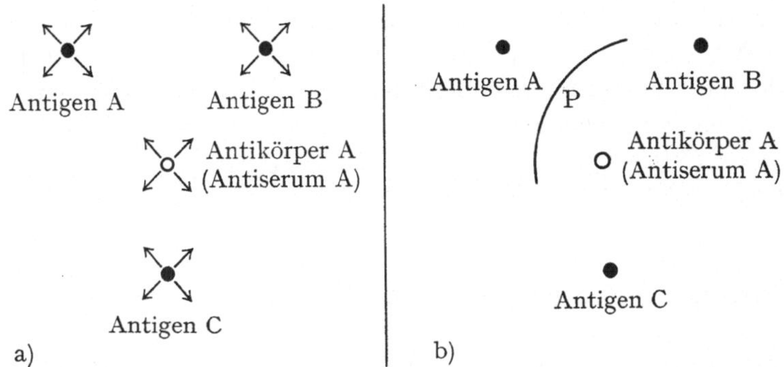

Abb. 51. Schema der Geldiffusionsmethode. Vgl. den Text

2. Zonenelektrophorese ([419, 420, 1156], Abb. 52)

Unter Elektrophorese versteht man die Trennung von Ionen verschiedener Art im elektrischen Feld. Bisweilen wird zwischen der Trennung niedermolekularer Stoffe, der Ionophorese, und derjenigen hochmolekularer Substanzen, der Elektrophorese im engeren Sinn differenziert. Von den Ausführungsformen der Elektro-

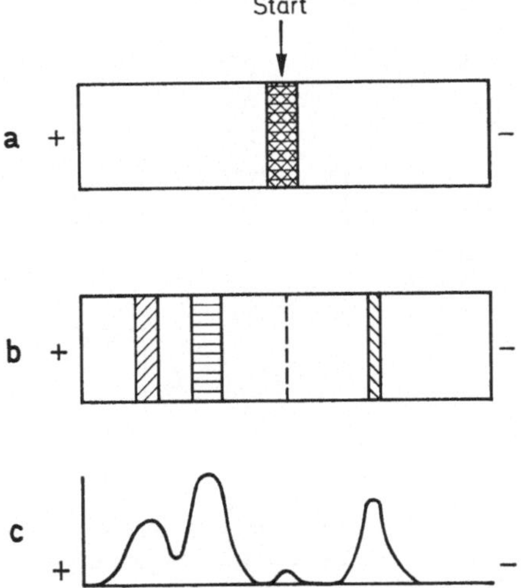

Abb. 52. Schema der Zonenelektrophorese. a = auf der Startlinie aufgetragenes Gemisch vor der Trennung, b = Elektropherogramm nach der Trennung und gegebenenfalls Anfärbung, c = photometrische Auswertung des Pherogramms

phorese interessiert hier die auf bestimmten Trägermedien durchgeführte Zonenelektrophorese. Man trägt die zu trennenden Substanzen als schmales Band auf dem Träger auf und trennt dann im elektrischen Feld (Abb. 52). Als Träger kann man Papier, vor allem aber gelbildende Medien wie Silicagel, Stärkegel, Agargel oder Polyacrylamidgel verwenden. Bei der Trennung von Proteingemischen aus höheren Pflanzen haben sich besonders Stärkegel und Polyacrylamidgel bewährt.

Proteine werden nach der Trennung mit entsprechenden Farbstoffen, z. B. mit Amidoschwarz 10B angefärbt. Enzyme lassen sich auch durch die von ihnen katalysierten Reaktionen auf dem Elektropherogramm lokalisieren. Dabei ist es meistens notwendig, die Zonen enzymatischer Tätigkeit durch eine gekoppelte Farbstoffbildung sichtbar zu machen. So kann man zum Nachweis von Esterasen Naphthyl-Acetat einsetzen. Das durch die Esterase-Tätigkeit freigesetzte Naphthol kann dann mit Diazoniumsalzen unter Farbstoffbildung gekoppelt werden:

$$\text{Naphthyl-Acetat} \xrightarrow{\text{Esterase}} \text{Naphthol} + \text{Acetat} \xrightarrow[\text{Diazoniumsalz}]{\text{Kuppelung mit}} \text{Farbstoffzone.}$$

3. Immunoelektrophorese ([421], Abb. 53)

Die Immunoelektrophorese ist eine Kombination von Zonenelektrophorese und Geldiffusion. In Agargel wird ein Loch gestanzt, das mit einer Mischung verschiedener Antigene gefüllt wird. Die Antigene werden elektrophoretisch getrennt. Meist läßt man mehrere Proben gleichzeitig laufen, von denen eine zur Lokalisierung der Proteine angefärbt wird. Mit einem zweiten Pherogramm führt man eine Geldiffusion durch. Man bringt dazu nach der Trennung in Gräben, die längs

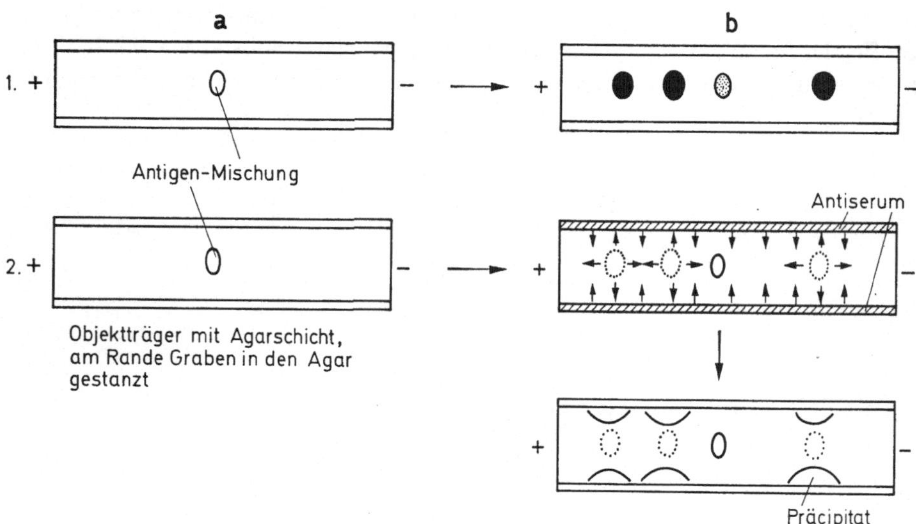

Abb. 53. Schema der Immunoelektrophorese. a = vor der Elektrophorese, b = nach der Elektrophorese. 1 b = Pherogramm nach der Elektrophorese, Proteine angefärbt, z. B. mit Amidoschwarz 10 B. 2 b = Pherogramm nach der Elektrophorese, Einfüllen von Antiserum in die seitlichen Gräben, dann Diffusion der Antikörper des Serums und der getrennten Antigene und Bildung in Aufsicht sichelförmiger Präzipitate in der Kontaktzone zwischen homologen Antikörpern und Antigenen

der Trennstrecke in den Agar gestanzt worden waren, Antikörper ein. Antigene und Antikörper diffundieren nun aufeinander zu und bilden, falls einander entsprechende Antigene und Antikörper zusammenstoßen, in der Kontaktzone in Aufsicht sichelförmige Präcipitate. Jede Präcipitat-Sichel entspricht einem Antigen-Antikörper-Komplex. Auch bei Überlappen vieler Sicheln lassen sich die einzelnen Präcipitate noch voneinander unterscheiden. Die Methode gestattet also in einem Arbeitsgang eine Differenzierung sehr vieler Antigene.

III. Ein-Gen-Ein-Enzym

In den vorhergehenden Kapiteln war mehrfach gezeigt worden, daß die Wirksamkeit eines bestimmten Gens auf der Induktion eines Enzyms beruhen kann. Im folgenden sei noch ein derartiges Beispiel nachgetragen. Anschließend sollen dann Verhältnisse besprochen werden, die etwas komplizierter sind.

1. Linamarase (Abb. 54)

Aus einer ganzen Reihe von sekundären Pflanzenstoffen kann unter bestimmten Bedingungen Blausäure freigesetzt werden. Solche Stoffe nennt man „cyanogen". Wohl die bekannteste cyanogene Substanz ist das Amygdalin der bitteren Mandeln und vieler anderer *Rosaceen*. Hierher gehört auch das Linamarin. Es findet sich außer im Lein *Linum usitatissimum* (Name!) und einigen weiteren Pflanzen vor allem im Weißklee *Trifolium repens*, in dem es mit dem chemisch nahestehenden Lotaustralin vergesellschaftet sein kann.

$$
\underset{\text{Valin}}{
\begin{array}{c}
H_3C \quad CH_3 \\
\diagdown\diagup \\
CH \\
| \\
HC{-}NH_2 \\
| \\
COOH
\end{array}}
\qquad
\underset{\text{Linamarin}}{
\begin{array}{c}
H_3C \quad CH_3 \\
\diagdown\diagup \\
C{-}O{-}\text{Glukose} \\
| \\
C{\equiv}N
\end{array}}
\xrightarrow[\text{— Glukose}]{\text{Linamarase}}
\underset{\text{Linamarin-Aglykon}}{
\begin{array}{c}
H_3C \quad CH_3 \\
\diagdown\diagup \\
C{-}OH \\
| \\
C{\equiv}N
\end{array}}
\longrightarrow
\underset{\text{Blausäure}}{
\begin{array}{c}
\text{Aceton} \\
H_3C \quad CH_3 \\
\diagdown\diagup \\
C{=}O \\
+ \\
HC{\equiv}N
\end{array}}
$$

Abb. 54. Die Freisetzung von Blausäure aus Linamarin. Links die mutmaßliche Linamarin-Vorstufe Valin

Das Aglykon des Glukosides Linamarin fällt im pflanzlichen Stoffwechsel vermutlich durch Decarboxylierung der Aminosäure Valin an. In bestimmten Rassen von *Trifolium repens* — und ebenso von *Linum* — findet sich nun ein Enzym Linamarase, das Glukose aus dem Linamarin abspaltet. Das instabile Aglykon zerfällt dann spontan in Aceton und Blausäure. Nur wenn Linamarase vorhanden ist, kann aus Linamarin Blausäure freigesetzt werden. Es handelt sich bei ihr um eine ziemlich spezifisch auf Linamarin und verwandte Verbindungen wie Lotaustralin eingestellte β-Glukosidase, die oft von anderen, weniger spezifischen β-Glukosidasen begleitet wird [422]. Mit dem Fehlen von Linamarase in den betreffenden Weißkleerassen sucht man es zu erklären, daß Blausäurevergiftungen von Schafen trotz Fressens großer Mengen an *Trifolium* oft nicht sicher nachgewiesen werden konnten [423].

Die Genetik des Linamarins und der Linamarase wurden an *Trifolium repens* geklärt. Man kreuzte dazu Rassen, die Blausäure bilden konnten, mit solchen, die diese Fähigkeit nicht besaßen. Es ließ sich 1. ein dominantes Gen fassen, in dessen Anwesenheit Linamarin gebildet wird, und 2. ein weiteres dominantes Gen, das die Ausbildung der Linamarase induziert [423, 424]. Das Linamarase-Gen wirkt ebenfalls im Sinn der Ein-Gen-Ein-Enzym-Hypothese.

2. Die „direkten" Oxydasen

a) Chemie und Funktion (Tabelle 12)

Bei der biologischen Endoxydation wird der durch substratspezifische Dehydrasen angelieferte Wasserstoff bzw. die aus ihm stammenden Elektronen über eine Kette von Elektronenüberträgern weitergereicht, bis schließlich durch die Cytochrom-oxydase oder „Endoxydase" der Kontakt mit Sauerstoff hergestellt und Wasser gebildet wird. Außer der Cytochrom-oxydase vermag noch eine Reihe weiterer Enzyme die Verbindung mit Sauerstoff aufzunehmen. Man nennt diese Enzyme wegen ihrer direkten Kontaktnahme mit dem Sauerstoff auch „direkte" Oxydasen. Zu ihnen zählen die Peroxydasen, Catalasen, Tyrosinasen und Laccasen.

Peroxydasen und *Catalasen* gehören zu den Zellhäminen (Abb. 11). Die Peroxydasen oxydieren ihr Substrat mit Hilfe von Wasserstoffperoxyd, die Catalasen zerlegen Wasserstoffperoxyd in Wasser + Sauerstoff. Die Funktion beider Enzymsysteme in der Pflanze ist umstritten. Für Peroxydase wird eine Funktion als IES-abbauendes Enzym [425], bei Respirationsvorgängen [426], bei Hydroxylierungen [444], bei der Polymerisation des Lignins (S. 79) und bei der Oxydation biologisch aktiver Proteine [428] diskutiert. Doch ist der Nachweis, daß die erwähnten, im zellfreien System ablaufenden Reaktionen auch im physiologischen Geschehen innerhalb der Pflanze eine Rolle spielen, nur schwer zu erbringen.

Tyrosinase und Laccase sind Phenoloxydasen. Bei beiden handelt es sich um Cu-Proteide. *Tyrosinase* oder Phenolase katalysiert zwei verschiedene Reaktionen. Dennoch liegen wohl nicht zwei Enzyme, sondern nur ein Enzym mit zwei funktionellen Zentren vor [427]. Die erste Reaktion besteht in der Einführung einer Hydroxylgruppe in ein Monophenol. Nach dem oft als Substrat verwendeten Monophenol-p-Kresol spricht man hier von der „Kresolase-Aktivität" der Tyrosinase. Die zweite Reaktion besteht in der Oxydation des Diphenols, das durch die Kresolase-Aktivität angeliefert werden kann. Es wird in das entsprechende Chinon überführt. Nach dem oft als Substrat eingesetzten Brenzcatechin (engl. catechol) spricht man dabei von der „Catecholase-Aktivität" der Tyrosinase. Beide Aktivitäten können wie in Tabelle 12 gezeigt miteinander gekoppelt sein: die Cresolase-Aktivität setzt einen Wasserstoffdonator voraus, der das Diphenol sein kann.

Laccase überführt p-Diphenole in die entsprechenden Chinone. Ihren Namen trägt sie nach ihrem Vorkommen im Lackbaum *Rhus laccifera*, dessen Latex sie durch Oxydation und Polymerisation phenolischer Substrate dunkel färbt. Enzyme mit Laccase-Aktivität scheinen unter den höheren Pflanzen sporadisch, jedenfalls aber nicht so weit verbreitet zu sein wie die allgegenwärtige Tyrosinase. Monophenole werden von Laccase im Gegensatz zur Tyrosinase nicht angegriffen. Die Catecholase- wie die Laccase-Aktivität führen zu leicht polymerisierenden Produkten. Deshalb ist auch für Laccase eine Beteiligung an der Polymerisation von Phenylpropan-Einheiten zu Lignin diskutiert worden (S. 79).

Tabelle 12. *Die direkten Oxydasen*

Enzym	Struktur	Funktion
Peroxydase	Fe^{3+}-Protoporphyrin IX -Protein	Substrat-H_2 + $H_2O_2 \rightarrow$ Substrat + 2 H_2O
Catalase	Fe^{3+}-Protoprophyrin IX -Protein	2 $H_2O_2 \rightarrow$ 2 H_2O + O_2
Tyrosinase (Phenolase-Komplex)	Cu^{2+}-Protein	a) Kresolase-Aktivität b) Catecholase-Aktivität a) Monophenol $\xrightarrow{+ O_2,\; + 2H}$ o-Diphenol (+ H_2O); b) o-Diphenol $\xrightarrow{- 2H}$ o-Chinon
Laccase (p-Diphenol-oxydase)	Cu^{2+}-Protein	p-Diphenol $\xrightarrow{- 2H,\; + 1/2\,O_2}$ p-Chinon + H_2O

b) Genetik

Die Untersuchung von Mutanten mit geänderten Aktivitäten an den genannten direkten Oxydasen zeigte, daß man bei der Zuordnung eines bestimmten Enzyms zu „seinem" Gen außerordentlich vorsichtig sein muß. Diese Unsicherheit erklärt sich in den gleich zu schildernden Fällen einmal aus der Natur der untersuchten Merkmalsbildungen. Denn es handelte sich bei ihnen um morphologische Merkmale wie Sproßwachstum, Verzweigungsart und Blattform. Solche komplexen Merkmale sind schon an sich in ihrer Causalität schwer zu durchschauen. Hinzu kommt noch, daß die physiologische Funktion der direkten Oxydasen nicht eindeutig geklärt ist.

Besonders häufig wurden die Peroxydasen untersucht, die *in vitro* IES abzubauen vermögen. Über eine gleiche Aktivität auch *in vivo* könnten die Peroxydasen die Wuchsform und andere morphologische Charakteristica beeinflussen.

b1. Peroxydasen in Artbastarden von Phaseolus [429, 430]

Kreuzt man *Phaseolus vulgaris* mit *Ph. coccineus*, so erhält man neben normalen auch gestörte Bastarde, das sind Formen mit bestimmten Entwicklungshemmungen wie verminderte Wüchsigkeit. Solche gestörten Bastarde weisen neben anderen Anomalien in ihrem Chemismus auch eine erhöhte Peroxydase-Aktivität auf. Diese Aktivitäts-Erhöhung geht auf eine Steigerung der Enzymkonzentration zurück. Im einzelnen zeigte es sich, daß in den gestörten Bastarden mehr Apoenzym der Peroxydase, also mehr Enzymprotein gebildet wird. Dennoch kann man kaum eine direkte Beziehung Gen—Enzymprotein annehmen. Denn einmal konnte keine Ein-Gen-Ein-Enzym-Relation festgestellt werden, zum anderen ist die erhöhte Peroxydase-Aktivität nur eine von vielen Unregelmäßigkeiten in den gestörten Bastarden. Und ob schließlich die gestörte Wuchsform Folge eines vermehrten IES-Abbaus durch vermehrt gebildete Peroxydase ist, bleibt völlig offen.

b2. *Peroxydasen in Zwergformen von Zea mays*

Im großen und ganzen ist die Peroxydase-Aktivität in Zwergformen im Vergleich zur Normalform erhöht, ihr IES-Spiegel gesenkt [431, 432]. So wäre es denkbar, daß die erhöhte Peroxydase-Aktivität das Wachstum der Zwergformen über eine Senkung des endogenen IES-Niveaus begrenzt. Um diese Möglichkeit zu überprüfen, wurde eine Reihe von Ein-Gen-Mutanten des Maises (S. 47) auf multiple Formen (S. 129) der Peroxydase untersucht. In den Blättern der Zwerge ließen sich mit Hilfe der Stärkegel-Elektrophorese jeweils 6 Zonen mit Peroxydase-Aktivität nachweisen. Die Aktivität der einzelnen Zonen war von Mutante zu Mutante teils gleich, teils verschieden. Im Vergleich mit der Normalform wurde je nach Mutante und Aktivitätszone bald eine gesteigerte, bald eine gesenkte Aktivität beobachtet. Auch während der Entwicklung änderte sich der Aktivitätszustand der einzelnen Peroxydase-Zonen in verschiedener Weise. Eine Ein-Gen-Ein-Enzym-Relation zwischen einem Gen für Zwergwuchs und einer der Peroxydase-Zonen ließ sich bei keiner der Mutanten aufstellen.

Bei denjenigen der Zwerge, die auf Gibberellinsäure ansprechen, konnte durch Zufuhr von Gibberellinsäure nicht nur die Wuchsform, sondern auch das Aktivitäts-Spektrum der Peroxydasen normalisiert werden [433]. Die Untersuchungen bestätigten also die Auffassung, daß bei einigen Ein-Gen-Mutanten des Maises eine Störung der Gibberellin-Synthese die eigentliche Ursache des Zwergwuchses ist. Die veränderten Peroxydase-Aktivitäten sind offensichtlich nur Folgen dieses primären Defektes.

b3. *Peroxydasen und Zwergwuchs der Tomate* [434]

Eine Ein-Gen-Zwergmutante der Tomate wurde auf ihre Peroxydase-Aktivität untersucht. In ihren Wurzeln war die Aktivität ebenso hoch wie in der Normalform, im Mark, der Rinde und den Blättern dagegen dreimal so hoch. Dieser letzte Befund entsprach der Annahme, Peroxydasen könnten über einen IES-Abbau den Zwergwuchs der Mutante bedingen. Weitere Untersuchungen zeigten aber, daß die Situation nicht so einfach ist: Die Peroxydase wurde mit Hilfe der Stärkegel-Elektrophorese auf multiple Formen überprüft. Das Muster der Peroxydase-aktiven Zonen auf den Zymogrammen wechselte von Organ zu Organ, war dabei aber für normale und mutierte Pflanzen immer qualitativ gleich. Auch bestimmte Differenzen in der Substratspezifität der einzelnen Zonen fanden sich bei Normalform und Mutante gleichermaßen. Eine klare Zuordnung einer der Peroxydase-aktiven Zonen zu dem Zwergwuchs-Gen war nicht möglich. Vermutlich sind die quantitativen Veränderungen der Peroxydase-Aktivität in der Zwergmutante ebenso sekundärer Art wie bei den eben erwähnten Zwergmutanten von *Zea mays*.

b4. Peroxydasen und basale Verzweigung des Leins [435, 436]

IES ist ein Faktor der apikalen Dominanz: sie verhindert das Austreiben von Seitenknospen [437]. Vom Lein (*Linum usitatissimum*) kennt man bestimmte Rassen, die sich in der Stärke ihrer basalen Verzweigung, d.h. aber im Austreiben basaler Seitenknospen voneinander unterscheiden. So hat die Rasse „Royal" mehr basale Zweige als die Rasse „Mandarin". Am Zustandekommen des stärkeren Verzweigungsgrades könnte sich wiederum eine Veränderung der Peroxydase-Aktivität beteiligen. Eine hohe Peroxydase-Aktivität könnte zu einem niedrigen endogenen IES-Gehalt und damit zu einer stärkeren Verzweigung führen. In der Tat wies die Rasse Royal in verschiedenen getesteten Entwicklungsstadien eine höhere Peroxydase-Aktivität als die Rasse Mandarin auf. Jedoch konnte auch hier keine klare Beziehung zwischen *einem* Gen und der Peroxydase-Aktivität aufgedeckt werden.

b5. Die direkten Oxydasen und die Wuchs- und Blattform der Tomate

In der Normalform der Tomate findet sich ein Gen La, in einer Mutante statt dessen das Allel la. Das Allelenpaar La/la beeinflußt die Wuchs- und Blattform und einige weitere Merkmale. Der Phänotypus ist verschieden, je nachdem ob la heterozygot oder homozygot vorliegt. La/la-Pflanzen besitzen eine als lanceolate bezeichnete Blattform, für die eine Reduzierung der ungeradzahlig gefiederten zu einfachen ganzen Blättern charakteristisch ist. Auch die Wüchsigkeit ist geringer (Abb. 55). la/la-Pflanzen kommen in drei Erscheinungsformen vor: als reduced, modified und narrow. Reduced besteht nur aus einem Trieb von 5 cm Höhe und

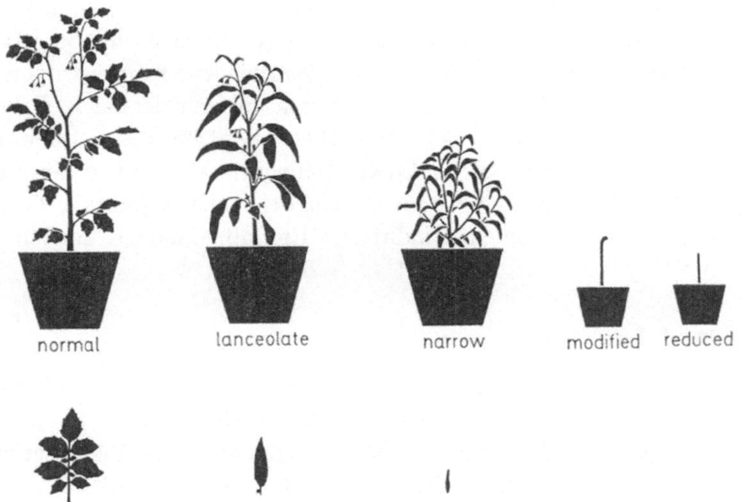

Abb. 55. Habitus und Blattform (unten) der Tomate unter der Kontrolle des Genlocus La. Normal = La/La; lanceolate = La/la; narrow, modified und reduced = la/la. (Aus [439])

0,2 cm Durchmesser, der weder Cotyledonen noch sonstige Blattorgane aufweist. Modified besitzt eine Cotyledonen-ähnliche Struktur und eine apikale Knospe, die sich allerdings nicht entwickelt. Narrow zeigt ebenfalls Cotyledonen-ähnliche Bildungen und eine Terminalknospe, die sich hier zu einem Sproß mit sehr schmalen, einfachen Blättern entwickelt. Blüten bildet Narrow nicht.

Normalisierungsversuche, in denen Narrow-Pflanzen nach Besprühen mit der Aminosäure Tyrosin breitere Blätter entwickelten und zur Blüte kamen, ließen vermuten, daß das La-Gen den Tyrosin-Stoffwechsel beeinflußt [438]. Diese Vermutung konnte in enzymchemischen Untersuchungen bestätigt werden [439]. Die

Tabelle 13. *Spezifische Aktivität der Tyrosinase unter der Kontrolle des Gen-Locus La/la Substrat Tyrosin, spezifische Aktivität in relativen Werten.* (Nach [439])

Genotyp	La/La	La/la	la/la
Spezifische Aktivität	6,5	11,4	20,5

Aktivität der vier direkten Oxydasen Peroxydase, Catalase, Tyrosinase und Laccase war in Pflanzen mit dem la-Gen erhöht — und das in allen Pflanzenteilen und in allen Entwicklungsstadien. Damit wird es verständlich, daß man den Narrow-Phänotyp durch Tyrosin der Normalform etwas näher bringen kann. Denn der infolge der erhöhten Tyrosinase-Aktivität gesteigerte Tyrosinbedarf wird durch die Tyrosin-Zufuhr teilweise gedeckt.

Das la-Gen zeigt bei der Beeinflussung des Phänotyps in etwa einen Gendosis-Effekt (Abb. 55). Viel deutlicher wird dieser Effekt auf enzymchemischem Niveau, besonders im Fall der Tyrosinase (Tabelle 13). Im Fall des la-Gens besteht also eine klare Beziehung zur Aktivität der Tyrosinase — aber leider eben auch zu derjenigen der anderen drei direkten Oxydasen.

Daß Inhibitoren oder Cofaktoren bei der Aktivitätsänderung eine Rolle spielen, ließ sich ausschließen [439]. Es muß also nach einem anderen Wirkungsmechanismus gesucht werden. Nun lassen sich verschiedene hypothetische Erklärungen für die Wirkung eines Gens auf vier verschiedene Enzymsysteme finden. So könnten alle vier Enzyme neben weiteren differenzierenden Polypeptid-Einheiten eine allen gemeinsame Polypeptidkette besitzen, die von dem La-Gen aus gebildet wird. Für eine solche direkte Genwirkung im Sinne der Ein-Gen-Ein-Polypeptid-Hypothese (s. u.) gibt es keinerlei Anhaltspunkte. Alle anderen Deutungsversuche gehen von einer indirekten Einflußnahme des La-Gens auf die Aktivität der Oxydasen aus.

b 6. Catalase in Chlorophyll-Mutanten

In Chlorophyll-defekten Mutanten der Gerste kann die Aktivität der Catalase erniedrigt sein [440]. Da Catalase ebenso wie Chlorophyll das Porphyrin-System aufweist, nahm man zunächst an, von den betreffenden Mutationen sei die Synthese des Porphyrin-Systems in Mitleidenschaft gezogen worden. Nun wurde schon erwähnt, daß die Chlorophyll-Synthese in vielen Chlorophyll-Mutanten nur indirekt beeinflußt wird (S. 59). Die oxydative Zerstörung des Chlorophylls ist oft die Folge eines Defektes in der Carotinoid-Synthese.

Eine entsprechende Situation findet sich auch im Fall der Catalase. Denn auch Catalase wird im Licht in Gegenwart von Sauerstoff oxydativ abgebaut, falls nicht ein Lichtschirm vorhanden ist [441]. Dementsprechend war die Catalase-Aktivität in Maismutanten mit Defekten in der Carotinoid- und der Chlorophyll-Synthese niedriger als in normal grünen Pflanzen, wenn die Pflanzen belichtet wurden. In Dunkelheit fanden sich dagegen keine Unterschiede zwischen Mutanten und Normalform. Die Catalase-Aktivität war hier in allen untersuchten Formen gleichermaßen um 25 % höher als in Normalpflanzen, die im Licht aufgewachsen waren [442]. Parallel zu den Verhältnissen bei der Chlorophyll-Ausbildung bleibt die Catalase-Aktivität auch in Carotinoid-defekten Mutanten trotz Belichtung erhalten, wenn man den Sauerstoff entfernt [443]. In den Maismutanten liegt der primäre Defekt demnach bei der Carotinoid-Synthese. Folge davon ist eine Photo-Oxydation nicht nur der Chlorophylle, sondern auch der Catalase. Die Beziehung zwischen den mutierten Genen und der Catalase-Aktivität ist also zumindest in den erwähnten Maismutanten indirekter Art.

In Untersuchungen auf multiple Enzymaktivitäten wurden für Peroxydasen und Catalasen auch direkte Beziehungen zwischen Gen und Enzym aufgedeckt (S. 133). Die hier gebrachten Beispiele sollen zeigen, daß zwar eine Beziehung zwischen Gen und Enzym bestehen kann, daß sie aber keineswegs immer direkter Art sein muß. Gerade bei der genetischen Analyse morphologischer Merkmale kann man auf Veränderungen von Enzymaktivitäten, vielleicht auch von Enzymsynthesen stoßen, die nur Folgeerscheinungen des primären genabhängigen Schrittes sind. Das schließt nicht aus, daß dieser erste Schritt in der Steuerung einer Enzymsynthese bestehen kann — nur eben nicht immer derjenigen, die man gerade im Test erfaßt hat.

IV. Ein-Gen-Ein-Protein

Enzyme sind Proteine oder Proteide. Auch im Fall von Enzym-Proteiden war es hochgradig wahrscheinlich, daß die steuernden Gene in besonders enger Beziehung zur Ausbildung der Proteinkomponente stehen müßten. Denn die Spezifität der verschiedenen Gene findet ihr Äquivalent nur in der ebenfalls hohen Spezifität der Proteinkomponenten, nicht in der relativ geringen Zahl von Varianten, die durch die Zahl der bekannten Coenzyme möglich erscheint. Wenn eine Beziehung zwischen einem Gen und einem Coenzym aufgedeckt wird, läuft die Verbindung in der Regel über ein anderes Enzymsystem, das die Synthese des betreffenden Coenzyms steuert. Schon auf Grund des Befundes, daß Gene in die Synthese von Enzymen eingreifen, könnte man also die Ein-Gen-Ein-Enzym-Hypothese zu einer Ein-Gen-Ein-Protein-Hypothese präzisieren.

Es fragt sich, ob man außer der Aufdeckung von Relationen zwischen Genen und Enzymproteinen noch weitere Belege für die Berechtigung dieser Umformung der Ein-Gen-Ein-Enzym-Hypothese erbringen kann. Auf botanischem Gebiet können in diesem Zusammenhang das Gen-gesteuerte Auftreten bestimmter Samen-Proteine und immunogenetische Untersuchungen zur Selbstincompatibilität erwähnt werden. Weiteres Beweismaterial lieferten die unten geschilderten Untersuchungen auf multiple Formen von Enzymen.

1. Die Genetik der Reserveproteine des Maises

Die wichtigsten Reserveproteine unserer Getreide-Arten sind die Prolamine und Gluteline. Prolamine sind in Wasser und Salzlösungen unlöslich, in 60—80%igem Alkohol löslich. Gluteline lösen sich in keinem dieser Medien, wohl aber in verdünnten Alkalien.

Zu den Prolaminen gehört das Zein des Maises. Es kommt im Endosperm zusammen mit vor allem Glutelinen vor. Zein ist ebensowenig wie die Gluteline ein einheitliches Protein. Es läßt sich mit verschiedenen Methoden in mehrere Proteinfraktionen zerlegen. An der Aminosäurenzusammensetzung des Zeins ist besonders wichtig, daß es im Gegensatz zu den Glutelinen fast kein Tryptophan und Lysin enthält. Beide Aminosäuren sind für den Menschen essentiell. Er vermag sie nicht selbst zu bilden und ist deshalb auf ihre Zufuhr durch die Nahrung angewiesen. Unter diesen Umständen ist es verständlich, daß eine einseitige Ernährung mit Mais zu Schäden führen kann und auch schon geführt hat. Das Interesse der Pflanzenzüchtung geht infolgedessen dahin, entweder Maisrassen mit einem niederen Gehalt an Zein und einem hohen Gehalt an Glutelinen oder mit einem Zein zu gewinnen, das mehr Lysin und Tryptophan enthält. In beiden Richtungen sind Erfolge erzielt worden.

Eine Mutante opaque-2 des Maises führt in ihrem Endosperm weitaus mehr Lysin als die Normalform: in dem Protein der Mutante sind 4,5%, in dem der Normalform nur 2,8% Lysin enthalten. Die Erhöhung des Lysingehaltes kommt dadurch zustande, daß in der Mutante weniger Lysin-defektes Zein und mehr Lysin-haltige Gluteline gebildet werden [445]. In Fütterungsversuchen an Ratten wies die Mutante einen höheren Nährwert auf als die Normalform [446].

Eine zweite Mutante floury-2 führt ungefähr ebenso viel Lysin wie opaque-2. Außerdem ist aber auch der Gehalt an einer weiteren essentiellen Aminosäure, dem Methionin erhöht, und zwar von rund 2,0% im Protein der Normalform und von opaque-2 auf bis zu 3,4% in floury-2. Die ernährungsphysiologisch besonders interessante Erhöhung des Lysin- und des Methionin-Gehaltes geht darauf zurück, daß andersartig zusammengesetztes Zein gebildet wird. Bei der Stärkegel-Elektrophorese ist das Muster der Zein-Proteine von floury-2 von dem der Normalform und von opaque-2 verschieden [447].

Der Wirkungsmechanismus der Gene opaque-2 und floury-2 ist also voneinander verschieden. Beiden Genen gemeinsam ist, daß sie in die Synthese von Proteinen eingreifen. Allerdings müssen die Einzelheiten dieses Eingreifens noch geklärt werden.

2. Immunogenetische Untersuchungen zur Selbstincompatibilität

Unter Immunogenetik versteht man einen Wissenschaftszweig, in dem der Erbgang serologisch faßbarer Merkmale derart untersucht wird, daß die Zuordnung der Merkmale zu bestimmten Genen möglich wird [417]. In einer weiteren Fassung bezieht man auch serologische Vergleiche zwischen miteinander kreuzbaren Organismen ein und bei noch weiter gezogenen Grenzen auch die Anwendung serologischer Methoden auf Fragen der Systematik [267]. Bei diesen Erweiterungen ist die Zuordnung der betreffenden serologischen Merkmale zu bestimmten Genen wenigstens theoretisch möglich, wenn auch der experimentelle Beweis oft aussteht.

Die Immunogenetik hat Beiträge zur genetischen Kontrolle der Proteinsynthese nicht zuletzt auch beim Menschen geliefert. Bei höheren Pflanzen wurden ihre Methoden unter anderem beim Studium der Selbstincompatibilität eingesetzt.

a) Die Selbstincompatibilität [448, 449]

Die Selbstincompatibilität muß von der Selbststerilität unterschieden werden. Unter Selbststerilität versteht man die Erscheinung, daß isoliert gehaltene oder selbstbestäubte Pflanzen keinen Samen ansetzen. Selbststeril sind demnach z.B. auch Pflanzen, bei denen nach einer Selbstung zwar die Befruchtung noch erfolgt ist, die Zygote aber zugrunde geht. Ein Sonderfall der Selbststerilität ist die Selbstincompatibilität. Bei ihr kann bei einer Selbstung gar keine Befruchtung stattfinden, weil der Pollen auf oder im Griffel sein Wachstum früher oder später einstellt und der Pollenschlauch so den weiblichen Gametophyten überhaupt nicht erreicht. Bei Selbstincompatibilität lassen sich die beiden Sexualpartner also nicht kombinieren, sie sind incompatibel.

Der Mechanismus der Selbstincompatibilität kann im einzelnen verschieden sein. Gemeinsam ist allen Mechanismen, daß sie genetisch verankert sind. Die steuernden Gene nennt man S-Gene. Meist findet sich nur ein S-Locus im Genom, es können sich aber auch wie bei *Festuca pratensis* zwei Loci am Zustandekommen der Selbstincompatibilität beteiligen [450]. Ein solches S-Gen kann in sehr vielen verschiedenen Zustandsformen, in vielen sog. multiplen Allelen vorliegen. Nirgendwo sonst im Pflanzenreich hat man derart viele multiple Allele bei der Steuerung eines Merkmals nachgewiesen wie gerade bei der Selbstincompatibilität. So konnten in einer Population von nur rund 500 Exemplaren einer Nachtkerze, die nach ihrem Standort in den Organon-Mountains der USA *Oenothera organensis* getauft wurde, nicht weniger als 45 Allele eines S-Locus aufgefunden werden [451]. Und beim Rotklee fanden sich in 44 Versuchspflanzen 87 von $44 \times 2 = 88$ möglichen verschiedenen S-Allelen [452].

Die Frage ist, ob auch bei anderen Merkmalsbildungen derartig viele Allele eines Locus vorliegen können, die nur wegen des Fehlens eines ähnlich sensiblen Testsystems, wie es die Selbstincompatibilität ist, nicht nachgewiesen werden können, oder ob die wahrhaft multiple Allelie im Fall der Selbstincompatibilität deshalb so ausgebaut wurde, um jede Möglichkeit einer Befruchtung durch genetisch gleichen Pollen auszuschließen und so die für die Selektion notwendige Variabilität zu gewährleisten.

Die beiden wichtigsten Mechanismen der Selbstincompatibilität sind der Cruciferen-Mechanismus und der Solanaceen-Mechanismus. Beim *Cruciferen-Mechanismus* kommt das Wachstum des Pollens bei Selbstung schon auf der Narbe zum Stillstand, weil die enzymatischen Voraussetzungen zur Auflösung der Cuticula nicht gegeben sind [453, 454]. Eine lokale Auflösung der Cuticula ist notwendig, um den Pollenschlauch ins Griffelgewebe eintreten zu lassen. Beim *Solanaceen-Mechanismus* dagegen wächst der Pollenschlauch im Leitgewebe des Griffels mehr oder weniger weit herab, bevor sein Wachstum schließlich gestoppt wird.

Im folgenden soll nur der Solanaceen-Mechanismus besprochen werden (Abb. 56). Man bezeichnet ihn auch als einen gametophytischen Mechanismus, weil auf Seite des Pollens nur dessen S-Allele, also die S-Allele des männlichen Gametophyten über Hemmung oder Wachstum entscheiden. Im Gegensatz dazu steht der sporophytische Cruciferen-Mechanismus, bei dem die Pollenkörner von den Genen des diploiden Sporophyten geprägt werden. Enthalten beim gametophytischen Solanaceen-Mechanismus Pollen und Leitgewebe des Griffels dasselbe Allel eines S-Locus — und das ist bei Selbstungen der Fall —, so kommt das Wachstum des Pollenschlauches zum Stillstand.

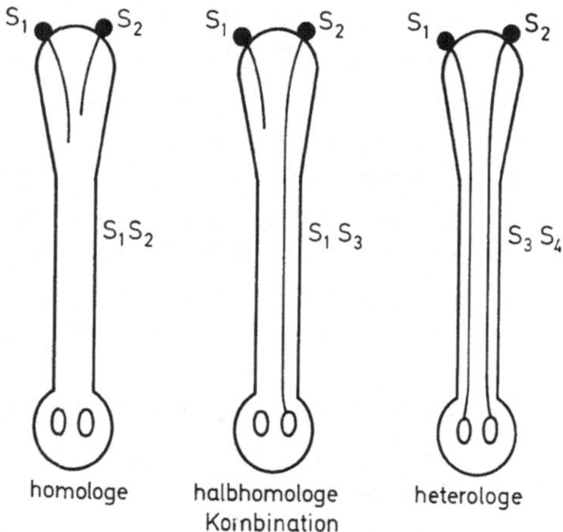

Abb. 56. Kombinationsmöglichkeiten beim gametophytischen Mechanismus der Selbstinkompatibilität

Im diploiden Griffelgewebe sind stets zwei S-Allele vorhanden, in dem einzelnen Pollenkorn jeweils eines. Wenn der diploide Pollenlieferant nun zwei verschiedene S-Allele führte, werden sie sich im Verhältnis 1:1 auf den haploiden Pollen verteilen. Diese 1:1-Mischung wird dann auf die Narbe des Griffels übertragen. Bei der Darstellung von Versuchsdaten kennzeichnet man Pollen wie Griffelgewebe durch je zwei Gensymbole. Dabei muß man sich nur vergegenwärtigen, daß sich diese S-Allele im Fall des Pollens in verschiedenen Pollenindividuen, im Fall des Griffels in jeder der diploiden Zellen des Griffelgewebes finden.

Man kann nun die S-Allele im Pollen einerseits und im Griffel andererseits in verschiedener Weise miteinander kombinieren. Bringt man zwei Partner zusammen, deren Ausstattung an S-Allelen völlig identisch ist, so spricht man von einer homologen Kombination (z. B. $S_1 S_2$ im Pollen und ebenso $S_1 S_2$ im Griffel). Ist ein S-Allel in beiden Partnern vorhanden, das andere aber nicht, so liegt eine halbhomologe Kombination vor (z. B. $S_1 S_3$ im Pollen und $S_1 S_2$ im Griffel). Haben die beiden Partner keines der S-Allele gemeinsam, so nennt man das eine heterologe Kombination (z. B. $S_1 S_2$ im Pollen und $S_3 S_4$ im Griffel). In homologen Kombinationen werden alle Pollenschläuche in ihrem Wachstum gehemmt. Es findet keine Befruchtung statt. In halbhomologen Kombinationen wird nur die Hälfte der Pollenschläuche gehemmt, die andere Hälfte, die auf kein entsprechendes

Allel im Griffelgewebe stößt, wächst aus und führt die Befruchtung durch. In heterologen Kombinationen schließlich findet sich keinerlei Hemmung. Eine Hemmung tritt also immer dann ein, wenn Pollen und Griffel ein gleiches S-Allel aufweisen.

b) Die Immunitätstheorie [448, 449,455—458]

Zu den verschiedenen Hypothesen, die zur Erklärung der Selbstincompatibilität aufgestellt wurden, gehört auch die Annahme einer Art Immunitätsreaktion im Griffelgewebe [459, 460]. Nach dieser Hypothese werden im Pollenschlauch unter Steuerung durch die S-Allele Antigene gebildet, die aus dem Pollen herausdiffundieren und mit Antikörpern des Griffelgewebes einen Antigen-Antikörper-Komplex formieren. Die Antikörper werden im Griffel unter der Kontrolle der homologen S-Allele des Griffelgewebes produziert. Wann diese Antikörper-Synthese stattfindet, ist unbekannt. Ihre Bildung könnte z.B. schon in jungen Blüten durch Antigene aus den Pollen derselben Blüten induziert werden. Dann träfen die Pollenschläuche im Griffelgewebe auf bereits präformierte Antikörper. Eine andere Möglichkeit wäre, daß erst die Antigene des im Griffel wachsenden Pollenschlauches die Bildung von Antikörpern anregen. Ist auf die eine oder andere Weise erst einmal ein Antigen-Antikörper-Komplex zustande gekommen, so wird das weitere Wachstum blockiert. Dabei nimmt man keine direkte Wirkung des Komplexes etwa über eine Verklebung des Pollenschlauches an, sondern eine indirekte. Man stellt sich vor, der Antigen-Antikörper-Komplex könne den Charakter eines Enzym-Antienzym-Komplexes besitzen [417, 461]. Mit anderen Worten, an der Komplex-Bildung könne sich ein Enzym beteiligen, das damit blockiert würde. Die Folge wäre der beobachtete Wachstumstillstand.

Zu Gunsten der Immunitätstheorie lassen sich vor allem folgende Fakten ins Feld führen:

1. Bei Selbstung incompatibler Formen von *Petunia* treten im Griffelgewebe Glukoproteide auf, die sich bei Fremdbestäubung nicht finden [462, 463].

2. Wie Markierungsversuche mit P^{32} und C^{14} zeigten, nehmen an der Bildung der bei Selbstung neu auftretenden Glukoproteide beide Sexualpartner, Pollen und Griffelgewebe teil [464, 465].

3. Aus Pollenschläuchen diffundieren neben anderen Substanzen auch Proteine. Sie können in Kaninchen als Antigene fungieren [466, 467].

4. Sowohl im Pollen als auch im Griffelgewebe verschiedener Pflanzen ließ sich mit serologischen Methoden eine von den S-Allelen gesteuerte Bildung von Substanzen nachweisen, die zum Teil Proteine oder Proteide sind ([458, 461, 466, 468], s. unten).

Keiner der angeführten Punkte stellt einen zwingenden Beweis dafür dar, daß die Hemmung des Pollenschlauchwachstums tatsächlich auf eine Antigen-Antikörper-Reaktion zurückzuführen ist. Es ist principiell fraglich, ob man das Geschehen bei der Selbstincompatibilität überhaupt mit der Präcipitatbildung bei Immunitätsreaktionen parallelisieren sollte. Denn bei der Immunitätsreaktion veranlaßt ein *fremdes* Antigen, dessen Bildung von *fremden* Genen gesteuert wurde, den betreffenden Organismus dazu, passende Antikörper auf Grund seiner eigenen, von dem fremden Partner verschiedenen Genausstattung zu synthetisieren. An der Antigen-Antikörper-Reaktion beteiligen sich also voneinander *verschiedene* Komponenten. Bei der Selbstincompatibilität dagegen ist der Bestand an effektiven Genen auf Seiten beider Partner *gleich*. Dann sollte auch das primäre Genprodukt m-RNS (S. 174) und das von ihm induzierte nächste Genprodukt Protein in beiden Partnern *gleich* sein. Dennoch wird auch für die Selbstincompatibilität mit den Bezeichnungen Antigen-Antikörper- und Enzym-Antienzym-Komplex eine Verschiedenheit der reagierenden Komponenten angenommen. Ob eine derartige Verschiedenheit besteht und wie sie dann bei der auf beiden Seiten gleichen Ausstattung an S-Allelen zustande käme, ist jedoch unbekannt.

c) Die Dimer-Hypothese [469]

Die Schwierigkeiten, die einer Parallelisierung des gametophytischen Incompatibilitäts-Mechanismus mit der Immunitätsreaktion tierischer Organismen im Wege stehen, versucht die Dimer-Hypothese zu umgehen. Ihr zufolge induzieren die S-Allele die Synthese von Polypeptiden, von denen je zwei sowohl im Pollen als auch im Griffelgewebe zu einem Dimer zusammentreten. Diese Dimere sind biologisch inaktiv. Erst wenn bei einer Selbstung identische Dimere aus Pollen und Griffel zusammentreffen, assoziieren sie zu Tetrameren. Jedes Tetramer besteht aus zwei Dimeren, von denen eines aus dem Pollen, das andere aus dem Griffel stammt. Die Verbindung zwischen den beiden Dimeren stellt ein beliebiges allosterisches Fremdmolekül, z.B. Glukose her. Die Tetramere sind biologisch aktiv und fungieren als Regulatoren der Pollenschlauch-Hemmung.

Die Dimer-Hypothese weist einige schwache Stellen auf. So kann nicht befriedigend erklärt werden, warum nicht schon die Dimeren im Pollen oder Griffel zu Tetrameren assoziieren können. Denn bei einer Selbstung kommen ja nicht andere, sondern nur weitere Dimere der gleichen Art hinzu. Auch ein verbindendes Molekül wie Glukose kann kaum der limitierende Faktor sein.

Im Sinne der Dimer-Hypothese wurden Befunde in der Gattung *Nicotiana* gedeutet [470]. Mit Hilfe der Polyacrylamidgel-Elektrophorese ließ sich zeigen, daß jedem S-Allel ein bestimmtes Isozym-Muster (S. 129) der Peroxydase entspricht. Das aktive Tetramer der Dimer-Hypothese soll eine Kombination von Peroxydase-Isozymen sein. Da Peroxydase für die verschiedensten Funktionen in Vorschlag gebracht werden kann (S. 116), lassen sich alle Erscheinungen der Selbstincompatibilität zumindest hypothetisch ohne weiteres auf solche Peroxydase-Aktivitäten zurückführen.

Bevor man die Peroxydase-Version der Dimer-Hypothese akzeptieren kann, müßten einige Hindernisse aus dem Weg geräumt werden. Es muß bewiesen werden, daß eine Ein-Gen-Ein-Enzym-Relation zwischen den S-Allelen und den Peroxydasen besteht. Denn in den genannten Versuchen konnte ein S-Allel mit bis zu 6 Peroxydase-Isozymen korreliert werden, was eine indirekte Beeinflussung des Peroxydase-Musters nicht ausgeschlossen erscheinen läßt. Weiterhin ist unklar, wieso die je nach dem S-Allel verschiedenen Peroxydase-Muster für ein und denselben biologischen Effekt der Pollenschlauch-Hemmung verantwortlich gemacht werden können.

Der Wirkungsmechanismus der S-Allele bei der gametophytischen Selbstincompatibilität ist also noch ungeklärt und bleibt somit weiterhin ein interessantes Arbeitsgebiet.

d) Immunogenetische Untersuchungen

Im Rahmen von Untersuchungen zur gametophytischen Selbstincompatibilität hat man sich bemüht, mit serologischen Methoden eine genabhängige Stoffproduktion zu fassen. Auf einige dieser Untersuchungen sei hier eingegangen — und zwar unabhängig von der Problematik ihrer Auswertung hinsichtlich der gametophytischen Selbstincompatibilität.

d1. Immunogenetik an Oenothera ([468], Abb. 57)

Zur Verfügung stand Material der Nachtkerze *Oenothera biennis* mit verschiedener Ausstattung an S-Allelen. Der genetische Hintergrund war von Linie zu Linie verschieden, d.h. die verwendeten Linien waren nicht — von den S-Allelen abgesehen — isogen.

Reaktionen mit (Sollwerte in Klammern, Versuchswerte darunter; ○ = eingezeichneter Kreis):

Aus einem Serum Anti	wird durch Absorption mit	ein Serum Anti	S_2S_6+X	S_3S_4+X	S_3S_6+X	S_3S_6+X	S_4S_6+X	S_2S_4+X	S_2S_3+X
S_3S_6+X	S_2S_4+X	S_3S_6+X			(1/50!) / 1/50!				
S_3S_4+X	S_2S_6+X	S_3S_4+X	○ 1/5	(1/100!) / 1/100!	(1/50) / 1/50	(1/50) / 1/50	(1/50) / 1/100		
S_3S_4+X	S_3S_6+X	S_4 +X	○ 1/2	(1/50) / 1/50	○ 1/5	○ 1/5	(1/50) / 1/50		○ 1/50
S_3S_4+X	S_4S_6+X	S_3 +X			(1/25) / 1/25	(1/25) / 1/25	○ 1/25		
S_2S_4+X	S_3S_6+X	S_2S_4+X			○ 1/2	○ 1/2	(1/100) / 1/50	(1/200!) / 1/200!	
S_2S_4+X	S_3S_6+X	S_2S_4+X	○ 1/5		○ 1/2	○ 1/2		(1/100!) / 1/100!	
S_2S_6+X	S_3S_4+X	S_2S_6+X	(1/200!) / 1/200!	○ 1/5	(1/100) / 1/100	(1/50) / 1/100	(1/100) / 1/100		(1/100) / 1/100
S_2S_6+X	S_4S_6+X	S_2 +X	(1/25) / 1/25		○ 1/5	○ 1/2	○ 1/5		(1/25) / 1/25

Abb. 57. Immunogenetische Untersuchungen an Pollen von *Oenothera*. Felder: leer = kein Versuch; umrandet = homologe, gebrochen umrandet = halbhomologe, schraffiert = heterologe Kombinationen. Sollwerte in Klammern, Versuchswerte darunter. Vgl. den Text. (Aus [417])

Kaninchen wurde Pollenextrakt injiziert. Die behandelten Tiere bildeten daraufhin ein Antiserum gegen den betreffenden Pollenextrakt. Dieses Antiserum wurde nun mit Pollenextrakt in Reaktion gebracht, der von Pflanzen mit anderen, heterologen oder manchmal auch halbhomologen S-Allelen stammte. Es kommt zur Bildung eines Präcipitates. Sinn dieser Präadsorption war es, aus dem Antiserum möglichst alle Antikörper auszufällen, die nicht über die von den S-Allelen gesteuerten Antigene induziert worden waren. Dieses Ziel konnte nicht ganz erreicht werden, weil die verwendeten Linien von *Oenothera* wie erwähnt nicht, von den S-Allelen abgesehen, isogen waren. Der Rest X in Abb. 57 ist dementsprechend fallweise verschieden.

Das nach der Präadsorption resultierende Antiserum wurde nun mit Pollenextrakt aus Pflanzen mit jeweils verschiedenen S-Allelen kombiniert. Die Pollenextrakte enthielten also entsprechend verschiedene Antigene. In Abb. 57 ist diejenige Verdünnung der Antigen-Lösungen angegeben, bei der gerade noch ein Präcipitatring sichtbar wurde. Bei homologen Kombinationen findet sich die höchste mögliche Verdünnung = stärkste Präcipitatbildung, bei halbhomologen ist die Präcipitatbildung weniger stark und bei heterologen schließlich am schwächsten. Daß bei heterologen Kombinationen überhaupt ein Präcipitat entsteht, dürfte auf die unvollständige Präadsorption zurückgehen. Die Übereinstimmung mit der Erwartung ist besonders angesichts der experimentellen Schwierigkeiten gut. Gleiche Ergebnisse wie der Ringtest lieferte auch der Geldiffusionstest [466].

Damit ist bewiesen, daß die S-Allele des Pollens die Synthese allel-spezifischer Stoffe steuern. Diese Substanzen können in Kaninchen als Antigene fungieren und werden so serologisch faßbar.

d2. Immunogenetik an Petunia [461]

Bei *Petunia* waren die experimentellen Voraussetzungen insofern günstiger als bei *Oenothera*, als hier Material zur Verfügung stand, das 1. von den S-Allelen abgesehen isogen war und das 2. die S-Allele auch in homozygoten Kombinationen aufwies. Außerdem wurden nicht nur gleiche Geschlechter — Pollenserum gegen Pollenantigen oder Griffelgewebeserum gegen Griffelgewebeantigen — sondern auch verschiedene Geschlechter — Pollenserum gegen Griffelgewebeantigen oder Griffelgewebeserum gegen Pollenantigen — gegeneinander getestet. Eine der Versuchsanordnungen und die damit erzielten Ergebnisse zeigt (Tabelle 14). Entsprechende Ergebnisse lieferte die Immunoelektrophorese [458].

Tabelle 14. *Verschiedengeschlechtliche Kombination zur Erfassung von homologen Antikörpern und Antigenen bei Petunia.* (Aus [461])

Pollenextrakt (Antiserum)	Griffelextrakt (Antigene)			
$S_1S_1 \longrightarrow$	S_1S_1	S_2S_2	S_3S_3	S_1S_2
Mögliche Verdünnung	1/250	—	—	1/10

Die Versuche bewiesen, daß unter der Steuerung durch die S-Allele Substanzen produziert werden, die bei gleicher S-Allel-Ausstattung in Pollen und Griffelgewebe identisch sind. Denn ein aus Kaninchen gewonnenes Antiserum gegen Pollenextrakt, der die von den S-Allelen S_1S_1 abhängigen Antigene enthielt, reagiert nicht nur mit Pollenextrakt S_1S_1, sondern auch mit Griffelgewebeextrakt S_1S_1 unter Präcipitatbildung (Tabelle 14). Auf die Schwierigkeiten, die der Immunitätstheorie der gametophytischen Selbstincompatibilität aus dieser Gleichheit der Genprodukte in Pollen und Griffel erwachsen, wurde schon hingewiesen (S. 125).

Für unsere Zielsetzung läßt sich herausstellen: Unter der Kontrolle bestimmter Gene, der S-Allele werden hochgradig allelspezifische Produkte gebildet, die sich mit serologischen Methoden fassen und charakterisieren lassen. Es handelt sich bei ihnen nicht nur um Stoffe von Proteincharakter, aber allen bisherigen Befunden nach auch um Proteide oder Proteine. Damit liefert die Immunogenetik an höheren Pflanzen einen weiteren Beleg für die Berechtigung dazu, an Stelle der Ein Gen-Ein-Enzym-Hypothese die Ein-Gen-Ein-Protein-Hypothese zu setzen.

V. Ein-Gen-Ein-Polypeptid

1. Multiple Formen von Enzymen (Isozyme) [471—473, 1165]

Trennt man enzymhaltige Extrakte mit Hilfe der Zonenelektrophorese und überprüft dann die Elektropherogramme (= Pherogramme oder bei Enzymen auch Zymogramme) auf eine bestimmte enzymatische Aktivität, so lassen sich vielfach mehrere Zonen mit der betreffenden Aktivität auffinden. Entsprechende Untersuchungen erlaubten es, zumindest in einer Reihe von Fällen Artefakte auszuschließen.

Für die Trennung im elektrischen Feld sind nun vor allem die Ladungseigenschaften wichtig. Man weist also auf dem Zymogramm Enzyme gleicher Funktion, aber mit verschiedenen Ladungseigenschaften nach. Die Ladungseigenschaften ihrerseits sind bei Proteinen durch deren Struktur im weitesten Sinn — primäre, sekundäre, tertiäre, quartäre Struktur — bedingt. Auf dem Zymogramm liegen also Enzyme gleicher Funktion, aber mehr oder weniger verschiedener Struktur vor. Solche Enzymgruppen bezeichnet man als multiple Formen eines Enzyms oder exakter einer enzymatischen Aktivität, als multiple Enzyme, Isoenzyme oder Isozyme [474].

Zu beachten ist, daß die Funktion zwar im gewählten Enzymtest gleich erscheinen, aber im Organismus durchaus Verschiedenheiten aufweisen kann. Oft läßt sich schon auf den Zymogrammen beim Testen verschiedener Substrate feststellen, daß die einzelnen Isozyme Unterschiede in ihrer Substratspezifität aufweisen.

Mit am eingehendsten wurden die multiplen Formen der tierischen Milchsäuredehydrogenase untersucht [471]. Bei höheren Pflanzen konnte man ebenso wie bei tierischen Organismen auch ohne Anwendung der Zonenelektrophorese multiple Enzyme nachweisen oder wahrscheinlich machen. Aber mit Einführung der geeigneten Technik, in diesem Fall der Zonenelektrophorese stieg dann die Zahl der einschlägigen Veröffentlichungen in kurzer Zeit stark an (Tabelle 30).

2. Genetik und Isozyme

Multiple Formen einer bestimmten Enzymaktivität beruhen also auf strukturellen Unterschieden. Über den Grad dieser Strukturverschiedenheiten sagt das Zymogramm nichts oder jedenfalls nur wenig aus. Bei den multiplen Formen kann es sich handeln um

a) strukturell stärker verschiedene, nicht miteinander verwandte Enzyme gleicher Funktion und um

b) strukturell weniger verschiedene, miteinander verwandte Enzyme gleicher Funktion.

Steht man vor der Frage, welche der beiden genannten Möglichkeiten in einem speziellen Fall realisiert ist, so kann man die Genetik zu Hilfe nehmen: Die Ausbildung nicht miteinander verwandter Isozyme wird von verschiedenen Gen-Loci gesteuert, die Ausbildung miteinander verwandter Isozyme von verschiedenen Allelen ein- und desselben Gen-Locus.

In den meisten Fällen ist die Genetik der Isozyme jedoch ungeklärt. Damit entfällt die auf ihr basierende Differenzierung der beiden Gruppen. Einige Fälle, in denen die genetischen Daten zur Verfügung standen, werden im folgenden diskutiert.

a) Strukturell stärker verschiedene, nicht miteinander verwandte Enzyme gleicher Funktion: Steuerung durch verschiedene Gen-Loci

Jeweils verschiedene Gen-Loci beteiligen sich an der Bildung der ADPG-Stärke-Transglukosylase im Endosperm und Embryo des Maises. Im Endosperm ist das Wx-Gen, im Embryo statt dessen ein anderer Gen-Locus tätig [475].

Die experimentellen Daten, die zu dieser Aussage führten, wurden mit mehr „klassischen" Methoden der Enzymchemie gewonnen wie Bestimmung der Michaelis-Konstanten, der pH-Optima und der Temperatur-Stabilität. In anderen Untersuchungen wurde die Zonenelektrophorese eingesetzt. Von ihnen sei die Situation bei der Leucin-Aminopeptidase des Maises ausführlicher geschildert, nicht nur, weil sie gut untersucht ist, sondern weil sie auch zu der oben erwähnten Möglichkeit b) hinüberleitet [476].

Aminopeptidasen spalten Polypeptide von der Seite der freien Aminogruppen her, sind also Exopeptidasen. Die Leucin-Aminopeptidase des Maises bevorzugt als Angriffspunkt ein endständiges Leucin mit freier Aminogruppe, ohne dabei allerdings streng substratspezifisch zu sein. Mittels bestimmter Farbreaktionen läßt sich die Aktivität des Enzyms auf den Zymogrammen leicht lokalisieren.

Zwei Maisstämme wurden miteinader gekreuzt. In den Zymogrammen der beiden Eltern fanden sich je vier Zonen mit Leucin-Aminopeptidase-Aktivität. Die Hybriden wiesen eine Kombination der beiden elterlichen Muster auf (Abb. 58). Von den vier elterlichen Zonen waren zwei, B und C, in beiden Eltern vorhanden. In den beiden anderen Zonen A und D unterschieden sich die Stämme. Die Zonen B + C werden durch andere Gene gesteuert als die Zonen A + D.

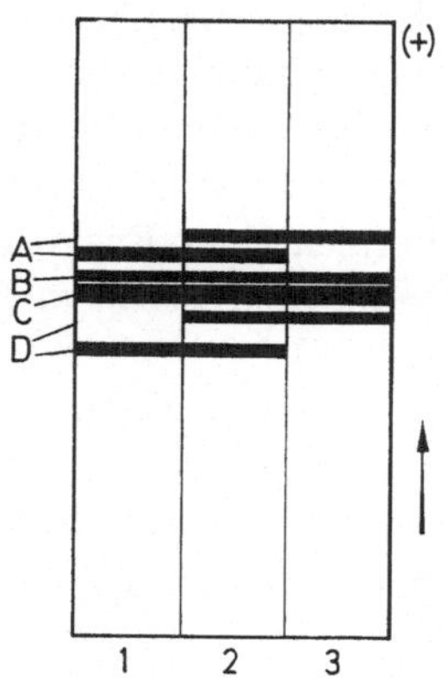

Abb. 58. Isozyme der Leucin-aminopeptidase im Endosperm des Maises. 1 = 1. Elter, 3 = 2. Elter, 2 = F$_1$-Hybride zwischen beiden Eltern. Vgl. den Text. (Aus [476])

Die Zonen A und D kommen in jeweils zwei Varianten vor, einer schneller und einer langsamer wandernden, die als F (fast) und S (slow) bezeichnet wurden. Die Aufspaltungen in der F$_2$ und Rückkreuzungsergebnisse zeigten, daß die Zonen A und D von zwei verschiedenen, aber miteinander gekoppelten Gen-Loci kontrolliert werden.

Die Zonen A und D werden durch je einen Gen-Locus kontrolliert, die Zonen B und C durch andere Gen-Loci. Es beteiligen sich also verschiedene Gen-Loci an der Ausbildung der einzelnen Isozyme. Bei den Leucin-Aminopeptidasen A, B, C und D des Mais-Endosperms handelt es sich demnach um strukturell stärker verschiedene, nicht miteinander verwandte Enzyme gleicher Funktion.

Nun bleibt noch zu berücksichtigen, daß die Zonen A und D in zwei Varianten, jeweils einer schneller und einer langsamer wandernden auftreten. Die Klärung dieses Problems führt uns zur Möglichkeit b) der genetischen Steuerung von Isozymen.

b) Strukturell weniger verschiedene, miteinander verwandte Enzyme gleicher Funktion: Steuerung durch verschiedene Allele eines Gen-Locus

In diesem Fall muß man zwischen zwei Möglichkeiten unterscheiden, je nachdem ob die Enzyme einfach oder aus mehreren Teilstücken von Polypeptid-Charakter zusammengesetzt sind.

b1. Einfache Enzyme

Aller Wahrscheinlichkeit nach bestehen diese Enzyme nur aus einem einzigen Polypeptidstrang. Ein exakter Beweis für diese Auffassung fehlt allerdings noch. Nehmen wir an, ein bestimmter Genlocus läge in einer diploiden Pflanze als Allel F und Allel S vor. Das Allel F würde das Isozym F, das Allel S das Isozym S induzieren. FF-Pflanzen würden dann nur F-Enzym, SS-Pflanzen nur S-Enzym, die FS-Heterozygoten dagegen F- und S-Enzym führen. Bei der eben erwähnten Leucin-Aminopeptidase scheint dieser Fall vorzuliegen. Zumindest ließen sich die experimentellen Daten dahingehend interpretieren [476]. Denn FF-Pflanzen enthalten nur die schneller wandernden F-Isozyme von A und D, SS-Pflanzen nur die langsamer wandernden S-Isozyme von A und D, und die FS-Heterozygoten schließlich führen sowohl die F- als auch die S-Isozyme von A und D. Der Genlocus A kann also als F- oder als S-Allel vorliegen. Jedes dieser beiden Allele steuert die Synthese eines allelspezifischen, funktionsfähigen Isozyms. Ebenso verhält sich der Gen-Locus D.

b2. Zusammengesetzte Enzyme

In diesem Fall entsteht das funktionsfähige Enzym erst durch die Kombination mehrerer Teilstücke. Diese Teilstücke werden von den Allelen ein und desselben Genlocus angeliefert. Sie sind auch dann frei kombinierbar, wenn die betreffenden Allele voneinander verschieden sind. Die experimentellen Daten werden dann am besten verständlich, wenn man Teilstück gleich Polypeptid setzt. Jedes komplette Isozym bestünde demnach aus mehreren Polypeptidketten. In heterozygoten Pflanzen sind diese Polypeptidketten voneinander verschieden: jedes Allel liefert eine etwas andere Polypeptidkette als sein Partnerallel. Bei der Kombination solcher verschiedener Polypeptidketten entsteht ein *Hybridenzym* [477].

Welche Kombinationsmöglichkeiten gibt es nun? Die Zahl der Allele liegt in diploidem Gewebe fest: Es kann sich nur um zwei, gegebenenfalls voneinander verschiedene Allele handeln. Das gleiche gilt auch für das triploide Endosperm. Denn hier sind zwar drei Allele vorhanden, aber zwei von ihnen, die von der Mutter beigesteuerten, sind jeweils identisch. Allerdings kann es bei der Ausbildung von Isozymen im Endosperm zu quantitativen Verschiebungen kommen. Denn die zwei identischen Allele können mehr Polypeptidketten anliefern als das dritte, gegebenenfalls von ihnen verschiedene Allel.

Die Zahl der Allele steht also fest — aber die Zahl der Polypeptidketten, die das Enzym aufbauen, kann wechseln. Bei einem Aufbau aus zwei Polypeptidketten sind drei, bei einem Aufbau aus vier Polypeptidketten 5 verschiedene Isozyme möglich (Tabelle 15). Ein Aufbau aus drei Teilstücken ist bislang noch nicht nachgewiesen worden. Wenn die Teilstücke wie vorausgesetzt tatsächlich Polypeptide sind, die je nach dem steuernden Allel verschieden sein können, und

Tabelle 15. *Aufbau von Isozymen aus mehreren Teilstücken, eventuell unter Bildung von Hybridenzymen. Alle Enzyme einer Kolumne sind Isozyme, Hybridenzyme sind aber nur diejenigen von ihnen, die verschiedene Teilstücke enthalten, also z.B. FS oder FSSS. Die beiden Teilstücke (= Polypeptidstränge) F und S werden von verschiedenen Allelen eines Gen-Locus gebildet*

2 Teilstücke	4 Teilstücke
FF	FFFF
FS —— Hybridenzyme	FFFS
SS	FFSS
	FSSS
	SSSS

wenn diese Verschiedenheiten letztlich auf Differenzen im primären Aufbau aus Aminosäuren beruhen, dann sollten die einzelnen Isozyme verschiedene Ladungen tragen und sich im elektrischen Feld voneinander trennen lassen. Das ist in der Tat geglückt.

Aus *zwei Teilstücken* besteht die *pH 7,5-Esterase* des Maises [477—483]. Das Enzym findet sich in verschiedenen Teilen der Maispflanze, so im Endosperm und Embryo. Seinen Namen trägt es danach, daß sein isoelektrischer Punkt beim pH 7,5 liegt. Dadurch läßt es sich auch von einigen anderen Esterasen des Maises unterscheiden.

Die pH 7,5-Esterase wird vom sog. E-Locus gesteuert. Man kennt von ihm 7 Allele, die in zwei Gruppen fallen: E_1^F, E_1^N, E_1^S und E_1^L, E_1^R, E_1^T, E_1^W. Diese 7 Allele lassen sich beliebig miteinander kombinieren. Dabei zeigte es sich, daß die Angehörigen der ersten Gruppe miteinander Hybridenzyme bilden, die der zweiten untereinander ebenfalls, daß aber bei Kombinationen von Gruppe zu Gruppe keine Hybridenzyme auftreten.

Ein Beispiel für die Bildung von Hybridenzymen (Abb. 59): Homozygote $E_1^F E_1^F$-Pflanzen führen nur F-Enzym, homozygote $E_1^S E_1^S$-Pflanzen nur S-Enzym, die heterozygoten $E_1^F E_1^S$-Pflanzen F-, FS- und S-Enzym. Das FS-Enzym, das Hybridenzym also, liegt in seiner Wanderungsgeschwindigkeit exakt zwischen den beiden anderen Enzymen. Eben das aber war bei der Kombination eines F- mit einem S-Polypeptides zu erwarten: Jedes Polypeptid hat seine Ladungseigenschaften, die Kombination hat die beiderseitigen Ladungseigenschaften. Aus „schnell" einerseits und „langsam" andererseits wird eine mittlere Mobilität.

Eine wechselnde Gendosis im Endosperm der Heterozygoten, z.B. $E_1^F E_1^F E_1^S$ oder $E_1^F E_1^S E_1^S$ verschiebt die Mengenverhältnisse zwischen den drei möglichen

Isozymen zu Gunsten der höheren Gendosis, wie zu erwarten ist, wenn jedes Allel ein Teilstück eines zusammengesetzten Isozyms anliefert.

Es kann also kaum daran gezweifelt werden, daß a) jedes Isozym der pH 7,5-Esterase aus zwei Teilstücken besteht und daß b) in der Heterozygote ein Hybridenzym auftritt, zu dem jeder Elter über das von ihm stammende Allel ein Teilstück beisteuert. Was die Teilstücke anbelangt, so muß es sich bei der pH 7,5-Esterase um Polypeptide handeln. Denn die pH 7,5-Esterase ist ein Protein ohne prosthetische Gruppe.

Aus *vier Teilstücken* besteht die *Catalase* des Maisendosperms. Bei der Stärkegel-Elektrophorese des flüssigen Endosperms wurde in verschiedenen Linien je

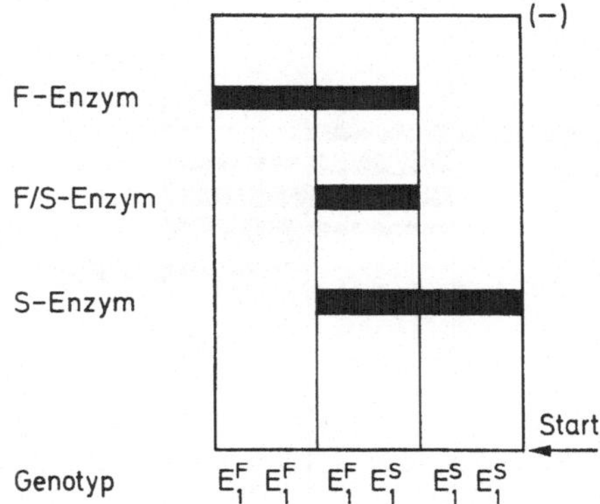

Abb. 59. Isozyme der pH 7,5-Esterase des Maises. Vgl. den Text

eine Zone mit Catalase-Aktivität nachgewiesen. Dabei ließen sich die reinen Linien in zwei Gruppen gliedern: eine mit einer schnell zur Anode wandernden Bande, die andere mit einer nur langsam zur Anode wandernden Bande (Abb. 60). Die erste Gruppe wies also den F-Typ, die zweite den S-Typ der Catalase auf. Kreuzte man zwei Linien, die zu verschiedenen Typen gehörten, so zeigten die Hybriden zwei verschiedene Catalase-Muster, je nachdem, zu welchem Catalase-Typ die Mutter gehört hatte. Verwendete man den F-Typ als Mutter, so lief von den insgesamt vier nachweisbaren Banden der Hybride eine identisch mit der F-Bande der Mutter, die übrigen drei langsamer. Eine S-Bande war nicht faßbar (FH-Typ in Abb. 60). Setzte man umgekehrt den S-Typ als Mutter ein, so lag von den ebenfalls vier sichtbaren Zonen eine auf gleicher Höhe mit der S-Bande der Mutter, die übrigen wanderten schneller. Eine F-Bande war nicht nachweisbar (SH-Typ in Abb. 60).

Und nun die Interpretation dieser noch durch die Daten aus Rückkreuzungen bestätigten Befunde: Die Synthese der Catalase wird von zwei codominanten Allelen Ct^F und Ct^S gesteuert. Ct^F induziert die Bildung von Catalase-Teilstücken der Sorte F, Ct^S von Teilstücken der Sorte S. Jedes Isozym besteht aus vier solchen Teilstücken. $Ct^F Ct^F Ct^F$-Endosperm führt nur ein aus FFFF zusammengesetztes F-Enzym, $Ct^S Ct^S Ct^S$-Endosperm nur ein aus SSSS zusammengesetztes S-Enzym. Hybrid-Endosperme enthalten außerdem noch aus F- und S-Teilstücken zusammengestzte Hybridenzyme. Wenn jedes der genannten Allele eine gleiche Anzahl von Teilstücken produziert und diese Teilstücke sich zufallsgemäß zu tetrameren Isozymen vereinigen, hat man für Hybrid-Endosperme folgendes zu erwarten: Einmal sollten theoretisch 5 Isozyme auftreten (Tabelle 15). Zum anderen sollte es aber zu einer Verschiebung des Catalase-Musters in Richtung auf den mütterlichen Typ kommen, weil die zwei mütterlichen Allele doppelt so viele Teilstücke produzieren als das eine väterliche Allel. Die Häufigkeit der fünf möglichen Tetrameren im Hybridendosperm ließ sich berechnen. Im $Ct^F Ct^F Ct^S$-Endosperm — $Ct^F Ct^F$ als Mutter — hätte man 16/81 FFFF, 32/81 FFFS, 24/81 FFSS, 8/81 FSSS und 1/81 SSSS zu erwarten. Dieser Erwartung entspricht die

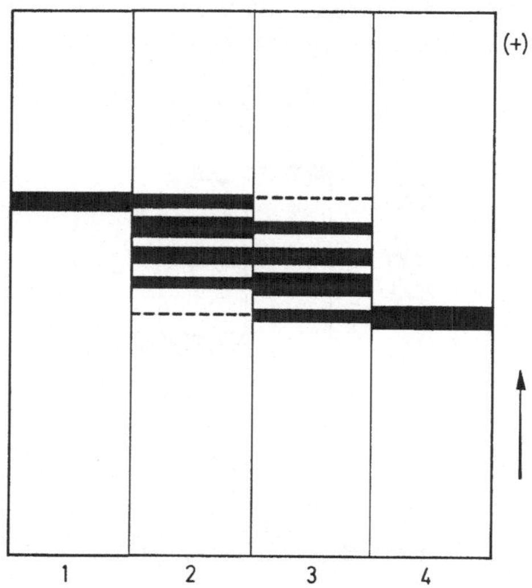

Abb. 60. Isoenzyme der Catalase des Mais-Endosperms. Der Pfeil zeigt zur Anode. 1 = F-Typ, 4 = S-Typ, 2 = FH-Typ (F als Mutter), 3 = SH-Typ (S als Mutter). Vgl. den Text. (Aus [484])

Stärke der Zonen im Zymogramm (FH-Typ in Abb. 60): die SSSS-Zone konnte überhaupt nicht aufgefunden werden, die FSSS-Zone war schwach ausgebildet und die FFFS-Zone war am breitesten [484].

Die Catalase des Mais-Endosperms besteht also aus vier Teilstücken, die von den Allelen ein und desselben Gen-Locus angeliefert werden. Ebenso wie bei der pH 7,5-Esterase können diese Teilstücke nur Polypeptidketten sein, die das Enzymprotein aufbauen.

Jedes Allel bildet also allelspezifische Polypeptidketten. Je nach der Art des steuernden Allels weisen diese Polypeptidstränge Unterschiede in ihrer Aminosäurenzusammensetzung auf. Diese Differenzen werden mit den jeweiligen Polypeptiden in die aus mehreren Polypeptidsträngen zusammengesetzten Enzymproteine eingebracht und sind für die Änderungen in der elektrophoretischen Mobilität verantwortlich.

Bei höheren Pflanzen sind zwar noch keine einzelnen Polypeptidstränge aus zusammengesetzten Isozymen auf ihre Aminosäurenzusammensetzung untersucht worden. Aber bei der tetrameren Milchsäuredehydrogenase tierischer Organismen konnte man entsprechende Analysen durchführen. Danach lassen sich die Unterschiede zwischen den einzelnen Isozymen mit größter Wahrscheinlichkeit auf

Verschiedenheiten in der Aminosäurenzusammensetzung der Polypeptidstränge zurückführen, die das Enzymprotein aufbauen [471].

Die Beschäftigung mit Isozymen höherer Pflanzen und Tiere führt somit zu einem Schluß, der mit ganz anderer Methodik z.B. auch bei der Hämoglobin-Synthese der Tiere oder der Ausbildung der Tryptophan-Synthetase von *E. coli* erarbeitet wurde: Ein Gen steuert die Ausbildung eines Polypeptides. Wir hatten die Ein-Gen-Ein-Enzym-Hypothese bereits zur Ein-Gen-Ein-Protein-Hypothese modifiziert und können sie nun weiter umwandeln zur Ein-Gen-Ein-Polypeptid-Hypothese. Damit kommen wir auch zu einer vorläufigen Definition dessen, was ein Gen sein kann — nicht in allen Fällen sein muß: Ein Gen ist eine Einheit der Funktion. Diese Funktion kann in der Bildung eines Polypeptides bestehen. Es fragt sich nun, welches die chemische Natur dieser Funktionseinheit Gen ist und wie sie ihrer Aufgabe, ein bestimmtes Polypeptid auszubilden, nachkommen kann.

2. Teil: Nucleinsäuren als Träger genetischer Informationen

A. Chemische Konstitution der Nucleinsäuren
[485—487, 1158]

Im Jahre 1869 wurde aus den Kernen von Eiterzellen eine neue Stoffklasse isoliert, die man ihrer Herkunft nach zunächst „Nuclein" (*nucleus* = Kern), später dann Nucleinsäuren nannte. Weitere Untersuchungen zeigten, daß sich die Nucleinsäuren in zwei in sich wiederum heterogene Gruppen einteilen lassen, in

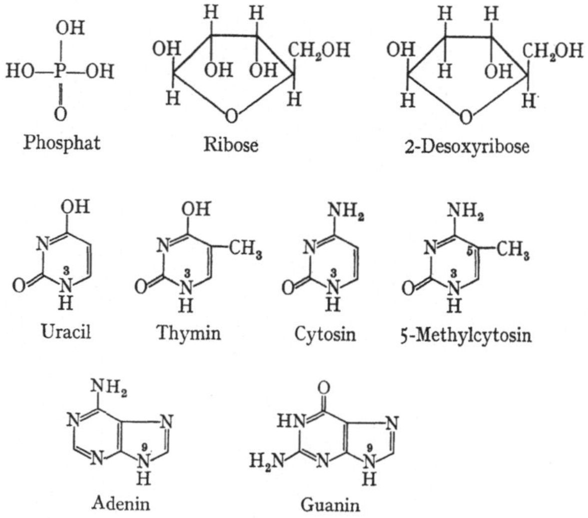

Abb. 61. Die Bausteine der Nucleinsäuren

die Desoxyribonucleinsäuren (DNS) und die Ribonucleinsäuren (RNS). DNS und RNS sind als Träger genetischer Informationen Bestandteile jeder lebenden Zelle.

Nucleinsäuren lassen sich durch entsprechenden Abbau in drei Gruppen von Bestandteilen zerlegen, in anorganisches Phosphat, Pentosen und Basen vom Purin- und Pyrimidin-Typ (Abb. 61). Diese Komponenten beteiligen sich in folgender Weise am Aufbau der Nucleinsäuren:

Base und Pentose bilden ein Nucleosid. In solchen Nucleosiden ist das N-Atom 3 der Pyrimidine bzw. das N-Atom 9 der Purine mit dem C-Atom 1' der Pentose glykosidisch verknüpft. Wird die Pentose eines Nucleosids nun noch mit Phosphat verestert, so erhält man ein Nucleotid. In den Nucleotiden, die als Bausteine der Nucleinsäuren dienen, sitzt der Phosphatrest am C-Atom 5' der Pentose. In der Art der am Aufbau beteiligten Pentosen und Basen unterscheiden sich die DNS und RNS.

DNS. Bei der Pentose handelt es sich um die 2'-Desoxyribose, bei den Basen von seltenen Ausnahmen abgesehen um die Pyrimidine Thymin und Cytosin und die Purine Adenin und Guanin. In der DNS höherer Pflanzen ist auch das Pyrimidin 5-Methylcytosin recht häufig. Über die Namen der entsprechenden Nucleoside und Nucleotide orientiert Tabelle 16.

Tabelle 16. *Nucleoside und Nucleotide*

Base	RNS		DNS	
	Nucleosid	Nucleotid	Nucleosid	Nucleotid
Thymin	—	—	d-Thymidin	d-Thymidin-5'-ph
Cytosin	Cytidin	Cytidin-5'-ph	d-Cytidin	d-Cytidin-5'-ph
Uracil	Uridin	Uridin-5'-ph	—	—
Adenin	Adenosin	Adenosin-5'-ph	d-Adenosin	d-Adenosin-5'-ph
Guanin	Guanosin	Guanosin-5'-ph	d-Guanosin	d-Guanosin-5'-ph

Abkürzungen: ph = Phosphat; d = desoxy; wird — inkorrekterweise — meistens fortgelassen, wenn aus dem Zusammenhang hervorgeht, daß es sich um d-Verbindungen handelt.

RNS. Bei der Pentose handelt es sich im Unterschied zur DNS um die Ribose. Die Basen sind von seltenen Komponenten abgesehen die Pyrimidine Uracil und Cytosin und die Purine Adenin und Guanin. Das Thymin der DNS ist also hier durch Uracil ersetzt. Über die Namen der entsprechenden Nucleoside und Nucleotide orientiert Tabelle 16.

In den Nucleinsäuren sind nun d-Nucleotide (DNS) bzw. Nucleotide (RNS) zu Polynucleotiden verbunden. Dabei reagiert jeweils das Hydroxyl am C-Atom 3' der Desoxyribose bzw. Ribose mit einem Hydroxyl des am C-Atom 5' des nächsten Nucleotids veresterten Phosphatrestes (Abb. 62). Durch vielfache Wiederholung dieses Bindungstyps entstehen Polynucleotide. Ihr Rückgrat wird von Zucker-Phosphat-Ketten gebildet, an die dann die Basen ansetzen. Ein solches Polynucleotid besitzt eine ausgeprägte Polarität. An seinem einen Ende findet sich eine 5'-ständige Phosphatgruppe, an seinem anderen Ende eine 3'-ständige Hydroxylgruppe. Wenn man die Kette vom 5'-Ende her verfolgt, verbinden die Phosphatbrücken stets die C-Atome 3' und 5' der einzelnen Nucleotide, vom 3'-Ende her gesehen umgekehrt die C-Atome 5' und 3'.

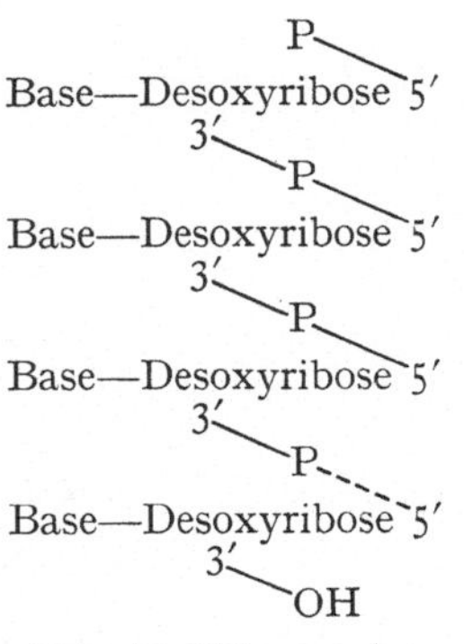

Das Watson-Crick-Modell der DNS. RNS liegt vielfach, so im gut untersuchten Tabakmosaik-Virus, als einzelner Polynucleotidstrang vor. Doppelstrang-Strukturen dürften in solchen Fällen lediglich bei der Vermehrung in der Wirtszelle eine Rolle spielen. Im Gegensatz dazu liegt die DNS in der Regel als Doppelstrang vor. Ausnahmen sind einige Phagen, etwa Φ X 174 und die fd-Phagen [488], in denen sich ein DNS-Einzelstrang findet.

Für den Bau des DNS-Doppelstranges wurde ein Modell entworfen, das in seinen wesentlichen Punkten allen Überprüfungen standhielt und somit der

Abb. 62. Schema eines DNS-Stranges

Realität entsprechen dürfte. Diesem Watson-Crick-Modell ([489, 490], Abb. 63) zufolge besteht die DNS im nativen Zustand aus einer Doppelwendel oder Doppelhelix. Die Umgänge der Wendel werden von den Zucker-Phosphat-Ketten zweier

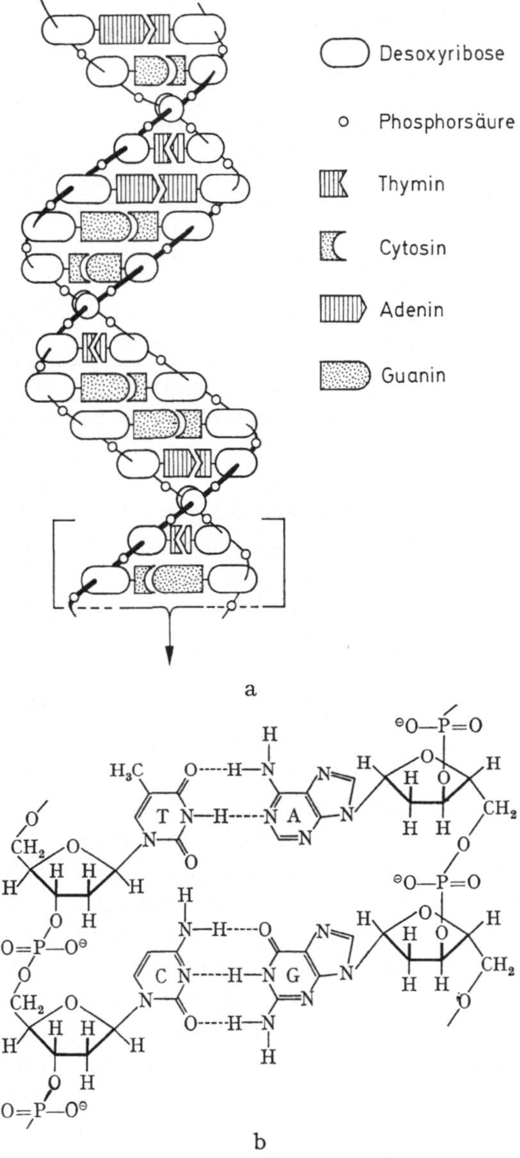

Abb. 63a u. b. Das Watson-Crick-Modell der DNS. a = DNS-Doppelhelix, b = Basenpaarung im Detail. (Aus [1153])

DNS-Stränge gebildet. Die Basen stehen von diesen Umgängen nach innen zu ab. Sie sind in ihrer Anordnung einer Gesetzmäßigkeit unterworfen, die man als die *Regel der Basenpaarung* oder der Komplementarität bezeichnet hat: einem Adenin auf der einen Wendel entspricht stets ein Thymin auf der anderen Wendel, und

138

einem Guanin auf der einen steht jeweils ein Cytosin oder Methylcytosin auf der anderen Wendel gegenüber. Die Basenpaare Adenin-Thymin und Guanin-Cytosin bzw. 5-Methylcytosin und damit auch die beiden DNS-Stränge sind durch Wasserstoffbrücken miteinander verbunden.

Das Prinzip der Basenpaarung hat zur Folge, daß die beiden DNS-Stränge einer Doppelwendel in ihrer Basensequenz einander komplementär sind. Sie sind *nicht* miteinander identisch. Was die Polarität der DNS-Helices anbelangt, so ist sie von Strang zu Strang gegenläufig. Denn dem 5'-Ende der einen DNS-Helix entspricht auf der Partner-Helix das 3'-Ende.

Das Watson-Crick-Modell hielt nicht nur vielfachen Überprüfungen stand, es macht auch eine Reihe schon zuvor erbrachter Befunde verständlich, etwa den, daß in der DNS stets Adenin zu Thymin und Guanin zu Cytosin im Verhältnis 1:1 vorhanden sind. Vor allem aber entspricht es — wenn man von einigen noch ungeklärten Punkten absieht — allen Anforderungen, die an ein solches Modell in Hinsicht auf die autokatalytischen und heterokatalytischen Funktionen der DNS gestellt werden müssen.

B. DNS und RNS als Träger genetischer Informationen bei Viren und Bakterien

Für Viren und Bakterien liegen direkte Beweise dafür vor, daß DNS und RNS Träger genetischer Informationen sein können. Solche direkten Beweisführungen bestehen in einer Induktion bestimmter Merkmalsbildungen durch Übertragung von DNS oder RNS, die aus einem Donator isoliert worden waren, in eine Acceptorzelle. Die Acceptorzelle wird durch die Nucleinsäure-Implantation zur Ausbildung von Merkmalen angeregt, die für den Nucleinsäure-Donator charakteristisch sind. Direkte Beweise wurden erbracht mit der Transformation von Bakterien durch DNS aus anderen Bakterien, mit der Infektion von Bakterien durch isolierte Phagen-DNS und mit der Infektion von Zellen höherer Organismen, z.B. des Tabaks, mit aus Viren isolierter RNS. Entsprechende Experimente finden auch ohne Zutun des Menschen statt: Bei der Phagen-Infektion, der Transduktion, der Konjugation und der Sexduktion der Bakterien werden DNS-Abschnitte übertragen (Tabelle 17).

1. Transformation. Den ersten Beweis dafür, daß DNS Träger genetischer Informationen sein kann, erbrachten im Jahre 1944 veröffentlichte Befunde zur Transformation von Bakterien [493]. Aus einem virulenten *Pneumococcen*-Stamm wurde DNS isoliert und in die Kultur eines nicht-virulenten *Pneumococcen*-Stammes übertragen. Einige Bakterien des nicht-virulenten Stammes wurden danach virulent. Diese Transformation blieb in den Nachkommenschaften der betreffenden Bakterien konstant erhalten. Es war also gelückt, ein Gen aus einem Bakterium in ein anderes zu verpflanzen. Inzwischen sind Transformationen auch bei anderen Merkmalsbildungen (z.B. Synthese bestimmter Aminosäuren, Resistenz gegen bestimmte Antibiotica) und an anderen Bakterien gelungen. DNS kann also, das steht nach diesen Experimenten fest, zumindest bei Bakterien als genetisches Material fungieren.

Tabelle 17. *Mit Hilfe von Viren und Mikroorganismen erbrachte Beweise für die Rolle der Nucleinsäuren als Träger genetischer Informationen (Übersicht)*

Mechanismus der Übertragung	Übertragene Nucleinsäure	Donator	Acceptor
a) experimentell isolierte Nucleinsäuren			
Transformation	DNS	Bakterien	Bakterien
Phageninfektion	DNS	Bakteriophagen	Bakterien
Virusinfektion	z.B. RNS	z.B. TMV[a]	z.B. Tabakzellen
b) Nucleinsäuren-Übertragungen ohne experimentelle Isolierung			
Phageninfektion	DNS	Bakteriophagen	Bakterien
Transduktion	DNS	Bakterien	Bakterien[b]
Konjugation	DNS	Bakterien	Bakterien
Sexduktion	DNS	Bakterien	Bakterien[c]
Virusinfektion	z.B. RNS	z.B. TMV[a]	z.B. Tabakzellen

[a] TMV = Tabakmosaikvirus.

[b] Bakteriophagen dienen als Vehikel der Übertragung.

[c] Im Unterschied zur Konjugation Übertragung nur kleiner, mit einem Fertilitätsfaktor gekoppelter Genomabschnitte.

2. Phagen-Infektion. Bei der Phagen-Infektion eines Bakteriums dringt nur die DNS des Phagen in die Zelle ein, während die Proteinhülle des Phagen außen an der Bakterien-Membran haften bleibt [494]. Die Phagen-DNS induziert im infizierten Bakterium die Bildung kompletter neuer Phagen, bestehend aus phagenspezifischer DNS und phagenspezifischem Protein. Sie muß also alle Informationen zur Phagensynthese enthalten. Infiziert man Bakterien mit isolierter Phagen-DNS, so kommt es ebenfalls zur Bildung kompletter Phagen, ein ergänzender direkter Beweis dafür, daß DNS das genetische Material der betreffenden Phagen ist [495].

3. Transduktion. Mit der DNS eines infizierenden Phagen wird ein ebenfalls aus DNS bestehendes Genom-Teil des vorigen Phagenwirtes in ein neues Wirtsbakterium eingebracht. Unter bestimmten Voraussetzungen, auf die wir hier nicht einzugehen brauchen, kann es in dem neuen Wirtsbakterium zur Ausbildung von Merkmalen kommen, die für das alte Wirtsbakterium charakteristisch waren. Der Phage fungiert also als Vehikel für die Verfrachtung kleiner, aus DNS bestehender Stücke Bakterien-Genom [496].

4. Konjugation. Ein mehr oder weniger langes, aus DNS bestehendes Teilstück des Bakterien-Genoms wird während der Konjugation aus einem Spender-Bakterium in seinen Konjugationspartner überführt. Die übertragene genetische Information kann in das Genom des Acceptor-Bakteriums eingebaut werden [497].

5. Sexduktion. Ebenfalls im Zuge einer Konjugation wird ein Fertilitätsfaktor aus einem Konjugationspartner in den anderen übertragen, der ein kleines, aus DNS bestehendes Teilstück Bakterien-Genom mit sich führen kann. Der Fertilitätsfaktor mit dem anhängenden Genom-Teil kann ebenfalls in das Genom des Acceptor-Bakteriums eingegliedert werden [498].

6. RNS als Träger genetischer Informationen. In Experimenten mit aus Viren isolierter RNS konnte gezeigt werden, daß auch dieser zweite Nucleinsäuren-Typ

Träger genetischer Informationen sein kann. Die ersten erfolgreichen Versuche wurden mit der RNS des Tabakmosaik-Virus durchgeführt [499, 500]. Isolierte Tabakmosaik-Virus-RNS leitet nach Einreiben in Tabakblätter in den Blattzellen die Bildung kompletter, d.h. aus RNS und Protein bestehender Virusteilchen ein. Infiziert man mit der RNS eines bestimmten Stammes des Tabakmosaik-Virus, so entstehen in den Zellen neue Viren eben dieses Stammes. Die Beweisführung stellt ein Gegenstück zur Transformation mit isolierter Bakterien-DNS und zur Phagen-Infektion mit isolierter Phagen-DNS dar.

Für drei Standardobjekte der molekularen Genetik, für Bakterien, Bakteriophagen und RNS-Viren liegen somit direkte Beweisführungen dafür vor, daß DNS und RNS als genetisches Material fungieren können.

C. DNS als Träger genetischer Informationen bei höheren Pflanzen

Direkte Beweisführungen zur Rolle der DNS als genetisches Material sind schon bei Pilzen sehr umstritten [501] und liegen für höhere Pflanzen bislang auch noch nicht in Andeutungen vor. Mit höheren Tieren steht es in dieser Hinsicht etwas besser. Versuche, in denen DNS aus einer Entenrasse in Küken einer anderen Entenrasse injiziert wurde, führten zwar nur zu ziemlich unerwarteten Ergebnissen, die zudem nicht reproduziert werden konnten [491, 492]. Doch scheint es bei *Drosophila* gelungen zu sein, durch DNS-Behandlung von Zygoten Merkmale eines *Drosophila*-Stammes auf einen anderen Stamm zu übertragen. Fliegen, die aus den behandelten Zygoten heranwuchsen, wiesen mosaikartig über ihren Körper verteilt Merkmale des DNS-Spenders auf. Auch ihre Nachkommen zeigten teilweise diese neu erworbenen Merkmale [502].

Trotz des Fehlens schlüssiger direkter Beweise läßt eine detaillierte indirekte Beweisführung kaum Zweifel daran aufkommen, daß DNS auch bei höheren Pflanzen zumindest Träger genetischer Informationen sein *kann*. Diese indirekte Beweisführung begann kurz nach 1900 mit der Aufstellung der Chromosomentheorie der Vererbung, der zufolge die im Kreuzungsexperiment faßbaren Gene auf den Chromosomen des Zellkerns lokalisiert sein sollten. In minutiöser Kleinarbeit konnte die Richtigkeit dieser Hypothese in den ersten 40 Jahren dieses Jahrhunderts bewiesen werden ([503], Beispiele für die Beweisführung an Pflanzen in [504]).

Mit der Lokalisierung der Gene auf den Chromosomen hatte man nun aber auch dem Begriff des Gens eine erste stoffliche Basis gegeben. Denn die Chromosomen bauen sich vor allem aus DNS und Proteinen auf. Die Frage war, welche von diesen beiden Hauptkomponenten das Erbmaterial darstellte. Die Tendenz ging bereits dahin, die Proteine als das genetische Material zu betrachten. Denn nur die Proteine schienen bei dem damaligen Stand der Nucleinsäuren-Chemie die Spezifitäten zu gewährleisten, die man vom genetischen Material fordern mußte: Einer hohen Zahl von nachgewiesenen oder postulierten Genen entsprach eine noch höhere Zahl zumindest theoretisch möglicher verschiedener Proteine. Der Umschwung zu Gunsten der DNS kam mit den erwähnten Transformations-Experimenten an Bakterien.

Damit lautete die neue Arbeitshypothese: *Die DNS der Chromosomen ist der Träger der im Zellkern enthaltenen genetischen Information.* Das Zutreffen dieser Hypothese läßt sich überprüfen. Denn an das genetische Material müssen zwei Grundanforderungen gestellt werden:

1. Das genetische Material muß von Zellgeneration zu Zellgeneration in identischen Sätzen weitergegeben werden.

2. Das genetische Material muß in einer gegebenen Zellgeneration zur Expression kommen.

Der ersten Anforderung kann das genetische Material nur dann nachkommen, wenn es die Voraussetzungen zu seiner identischen Reduplikation bietet. Mit anderen Worten: es muß die Fähigkeit zur Autokatalyse besitzen. Um der zweiten Anforderung entsprechen zu können, muß das genetische Material außerdem noch andere Abläufe in Gang setzen können, die schließlich zu bestimmten Merkmalsbildungen führen. Im Zusammenhang mit dieser Manifestation spricht man von einer heterokatalytischen Funktion des genetischen Materials.

Das genetische Material muß also autokatalytische und heterokatalytische Funktionen aufweisen. Die DNS der Chromosomen entspricht dieser doppelten Anforderung, wie in den folgenden Abschnitten gezeigt werden wird.

I. Die autokatalytische Funktion der DNS: Reduplikation

1. Der Mechanismus der DNS-Reduplikation bei Mikroorganismen und Tieren

Befunde zum molekularen Mechanismus der DNS-Reduplikation wurden vor allem an Bakterien und Viren, in geringerem Maß auch an tierischen Organismen erbracht. Die wichtigsten Fakten seien kurz geschildert.

a) Möglichkeiten der DNS-Reduplikation

Native DNS liegt von Einzelfällen abgesehen in Form einer Doppelhelix vor. Bei einer identischen Reduplikation müssen also von einer Watson-Crick-Doppelhelix ausgehend schließlich zwei gleichartige Doppelhelices gebildet werden. Theoretisch ließe sich das auf verschiedene Weise erreichen [505]. Zwei Möglichkeiten seien genannt (Abb. 64):

Konservative Reduplikation. Der Doppelstrang bleibt als solcher erhalten. An ihm entlang und nach seinem Muster wird ein zweiter, gleicher Doppelstrang aufgebaut.

Semikonservative Reduplikation. Der Doppelstrang wird in seine zwei Teilstränge zerlegt. Jeder der Einzelstränge dient als Vorlage für die Synthese eines ihm komplementären zweiten Stranges.

Die meisten Ergebnisse sprechen für einen semikonservativen Mechanismus der Reduplikation, der im Einklang mit den Gegebenheiten des Watson-Crick-Modells im Prinzip folgendermaßen abläuft:

Ist die Doppelhelix in ihre beiden Einzelstränge zerlegt, so ergänzt jeder Einzelstrang den ihm fehlenden komplementären Strang. Dabei ist die Basenpaarung das ordnende Prinzip. Jede auf einem Einzelstrang lokalisierte Base „sucht" sich aus dem Basenangebot der Zelle den komplementären Partner, ein Adenin ein Thymin, ein Guanin ein Cytosin und umgekehrt. Die betreffenden komplementären Basen liegen dabei als d-Nucleosid-5'-triphosphate vor. Die

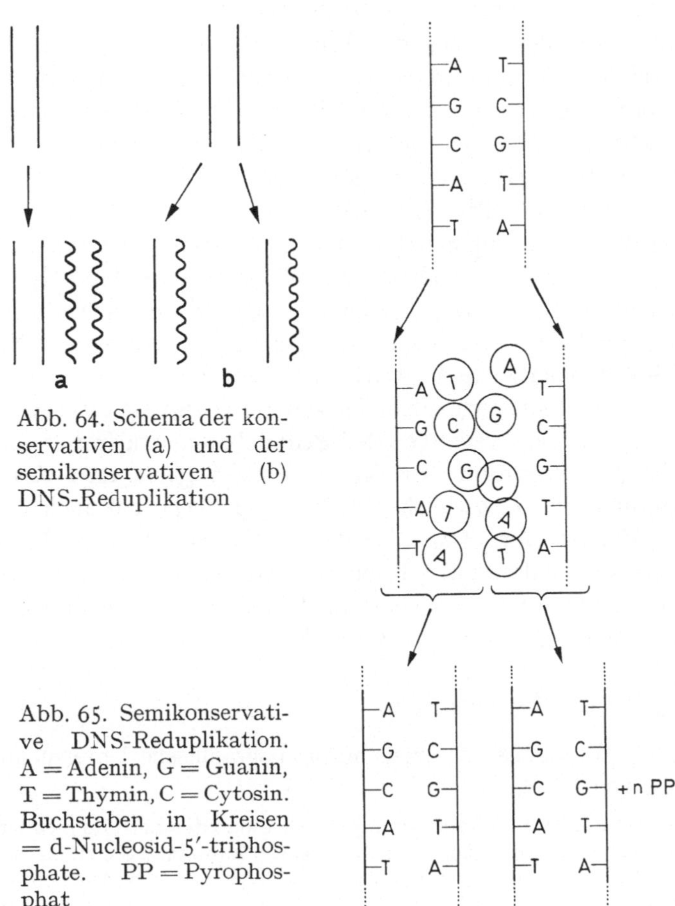

Abb. 64. Schema der konservativen (a) und der semikonservativen (b) DNS-Reduplikation

Abb. 65. Semikonservative DNS-Reduplikation. A = Adenin, G = Guanin, T = Thymin, C = Cytosin. Buchstaben in Kreisen = d-Nucleosid-5'-triphosphate. PP = Pyrophosphat

derart in zum Basenmuster des Einzelstranges komplementärer Sequenz eingeordneten 5'-Triphosphate werden unter Abspaltung von Pyrophosphat zu einem neuen DNS-Strang verknüpft. Damit resultieren zwei identische Tochter-Doppelhelices, die aus je einem alten und je einem neuen, zum alten Strang komplementären Strang bestehen (Abb. 65).

b) Semikonservative DNS-Reduplikation

Eines der Schlüsselexperimente zur semikonservativen DNS-Reduplikation wurde erstmals an *Escherichia coli* (*E. coli*) durchgeführt [506] und seitdem an einigen anderen Organismen mit dem gleichen Ergebnis wiederholt.

Die methodische Voraussetzung für dieses *Meselson-Stahl-Experiment* war die Möglichkeit, DNS verschiedener Dichte im Dichtegradienten von Caesiumchlorid aufzutrennen. Zentrifugiert man eine Lösung von CsCl in der Ultrazentrifuge, so bildet sich im Zentrifugenröhrchen ein Dichtegradient aus: Am Boden des Röhrchens findet sich die höchste Dichte an CsCl und nimmt von dort nach oben zu kontinuierlich ab. Bringt man nun DNS ein, so wandert sie beim Zentrifugieren in denjenigen Bereich des Dichtegradienten, der ihrer eigenen Dichte entspricht. DNS-Sorten verschiedener Dichte werden sich also in entsprechend verschiedenen Zonen des Gradienten einstellen und können somit voneinander getrennt werden.

E. coli wurde zunächst in einem Nährmedium kultiviert, das als Stickstoffquelle $N^{15}H_4Cl$ führte. Nach mehreren Generationen liegt dann nahezu der gesamte DNS-N in Form des schweren Isotops N^{15} vor. Die DNS ist damit zu einer „schweren" DNS geworden und ordnet sich im Dichtegradienten entsprechend ein. Überführt man nun Bakterien mit schwerer DNS in ein Medium, das wieder normalen N in Form von $N^{14}H_4Cl$ enthält, so besteht die DNS nach der ersten Verdoppelung der Bakterienpopulation und damit nach der ersten DNS-Reduplikation aus „halbschweren" Doppelhelices. Wie entsprechende Analysen zeigten, ist in solchen halbschweren Doppelhelices der eine Strang schwer, der andere normal. Man spricht deshalb auch von Hybrid-Doppelsträngen. Nach einer weiteren DNS-Reduplikation finden sich halbschwere und normale Doppelhelices im Verhältnis 1:1. Der Modus, nach dem die schwere DNS weitergegeben wird, läßt sich nur über eine semikonservative DNS-Reduplikation erklären (vgl. Abb. 73).

Entsprechende Experimente wurden an Phagen [507], an *Chlamydomonas* [508], an Kulturen von menschlichen Zellen [509—511] und auch von Tabakzellen (S. 155) durchgeführt. Dabei wurde die Dichtemarkierung der DNS teilweise nicht mit N^{15}, sondern mit 5-Bromuracil vorgenommen. 5-Bromuracil wird an Stelle von Thymin in DNS eingebaut (S. 191). Die resultierende 5-Bromuracil-DNS ist durch ihren Bromgehalt schwerer als normale DNS.

c) „Y-förmige" DNS-Reduplikation

Weitere wichtige Ergebnisse lieferten autoradiographische Untersuchungen zur DNS-Synthese von *E. coli*.

Bei autoradiographischen Untersuchungen führt man den betreffenden Organismen zunächst radioaktive Vorstufen zu. Einige Zeit später kann man die zu untersuchenden Substanzen extrahieren und z.B. mit Hilfe der Papier- oder Dünnschicht-Chromatographie auftrennen. Oder aber man stellt mikroskopische Präparate her. In den Chromatogrammen oder in den mikroskopischen Präparaten lokalisiert man dann die Radioaktivität mit Hilfe photographischer Schichten.

Autoradiographische Untersuchungen an DNS werden bevorzugt unter Verwendung von Tritium-markiertem Tymidin, Thymidin-H³, durchgeführt. Nachdem das Untersuchungsobjekt eine Zeitlang in mit Thymidin-H³ versetzten Medien gehalten worden war, werden Präparate hergestellt. Solche Präparate können z.B. aus Gewebeschnitten, Quetschpräparaten von Chromosomen oder auch aus isolierter DNS bestehen. Auf die Präparate werden in engem Kontakt Filme aufgelegt. Alternativ kann man die Präparate auch mit einer photographischen Emulsion überschichten. Nach oft wochenlanger Exposition bei niedrigen Temperaturen wird entwickelt. Da Tritium ein schwacher Strahler ist, werden in der photographischen Schicht nur die Stellen geschwärzt, die in unmittelbarem Kontakt mit der Strahlenquelle standen. Durch Vergleich von entwickelter photographischer Schicht und Präparat läßt sich die Radioaktivität lokalisieren. Auch submikroskopische Strukturen lassen sich so fassen, DNS-Fäden z.B. als Ketten geschwärzter Körner in der photographischen Schicht.

Mit Hilfe der Autoradiographie ließ sich zeigen, daß DNS-Doppelstränge in Bakterien „y-förmig" redupliziert werden ([512], Abb. 66). Die beiden Einzelstränge weichen reißverschlußartig auseinander. Gleichzeitig damit beginnt an den nun freigesetzten Teilen der Einzelstränge die Bildung komplementärer Stränge. Da die beiden Einzelstränge eine gegenläufige Polarität aufweisen, muß diese Reduplikation an dem einen Strang am 3'-, an dem anderen Strang am 5'-Ende einsetzen. Vermutlich beteiligt sich an der Trennung der Einzelstränge und an der Reduplikation ein Komplex von Enzymen verschiedener Funktion.

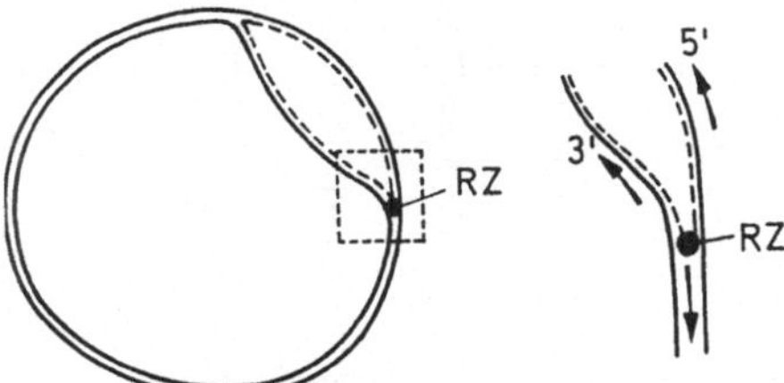

Abb. 66. Schema der „y-förmigen" DNS-Reduplikation bei Bakterien. Links das ringförmige Genom mit dem auf ihm herumwandernden Reduplikationszentrum RZ, rechts Ausschnitt. ------ = neugebildete DNS-Stränge

Das Genom von *E. coli* ist kreisförmig. Die Reduplikation findet nur an einem Reduplikationszentrum statt, das um das Genom herumwandert. Im Gegensatz dazu finden sich bei den Chromosomen höherer Organismen mehrere bis viele solcher Reduplikationszentren (S. 158).

d) DNS-Synthese im zellfreien System: das „Kornberg-Enzym" [513—518]

Aus verschiedenen Objekten, z.B. aus *E. coli*, Kalbsthymus, regenerierender Leber, Geweben von Ratten und befruchteten Seeigel-Eiern konnten Enzymsysteme gewonnen werden, die Desoxynucleosid-5'-triphosphate zu DNS polymerisieren. Alle diese DNS-Polymerasen ähneln sich in ihren Eigenschaften.

Mit am besten untersucht ist die DNS-Polymerase aus *E. coli*, das „Kornberg-Enzym". Als Substrat benötigt sie alle vier Desoxynucleosid-5'-triphosphate, dazu Mg^{++}-Ionen und einen „primer" aus DNS. Die Triphosphate werden unter Freisetzung von Pyrophosphat zu DNS polymerisiert. Schematisch läuft folgende Reaktion ab:

$$\begin{matrix} n & dTPPP \\ n & dGPPP \\ n & dCPPP \\ n & dAPPP \end{matrix} + DNS \underset{}{\overset{Polymerase,\ Mg^{++}}{\rightleftharpoons}} DNS - \begin{bmatrix} n & dTP \\ n & dGP \\ n & dCP \\ n & dAP \end{bmatrix} + 4\,n\,PP$$

Die Qualität der gebildeten DNS wird vom „primer" bestimmt. Man kann dem Kornberg-Enzym primer verschiedener Herkunft anbieten, nicht nur aus *E. coli* selbst, sondern auch aus z.B. Kalbsthymus und Weizenkeimlingen. Die im zellfreien System gebildete DNS entspricht dann im wesentlichen dem jeweils eingesetzten primer. Dabei fungiert die eingesetzte DNS dann besonders gut als primer, wenn sie zuvor durch Erhitzen (S. 152) in ihre Einzelstränge zerlegt worden war.

An natürlich vorkommenden Einzelsträngen, nämlich denen des Phagen Φ X 174, konnte man dann auch den Nachweis führen, daß die DNS-Polymerase aus *E. coli* vorgelegte DNS-Stränge tatsächlich nach semikonservativem Modus vermehrt. Φ X 174 besitzt ein einsträngiges, ringförmig geschlossenes DNS-Genom. Legt man der Polymerase einen solchen (+)-Strang im zellfreien System vor, so bildet sie an dieser Matrize einen komplementären (—)-Strang, der dann seinerseits als Matrize wieder für (+)-Stränge dient (Abb. 67). Ein weiteres

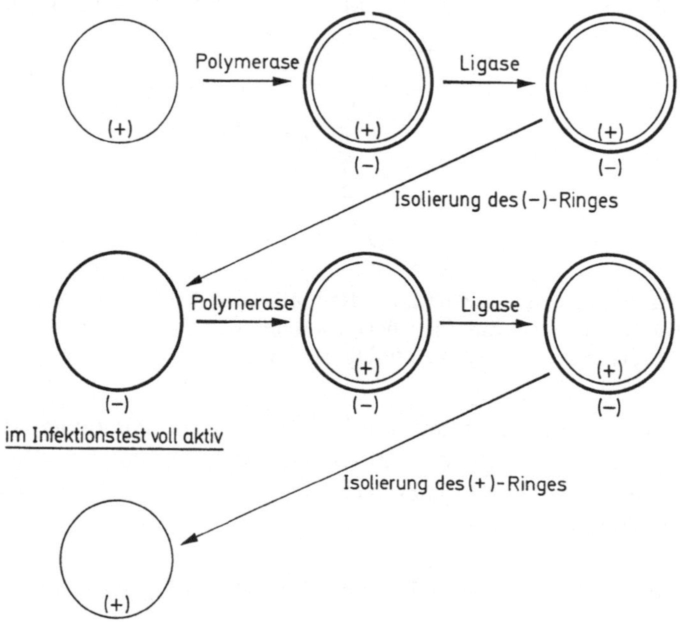

Abb. 67. Die Synthese biologisch aktiver DNS im zellfreien System. Der DNS-Polymerase aus *E. coli* wurde das einsträngige, kreisförmige Genom des Phagen Φ X174 vorgelegt. Dieser (+)-Ring dient als Matrize zur *in vitro*-Synthese eines komplementären, unter Verwendung von 5-Bromuracil aufgebauten (—)-Ringes. Da der (—)-Ring infolge des Einbaus von 5-Bromuracil eine höhere Dichte aufweist als der (+)-Ring, läßt er sich nach einigen vorbereitenden Manipulationen im Dichtegradienten abtrennen. Er erwies sich im biologischen Test als voll infektiös. Im zellfreien System kann er nun seinerseits als Matrize für die Synthese eines (+)-Ringes dienen. Auch dieser (+)-Ring ist biologisch voll aktiv. Die Aktivität im Infektionstest beruht auf einer wie *in vitro* (Abb.) über ein replicatives Doppelstrangstadium erfolgenden Vermehrung der betreffenden Ringe und einer vom (—)-Ring ausgehenden Transscription. (Nach Daten in [386])

Enzym, nach seiner Funktion Ligase genannt, kann (—)- und (+)-Stränge zu Ringen zusammenschließen. Sowohl die (—)- als auch die (+)-Ringe sind biologisch aktiv. Das ist nur möglich, wenn sie tatsächlich zur jeweiligen Matrize komplementäre Basensequenzen aufweisen. Mit der Erfüllung der Anforderung „biologische Aktivität" war also bewiesen, daß die DNS-Polymerase aus *E. coli* vorgelegte DNS-Einzelstränge nach semikonservativem Modus zu vervielfältigen vermag [386].

Außer der Vervielfältigung ganzer DNS-Stränge kommt der DNS-Polymerase aus *E. coli* wahrscheinlich auch *in vivo*, nicht nur *in vitro*, die weitere Aufgabe zu.

beschädigte DNS-Doppelhelices auszubessern. Ein derartiges Reparieren von DNS-Doppelhelices, das mehrfach nachgewiesen werden konnte, hilft mit, die Kontinuität des genetischen Materials zu sichern [519, 520].

Es sind also Enzyme bekannt, die DNS nach semikonservativem Modus vervielfältigen können. Die bisher hier erwähnten Befunde zur semikonservativen Reduplikation werden damit durch *in vitro* gewonnene Ergebnisse glänzend bestätigt.

2. Der Mechanismus der DNS-Reduplikation bei höheren Pflanzen

a) Veränderungen der Chromosomenzahl und Veränderungen des DNS-Gehaltes [503, 521—528]

Eine ganze Reihe von z. T. älteren Befunden liefert Belege dafür, daß DNS das genetische Material auch der höheren Organismen sein könnte — oder liefert vorsichtiger gesagt Indizien, die mit dieser Auffassung in Einklang gebracht werden können. Neben der metabolischen Stabilität der DNS im Vergleich mit RNS und Proteinen wären hier Parallelen zwischen Chromosomenzahl und DNS-Gehalt zu nennen. Denn wenn DNS das auf den Chromosomen lokalisierte genetische Material wäre, müßte jede Veränderung in der Chromosomenzahl von entsprechenden Veränderungen im DNS-Gehalt begleitet werden.

a1. Der DNS-Gehalt pro Zelle

Der DNS-Gehalt der Zellen — der überwiegend auf die chromosomale DNS zurückgeht — ist für ein gegebenes Pflanzenmaterial einigermaßen konstant (Tabelle 18). Dabei ist zu berücksichtigen, daß die Meßwerte außer von der verwendeten Technik und der untersuchten Spezies auch von dem innerhalb der Spezies überprüften Gewebe und dessen physiologischem Zustand abhängen. Für ein polyploides Gewebe etwa wird man naturgemäß höhere Werte als für ein diploides erhalten. Zellen, die unmittelbar vor einer Mitose stehen und ihre chromosomale DNS bereits verdoppelt haben, werden höhere Werte liefern als Zellen, die keine mitotische Aktivität aufweisen.

Tabelle 18. *DNS-Gehalt pro Zellkern in verschiedenen Geweben einer Art (Zea mays). Angaben in 10^{-12}g.* (Aus [537])

Gewebe	Ploidiegrad	DNS pro Zellkern
Blatt	2n	5,0
Wurzelmeristem		
Telophase	2n	5,0
Interphase	2—4n	8,4
Prophase	4n	10,2
Embryo	2n	5,6
Scutellum	2n	5,1
Aleuron	3n	7,5
Endosperm	3n	7,8
Mikrogamet	1n	2,5

Von niederen Organismen zu höheren Pflanzen und ebenso zu höheren Tieren nimmt der DNS-Gehalt pro Zelle um das rund Tausendfache zu. Auf diesem Faktum basiert eine Reihe von Spekulationen darüber, weshalb denn der höhere Organismus so sehr viel mehr DNS benötige (z. B. [529—531]).

So hat man angenommen, daß vor allem im Zuge der höheren Differenzierung gesteigerte synthetische Fähigkeiten die Ursache für einen entsprechend höheren Gen- und damit DNS-Bestand seien. Des weiteren könnte dem Überschuß an DNS eine Funktion bei der Regulation der Genaktivität zukommen [530]. Schließlich hat man auch spekuliert, mit der Mendelschen Technik der Kreuzungsexperimente habe man bisher nur 1% aller überhaupt vorhandenen Gene erfassen können. Die restlichen 99% lägen als vielfache Duplikate vor und entzögen sich dadurch der Kreuzungsanalyse. Damit wäre erklärt, daß der Anstieg im DNS-Gehalt von niederen zu höheren Organismen steiler ist als die Zunahme der nachweisbaren Gene [531]. Keine dieser Spekulationen ist bislang bewiesen.

Innerhalb der höheren Pflanzen ist der DNS-Gehalt pro Zelle nicht von der systematischen Stellung abhängig (Tabelle 19). Dagegen läßt sich eine andere Beziehung auffinden: In einer gegebenen systematischen Kategorie scheinen die

Tabelle 19. *DNS-Gehalt des Zellkerns einiger höherer Pflanzen. Ploidiegrad 2n. Angaben in $10^{-12}g$.* (Aus [528, 536] und [736])

Spezies	DNS pro Zellkern	Spezies	DNS pro Zellkern
Zea mays	5	*Allium cepa*[a]	40
Nicotiana tabacum[a]	2,4	*Allium cepa*[a]	40
Nicotiana tabacum[a]	10	*Tradescantia paludosa*	52
Helianthus annuus	10	*Tulipa kaufmanniana*	94
Pisum sativum	10	*Trillium erectum*	120
Vicia faba[a]	18	*Lilium longiflorum*	141
Vicia faba[a]	30		

[a] Angaben verschiedener Autoren.

Arten mit höheren Anpassungsleistungen auch einen höheren DNS-Gehalt aufzuweisen. Arten der gemäßigten Zone zeigen einen höheren DNS-Gehalt als Arten der Tropen und Subtropen aus dem gleichen Verwandtschaftskreis. So weisen innerhalb der *Liliaceen* die Gattungen *Lilium* und *Trillium*, die beide in ihrer Verbreitung auf die gemäßigte Zone beschränkt sind, den höchsten DNS-Gehalt auf. Tropische oder subtropische Liliaceen wie *Sanseviera, Asparagus* und *Smilax* haben weitaus kleinere Chromosomen als die beiden eben genannten Gattungen und wohl auch einen niedrigeren DNS-Gehalt. Es wurde angenommen, daß in solchen Gattungen wie *Lilium* und *Trillium* die Zahl der Gene erhöht sei. Das bedeutet noch nicht, daß alle diese Gene biosynthetisch aktiv sein müßten. Vielmehr scheinen sie zum Großteil in Form von Heterochromatin stillgelegt zu sein (vgl. S. 285), können aber im Bedarfsfall aktiviert werden.

Wie erwähnt ist es nicht bewiesen, daß die enorme Differenz im DNS-Gehalt zwischen Bakterien und höheren Pflanzen auf im Zuge der Differenzierung erhöhte Syntheseleistungen zurückgeführt werden kann. Es gibt jedoch Indizien dafür, daß innerhalb bestimmter Verwandtschaftskreise höherer Pflanzen ein Zusammenhang zwischen DNS-Gehalt und Adaption, d. h. aber auch Syntheseleistung bestehen könnte [529].

a2. Chromosomenzahl und DNS-Gehalt

Der DNS-Gehalt der Zelle wird überwiegend durch den DNS-Gehalt der Chromosomen bestimmt, denn der DNS-Gehalt der Plastiden und Mitochondrien macht nur rund 1% der Gesamt-DNS aus [531]. Seit der experimentellen Bestätigung der Chromosomentheorie der Vererbung steht fest, daß die Chromosomen die Träger der im Zellkern lokalisierten Gene sind. Wenn nun DNS das genetische Material wäre, sollte eine Verdoppelung des Chromosomensatzes und damit auch des auf ihnen liegenden Genbestandes auch zu einer Verdoppelung des DNS-Gehaltes führen [532]. Eine diploide Zelle sollte also doppelt soviel DNS führen wie eine haploide Zelle desselben Organismus. Überprüfungen an einer Reihe tierischer Objekte, aber auch an einigen Pflanzen (Tabelle 18) zeigten, daß dieses Postulat erfüllt sein kann. In einigen Fällen ist die Übereinstimmung mit der Erwartung geradezu verblüffend: In manchen Geweben finden sich vom diploiden Zustand ausgehend verschiedene Polyploidie-Stufen, die sich in entsprechenden Abstufungen im DNS-Gehalt ausdrücken. Zum Beispiel weisen die Zellen des Mais-Scutellums einen von Zelle zu Zelle wechselnden DNS-Gehalt auf, wobei die Abstufungen 2:4:8:16 auftreten. Untersucht man nun nicht das diploide Scutellum, sondern das triploide Endosperm, so finden sich in dessen Zellen die Abstufungen 3:6:12:24. Es entspricht das exakt der Erwartung, wenn man die Verdoppelungen des Genoms vom triploiden Zustand ausgehen läßt [521].

Nun finden sich aber auch genügend Abweichungen von der Regel, nach der Chromosomenzahl und DNS-Gehalt einander entsprechen sollten. Gerade bei Pflanzen schien es manchmal unmöglich zu sein, Polyploidiegrad und DNS-Gehalt miteinander zu korrelieren. Solche Diskrepanzen können verschiedene Ursachen haben. Einmal ist an methodische Schwierigkeiten zu denken. Dann ist es aber auch möglich, daß man unter dem Mikroskop nur ein Chromosom sieht, dieses eine sichtbare Chromosom aber mehreren Einzelchromosomen entspricht. Ein solcher Fall liegt bei der Polytänie vor. Chromosomen reduplizieren sich, aber die neuentstandenen und die alten Chromosomenstränge trennen sich nicht voneinander, sondern bleiben in einem vielsträngigen (polytänen) Verband vereinigt, der wie ein einziges, besonders dickes Chromosom aussieht. Die Riesenchromosomen der Dipteren (S. 237) sind Beispiele für solche polytänen Verbände. Wenn man nun in verschiedenen Zellen einer Pflanze zwar dieselbe Zahl von Chromosomen, aber einen unterschiedlichen DNS-Gehalt auffindet, liegt die Annahme nahe, daß in den Zellen mit höherem DNS-Gehalt polytäne Chromosomen vorhanden sein könnten.

a3. Zellteilungen und DNS-Gehalt

Bei der Polytänie mag es sich um eine häufigere Erscheinung handeln als die bislang für höhere Pflanzen verfügbaren Daten vermuten lassen. Man kann sich nun eine andere Situation vorstellen, in der ebenfalls Abweichungen von der Relation Zahl der sichtbaren Chromosomen—DNS-Gehalt auftreten müssen: nämlich dann, wenn man den DNS-Gehalt im Interphasekern bestimmt, und wenn — das ist die zweite Voraussetzung — die im Zuge der Teilung notwendige DNS-Verdoppelung nicht während der Teilung, sondern schon vor der Teilung in der Interphase erfolgt. Führt man an solchen, der Chromosomenzahl nach noch diploiden Interphasekernen DNS-Messungen durch, so wird man die DNS-Werte tetraploider Zellen oder auch Zwischenwerte zwischen diploiden und tetraploiden Werten erhalten — je nachdem, wie weit die DNS-Reduplikationen der einzelnen Chromosomen schon vorangeschritten war (Tabelle 18).

In der Tat findet die im Zuge von Teilungen notwendige DNS-Synthese schon vor den Teilungen statt. Es gilt das für beide wichtigen Teilungstypen, für die Mitose wie die Meiosis. Berücksichtigt man diese Tatsache, so erklären sich manche Unstimmigkeiten bei der DNS-Messung. Vor allem aber ergibt sich die Möglichkeit, nun eine Relation Chromosomenzahl—DNS-Gehalt nicht mehr auf statischer Basis, sondern unter Berücksichtigung der Dynamik der teilungsaktiven Zelle aufzustellen. Wir hatten gesehen, daß die DNS insofern ein wichtiges Postulat an die Gensubstanz erfüllt, als bei Vermehrung der Chromosomensätze der DNS-Gehalti entsprechend gesteigert wird. Nun läßt sich das weitere Postulat erheben, daß beZellteilungen der DNS-Gehalt so verändert werden sollte, wie man es bei dem jeweiligen Teilungsmodus vom genetischen Material zu erwarten hat. Der Teilungsmodus ist bei Mitose und Meiosis verschieden, der Modus der quantitativen DNS Veränderungen sollte dem entsprechen.

a3.1. Mitose und Veränderungen im DNS-Gehalt

Beliebte Objekte für Untersuchungen der Mitose sind die Meristeme der Wurzelspitzen, in geringerem Maß auch die der Sproßspitzen. Verfolgt man die DNS-Synthese in den Zellen solcher meristematischer Komplexe, so zeigt es sich, daß

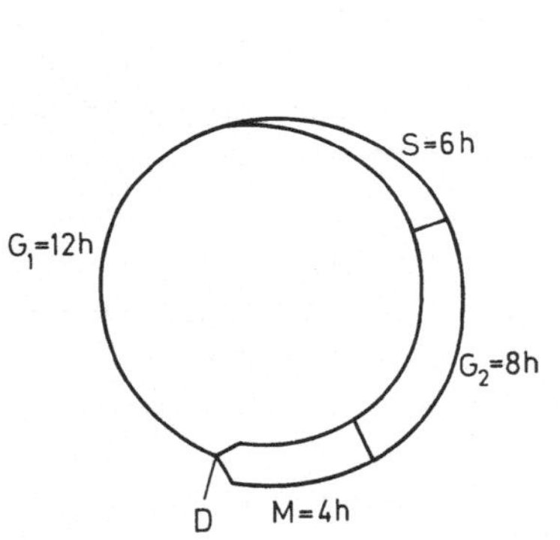

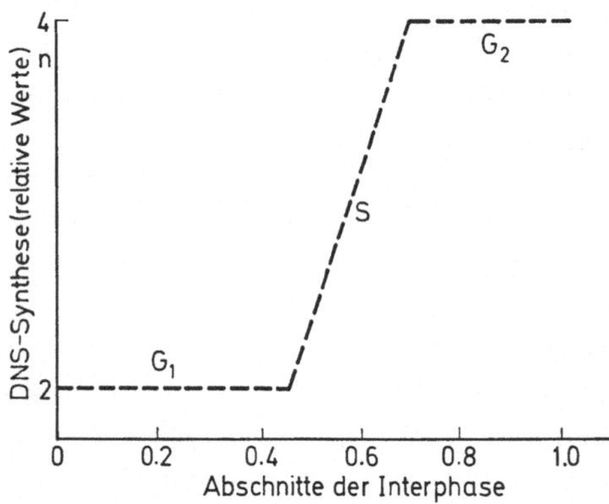

Abb. 68. Mitose-Cyclus im Wurzelmeristem von *Vicia faba*. Dauer der Phasen nach [533]

Abb. 69. DNS-Verdoppelung in der S-Phase im Wurzelmeristem von *Vicia faba*. (Verändert nach [526])

die einzelnen Zellen einen Mitose-Cyclus oder DNS-Synthese-Cyclus durchlaufen. Die einzelnen Etappen dieses Cyclus sind ([533], Abb. 68): eine postmitotische Phase ohne DNS-Synthese (G_1; G = gap), eine Phase der DNS-Synthese (S = synthesis), eine prämitotische Phase ohne DNS-Synthese (G_2) und schließlich die Mitose (M = mitosis) selbst, die mit der Teilung (D = division) abschließt. G_1, S und G_2 gehören zur Interphase. Falls die Tochterzellen nach der Teilung ihren meristematischen Charakter beibehalten, treten sie in einen neuen Mitose-Cyclus ein. Die Dauer der einzelnen Stadien ist von Objekt zu Objekt verschieden.

Das Ausmaß Der DNS-Synthese entspricht den Anforderungen an das genetische Material: der DNS-Bestand wird in der S-Phase vor seiner Verteilung auf die Tochterzellen verdoppelt (Abb. 69).

a3.2. Meiosis und Veränderungen im DNS-Gehalt

Auch bei der Meiosis entsprechen Verlauf und Ausmaß der DNS-Synthese exakt den Anforderungen, die man vom Teilungsmodus her an das genetische Material zu stellen hat. Bei der Bildung des Pollens von *Lilium longiflorum* z.B. kommt es zunächst zu einer prämeiotischen Verdoppelung des DNS-Gehaltes auf den Wert tetraploider Zellen. In den zwei Teilungsschritten der Meiosis wird dieser Wert auf $1/4$ gesenkt. Jede der vier Gonen führt also nicht nur den haploiden Chromosomen satz, sondern auch den „haploiden" DNS-Gehalt. Die anschließende Mitose, die zur Bildung einer generativen und einer vegetativen Zelle führt, verläuft nach dem obigen Mitose-Schema: prämitotische DNS-Verdoppelung, dann Teilung und Absinken des DNS-Gehaltes wieder auf den haploiden Wert. Der dann einsetzende erneute DNS-Anstieg findet sich nur im generativen Kern und geht der Bildung der beiden Sperma-Kerne voran ([534], Abb. 70).

Die Veränderungen im DNS-Gehalt während Mitose und Meiosis laufen also so ab, wie vom genetischen Material zu fordern. Nun darf nicht übersehen werden, daß sich auch andere Substanzen ebenso verhalten könnten. Die Histone der Chromosomen etwa werden ebenfalls in der Interphase vermehrt, bei *Vicia faba* zur

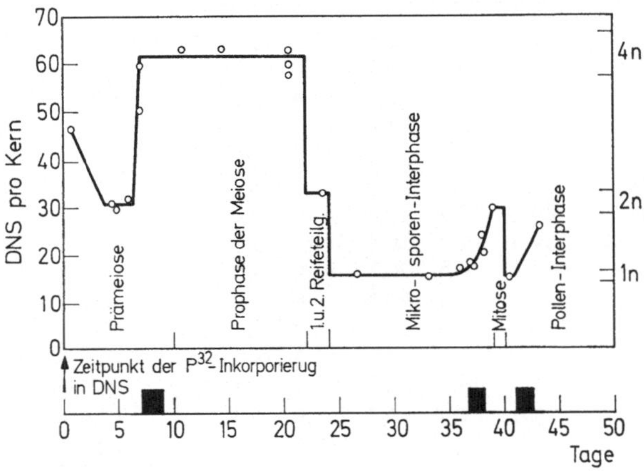

Abb. 70. Veränderungen des DNS-Gehaltes während der Mikrogametogenese von *Lilium longiflorum*. (Aus [534])

gleichen Zeit wie die DNS [535]. Auch die Verteilung auf die Tochterzellen findet sich bei den Histonen. Das Verhalten der DNS stellt also noch keinen Beweis dar, es stimmt lediglich mit den Anforderungen an das genetische Material überein.

Weiterhin muß berücksichtigt werden, daß quantitative DNS-Bestimmungen keinerlei Aufschluß darüber geben, ob die Kontinuität der Erbsubstanz über die Teilungen hinweg bewahrt bleibt. Bei Mikroorganismen ist die semikonservative Reduplikation der Mechanismus, der die Kontinuität des genetischen Materials gewährleistet. Die entscheidende Frage muß also sein, ob bei den im Zuge von

Teilungen erfolgenden DNS-Verdoppelungen eine der Kontinuität des Erbgutes entsprechende Kontinuität der DNS erhalten bleibt und ob die semikonservative Reduplikation der hierbei wirksame Mechanismus ist.

b) Semikonservative DNS-Reduplikation in höheren Pflanzen

b1. DNS höherer Pflanzen als Doppelhelix

b1.1. Basenpaare

Der Modus der semikonservativen DNS-Reduplikation hat zur Voraussetzung, daß die DNS als Doppelhelix des Watson-Crick-Modells vorliegt. Ein wesentlicher Punkt zugunsten des Modells war, daß die postulierten Basenverhältnisse A:T wie 1:1 und G:C ebenfalls wie 1:1 in DNS-Präparaten nachgewiesen worden waren. Auch in der DNS höherer Pflanzen verhalten sich A:T und G:C wie 1:1. Das bedeutet aber, daß auch bei höheren Pflanzen die Basenverhältnisse der DNS mit dem Bauprinzip einer Doppelhelix nach WATSON und CRICK übereinstimmen (Tabelle 20).

Tabelle 20. *Die Basenzusammensetzung der DNS einiger höherer Pflanzen*

Art	Basenzusammensetzung in Mol/100 Mol					Basenquotient A+T/G+G+5–MC	Lite-ratur
	A	T	G	C	5-MC		
Allium cepa	31,8	31,3	18,4	12,8	5,4	1,72	[536]
Antirrhinum majus	28,9	30,1	20,1	19,8	2,0	1,49	[1147]
Arachis hypogaea	29,3	29,8	20,3	14,4	6,1	1,45	[536]
Cucurbita pepo	30,2	29,0	21,0	16,1	3,7	1,45	[536]
Daucus carota	23,2	26,8	26,7	17,3	6,0	1,15	[1148]
Gossypium hirsutum	32,8	33,0	17,0	12,7	4,6	1,92	[536]
Nicotiana tabacum	29,6	30,7	19,8	14,0	5,6	1,53	[536]
Papaver somniferum	29,6	29,8	20,6	14,8	5,3	1,46	[536]
Phaseolus vulgaris	29,7	29,6	20,6	14,9	5,2	1,45	[536]
Pinus sibirica	29,2	30,5	20,8	14,6	4,9	1,52	[536]
Pinus silvestris	30,6	30,6	21,1	17,7	?	1,59	[1149]
Pisum sativum	30,8	30,5	19,2	13,5	5,0	1,60	[536]
Triticum vulgare	25,6	26,0	23,8	18,2	6,4	1,06	[536]
Vicia faba	29,6	28,5	19,5	18,0	4,4	1,39	[1150]
Zea mays	26,8	27,2	22,8	17,0	6,2	1,17	[66]

b1.2. Thermische Denaturierung und Renaturierung der DNS [538]

Einzelne Nucleotide weisen bei ihrem Extinktionsmaximum von ca. 260 mμ eine höhere Extinktion auf als ein Polynucleotidstrang mit der gleichen Anzahl von Nucleotiden. Ein Polynucleotidstrang hinwiederum besitzt eine höhere Extinktion als eine Duplex aus zwei Polynucleotidsträngen, die jeweils nur die Hälfte seiner Länge erreichen. Man bezeichnet diese Abnahme der Extinktion beim Übergang vom Nucleotid zum Polynucleotid und vom Polynucleotid zum Polynucleotid-Duplex des Watson-Crick-Modells als *hypochromen Effekt*. Der hypochrome Effekt ist beim Übergang vom Polynucleotid zum Polynucleotid-Duplex weitaus stärker als beim Übergang vom Mononucleotid zum Polynucleotid. Die Ursache des hypochromen Effektes ist in der Ausbildung von Phosphatbrücken zwischen den Nucleotiden und von Wasserstoffbindungen zwischen den korrespondierenden Basenpaaren der Polynucleotidstränge zu suchen.

Erhitzt man DNS-Doppelstränge für einige Zeit über 60—70°, so werden sie in ihre Einzelstränge zerlegt. Man bezeichnet diese thermische Denaturierung als das „Schmelzen" der DNS. Das Schmelzen ist mit einem Anstieg der Extinktion

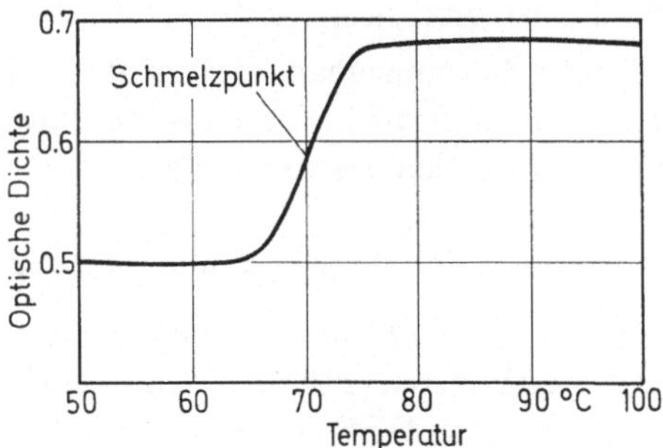

Abb. 71. Schmelzprofil von DNS aus Erbsen. (Verändert nach [536])

verbunden, weil ja den Einzelsträngen eine höhere Extinktion zukommt als dem Doppelstrang. Dem hypochromen Effekt bei der Bildung von Duplices entspricht also ein *hyperchromer Effekt* bei der Zerlegung von Duplices.

Auch bei der thermischen Denaturierung von DNS aus höheren Pflanzen findet sich der erwartete Extinktionsanstieg, d.h. daß die DNS auch höherer Pflanzen im nativen Zustand als Doppelstrang vorliegt (Abb. 71).

Nun läßt sich thermisch denaturierte DNS auch wieder renaturieren. Kühlt man langsam ab, so bilden sich erneut DNS-Duplices. Beim Schmelzen zerbricht ein Teil der DNS-Einzelstränge. Solche Einzelstrang-Bruchstücke und etwa unversehrt gebliebene Einzelstränge paaren sich bei der Renaturierung allein nach

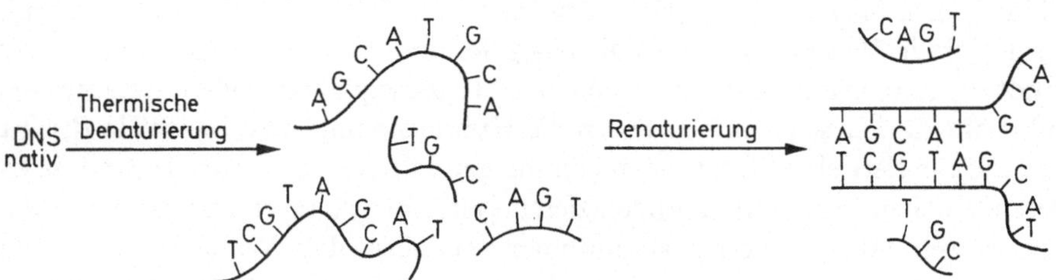

Abb. 72. Schema der thermischen Denaturierung und Renaturierung. Bedeutung der Buchstaben vgl. Abb. 65

Maßgabe der Basensequenzen. Die komplementären Strangabschnitte paaren sich, die nicht-komplementären Strangabschnitte bleiben frei (Abb. 72).

Der Grad der Renaturierung hängt davon ab, wie oft sich bestimmte Basensequenzen in DNS-Präparaten des betreffenden Organismus wiederholen. Bei Bakteriophagen ist der Prozentsatz der Renaturierung hoch, bei Bakterien geringer und bei höheren Organismen schließlich recht niedrig. Die DNS des Tabaks z.B. zeigt eine Renaturierung, deren Ausmaß nur 18% derjenigen der DNS aus Bakterien beträgt [539]. Der Grund für die geringere Paarungsneigung bei der Renaturierung von DNS aus höheren Organismen könnte darin liegen, daß die Zusammensetzung einer gegebenen Menge heterogener als bei Mikroorganismen ist: Einem höheren Gehalt an genetischer Information — inklusive regulatorisch wirksamer Gene — entspricht ein höherer Grad an Verschiedenheit in den Basensequenzen, wodurch die Paarungschancen verringert werden.

Wesentlich im gegebenen Zusammenhang ist jedenfalls, daß sich nicht nur an Hand der Denaturierung, sondern auch der Renaturierung eine Doppelstrangnatur der DNS höherer Pflanzen demonstrieren läßt.

b1.3. Qualitative Differenzen in der DNS-Zusammensetzung

Wenn DNS das genetische Material wäre, sollten verschiedene Gewebe einer gegebenen Art qualitativ gleiche DNS enthalten. Umgekehrt sollten verschiedene Arten auch qualitativ verschiedene DNS aufweisen. Man hat sich bemüht, solche Verschiedenheiten über eine Bestimmung der Basenverhältnisse zu fassen. Als Kriterium dient in der Regel der Basenquotient $A + T/G + C + MC$. In der Tat finden sich von Art zu Art Differenzen im Basenquotienten, die allerdings bei höheren Pflanzen geringer sind als bei Bakterien (Tabelle 20). Solche Daten sagen jedoch nur wenig aus. Denn der Informationsgehalt einer DNS wird letztlich durch die Basensequenz, nicht die Basenzusammensetzung bedingt. Man könnte sich durchaus vorstellen, daß zwei grundverschiedene Organismen mit entsprechenden Differenzen in der Basensequenz dennoch die gleichen Basenquotienten aufweisen.

Man sollte also eigentlich die Basensequenzen selbst fassen können. Die Renaturierung geschmolzener DNS bietet hierzu eine erste Handhabe. Man kann nämlich die Renaturierung nicht nur mit DNS einer Herkunft, sondern auch mit zwei DNS-Proben verschiedener Herkunft durchführen. Weist die DNS zweier verschiedener Arten homologe Basensequenzen auf, so kommt es zu einer Duplex-Bildung, d.h. aber zu einer „Hybridisierung" der DNS. Der Grad der Hybridisierung ist ein Maß für die Verwandtschaft der untersuchten Arten. Je näher verwandt die Arten sind, desto mehr homologe Basensequenzen sollten sie aufweisen und desto stärker sollte infolgedessen die Hybridisierung sein. Das ist in der Tat der Fall. Bei tierischen Organismen konnte man mit der skizzierten Technik selbst zwischen nahen Verwandten differenzieren [540]. Bei Pflanzen ist man noch nicht ganz so weit. Aber immerhin konnte man feststellen, daß *Neurospora crassa* der Basensequenz nach *Triticum vulgare* näher steht als *E. coli* [541]. Es mag durchaus möglich sein, nach methodischen Verbesserungen auch geringe Gleichheiten oder Verschiedenheiten der DNS zu fassen.

Die Basenverhältnisse, die Möglichkeit der thermischen Denaturierung zu Einzelsträngen, die Renaturierung solcher Einzelstränge zu Doppelstrangstrukturen liefern bereits genügend Belege dafür, daß die DNS in höheren Pflanzen als Doppelhelix nach WATSON-CRICK vorliegen kann. Damit sind die Voraussetzungen für eine semikonservative DNS-Reduplikation nach dem Muster der Bakterien gegeben.

b2. Semikonservative DNS-Reduplikation

b2.1. Semikonservative DNS-Reduplikation im molekularen Bereich

Mit der gleichen Technik wie bei Bakterien (S. 144) konnte auch bei höheren Pflanzen eine semikonservative Reduplikation der DNS nachgewiesen werden ([542], Abb. 73). Kalluszellen des Tabaks wurden im flüssigen Medium kultiviert. Nach ungefähr 2 Tagen hatte sich die Zahl der Zellen jeweils verdoppelt. Die durchschnittliche Generationsdauer betrug also 2 Tage. Solche Zellkulturen wurden für

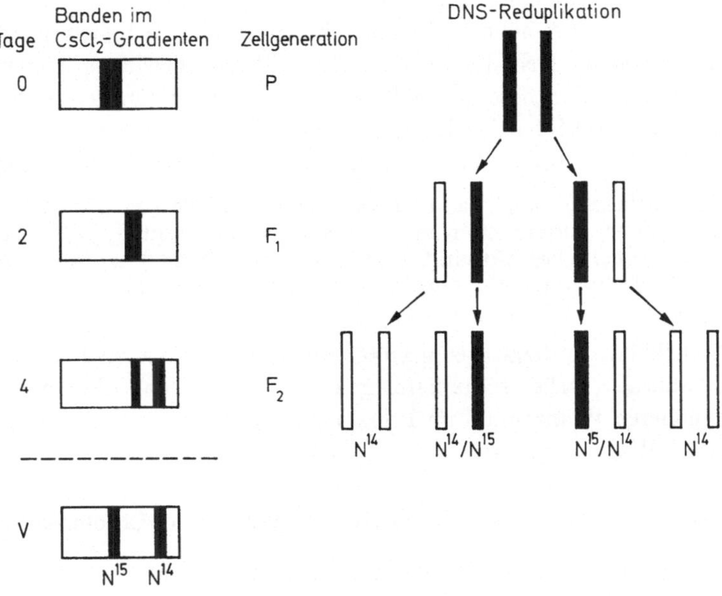

Abb. 73. Semikonservative DNS-Reduplikation in Tabakzellen. Links DNS-Banden im $CsCl_2$-Gradienten, rechts Schema der DNS-Reduplikation

8 Generationen in einem Nährmedium gehalten, in dem der Stickstoff in Form des schweren Isotops N^{15} geboten wurde. Es bildete sich also eine „schwere" DNS. Nach 8 Generationen erhielten die Zellen wieder normalen N^{14}. Alle 24 Std nach dem Wechsel zu N^{14} wurden Proben entnommen und im $CsCl_2$-Gradienten auf die Dichte der DNS hin überprüft.

Unmittelbar nach dem Austausch von N^{15} gegen N^{14} findet sich nur schwere DNS. Nach einem Tag in N^{14} taucht neben der schweren DNS eine Hybridbande auf, nach 2 Tagen, also nach einer Zellgeneration und damit einer kompletten DNS-Reduplikation, findet sich nur Hybrid-DNS. Eben das aber hätte man bei einer semikonservativen DNS-Reduplikation zu erwarten. Am 4. Tag findet sich außer der Hybrid-DNS nun auch normale DNS. Mit fortschreitender Zahl der Mitose-Cyclen wird die Hybridbande immer mehr verdünnt, die normale DNS nimmt dementsprechend zu. Auch das entspricht der Erwartung.

Bei den Versuchen an Bakterien war es möglich, die Hybridbande durch Schmelzen zu zerlegen und zu beweisen, daß sie aus N^{15}- und aus N^{14}-Strängen besteht. Bei den Tabakzellen war das aus experimentellen Schwierigkeiten nicht möglich. Doch ist die Beweisführung auch ohne diese Trennung überzeugend. Im übrigen konnten die Ergebnisse mit Hilfe einer Dichtemarkierung durch Bromuracil an einer anderen höheren Pflanze bestätigt werden [543]. Bei höheren Pflanzen findet sich also ebenso wie bei Bakterien, Algen und tierischen Organismen eine semikonservative DNS-Reduplikation.

b2.2. DNS-Synthese im zellfreien System

Bei Bakterien erbrachten mit Hilfe der DNS-Polymerasen im zellfreien System durchgeführte Versuche eine Bestätigung des semikonservativen Charakters der DNS-Reduplikation. Bei höheren Pflanzen konnte bislang lediglich in Extrakten aus *Phaseolus aureus* DNS-Polymerase-Aktivität nachgewiesen werden [380]. Versuche zur DNS-Synthese im zellfreien System beschränkten sich deshalb darauf, DNS oder DNS-haltige Präparate aus höheren Pflanzen der DNS-Polymerase aus *E. coli* als „primer" vorzulegen. Das Produkt ähnelt dann dem primer.

Die DNS-Synthese lief auch dann ab, wenn man an Stelle von DNS DNS-Histon-Komplexe als primer einsetzte, nur in etwas geringerem Ausmaß [544]. Da Histone als Repressoren genetischer Aktivität diskutiert werden (S. 283), ist es von Interesse, daß sie zwar die DNS-gesteuerte Synthese von messenger-RNS blockieren, nicht aber die DNS-gesteuerte DNS-Synthese.

Die Möglichkeit, Systeme aus Mikroorganismen und höheren Pflanzen auszutauschen, kann als starkes Indiz dafür gewertet werden, daß die DNS-Reduplikation bei höheren Pflanzen auf im Prinzip ähnlicher molekularer Basis ablaufen dürfte wie bei Mikroorganismen.

b2.3. Semikonservative DNS-Reduplikation im Bereich der Chromosomen

Eine DNS-Doppelhelix ist noch kein Chromosom, auch dann nicht, wenn man die ringförmige DNS-Struktur von *E. coli* mit dieser anspruchsvollen Bezeichnung belegt. Aber DNS-Doppelhelices spielen zweifellos eine zentrale Rolle bei der funktionellen und strukturellen Organisation der Chromosomen. Man kann deshalb die Frage stellen, ob sich die im molekularen Bereich semikonservative DNS-Reduplikation nicht auch auf dem übergeordneten Niveau der Chromosomen fassen läßt.

Entsprechende Befunde wurden in der Tat an Chromosomen zuerst von höheren Pflanzen gemacht [545], und zwar schon vor dem Nachweis der semikonservativen DNS-Reduplikation bei *E. coli*. Die Methode entsprach im Prinzip der im molekularen Bereich angewendeten: Dort wurde DNS mit N^{15} oder Bromuracil markiert, hier mit Thymidin-H^3 — nur daß die DNS nicht extrahiert wurde, sondern im Chromosom verblieb und dort mit Hilfe der Autoradiographie lokalisiert wurde.

Im folgenden seien der Einfachheit halber die Reduplikationscyclen nur eines Chromosoms verfolgt (Abb. 74). Wurzelspitzen von *Vicia faba* wurden in einer Lösung mit Thymidin-H^3 kultiviert. Um die Chromosomendescendenzen leichter verfolgen zu können, wurde Colchizin zugesetzt. Colchizin erlaubt die DNS-Reduplikation und Chromosomenteilung, unterbindet aber durch Hemmung des Spindelapparates die Zellteilung. In Anwesenheit von Colchizin bleiben die jeweiligen Tochterchromosomen in einem Kern vereinigt.

Das Ausgangschromosom war nicht markiert. Brach man den Versuch nach einer ersten Reduplikation in Anwesenheit von Thymidin-H³ ab, so waren beide Tochterchromosomen uniform markiert. In einem zweiten Versuchsansatz wurden die Wurzelspitzen nach der ersten Reduplikation in Anwesenheit von Thymidin-H³ in ein Medium ohne Thymidin-H³ eingebracht. In diesem Medium lief dann die zweite Reduplikation ab. Wie die Autoradiographie zeigte, sind von den nunmehr 4 Chromosomen 2 markiert, 2 nicht.

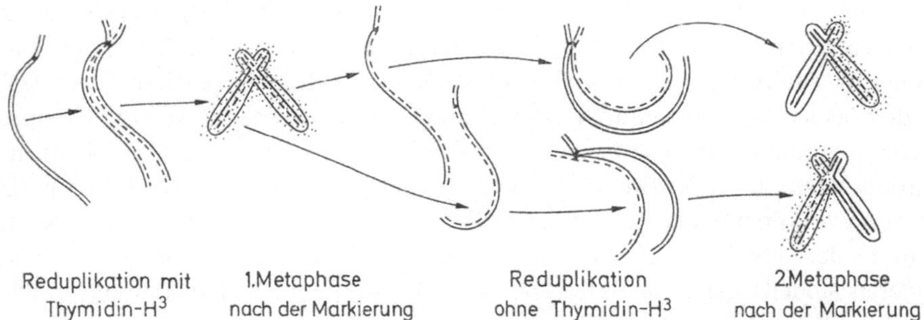

Abb. 74. Semikonservative DNS-Reduplikation im Bereich der Chromosomen. Wurzelmeristem von *Vicia faba*. Vgl. den Text. (Aus [545])

Die in den Metaphasen beobachtete Radioaktivitätsverteilung führte zu folgender Interpretation: Vor der ersten Reduplikation besteht ein Chromosom aus zwei Strängen. Im Zuge der ersten Reduplikation in Gegenwart von Thymidin-H³ trennen sich die beiden Stränge voneinander und ergänzen den Partner-Strang semikonservativ. In der ersten Metaphase besteht dann jedes der beiden Tochterchromosomen aus einem markierten und einem nicht markierten Strang. Da aber bei der Autoradiographie der markierte Strang den nicht markierten überstrahlt, erscheinen die Tochterchromosomen einheitlich markiert. In der zweiten Teilungsrunde, die nun in Abwesenheit von Thymidin-H³ abläuft, findet wieder eine semikonservative Reduplikation statt. In der zweiten Metaphase resultieren dann zwei strahlende und zwei nicht strahlende Chromosomen. Die strahlenden Chromosomen bestehen wieder aus einem markierten und einem nicht markierten Strang, die sich nicht voneinander differenzieren lassen.

Entsprechende Ergebnisse wurden auch an anderen höheren Pflanzen gewonnen [546, 547]. Dabei ließ sich auch ausschließen, daß die Verwendung von Colchizin Artefakte verursacht. Damit führten die Markierungsversuche an Chromosomen zu Resultaten, die denjenigen aus dem molekularen Bereich vollkommen entsprachen: Hier wie dort ist es eine semikonservative DNS-Reduplikation, durch die die Kontinuität des Erbgutes bewahrt bleibt.

Solche Parallelen fordern Spekulationen geradezu heraus: Bei den Experimenten im molekularen Bereich sind es DNS-Doppelstränge, die in ihre Einzelstränge segregieren und semikonservativ redupliziert werden. Auch im Fall der Chromosomen dürften DNS-Doppelhelices die molekulare Basis der semikonservativen Reduplikation sein. Aber wie fügen sich diese DNS-Doppelhelices in die Struktur eines Chromosoms ein? Sollte vielleicht dem Bauplan eines Chromosoms vor der DNS-Reduplikation bzw. dem Bauplan der beiden Chromatiden eines

Chromosoms nach der DNS-Reduplikation je eine DNS-Doppelhelix zugrunde liegen?

Schwache Indizien in dieser Richtung lieferten Experimente derselben Art wie eben geschildert. Bei solchen Versuchen konnte nämlich auch ein Stückaustausch zwischen Chromatiden aufgefunden werden. Besonders eingehend wurde dieser Austausch an *Bellevalia* untersucht [547]. Durch den Stückaustausch bildeten sich auf den Tochterchromosomen bestimmte Muster aus markierten und nicht markierten Chromosomenstücken. Die Art dieser Muster und die Zahlenverhältnisse, in denen sie auftraten, führten zu dem Schluß, eine Chromatide bestünde aus zwei voneinander verschiedenen Längssträngen. Eine solche Verschiedenheit zweier Längsstränge findet sich aber auch im Watson-Crick-Modell der DNS in den beiden komplementären DNS-Strängen gegenläufiger Polarität. Es wurde deshalb vermutet, ein Chromosom vor der DNS-Reduplikation bzw. eine Chromatide nach der DNS-Reduplikation könne eine DNS-Doppelhelix oder eine Sequenz hintereinander geschalteter DNS-Doppelhelices enthalten. Doch kann man zu den erwähnten Mustern und Zahlenverhältnissen auch auf Grund einer anderen Modellvorstellung [548] kommen. Die aus dem Stückaustausch hinsichtlich der Chromosomenstruktur gezogenen Schlüsse sind also noch nicht gesichert.

b2.4. Gliederung der Chromosomen in Reduplikations-Einheiten

Es läßt sich berechnen, wie schnell die Reduplikation einer DNS-Doppelhelix gegebener Länge vonstatten gehen kann, wenn wie bei *E. coli* ein Reduplikationspunkt reißverschlußartig über die Doppelhelix hinweggleitet (Lit. in [549]). Für das „Chromosom" des T2-Phagen hat man eine minimale Reduplikationszeit von 7 sec errechnet. Ein Bakterium benötigt für die Reduplikation seines Genoms rund 20—30 min. Um die DNS eines Chromosoms von *Vicia faba* zu reduplizieren wären aber — so hat man errechnet — 2×10^5 Std notwendig! Tatsächlich ist die Reduplikation aber nach 6 (Abb. 68) oder anderen Angaben [550] zufolge nach 7,5 Std abgeschlossen. Die Diskrepanz zwischen der Erwartung, die eine biologische Unmöglichkeit darstellt, und dem beobachteten Ablauf ließe sich damit erklären, daß die Reduplikation nicht nur an einem, sondern an vielen Punkten eines Chromosoms einsetzen kann.

Diese Vermutung konnte experimentell bewiesen werden. So findet sich bei *Vicia* und *Bellevalia* schon nach sehr kurzfristiger Inkubation in Thymidin-H³ (Pulsmarkierung, vgl. unten) auf der ganzen Länge der Chromosomen Radioaktivität, was für einen Synthese-Beginn an vielen Stellen dieser Chromosomen spricht [543]. Allerdings ist es nun nicht so, daß alle Chromosomenabschnitte ihre Reduplikation synchron durchführen müßten. Ganz im Gegenteil, es hat sich an Chromosomen tierischer Objekte [551] und hier besonders deutlich an den Riesenchromosomen der Dipteren [553, 554], aber auch an Chromosomen höherer Pflanzen (z.B. [546, 555, 556]) demonstrieren lassen, daß die einzelnen Chromosomenabschnitte mit ihrer Reduplikation zu verschiedenen Zeiten beginnen und sie auch über einen jeweils verschiedenen Zeitraum hinweg ausdehnen können.

Die zugrunde liegenden Experimente wurden u.a. mit Hilfe der Pulsmarkierung und an partiell synchronisiertem Material durchgeführt. Es sei kurz auf die Technik eingegangen.

Synchronisation mit Hilfe von Antimetaboliten. Bei Untersuchungen wie den eben erwähnten ist es von Vorteil, möglichst viele Zellen einer Population oder eines Gewebes gleichzeitig mit der DNS-Reduplikation beginnen zu lassen. Bei einer solchen partiellen Synchronisation stehen dann sehr viel mehr Zellen zur Verfügung, die ihre Reduplikation im Versuchszeitraum durchführen. Darüber hinaus wird es einfacher, gezielt in bestimmte Phasen der Reduplikation einzugreifen. Eine partielle Synchronisation läßt sich mit Hilfe von Antimetaboliten der DNS-Synthese erzielen. So blokkieren Aminopterin und 5-Fluordesoxyuridin die Thymidilatsynthetase, ein Enzym, das zur Synthese von Thymidin notwendig ist (S. 189). In Anwesenheit der genannten Antimetaboliten unterbleibt die Thymidinsynthese, damit aber auch die DNS-Synthese und die Zellteilung überhaupt. Die Zellen werden in ihrem Mitose-Cyclus vor dem Eintritt in die S-Phase abgestoppt. Entfernt man dann die Antimetaboliten und führt Thymidin zu, so tritt ein hoher Prozentsatz der Zellen annähernd gleichzeitig in die S-Phase und anschließend in die mitotische Teilung ein. Die Zellpopulation ist also partiell synchronisiert.

Die *Pulsmarkierung* ist eine andere Technik, die bei den genannten Untersuchungen mit Vorteil verwendet wurde. Die Versuchsobjekte werden dabei kurzfristig mit radioaktiven Vorstufen, im vorliegenden Fall meistens mit Thymidin-H³ inkubiert. Anschließend wird die radioaktive Vorstufe durch einen Überschuß an nicht markierter Vorstufe der gleichen Art, also etwa durch Thymidin ersetzt. Auf den Chromosomen sind dann nur die Abschnitte markiert, die während der kurzen Inkubationszeit mit der radioaktiven Vorstufe DNS synthetisierten. Alle Chromosomen-Abschnitte, die ihre DNS-Synthese schon zuvor abgeschlossen oder noch gar nicht begonnen hatten, bleiben unmarkiert. Zweckmäßigerweise kombiniert man Synchronisation und Pulsmarkierung: Partiell synchronisiertes Material wird zum „pulse-labeling" verwendet.

Während der DNS-Reduplikation lassen die Chromosomen also eine operative Gliederung [530] in Einheiten der Reduplikation erkennen. Man bezeichnet eine solche Einheit der Reduplikation (= Replication) als „Replicon". Streng genommen betreffen alle Befunde nur den Prozeß der Reduplikation selbst. Jedoch ist es sehr wahrscheinlich, daß eine entsprechende Gliederung auch außerhalb der Synthesephase vorhanden ist, wenn sie auch funktionell nicht in Erscheinung tritt. Ein Strukturmodell des Chromosoms sollte also die Existenz des Replicons berücksichtigen.

b2.5. Umsatz der Histone

Bisher war lediglich die Reduplikation der DNS besprochen worden. Die zweite schon rein mengenmäßig wichtige Komponente der Chromosomen sind die Histone. Histone werden ebenfalls in der Interphase synthetisiert und auf die Tochterchromosomen verteilt. Man kann nun fragen, ob sie etwa auch semikonservativ redupliziert werden oder irgendeine andersartige Kontinuität über die Zell- und Chromosomen-Generationen hinweg aufweisen.

Bei *Vicia faba* wurde der Einbau von Arginin-H³ in die Chromosomen des Wurzelmeristems verfolgt [557, 558]. Arginin und Lysin sind die wichtigsten basischen Komponenten der Histone. Führt man den Zellen des Wurzelmeristems Arginin-H³ zu, so wird es in die Chromosomen eingebaut. Mit hoher Wahrscheinlichkeit sind es die Histone der Chromosomen, die das Arginin-H³ führen. Um ein Maß für den Einbau des Arginin-H³ zu erhalten, wurden nach der Autoradiographie die pro Chromosom geschwärzten Silberkörner gezählt. Dabei traten insofern Schwierigkeiten auf, als auch die Proteine des Cytoplasmas Arginin-H³ aufnehmen können — wenn auch in geringem Ausmaß. Um von diesem radioaktiven

Hintergrund besser differenzieren zu können, sollten möglichst viele Chromosomen möglichst viel Arginin-H³ einbauen. Über eine partielle Synchronisation mit dem DNS-Antimetaboliten 5-Aminouracil ließ sich dieses Ziel erreichen. Bis zu 62,5% der Zellen des Wurzelmeristems traten synchron in die erste Mitose nach dem Block ein.

Führte man unmittelbar nach Entfernung des blockierenden Antimetaboliten Arginin-H³ zu, so kam es in dem partiell synchronisierten Material zu der gewünschten starken Inkorporation. Fast 100% der Chromosomen waren in der ersten Metaphase durch Arginin-H³ markiert. In der zweiten Metaphase dagegen fanden sich nur noch Spuren von Radioaktivität in den Chromosomen. Während eines einzigen Mitose-Cyclus kommt es also zu einem nahezu kompletten Umsatz der Chromosomen-Histone. Von einer Kontinuität kann nach diesen Untersuchungen keine Rede sein.

c) Hypothesen zum Feinbau der Chromosomen [543, 552, 559—563]

Zur Feinstruktur der Chromosomen lassen sich bislang nur mehr oder weniger gut fundierte Hypothesen aufstellen. Der elektronenoptischen Analyse stellen sich methodische Schwierigkeiten entgegen. So kommt es, daß bei der Aufstellung von Chromosomen-Modellen um so mehr die von der Genetik und Biochemie erbrachten Daten berücksichtigt werden. Die Hypothesen zur Feinstruktur der Chromosomen stützen sich also weitgehend auf indirektes Beweismaterial.

c 1. Der Elementarstrang der Chromosomen

Die elektronenoptischen Befunde stimmen darin überein, daß die Chromosomen einen fibrillären Feinbau besitzen. Die Fibrillen sind dabei je nach dem Funktionszustand der Chromosomen verschieden stark aufgeschraubt: Die Syntheseform in der Interphase weist weitgehend entschraubte, die Transportform in der Meta- und Anaphase stark aufgeschraubte Fibrillen auf. Im einzelnen ließen sich Fibrillen mit Durchmessern von 20—40, 100, 200 und 500 Å erkennen. Fibrillen von 100 Å Durchmesser hat man als die Elementareinheiten oder die Elementarstränge der Chromosomen bezeichnet. Eine Reihe von Beobachtungen spricht dafür, daß sich ein solcher Elementarstrang aus zwei Untereinheiten von je 40 Å Durchmesser zusammensetzt. Der Durchmesser dieser Untereinheiten entspricht in etwa demjenigen einer mit Histonen und anderen Proteinen komplexartig verbundenen DNS-Doppelhelix. Der Elementarstrang der Chromosomen könnte also aus zwei DNS-Doppelhelices inklusive Begleitprotein bestehen.

Darüber, wieviele solcher Elementarstränge sich am Aufbau eines Chromosoms beteiligen, gehen die Ansichten nun weit auseinander. Vor allem zwei Hypothesen werden diskutiert, die Vielstrang- und die Einstrang-Hypothese.

c 2. Die Vielstrang-Hypothese [564—568]

Die Vielstranghypothese basiert auf der Beobachtung, daß die Chromosomen im elektronenoptischen Bild vielfach aus ganzen Bündeln von Elementarsträngen zusammengesetzt zu sein scheinen. Die Vielstranghypothese nimmt davon ausgehend an, je zwei Elementarstränge von 100 Å vereinigten sich zu einem übergeordneten Strang von 200—250 Å und zwei solcher 200—250 Å-Stränge zu einem

Strang von 500 Å Durchmesser usw. Das aus zwei Chromatiden bestehende Pro-
phase-Chromosom von *Tradescantia* etwa würde sich nach dieser Hypothese aus
32 Elementarsträngen mit insgesamt 64 Untereinheiten aufbauen. Auf eine Chromatide oder auch auf ein noch nicht redupliziertes Chromosom entfielen also
16 Elementarstränge mit 32 Untereinheiten. Die Untereinheiten sind wie erwähnt
vermutlich DNS-Doppelhelices mit Begleitprotein (Abb. 75).

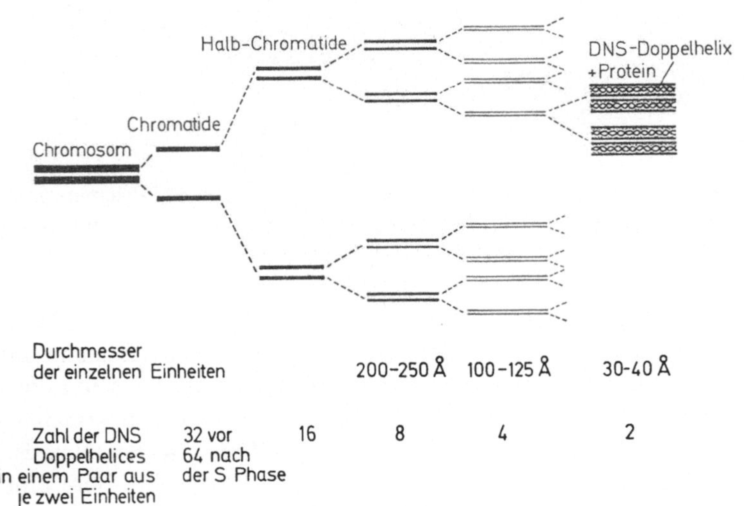

Abb. 75. Das Vielstrang-Modell des Chromosomenbaus. (Aus [565])

Die Hierarchie des paarweisen Aufbaus könnte bestechend wirken. Nur läßt
sich das Vielstrang-Modell mit den meisten genetischen und biochemischen Daten
allenfalls unter Aufstellung komplizierter Zusatzhypothesen in Einklang bringen.
Das Postulat von der linearen Anordnung der Gene auf den Chromosomen bliebe
gewahrt, wenn man annähme, daß jeder der parallel liegenden Elementarstränge
dieselben Gene in derselben Sequenz enthielte. Der multiple Aufbau würde also
zu einer multiplen genetischen Information führen. Doch dann bliebe ungeklärt,
wieso eine in einem Strang induzierte rezessive Mutation bereits in der F_2 manifest
werden kann. Des weiteren tauchen Schwierigkeiten auf, wenn man ein Modell
des molekularen Geschehens bei der Rekombination zu entwerfen versucht. Und
schließlich läßt sich der mit Hilfe von Thymidin-H³ nachgewiesene semikonservative Reduplikations- und Verteilungsmodus der chromosomalen DNS (vgl. S. 156)
kaum mit diesem Vielstrang-Modell vereinbaren.

c3. Die Einstrang-Hypothese (Lit. in [572])

Die Einstrang-Hypothese dürfte den derzeitigen Anforderungen an ein Chromo-
somen-Modell eher gerecht werden als die Vielstrang-Hypothese. Die Einstrang-
Hypothese in ihrer einfachsten Form nimmt an, ein redupliziertes Chromosom
bestünde aus nur einem 100 Å-Elementarstrang. Demnach entfiele auf jede der
beiden Chromatiden eines solchen reduplizierten Chromosoms nur eine DNS-
Doppelhelix (Abb. 76).

Auf Basis des Einstrang-Modells läßt sich die semikonservative Reduplikation der DNS im Chromosomenverband ohne weiteres verstehen. Entsprechendes gilt für das Problem der Rekombination, die zumindest leichter verstanden werden kann als auf der Basis eines Vielstrang-Modells, und für das Auftreten rezessiver Mutanten schon in der F_2.

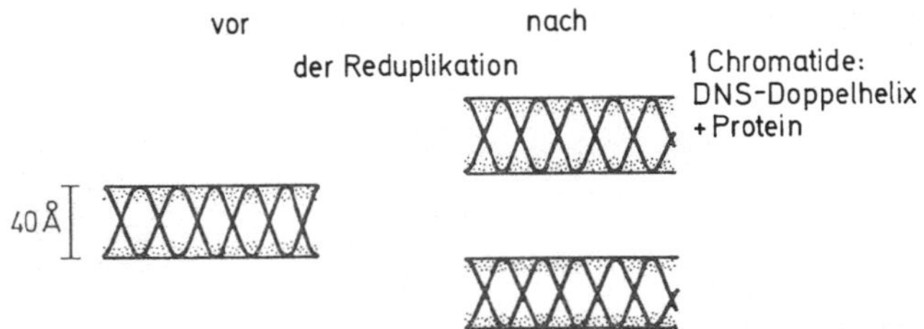

Abb. 76. Das Einstrang-Modell des Chromosomenbaus. Die 40Å-Elementarstränge aus je einer mit Histon beladenen DNS-Doppelhelix sind ihrerseits sekundär und tertiär aufgeschraubt und gehen Komplexe mit Proteinen ein

Eine wesentliche Stütze erhält die Einstrang-Hypothese nun dadurch, daß Chromosomen aufgefunden wurden, die im reduplizierten Zustand tatsächlich nur zwei DNS-Doppelhelices enthalten. Es handelt sich dabei um die *Lampen-bürsten-Chromosomen*, die bei der Oogenese und z. T. auch Spermatogenese besonders von Wirbeltieren und Insekten in der Prophase der Meiosis sichtbar werden. Bekannte Untersuchungsobjekte sind die Lampenbürsten-Chromosomen der Schwanzlurche, neuerdings auch die von *Drosophila* [569—572]. Ihren Namen tragen sie nach paarigen schleifenartigen Ausstülpungen der Längsachse, die während der Prophase der Meiosis auftreten und später wieder rückgebildet werden (Abb. 77). Diese Schleifenpaare sind Orte lebhafter RNS-Synthese und damit wohl auch primärer genetischer Aktivität (S. 241). Das tragende Struktur-element der Schleifen ist DNS. Denn nur Desoxyribonuclease zerlegt die Schleifen

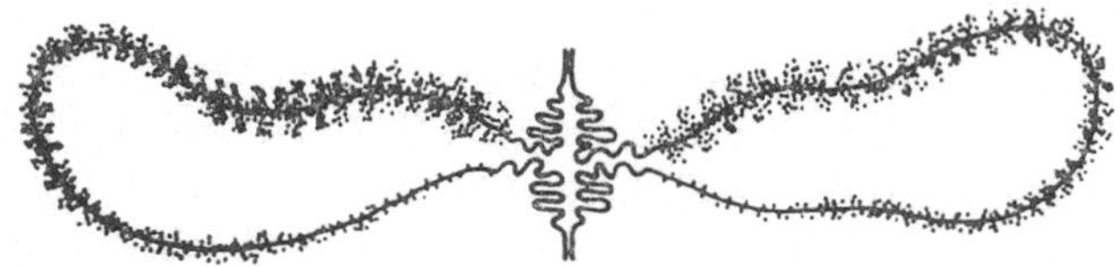

Abb. 77. Postulierte Struktur eines Lampenbürsten-Chromosoms. Ausschnitt mit Schleifenpaar. (Aus [570])

in Bruchstücke. Ribonuclease und Proteinasen greifen zwar die Hüllsubstanz der Schleifen an, vermögen die Schleifen aber nicht zu fragmentieren. Die Kinetik des Abbaus durch Desoxyribonuclease ließ den Schluß zu, daß die Achse jeder Schleife von nur einer DNS-Doppelhelix gebildet wird [573]. Jedes Schleifen-paar repräsentiert also zwei DNS-Doppelhelices, die lokal auseinander gewichen sind. Somit enthält das aus zwei Chromatiden bestehende Lampenbürsten-Chromosom zwei DNS-Doppelhelices als Längselemente. Auf jede Chromatide entfällt also eine DNS-Doppelhelix.

Nun könnte man die Auffassung vertreten, Lampenbürsten-Chromosomen seien eine Ausnahmeerscheinung, die allenfalls für die Meiosis einiger Tiere, keinesfalls aber für höhere Pflanzen von Belang seien. Dem wäre entgegenzuhalten, daß sich in der Meiosis aller genau daraufhin überprüften höheren Organismen Strukturen nachweisen ließen, die in ihrem Bauprinzip den Lampenbürsten-Chromosomen entsprechen könnten [559]. Es handelt sich um den sog. „synaptonemalen Komplex" aus dem Zygotän der Meiosis, also aus der Phase der Parallelkonjugation homologer Chromosomen. Synaptonemale Komplexe sind auch in Pflanzen wiederholt aufgefunden worden. Wegen der Ähnlichkeit hat man hier geradezu von „pflanzlichen Lampenbürsten-Chromosomen" gesprochen [574]. Diese Ähnlichkeit darf allerdings nicht darüber hinwegtäuschen, daß die Homologisierung auf Schwierigkeiten stößt.

Wie es sich nun aber auch mit dem synaptonemalen Komplex verhalten mag, die „echten" Lampenbürsten-Chromosomen jedenfalls bilden eine starke Stütze der Einstrang-Hypothese.

c4. Chromosomen-Proteine und Struktur-Modelle der Chromosomen

Bisher war nur von DNS als Strukturelement der Chromosomen die Rede. Eine Bedeutung auch der Chromosomenproteine für die Aufrechterhaltung der Struktur geht schon daraus hervor, daß Chromosomen mehrfach erst durch eine kombinierte Behandlung mit Desoxyribonuclease und mit Proteinasen desintegriert werden konnten. In diesem Zusammenhang mag man fragen, warum denn dann die Schleifen der Lampenbürsten-Chromosomen gegenüber Desoxyribonuclease so sehr empfindlich sind. Man sollte doch erwarten, daß die chromosomalen Proteine auch noch nach der Behandlung mit Desoxyribonuclease einen gewissen Zusammenhang gewährleisteten. Eine Erklärung wäre, daß die Schleifen als Orte primärer genetischer Aktivität von den aktivitätshemmenden Histonen weitgehend entblößt sein könnten [560].

Die Proteine der Chromosomen zerfallen in drei Gruppen: 1. die basischen Histone, 2. die sauren Kernproteine oder Residualproteine und 3. begleitende Enzymsysteme. Für Histone wie für Residualproteine wird eine Funktion sowohl als Regulatoren genetischer Aktivität als auch als Strukturelemente in Erwägung gezogen, wobei die eine Funktion die andere keinesfalls ausschließt [575]. Einer Modellvorstellung nach könnten die Histone um die DNS-Doppelhelix herumgewunden sein, und zwar in der größeren der beiden Gruben, die um die Helix laufen. Eine Kontraktion der Histone könnte dann zu Verformungen der eingeschlossenen DNS-Doppelhelix und damit zu Gestaltsveränderungen der Chromosomen führen, wie sie beim reversiblen Übergang in die Transportform beobachtet werden [549].

Die Beteiligung von Proteinen wird auch bei der Unterteilung der Chromosomen in einzelne Replicons diskutiert. Sie könnten die Verbindungsstücke zwischen den Replicons sein und als solche auch die Entschraubung der DNS-Doppelhelix vor der Reduplikation ermöglichen.

c5. Varianten des Einstrang-Modells

Die gegenwärtig verfügbaren Daten direkter und indirekter Art lassen sich wie erwähnt am besten mit dem Einstrang-Modell vereinbaren. Die Details einer solchen Einstrang-Struktur sind noch unbekannt und Gegenstand weiterer

Hypothesen. Einige Vorschläge, in denen das simple Modell der Abb. 76 z.T. stark abgewandelt wurde, sind in Abb. 78 wiedergegeben. Die Unterschiede liegen vor allem im Vorhandensein bzw. Fehlen von Verbindungsstücken und in der Verknüpfung der Verbindungsstücke untereinander und mit DNS. Keines dieser Modelle ist bewiesen. „Man ist also zur Zeit über bestimmte, an sich äußerst seltene Vorgänge bei Bakterien bis ins Detail informiert, während man etwa vom Chromosomenfeinbau nach wie vor nur vage Vorstellungen besitzt [576].‟

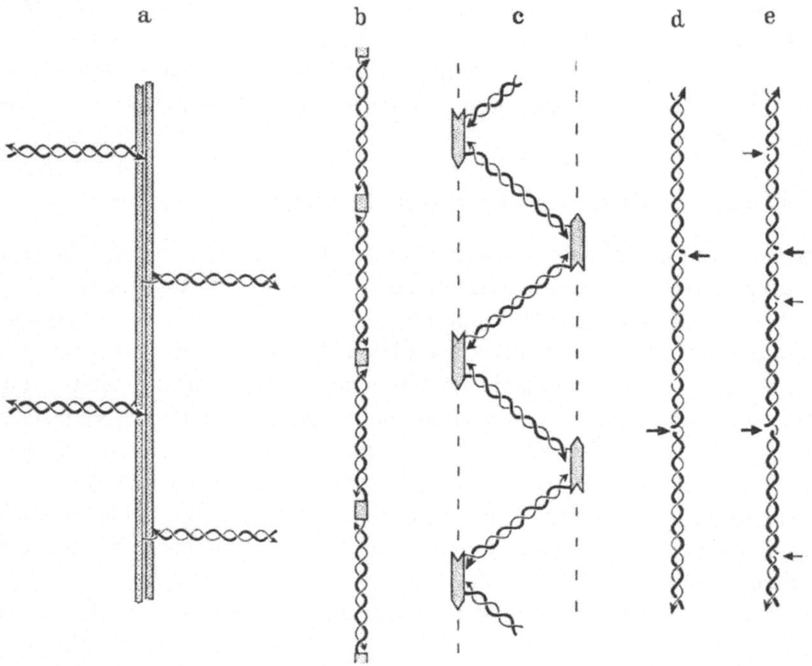

Abb. 78. Einige Modellvorstellungen zur Einstrang-Hypothese des Chromosomenbaus. Es wurde jeweils ein nicht redupliziertes Chromosom dargestellt. Gepünktelt Proteinachsen oder Proteinkupplungen, DNS als Doppelhelix. (Aus [572])

II. Die heterokatalytische Funktion der DNS: Transskription und Translation

Der erste Schritt bei der heterokatalytischen Funktion der DNS ist die Transskription, die „Überschreibung‟ der in der DNS enthaltenen genetischen Information auf eine RNS, die als messenger-RNS bezeichnet wird. Der zweite Schritt ist die Translation, bei der die messenger-RNS die Synthese einer messengerspezifischen Polypeptidkette steuert. Dabei wird die Nucleotidsequenz der messenger-RNS in die Aminosäuresequenz des betreffenden Polypeptides „übersetzt‟. An der Translation beteiligen sich noch zwei weitere RNS-Formen, die ribosomale RNS und die transfer-RNS.

1. Transskription und Translation bei Mikroorganismen und Tieren [548, 579—597, 616—619, 656]

a) Transskription

Wie die Beweisführung zur Ein-Gen-Ein-Enzym-Hypothese zeigte, können Gene über die Bildung von genspezifischen Polypeptiden Merkmalsbildungen einleiten. Nehmen wir es als bewiesen an, daß DNS das genetische Material ist. Dann ergibt sich die Frage, wie diese DNS die Bildung von Polypeptiden steuert.

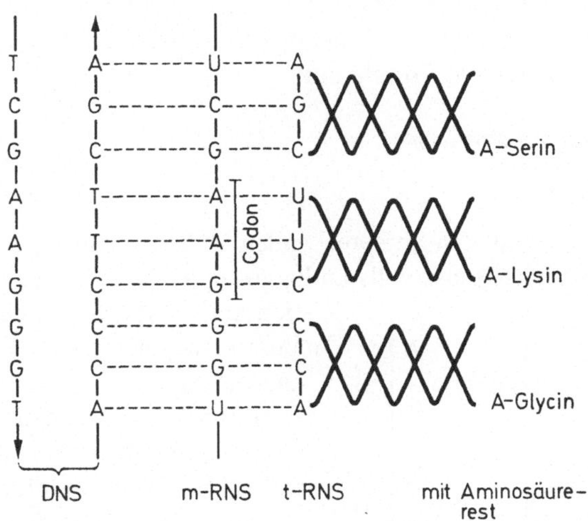

Abb. 79. Komplementarität der Basensequenzen in DNS, m-RNS und der Matrizen-Erkennungsregion der t-RNS. A = Adenin, G = Guanin, C = Cytosin, U = Uracil, T = Thymin

Erste Hinweise gaben cytologische Befunde, nach denen eine intensive Protein-synthese mit einem hohen RNS-Gehalt Hand in Hand geht (Lit. in [525]). Man vermutete deshalb, zwischen der RNS und der Proteinsynthese bestünde ein kausaler Zusammenhang. Eine Bestätigung dieser Vermutung schien zu sein, daß zumindest ein Großteil der Proteinsynthese an Ribosomen stattfindet. Denn die Ribosomen bestehen zu 40—60% aus RNS. In der Folge zeigte es sich jedoch, daß sich die ribosomale RNS bestenfalls indirekt an der Proteinsynthese beteiligt. Die Steuerung der Proteinsynthese erfolgt durch eine RNS anderer Art, die sich mit den Ribosomen assoziiert. Man hat diese RNS als messenger-RNS (Boten-RNS, m-RNS) bezeichnet [577], weil sie die genetische Information von der DNS abgreift und wie ein Bote ins Cytoplasma hineinträgt.

Die Synthese einer bestimmten m-RNS wird von derjenigen DNS katalysiert, die als genetisches Material für die betreffende Merkmalsbildung fungiert. Entlang eines Stranges der DNS-Doppelhelix entsteht ein m-RNS-Strang. Die DNS dient dabei als Matrize für die Synthese der m-RNS. Wie bei der Reduplikation der DNS ist die Basenpaarung das ordnende Prinzip, nur daß in der entstehenden RNS Thymin durch Uracil ersetzt wird. Die m-RNS ist also in ihrer Basen-sequenz der DNS-Matrize komplementär (Abb. 79). Die fertige m-RNS wird zu den Ribosomen transportiert, wo sie nun ihrerseits als Matrize bei der Synthese eines m-RNS-spezifischen Polypeptides dient (s. Translation).

Nun einige wichtigere Daten aus der Beweisführung.

a1. TMV-Infektion

Daß RNS Informationen für die Synthese von spezifischem Protein enthalten kann, zeigen die schon erwähnten Versuche zur Infektion mit isolierter RNS des Tabakmosaikvirus. Nach einer solchen Infektion mit isolierter RNS werden in den Wirtszellen komplette neue Viruspartikel gebildet. Die TMV-RNS besitzt also einmal autokatalytische Funktionen: die Virus-RNS wird vervielfacht. Darüber hinaus weist sie aber auch heterokatalytische Funktionen bei der Synthese von TMV-spezifischem Protein auf.

a2. Induzierte Proteinsynthese

a2.1. Phageninfektion

Infiziert man *E. coli* mit den entsprechenden Bakteriophagen, so wird die Synthese der zelleigenen RNS fast vollständig gestoppt. Verfolgt man nun die Situation mit Hilfe von radioaktiven RNS-Vorstufen genauer, so findet man, daß eine mengenmäßig geringfügige RNS-Fraktion von diesem generellen Synthesestopp nicht betroffen wurde: sie ist stark radioaktiv. Weitere Untersuchungen zeigten, daß diese RNS-Fraktion rasch gebildet, aber auch ebenso rasch wieder abgebaut wird. Sie unterscheidet sich von der ribosomalen RNS und von der transfer-RNS der Bakterien und entspricht in ihrer Basenzusammensetzung der DNS des infizierenden Phagen: sie ist „DNS-ähnlich". Man nahm an, diese RNS sei die von der Phagen-DNS induzierte m-RNS für die Synthese vor allem des Phagenproteins, eine Annahme, die in der Folge bestätigt werden konnte.

Schieben wir die Überlegung ein, wie die „DNS-Ähnlichkeit" zustande gekommen sein könnte (Abb. 80). Wenn nur ein Strang einer DNS-Doppelhelix m-RNS bildet, so ist die m-RNS der DNS-Matrize komplementär. Vergleicht man nun die Basenzusammensetzung dieser m-RNS mit derjenigen der *Gesamt*-DNS, so sollte

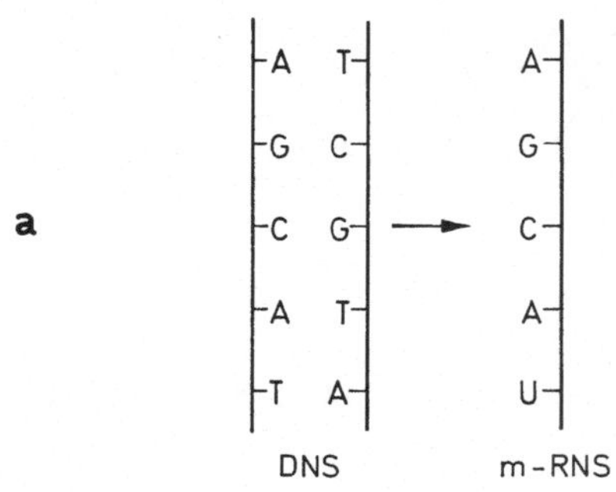

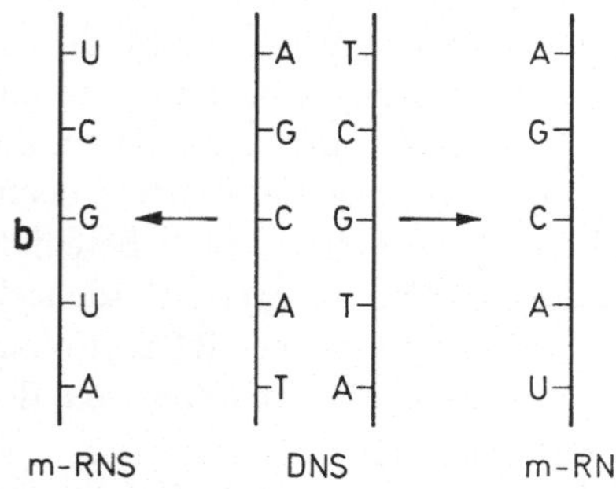

Abb. 80. Bildung von m-RNS durch einen (a) und durch beide (b) Stränge einer DNS-Doppelhelix

sie nicht „DNS-ähnlich" sein. Diese Aussage gilt unter der Voraussetzung, daß die m-RNS nun nicht ihrerseits als Matrize für eine RNS-Reduplikation dient. Wenn nun aber beide DNS-Stränge der Doppelhelix m-RNS bilden, so ist von den zwei m-RNS-Strängen jeder seiner DNS-Matrize komplementär und ähnelt der DNS-Matrize des anderen RNS-Stranges in der Basenzusammensetzung. In diesem Fall erhält man eine „DNS-ähnliche" RNS. Zumindest im Fall der Phagen sprechen nun alle Befunde dafür, daß nur ein Strang der DNS-Doppelhelix als Matrize dient. Die bei *in vivo*-Experimenten mit Phagen gefundene „DNS-Ähnlichkeit" könnte also eine Zufälligkeit sein. Vielleicht weist der kopierte DNS-Strang die gleiche Basenzusammensetzung wie die Gesamt-DNS auf [883]. Anders verhält es sich bei *in vitro*-Experimenten, bei denen beide Stränge vorgelegter DNS kopiert werden können (s. unten).

Die Basenzusammensetzung ist also wenig geeignet, um eventuelle Verwandtschaften zwischen DNS und RNS aufzuzeigen. Etwas weiter führt schon die Bestimmung der sog. Nachbarschaftsverhältnisse der Basen. Die beste Methode ist jedoch gegenwärtig die Hybridisierung. Denn ebenso wie DNS-Einzelstränge nach Maßgabe ihrer komplementären Basensequenzen zu vollständiger oder partieller Paarung gebracht werden können (S. 153), kann man auch einen DNS-Strang mit einem RNS-Strang komplementärer Basensequenz paaren [579, 538]. Solche DNS-RNS-Hybride bilden sich auch, wenn man die DNS des Phagen T2 mit der RNS kombiniert, die in *E. coli* nach der Infektion mit T2 gebildet worden war. Damit war gezeigt worden, daß diese neugebildete RNS zur Phagen-DNS komplementäre Basensequenzen aufwies, ein wichtiges Kriterium für ihren messenger-Charakter [603].

a2.2. Induzierte Enzymbildung

β-Galaktosidase ist ein Enzym, das Laktose in Galaktose und Glukose spaltet, darüber hinaus aber auch eine ganze Reihe ähnlich gebauter Substanzen zerlegt. *E. coli* enthält in Abwesenheit von Laktose nur kaum meßbare Mengen an β-Galaktosidase. Setzt man aber dem Nährmedium Laktose oder eines der anderen Substrate zu, so werden innerhalb kurzer Zeit erhebliche Quantitäten an β-Galaktosidase gebildet. Die Synthese des Enzyms wurde „induziert". Findet sich keine Laktose mehr im Nährmedium, geht die enzymatische Aktivität ebenso rasch wieder zurück. Daß bei dieser Enzyminduktion m-RNS im Spiele ist, wurde u.a. mit Hilfe des RNS-Antimetaboliten 5-Fluoruracil nachgewiesen. 5-Fluoruracil wird anstelle von Uracil in RNS eingebaut (S. 191). Beteiligt sich eine derart veränderte RNS als messenger an einer Proteinsynthese, so sollte dieses Protein, sofern es überhaupt noch gebildet wird, gegenüber dem Normalprotein verändert werden. Das ist bei der β-Galaktosidase der Fall: Ihre Synthese läßt sich in Anwesenheit von 5-Fluoruracil zwar noch induzieren, aber das Enzym weist kaum noch Aktivität auf [604]. Die Beteiligung von m-RNS an der Enzyminduktion wird damit ziemlich wahrscheinlich. Weitere Versuche zeigten, daß die betreffende RNS eine nur kurze Lebensdauer besitzt. Sie gleicht also auch in dieser Hinsicht der Phagen-induzierten m-RNS. In Anwesenheit des Induktors Laktose wird sie jedoch immer wieder neu gebildet. Das rasche Auftreten des Enzyms bei Zufuhr des Induktors und sein ebenso rasches Verschwinden nach Entfernung des Induktors geht auf eine entsprechende Kinetik der m-RNS zurück (die β-Galaktosidase selbst besitzt eine relativ kurze „Lebenszeit"). Der geschilderte Mechanismus erlaubt eine rasche Anpassung an veränderte Umweltbedingungen.

a3. m-RNS in „normalen" Bakterien

Die Verhältnisse bei der Enzyminduktion waren mit ausschlaggebend für die Aufstellung der m-RNS-Hypothese [577]. Phageninfektion und Enzyminduktion gleichen sich insofern, als in beiden Fällen eine Proteinsynthese induziert wird. Die Frage war, ob m-RNS auch von solchen induktiven Situationen abgesehen eine Rolle spielte. Bei der Planung klärender Experimente war zu berücksichtigen, daß die m-RNS nur einen geringen Prozentsatz der zellulären RNS stellt, bei der Phageninfektion z.B. rund 5%. Man stand damit vor der Schwierigkeit, die Synthese von m-RNS neben der Synthese der mengenmäßig überwiegenden ribosomalen RNS und transfer-RNS nachzuweisen. Dabei half, daß die m-RNS der Bakterien schneller gebildet wird als die sonstige RNS. Nach einer kurzfristigen Isotopen-Exposition sollte also vor allem die m-RNS markiert sein. Eine solche schnell markierte, mutmaßliche m-RNS ließ sich in der Tat auch in „normaler" E. coli nachweisen [605].

Ein Kunstgriff schaffte noch günstigere Voraussetzungen. Bakterien wurden aus einem Optimal- in ein Minimalmedium überführt, also auf Hungerkur gesetzt. Im Fachjargon spricht man von einem „step down". Im Minimalmedium geht die Proteinsynthese auf ein Mindestmaß zurück. Unmittelbar nach dem Umsetzen, d.h. in der Bakteriengeneration, die noch aus dem Optimalmedium stammt, sind dann mehr Ribosomen vorhanden, als für die nun verminderte Proteinsynthese notwendig wären. Unter diesen Bedingungen war nicht zu erwarten, daß die Bakterien noch zusätzlich Ribosomen bilden würden. Die geringfügige Proteinsynthese sollte mit Hilfe neugebildeter m-RNS an schon vorhandenen Ribosomen ablaufen. Oder mit anderen Worten: beim Übergang in das Minimalmedium sollte zwar noch m-RNS, aber kaum noch ribosomale RNS gebildet werden. Unter diesen Voraussetzungen sollte sich die m-RNS fassen lassen. Das gelang denn auch: es fand sich eine RNS, die einem schnellen Umsatz unterlag, in ihrer Basenzusammensetzung der DNS entsprach, mit der DNS der Bakterien hybridisierte und von der ribosomalen RNS verschieden war, eine RNS demnach, die man aufgrund dieser Kriterien als m-RNS bezeichnen durfte [606].

a4. RNS-Synthese im zellfreien System

Gegenwärtig kennt man zwei Enzymsysteme der RNS-Synthese, die aus verschiedenen Gründen wichtig sind, die Polynucleotid-phosphorylase und die RNS-Polymerase.

a4.1. Polynucleotid-phosphorylase [586]

Aus verschiedenen Herkünften konnten Enzymsysteme gewonnen werden, die Ribonucleosid-diphosphate unter Abspaltung von Phosphat zu Polyribonucleotiden zusammenschließen:

$$
\begin{matrix} n_1\,\text{ADP} \\ n_2\,\text{GDP} \\ n_3\,\text{UDP} \\ n_4\,\text{CDP} \end{matrix}
\;\underset{}{\overset{\text{Enzym, Mg}^{++}}{\rightleftharpoons}}\;
\begin{bmatrix} \text{AMP}_{n_1} \\ \text{GMP}_{n_2} \\ \text{UMP}_{n_3} \\ \text{CMP}_{n_4} \end{bmatrix}
+ (n_1 + n_2 + n_3 + n_4)\,\text{P}
$$

DNS ist zur Funktion der Enzyme nicht notwendig. Die Art des Produktes hängt von der Art und Menge der als Substrat eingesetzten Ribonucleosid-diphosphate ab. Setzt man nur ADP ein, so erhält man ein ebenfalls nur aus AMP bestehendes Homopolymer. Setzt man ADP und UDP im Verhältnis 2:1 ein, so bildet sich ein aus AMP und UMP im Verhältnis 2:1 zusammengesetztes Heteropolymer. Ganz entsprechend kann man mit drei oder mit allen vier Nucleosid-diphosphaten verfahren. Die Sequenz der einzelnen Nucleotide im Polynucleotid wird dabei durch den Zufall bestimmt.

Die Zusammensetzung des Produktes läßt sich also je nach Art und Menge der Substrate manipulieren. Des weiteren ist das Enzym vom Vorhandensein einer DNS-Matrize unabhängig. Das widerspricht den Anforderungen, die an ein Enzym der DNS-gesteuerten m-RNS-Synthese gestellt werden müssen. Die physiologische Bedeutung der Enzyme bleibt somit unklar. Jedoch besitzen sie erhebliche Bedeutung für die Aufklärung des genetischen Code. Denn mit ihrer Hilfe lassen sich Polyribonucleotide gewünschter mittlerer Basenzusammensetzung herstellen, die dann im zellfreien System auf ihre Matrizenfunktion bei der Inkorporierung bestimmter Aminosäuren in Protein getestet werden können (S. 186).

a4.2. DNS-abhängige Proteinsynthese im zellfreien System.

Schon die ersten Versuche zur Synthese von Protein im zellfreien System zeigten, daß zur Synthese eines definierten Proteins eine entsprechende DNS-Matrize notwendig ist. Zellfreie Systeme erlaubten die Bildung von β-Galaktosidase nur in Anwesenheit nativer DNS — und diese DNS mußte aus Stämmen von *E. coli* gewonnen werden, die das Gen für die Synthese von β-Galaktosidase enthielten. Außerdem mußten alle vier Ribonucleosid-triphosphate im zellfreien System vorhanden sein. Auf Grund dieser Befunde konnte angenommen werden, daß die DNS aus β-Galaktosidase-positiven Bakterien als Matrize für die Synthese einer m-RNS aus allen vier Ribonucleosid-triphosphaten dient, die dann ihrerseits die Bildung der β-Galaktosidase steuert [607].

Im Prinzip ähnliche Versuche wurden zur Synthese der Tryptophan-Synthetase von *Neurospora crassa*, des Diphtherie-Toxins und der α-Amylase von *Bacillus subtilis* durchgeführt (Lit. in [590]). Auch in diesen Fällen waren die Ergebnisse so, daß man ein Enzym postulieren mußte, das mit Hilfe von Ribonucleosid-triphosphaten und entlang einer DNS-Matrize m-RNS synthetisieren konnte. Ein solches Enzym ist die RNS-Polymerase.

a4.3. RNS-Polymerase

Das aus Mikroorganismen, tierischem und pflanzlichem Material bekannte Enzymsystem benötigt eine DNS-Matrize und alle vier Ribonucleosid-triphosphate als Substrat. In Anwesenheit zweiwertiger Metallionen wird aus den Triphosphaten unter Abspaltung von Pyrophosphat Polyribonucleotid gebildet. Die Enzymaktivität weist also in einigen Aspekten Parallelen zu derjenigen der DNS-Polymerase auf:

$$
\begin{array}{l}
n_1\ \text{ATP} \\
n_2\ \text{GTP} \\
n_3\ \text{UTP} \\
n_4\ \text{CTP}
\end{array}
\xrightarrow[\text{Mn}^{++}\ \text{oder Mg}^{++}]{\text{Enzym, DNS}}
\left[
\begin{array}{l}
\text{AMP}_{n_1} \\
\text{GMP}_{n_2} \\
\text{UMP}_{n_3} \\
\text{CMP}_{n_4}
\end{array}
\right]
+ (n_1 + n_2 + n_3 + n_4)\ \text{PP}
$$

Wesentlich ist, daß das Enzym eine DNS-Matrize benötigt. *In vitro* kann die RNS-Polymerase beide Stränge einer vorgelegten DNS als Matrize verwenden. Dadurch erklärt sich die bei *in vitro*-Versuchen oft beobachtete „DNS-Ähnlichkeit" der gebildeten RNS.

Nach **neueren** Befunden kopiert die RNS-Polymerase auch *in vitro* nur einen DNS-Strang, wenn man native DNS als Matrize einsetzt (Lit. in [597]). In Übereinstimmung damit stehen Ergebnisse, nach denen bei der Phageninfektion *in vivo* ebenfalls nur ein Strang der DNS kopiert wird. Man bezeichnet diese Selektion nur eines Stranges als „Asymmetrie". Der Mechanismus dieser Asymmetrie ist unbekannt.

Wenn überhaupt nur ein DNS-Strang kopiert wird, kann man fragen, wozu denn eigentlich zwei Stränge notwendig sind. *Eine* Denkmöglichkeit wäre, daß bei teilweisem oder völligem Verlust eines Stranges der zweite Strang als Muster für die Reparatur seines Partners (S. 146) dienen könnte. Die DNS-Doppelhelix wäre demnach also auch eine Art Versicherung gegen den Verlust genetischer Informationen.

Zu den RNS-Polymerasen gehört auch eine „RNS-Replicase", die in *E. coli* nach Infektion mit bestimmten RNS-Phagen ausgebildet wird. Das Enzym ist im Gegensatz zu anderen RNS-Polymerasen spezifisch auf die Phagen-*RNS* eingestellt. Es benützt Phagen-RNS auch *in vitro* als Matrize für die Synthese neuer infektiöser Phagen-RNS [1160]. Mit Hilfe der entsprechenden Enzyme kann man also nicht nur biologisch aktive DNS (S. 146), sondern auch biologisch aktive RNS im Reagenzglas synthetisieren.

a5. Natürliche DNS-RNS-Hybride

Wie erwähnt kann man im Reagenzglas leicht Hybride zwischen DNS und komplementärer RNS erhalten. Bei *E. coli*, das mit dem Phagen T2 infiziert worden war, ließen sich nun auch native DNS-RNS-Hybride, in diesem Fall zwischen Phagen-DNS und Phagen-induzierter m-RNS nachweisen [600]. Über native DNS-RNS-Hybride ist auch von *Neurospora* [601], *Chlorella* [602] und höheren Pflanzen (S. 214) berichtet worden. Ihr Vorkommen könnte ein weiteres Indiz für das Zutreffen der m-RNS-Hypothese sein, das allerdings noch einer Bestätigung durch eine genauere Charakterisierung der DNS-RNS-Komplexe bedarf.

a6. m-RNS-gesteuerte Protein-Synthese im zellfreien System

Wie die Abschnitte *a1—5* belegen, kann in verschiedenen Organismen eine RNS gebildet werden, die der jeweiligen DNS-Matrize komplementär ist. Damit ist nun noch nicht bewiesen, daß diese RNS auch die Funktion eines *messenger* ausübt, d.h. die Synthese von messenger-spezifischem Protein steuert. Immerhin lassen sich aus dem bisher Gesagten aber schon starke Indizien für eine solche messenger-Funktion gewinnen. So kann TMV-RNS — vermutlich über ein replicatives Doppelstrang-Stadium — zweifellos als Matrize für die Synthese von TMV-Protein fungieren. So ist die bei der Induktion der β-Galaktosidase gebildete RNS aller Wahrscheinlichkeit nach der messenger für die Synthese des β-Galaktosidase-Proteins. Trotz solcher Befunde stünde die Beweisführung aber doch auf recht schwachen Füßen, wenn es nicht gelungen wäre, sie u.a.

durch Daten zu ergänzen, die nach Einsatz von m-RNS in zellfreie Systeme der Protein-Synthese erhalten wurden.

Man geht von einem zellfreien System aus, das alle zur Protein-Synthese notwendigen Faktoren enthält: die Enzyme der Peptidbindung, die Aminosäuren-aktivierenden Enzyme, C^{14}-markierte Aminosäuren, transfer-RNS, Ribosomen als die Orte der Protein-Synthese (meistens aus *E. coli*), ATP und gegebenenfalls ein ATP-regenerierendes System sowie Mg^{++} (zur Funktion dieser Komponenten vgl. das Kapitel über Translation). Gibt man in ein solches System nun noch als letzten Faktor eine RNS bekannter Herkunft, so kommt es zu einer Stimulation der Protein-Synthese, die sich leicht an dem stark gesteigerten Einbau der C^{14}-markierten Aminosäuren in Protein erkennen läßt. Verfolgt man die Situation genauer, so stellt sich heraus, daß die Spezifität des gebildeten Proteins von der Art der eingesetzten RNS abhängt: Setzt man TMV-RNS oder RNS aus dem Phagen f2 oder RNS aus Reticulocyten (S. 173) ein, so bildet sich TMV-Protein [608] oder f2-Protein [609] oder Hämoglobin [610].

Nicht nur Ribosomen aus *E. coli* antworten auf eine RNS-Zufuhr mit RNS-spezifischer Proteinsynthese. Auch Ribosomenpräparate aus z.B. Reticulocyten synthetisieren nach Zufuhr von Reticulocyten-RNS ein Hämoglobin-ähnliches Protein [611—614]. Die Synthese von m-RNS-spezifischen Proteinen im zellfreien System bildet eine entscheidende Stütze der messenger-Hypothese.

In diesem Zusammenhang müssen auch Versuche mit „synthetischen" Polyribonucleotiden erwähnt werden, die man mit Hilfe der Polyribonucleotid-phosphorylase gewinnen konnte. Bringt man in ein zellfreies System aus *E. coli* ein „Poly-U" ein, das ist ein nur aus UMP aufgebautes Polyribonucleotid, so wird ein fast nur aus Phenylalanin bestehendes Polypeptid synthetisiert [615]. Derartige Versuche wurden in erster Linie zur Klärung des genetischen Code durchgeführt (S. 186). Hier ist von Interesse, daß selbst in einem solch extremen Fall die RNS-Matrize die Art des gebildeten Polypeptides diktiert.

a7. Kriterien für m-RNS

Stellen wir abschließend die wichtigsten Kriterien für m-RNS zusammen und versuchen wir, diese Kriterien zu werten. Einige von ihnen waren uns schon im vorhergehenden begegnet.

a7.1. Molekulargewicht

Anfangs glaubte man, der m-RNS ein einheitliches Molekulargewicht zuschreiben zu dürfen. Inzwischen hat sich jedoch gezeigt, daß m-RNS je nach Art und Herkunft ganz verschiedene Molekulargewichte aufweisen kann. Die Sedimentationskonstanten, die das Molekulargewicht widerspiegeln, rangieren bei Bakterien von 6—30 S. Es ist das bei Zutreffen der messenger-Hypothese auch gar nicht anders zu erwarten. Denn da die codierten Polypeptide eine fallweise verschiedene Kettenlänge aufweisen, sollte entsprechendes auch für die codierenden RNS-Matrizen gelten. Präparate aus m-RNS werden sich demnach als heterogen erweisen, weil sie in m-RNS-Gruppen von unterschiedlichem Molekulargewicht zerlegt werden können.

a 7.2. Verschiedenheit von ribosomaler und transfer-RNS

Ein weiteres Kriterium für m-RNS ist ihre Verschiedenheit von der ribosomalen RNS und der transfer-RNS, die sich über mehrere Methoden herausstellen läßt. Vielfach treten jedoch Schwierigkeiten auf, weil sich Kontaminationen der m-RNS mit der übrigen RNS der Zelle nicht immer ausschließen lassen. Hinzu kommt, daß die Abgrenzung der m-RNS von den Vorstufen der ribosomalen RNS umstritten ist [616].

a 7.3. Basenzusammensetzung

Wie erwähnt kann m-RNS in ihrer Basenzusammensetzung „DNS-ähnlich" sein. Es ist das dann zu erwarten, wenn beide Stränge einer DNS-Doppelhelix kopiert werden. Das ist *in vitro* möglich. *In vivo* wird dagegen zumindest bei Phagen nur ein DNS-Strang kopiert. In diesem Fall ist eine DNS-Ähnlichkeit in der Basenzusammensetzung höchstens auf Grund eines Zufalls zu erwarten und kann somit nicht als Kriterium für m-RNS dienen.

Noch etwas muß in diesem Zusammenhang erwähnt werden: Bereits bei Phagen wird in einem gegebenen kurzen Zeitraum nicht immer das ganze Genom transskribiert, sondern oft nur ein bestimmter Abschnitt davon. Bei höheren Organismen ist eine solche „differentielle Genaktivität" geradezu die Regel und ein wichtiges Entwicklungsprinzip (S. 230). Wenn aber nur Teile der DNS als Matrize für die Synthese von m-RNS dienen, kann eine eventuelle DNS-Ähnlichkeit, die doch aus methodischen Gründen stets auf die Gesamt-DNS Bezug nehmen muß, nur auf einem Zufall beruhen.

Aber davon ganz abgesehen ist eine auf der prozentualen Basenzusammensetzung basierende Ähnlichkeit sowieso wenig beweiskräftig. Denn sie gestattet keinerlei Rückschlüsse auf die Basensequenz, in der die genetische Information verschlüsselt ist (S. 182).

a 7.4. Komplementäre Basensequenzen

Aus dem eben Gesagten geht schon hervor, daß komplementäre Basensequenzen in DNS und RNS ein recht gutes Kriterium für m-RNS abgeben sollten. Denn die m-RNS muß der DNS-Matrize in der Basensequenz komplementär sein, wenn die m-RNS-Hypothese zutreffen soll. Die Hybridisierungstechnik erlaubt es, eine solche Komplementarität zu fassen. Nur darf man dabei nicht vergessen, daß auch die ribosomale RNS und die transfer-RNS von DNS codiert werden. Sowohl ribosomale RNS [620] als auch transfer-RNS [598, 599] hybridisieren infolgedessen mit den betreffenden DNS-Abschnitten. Da also jede zelluläre RNS von DNS codiert wird [580], sind komplementäre Basensequenzen ein Kriterium, das nicht nur für m-RNS zutrifft.

a 7.5. Kurzlebigkeit

Bei Bakterien kann m-RNS kurzlebig sein. Sie wird rasch gebildet und zerfällt ebenso rasch. Ihre Halblebenszeit beträgt bei *E. coli* und *Bacillus subtilis* rund 1—2 min. In der Praxis hat es sich darauf basierend eingebürgert, die nach kurzfristiger Inkubation mit radioaktiven RNS-Vorstufen (Pulsmarkierung) markierte

RNS als m-RNS zu bezeichnen. Das ist jedoch nur in erster Annäherung richtig. Denn stets wird auch beim „pulse-labelling" ein Teil vor allem der ribosomalen RNS mit markiert, natürlich um so mehr, je länger die Bakterien der Radioaktivität ausgesetzt waren (Lit. in [584]). Schnell markierte RNS muß also nicht nur m-RNS sein.

Und weiterhin: Schon bei Bakterien und Hefen ist eine relativ langlebige m-RNS bekannt (Lit. in [597]). Für höhere Organismen muß man es jedoch geradezu als Regel herausstellen, daß sie außer kurzlebiger auch langlebige RNS führen. Schon recht früh erkannte man, daß eine solche stabile m-RNS in den kernlosen Reticulocyten der Säugetiere vorliegen müsse. Die Reticulocyten sind unreife rote Blutkörperchen, deren wichtigste Funktion die Synthese von Hämoglobin ist. Die Reticulocyten der Säugetiere kommen dieser Funktion trotz des Fehlens des Kernes, d.h. trotz des Ausbleibens eines dauernden Nachschubs an m-RNS noch für geraume Zeit nach. Die beste Erklärung hierfür wäre, daß noch in Anwesenheit des Kernes eine m-RNS ausgebildet wird, die auch nach Verlust des Kernes erhalten bleibt und als Matrize für die Synthese von Hämoglobin dient. Versuche im zellfreien System bestätigten die Richtigkeit dieser Vermutung [578].

Ein weiteres Objekt, in dem schon früh langlebige m-RNS vermutet wurde, ist die Alge *Acetabularia*. Auch wenn man den Kern von *Acetabularia* entfernt, bleiben bestimmte kernspezifische morphogenetische Potenzen noch geraume Zeit erhalten, vermutlich auf der Basis langlebiger m-RNS [623, 624]. Schließlich mehren sich außer bei höheren Tieren gerade auch bei höheren Pflanzen die Befunde, die für das Vorliegen langlebiger m-RNS sprechen (S. 206).

Langlebige RNS, die schon vor der Zufuhr der Isotopen gebildet worden war, kann nun über das „pulse-labelling" nicht erfaßt werden. Kurzlebigkeit, in der Praxis schnelle Markierung, ist also auch aus diesem Grund kein ausreichendes Kriterium für m-RNS höherer Organismen.

a 7.6. Polyribosomen

Polyribosomen bestehen aus mehreren Ribosomen, die durch einen RNS-Strang miteinander verbunden sind. Eine Reihe von Befunden spricht dafür, daß es sich bei dem Verbindungsstrang um m-RNS handelt [591, 597). Damit ergibt sich ein weiteres Kriterium für m-RNS: m-RNS kann die RNS sein, die Ribosomen zu Polyribosomen verbindet. Da sich Polyribosomen bei einiger Sorgfalt ohne Zerbrechen anreichern lassen, ist das Kriterium für die Praxis brauchbar. Freilich setzt man voraus, daß jede RNS, die Ribosomen zu Polyribosomen verbindet, m-RNS sei. Des weiteren erfaßt man nur diejenige m-RNS, die sich an der Ausbildung von Polyribosomen beteiligt.

a 7.7. messenger-Funktion

Alle bisher erwähnten Kriterien lassen zu wünschen übrig. Das beste Kriterium ist der Nachweis der messenger-Funktion. Leider ist dieser Nachweis mit erheblichen Schwierigkeiten verbunden. Denn am überzeugendsten sind die Versuche, bei denen im zellfreien System m-RNS-spezifisches Protein gebildet wird. Aber trotz aller experimenteller Hindernisse wird man erst dann von einer m-RNS sprechen dürfen, wenn der Nachweis der messenger-Funktion geglückt ist. Auf die messenger-Funktion nehmen dann auch unter Hintanstellung der übrigen Kriterien neuere Definitionen Bezug. Unter Verwendung zweier solcher Definitionen [587, 597] läßt sich m-RNS folgendermaßen charakterisieren: *m-RNS ist ein vom Genom codiertes Polyribonucleotid, das die Sequenz von Aminosäuren in Polypeptidketten bestimmt. Zu ihrer katalytischen Funktion bei der Polypeptidsynthese verbindet sich m-RNS mit Ribosomen.*

Diese Definition führt bereits zum nächsten Abschnitt über Translation. Denn erst bei der Besprechung der Translation können Beweise dafür gebracht werden, daß RNS die Sequenz von Aminosäuren in Polypeptiden festlegen und somit definitionsgemäß m-RNS sein kann.

b) Translation

b1. Ribosomen

Die m-RNS-gesteuerte Proteinsynthese, die Translation, findet an den Ribosomen statt. Die Ribosomen von *E. coli* — die Ribosomen anderer Organismen sind grundsätzlich ähnlich gebaut — bestehen aus rund 60% RNS und 40% Protein. 85—90% der zellulären RNS liegen als ribosomale RNS (r-RNS) vor. Im allgemeinen ist die r-RNS in ihrer prozentualen Basenzusammensetzung von der DNS verschieden. Sie hybridisiert nur mit einem kleinen Abschnitt des Bakterien-Genoms. Es dürfte das derjenige DNS-Abschnitt sein, von dem aus sie gebildet wird [620—622].

Die Sedimentationskonstante der Ribosomen von *E. coli* beträgt rund 70 S. Läßt man in einer Ribosomensuspension die Konzentration an Mg^{++} unter 10^{-2} absinken, so zerfallen diese 70 S-Ribosomen in Untereinheiten von je 50 S und 30 S. Der Zerfall ist reversibel (vgl. Abb. 99).

Detaillierte Untersuchungen zur Biosynthese der Ribosomen von *E. coli* haben ergeben, daß die Ribosomen stufenweise aus kleineren Einheiten, den sog. Eosomen und Neosomen aufgebaut werden [616].

b2. Polyribosomen: m-RNS und Ribosomen

Bei der RNS-gesteuerten Proteinsynthese im zellfreien System wird die m-RNS mit fertigen Ribosomen kombiniert. Die gleichen Verhälnisse finden sich auch *in vivo*. Denn für *E. coli* konnte gezeigt werden, daß sich die Phagen-induzierte m-RNS mit Ribosomen assoziiert, die schon vor der Phageninfektion vorhanden waren [625]. Man nimmt an, daß dieser Befund allgemeine Gültigkeit beanspruchen darf. Die Transportform der genetischen Information, die m-RNS wird also auf schon vorhandenen Ribosomen deponiert. Die m-RNS bestimmt dann die Spezifität der an den Ribosomen ablaufenden Proteinsynthese. Demnach wären die Ribosomen, zumindest was die Spezifität der Proteinsynthese anbelangt, nur inerte Trägerorganellen.

m-RNS und Ribosomen können nun auch zu größeren Verbänden, den Polyribosomen, zusammentreten. Sie sind in der Ultrazentrifuge auf Grund ihrer höheren Sedimentationskonstante faßbar. Im elektronenoptischen Bild werden sie als meist spiralige Strukturen aus mehreren Ribosomen sichtbar, die auf einem verbindenden Strang aufgefädelt erscheinen. Der Strang wird von m-RNS gebildet. Allem Anschein nach läuft er zwischen der 50 S- und der 30 S-Einheit der Ribosomen hindurch. Den bisher erbrachten Daten zufolge kann in jedem einzelnen Ribosom eines Polyribosoms die genetische Information von der m-RNS abgelesen und Protein gebildet werden (Abb. 83).

Mit der Einführung der m-RNS in die Ribosomen ist die Maschinerie der Proteinsynthese einsatzbereit. Die zweite Seite des Geschehens ist die Aktivierung der Aminosäuren, ihre Übertragung auf die Matrize der m-RNS und ihr Zusammenschluß zu Polypeptiden. Hierbei spielen die transfer-Ribonucleinsäuren eine zentrale Rolle.

b3. transfer-RNS und die Adaptorhypothese [617]

Die Basensequenz der DNS und der von ihr codierten m-RNS bestimmt die Spezifität des zu bildenden Proteins. Diese Spezifität wird primär durch die Aminosäurensequenz bedingt. Die Sequenz der Purin- und Pyrimidin-Basen der m-RNS muß also in die Aminosäurensequenz des Proteins umgesetzt werden. Die Vermittlerrolle spielen die Moleküle der transfer-RNS (t-RNS): sie sind die „Adaptoren" zwischen den Basen der m-RNS und den Aminosäuren.

Für jede der rund 20 Aminosäuren, die als Bausteine von Proteinen wichtig sind, gibt es mindestens eine, oft sogar in ein und demselben Organismus mehr als eine Sorte t-RNS. Die Moleküle der t-RNS sind relativ klein, sie bestehen nur aus rund 70—80 Ribonucleotiden. Diese Nucleotidkette liegt zumindest über einen Großteil ihrer Länge als Doppelstruktur vor, die dadurch zustande kommt, daß sich die Kette streckenweise mit sich selbst paart. Wie Hybridisierungsversuche zeigten, wird auch t-RNS von einem bestimmten kleinen Abschnitt der DNS codiert [598, 599].

Charakteristisch für t-RNS ist das Vorkommen seltener methylierter Purine und Pyrimidine. Am 5'-Ende steht bei nahezu allen t-RNS-Formen G, am 3'-Ende bei allen t-RNS-Formen gleichermaßen die Sequenz —CCA. Die spezifischen Unterschiede der einzelnen t-RNS-Formen liegen im Mittelstück zwischen diesen gleichen Enden. Für einige t-RNS-Typen aus Hefen konnte die Nucleotid-Sequenz bereits aufgeklärt werden: zuerst für eine Alanin-t-RNS [618, 626], dann für zwei Serin-t-RNS-Formen [627] und schließlich für eine Tyrosin-t-RNS [628].

Jede t-RNS muß eine ganz bestimmte Aminosäure aufnehmen und an einen ganz bestimmten Ort der m-RNS übertragen können. Infolgedessen muß jede t-RNS mindestens zwei funktionelle Zentren aufweisen, eine Aminosäuren-Erkennungsregion und eine RNS-Matrizen-Erkennungsregion. Die *Aminosäuren-Erkennungsregion* bestimmt, welche Aminosäuren in einem enzymkatalysierten Prozeß an das CCA-Ende der t-RNS angehängt wird. Über ihre Funktion im einzelnen liegen lediglich noch nicht voll bewiesene Hypothesen vor (z.B. [629]).

Wie Untersuchungen zur Entschlüsselung des genetischen Code zeigten, bildet jeweils ein Nucleotid-Triplett auf der m-RNS das Schlüsselwort für den Einbau einer bestimmten Aminosäure in eine bestimmte Position des entstehenden Proteins (S. 182). Diesem Nucleotid-Triplett auf der m-RNS entspricht mit hoher Wahrscheinlichkeit auf der t-RNS ein komplementäres Nucleotid-Triplett, ein Anticodon als *Matrizen-Erkennungsregion* (Abb. 79). Das t-RNS-Triplett wird an das komplementäre m-RNS-Triplett angelagert. Damit wird die t-RNS und mit ihr die an ihrem CCA-Ende hängende Aminosäure in die richtige Position gebracht. Der gleiche Prozeß spielt sich mit allen Aminosäuren des zu bildenden Proteins ab.

Die Schlüsselexperimente zur Bestätigung dieser Adaptorhypothese seien kurz skizziert. Man könnte nämlich fragen, wozu überhaupt ein Adaptor in Form von t-RNS notwendig sei und ob nicht die Aminosäuren selbst sich an die entsprechende Position der m-RNS anlagern könnten. Man hat nun Cystein, das bereits an die zuständige Cystein-t-RNS angehängt war, durch Reduktion in Alanin umgewandelt. Dann wurde in Proteinen, die im zellfreien System (an Ribosomen von *E. coli* [630] und an Ribosomen aus Reticulocyten [631]) gebildet wurden, jeweils Cystein gegen Alanin ausgetauscht. In dem Hämoglobin etwa, das die Reticulocyten-Ribosomen synthetisierten, war Cystein durch Alanin ersetzt. Ganz entsprechend wurde bereits an seine t-RNS gebundenes Tyrosin zu 3,4-Dihydroxy-phenylalanin (Dopa) oxydiert. Ribosomen aus Reticulocyten bildeten dann ein Hämoglobin, in dem Tyrosin durch Dopa ersetzt war [632]. Die Versuchsergebnisse belegen, daß tatsächlich die t-RNS die Aminosäuren in ihre Position an der m-RNS bringt, also als Adaptor fungiert.

b4. Die Aktivierung der Aminosäuren und ihre Übertragung auf t-RNS

Vor ihrer Übertragung auf t-RNS müssen die Aminosäuren mit Hilfe von ATP aktiviert werden. Die beiden Schritte, Aktivierung und Übertragung lassen sich folgendermaßen zusammenfassen:

1. Aktivierung: Aminosäure + ATP + Enzym ⇌ Amino-acyl-AMP-Enzym + PP

2. Übertragung: Amino-acyl-AMP-Enzym + t-RNS ⇌ Amino-acyl-t-RNS + Enzym + AMP

Bei der Aktivierung entsteht unter Freisetzung von Pyrophosphat ein Komplex zwischen dem Enzym und dem Monoadenylat der Aminosäure. Im zweiten Schritt wird dann der Aminosäure-Rest von AMP auf t-RNS unter Freisetzung von AMP und Enzym übertragen. Die beiden Reaktionen werden bei Mikroorganismen von einem komplexen Enzymsystem katalysiert, das aus mehreren komplementären Faktoren besteht [633, 634]. Man nennt die betreffenden Enzymsysteme Aminosäuren-aktivierende Enzyme (Amino-acyl-t-RNS-synthetasen).

Die beiden wichtigsten Testmethoden auf die Aminosäuren-aktivierenden Enzyme sind:

a) Aminosäuren-abhängiger ATP-PP³²-Austausch. Die Aktivierungsreaktion (1) ist reversibel. Man setzt nun in den Test die jeweilige Aminosäure und P³²-Pyrophosphat (PP³²) ein. In der Reaktion von links nach rechts wird PP freigesetzt, in der Reaktion von rechts nach links wird PP, darunter auch zugesetztes PP³² in ATP inkorporiert. Bei Vorhandensein eines Enzyms, das die eingesetzte Aminosäure aktiviert, kommt es also zu einem Aminosäuren-abhängigen Austausch von nicht markiertem PP gegen PP³² im ATP. Die Höhe des Austausches kann als Maß für die Aktivität des betreffenden Aminosäuren-aktivierenden Enzyms benutzt werden.

b) Übertragung von Aminosäuren auf t-RNS. Man setzt C¹⁴-markierte Aminosäuren ein und bestimmt dann die Bildung von ebenfalls C¹⁴-markierter Amino-acyl-t-RNS.

In der Regel ist für jede Aminosäure ein besonderes aktivierendes Enzym vorhanden. Doch ist die Spezifität der Enzyme bei der Aktivierung nicht absolut.

Es kann auch einmal anstelle der Aminosäure A eine strukturell verwandte Aminosäure A′ aktiviert werden. Eine solche Fehlleistung kann dann im zweiten Schritt korrigiert werden: Die Übertragung auf die t-RNS erfolgt nur, wenn die t-RNS A, die Aminosäure A und das Enzymsystem A zusammenspielen. Die versehentlich aktivierte Aminosäure A′ wird zumindest in der Regel nicht auf die t-RNS A übertragen.

b5. Der Transfer der Aminosäuren auf die m-RNS und das Wachstum der Polypeptidkette (Abb. 81)

Das Wachstum einer Polypeptidkette an einem Ribosom stellt man sich folgendermaßen vor: m-RNS ist mit dem Ribosom assoziiert. Entlang der m-RNS wächst eine Polypeptidkette durch Anbau immer neuer Aminosäuren. Zwei Moleküle t-RNS, die gerade Aminosäuren herantransportiert hatten, befinden sich noch auf den entsprechenden Nucleotid-Tripletts der m-RNS. Eine der Aminosäuren ist mit der wachsenden Polypeptidkette bereits über eine Peptidbindung verknüpft. Alle anderen t-RNS-Moleküle sind von der m-RNS schon wieder freigesetzt worden. Über die früher eingebauten Aminosäuren hat die Polypeptidkette also

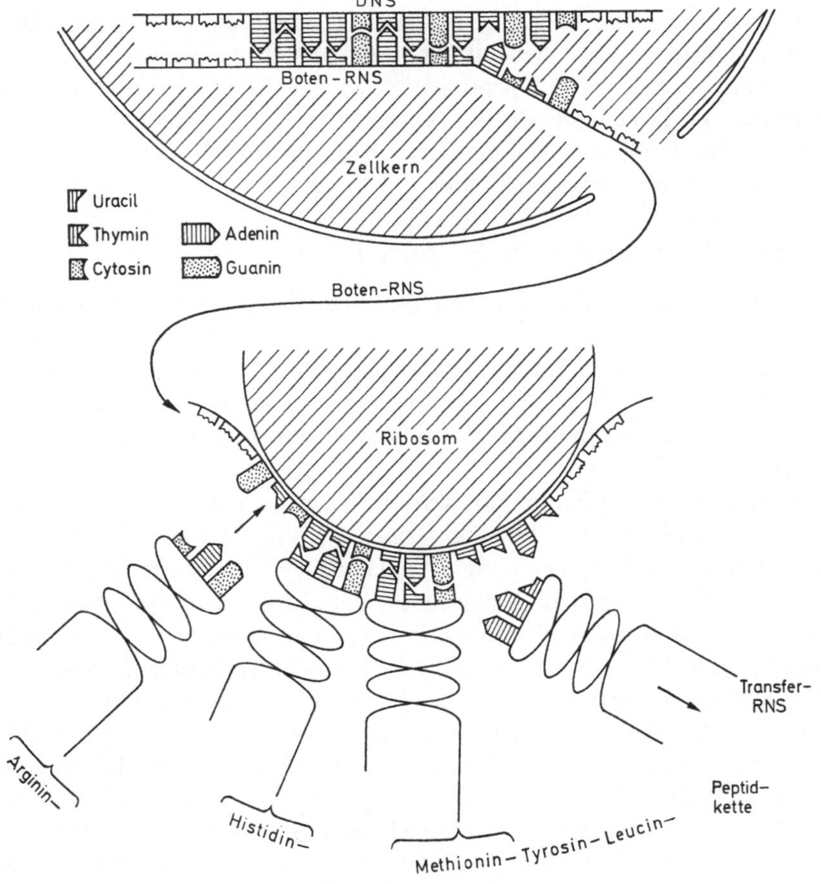

Abb. 81. Wachstum einer Polypeptidkette am Ribosom. (Aus [501])

keine Verbindung mit der m-RNS mehr. Nun gleitet die m-RNS — in Abb. 81 nach rechts — durch das Ribosom hindurch. Dadurch wird auf der m-RNS ein neues Triplett exponiert. Eine Amino-acyl-t-RNS mit einem komplementären Nucleotid-Triplett in ihrer Matrizen-Erkennungsregion lagert sich an dieses Triplett der m-RNS an. Die von ihr herangeführte Aminosäure wird über eine Peptidbindung mit dem Carboxylende der wachsenden Kette verknüpft. Die vorhergehende t-RNS wird frei und steht für weitere Transfers zur Verfügung. Die neue t-RNS hat damit vorübergehend die Polypeptidkette übernommen. Derselbe Prozeß wiederholt sich nun mit immer neuen Amino-acyl-t-RNS-Molekülen solange, bis die m-RNS abgelesen und die Polypeptidkette fertiggestellt ist. Erst die komplette Polypeptidkette wird vom Ribosom freigesetzt.

m-RNS wird bei Bakterien relativ schnell abgebaut. Doch kann sie auch bei Bakterien mehrere Runden der Polypeptidsynthese überstehen. Für *Bacillus subtilis* etwa hat man errechnet, daß auf ein Molekül m-RNS mit einer Halblebenszeit von rund 2 min ungefähr 20 Moleküle neugebildeten Proteins entfallen [635]. Das muß nun nicht unbedingt bedeuten, daß ein Molekül m-RNS 20mal durch je ein Ribosom hindurchgezogen wird. Denn in Polyribosomen (Abb. 83) können an einem Molekül m-RNS mehrere Polypeptidketten desselben Typs gleichzeitig synthetisiert werden.

Das eben entworfene Bild ist in seinen Einzelheiten weitgehend hypothetisch. Im Prinzip dürfte es aber dem tatsächlichen Ablauf entsprechen. Denn es ließ sich nachweisen, daß die Polypeptidketten an den Ribosomen wie zu erwarten schrittweise von ihrem N-Ende her synthetisiert werden und daß die Sequenz genetischer Informationen auf der DNS bzw. m-RNS in eine entsprechende Aminosäuren-Sequenz umgesetzt wird.

b 6. *Sequentielles Wachstum der Polypeptide* [591]

Der eben geschilderten Hypothese zufolge sollten Polypeptidketten an den Ribosomen von einem Ende her schrittweise wachsen, bis das letzte Triplett der m-RNS abgelesen und damit die letzte Aminosäure eingebaut ist. Ein solches sequentielles Wachstum der Polypeptide ließ sich in der Tat nachweisen. Es beginnt am NH_2-Ende (N-Ende) und schreitet zum COOH-Ende (C-Ende) der Polypeptidkette weiter.

Das sequentielle Wachstum läßt sich mit einer erstmals bei der Synthese des Hämoglobins angewendeten Technik verfolgen [636]. Reticulocyten des Kaninchens wurden zunächst langfristig mit Leucin-C^{14} inkubiert. Das gebildete Hämoglobin wurde isoliert und in seine α - und β-Ketten zerlegt (jedes Molekül Hämoglobin baut sich aus vier Molekeln Häm und je zwei α- und zwei β-Polypeptidketten auf [639]). Die α- und β-Ketten wurden zu Peptiden gespalten und in diesen Peptiden wurde die spezifische Aktivität des Leucins bestimmt. Sie war in allen Peptiden gleich. Das bedeutete, daß im Langfrist-Versuch jeder Kettenabschnitt gleichermaßen Leucin-C^{14} aufgenommen hatte. Das derart uniform markierte Langfrist-Hämoglobin diente in folgenden Kurzfrist-Versuchen als Bezugsgröße: Reticulocyten wurden zunehmend längere Zeitintervalle hindurch mit Leucin-H^3 inkubiert. Das aus jedem dieser Versuche stammende Hämoglobin-H^3 wurde mit Hämoglobin-C^{14} aus dem Langfristversuch gemischt.

Anschließend wurden die Hämoglobin-H^3-C^{14}-Mischungen wiederum in ihre α- und β-Ketten und diese in Peptide gespalten. In den Peptiden wurde der Gehalt an Leucin-H^3 und Leucin-C^{14} getrennt bestimmt und der Quotient H^3/C^{14} aufgestellt. Bei nur sehr kurzer Inkubation der Reticulocyten mit Leucin-H^3 lag der Wert dieses Quotienten weit unter 1,0. Je länger aber die Inkubation angedauert hatte, desto mehr näherte er sich dem Wert 1,0. Leucin war also sequentiell, nach und nach eingebaut worden. Ergänzende Untersuchungen zeigten, daß die Hämoglobin-Ketten vom N-Ende her gewachsen waren (Abb. 82).

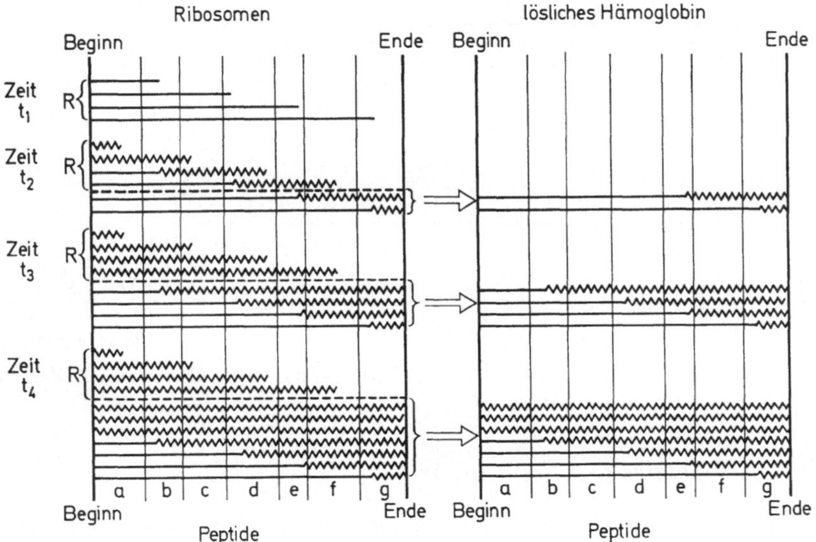

Abb. 82. Schema des sequentiellen Wachstums von Hämoglobin-Ketten vom N-Ende (links) zum C-Ende (rechts). Gerade Linien = nicht markierte Polypeptidabschnitte, Zickzack-Linien = markierte Polypeptidabschnitte. Unter R zusammengefaßte Polypeptidketten sind noch unfertig und haften am Ribosom (links), erst die fertigen Hämoglobinketten werden vom Ribosom freigesetzt (rechts). Zur Zeit t_1 wurden radioaktiv markierte Aminosäuren zugesetzt. Zu diesem Zeitpunkt schon begonnene Polypeptidketten wiesen dann nur an ihrem C-Ende einen jeweils verschieden langen markierten Polypeptidabschnitt auf. Ketten, deren Synthese erst nach der Zeit t_1 in den Zeiträumen t_2—t_4 begonnen hatte, sind über ihre ganze Länge hinweg radioaktiv markiert. (Aus [636])

Gleiche oder ähnliche Versuchsanordnungen führten auch bei der Synthese des Lysozyms aus dem Eiweiß, des Serum-Albumins von Ratten und der α-Amylase von *Bacillus subtilis* zum Nachweis eines sequentiellen Kettenwachstums (Lit. [591]). Entsprechende Versuche ließen sich auch mit isolierter Matrizen-RNS durchführen: RNS aus dem RNS-Phagen f2 steuert im zellfreien System ein ebenfalls sequentielles Wachstum. Und auch hier wurden die Aminosäuren am N-Ende vor den Aminosäuren am C-Ende des wachsenden Polypeptides eingebaut [637].

Man stellt sich nun vor, daß ein solches sequentielles Kettenwachstum an jedem Ribosom eines Polyribosoms stattfindet. In Abb. 83 sind 5 Ribosomen wiedergegeben, die auf einem Strang m-RNS aufgefädelt sind. Die m-RNS gleitet nach links durch die Ribosomen hindurch. Ribosom 1 hat eben erst mit dem Ablesen der m-RNS begonnen, die an ihm synthetisierte Polypeptidkette ist deshalb noch sehr kurz. Ribosom 5 andererseits schließt das Ablesen der m-RNS und die Synthese der Polypeptidkette gerade ab. Ein Ribosom 6 ist von der m-RNS bereits frei geworden. Die von ihm gebildete Polypeptidkette hat sich schon abgelöst. Experimentelle Befunde zur Bestätigung dieser Hypothese liegen vor (Lit. in [591]).

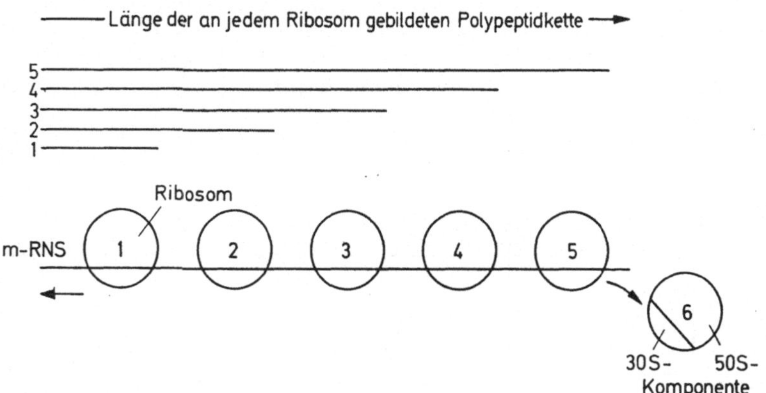

Abb. 83. Schema der Funktion eines Polyribosoms. Vgl. den Text. (Verändert nach [591])

b7. Sequenzhypothese und Colinearität

Es wurde schon mehrfach erwähnt, daß bei der Translation die Sequenz der Nucleotide in eine Sequenz der Aminosäuren umgesetzt wird. Den Beweis für das Zutreffen dieser Sequenzhypothese sind wir bislang schuldig geblieben. Er besteht in dem Nachweis einer Colinearität zwischen der Abfolge der Gene auf der Gentragenden Struktur, also etwa auf dem DNS-Doppelstrang von Bakterien und DNS-Phagen, zwischen der Abfolge der Nucleotide in der vermittelnden m-RNS und der Reihenfolge der Aminosäuren in der Polypeptidkette, die von dem betreffenden Genom-Abschnitt codiert wird.

Um diesen Nachweis zu erbringen, muß man also einmal die Reihenfolge der Gene kennen, d.h. man muß eine „Gen-Karte" aufstellen. Das kann mit Hilfe von Rekombinations-Experimenten geschehen. Und man muß dann beweisen, daß der ermittelten Gensequenz — die letztlich eine Sequenz von Desoxyribonucleotiden ist — eine bestimmte Nucleotid-Sequenz in der m-RNS und eine ebenso bestimmte Aminosäuren-Sequenz in der codierten Polypeptidkette entspricht.

b7.1. Colinearität zwischen Genom und Polypeptiden

Bei bestimmten Mutanten des Phagen T4D konnte man nun eine Colinearität zwischen Genen und Peptidsegmenten des codierten Proteins feststellen. Es handelte sich dabei um sog. „amber"-Mutanten, bei denen anstatt eines vollständigen Phagen-Kopfproteins nur Peptidfragmente desselben gebildet werden. Diese Peptidfragmente sind je nach der Mutante mehr oder weniger lang, weil sie aus mehr oder weniger einzelnen Peptid-Segmenten bestehen. Acht der insgesamt 11 faßbaren Peptid-Segmente ließen sich genetisch und chemisch exakt definieren. Dabei zeigte es sich, daß die 8 Peptid-Segmente im Kopfprotein des Phagen in der gleichen Reihenfolge angeordnet sind wie die jeweils codierenden Gene in der Genkarte des Phagen. Die Polypeptidkette des Kopfmaterials brach jeweils auf der Höhe ab, auf der im Genom eine Mutation stattgefunden hatte ([638], Abb. 84).

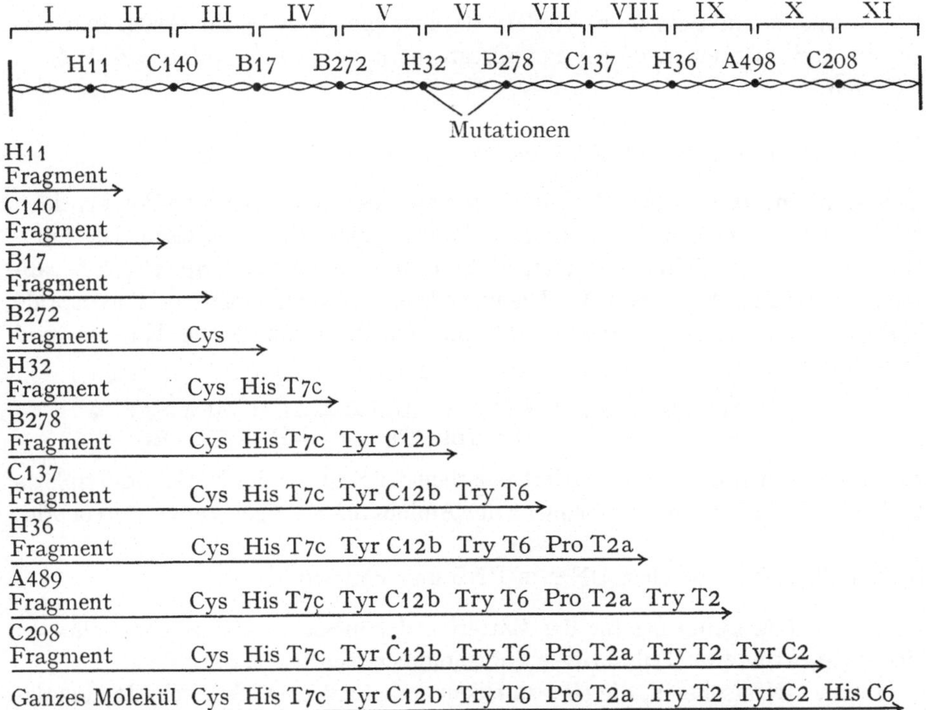

Abb. 84. Kolinearität zwischen Genen und Peptidsegmenten im Kopfprotein des Phagen T4D. Oben Genkarte, darunter Zusammensetzung der Peptidfragmente. Vgl. den Text. (Aus [638])

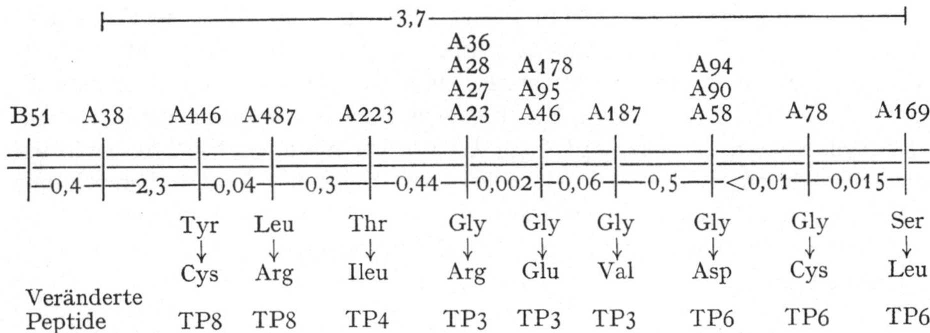

Abb. 85. Kolinearität zwischen Genen und Aminosäuren im A-Protein der Tryptophan-Synthetase von *E. coli*. Oben die genetische Karte mit den Nummern der Mutanten, ganz unten Bezeichnung der durch Aminosäure-Austausch in den Mutanten erhaltenen Peptide, dazwischen der Aminosäure-Austausch selbst. (Aus [641])

In den Peptiden sind die Aminosäuren in einer für jedes Peptid charakteristischen Art, Zahl und Reihenfolge angeordnet. Wäre dem nicht so, ließen sich die Peptid-Segmente nicht eindeutig definieren. Mit der Colinearität der Peptid-Sequenz ist also auch die Colinearität der Aminosäuren-Sequenz bewiesen.

Vollends überzeugend sind Untersuchungen zur Bildung der Tryptophan-Synthetase von *E. coli*. Das Enzym besteht aus einer A- und einer B-Komponente. Für die A-Komponente ließ sich die gesamte Aminosäuren-Sequenz ermitteln [641]. In mühevoller Detailarbeit konnte hier nicht nur eine Colinearität zwischen Genen und Peptidsegmenten, sondern darüber hinaus zwischen Genen und einzelnen Aminosäuren in diesen Peptidsegmenten aufgezeigt werden (640, 642], Abb. 85).

b7.2. Colinearität zwischen RNS und Polypeptiden

Eine Colinearität zwischen RNS und den von dieser RNS codierten Polypeptiden wurde in Versuchen mit synthetischen Polyribonucleotiden bewiesen. Die Polyribonucleotide enthielten alternierend bestimmte Nucleotid-Tripletts, z.B. abwechselnd immer ACA und CAC. Die im zellfreien System gebildeten Polypeptide enthielten dann ganz entsprechend alternierend die Aminosäuren Threonin und Histidin [643, 644]:

```
Polyribonucleotid  ACA–CAC–ACA -------- CAC–ACA–CAC
Polypeptid         Thr– His– Thr -------- His– Thr– His
```

Damit bestand also eine Colinearität zwischen der Sequenz der Nucleotid-Tripletts in der RNS-Matrize und der Sequenz der Aminosäuren im gebildeten Polypeptid.

b7.3. Colinearität zwischen DNS, m-RNS und Polypeptid

Die ideale Beweisführung für das Zutreffen der messenger-Hypothese sollte an einem Objekt in zwei Teilschritten vorgenommen werden: Man sollte

1. eine RNS isolieren, die eine zu einem codierenden DNS-Abschnitt komplementäre Basensequenz aufweist, und

2. mit Hilfe dieser RNS möglichst im zellfreien System die Synthese eines Polypeptides erzielen, dessen Aminosäuren-Sequenz der Nucleotid-Sequenz der RNS colinear ist.

Erste Ansätze in dieser Richtung sind vorhanden. Mit Hilfe „synthetischer" DNS bekannter Nucleotid-Sequenz wurde „synthetische" RNS mit ebenfalls bekannter Nucleotid-Sequenz gewonnen. Diese RNS hinwiederum diente im zellfreien System als Matrize für die Synthese eines Polypeptides mit korrespondierender Aminosäuren-Sequenz. Auf diese Art wurden die unter b7.2. aufgeführten Versuche durchgeführt [643, 644]. Der entsprechende „ideale" Versuch mit natürlich vorkommenden Nucleinsäuren steht noch aus. Doch genügen die bislang erbrachten Daten, um das Konzept der messenger-Hypothese als bewiesen zu betrachten.

c) Der genetische Code [271, 583, 648—660]

In den vorhergegangenen Abschnitten war gezeigt worden, daß die genetische Information in Nucleinsäuren enthalten ist. Die Nucleotide der Nucleinsäuren sind dabei die Buchstaben einer Schrift, in der diese genetische Information niedergelegt ist. Die Nucleotid-Buchstaben ihrerseits bilden Worte, von denen jedes die Anweisung zum Einbau einer ganz bestimmten Aminosäure in Polypeptid bedeutet. Die Worte hinwiederum sind zu Wortfolgen, zu Sequenzen zusammengestellt, denen eine Aminosäuren-Sequenz im Polypeptid entspricht. In diesem Abschnitt soll nun kurz auf die Entschlüsselung des genetischen Code eingegangen werden. Entschlüsselung bedeutet, das Schlüsselwort oder *Codon* zu ermitteln, das in der RNS-Schrift für eine bestimmte Aminosäure steht. RNS-Schrift deshalb, weil m-RNS mit Hilfe der t-RNS als Matrize für die richtige Postierung der richtigen Aminosäure im zu bildenden Polypeptid dient. Der zu entschlüsselnde Code ist also primär ein RNS-Code. Doch läßt sich von dem einmal enträtselten RNS-Code ausgehend auch der DNS-Code, von dem die genetische Information bei der Transskription auf m-RNS abgegriffen wurde, ohne weiteres rekonstruieren. Denn jedem Codon auf der m-RNS entspricht auf der DNS ein nach den Regeln der Basenpaarung komplementäres Gegenstück, ein Anticodon (Abb. 79).

Zum Verständnis einiger Passagen in den vorhergehenden Abschnitten war vorweggenommen worden, daß die Code-Worte aus einem Nucleotid-Triplett bestehen. Einige Versuche, die in erster Linie der Entschlüsselung des genetischen Code dienen sollten, waren dabei schon erwähnt worden.

Höhere Pflanzen haben zur Entschlüsselung des genetischen Code eigentlich nur insofern einen rühmenswerten Beitrag geleistet, als ihre Zellen die Maschinerie zur Vermehrung des TMV stellten. Dennoch soll hier auf eine wenn auch knappe Besprechung des genetischen Code nicht verzichtet werden, nicht nur der Vollständigkeit halber, sondern weil die Entschlüsselung des genetischen Code eines der faszinierendsten Kapitel der modernen Genetik darstellt.

c1. Indirekte Analysen an Mutanten

c1.1. Acridin-Mutanten [645]

Die gängigen Polypeptide bauen sich aus rund 20 Aminosäuren auf. Für diese 20 Aminosäuren sollten also mindestens 20 verschiedene Code-Worte vorhanden sein. Die RNS-Schrift verfügt nur über die vier Buchstaben A, U, G und C. Die Code-Worte müssen also aus mehreren Buchstaben kombiniert werden. Es fragt sich nur, aus wievielen. Zwei Buchstaben sind zu wenig, denn mit ihrer Hilfe lassen sich nur $4^2 = 16$ verschiedene Kombinationen, also auch nur 16 verschiedene Code-Worte herstellen. Drei Nucleotid-Buchstaben dagegen gestatten es, $4^3 = 64$ Kombinationen zu bilden, mehr als für die rund 20 Aminosäuren benötigt werden. Schon die Zahl 64 schien recht hoch gegriffen (sie ist es nicht ganz so sehr, weil der Code „degeneriert" ist, d.h. weil für eine Aminosäure mehrere Code-Worte vorhanden sein können, vgl. Tabelle 21). Um so mehr konnte man davon absehen, Schlüsselworte aus allen vier Nucleotiden in Erwägung zu ziehen. Aus Gründen der Kombinatorik nahm man es also als recht wahrscheinlich an, daß ein Code-Wort aus drei Nucleotiden bestünde.

Erste Hinweise auf die Richtigkeit dieser Annahme erbrachten Mutationsversuche mit Acridinfarbstoffen, vor allem mit Proflavin. Insbesondere die sog. rIIB-Region im Genom des Phagen T4 wurde genauer untersucht. Acridine

erzeugen Mutationen dadurch, daß — vereinfacht dargestellt — in den Nucleinsäuren einzelne Nucleotide entweder fortgelassen oder zusätzlich eingeschoben
werden. Man kann nun durch „Kreuzen" von Einfach-Mutanten mehrere Mutationen in einem Genom vereinigen. Dabei kann es bei bestimmten Kombinationen
von Einfach-Mutationen zu einer Kompensation kommen: Die Mehrfach-Mutanten
werden phänotypisch „normal".

Läßt man z.B. ein Nucleotid in Fortfall kommen, so erhält man eine Mutante
(Abb. 86). Ebenso, wenn man zwei Nucleotide eliminiert. Bei einem Fortfall von
drei Nucleotiden dagegen kann der Phänotyp normal sein. Diese Daten sprechen
für folgende Situation: Die Code-Worte bestehen aus je drei Nucleotiden. Sie

```
0   A A G  A A G  A A G  A A G  A A G  . . .   normal

1   A A G ↓ A G A  A G A  A G A  A G   . . .   mutiert

2   A A G   A G ↓ A G A  A G A  A G    . . .   mutiert

3   A A G   A G   ↓ G A A G A A G      . . .   phänotypisch
                                                normal
```

Abb. 86. Triplett-Sequenzen und Phänotyp bei unveränderter Matrize (0) und bei
Fortfall (↓) von ein (1), zwei (2) oder drei (3) Nucleotiden

sind ohne „Komma", d.h. ohne Dazwischenschalten von trennenden Nucleotiden,
hintereinander gereiht. Das Ablesen der Code-Worte kann dann an dem einen
Ende der RNS begonnen und ohne Unterbrechung bis zu dem anderen Ende
fortgeführt werden. Läßt man nun ein oder zwei Nucleotide fort, so verschiebt
sich das Leseraster: Mutanten-Proteine werden gebildet. Fallen aber drei Nucleotide fort, so wird nach dem dritten Defekt die alte Sequenz wieder hergestellt.
Wenn der zwischen dem ersten und dritten Defekt veränderte RNS- und damit
auch Polypeptid-Abschnitt die Funktion des Gesamtproteins nicht beeinträchtigt
— und das ist um so eher denkbar, je kürzer er ist —, ist der Phänotyp der Drei-
fach-Mutante normal.

Die Untersuchungen an Acridin-Mutanten sprachen somit für einen komma-
losen Code aus Nucleotid-Tripletts, der von einem Startpunkt her ohne Unterbrechung abgelesen werden kann.

c1.2. Nitrit-Mutanten des TMV [583, 650, 651, 658, 660]

In der RNS des TMV lassen sich bestimmte Basen mit Nitrit in saurem
Medium, also praktisch mit Salpetriger Säure desaminieren. Nach einer solchen
Nitrit-Behandlung erhält man Mutanten des Virus, die analytisch faßbare Ver-
änderungen in der Aminosäuren-Zusammensetzung ihrer Protein-Hülle aufweisen.
Diese Veränderungen bestehen darin, daß Aminosäuren nach bestimmten Regeln
gegeneinander ausgetauscht werden.

Durch Nitrit lassen sich folgende Übergänge (Transitionen, vgl. S. 196) zwischen den Basen erzielen: von C zu U, von A zu H (Hypoxanthin) und von G
zu X (Xanthin). Der Übergang von G zu X ist für unsere Fragestellung belang-
los, denn die erzeugten Mutanten sind wahrscheinlich funktionsunfähig. H paart
wie G, d.h. der Übergang von A zu H ist praktisch eine Transition von A zu G.

Man kann also mit zwei Übergängen, C zu U und A zu G operieren. Diese Übergänge sind irreversibel.

Weiterhin war aus Versuchen im zellfreien System bekannt, daß „Poly-U" ein Poly-phenylalanin codiert (S. 171). Bei Annahme eines Triplett-Code lautet das Code-Wort für Phenylalanin also UUU.

Diese beiden Fakten, die zwei wichtigen Transitionen und das ermittelte Code-Wort für Phenylalanin erlaubten nun Vorhersagen über die Umwandlungen der 64 möglichen Tripletts. Man kann die Umwandlungsmöglichkeiten in Form von 8 Oktetten wiedergeben, die in UUU münden. Ein solches Oktett ist in Abb. 87

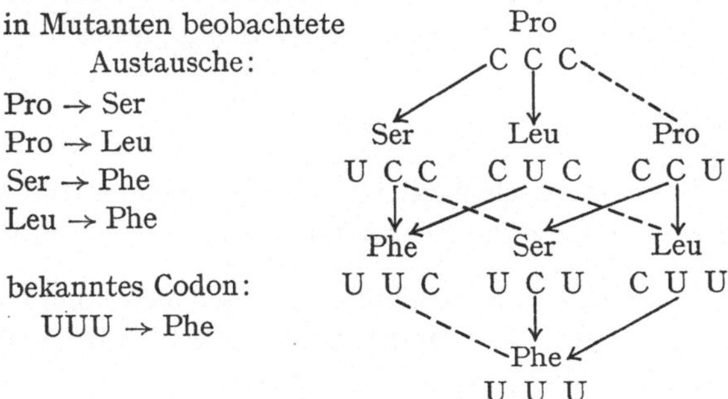

Abb. 87. Mögliche Transitionen und (teilweise beobachteter) Aminosäuren-Austausch in Nitrit-Mutanten des TMV. Vgl. den Text. (Nach [660])

wiedergegeben. Jeder Übergang in diesem Oktett bedeutet eine Mutation, die sich am Austausch einer Aminosäure im Virus-Protein erkennen lassen sollte. Eine bei einer Reihe von Mutanten aufgefundenen Succession im Aminosäure-Austausch sollte auf eine entsprechende Succession von Transitionen zurückgehen. Die Abfolge im Aminosäuren-Austausch sollte also Rückschlüsse auf die Zusammensetzung der jeweiligen Code-Worte erlauben. Das war in der Tat möglich. Abb. 87 enthält in Oktett-Form die beobachteten Aminosäuren-Austausche, die mit den möglichen Transitionen in Deckung gebracht worden sind. Damit liegt die Nucleotid-Zusammensetzung der Code-Worte fest. Im wesentlichen stimmen die so gewonnenen Daten und die im zellfreien System erbrachten miteinander überein.

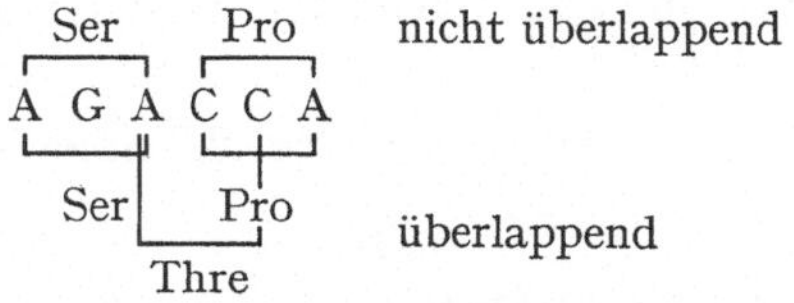

Abb. 88. Überlappender und nicht überlappender Code. (Nach [660])

An Nitrit-Mutanten des TMV konnte auch gezeigt werden, daß der Code nicht „überlappend" ist: Ein gegebenes Nucleotid beteiligt sich nie am Aufbau von mehr als einem Code-Wort. Der Beleg hierfür kann darin gesehen werden, daß bei der überwiegenden Mehrzahl der Nitrit-Mutanten nur jeweils eine einzige Aminosäure im Protein ausgetauscht wird, nie zwei, wie bei einem überlappenden Code zu erwarten wäre (Abb. 88). Auch daß der Code degeneriert sein kann, ließ sich an Nitrit-Mutanten nachweisen.

Beim A-Polypeptid der Tryptophan-Synthetase von *E. coli* [652, 653] wurden induzierte Mutanten und beim Hämoglobin der Menschen [648] spontane Mutanten in ähnlicher Weise auf Aminosäure-Austausch hin untersucht. Neuerdings konnte auch ein von der rIIB-Region der Phagen T4 codiertes Protein gefaßt und auf seine Aminosäure-Zusammensetzung hin überprüft werden. Es handelte sich um das Lysozym aus der Normalform und aus Acridin-Mutanten [661]. Es war das insofern von Wichtigkeit, als die rIIB-Region zwar genetisch sehr eingehend analysiert worden war, ohne daß man zuvor den gefaßten Genen von ihnen codierte Proteine hatte zuordnen können. Die bei all diesen Untersuchungen gewonnenen Daten stimmen im wesentlichen mit den Ergebnissen überein, die am TMV und im zellfreien System erhalten werden konnten.

c2. Direkte Analyse im zellfreien System

c2.1. Versuche mit „synthetischen" Polyribonucleotiden bekannter durchschnittlicher Nucleotid-Zusammensetzung, aber unbekannter Nucleotid-Sequenz

Mit Hilfe der Polyribonucleotid-phosphorylase lassen sich Polyribonucleotide herstellen, deren durchschnittliche Basenzusammensetzung dirigiert werden kann (S. 169). Diese „synthetischen" Polyribonucleotide kann man im zellfreien System als Matrize für die Synthese von Polypeptiden verwenden, deren Aminosäuren-Zusammensetzung man dann bestimmt. Ein „Poly-U" etwa codiert ein „Polyphenylalanin". Bei Annahme eines Triplett-Code ist demnach UUU ein Code-Wort für Phenylalanin.

Verabreicht man der Polyribonucleotid-phosphorylase CDP und ADP im Verhältnis 2:1, so erhält man ein Polyribonucleotid, das C:A ebenfalls im Verhältnis 2:1 führt. Im Durchschnitt wird also jedes Triplett dieses Polyribonucleotides 2 C und 1 A enthalten. Wenn dann im zellfreien System ein Polypeptid gebildet wird, in dem neben anderen Aminosäuren vor allem Histidin nachgewiesen werden kann, liegt die Annahme nahe, daß das Code-Wort für Histidin 2 C und 1 A enthält. Nur weiß man damit noch nicht, welches die Reihenfolge der Nucleotide im Code-Wort ist, CCA, CAC oder ACC.

Nach dieser simplifiziert dargestellten Methode ist es also möglich, die Nucleotid-Zusammensetzung eines Code-Wortes zu ermitteln. Zur Reihenfolge der Nucleotide im Code-Wort sind aber nur in Sonderfällen erste Aussagen möglich.

c2.2. Versuche mit synthetischen Ribonucleotid-Tripletts bekannter Nucleotid-Sequenz [647]

m-RNS wird zur Translation mit Ribosomen assoziiert. Man kann nun in ein zellfreies System eine RNS sehr geringer Länge, ein Nucleotid-Triplett mit bekannter Nucleotid-Sequenz einsetzen. Auch diese „RNS", die in ihrer Nucleotid-Zahl einem Code-Wort entspricht, wird dann mit Ribosomen kombiniert. Sie vermag freilich keine Polypeptid-Synthese zu steuern. Aber die entsprechenden Moleküle Amino-acyl-t-RNS werden sich mit ihren Anti-Codons an diese Tripletts und damit an die Ribosomen anlagern. Ein Triplett, das auf diese Weise eine bestimmte Amino-acyl-t-RNS an den Ribosomen fixiert, ist das Code-Wort für diejenige Aminosäure, die an der t-RNS befestigt ist. Da die Reihenfolge der

Nucleotide im eingesetzten Triplett bekannt ist, läßt sich nicht nur die Nucleotid-Zusammensetzung der Code-Worte, sondern auch die Position der Nucleotide im betreffenden Codon angeben (Tabelle 21).

c2.3. Versuche mit „synthetischen" Polyribonucleotiden bekannter Nucleotid-Sequenz [643, 644, 662]

Mit Hilfe synthetischer Methoden wurde zunächst DNS gewonnen, die sich aus bekannten Tripletts zusammensetzte. Diese DNS wurde der RNS-Polymerase als Matrize vorgelegt. Man erhielt dann Polyribonucleotide mit bekannter Triplett-Sequenz. Entweder wiederholte sich in den Polyribonucleotiden ein Triplett immer wieder oder zwei verschiedene Tripletts wechselten beim Aufbau des Poly-ribonucleotides miteinander ab.

```
A A G A A G A A G A A G A A G
|___| |___| |___| |___| |___|  ——→ Poly-Lysin
_| |___| |___| |___| |___| |__  ——→ Poly-Arginin
__| |___| |___| |___| |___| |_  ——→ Poly-Glutaminsäure
```

Abb. 89. Drei Möglichkeiten beim Ablesen eines Polyribonucleotides aus nur einer Sorte Triplett. (Daten in [644], Zeichnung nach [660])

Setzte man ein Polyribonucleotid aus nur einer Triplett-Sorte im zellfreien System ein, so erhielt man drei verschiedene Polypeptide, die aus jeweils nur einer Aminosäure aufgebaut waren. Das entspricht der Erwartung (Abb. 89). Denn einmal enthält die „synthetische" RNS keine Anweisung zum Start des Ablesens an einer ganz bestimmten Stelle, wie sie in natürlicher RNS enthalten ist. Demnach kann das Ablesen an jedem der drei Nucleotide eines Tripletts beginnen. Wenn dann ohne „Komma", wie wir schon erwähnten, einfach weiter-gelesen wird, müssen drei verschiedene, jeweils nur aus einer ganz bestimmten Aminosäure zusammengesetzte Polypeptide entstehen. Der Versuchsausfall zeigte wieder, daß der Code ein kommaloser, nicht überlappender Triplett-Code ist.

Nun wurde ein Polyribonucleotid ins zellfreie System gebracht, das abwechselnd aus zwei verschiedenen Tripletts aufgebaut war (S. 182). Das entstehende Poly-peptid enthielt in äquimolekularen Mengen nur zwei Aminosäuren, im Beispiel der Abb. 85 Threonin und Histidin, die in Korrespondenz zu den Tripletts mit-einander alternierten. Das Ergebnis bewies einmal mehr, daß der Code ein kommaloser, nicht überlappender Triplett-Code ist. Darüber hinaus war auch die Nucleotid-Sequenz in den Code-Worten bekannt. Daß der Versuch zur Stütze der Sequenz-Hypothese beitrug, wurde schon erwähnt.

Zusammenfassung: Der genetische Code ist ein Triplett-Code. Er ist degene-riert, kommalos und nicht überlappend. Die Code-Worte für die rund 20 wichtigen Protein-Aminosäuren sind bekannt (Tabelle 21).

Fügen wir noch hinzu: Das Ablesen der vorgelegten m-RNS erfolgt vom 5'-Ende zum 3'-Ende. Es gibt besondere Code-Worte für den Beginn und das Ende des Ablesens. Cäsuren durch solche Zeichen werden insbesondere dann not-wendig, wenn ein Molekül m-RNS mehrere Polypeptidketten codiert.

Tabelle 21. *Die entzifferten Code-Worte. Stand von 1967. Am Rand die Nucleotid Buchstaben der Code-Worte: linke Seite 1. Buchstabe, oben 2. Buchstabe, rechte Seite 3. Buchstabe des jeweiligen Codons. UUU = Phenylalanin, GCA = Alanin usf.* (Nach [660])

	U	C	A	G	
U	Phe	Ser	Tyr	Cys	U
	Phe	Ser	Tyr	Cys	C
	Leu	Ser	„Ende"	Cys?	A
	Leu	Ser	„Ende"	Try	G
C	Leu	Pro	His	Arg	U
	Leu	Pro	His	Arg	C
	Leu	Pro	$Glu-NH_2$	Arg	A
	Leu	Pro	$Glu-NH_2$	Arg	G
A	Ileu	Thr	$Asp-NH_2$	Ser	U
	Ileu	Thr	$Asp-NH_2$	Ser	C
	Ileu	Thr	Lys	Arg	A
	Met, „Anfang"	Thr	Lys	Arg	G
G	Val	Ala	Asp	Gly	U
	Val	Ala	Asp	Gly	C
	Val	Ala	Glu	Gly	A
	Val	Ala	Glu	Gly	G

Wesentlich ist außerdem, daß der Code universell gültig zu sein scheint. Die wichtigsten Stützen für diese Auffassung sind:

a) Mit verschiedenen Methoden an verschiedenen Objekten ermittelte Code-Worte stimmen miteinander im großen und ganzen überein. Es gilt das nicht nur für das TMV und *E. coli*, sondern auch für weitere Organismen. So weisen *E. coli*, mehrere tierische Objekte und die einzellige Alge *Chlamydomonas* für mindestens 7 Aminosäuren die gleichen Code-Worte auf [663]. Auch Weizenkeimlinge besitzen für alle getesteten Aminosäuren Code-Worte mit fast derselben Nucleotid-Zusammensetzung wie *E. coli* [664].

b) Im zellfreien System lassen sich Komponenten der verschiedensten Herkunft miteinander kombinieren, ohne daß die RNS-spezifische Translation beeinträchtigt wird.

Wenn auch manche Einzelheiten verschieden sein mögen, darf man so doch die Meinung vertreten, daß in den Untersuchungen an Viren und Bakterien auch der für höhere Pflanzen gültige genetische Code ermittelt wurde.

2. Transskription und Translation bei höheren Pflanzen [665—668]

Der entscheidende Passus im Konzept der Transskription und Translation ist die Existenz von m-RNS. Wir wollen uns deshalb im folgenden zuerst mit Versuchen zum Nachweis von m-RNS in höheren Pflanzen befassen.

a) Selektive Hemmungen mit Antimetaboliten zum Nachweis von m-RNS

Die Definition der m-RNS basiert auf der messenger-Funktion (S. 174). Mit Hilfe von Antimetaboliten des Nucleinsäuren- und Protein-Stoffwechsels kann man nun versuchen, eine solche Botenfunktion von RNS nachzuweisen.

a1. *Chemie und Wirkungsweise der Antimetaboliten* [669—678]

Antimetaboliten sind Substanzen, die den Intermediär-Stoffwechsel an bestimmten Stellen stören oder blockieren. Zwei Gruppen von Antimetaboliten sollen uns hier beschäftigen, die Struktur-Analogen und die Antibiotica.

Struktur-Analoge sind synthetische Produkte, die bestimmten Naturstoffen in ihrer Struktur derart ähneln, daß sie im Stoffwechsel die Stelle der natürlichen Metaboliten einnehmen können. Man bezeichnet diese Konkurrenz von Analogen und natürlichen Metaboliten um einen Platz im Stoffwechsel als „Kompetition". In der Regel können die Analogen die natürlichen Metaboliten nicht voll ersetzen. Die Folge sind dann Stoffwechsel-Störungen oder — in mehr genetischer Terminologie — Störungen in der Merkmalsbildung.

Antibiotica sind der ursprünglichen Definition nach von Mikroorganismen gebildete Stoffe, die andere Mikroorganismen am Wachstum hindern oder zerstören. Inzwischen hat man jedoch erkannt, daß Antibiotica auch von höheren Organismen gebildet werden und auch bei höheren Organismen Schädigungen verschiedener Art verursachen können. Man hat die Definition der Antibiotica deshalb weiter gefaßt: Antibiotica sind Stoffe biologischen Ursprungs, die ohne Enzymcharakter zu besitzen in geringen Konzentrationen Wachstumsvorgänge hemmen [677].

Wie so oft bei Definitionen im biologischen Bereich sind auch hier die Grenzen nicht genau abzustecken. Das Puromycin (S. 193) etwa ist seiner Entstehung nach ein Naturprodukt und entspricht in dieser Hinsicht der Definition eines Antibioticums, seine Wirkungsweise ist aber die eines Analogen der Amino-acyl-t-RNS.

a1.1. Struktur-Analoge von Basen der Nucleinsäuren

Für Basen-Analoge gibt es vor allem zwei Möglichkeiten, in den Stoffwechsel der Nucleinsäuren einzugreifen. Abb. 90 zeigt für 5-Fluor-uracil, daß beide Möglichkeiten bei einer Substanz verwirklicht sein können.

Die erste Möglichkeit ist, daß Basen-Analoge Enzyme der Nucleinsäuren-Synthese blockieren. Die unmittelbare Folge davon ist, daß der betreffende

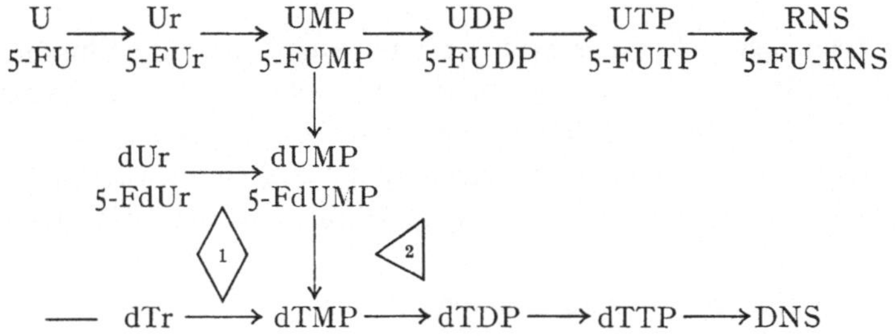

Abb. 90. Der Wirkungsmechanismus des 5-Fluorouracils und des 5-Fluor-desoxyuridins bei der Synthese der Nucleinsäuren. U = Uracil, Ur = Uridin, UMP = Uridinmonophosphat, UDP = Uridindiphosphat, UTP = Uridintriphosphat, Tr = Thymidin TMP = Thymidinmonophosphat, TDP = Thymidindiphosphat, TTP = Thymidintriphosphat, 5-F = 5-Fluor, d = desoxy. Bei allen Phosphaten handelt es sich um die 5′-Verbindungen. 1 = Thymidin-kinase, 2 = Thymidilat-synthetase

Schritt in der Biosynthese unterbleibt. 5-FU etwa kann in 5-FdUMP überführt werden, das die Thymidilat-Synthetase blockiert. Infolgedessen kann die von diesem Enzym katalysierte Reaktion, die Umwandlung von dUMP in dTMP nicht mehr vollzogen werden. Als weitere Folge dieses Blocks wird dann die DNS-Synthese gehemmt.

Die zweite Möglichkeit ist, daß die Enzyme nicht blockiert werden, sondern die Analogen wie einen natürlichen Baustein in der Synthesekette bis zu den fertigen Nucleinsäuren hin weiterreichen. Dann werden Nucleinsäuren gebildet, die anstelle des natürlichen Bausteins sein Struktur-Analogon enthalten, im Falle des 5-FU eine RNS, die 5-FU anstelle von Uracil aufweist. Derart veränderte Nucleinsäuren kommen unter bestimmten Voraussetzungen ihren auto- und heterokatalytischen Funktionen nicht mehr oder nicht mehr in der gleichen Weise wie vor dem Einbau des Analogen nach. Man spricht deshalb auch von betrügerischen, „fraudulenten" Nucleinsäuren.

Voraussetzung für ein fraudulentes Verhalten ist nicht nur der Einbau eines Analogen. Die Funktion der Nucleinsäuren basiert letztlich auf bestimmten Basenpaarungen. Es ist nun durchaus möglich, daß anstelle von Uracil in m-RNS eingebautes 5-FU ebenso wie zuvor Uracil mit einem Adenin im Anticodon der t-RNS paart. Damit bliebe die Polypeptid-Synthese von dem Basenaustausch unbeeinflußt. Entsprechendes gilt auch für die autokatalytischen Funktionen der Nucleinsäuren. Erst wenn das Analogon falsch abgelesen wird, kommt es zu Veränderungen. 5-FU müßte wie Cytosin abgelesen werden. Ein falsches Ablesen ist nun nach tautomeren Umlagerungen möglich (S. 195). Erst Einbau *und* Ablesefehler lassen also die Nucleinsäure fraudulent werden.

In Tabelle 22 finden sich Analoge, die auch in Versuchen an Pflanzen häufiger angewendet wurden, und ihre natürlichen Gegenspieler. Ein Teil der Substanzen ist auch als Nucleosid verfügbar. So werden des öfteren 5-Fluor- und 5-Bromdesoxy-uridin eingesetzt. Wie ersichtlich handelt es sich teils um Analoge von RNS-Bausteinen und damit auch Antimetaboliten der RNS (z. B. 2-Thiouracil), teils um Analoge von DNS-Bausteinen und damit auch um Antimetaboliten der DNS (z. B. 5-Bromuracil), teils um Antimetaboliten beider Nucleinsäuren (z. B. 5-FU, vgl. Abb. 90). Durch Einsatz eines Analogon mit entsprechender Wirkungsspezifität ist es also möglich, ziemlich gezielt in den RNS- oder DNS-Stoffwechsel einzugreifen.

Hinsichtlich der Wirkungsspezifität muß man freilich Einschränkungen machen. Denn für mehrere Analoge liegen Hinweise auf Wirkungsmechanismen vor, die nicht unbedingt mit dem Nucleinsäuren-Stoffwechsel verknüpft sein müssen. Dabei dürfte es sich allerdings teilweise um Nebenwirkungen handeln. Dennoch sind in bezug auf die Wirkungsspezifität Absicherungen notwendig.

a1.2. Struktur-Analoge von Aminosäuren

Nach den gleichen Prinzipien wie durch Basenanaloge der Nucleinsäuren-Stoffwechsel kann durch Aminosäuren-Analoge der Protein-Stoffwechsel gestört werden. Zwei der Aminosäuren-Analogen, mit denen an höheren Pflanzen gearbeitet wird, seien genannt: Äthionin, ein Analogon des Methionins, und p-Fluorphenylalanin, ein Analogon von Phenylalanin und Tyrosin (Tabelle 23). Beide

Tabelle 22. *Einige Struktur-Analoge von Basen der Nucleinsäuren*

Base	Analogon	Anti-metabolit der	Einbau in Nuclein-säuren höherer Pflanzen[b]	
			Nuclein-säure	Literatur
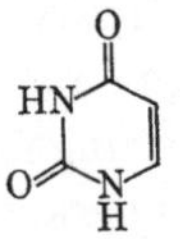 Uracil	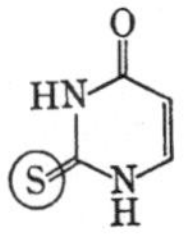 2-Thiouracil	RNS	RNS	[683—685]
	5-Fluoruracil	RNS	RNS	[686]
Thymin	R = F: 5-Fluoruracil	DNS	—	
	R = B: 5-Bromuracil	DNS	DNS[a]	[543, 687, 688]
	R = J: 5-Joduracil	DNS	DNS[a]	[687—689]
	R = NH$_2$:5-Aminouracil			
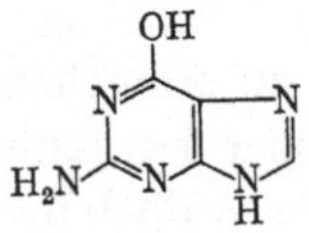 Guanin	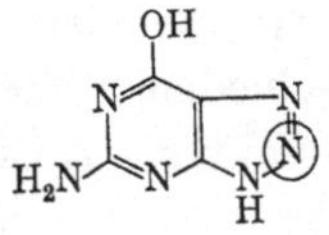 8-Azaguanin	RNS (+DNS)	RNS	[690]

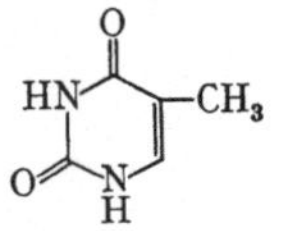

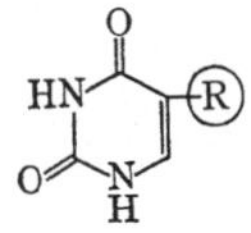

[a] Einbau über das Desoxyuridin.

[b] Versuche, in denen ein Einbau in nicht weiter differenzierte Strukturen (Chromosomen) oder Fraktionen nachgewiesen wurde, sind nicht erwähnt.

Tabelle 23. *Einige Struktur-Analoge von Aminosäuren*

Aminosäure	Analogon	Einbau in Proteine höherer Pflanzen (Literatur)
H_3C—S—$(CH_2)_2$—C—COOH, H, HN_2 — Methionin	(H_5C_2)—S—$(CH_2)_2$—C—COOH, H, NH_2 — Äthionin	[725]
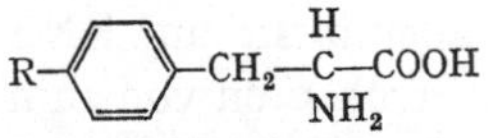 R—⬡—CH_2—C—COOH, H, NH_2; R = H: Phenylalanin; R = OH: Tyrosin	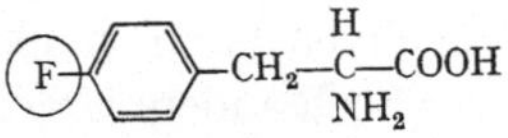 F—⬡—CH_2—C—COOH, H, NH_2 — p-Fluor-phenylalanin	[682]

Substanzen werden auch bei höheren Pflanzen in Protein inkorporiert. Die Bildung solcher fraudulenter Proteine kann dann zu Störungen in Wachstum und Entwicklung führen.

Bei Aminosäuren-Analogen finden sich nun mit Sicherheit auch bei höheren Pflanzen Wirkungsmechanismen, die nicht direkt mit dem Protein-Stoffwechsel in Beziehung stehen. So wirkt Äthionin auch bei der Bildung des S-Adenosyl-methionins als Analogon des Methionins. S-Adenosyl-methionin ist ein Methyl-gruppendonator von zentraler Bedeutung. Äthionin vermag hier über eine Verdrängung des Methionins aus dem S-Adenosyl-methionin Transmethylierungen zu blockieren [679]. p-Fluor-phenylalanin dürfte auch den bei Pflanzen überaus wichtigen Stoffwechsel der Phenylpropane stören. Die chemisch nahe verwandte p-Fluor-zimtsäure hemmt jedenfalls ein an der Flavonoidsynthese beteiligtes Enzym [680]. Darüber hinaus hemmt p-Fluor-phenylalanin bei Tieren [681] und Pflanzen [682] den Transport von Tyrosin. Ebenso wie bei den Basen-Analogen sind also auch bei den Aminosäuren-Analogen Absicherungen hinsichtlich der Wirkungsspezifität notwendig.

a1.3. Absicherungen in Versuchen mit Analogen

Die meisten Analogen scheinen wie erwähnt nicht absolut wirkungsspezifisch zu sein. Infolgedessen sind Absicherungen notwendig, bevor man einen beobachteten Hemmeffekt auf Störungen der Transskription und Translation zurückführen darf. Zu diesen Absicherungen gehört, daß man den Einbau des Analogen in die zur Diskussion stehende Struktur nachweisen sollte. Dazu gehört weiterhin der Einsatz mehrerer verschiedener Analogen, die die gleiche Reaktionsfolge, hier die Transskription und Translation an verschiedenen Stellen unterbrechen sollten. Dann sollte auch der beobachtete Hemmeffekt, der Ausfall einer bestimmten Merkmalsbildung, derselbe sein. Dazu gehören aber auch die Aufhebung der Hemmung durch natürliche Bausteine und eine möglichst selektive Hemmung [683]. Gehen wir auf diese beiden letzten Punkte noch etwas genauer ein.

Aufhebung der Hemmung. Durch einen Überschuß an dem betreffenden natürlichen Baustein lassen sich Analoge von ihrem Wirkungsort verdrängen. Der Hemmeffekt wird damit abgeschwächt oder gänzlich beseitigt. Derartige Versuche zur Reversibilisierung sollten stets durchgeführt werden. Sie sind doppelt notwendig, wenn ein Analogon wie 5-FU den Stoffwechsel der RNS und der DNS zu beeinträchtigen vermag. Wenn die Hemmung durch 5-FU durch Uracil aufgehoben werden kann, sind uracil-haltige Strukturen im Spiel. Dabei könnte es sich um RNS handeln. Und wenn die Hemmung durch 5-FU mit Hilfe von Thymin aufgehoben werden kann, beteiligen sich Thymin-haltige Strukturen an der Merkmalsbildung. Bei ihnen könnte es sich um DNS handeln.

Selektive Hemmung. Wenn ein Analogon wie etwa 2-Thiouracil eine Merkmalsbildung hemmt und wenn diese Hemmung durch Uracil aufgehoben werden kann, besagt das zunächst nur, daß sich Uracil-haltige Strukturen an der betreffenden Merkmalsbildung beteiligen. Bei ihnen kann, muß es sich aber nicht um RNS handeln. Denn außer RNS gibt es noch andere Uracil-haltige Strukturen von zum Teil größter Bedeutung für den pflanzlichen Stoffwechsel wie z.B. UDPG, die „aktive Glukose". Eine Aussage darüber, welche der Uracil-haltigen Strukturen außer Funktion gesetzt werden, läßt sich außer über eine Überprüfung des Einbaus des Analogen auf dem Weg einer selektiven Hemmung gewinnen. So wurde in Versuchen mit Analogen zwar die Blütenbildung gehemmt, das vegetative Wachstum dagegen lief ungestört weiter. Die Blütenbildung wurde also selektiv blockiert (S. 199). Eine solche selektive Hemmung gestattet es zunächst, eine unspezifisch toxische Wirkung der Antimetaboliten auszuschließen. Denn sie hätte auch das vegetative Wachstum betreffen müssen. Sie gestattet aber weiterhin, auch eine Hemmung von Substanzen wie etwa UDPG auszuschließen. Denn bei der Blockierung einer solchen Substanz von zentraler Bedeutung im gesamten Stoffwechsel hätte gerade auch das vegetative Wachstum beeinträchtigt werden müssen. Ganz ähnliche Ausschlußverfahren kann man aufgrund von selektiven Hemmungen auch bei anderen Analogen durchführen.

a1.4. Antibiotica

In Hemmversuchen an höheren Pflanzen werden unter anderem Actinomycin C_1, Puromycin, Chloramphenicol und teilweise auch Streptomycin eingesetzt. Der Angriffspunkt der vier Antibiotica liegt im Bereich der Transskription und Translation, aber an jeweils verschiedener Stelle. Actinomycin hemmt die Transskription, die drei anderen Substanzen greifen in Vorgänge der Translation ein.

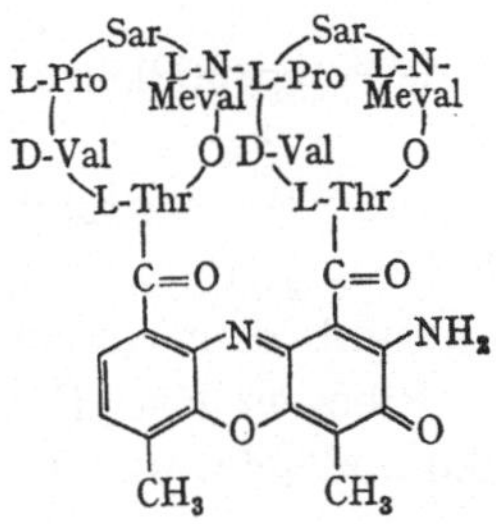

Abb. 91. Struktur des Actinomycins C_1 (D). L-Thr = L-Threonin, D-Val = D-Valin, L-N-MeVal = L-/N-Methylvalin, L-Pro = L-Prolin, S = Sarkosin

Actinomycin C_1. Man kennt eine ganze Reihe von Actinomycinen. Sie führen die gleiche chromogene Gruppe — Actinomycine sind orange gefärbt —, die aber mit im einzelnen verschiedenen Peptidanteilen verbunden ist. In biologischen Experimenten wird meistens das Actinomycin C_1 verwendet (im englischen Sprachbereich Actinomycin D, vgl. dazu [669]). Seine Strukturformel ist in Abb. 91 wiedergegeben.

Actinomycin C_1 lagert sich an das C-Atom 7 des Guanins in der DNS an. Durch diese Maskierung der DNS wird die DNS-Reduplikation gestört. In sehr viel stärkerem Maße wird aber die Tätigkeit der RNS-Polymerase beeinträchtigt. Das bedeutet aber, daß Actinomycin C_1 die Transskription unterbindet. Obwohl einige Effekte bekannt sind, die sich nur schwer mit diesem Wirkungsmechanismus vereinbaren lassen, ist Actinomycin C_1 doch ein relativ spezifischer Hemmstoff der Synthese von m-RNS.

Puromycin. Das Antibioticum weist große strukturelle Ähnlichkeit mit dem die Aminosäure tragenden Ende einer Amino-acyl-t-RNS auf (Abb. 92). Allen bisherigen Befunden nach wirkt es auch als Struktur-Analogon von Amino-acyl-t-RNS. Es vermag sich an das Carboxyl-Ende einer entlang der m-RNS wachsenden Polypeptidkette anzulagern. Dabei wird eine Peptidverbindung zwischen der Carboxylgruppe und der Aminogruppe der p-Methoxy-phenylalanin-Komponente des Puromycins gelegt. Damit ist zwar das Puromycin an das entstehende Polypeptid angehängt, aber alle weiteren Schritte sind blockiert. Denn die falsche t-RNS wird vom Kettenende nicht wieder abgelöst. Es können also keine weiteren

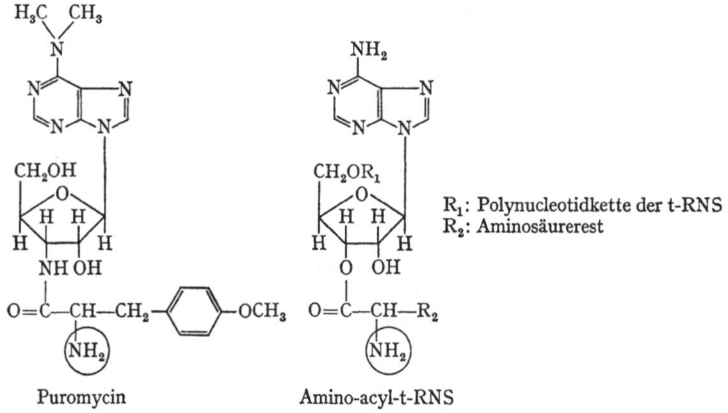

Abb. 92. Puromycin und Amino-acyl-t-RNS. Über die eingekreiste Aminogruppe erfolgt die Bindung an die wachsende Polypeptidkette

Aminosäuren angebaut werden. Außerdem besitzt das Puromycin kein Anticodon, vermag also nicht mit der m-RNS zu paaren. Folge davon ist, daß sich die noch unfertige Polypeptid-Kette mitsamt dem anhängenden Puromycin von der m-RNS und damit auch vom Ribosom löst. Puromycin unterbricht also das Wachstum der Polypeptidketten und setzt unvollendete Polypeptid-Ketten von den Ribosomen frei.

Chloramphenicol. Der Wirkungsort des Antibioticums ist noch nicht genau bekannt. Fest steht jedoch, daß es in Vorgänge der Translation am Ribosom eingreift. Die Aktivierung der Aminosäuren mit Hilfe von ATP und auch die Koppelung der aktivierten Aminosäuren mit t-RNS scheinen nicht gestört zu werden. Möglicherweise hemmt Chloramphenicol die Bindung der Amino-acyl-t-RNS an die Ribosomen. Dann läge sein Angriffspunkt vor demjenigen des Puromycins.

Streptomycin. Auch für Streptomycin steht der Wirkungsort noch nicht eindeutig fest. Sicher ist wiederum, daß es einen Prozeß der Translation am Ribosom hemmt. Es wird diskutiert, Streptomycin könne sich an die Bindungsorte der m-RNS am Ribosom anlagern und so das Ablesen der m-RNS behindern.

Für die Antibiotica gilt ebenso wie für die Struktur-Analogen, daß die Sicherheit einer Interpretation vom Grad der Spezifität des Antimetaboliten abhängt. Man sollte also gegenwärtig die in ihrem Wirkungsmechanismus ziemlich gut verstandenen Antibiotica wie Actinomycin C_1 und Puromycin bevorzugen. Absicherungen sind jedenfalls auch hier unerläßlich. Einige der bei der Besprechung der Struktur-Analogen genannten Absicherungen lassen sich auch im Fall der Antibiotica vornehmen.

a2. *Mutationsauslösung durch Chemikalien* [692—701]

Struktur-Analoge von Nucleinsäure-Basen sind unter bestimmten Voraussetzungen mutagen. Die biochemische Basis hierfür ist dieselbe wie bei der Hemmung der Heterokatalyse: Einbau in Nucleinsäuren oder Hemmung der Nucleinsäuren-Synthese. Es sei deshalb an dieser Stelle von den Strukturanalogen ausgehend eine kurze Besprechung der chemischen Mutagene eingeschoben.

Erste Mutationsauslösungen durch Chemikalien gelangen 1943 gleichzeitig bei Pflanzen [702] und bei Tieren [703]. Schon bald darauf wurde die Auffassung geäußert, die mutagenen Chemikalien wirkten über Veränderungen der Nucleinsäuren [704]. Ein Teil der verwendeten Substanzen wirkt allerdings unspezifisch toxisch und zieht den Nucleinsäuren-Stoffwechsel nur indirekt in Mitleidenschaft, bei anderen Stoffen durfte man aber direkte Beziehungen zu den Nucleinsäuren annehmen. Vorstellungen über den Wirkungsmechanismus dieser direkt auf die Nucleinsäuren bzw. auf ihren Stoffwechsel wirkenden Mutagene wurden wiederum vor allem aufgrund von Befunden an Viren und Mikroorganismen entwickelt.

a2.1. Struktur-Analoge

Basenanaloge können die genetische Information wie erwähnt über einen Einbau in Nucleinsäuren verfälschen. Sie können Mutationen aber auch über eine Blockierung der DNS-Synthese induzieren.

Wie ein Basen-Analogon über einen *Einbau in DNS* mutagen werden kann, sei am Beispiel des 5-Bromuracils (5-BU) geschildert. 5-BU kann in zwei tautomeren Formen vorliegen, normalerweise in der Ketoform, seltener in der Enolform (Abb. 93). Wird 5-BU an Stelle von Thymin in DNS eingebaut, so ändert

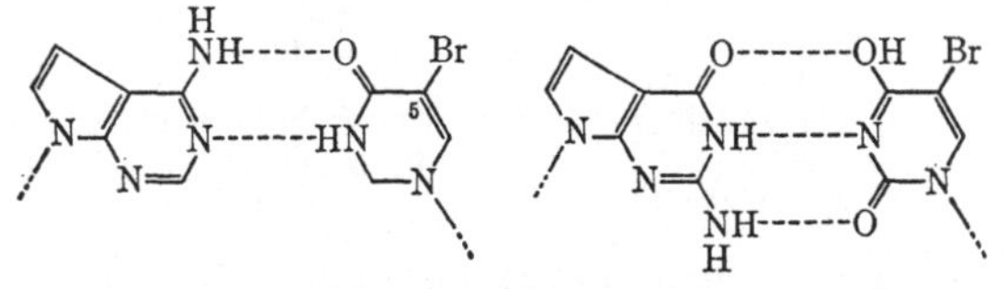

Abb. 93. Die beiden tautomeren Formen des 5-Bromuracils (5-BU) und ihre jeweiligen Basenpartner

sich am Ablesen der genetischen Information nichts, solange es in der Ketoform vorliegt. Denn Keto-5-BU paart wie Thymin mit Adenin. Wenn 5-BU aber in die Enolform übergeht — und das ist bei ihm häufiger als bei Thymin der Fall —, kommt es zu Veränderungen. Denn Enol-5-BU paart mit Guanin.

Nun kann der Übergang in die Enolform zu ganz verschiedenen Zeiten erfolgen. Eine Möglichkeit ist, daß sich 5-BU bereits bei seinem Einbau in DNS als Enol verhält. Dann paart es schon beim Einbau mit einem Guanin in der DNS-Matrize. In diesem Fall spricht man von einem Einbaufehler (Abb. 94). Die zweite Möglichkeit: 5-BU geht erst nach seinem Einbau in DNS in die Enolform über. Dann paart bei der nächsten Reduplikation ein Guanin mit dem Enol-5-BU in der DNS-Matrize. Es kommt zu einem Replikationsfehler.

Wird in den Nucleinsäuren ein Pyrimidin gegen ein anderes Pyrimidin oder ein Purin gegen ein anderes Purin ausgetauscht, so spricht man von einer Transition. Den Ersatz eines Pyrimidin durch ein Purin oder umgekehrt bezeichnet man als Transversion. Je nachdem wann 5-BU falsch abgelesen wird, kommt es zu einer Transition G-C zu A-T (Einbaufehler) oder zu der umgekehrten Transition A-T zu G-C (Replikationsfehler).

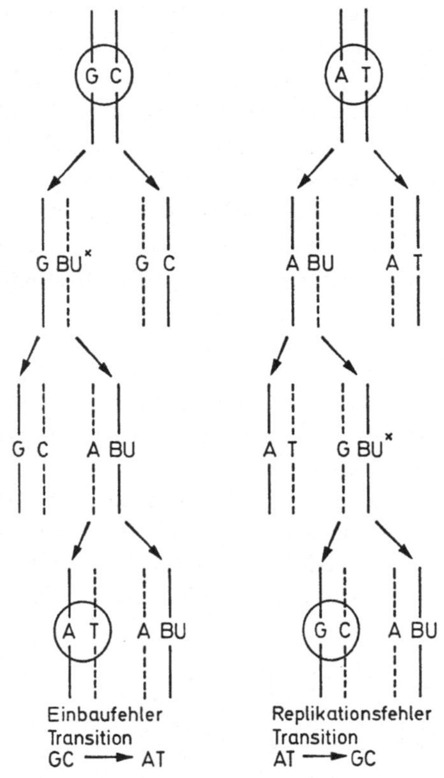

Abb. 94. Einbaufehler und Replikationsfehler nach dem Übergang von Keto-5-Bromuracil (BU) in Enol-5-Bromuracil (BU×). (Verändert nach [699])

Sollen Basen-Analoge bei höheren Pflanzen — entsprechendes gilt für alle anderen Objekte — über einen Einbau in DNS mutagen werden, so müssen demnach folgende Voraussetzungen erfüllt sein:

1. Die Analogen müssen in DNS eingebaut werden.

2. Die Analogen müssen Ablesefehler verursachen, was in der Regel erst nach tautomeren Umlagerungen möglich ist.

3. Es müssen nach der tautomeren Umlagerung noch DNS-Reduplikationen stattfinden.

Bei *Arabidopsis* konnte trotz einer starken Aufnahme von Thymidin-Analogen in die Kerne von Gametophyten keine signifikante Erhöhung der Mutationsrate in den Nachkommenschaften festgestellt werden [705]. Offensichtlich war hier eine der genannten Voraussetzungen nicht erfüllt. Ganz ähnlich wurde 5-Fluoruracil zwar zu einem hohen Prozentsatz an Stelle von Uracil in die RNS des

TMV eingebaut, die Mutationsrate des Virus aber nur unwesentlich angehoben [706]. Die Ursache könnte man in einem Ausbleiben der für die mutagene Wirkung erforderlichen tautomeren Umwandlungen sehen.

Über eine *Hemmung der DNS-Synthese* wirkt z.B. 5-Fluor-desoxy-uridin (5-FdU), ein Inhibitor der Thymidilat-Synthetase (Abb. 90). 5-FdU induziert in den Wurzelspitzen von *Vicia faba* Chromosomen-Aberrationen, die sich durch Zufuhr von Thymidin verhüten lassen [707—709]. Widersprüche, die im Zusammenhang mit der Wirkung des 5-FdU zunächst aufgetreten waren, ließen sich klären: 5-FdU hemmt in *Vicia faba* ebenso wie in anderen Objekten die DNS-Synthese und als Folge davon treten Chromosomenbrüche auf [710]. Noch eine ganze Reihe anderer Hemmstoffe der DNS-Synthese erzeugt wie 5-FdU Chromosomen-Mutationen.

a 2.2. Salpetrige Säure (Nitrit)

Wie schon erwähnt (S. 184) desaminiert Salpetrige Säure Adenin zu Hypoxanthin, Guanin zu Xanthin und Cytosin zu Uracil (Abb. 95). Hypoxanthin paart mit Guanin, Uracil mit Adenin. In beiden Fällen kommt es also zu Transitionen. Xanthin kann allem Anschein nach lethal wirken oder aber auch wie Guanin mit Cytosin paaren und dann wirkungslos bleiben.

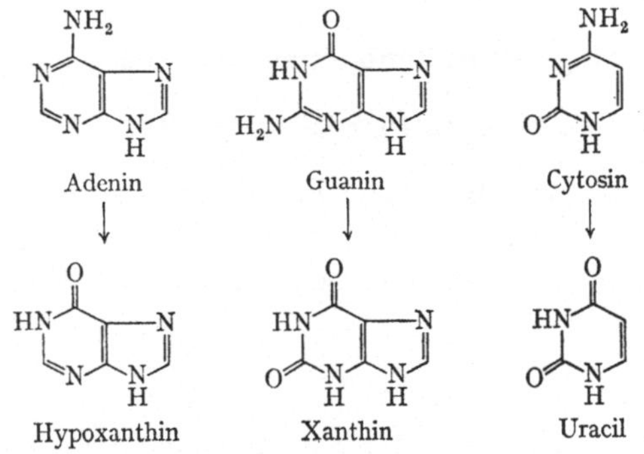

Abb. 95. Desaminierungen von Basenbausteinen der Nucleinsäuren durch Salpetrige Säure

Salpetrige Säure wirkt bei Bakteriophagen, Viren höherer Organismen, Bakterien und Hefen mutagen (Lit. [699, 711]). Beim TMV konnten Mutationen durch Behandlung der isolierten Virus-RNS mit Salpetriger Säure hervorgerufen werden [646]. Nitrit-Mutanten des TMV spielten eine wichtige Rolle bei der Entschlüsselung des genetischen Code.

a 2.3. Alkylierende Agentien

Wie der Name sagt, geben diese Substanzen Alkylgruppen an bestimmte Positionen von Acceptor-Stoffen ab. In der DNS wird in erster Linie das C-Atom 7 des Guanins alkyliert, doch können auch an anderer Stelle Alkylierungen und damit mutative Effekte gesetzt werden. Die Einzelheiten des Mutationsmechanismus werden noch diskutiert.

Alkylierende Substanzen wie das auch bei höheren Pflanzen vielfach eingesetzte Äthyl-methan-sulfonat sind starke Mutagene. Sie übertreffen in ihrer Wirkung alle bislang verwendeten Strahlenquellen (z.B. [712, 713])

$$\text{Äthyl-methan-sulfonat} \quad H_3C\!-\!SO_2O\!-\!C_2H_5$$

a2.4. P^{32}

Auch P^{32} wurde bei höheren Pflanzen verschiedentlich zur Induktion von Mutationen verwendet (z.B. [714, 715]). Die mutagene Wirkung von P^{32} kann einmal ein reiner Strahlungseffekt sein. Nach Untersuchungen an Bakterien dürfte aber ein anderer Wirkungsmechanismus wichtiger sein (Lit. [711]): P^{32} geht beim radioaktiven Zerfall in normalen S über. Wenn sich nun P^{32} in den Phosphatbrücken zwischen den Nucleotiden in S umwandelt, kann es zu Störungen in der DNS-Struktur kommen.

Die Liste der mutagenen Chemikalien ist mit unserer Aufzählung noch bei weitem nicht erschöpft. Stellen wir heraus, daß mutagene Chemikalien teilweise direkte Beziehungen zu den Nucleinsäuren aufweisen, ein weiteres, wenn auch schwaches Indiz für die Rolle der Nucleinsäuren, bei höheren Organismen der DNS als genetisches Material. Über diesem theoretischen Aspekt sei jedoch nicht vergessen, daß die Mutationsauslösung durch Chemikalien in immer zunehmendem Maße in der Pflanzenzüchtung verwertet wird.

b) Selektive Hemmung der Blütenbildung und m-RNS

b1. Blühinduktion und Blütendifferenzierung (716—721]

Mit der Blütenbildung geht die höhere Pflanze aus der vegetativen in die reproduktive Phase ihrer Entwicklung über. Die Blütenbildung verläuft in zwei Etappen, der Blühinduktion und der anschließenden Differenzierung zu Blüten oder Blütenständen.

b1.1. Blühinduktion

Manche Pflanzen kommen ohne eine erkennbare Abhängigkeit von Außenfaktoren zur Blüte. Viele Pflanzen bilden jedoch nur dann Blüten, wenn sie eine gewisse Zeitspanne hindurch ganz bestimmten Außenbedingungen ausgesetzt worden waren. Man bezeichnet die wirksamen Außenbedingungen als *induktive Bedingungen* und die Zeitspanne, während der sie auf die Pflanzen einwirken müssen, als *Induktionsperiode*. Während der Induktionsperiode findet die *Blühinduktion* statt.

Die wichtigsten induktiven Außenbedingungen sind bestimmte Tageslängen und niedere Temperaturen. Die tageslängen-abhängigen Pflanzen lassen sich von Übergängen abgesehen in zwei Gruppen einteilen:

1. Kurztag-Pflanzen: Kurze Tageslängen von weniger als etwa 8—10 Std bzw. lange Nächte wirken induktiv.

2. Langtag-Pflanzen: Lange Tageslängen von mehr als rund 16 Std bzw. kurze Nächte wirken induktiv.

Pflanzen, die erst nach einer Kälteeinwirkung (*Vernalisation*) zur Blüte kommen, nennt man kälteabhängig oder vernalisationsbedürftig. Oft verlangen kälteabhängige Pflanzen nach der Kälteeinwirkung noch Langtag, bevor sie blühen können.

Die Kausalketten, die während der Blühinduktion ablaufen und letztlich zur Blütenbildung führen, sind trotz vielfacher Bemühungen noch ungeklärt. Bei Tageslängen-abhängigen Pflanzen lösen die induktiven Außenbedingungen vermutlich in den Blättern die Synthese eines *Blühhormones* aus, das dann im Sproß aufwärts wandert und den meristematischen Zellen des Sproßvegetationskegels eine neue Differenzierungsrichtung aufzwingt: An Stelle von vegetativen werden nun reproduktive Organe ausdifferenziert. Die Kernversuche zum Nachweis dieses Blühhormons sind wiederholt gelungene Übertragungen in Pfropfungen. Induzierte Pfropfreiser können nicht induzierte Unterlagen unter nicht induktiven Außenbedingungen zur Blüte bringen und umgekehrt. Doch leider sind alle Versuche zur Isolierung des Blühhormons bislang mißglückt, nicht reproduzierbar oder mehrdeutig.

In diesem Zusammenhang müssen die Gibberelline erwähnt werden (S. 44). Denn viele Pflanzen kommen nach einer Behandlung mit Gibberellinen auch unter nicht induktiven Außenbedingungen zur Blüte. Dennoch dürften die Gibberelline nicht mit dem postulierten Blühhormon identisch sein. Ein Grund ist, daß Gibberelline zwar bei Langtag-Pflanzen, nicht aber bei obligaten Kurztag-Pflanzen die Blütenbildung auslösen können. Nach Ergebnissen von Pfropfversuchen sollten aber Langtag- und Kurztag-Pflanzen dasselbe Blühhormon aufweisen. Man nimmt an, daß die Gibberelline, wenn auch keine Blühhormone, so doch wichtige Faktoren bei der Synthese des eigentlichen Blühhormons sind [719].

Unter Blühinduktion kann man die Gesamtheit aller der Prozesse verstehen, die die Zellen des Sproßmeristems derart umstimmen, daß sie an Stelle der vegetativen nun die reproduktive Differenzierungsrichtung einschlagen.

b1.2. Blütendifferenzierung

Die Blütendifferenzierung umfaßt alle Vorgänge, die von den einmal umgestimmten Zellen des Sproßmeristems bis zur vollen Ausbildung von Blüten oder ganzen Blütenständen führen. Wenn die Blühinduktion stattgefunden hat, läuft die Differenzierung auch dann ab, wenn man die Pflanzen in nicht induktive Bedingungen überführt. Blühinduktion und Blütendifferenzierung müssen also voneinander unterschieden werden. Während die Blühinduktion den Übergang in die reproduktive Phase bedeutet, ist die Blütendifferenzierung bereits ein Abschnitt der reproduktiven Entwicklungsphase selbst.

Sowohl die Blühinduktion als auch die Blütendifferenzierung stehen unter genetischer Kontrolle. Die beteiligten Gene werden dabei nacheinander aktiviert. Ein Beispiel für das Vorliegen einer solchen „differentiellen Genaktivität" bei der Blütendifferenzierung wird später gebracht werden (S. 243).

b2. Selektive Hemmung der Blühinduktion

Während der Induktionsperiode werden die wiederholt nachgewiesenen Gene für Blühinduktion aktiviert. Welche Prozesse diese Gene in Gang bringen, ist unbekannt. Vielleicht greifen sie in die Synthese blühfördernder Substanzen wie der Gibberelline oder des Blühhormons ein. Und vielleicht aktivieren diese blühfördernden Substanzen dann in den Zellen des Sproßmeristems andere Gene, die dann die ersten zur Blütenbildung hinführenden Differenzierungschritte steuern könnten. Versuche mit Antimetaboliten sprechen für derartige Genaktivierungen im Sproßmeristem nach Eintreffen blühfördernder Substanzen aus den Blättern [722].

Am Beginn des Geschehens steht jedenfalls die Aktivierung von Genen für Blühinduktion. Das bedeutet, daß unter induktiven Außenbedingungen m-RNS für Blühinduktion ausgebildet werden sollte. Diese Hypothese läßt sich testen: Führt man während der Induktion RNS-Antimetaboliten zu, so sollte diese m-RNS ausgeschaltet werden. Folge davon müßte sein, daß die Blütenbildung unterbliebe oder wenigstens verzögert würde.

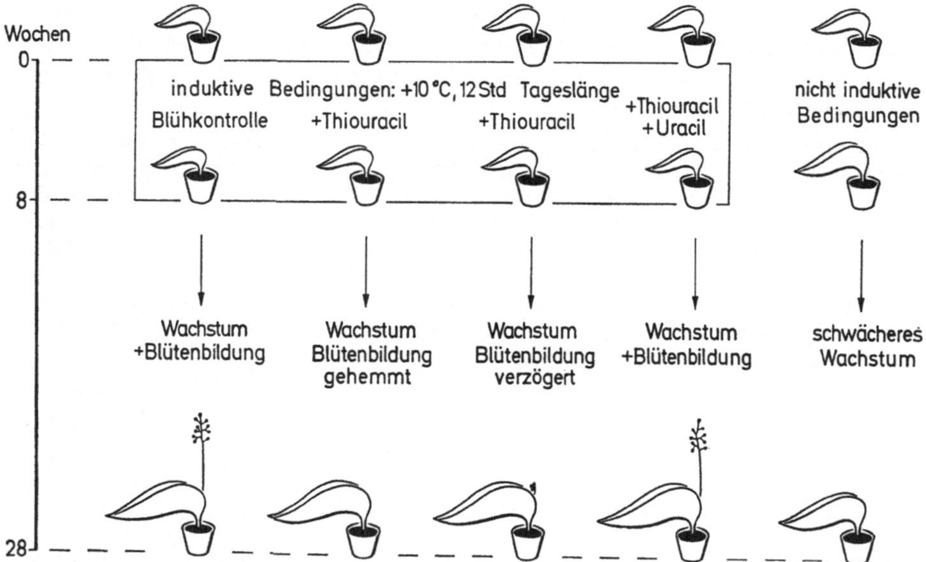

Abb. 96. Selektive Hemmung der Blütenbildung durch 2-Thiouracil bei *Streptocarpus wendlandii*. Oberste Reihe: Pflanzen zu Beginn der Blühinduktion. Zweite Reihe von oben: Pflanzen am Ende der Blühinduktion. Dritte Reihe von oben: Pflanzen 28 Wochen nach Beginn, 20 Wochen nach Ende der Blühinduktion. Blühinduktion stark umrandet. Ganz rechts vegetative Kontrolle. Nicht eingezeichnet wurden Pflanzen, die Thiouracil unmittelbar nach Abschluß der Blühinduktion erhielten. Sie kommen wie die Blühkontrolle (ganz links) ohne jede Verzögerung zur Blüte. Auch diese Zeitabhängigkeit der Thiouracil-Wirkung gestattet den Ausschluß unspezifisch toxischer Effekte

Ein Objekt mit günstigen Voraussetzungen für solche Versuche ist *Streptocarpus wendlandii*, ein *Gesneriaceen*-Gewächs [723]. Die Pflanze besitzt im vegetativen Zustand nur ein oberirdisches Blattorgan, nämlich ein stark herangewachsenes Keimblatt (Abb. 96). Das für das Wachstum zuständige Meristem liegt an der Basis dieses Blattes im Grenzbereich zum Hypokotyl hin.

Streptocarpus wendlandii blüht nur, wenn er bei niedriger Temperatur (ca. 10°) und Kurztag (12-Std-Tag) gehalten wurde. Die optimale Induktionszeit beträgt 8 Wochen. Die Abhängigkeit von den induktiven Außenbedingungen ist genetisch kontrolliert [723]. Während der Blühinduktion wächst das Blatt auch bei Zufuhr von β-Indolyl-essigsäure und Gibberellinsäure nicht. Die RNS-Synthese ist dann auf ein Minimum herabgesetzt. Das läßt sich unter anderem daran erkennen, daß während der Induktion weniger P^{32} in die RNS eingebaut wird als unter nicht induktiven Bedingungen und daß das TMV während der Induktion zwar aufgenommen, aber nicht vermehrt wird [724].

Nach der Induktion beginnt das Blatt erneut stark zu wachsen. Etwas später erscheinen an der Blattbasis die Anlagen der Blütenstände. Beide Prozesse, das Wachstum des Blattes und das der Blütenstände gehen vom gleichen basalen Meristem aus.

Die Situation, in der sich ein *Streptocarpus*-Blatt während der Induktionsperiode befindet, entspricht ungefähr derjenigen einer Bakterien-Kultur im „step down" (S. 168). Die Bakterien produzieren dann relativ viel m-RNS, die Zellen des Blattes sollen infolge der Stillegung der mit dem Wachstum verknüpften RNS-Synthese relativ viel RNS bilden, die im Dienst der Blühinduktion steht. Damit wird der Nachweis dieser RNS wesentlich erleichtert.

Wenn man nun während der Blühinduktion den RNS-Antimetaboliten 2-Thiouracil zuführt, wird die Blütenbildung stark verzögert oder gänzlich unterbunden (Abb. 96). Das Blattwachstum geht aber wie bei unbehandelten Kontrollen ungestört vonstatten. 2-Thiouracil wird auch bei *Streptocarpus* über RNS wirksam. Von zwei RNS-abhängigen Prozessen war also der eine, das Wachstum unbeeinflußt geblieben, der andere, die Blütenbildung wurde gehemmt. Diese selektive Hemmung erlaubt es, unspezifisch toxische Effekte oder die Beteiligung anderer Uracil-haltiger Strukturen wie der UDPG (S. 192) auszuschließen. Denn in diesen Fällen wäre auch das Wachstum gehemmt worden — und das um so mehr, als Wachstum wie Blütenbildung vom gleichen basalen Meristem ausgehen. Vor allem aber beweist diese selektive Hemmung, daß es in *Streptocarpus* mindestens zwei große Gruppen von RNS-Systemen gibt, solche, die sich speziell an der Blühinduktion beteiligen, und andere, die auch oder ausschließlich für das Blattwachstum zuständig sind. Damit war nachgewiesen, daß es in höheren Pflanzen RNS-Systeme mit Funktionen bei jeweils verschiedenen Merkmalsbildungen gibt. Die an der Blühinduktion beteiligte RNS läßt sich unter diesem funktionellen Aspekt mit der m-RNS der Bakterien vergleichen [683, 725].

An mehreren Pflanzen wurden inzwischen teilweise weiterführende Versuche zur Hemmung der Blühinduktion durch Antimetaboliten durchgeführt. Anhand einiger Beispiele sei nur das Wichtigste hervorgehoben. Auch wenn man Arbeiten ausschließt, in denen keine der notwendigen Absicherungen (S. 192) vorgenommen wurde, bleiben noch genügend Indizien dafür, daß während der Blühinduktion RNS-Systeme ausgebildet werden, die für die Blütenbildung von zentraler Bedeutung sind. Blühhemmungen mit Actinomycin [726] sprechen für eine Transskription von DNS auf RNS, Blühhemmungen mit Basen-Analogen [682, 686, 727—732] für eine Beteiligung von RNS an der Blühinduktion, Blühhemmungen mit Chloramphenicol [726] für eine Translation von RNS zu Protein und Blühhemmungen mit Aminosäuren-Analogen [682, 725, 726, 729, 730] für eine Beteiligung von Protein an der Blühinduktion. Die derart auf indirektem Weg erschlossenen, an der Blühinduktion beteiligten RNS-Systeme entsprechen also offensichtlich in Entstehung und Funktion der m-RNS der Bakterien.

Eine Ergänzung brachten Untersuchungen an Wurzelhalsgallen. Bei ihnen handelt es sich um von *Agrobacterium tumefaciens* ausgelöste pflanzliche Tumoren [733—735].

Eine solche Tumorbildung ist eine pathologische Morphogenese, die in mancher Hinsicht als Modell für eine normale Morphogenese dienen kann. Hier interessiert, daß sich auch bei der Induktion von Wurzelhalsgallen in pflanzlichem Gewebe wiederum mit Hilfe von Antimetaboliten die Existenz von RNS- und DNS-Systemen nachweisen ließ, die sich in spezifischer Weise an der Tumorbildung beteiligen [737—741].

Die Kausalanalyse morphogenetischer Prozesse wie der Bildung von Blüten oder Wurzelhalsgallen bringt stets Schwierigkeiten mit sich, die im komplexen Charakter der untersuchten Merkmalsbildungen begründet sind. Beispielsweise ließ sich in einigen Fällen nicht klären, ob die Antimetaboliten nur die Blühinduktion, nicht auch die Blütendifferenzierung in Mitleidenschaft ziehen. Deshalb erschien es vorteilhaft, einmal eine möglichst einfache chemische Merkmalsbildung wie die Anthocyan-Synthese ebenfalls in Versuchen mit Antimetaboliten zu untersuchen. Darauf sei in anderem Zusammenhang eingegangen (S. 243). Was die Synthese von m-RNS anbelangte, entsprachen die dabei gewonnenen Ergebnisse den eben geschilderten.

c) Versuche zum direkten Nachweis von m-RNS *in vivo*

Die eben erwähnten Versuche mit Antimetaboliten lieferten Indizien für die Existenz von RNS mit messenger-Funktionen auch in höheren Pflanzen. Außer der messenger-Funktion gibt es aber noch eine Reihe weiterer Kriterien von sehr unterschiedlichem Wert, die eine wenigstens vorläufige Klassifizierung einer RNS erlauben (S. 171). Wir wollen uns für den folgenden Abschnitt die Frage stellen, ob man aus höheren Pflanzen RNS-Systeme isolieren kann, die bei Anwendung all dieser Kriterien als m-RNS bezeichnet werden könnten. An Stelle der im vorigen Abschnitt geschilderten Indizienbeweise soll also eine direkte Beweisführung treten.

c1. *„Step down" in Flüssigkeitskulturen von Tabakzellen*

Bei Bakterien beruhte einer der Nachweise von m-RNS darauf, daß die Bakterien in ein Mangelmedium überführt wurden, in dem sie zwar noch m-RNS, aber kaum r-RNS bildeten (S. 168). Ganz entsprechend konnte man auch bei Hefen m-RNS fassen [742]. Schon die Hemmversuche an *Streptocarpus* zeigten, daß „Step-down"-Bedingungen auch bei Zellen höherer Pflanzen den Nachweis von m-RNS begünstigen. Den Versuchen an Bakterien und Hefen kommen jedoch Experimente mit Tabakzellen in Flüssigkeitskultur am nächsten [743]: Zellen aus exponentiell wachsenden Zellkulturen von *Nicotiana tabacum* wurden kurzfristig mit P^{32}-Orthophosphat oder mit H^3-Uridin inkubiert. Anschließend wurde die Kultur in zwei Portionen aufgeteilt, von denen die eine in ein Medium eingebracht wurde, das ein gleichmäßiges weiteres Wachstum erlaubte. Die andere Hälfte kam in ein Mangelmedium. In bestimmten Zeitabständen wurden aus beiden Subkulturen Proben entnommen und auf die spezifische Radioaktivität ihrer RNS hin getestet. Dabei zeigte es sich, daß in der Mangelkultur eine schnell markierte RNS auftrat, die sich auch in ihrer Basenzusammensetzung und ihren Sedimentationseigenschaften deutlich von der RNS der normal wachsenden Subkultur unterschied. Es wurde vermutet, bei dieser RNS könne es sich um m-RNS handeln. Ein exakter Beweis für diese Vermutung steht jedoch aus.

c2. Keimlinge höherer Pflanzen

Die Versuche zur Hemmung der Blütenbildung hatten bereits erkennen lassen, daß man m-RNS am besten dann nachweisen kann, wenn in der Pflanze neue Merkmalsbildungen eingeleitet, d.h. neue genetische Potenzen realisiert werden. Denn dann sollte eigentlich auch m-RNS gebildet werden.

Für die Blütenbildung selbst liegen zur direkten Beweisführung bislang nur negative Befunde vor [744]. Aber es gibt ein anderes Entwicklungsstadium, in dem eine Fülle genetischer Informationen realisiert werden muß: das Keimlings-Stadium. An Keimlingen waren die bislang überzeugendsten Beweisführungen für die Existenz von m-RNS in höheren Pflanzen möglich.

c2.1. Der Zustand vor der Keimung: Funktionsfähige Synthese-Apparate, aber keine m-RNS

Die Keimung wird mit der Quellung eingeleitet. Man hat nun ribosomenhaltige zellfreie Systeme aus ruhenden und aus angequollenen Samen und damit auch Embryonen auf ihre Fähigkeit zur Proteinsynthese getestet. Versuchsobjekte waren Embryonen des Weizens und der Erdnuß. Entsprechende Untersuchungen zeigten, daß alle Enzyme der Protein-Synthese in ruhenden wie in gequollenen Embryonen vorhanden sind. Dennoch inkorporierten zellfreie Systeme aus ruhenden Embryonen so gut wie keine C^{14}-Aminosäuren in ihre Proteine. Während der Quellung dagegen nimmt der Gehalt an Polyribosomen und parallel dazu der Einbau von C^{14}-Aminosäuren in Protein zu. Die Vermutung lag nahe, der in den ruhenden Embryonen begrenzende Faktor können m-RNS sein. Versuche mit „Poly-U" bestätigten diese Vermutung. Denn wenn man den zellfreien Systemen aus ruhenden Embryonen Poly-U zusetzt, kommt es in ihnen zu einer starken Inkorporierung von C^{14}-Phenylalanin in Protein [745—748].

c2.2. Korrelierung mit einer bestimmten Funktion: m-RNS bei der Sojabohne [753]

An Keimlingen der Erbse ließen sich erstmals bei höheren Pflanzen RNS-Systeme nachweisen, in denen man aufgrund ihrer Kurzlebigkeit und ihrer Basenzusammensetzung m-RNS vermutete [749—751]. Jedoch genügen diese Kriterien nicht, um eine RNS eindeutig als m-RNS zu klassifizieren. Gewichtigere Argumente wurden in Untersuchungen an der Sojabohne (*Glycine max*) erbracht. Denn hier konnte eine RNS-Fraktion mit einer bestimmten messenger-Funktion korreliert werden [752].

Aus der Streckungszone des Hypokotyls von *Glycine* wurden Sektionen entnommen. Solche Sektionen strecken sich auch noch nach der Isolierung, jedoch ist ihr Streckungswachstum von einer RNS- und Protein-Synthese abhängig. Behandelte man die Sektionen mit 5-Fluoruracil, so wurde das Streckungswachstum im Versuchszeitraum überhaupt nicht beeinträchtigt. Höhere Konzentrationen an Actinomycin C_1 dagegen unterbanden das Streckungswachstum. Über die Veränderungen im Bereich der Nucleinsäuren konnte man sich orientieren, nachdem die Isotopen-markierten Nucleinsäuren im linearen NaCl-Gradienten über eine Methylalbumin-Säule fraktioniert worden waren.

Nucleinsäuren als Träger genetischer Informationen

Ein Blick auf die Methodik: Man gibt den zu trennenden Nucleinsäuren-haltigen Extrakt auf eine Säule aus Methylalbumin und entwickelt die Säule mit NaCl-Lösungen kontinuierlich ansteigender Molarität. Die einzelnen Nucleinsäuren werden dabei in einer bestimmten Reihenfolge von der Säule eluiert, d.h. ihre Position im „linearen Gradienten" liegt ungefähr fest. Bei Bakterien werden mit ansteigender Molarität der NaCl-Lösung nacheinander t-RNS, DNS, r-RNS und schließlich m-RNS von der Säule eluiert. Jede dieser Fraktionen läßt sich noch mehr oder weniger gut in Subfraktionen zerlegen [754].

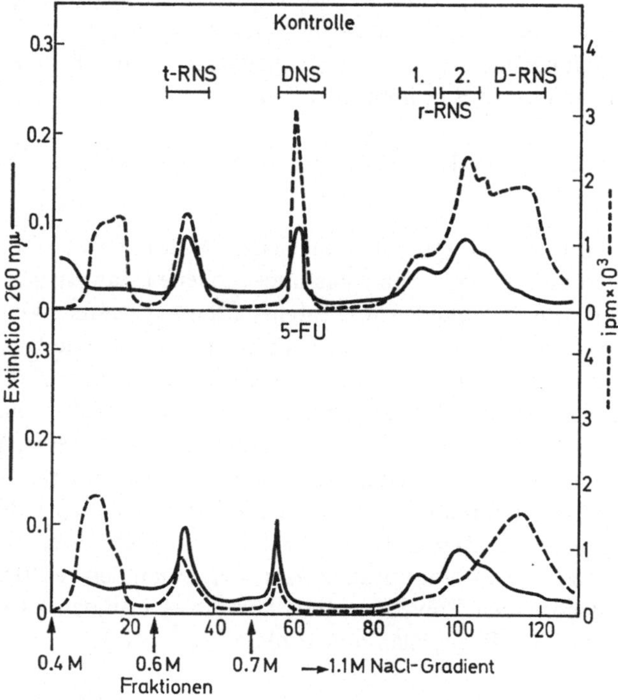

Abb. 97. Die Wirkung von 5-Fluoruracil (5-FU) auf die Nucleinsäuren-Synthese im Hypokotyl der Sojabohne. Oben Kontrolle, unten Versuch mit 5-FU. ipm = radioaktive Impulse/min. (Aus [752])

Bei Anwendung dieser Technik auf die Nucleinsäuren aus Hypokotyl-Sektionen (Abb. 97) zeigte es sich, daß die Synthese von t-RNS und von r-RNS durch 5-Fluoruracil stark gehemmt wurde. Eine weitere RNS-Fraktion, die sog. D-RNS wurde dagegen kaum beeinflußt. Diese D-RNS lag in der Position des NaCl-Gradienten, in der sich bei Bakterien m-RNS einstellt; sie erwies sich beim Zentrifugieren im Saccharose-Gradienten als heterogen; sie ähnelte in ihrer Basenzusammensetzung der DNS; sie wurde schnell markiert und blieb einige Stunden stabil [755]; sie assoziierte mit Ribosomen zu Polyribosomen, der aktiven Zustandsform der m-RNS [756].

Diese Eigenschaften der D-RNS sprachen schon dafür, daß es sich bei ihr um m-RNS handeln konnte. Ausschlaggebend war aber die Korrelierung der D-RNS mit dem Wachstum der Sektionen. Solange die D-RNS vorhanden war — auch bei einer Hemmung der Synthese praktisch aller anderer zellulärer RNS — ging auch das Wachstum weiter. Wenn man nun aber auch die Synthese der D-RNS durch eine Behandlung mit Actinomycin blockierte, wurde das Wachstum gestoppt. Dieser Befund sprach dafür, daß es sich bei der D-RNS zumindest teilweise um eine m-RNS des Wachstums handelte, die das Streckungswachstum mit Hilfe von noch vorhandenen Ribosomen katalysierte. Erinnern wir uns daran, daß auch die Hemmversuche an *Streptocarpus* und in der Folge auch an weiteren Pflanzen Indizien für die Existenz einer derartigen für das Wachstum zuständigen m-RNS erbracht hatten. Die mit verschiedenartiger Technik an verschiedenen Objekten gemachten Befunde ergänzen also einander.

c2.3. Hybridisierung mit DNS: m-RNS bei der Erdnuß

Die Cotyledonen der Erdnuß (*Arachis hypogaea*) bestehen weitgehend aus mit Reservesubstanz gefüllten parenchymatischen Zellen. Mitosen laufen in ihnen auch bei Beginn der Keimung nicht mehr ab. Funktion der Cotyledonen ist es, den jungen Keimling mit Nährstoffen zu versorgen. Im Zusammenhang mit der dazu notwendigen Mobilisierung der Reservestoffe kommt es zu einer regen stoffwechselphysiologischen Tätigkeit. Die Aktivität mehrerer Enzyme des Kohlenhydratstoffwechsels steigt bis zum 7. Tag nach der Keimung an, um danach wieder abzufallen [757]. Parallel mit der Enzym-Aktivität steigt und fällt der Gesamt-RNS-Gehalt [758, 759]. Das Absinken des RNS-Gehaltes wird von einem Ansteigen der Ribonuclease-Aktivität begleitet, das vielleicht für den verstärkten RNS-Abbau verantwortlich sein könnte [757]. Insbesondere während des Anstiegs in den Enzym-Aktivitäten in den ersten 7 Tagen nach Beginn der Keimung schienen die Erdnuß-Cotyledonen günstige Voraussetzungen zum Nachweis von m-RNS zu bieten. Denn man durfte vermuten, daß die Erhöhung der Enzym-Aktivitäten teilweise auf Neusynthesen mit Hilfe von m-RNS zurückgehen würde.

Wenn man markierte Nucleinsäuren aus Erdnuß-Cotyledonen wiederum über eine Methylalbumin-Säule im linearen NaCl-Gradienten auftrennte, erhielt man folgende Fraktionen: eine erste und zweite Fraktion t-RNS, eine Fraktion, die aus einem Gemisch aus DNS und DNS-RNS-Komplexen bestehen dürfte [760], eine leichtere und eine schwerere Fraktion r-RNS und schließlich eine Fraktion, die lagemäßig der m-RNS der Bakterien und der D-RNS der Sojabohne entsprach. Nennen wir diese Fraktion deshalb mit Vorbehalt m-RNS. Bis zum 12. Tag nach der Keimung nahmen alle diese Fraktionen gleichermaßen zu. Vom 12. Tag an wurde relativ mehr t-RNS und r-RNS gebildet, der Gehalt an m-RNS nahm ab. Der Wechsel im Gehalt an mutmaßlicher m-RNS ging also dem Wechsel in den Enzym-Aktivitäten ungefähr parallel, was für ihren messenger-Charakter sprach [761].

Außerdem ließ sich zeigen, daß sich die Zusammensetzung der mutmaßlichen m-RNS während der Keimung änderte (S. 245). Eben das wäre aber von m-RNS zu erwarten, da ja während der Keimung immer neue genetische Potenzen aktiviert werden.

Im Fall der Sojabohne konnte der messenger-Charakter der D-RNS durch den Brückenschlag zur Funktion aufgezeigt werden. Bei der mutmaßlichen m-RNS aus Erdnuß-Cotyledonen wurde ein anderes, recht verläßliches Kriterium angewendet: die Hybridbildung mit homologer DNS [762]. Dazu wurden die verschiedenen bei der Entwicklung der Methylalbumin-Säule erhaltenen RNS-

Tabelle 24. *Hybridbildung zwischen den einzelnen RNS-Fraktionen aus Cotyledonen der Erdnuß und DNS ebenfalls aus Cotyledonen der Erdnuß.* (Nach [762])

RNS-Fraktion	Hybridbildung (%)
1. Fraktion t-RNS	3,9
2. Fraktion t-RNS	2,4
3. Leichte r-RNS	3,5
4. Schwere r-RNS	1,7
5. Mutmaßliche m-RNS	11,4
6. Mutmaßliche m-RNS nach erneuter Chromatographie	15,4

Fraktionen mit DNS aus Erdnuß-Cotyledonen kombiniert. Dabei zeigte es sich, daß von allen RNS-Fraktionen die mutmaßliche m-RNS am besten mit DNS paarte, vor allem, wenn man sie zuvor durch eine zweite Säulenchromatographie von Resten an r-RNS gereinigt hatte (Tabelle 24). Eben das war aber von m-RNS zu erwarten. Denn t-RNS und r-RNS werden zwar auch von DNS codiert, aber nur von einigen wenigen Abschnitten des Genoms. Dadurch wird der bei t-RNS und r-RNS mögliche Prozentsatz der Hybridbildung erniedrigt. Die Ergebnisse der Hybridisierungsexperimente sprachen also dafür, daß es sich bei der fraglichen RNS-Fraktion tatsächlich um m-RNS handelte.

c3. Langlebige m-RNS in höheren Pflanzen

Eine Bakterienpopulation muß sich gegebenenfalls kurzfristig radikal veränderten Außenbedingungen anpassen können, um zu überleben. Das bedeutet, daß entsprechend schnell neue Enzyme in Adaption an die veränderten Außenbedingungen gebildet und unbrauchbar gewordene oder nun gar störende alte Enzyme ausgeschaltet werden müssen. Wenn die betreffenden Enzyme einem hohen Verschleiß unterliegen, kann die notwendige Regulierung auf der Ebene der m-RNS erfolgen. Es kommt zu einem Ausstoß neuer m-RNS und gleichzeitig wird die alte m-RNS eliminiert. Die alte m-RNS verschwindet deswegen schnell, weil einmal ihre weitere Synthese unterbunden wird und zum anderen die noch vorhandenen Moleküle rasch zerfallen. Und auf dem Niveau der von den betreffenden RNS-Systeme codierten Enzyme: neue Enzyme treten auf, alte verschwinden. Voraussetzung für einen solchen Regulierungsmechanismus ist die Kurzlebigkeit der m-RNS und der von ihr codierten Enzyme.

Bei höheren Pflanzen finden sich andere Verhältnisse. Denn über längere Zeiträume hinweg behalten bestimmte, mehr oder weniger weit differenzierte Zellen oder Organe ein und dieselbe Funktion bei, etwa die, Reservestoffe zu speichern oder zu mobilisieren oder CO_2 zu assimilieren. In solchen Fällen, in denen keine schnelle Adaptation notwendig ist, erscheint es ökonomisch, entweder über langlebige Enzyme oder über langlebige m-RNS zu verfügen.

Über die Lebensdauer von pflanzlichen Enzymen liegen kaum Daten vor — z.B. besitzt die Invertase des Zuckerrohrs eine „Halblebenszeit" von ungefähr 2 Std [765] und die Phenylalanin-ammoniumlyase des Senfkeimlings eine solche von rund 6 Std [766] —, so daß sich das Problem von dieser Seite her nicht lösen ließ.

Eine Reihe von Daten belegt aber, daß es in höheren Pflanzen wenigstens langlebige m-RNS gibt. Hierher gehören Befunde, die an Aleuronkörnern des Weizens [763], an Siebröhren von *Vicia faba* [764], am Hypokotyl der Sojabohne (S. 204: einige Stunden stabile m-RNS) und an Keimlingen von *Citrullus vulgaris* (S. 255) gemacht wurden. Mit die überzeugendste Beweisführung wurde an Keimlingen der Baumwolle vorgenommen.

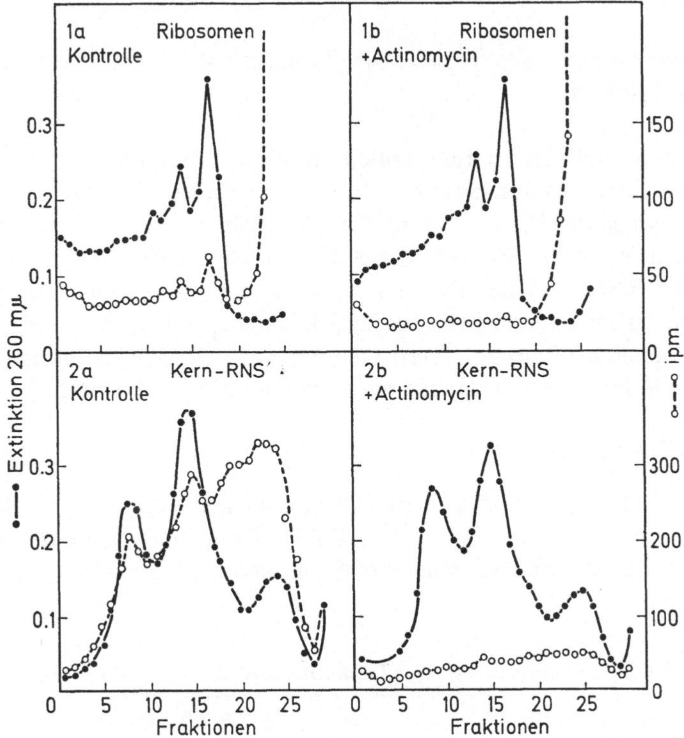

Abb. 98. Langlebige m-RNS in Keimlingen der Baumwolle. 1a = Ribosomen aus unbehandelten Keimlingen (Kontrolle), 1b = Ribosomen aus mit Actinomycin C_1 behandelten Keimlingen. Der hohe Gipfel rechts in der Extinktionskurve repräsentiert die Polyribosomen, nach links schließen sich an ihn oligomere bis monomere Ribosomenverbände an. 2a = RNS aus Kernen unbehandelter Keimlinge (Kontrolle), 2b = RNS aus Kernen von mit Actinomycin C_1 behandelten Keimlingen. Jeweils Fraktionierungen im Saccharose-Dichtegradienten. (Verändert nach [767])

In Keimlingen der Baumwolle (*Gossypium hirsutum*) hemmt Actinomycin die gesamte RNS-Synthese. Betroffen wird nicht nur die r-RNS, sondern auch eine RNS aus der Kernfraktion, bei der es sich um m-RNS handeln könnte. Wesentlich ist jedenfalls, daß die gesamte RNS-Synthese ausgesetzt wird. Dennoch geht die Protein-Synthese ungestört weiter, wie sich an dem unverminderten Einbau von C^{14}-Leucin erkennen läßt.

Schon diese Daten sprachen für das Vorliegen stabiler m-RNS. Volle Klarheit erbrachten Untersuchungen an Polyribosomen. Polyribosomen bestehen aus Ribosomen und m-RNS. Wie sich nun bei Auftrennungen im Saccharose-Dichtegradienten zeigte, blieb das Verhältnis von Ribosomen zu Polyribosomen bei Baumwoll-

Keimlingen auch bei einer bis zu 16 Std ausgedehnten Behandlung mit Actinomycin C_1 unverändert (Abb. 98). Das bedeutet aber, daß trotz des Stopps in der RNS-Synthese nach wie vor m-RNS vorhanden ist. Diese m-RNS muß demnach eine Lebensdauer von mindestens 16 Std besitzen und kann somit mit Recht als langlebig bezeichnet werden [767].

d) RNS- und Protein-Synthese im zellfreien System

d1. Die Komponenten des Systems der Transskription und Translation in höheren Pflanzen

Transskription und Translation laufen in einem Zusammenspiel bestimmter Enzym- und Nucleinsäuren-Systeme ab. Die wichtigsten Enzyme sind abgesehen von den Enzymen der Peptidbindung die RNS-Polymerase und die Aminosäuren-aktivierenden Enzyme. Die beteiligten Nucleinsäuren sind die DNS, m-RNS, t-RNS und r-RNS. Auf die DNS brauchen wir hier nicht mehr einzugehen. Die im vorhergehenden Kapitel geschilderten Befunde sprechen für die Existenz von m-RNS in höheren Pflanzen. Überprüfen wir nun, ob auch die übrigen Komponenten bereits für höhere Pflanzen nachgewiesen werden konnten.

d1.1. RNS-Polymerase

Aus Erbsen-Keimlingen läßt sich das Chromatin der Kerne recht gut isolieren. Es besteht im wesentlichen aus DNS, RNS, Histon und Nicht-Histon-Protein (Tabelle 25). Zu den Nicht-Histon-Proteinen gehört auch eine RNS-Polymerase [768].

Tabelle 25. *Die Zusammensetzung des Chromatins aus Erbsen-Embryonen* (Nach [768])

Komponente	mg/100 g Embryonen	% des Gesamt-Chromatins
DNS	3,42	31
RNS	1,90	17,5
Histone	3,67	33
Nicht-Histon-Proteine	1,95	18

Das Enzym kann nur schwer völlig von DNS befreit und in größerer Menge gewonnen werden. Deshalb zieht man es vor, bei Versuchen im zellfreien System das Chromatin der Erbse nicht mit der Erbsen-RNS-Polymerase, sondern mit der RNS-Polymerase aus *E. coli* zu kombinieren (S. 216).

Die RNS-Polymerase aus Erbsen ist mit dem Chromatin assoziiert und kann mit ihm abzentrifugiert werden. Im Gegensatz dazu befindet sich eine RNS-Polymerase aus Mais-Keimlingen nach dem Zentrifugieren im Überstand [769]. Sie ist also gut löslich, wodurch ihre Charakterisierung erleichtert wird.

Sowohl die RNS-Polymerase aus Erbsen [768, 770] als auch diejenige aus dem Mais [769, 771] ähneln in ihren wesentlichen Eigenschaften der RNS-Polymerase aus *E. coli*. So benötigen auch sie alle vier Nucleosid-triphosphate als Substrat und verlangen die Anwesenheit von Mg^{++} oder Mn^{++} und DNS im Testansatz. Ihre Tätigkeit wird von Actinomycin gehemmt, was für eine DNS-abhängige RNS-Synthese spricht, bei der die eingesetzte DNS als Matrize dienen dürfte. Höhere Pflanzen enthalten also RNS -Polymerasen.

Auch Polynucleotid-phosphorylasen und Enzyme verwandter Art (z. B. eine RNS-Synthetase, die RNS als Matrize benützt [772]) wurden in höheren Pflanzen wiederholt nachgewiesen. Die physiologische Bedeutung dieser Enzyme ist unbekannt. Die Polynucleotid-phosphorylasen könnten sich am Abbau von RNS beteiligen [773]. Sie könnten aber auch bei der Bildung von abnormer RNS eine Rolle spielen, die sich in unter extremen Außenbedingungen gehaltenen Pflanzen findet [774—776].

d1.2. Aminosäuren-aktivierende Enzyme

Mit Hilfe der früher geschilderten Testmethoden (S. 176) konnten in höheren Pflanzen mehrfach Aminosäuren-aktivierende Enzyme nachgewiesen werden. Die aktivierenden Enzyme für alle wichtigen Protein-Aminosäuren konnten gefaßt werden (Lit. [667]). Aber nur wenige von ihnen sind wenigstens einigermaßen gereinigt worden, so die Enzyme für Valin, Lysin und Methionin aus Weizen-Keimlingen [777, 778], das Enzym für Prolin aus Samen der Bohne (*Phaseolus aureus* [779]) und das Enzym für ebenfalls Prolin aus Rhizomspitzen der Vielblütigen Weißwurz (*Polygonatum multiflorum* [779]). Die Enzymsysteme katalysieren wie die bakteriellen Enzyme sowohl die Bildung des Monoadenylates der betreffenden Aminosäure als auch die Übertragung der aktivierten Aminosäure auf t-RNS.

Eine interessante Frage ist, ob eine bestimmte Amino-acyl-t-RNS-Synthetase (= Aminosäure-aktivierendes Enzym) artspezifisch ist oder nicht. Für die Prolyl-t-RNS-Synthetase konnten an einigen Objekten artspezifische Differenzen nachgewiesen werden.

Für Prolin kennt man ein natürliches Struktur-Analogon, die Azetidin-2-carboxyl-säure. Die Substanz findet sich nur bei einigen Arten aus den Familien der *Liliaceae* und der nahe verwandten *Amaryllidaceae* und *Agavaceae* [780, 781] und ist deshalb für die vergleichende Phytochemie von Interesse.

Führt man das Analogon Arten zu, die es von Natur aus nicht enthalten, so wirkt es mehr oder weniger toxisch, weil es an Stelle von Prolin in Protein eingebaut werden kann. Dementsprechend läßt sich die Hemmwirkung durch Zufuhr von Prolin beseitigen. Bei Arten, die das Analogon führen, wird es nicht in Protein eingebaut und bleibt somit wirkungslos [782].

Die Entscheidung über den Einbau in Protein fällt mit der Aktivierung und der Übertragung auf t-RNS. Sensible Arten wie *Phaseolus aureus*, die das Analogon von Natur aus nicht enthalten, besitzen eine Prolyl-t-RNS-Synthetase, die nicht nur Prolin, sondern auch das zugeführte Analogon auf t-RNS überträgt. Ist das Analogon erst einmal an die t-RNS gebunden, so wird es auch in Protein inkorporiert. Immune Arten wie *Polygonatum multiflorum*, in denen das Analogon von Natur aus vorkommt, verfügen dagegen über eine Prolyl-t-RNS-Synthetase, die nur Prolin, nicht auch das Analogon, aktiviert und auf t-RNS überträgt. Damit ist in solchen Arten der Einbau der Azetidin-2-carboxyl-säure in Protein unmöglich gemacht. Die Prolyl-t-RNS-Synthetasen aus *Phaseolus aureus* und aus *Polygonatum multiflorum* sind also in ihrer Substratspezifität voneinander verschieden. Gleiches gilt für die Prolyl-t-RNS-Synthetasen aus einigen weiteren, im gleichen Zusammenhang untersuchten Arten [779]. Aminosäuren-aktivierende Enzyme können also artspezifisch verschieden sein.

d1.3- t-RNS

Auch t-RNS ist aus höheren Pflanzen wiederholt extrahiert und angereichert worden (Lit. [667]). Über ihre Struktur weiß man wenig. Ein Gemenge aus den in Weizen-Keimlingen vorhandenen t-RNS-Typen wurde immerhin soweit analysiert, daß man an dem einen Ende der Moleküle ebenso wie bei Bakterien die Nucleotid-Sequenz — CCA vermuten durfte [783]. Bislang hat man noch keine t-RNS für eine ganz bestimmte Aminosäure isolieren können.

Im zellfreien System funktioniert t-RNS aus höheren Pflanzen ebenso wie solche aus Bakterien. Sie fügt sich also in das an Mikroorganismen erarbeitete Schema der Translation ein.

d1.4. r-RNS und Ribosomen

d1.41. Vorkommen der Ribosomen

Die Frage nach der r-RNS läßt sich mit der nach den Ribosomen koppeln. Denn die r-RNS ist die Struktur-RNS der Ribosomen. Ribosomen konnten nun in allen Pflanzen-Arten und -Geweben festgestellt werden, in denen man nach ihnen

Tabelle 26. *Beispiele für das Vorkommen von Ribosomen in verschiedenen Pflanzen-Arten und -Geweben. Literatur über die intrazelluläre Verteilung der Ribosomen in [801] (Plastiden) und [807—809] (Mitochondrien)*

Organ/Gewebe	Art	Literatur
Endosperm	*Triticum vulgare*	[763]
Samen	*Arachis hypogaea*	[784]
	Gossypium herbaceum	[784]
Fruchtfleisch	Apfel und Birne	[785]
Embryonen	*Triticum vulgare*	[747]
	Arachis hypogaea	[747]
Keimlinge	*Zea mays*	[786, 787]
(und Teile davon,	*Triticum vulgare*	[788, 789]
etwa Epicotyl,	*Pisum sativum*	[749—751, 790—792]
Wurzelspitze oder	*Pisum arvense*	[793]
Cotyledonen)	*Gossypium herbaceum*	[767]
Blätter	*Trifolium repens*	[1167]
	Lycopersicum esculentum	[794]
	Brassica pekinensis	[795]
Milchsaft	*Hevea brasiliensis*	[796]
	Papaver somniferum	[797]
Gewebekulturen	*Nicotiana tabacum*	[810]
Pollen	*Lilium longiflorum* u.a.	[798—800]

suchte. Sie sind also universell vorhandene Zellorganellen. Beispiele für ihr Vorkommen gibt Tabelle 26.

d1.42. Eigenschaften der Ribosomen

Mit am besten untersucht sind die Ribosomen der Erbsen-Keimlinge, für die deshalb einige Daten genannt seien [791]. Es handelt sich um Partikel mit einem Molekulargewicht von ca. $4,1 \times 10^6$, einer Sedimentationskonstante von 80 S und der Gestalt eines Sphäroids (größerer Durchmesser 250 Å, Höhe 160 Å). Bei Senken der Konzentration an Mg^{++} zerfallen die 80 S-Partikel reversibel zunächst in 60 S- und 40 S-Untereinheiten. Bei weiterem Entzug von Mg^{++} dissoziieren die 60 S-Untereinheiten in je ein 40 S-Partikel und zwei 26 S-Partikel. Ebenfalls nachgewiesene 50 S-Partikel sind vermutlich Zwischenstufen der Dissoziation von 60 S zu 40 S (Abb. 99).

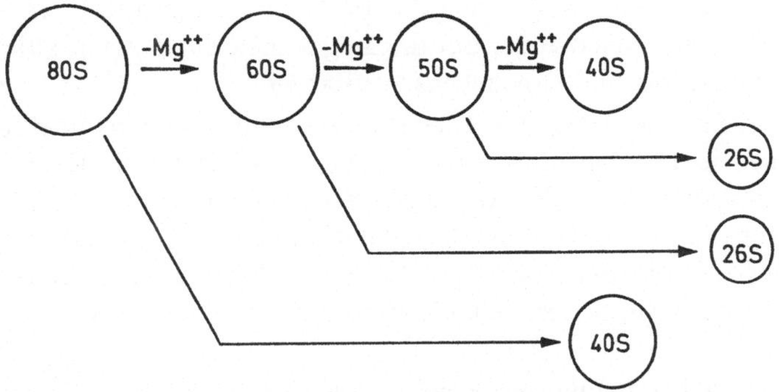

Abb. 99. Dissoziation von Ribosomen aus Erbsen bei Entzug von Mg^{++}. (Verändert nach [791])

Die r-RNS weist in ihrer Basenzusammensetzung keine DNS-Ähnlichkeit auf. Das heißt freilich nicht, daß die r-RNS nicht doch von DNS codiert würde — das bedeutet nur, daß diese Codierung von einem kleinen Abschnitt des Genoms ausgeht. In der Tat ließ sich in Hybridisierungs-Experimenten eine Codierung der r-RNS durch DNS beweisen.

r-RNS aus Erbsen besteht zu zwei Dritteln aus einer RNS mit einem Sedimentationskoeffizienten von 26 S und zu einem Drittel aus einer RNS mit einem Sedimentationskoeffizienten von 16 S im Saccharose-Gradienten. In anderen Objekten fand sich ganz entsprechend eine 28 S-RNS und eine 18 S-RNS in den Ribosomen. Beide r-RNS-Sorten unterscheiden sich in ihrer Basenzusammensetzung und werden auch von verschiedenen, jeweils kleinen Abschnitten des Genoms codiert [802].

Die r-RNS höherer Pflanzen gehört generell zum sog. GC-Typ (der Quotient G+C/A+U ist größer als 1, d.h. G+C überwiegen; z.B. [803—805]). Meistens weist die 26/28 S-r-RNS dabei einen höheren Gehalt an Guanin auf als die 16/18 S-r-RNS [806, 807].

d1.43. Lokalisation der Ribosomen innerhalb der Zelle

Ribosomen wurden einmal im Cytoplasma aufgefunden. Sie kommen dort entweder frei oder an das endoplasmatische Reticulum gebunden vor. Zweitens führt der Nucleolus und damit auch der Zellkern Ribosomen [811—814]. Die Nucleolus-Ribosomen aus Erbsen-Keimlingen gleichen den Ribosomen des Cytoplasmas in allen untersuchten Eigenschaften [802, 811, 813]. Allem Anschein nach werden die Ribosomen im Nucleolus aus dort gebildetem Protein und aus von der DNS der Chromosomen codierter RNS (vgl. S. 216) zusammengesetzt. Diese Nucleolus-Ribosomen werden dann ins Cytoplasma verfrachtet und werden so zu Cytoplasma-Ribosomen.

Auch in den Plastiden [801] und Mitochondrien [807—809] wurden wiederholt Ribosomen nachgewiesen. Allen bislang vorliegenden Daten nach unterscheiden sie sich von den Ribosomen des Cytoplasmas bzw. Nucleolus.

d1.44. Spezifität der Ribosomen

Mit der Frage nach Gleichheit oder Verschiedenheit der Ribosomen aus den einzelnen Zellfraktionen wurde schon das Problem der Spezifität der Ribosomen berührt. Gehen wir nacheinander auf die Möglichkeit einer Artspezifität, Organ- bzw. Gewebespezifität und Organellenspezifität ein.

Für eine eventuelle *Artspezifität* der Ribosomen ließe sich ins Feld führen, daß die Ribosomen je nach der untersuchten Art ganz verschiedene Konzentrationen an Mg++ benötigen, um ihre Struktur aufrechtzuerhalten. Man kann drei Gruppen von Arten unterscheiden, die hohe (5—10 mM), mittlere (1—2 mM) oder niedrige (0—0,5 mM) Konzentrationen an Mg++ verlangen. Werden diese Konzentrationsbereiche unterschritten, so zerfallen die Ribosomen in ihre Untereinheiten ([787], vgl. Abb. 99).

Die r-RNS höherer Pflanzen scheint über die Artgrenzen hinweg ziemlich einheitlich zu sein. Daß sie generell dem GC-Typ angehört, wurde schon erwähnt. Allerdings muß man anfügen, daß die Methodik vielleicht nicht ausreicht, um feinere Differenzen zu fassen.

Auch hinsichtlich der Proteinkomponente lassen sich noch keine sicheren Aussagen machen. Ribosomales Protein aus z.B. *Allium porrum* [816] unterscheidet sich zwar den Analysendaten nach im Gehalt an einigen Aminosäuren von demjenigen aus *Pisum sativum* [817, 818]. Aber man kann nicht ausschließen, daß diese Differenzen auf die jeweils verwendete Technik zurückgehen könnten. Die Frage nach einer möglichen Artspezifität der Ribosomen ist also noch ungeklärt.

Ebenso verhält es sich mit der *Organ-* bzw. *Gewebespezifität* der Ribosomen. Für eine solche Organ- bzw. Gewebe-Spezifität sprechen serologische Untersuchungen an *Triticum vulgare* [789]. Denn Ribosomen aus den einzelnen Teilen von Weizen-Keimlingen erwiesen sich im Geldiffusionstest (S. 113) als serologisch verschieden. Nur weiß man nicht, ob für diese Verschiedenheiten wirklich das ribosomale Strukturprotein oder nicht etwa während der Translation neugebildetes Protein verantwortlich ist.

Dagegen gibt es sichere Anzeichen für eine *Organellenspezifität* der Ribosomen. Die Ribosomen aus dem Cytoplasma bzw. dem Nucleolus einer gegebenen Art sind offensichtlich von denjenigen in den Plastiden und wahrscheinlich auch den Mitochondrien verschieden.

Schon an den Sedimentationskonstanten lassen sich diese Differenzen erkennen. Die Sedimentationskonstanten von Plastiden-Ribosomen sind durchweg niedriger als diejenigen von Cytoplasma-Ribosomen. So führt der Chinesische Kohl (*Brassica pekinensis*) im Cytoplasma Ribosomen von 83 S, in den Plastiden Ribosomen von nur 68 S ([795], weitere Lit. [801]).

Nun zur RNS der Plastiden-Ribosomen. Plastiden können bis zu 25% der RNS der grünen Zelle enthalten. Ein kleiner Teil dieser Plastiden-RNS ist an das Lamellarsystem in im einzelnen noch unbekannter Form gebunden. Der weitaus größere Teil jedoch findet sich in den Plastiden-Ribosomen [805]. Die r-RNS der Plastiden gehört wie die des Cytoplasmas zum GC-Typ [803—805]. Auch bei der Elution von der Methylalbumin-Säule verhalten sich die r-RNS aus Plastiden und die aus dem Cytoplasma nahezu gleich [805]. Dennoch sind Differenzen in der r-RNS beider Organellen vorhanden. Sie ließen sich fassen, als man nicht r-RNS schlechthin, sondern die 28 S-r-RNS und die 18 S-r-RNS getrennt voneinander untersuchte [807]. Daraufhin ließ sich für einige Arten zeigen, daß sich die 18 S-r-RNS aus den Plastiden von der 18 S-r-RNS aus dem Cytoplasma in ihrer Basenzusammensetzung unterscheidet.

d1.45. Polyribosomen

Polyribosomen wurden in höheren Pflanzen wiederholt mit Hilfe des Elektronenmikroskopes oder der Ultrazentrifuge nachgewiesen, etwa in Keimlingen der Erbse [819], der Erdnuß [756] und der Baumwolle [767], Abb. 98), in angequollenen Embryonen des Weizens und der Erdnuß [745—747], im Fruchtfleich von Äpfeln und Birnen [785] oder in Blättern des Chinesischen Kohls [795]. Auch diese in der Protein-Synthese aktiven Zustandsformen der Ribosomen sind also in höheren Pflanzen universell vorhanden.

d2. Die Funktion der Komponenten: Transskription und Translation im zellfreien System

Alle von Bakterien her bekannten Komponenten im System der Transskription und Translation sind auch in höheren Pflanzen vorhanden, wie die vorhergehenden Abschnitte zeigten. Es bleibt noch zu belegen, daß sie in höheren Pflanzen auch ebenso funktionieren wie in Mikroorganismen. Dabei sei zunächst auf die Ribosomen und dann auf die ribosomen-führenden Zellorganellen, den Kern, die Plastiden und die Mitochondrien eingegangen.

d2.1. Ribosomen als Ort der Protein-Synthese

Die Beteiligung von Ribosomen an der Protein-Synthese auch der höheren Pflanzen ließ sich schon durch *in vivo*-Versuche wahrscheinlich machen. Wenn man die Sproßspitzen von Erbsen-Keimlingen kurzfristig mit Leucin-C[14] inkubierte, fand sich zuerst in den Ribosomen Radioaktivität. Bis zu 98% des mit den Ribosomen assoziierten Leucin-C[14] lag dort in Peptidbindung vor. Erst später verlagerte sich die Radioaktivität in den nach Abzentrifugieren der Ribosomen erhaltenen Überstand, in dem die löslichen Proteine enthalten waren [820].

Endgültige Beweise lieferten zellfreie Systeme. Zwar sind einige ältere Angaben über eine Protein-Synthese an Ribosomen im zellfreien System zweifelhaft, weil die Möglichkeit einer Contamination mit Bakterien nicht ausgeschlossen wurde. Doch liegen auch genügend gesicherte Daten vor, in denen eine Protein-Synthese an Ribosomen im zellfreien System zweifelsfrei erwiesen wurde [667].

Stellvertretend sei auf ein zellfreies System aus Tomaten-Keimlingen näher eingegangen. Die Keimlinge wurden unter aseptischen Bedingungen herangezogen und die Testansätze sorgfältig auf die Anwesenheit von Bakterien kontrolliert. C^{14}-Aminosäuren wurden sowohl von einer Ribosomen-Fraktion als auch von einer Chloroplasten-Fraktion aus jungen Blättern in Protein inkorporiert. Dabei war die Chloroplasten-Fraktion aktiver als die Ribosomen-Fraktion. Beide Fraktionen wurden durch Ribonuclease gehemmt. Die Protein-Synthese war also RNS-abhängig. Beide Fraktionen wurden auch durch Chloramphenicol und Puromycin gehemmt. Wie die Wirksamkeit der beiden Antibiotica anzeigt, dürfte die Protein-Synthese nach dem Schema der bakteriellen Translation ablaufen. Auch synthetische Polyribonucleotide wurden in beiden Fraktionen überprüft. Poly-U stimulierte den Einbau von Phenylalanin und in geringerem Maß den von Leucin in Protein. In den genannten und in einigen weiteren Punkten zeigten das Ribosomen- und das Chloroplasten-System aus Tomaten Übereinstimmung mit den entsprechenden zellfreien Systemen der Protein-Synthese aus Bakterien [794].

d2.2. RNS- und Protein-Synthese im Zellkern

d2.21. RNS-Synthese generell

Tabakblätter [821—825] und Erbsen-Keimlinge [826—828] sind ein beliebtes Ausgangsmaterial zur Isolierung von Kernen. Isolierte Kerne aus beiden Herkünften vermögen eine RNS-Synthese durchzuführen. Der RNS-Charakter des Produktes ist zumindest in einigen Fällen zweifelsfrei bewiesen, so in einer Reihe von Versuchen, die mit Kern- und auch Chloroplasten-Fraktionen aus Tabakblättern durchgeführt wurden [823, 824]. Die beobachteten RNS-Synthesen werden durch Desoxyribonuclease und Actinomycin C_1 gehemmt, sind also DNS-abhängig.

Damit in Einklang steht, daß es nachweislich das Chromatin der Kerne ist, an dem diese RNS-Synthese stattfindet. Das Chromatin aus Erbsen-Keimlingen läßt sich leicht isolieren. Da es etwas RNS-Polymerase führt, kann es in geeigneten Medien eine geringfügige RNS-Synthese unterhalten. Die Ausbeute an RNS ließ sich erheblich steigern, wen man dem zellfreien System zur Ergänzung des Enzymbestandes RNS-Polymerase aus *E. coli* zuführte [834]. Anscheinend bildet sich bei der RNS-Synthese zunächst ein Protein-DNS-RNS-Komplex, der DNS:RNS im Verhältnis 2:1 enthält [835].

Isolierte Zellkerne bzw. isoliertes Chromatin vermögen also RNS zu bilden. Die nächste Frage muß sein, um welche der drei RNS-Klassen, t-RNS, r-RNS und m-RNS es sich dabei handelt.

d2.22. Synthese von t-RNS in isolierten Kernen [815]

Meistens wurde die von isolierten Kernen gebildete RNS nicht auf ihre Zugehörigkeit zu den eben genannten drei RNS-Klassen untersucht. Eine Ausnahme sind Untersuchungen an aus Erbsen-Keimlingen isolierten Kernen, in denen die Bildung von t-RNS nachgewiesen werden konnte. Die von den isolierten Kernen gebildete t-RNS konnte mit Aminosäuren beladen werden, die von kerneigenen oder cytoplasmatischen Enzymen aktiviert worden waren. Wie die Hemmbarkeit mit Desoxyribonuclease und mit Actinomycin C_1 zeigte, war die Bildung der t-RNS DNS-abhängig.

d2.23. Synthese von r-RNS: Hybridisierung mit DNS

Nach Inkubation von aus Erbsen-Keimlingen isolierten Kernen mit Cytidin-H^3 fand sich die Radioaktivität zuerst am Chromatin. Die markierte RNS wanderte dann vom Chromatin in den Nucleolus und wurde dort in die Nucleolus-Ribosomen inkorporiert [826]. Solche Ergebnisse ließen vermuten, die Struktur-RNS der Nucleolus-Ribosomen würde von der DNS der Chromosomen codiert.

Tabelle 27. *Hybridisierung zwischen DNS und RNS aus Ribosomen und Nucleolus. Ausgangsmaterial waren Erbsen-Keimlinge.* (Nach [802])

Herkunft der denaturierten DNS	Herkunft der markierten RNS	Herkunft der nicht markierten RNS	Bildung markierter Hybride (µg RNS/100 µg DNS)
Komplette Erbsenkerne	Ribosomen des Cytoplasmas	—	0,29
Komplette Erbsenkerne	Ribosomen des Cytoplasmas	Ribosomen des Cytoplasmas	0,08
Komplette Erbsenkerne	Ribosomen des Cytoplasmas	Nucleolus	0,10
Nucleolus	Ribosomen des Cytoplasmas	—	0,32

Genauere Auskünfte lieferten Hybridisierungsversuche. Denaturierte DNS aus den Kernen von Erbsen-Keimlingen wurde mit radioaktiv markierter cytoplasmatischer r-RNS ebenfalls aus Erbsenkeimlingen kombiniert (Tabelle 27). Rund 0,3 % der DNS bildete dann markierte DNS-RNS-Hybride. Nicht markierte cytoplasmatische r-RNS konkurrierte mit der markierten cytoplasmatischen r-RNS und senkte dadurch den Prozentsatz der markierten Hybriden. Ein ebenso guter Konkurrent war aber auch nicht markierte Nucleolus-RNS. Cytoplasmatische r-RNS und Nucleolus-RNS weisen also identische oder zumindest sehr ähnliche Basensequenzen auf.

Auch ein isolierter Nucleolus führte noch etwas DNS, die von dem als Nucleolus-Organisator fungierenden Chromosomen-Abschnitt stammte. Es blieb zu überprüfen, ob das Genmaterial für die Codierung der Nucleolus-RNS etwa in dieser DNS enthalten war. Infolge der damit gegebenen Konzentration der codierenden DNS-Matrizen auf den kleinen Abschnitt des Nucleolus-Organisators sollte dann die Nucleolus-DNS besser mit der Nucleolus-RNS und auch mit der cytoplasmatischen r-RNS hybridisieren als die Gesamt-DNS des Kernes. Das war nicht der Fall. Bei Erbsen sind demnach die für die Codierung von Nucleolus-RNS und damit auch für die Codierung von r-RNS (s. unten) zuständigen DNS-Abschnitte über das gesamte Genom verteilt. Inwieweit dieser Befund auch für andere Pflanzen gilt, muß noch überprüft werden. Denn zumindest bei einigen tierischen Objekten wird die Nucleolus-RNS, vermutlich ebenfalls großenteils r-RNS, vom Nucleolus-Organisator aus gebildet.

Um das Bild abzurunden, sei daran erinnert, daß die r-RNS aus Cytoplasma-Ribosomen und aus Nucleolus-Ribosomen in allen überprüften Punkten miteinander übereinstimmen [802, 811, 813]. Offensichtlich sind somit die Nucleolus-

RNS, die r-RNS der Nucleolus-Ribosomen und die r-RNS der Cytoplasma-Ribosomen im großen und ganzen miteinander identisch. Man macht sich deshalb folgende Vorstellung über den Zusammenhang zwischen diesen RNS-Typen: Die spätere r-RNS der Cytoplasma-Ribosomen wird von über das ganze Genom gestreuten DNS-Abschnitten codiert. Sie wandert zunächst in den Nucleolus und stellt dort zumindest den Großteil der Nucleolus-RNS. Im Nucleolus wird sie zur Synthese von Ribosomen herangezogen und wird damit zur r-RNS der Nucleolus-Ribosomen. Die Nucleolus-Ribosomen werden dann ins Cytoplasma entlassen. Sie sind von nun an Cytoplasma-Ribosomen. Damit wird aus ihrer Struktur-RNS schließlich die r-RNS der Cytoplasma-Ribosomen.

d2.24. Synthese von m-RNS: Versuche im kombinierten System ([834], Tabelle 28)

In Versuchen mit aus verschiedenen Organismen kombinierten zellfreien Systemen konnte eine DNS-abhängige Synthese von m-RNS nachgewiesen werden. Da das Arbeiten mit Ribosomen aus höheren Pflanzen auf Schwierigkeiten stößt, wurden

Tabelle 28. *Die Steuerung der Synthese von Erbsenglobulin durch Chromatin und DNS aus verschiedenen Organen von Erbsen-Keimlingen. Kombiniertes zellfreies System aus Chromatin bzw. DNS, RNS-Polymerase und Ribosomen aus E. coli und allen weiteren Faktoren der RNS- und Protein-Synthese. Die Protein-Synthese wurde über den Einbau von Leucin-C14 verfolgt, das Erbsenglobulin wurde serologisch bestimmt. Aus der Tabelle lassen sich auch Hinweise auf die Rolle der Histone als Repressoren der genetischen Aktivität entnehmen. Darauf wird später (S. 283) eingegangen. ipm = Impulse/min.* (Verändert nach [834])

Matrize	Einbau von Leucin-C14 (ipm)		% Erbsenglobulin im löslichen Gesamtprotein nach Abzug des Blindwertes von 0,13
	lösliches Gesamtprotein	Erbsen-globulin	
Chromatin aus Sproßknospen	41 200	54	0
Chromatin aus Cotyledonen	8 650	623	7,07
DNS aus Sproßknospen	15 200	60	0,27
DNS aus Cotyledonen	5 600	22	0,26

Chromatin oder DNS aus Erbsen-Keimlingen mit Ribosomen aus *E. coli* gekoppelt. In den meisten Versuchen stammte auch die erforderliche RNS-Polymerase aus *E. coli*. Außerdem befanden sich im zellfreien System noch alle weiteren für die RNS- und Protein-Synthese notwendigen Faktoren. Unter solchen Bedingungen wurde an den Ribosomen von *E. coli* Erbsen-spezifisches Protein gebildet. Es handelte sich dabei um das Legumin und Vicilin, Reserveglobuline der Cotyledonen von Leguminosen, die im folgenden kurz als „Erbsenglobulin" bezeichnet werden sollen. Die Bildung von Erbsenglobulin in den Testansätzen wurde mit Hilfe serologischer, seltener auch chemischer [828] Methoden bestimmt.

Die Versuchsergebnisse lieferten Belege dafür, daß unter dem Diktat der Erbsen-DNS eine m-RNS gebildet wird, die dann an den Ribosomen von *E. coli* die Synthese von Erbsenglobulin steuert. Damit war ein weiterer Beweis für die von der DNS des Kernes abhängige Synthese von m-RNS in höheren Pflanzen erbracht.

d2.25. Protein-Synthese

Auch eine Protein-Synthese ließ sich für isolierte Kerne nachweisen. Eingehender in dieser Hinsicht untersucht wurden Kerne aus Erbsen-Keimlingen [829] und aus Tabakzellen in Flüssigkeitskultur [830]. Hauptort der Protein-Synthese im Kern ist der Nucleolus. Untersuchungen an isolierten Kernen und teilweise auch Nucleolen aus Erbsen machten wahrscheinlich, daß in ihm die Histone der Chromosomen und auch Strukturproteine der cytoplasmatischen Ribosomen gebildet werden. Die Ribosomenproteine werden offensichtlich schon im Nucleolus mit der wie ausgeführt von der DNS der Chromosomen codierten r-RNS zu kompletten Ribosomen zusammengeschlossen [811, 813, 833]. Die Einzelheiten der Protein-Synthese im Kern sind unbekannt.

d2.3. DNS-, RNS- und Protein-Synthese in isolierten Chloroplasten
[801, 808, 837—844, 1151]

d2.31. Das Vorkommen von DNS in Chloroplasten

Eine lange heiß umstrittene Frage war die nach dem Vorkommen von DNS in den Chloroplasten. Inzwischen liegt überzeugendes Beweismaterial für die verschiedensten Objekte — und von den verschiedensten Autoren — für die Existenz einer Plastiden-DNS vor, die ungefähr 1—5% der Gesamt-DNS der Zelle ausmacht.

Die Beweise wurden erbracht

a) mit Hilfe der Elektronenmikroskopie: Als DNS-verdächtige Strukturen ließen sich mittels Desoxyribonuclease (DNase) entfernen.

b) mit Hilfe der Cytochemie: Als DNS-verdächtige Strukturen ließen sich in der ziemlich DNS-spezifischen Feulgen-Reaktion anfärben. Die färbbaren Strukturen verschwanden nach Behandlung mit DNase.

c) mit Hilfe der Autoradiographie: Thymidin-H^3 wurde in Strukturen eingebaut, die ebenfalls gegen DNase empfindlich waren.

d) mit Hilfe biochemischer Methoden: Bei biochemischen Aufarbeitungen stellt sich stets das Problem, Verunreinigungen mit Kernmaterial einwandfrei auszuschließen. Günstige Voraussetzungen boten vor allem Algen, einmal *Acetabularia*, von der sich kernfreie Thallusstücke eine Zeitlang kultivieren lassen. In solchen kernfreien Fragmenten konnte DNS nachgewiesen werden [832, 836]. Ein anderes beliebtes Objekt ist *Euglena* [840]. DNS-Präparate aus *Euglena* ließen im CsCl-Gradienten zunächst eine Hauptbande erkennen, die überwiegend aus Kern-DNS bestand. Außerdem fanden sich mehrere Nebenbanden. Zwei dieser Satellitenbanden, die eine geringere Dichte als die Hauptbande aufwiesen, traten besonders hervor. Man kann nun von *Euglena* Mutanten erzeugen, in denen die Entwicklung der Proplastiden zu Chloroplasten gehemmt ist. In solchen chloroplastenfreien Mutanten fehlte dann auch eine der beiden Satellitenbanden. Diese Satellitenbande dürfte demnach Chloroplasten-DNS repräsentieren. Bei der zweiten wichtigen Satellitenbande handelt es sich wahrscheinlich um Mitochondrien-DNS. Eine dritte, oft verwendete Alge ist *Chlorella*. In ihr ließen sich Chloroplasten-DNS-Fraktionen mit vermutlich nicht genetischen, sondern „metabolischen" Funktionen nachweisen ([842], s. unten).

Die nähere Charakterisierung der DNS erfolgte auch bei höheren Pflanzen meistens über und im Anschluß an eine Fraktionierung im CsCl-Gradienten. Auch hier ließ sich die Chloroplasten-DNS oder zumindest ein Teil von ihr von der Hauptmasse der DNS als Satellitenbande abtrennen (Abb. 100). Nur wies diese Satelliten-DNS den bislang vorliegenden Befunden nach nicht wie bei den Algen eine geringere, sondern eine höhere Dichte als die Kern-DNS auf.

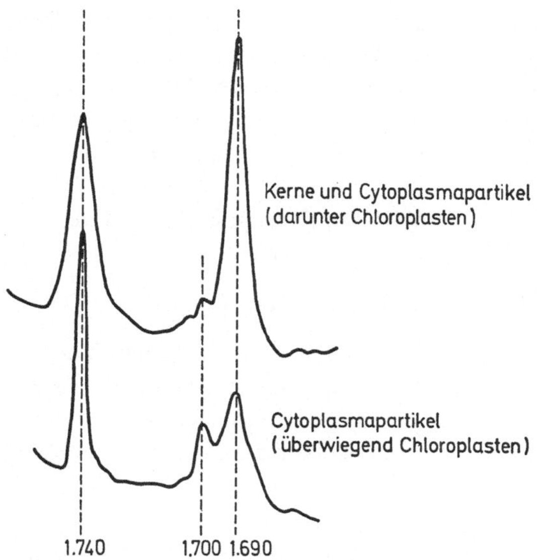

Abb. 100. DNS-Fraktionen aus den Blättern von *Beta vulgaris var. cicla* im CsCl-Dichtegradienten. Links bei der Dichte 1,740 eine Referenzbande aus Phagen-DNS, rechts die zwei DNS-Fraktionen aus *Beta vulgaris:* oben aus Kernen und Chloroplasten, unten aus einer überwiegend aus Chloroplasten, aber noch mit Kernmaterial verunreinigten Fraktion. Die Satellitenbande bei 1,700 charakterisiert die chloroplastenhaltige Fraktion. (Verändert aus [808])

Schon die Dichte einer DNS läßt Schätzungen der Basenzusammensetzung zu. Ergänzend wurden dann noch direkte chemische Analysen vorgenommen. Beiden Analysenmethoden zufolge weist die Chloroplasten-DNS mehr G+C auf als die Kern-DNS. Die Chloroplasten-DNS ist also von der Gesamt-DNS des Kernes verschieden. Sie zeigt im übrigen einen hyperchromen Effekt, dürfte also als Doppelstrang vorliegen.

Zumindest bei *Euglena* und *Chlorella* ist auch in der Hauptbande noch Chloroplasten-DNS enthalten [842]. Möglicherweise stellt die in Satellitenform abtrennbare DNS auch bei höheren Pflanzen nur einen Teil der Chloroplasten-DNS dar.

d2.32. DNS-, RNS- und Protein-Synthese in Chloroplasten

DNS-Synthese. Die bislang zu einer DNS-Synthese in Chloroplasten höherer Pflanzen vorliegenden Befunde sind indirekter Art. Meistens handelt es sich darum, daß beim Einbau markierter DNS-Vorstufen eine metabolische Verschiedenheit von Chloroplasten-DNS und Kern-DNS beobachtet wurde. Daraus wurde dann auf eine selbständige Reproduktion der Chloroplasten-DNS geschlossen. Zum Beispiel wurde in jungen Blättern und in Blattstecklingen von *Nicotiana* Chloroplasten-DNS in erheblichen Mengen gebildet, Kern-DNS fast gar nicht, und ganz entsprechend wurde in Wurzelspitzen von *Allium* Plastiden-DNS unter Bedingungen gebildet, bei denen eine Synthese von Kern-DNS nicht faßbar war [801, 845].

Solche Befunde sprechen für eine Sonderstellung der Plastiden-DNS, sie stellen jedoch keinen unwiderlegbaren Beweis dafür dar, daß die beobachteten Synthesen auch tatsächlich in den Plastiden ablaufen. Man könnte auch an einen raschen Import von an anderer Stelle gebildeter DNS in die Plastiden denken. Aber selbst wenn man es als bewiesen annimmt, daß die Synthesetätigkeit in den Plastiden selbst lokalisiert ist, bleibt es ungeklärt, ob es sich um eine identische Reduplikation des gesamten DNS-Bestandes handelt, wie sie bei der Kern-DNS in der S-Phase der Mitose stattfindet. Man könnte auch eine an rasche Reparation lädierter Abschnitte der Plastiden-DNS denken. Diese Möglichkeit sollte insbesondere deshalb nicht außer Acht gelassen werden, weil man bestimmten Fraktionen gerade der Plastiden-DNS eine „metabolische" Funktion zugeschrieben hat, bei der ein Verschleiß und damit die Notwendigkeit zur Ausbesserung gegeben sein könnte. Die betreffenden Fraktionen sind in der Tat durch eine hohe Umsatzrate charakterisiert.

Derartige DNS-Fraktionen mit im Gegensatz zur Masse der DNS hohem „turnover" fanden sich in *Chlorella* [842], aber auch in höheren Pflanzen [846, 847]. Es wurde vermutet, sie könnten eine Rolle im Stoffwechsel der Chloroplasten spielen, z.B. beim Elektronentransport zwischen dem Cytochromsystem und den Dehydrogenasen. Sie wurden deshalb der „genetischen" DNS als „metabolische" DNS gegenübergestellt [842].

Indizien für eine DNS-Synthese in Chloroplasten wurden auch an Mutanten von *Euglena* erbracht. Wie erwähnt kann man von *Euglena* mit verschiedenen Methoden Mutanten erhalten, die nur Proplastiden, keine Chloroplasten führen. Solchen Mutanten fehlt dann auch die Satellitenbande der Chloroplasten-DNS. Zu den mutagenen Agentien gehört auch UV-Licht. In Versuchen mit UV genügt es nun, das Cytoplasma zu bestrahlen, um die Differenzierung von Proplastiden zu Chloroplasten zu unterbinden. Der Kern ließ sich gegen die UV-Bestrahlung abschirmen. Da er nach der Bestrahlung noch voll funktionsfähig zu sein scheint, sollte er eigentlich auch neue Chloroplasten-DNS nachliefern können — falls die Chloroplasten-DNS aus ihm stammt. Das ist jedoch nicht der Fall. Weder Chloroplasten noch Chloroplasten-DNS werden gebildet. Daraus wurde der Schluß hergeleitet, die Chloroplasten-DNS könne nicht aus dem Kern stammen, sondern müsse in den Chloroplasten selbst gebildet werden [838].

Fassen wir zusammen: Die bislang vorliegenden Indizien — außer den genannten z.B. auch an *Acetabularia* erbrachte — sprechen für die Möglichkeit einer DNS-Synthese in den Chloroplasten. Es ist jedoch noch offen, ob es sich dabei um identische Reduplikationen der gesamten DNS, die in Proplastiden und in selteneren Fällen auch in Chloroplasten Teilungen der Organellen vorangehen könnten, oder nur um eine Reparatur beschädigter DNS-Abschnitte handelt.

RNS-Synthese. Die RNS der Chloroplasten ist zum Teil mit dem Lamellarsystem der Plastiden assoziiert [805, 831], zum Teil findet sie sich in den Plastiden-Ribosomen. Beweise für eine Synthese der RNS in den Chloroplasten selbst liegen vor. Isolierte Chloroplasten aus Bohnen- [848, 849] und Tabakblättern [823] inkorporierten radioaktiv markiertes ATP und GTP in ein als RNS identifiziertes Produkt. Auch in den Chloroplasten ist die RNS-Synthese DNS-abhängig, denn sie wird durch Desoxyribonuclease und Actinomycin C_1 gehemmt — im übrigen ein indirekter Beweis für das Vorliegen von DNS in Chloroplasten.

Protein-Synthese. Schon das Vorkommen von Ribosomen und von Polyribosomen in Chloroplasten ließ vermuten, daß in ihnen eine Proteinsynthese ablaufen kann. Den endgültigen Beweis lieferten Versuche mit isolierten Chloroplasten. Zwar besteht gerade beim Arbeiten mit isolierten Chloroplasten die Gefahr einer Kontamination mit Bakterien, die leicht mit den Chloroplasten abzentrifugiert werden können. In einigen älteren Arbeiten wurde diese Gefahr nicht genügend berücksichtigt. Neuere Arbeiten haben jedoch alle Bedenken beseitigt: Isolierte Chloroplasten inkorporieren zweifelsfrei Aminosäuren in Protein (vgl. dazu z.B. das Tomaten-System, S. 214).

Was die Lokalisation der Protein-Synthese innerhalb der Chloroplasten anbelangt, so kann sie mit Sicherheit an ihren Ribosomen bzw. Polyribosomen stattfinden. Denn auch aus Chloroplasten isolierte Ribosomen können eine Protein-Synthese unterhalten. Allerdings ist damit noch nicht gesagt, daß die Protein-Synthese in Chloroplasten nur an den Ribosomen ablaufen kann. Es sei an das Vorkommen von RNS im Lamellarbereich erinnert.

d2.4. DNS-, RNS- und Protein-Synthese in Mitochondrien [844, 808, 850—852]

Wie bei den Chloroplasten so war auch bei den Mitochondrien die Frage nach dem Vorkommen von DNS zunächst umstritten. Nach Hinweisen durch die Elektronenmikroskopie und Autoradiographie gelang dann die erste Isolierung von DNS aus den Mitochondrien von *Neurospora* [853]. Inzwischen konnte Mitochondrien-DNS aus einer Vielzahl von Organismen gewonnen werden, auch aus höheren Pflanzen, hier z.B. aus *Phaseolus aureus, Brassica rapa, Ipomaea batatas* und *Allium cepa* [854]. Die Mitochondrien-DNS aus den genannten Pflanzen weist dieselbe Dichte von 1,707 auf und unterscheidet sich darin von der Dichte der jeweiligen Kern-DNS. Wie der hyperchrome Effekt zeigte, liegt die Mitochondrien-DNS auch der höheren Pflanzen als Doppelstrang vor [854].

Bevorzugte Studienobjekte für Mitochondrien-DNS sind jedoch derzeit *Neurospora* [851] und *Saccharomyces* [852], bei denen sich Querverbindungen zwischen Mitochondrien und der extrachromosomalen Vererbung ziehen ließen. Für diese beiden Objekte liegen auch Hinweise auf eine semikonservative Reduplikation der Mitochondrien-DNS vor. Das Vorhandensein einer DNS-abhängigen RNS-Synthese und einer RNS-abhängigen Protein-Synthese ist gesichert. Auch bei höheren Pflanzen gibt es einige Befunde, die für eine über DNS und RNS gesteuerte Protein-Synthese in Mitochondrien sprechen (z.B. [855]). Im Einklang mit einer Protein-Synthese steht das schon erwähnte Vorkommen von Ribosomen in den Mitochondrien höherer Pflanzen.

III. Plastiden als Träger extrachromosomaler Erbfaktoren

1. Extrachromosomale Vererbung [841, 844, 856—861, 1151]

Kreuzt man zwei reine Linien miteinander, die sich in einem auf den Chromosomen lokalisierten Allelen-Paar unterscheiden, so zeigt die erste Nachkommenschafts-Generation einen einheitlichen Phänotyp (1. Mendelsche Regel, Uniformitäts-Gesetz). Dabei ist es gleichgültig, welche der beiden reinen Linien man als Vater und welche man als Mutter verwendet. Bei reziproken Kreuzungen finden sich also keine Unterschiede in den jeweiligen ersten Filialgenerationen.

Schon bald nach der Wiederentdeckung der Mendelschen Regeln zu Beginn dieses Jahrhunderts zeigte es sich aber, daß es Abweichungen von diesem Verhalten gibt. Man stieß immer wieder auf Fälle, in denen reziproke Kreuzungen unterschiedliche Nachkommenschaften lieferten. Ein gerade bei höheren Pflanzen weit verbreiteter Typ einer solchen „reziproken Differenz" ist die „mütterliche" Vererbung: Die ersten Nachkommenschafts-Generationen entsprachen in bestimmten Merkmalsbildungen stets der Mutter.

Eine Erklärung für diese mütterliche Vererbung bietet die Existenz von Erbfaktoren außerhalb der Chromosomen, sog. extrachromosomaler oder auch extrakaryotischer Erbfaktoren, also von Erbfaktoren, die außerhalb der Chromosomen bzw. des Kernes in cytoplasmatischen Strukturen lokalisiert sind. Der Cytoplasma-Bestand einer Zygote wird überwiegend von der Eizelle und nur zu einem sehr viel geringeren Teil von der Spermazelle des Pollens gestellt. Einer großen Zahl von extrachromosomalen Erbfaktoren aus der Eizelle würde dann eine nur kleine Zahl von extrachromosomalen Erbträgern aus der Spermazelle gegenüberstehen. Damit wäre es verständlich, daß die von der Eizelle gelieferten extrachromosomalen Erbfaktoren bei der Merkmalsbildung die Überhand gewinnen, d.h. aber eine mütterliche Vererbung eines bestimmten Merkmals verursachen könnten.

Drei wichtige Kriterien für das Vorliegen einer extrachromosomalen Vererbung sind [859]:

1. Nicht-Mendeln, 2. die eben erwähnten reziproken Verschiedenheiten, 3. das Vorkommen von Mischzellen und Entmischungen (S. 225).

Unter Anwendung dieser und einiger weiterer Kriterien und unter Beachtung einer Reihe von Vorsichtsregeln ließ sich eine Fülle von Daten mit der Annahme einer extrachromosomalen Vererbung interpretieren. Einige der Befunde sind nicht nur von theoretischer, sondern auch von erheblicher praktischer Bedeutung. Hier wäre die durch extrachromosomale Erbfaktoren bedingte männliche Sterilität zu nennen, die bei der Heterosiszüchtung z.B. des Maises ausgenutzt wird [862].

In der Diskussion um die extrachromosomale Vererbung hat man dem *Genom*, der Gesamtheit der auf den Chromosomen lokalisierten Gene, ein Plasmon gegenübergestellt. Unter *Plasmon* versteht man die Gesamtheit der extrachromosomalen Erbfaktoren. Das Plasmon gliedert sich in das *Plastom*, die Gesamtheit der in den Plastiden lokalisierten Erbfaktoren, und das *Cytoplasmon*, die Gesamtheit aller übrigen extrachromosomalen Erbfaktoren einschließlich der auf den Mitochondrien stationierten.

2. Plastiden (Chloroplasten) als Träger extrachromosomaler Erbfaktoren

Als Träger extrachromosomaler Erbfaktoren werden vor allem Plastiden (besonders Chloroplasten), Mitochondrien und Ribosomen in Betracht gezogen. Im Mittelpunkt des Interesses stehen derzeit die Plastiden und Mitochondrien. Denn einmal ist in ihnen DNS nachgewiesen worden, so daß bei ihnen ebenso wie im Kern DNS als Träger genetischer Informationen in Frage kommt, zum anderen sind sie selbst Träger extrachromosomal gesteuerter Merkmale.

So gibt es bei *Neurospora* [851] und *Saccharomyces* [852] mehrere extrachromosomal bedingte Mutanten, die zum Teil grobe Defekte in den respiratorisch tätigen Enzymsystemen ihrer Mitochondrien aufweisen. Und bei höheren Pflanzen kennt man von einer langen Reihe von Arten, z.B. *Antirrhinum, Arabidopsis, Epilobium, Mirabilis, Oenothera, Pelargonium* und *Zea mays* Mutanten mit chlorophylldefekten Plastiden, bei denen die mutierten Erbträger in den Plastiden selbst lokalisiert sein dürften. Im folgenden seien solche Plastiden-Mutanten bevorzugt besprochen.

a) Versuche zur Plastiden-Vererbung an *Mirabilis jalapa* [863]

Schon die ersten Versuchsergebnisse, die mit der Existenz extrachromosomaler Erbfaktoren erklärt wurden, betrafen Plastidenmerkmale. Bei der Wunderblume *Mirabilis jalapa* gibt es neben grünen auch gescheckte Pflanzen. An solchen gescheckten Pflanzen können einzelne Zweige normal grün, gescheckt oder weiß sein. Samen von grünen Zweigen liefern stets grüne, Samen von gescheckten Zweigen stets grüne, gescheckte und weiße, Samen von weißen Zweigen stets weiße Nachkommen. Dabei sind die weißen Pflanzen allerdings nicht lebensfähig. Von welcher Sorte Zweige der Pollen stammt, ist völlig gleichgültig. Auch wenn man z.B. Pollen von grünen Zweigen auf Blüten an weißen Zweigen überträgt, sind die Nachkommen weiß. Maßgebend ist also stets die mütterliche Seite (Abb. 101).

Grüne Zweige besitzen nur grüne Plastiden, gescheckte Zweige grüne und weiße Plastiden, weiße Zweige nur weiße Plastiden. Damit bietet sich folgende Erklärung an: Die Plastiden sind *corpora sui generis*, d.h. Plastiden entstehen durch Teilung aus Plastiden oder Proplastiden, aber nicht aus anderen Zellbestandteilen, besonders nicht aus dem Kern. Auf den Plastiden sind Erbfaktoren lokalisiert, die bei den Teilungen der Plastiden oder Proplastiden kontinuierlich weitergegeben werden und den Phänotypus der Plastiden bestimmen. Die Nachkommenschaft einer grünen Plastide besteht also wieder aus grünen, die einer weißen Plastide aus weißen Plastiden. Die Plastiden der Zygote stammen nun bei *Mirabilis jalapa* ebenso wie bei vielen anderen Pflanzen aus der Eizelle. Die Spermazelle liefert hier anscheinend keine Plastiden. Unter solchen Voraussetzungen wird es verständlich, daß allein die Eizelle, also die mütterliche Seite, die Plastidenausstattung und damit die Blattfarbe der gesamten Pflanze bestimmt.

Stellen wir die wesentlichsten dieser Voraussetzungen heraus und überprüfen wir dann, inwieweit sie realisiert sind:

1. Die Plastiden sollten eine morphologische Kontinuität aufweisen (b).
2. Die Plastiden sollten eine genetische Kontinuität aufweisen (c).
3. Auf den Plastiden selbst sollten Erbfaktoren lokalisiert sein (d).
4. Auf den Plastiden sollte ein biochemisches Äquivalent für ihre genetische Kontinuität lokalisiert sein (e).

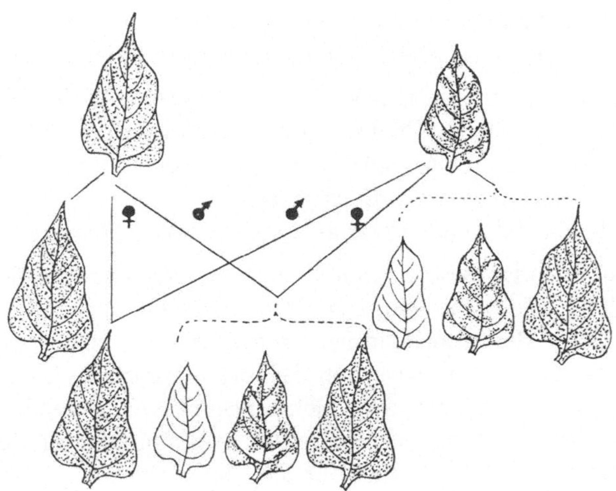

Abb. 101. Plastiden-Vererbung bei *Mirabilis jalapa*. Die Selbstung eines grünen Zweiges liefert grüne, die eines gescheckten Zweiges weiße, gescheckte und grüne Nachkommen (links und rechts außen). Bei Kreuzungen findet sich eine mütterliche Vererbung: Grüne Zweige liefern nach Bestäubung mit Pollen von gescheckten Zweigen stets grüne Nachkommen (links unten), gescheckte Zweige liefern nach Bestäubung mit Pollen grüner Zweige weiße, gescheckte und grüne Nachkommen (unten Mitte). (Aus [504] nach [863])

b) Die morphologische Kontinuität der Plastiden

Die Frage nach der morphologischen Kontinuität der Plastiden kann man von zwei Seiten her angehen. Man kann den Beweis erbringen, daß Plastiden nur aus Plastiden entstehen (b1) und man kann den Nachweis führen, daß Plastiden nicht von anderen Zellorganen angeliefert werden können (b2).

Zu b1. Den besten Beweis dafür, daß Plastiden durch Teilung aus Plastiden entstehen, könnten Lebendbeobachtungen des gesamten Teilungsablaufes liefern. Eine Teilung ist nun einmal auf der Stufe von Proplastiden, also von frühen Entwicklungsstadien der Plastiden, zum anderen auf der Stufe von voll ausdifferenzierten Plastiden denkbar. Proplastiden entziehen sich der Lebendbeobachtung. Jedoch spricht eine Reihe von elektronenoptischen Befunden für ihre Teilung. Allerdings wird vermutet, daß manche Einschnürungen in Proplastiden, die als Indizien für Teilungen gewertet wurden, reversibel sein könnten [864]. Wie so oft, so kann auch hier die Deutung der elektronenoptischen Befunde recht verschieden ausfallen.

Bei niederen Pflanzen, insbesondere bei solchen mit wenigen Plastiden oder gar nur mit einem einzigen großen Chromatophor, liegen mehrere Beobachtungen zum Teil auch am lebenden Objekt, über Teilungen von ausdifferenzierten Plastiden vor. Bei höheren Pflanzen scheinen Teilungen vollentwickelter Plastiden selten zu sein. Jedenfalls nennen einschlägige Zusammenfassungen [859, 865] nur einen einzigen Fall einer Lebendbeobachtung des gesamten Teilungsprozesses.

Zu b2. Die Frage, ob Plastiden auch *de novo* aus anderen Organellen, vor allem aus dem Kern entstehen können, wird derzeit noch diskutiert. Elektronenoptische Untersuchungen an Farnen und Moosen sprechen teils für [866, 867], teils gegen [864, 868] eine Neuentstehung von Plastiden aus Kernmaterial.

Die Beweisführung für die morphologische Kontinuität der Plastiden steht somit zumindest bei höheren Pflanzen auf recht schwachen Füßen. Immerhin dürfte es feststehen, daß auch bei höheren Pflanzen eine Teilung von Proplastiden, in selteneren Fällen auch von Plastiden möglich ist. Damit wird aber nicht ausgeschlossen, daß Plastiden außerdem *de novo* entstehen könnten.

Bei Mitochondrien ist die Situation ähnlich. Es liegen sowohl Beobachtungen über eine Teilung als auch über eine Neuentstehung aus cytoplasmatischen Lamellen vor [869]. Bei Mitochondrien kann man im übrigen kaum von einer identischen Reproduktion im Zuge von Teilungen sprechen. Dagegen sprechen sowohl biochemische [851] als auch elektronenoptische Befunde, nach denen Teilungen von Mitochondrien den Charakter von Sprossungen haben können [869]. Man darf also — das gilt auch für die Plastiden — das Postulat von der morphologischen Kontinuität nicht allzu wörtlich nehmen. Ein Ausschnitt Lamellarbezirk, auf dem etwa in Form von DNS die Information für die Konstruktion gleichartiger Mitochondrien oder Plastiden lokalisiert wäre, würde sowohl den Anforderungen einer morphologischen als auch einer genetischen Kontinuität genügen.

c) Die genetische Kontinuität der Plastiden

Für die genetische Kontinuität der Plastiden liegen mehrere Beweisführungen vor. Ein Beispiel mag genügen: Bei der Nachtkerze *Oenothera* findet sich ein gut untersuchtes Zusammenspiel zwischen verschiedenen Genomen und Plastomen [861, 870—872]. So können Plastiden zusammen mit einem Genom A normal grün sein. Kombiniert man aber diese Plastiden A mit einem fremden Genom B, so wird ihre Differenzierung stark gestört und sie nehmen ein gelbliches Aussehen an. Man hat nun die Plastiden A über 14 aufeinanderfolgende Generationen zusammen mit dem Genom B belassen. Sie waren in jeder dieser Generationen gelblich gefärbt. Als man sie aber nach der 14. Generation wieder mit dem zu ihnen passenden Genom A vereinigte, wurden sie normal grün. Obwohl die Plastiden A also über 14 Generationen hinweg den Einflüssen des fremden Genoms B ausgesetzt gewesen waren, hatten sie sich die Fähigkeit bewahrt, mit dem Genom A reibungslos zusammenzuarbeiten. Eine plausible Erklärung hierfür ist die Annahme einer kontinuierlich weitergegebenen genetischen Information, einer genetischen Kontinuität der Plastiden.

Auch für das Cytoplasmon wurde eine genetische Kontinuität demonstriert. Beispiele für methodisch verschiedene Beweisführungen bieten Untersuchungen an *Streptocarpus* [723] und an *Epilobium* [873].

d) Lokalisation von Erbfaktoren auf den Plastiden: Mischzellen und Entmischungen

Eine schon früh aufgeworfene Frage war, ob die Plastiden und Mitochondrien nur Träger extrachromosomal gesteuerter Merkmale oder auch Träger von extrachromosomalen Erbfaktoren sind. Denn jedes der an Plastiden und Mitochondrien auftretenden extrachromosomal bedingten Merkmale könnte ja auch auf Erbfaktoren zurückgehen, die außerhalb der Merkmalsträger im umgebenden Cytoplasma lokalisiert sind.

Eine Lokalisation von extrachromosomalen Erbfaktoren auf Plastiden (für Mitochondrien war eine entsprechende Beweisführung nicht möglich) ließ sich nun sehr wahrscheinlich machen. Bei manchen Pflanzen, etwa bei der eben erwähnten *Oenothera* steuert auch der Pollen bei der Befruchtung Proplastiden bei. Besaß nun die Eizelle Proplastiden mit der Anlage für „Grün", der Pollen aber solche mit der Anlage für „Weiß", so entstehen eine Zygote und aus ihr weitere Zellen mit einem gemischten Plastiden-Bestand. Die Existenz solcher Mischzellen, in denen verschiedenartige Plastiden in einem gemeinsamen Plasma liegen, läßt sich nur schwer anders als mit auf den Plastiden selbst lokalisierten Erbfaktoren erklären. Im Lauf der Zellteilungen kann es dann zu zufallsgemäßen Entmischungen kommen. Dadurch entstehen Zelldeszendenzen, die nur grüne oder nur weiße Plastiden aufweisen.

Die Existenz von Mischzellen und das Eintreten von Entmischungen erlauben eine Zuordnung bestimmter Erbfaktoren zu den Plastiden und sind somit wichtige Kriterien für das Vorliegen einer extrachromosomalen Vererbung.

e) Kontinuität im biochemischen Bereich: Herkunft der Plastiden-DNS

Das Vorkommen von DNS in Plastiden und Mitochondrien ist zweifelsfrei erwiesen. Damit wird die Hypothese recht plausibel, diese DNS könne für die genetische Kontinuität beider Partikel verantwortlich sein. Sowohl Plastiden- wie Mitochondrien-DNS vermögen eine RNS- und Protein-Synthese zu starten, besitzen also heterokatalytische Fähigkeiten. Die DNS beider Organellen dürfte auch der identischen Reduplikation fähig sein, also autokatalytische Funktionen aufweisen, wenn auch die Beweisführung für die identische Reduplikation der Plastiden-DNS noch ausgebaut werden muß. Die interessantere Frage ist damit nicht mehr die nach Vorkommen und Reduplikation, sondern die nach der Herkunft der Plastiden- und Mitochondrien-DNS.

Bei höheren Pflanzen ist nach den bislang vorliegenden Daten zumindest ein Teil der Plastiden- und Mitochondrien-DNS von der Kern-DNS verschieden. Diese Verschiedenheit könnte aber lediglich auf der benutzten Methodik beruhen. Denn stets wird die — z.B. als Satellitenbande im CsCl-Gradienten abgetrennte — Plastiden-DNS mit der gesamten Kern-DNS verglichen. Nehmen wir nun einmal an, unter bestimmten Bedingungen würde im Kern lediglich an einem Abschnitt eines DNS-Stranges ein komplementärer Abschnitt DNS gebildet. Dieser komplementäre Abschnitt DNS wäre eine Kopie desjenigen DNS-Stranges, der in der Doppelhelix als Partner des codierenden Stranges fungiert. Die Kopie würde dann in das Cytoplasma abgegeben und dort in Plastiden oder Mitochondrien eingeschleust. Bei der Teilung der Plastiden und Mitochondrien würde die importierte DNS jeweils identisch redupliziert. Ein solcher Bruchteil der Kern-DNS kann dann der Gesamtheit der Kern-DNS, die zum Vergleich herangezogen wird, höchstens zufällig gleichen. Auf diese Weise ließen sich die zwischen Plastiden- und Mitochondrien-DNS einerseits und der Gesamt-Kern-DNS andererseits beobachteten „Verschiedenheiten" erklären.

Für diese Hypothese einer Herkunft der Organellen-DNS aus dem Kern spricht, daß bei *Chlorella* die DNS der Chloroplasten mit derjenigen des Kernes hybridisiert. Chloroplasten- und Kern-DNS weisen also komplementäre Basensequenzen auf [874], wie es die Hypothese von einer Herkunft der Plastiden-DNS aus dem Kern verlangt.

Die eben skizzierte Hypothese zur Herkunft der Plastiden-DNS ließe sich mit der genetischen Kontinuität der Plastiden in Einklang bringen: DNS wird in den Plastiden identisch redupliziert und von Plastide zu Plastide weitergegeben. Sie bietet aber auch eine Erklärung für eine Mutation von Erbträgern auf den Plastiden unter dem Einfluß von im Kern lokalisierten Erbfaktoren: Wenn unter bestimmten Voraussetzungen Kern-DNS in die Plastiden gelangt, dort schon vorhandene DNS in ihrer Funktion ersetzt oder im positiven wie negativen Sinn ergänzt und in den Plastiden auch redupliziert wird, bedeutet das eine vom Kern her gesteuerte Mutation in den Plastiden, wie sie verschiedentlich nachgewiesen worden sind (S. 227).

Zusammenfassend läßt sich sagen, daß die wichtigsten Voraussetzungen für die Existenz eines Plastoms erfüllt zu sein scheinen: Die Plastiden weisen eine genetische Kontinuität auf (c). Auf den Plastiden selbst sind Erbfaktoren lokalisiert (d). DNS könnte die biochemische Grundlage für die auf den Plastiden lokalisierte genetische Information sein (e). Lediglich die Beweisführung für die morphologische Kontinuität bedarf noch der Ergänzung (b). Allerdings spricht der Nachweis einer genetischen Kontinuität auch für eine morphologische Kontinuität.

Die nächste Frage ist, wie weit die genetische Autonomie der extrachromosomalen Erbfaktoren geht. Diese Frage wurde eben bei der Besprechung der Herkunft der Plastiden-DNS bereits angeschnitten. Sind die Plastiden genetisch völlig unabhängig vom Kern oder verhalten sie sich wie Dependancen eines großen Unternehmens, die geraume Zeit hindurch nach eigenen Produktionsplänen arbeiten können, aber hin und wieder von der Zentrale Kern eine genetische Information empfangen, die sie zur Umstellung der Produktion veranlaßt? Befassen wir uns zur Klärung dieser Frage mit einigen Aspekten des Zusammenwirkens von Genom und Plastom.

3. Cooperation zwischen Genom und Plasmon, speziell Plastom

Chromosomale und extrachromosomale Erbfaktoren arbeiten bei der Entstehung des Phänotypus zusammen. Ein Beispiel für eine derartige Cooperation lieferte uns bereits die Gattung *Oenothera* (S. 224). Besonders deutlich ließ sich aber bei *Streptocarpus* demonstrieren, daß die ungestörte Entwicklung eines Organismus ein ausgewogenes Zusammenspiel zwischen Genom und Plasmon erfordert [504, 723]. Trennt man in der Gattung *Streptocarpus* durch Artkreuzungen das passende

Genom und Plasmon voneinander und kombiniert sie mit einem fremden Plasmon bzw. Genom, so kommt es zu Störungen des Balancezustandes zwischen Genom und Plasmon. Diese Störungen werden dadurch sichtbar, daß sowohl auf der Seite des Genoms wie auf derjenigen des Plasmon bisher latente genetische Potenzen realisiert werden. So kann sich gegenüber einem neuen Plasmon ein chromosomales Gen für Schlitzblätterigkeit durchsetzen, das vom alten Plasmon unterdrückt worden war: Die normalerweise verwachsenblätterigen Blüten werden getrenntblätterig. Und auf der anderen Seite können gegenüber einem neuen Genom extrachromosomale Erbfaktoren für Verweiblichung zur Expression gelangen, die vom alten Genom ausgeschaltet worden waren: Die Staubblätter der normalerweise zwittrigen Blüten werden steril oder sogar zu Nebenfruchtknoten.

Wie eng die Beziehungen zwischen Genom und Plasmon sind, geht auch daraus hervor, daß sich bei der Steuerung einer bestimmten Merkmalsbildung je nach der Art des zur Kreuzungsanalyse verwendeten Pflanzenmaterials ein Schwerpunkt bald auf Seiten des Genoms, bald auf Seiten des Plasmons nachweisen ließ. So ließ sich im Auftreten eines gelben, aus Flavanoiden bestehenden Flecks [875] im Blütenschlund mehrerer *Streptocarpus*-Arten bei einigen Arten eine Abhängigkeit von chromosomalen, bei anderen Arten von extrachromosomalen Erbfaktoren fassen [876].

Zwischen Genom und Plasmon bestehen also wechselseitige Beziehungen. Im folgenden sei jedoch nur auf die Auswirkungen vom Genom in Richtung Plasmon, speziell in Richtung Plastom etwas näher eingegangen.

a) Kontrolle des Phänotypus von Plastiden durch chromosomale Erbfaktoren

Mutationen von chromosomalen Erbfaktoren führen häufig zu Veränderungen im Phänotypus der Plastiden (vgl. Chlorophyllmutanten S. 15). Die Wirkung der chromosomalen Erbfaktoren kann einmal in der Bereitstellung von niedermolekularen Metaboliten bestehen, die für Aufbau und Funktion der Plastiden notwendig sind. Sie kann aber auch in der Codierung von Enzymproteinen bestehen, die in den Plastiden selbst lokalisiert sind.

Die letztgenannte Möglichkeit dürfte bei einer Mutante von *Vicia faba* verwirklicht sein. Bei ihr ist infolge der Mutation eines chromosomalen Erbfaktors ein in der Lamellarstruktur der Chloroplasten verankertes Enzym ausgefallen, das am Elektronentransport zwischen Chlorophyll a und NADP beteiligt ist [877, 878]. Auch Enzyme des Photosynthese-Apparates können demnach von chromosomalen Erbfaktoren codiert werden.

In die gleiche Richtung weisen Versuche mit isolierten Chloroplasten des Maises ([879], Abb. 102). Die Chloroplasten der reinen Linie R151 weisen eine hohe, diejenigen der reinen Linie WF9 eine vergleichsweise niedrige Aktivität bei der Hillreaktion, bei der cyclischen und bei der nicht-cyclischen Photophosphorylierung auf. Die entsprechenden Testreaktionen wurden in einem Überschuß an niedermolekularen Metaboliten durchgeführt, die also nicht der limitierende Faktor sein können. Die Versuche wurden nun auf die erste Nachkommenschafts-Generation ausgedehnt. Beim Mais konnten Plastiden-Mischzellen bislang noch nicht nachgewiesen werden. Der Pollen steuert also bei der Befruchtung keine oder höchstens sehr wenige Plastiden bei. Wenn ausschließlich auf den Plastiden lokalisierte Erbfaktoren für die Aktivität der Chloroplasten zuständig wären, sollte man deshalb eine rein mütterliche Vererbung der Aktivität erwarten. Bei reziproken Kreuzungen zwischen den beiden genannten reinen Linien findet sich jedoch keinerlei mütterliche Vererbung: Chloroplasten aus F_1-Hybriden beider Richtungen besitzen eine intermediäre Aktivität. Die Aktivität der Chloroplasten bei den genannten, zum Komplex der Photosynthese gehörenden Reaktionen steht also unter der Kontrolle von chromosomalen Erbfaktoren.

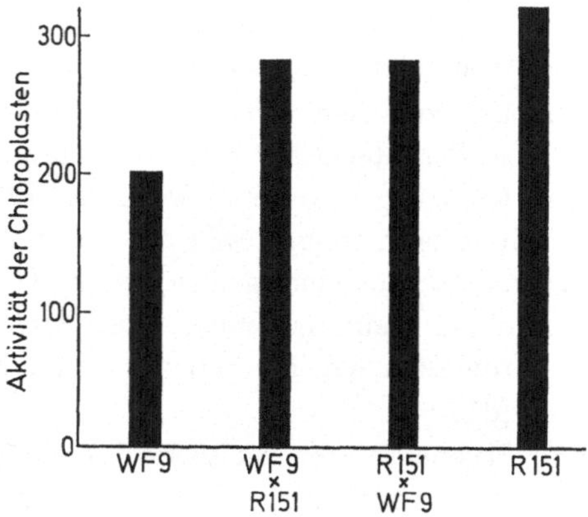

Abb. 102. Kontrolle von Kern-Genen über Photosynthese-Merkmale der Plastiden bei *Zea mays:* intermediäre Vererbung der Chloroplasten-Aktivität bei der cyclischen Photophosphorylierung. Die Aktivität isolierter Chloroplasten aus den beiden reinen Linien WF9 und R151 und ihren reziproken Bastarden wurde bestimmt. Aktivitätsangaben in μM verestertes Phosphat/mg Chlorophyll/Stunde. Bei der Hill-Reaktion und bei der nicht-cyclischen Photophosphorylierung fanden sich entsprechende Verhältnisse

Die geschilderten Befunde sprechen dafür, daß zumindest einige der zur Photosynthese benötigten Enzymsysteme der Chloroplasten vom Kern her codiert werden können. Dabei könnte entweder ein im Cytoplasma gebildetes Enzym in die Chloroplasten übernommen werden oder es könnte m-RNS oder auch DNS aus dem Kern in die Chloroplasten gelangen und dort die Enzymsynthese einleiten.

Eine schon länger bekannte (Lit. in [562]) und in neuerer Zeit durch elektronenoptische Befunde untermauerte [880] Hypothese nimmt an, die Plastiden seien im Lauf der Evolution aus photoautotrophen Endosymbionten entstanden. Diese interessante Hypothese wäre mit einer vom Kern her erfolgenden Codierung Chloroplasten-eigener Enzyme nur schwer in Einklang zu bringen. Denn man müßte etwa annehmen, der Kern habe die genetische Information zur Codierung dieser Enzyme erworben und der Endosymbiont Chloroplast habe umgekehrt die genetische Information für die Codierung exakt derselben Enzyme verloren. Die Klärung der Frage, in welchem Umfang Kern-DNS Chloroplasten-eigene Enzymproteine codiert, ist also nicht nur für die Genetik, sondern auch für die Evolutionsforschung von Interesse.

b) Mutation des Plastoms unter dem Einfluß chromosomaler Erbfaktoren

In mehreren Fällen ließ sich nachweisen, daß chromosomale Erbfaktoren den Phänotypus von Plastiden *bleibend* verändern können. Man nimmt an, daß dabei Erbfaktoren in den Plastiden unter dem Einfluß der betreffenden chromosomalen Gene mutieren. Ein bekanntes Beispiel für einen derart mutativ wirkenden chromosomalen Erbfaktor liefert wiederum der Mais mit dem Gen iojap [881]. Liegt dieses Gen homozygot (iojap/iojap) im Genom vor, so weisen die Plastiden Chlorophyll-Defekte auf. Diese Farbstoff-Defekte werden nun über die Generationen hinweg beibehalten, auch wenn man es durch entsprechende Kreuzungen erreicht hat, daß die Genome der Nachkommenschafts-Generationen die anfangs gegebene homozygote Konstitution iojap/iojap gar nicht mehr besitzen. Durch eine während nur einer Generation erfolgte Exposition gegenüber iojap/iojap können die Plastiden bleibend verändert werden. Die Interpretation: im Plastom war durch iojap/iojap eine Mutation induziert worden.

Der Mechanismus solcher Genom-induzierter Plastom-Mutationen ist ungeklärt. Ein bei *Arabidopsis* untersuchter Fall wurde dahingehend interpretiert, daß von dem induzierenden chromosomalen Erbfaktor eine Mutator-RNS gebildet würde, die die DNS des Plastoms zur Mutation brächte [882]. Nun gibt es keine gesicherten Anhaltspunkte dafür, daß RNS DNS im Sinne einer Mutation verändern kann. Mehr Wahrscheinlichkeit hat die oben erwähnte Annahme für sich, von dem induzierenden chromosomalen Erbfaktor würde eine Mutator-DNS in die Plastiden geliefert. Falls sie in das Plastom eingebaut, mit ihm redupliziert und in den Plastiden aktiv werden kann, hätte eine Mutation des Plastoms stattgefunden.

Schon die wenigen genannten Daten über Wechselwirkungen zwischen Genom und Plastom lassen erkennen, daß man nur von einer bedingten Autonomie des Plastoms sprechen kann. Es bestehen enge Beziehungen zum Genom, möglicherweise auch über etwaige Importe von Kern-DNS in die Plastiden.

So etwa könnte das Facit lauten, wenn man die Existenz von Erbfaktoren in den Plastiden als Ausgangsbasis für die Diskussion wählt. Es besteht aber noch eine zweite Möglichkeit der Diskussion, die hier wenigstens erwähnt werden soll, nämlich auf der Basis eines „alternativ stabilen Zustandes" chromosomaler Erbfaktoren (Lit. in [883]). Geht man von dieser Annahme aus, so lassen sich manche, jedoch nicht alle Daten der „extrachromosomalen Vererbung" auch ohne die Existenz eines Plasmons bzw. Plastoms erklären. Dieser Hinweis mag noch einmal zeigen, daß die extrachromosomale Vererbung zu den problemreichsten Kapiteln der Genetik zählt. Sie verdient deshalb nicht weniger Aufmerksamkeit.

3. Teil: Die Regulierung der Genaktivität

In den vorhergehenden Kapiteln war geschildert worden, auf welche Weise Gene aktiv sein können: Sie können über eine Gen-spezifische m-RNS die Bildung bestimmter Proteine induzieren und steuern damit die einzelnen Merkmalsbildungen. Bislang war diese Aktivität der Gene stillschweigend vorausgesetzt worden. Ist die Aktivität der Gene nun tatsächlich so selbstverständlich? Wenn man sich den Entwicklungsgang einer Pflanze vergegenwärtigt, müssen Zweifel auftauchen, die sich in zwei Fragen ausdrücken lassen:

1. Sind alle Gene in allen Zellen aller Entwicklungsstadien gleichermaßen aktiv oder nicht?

2. Wenn sich Differenzen in der Genaktivität nachweisen lassen — welche Mechanismen sind dann für die Aktivierung oder Inaktivierung von Genen verantwortlich?

Diese beiden Fragen nach dem Vorhandensein und nach den Ursachen einer differentiellen Genaktivität (Definition S. 237) sollen uns im folgenden beschäftigen.

A. Differentielle Genaktivität

Die normale Entwicklung einer höheren Pflanze führt von einer einzigen Zelle, der Zygote, zu einem Organismus, der sich aus vielen Zellen sehr verschiedener Gestalt und Funktion aufbaut. Diese unterschiedlich progressive Veränderung der Zellen im Lauf der Individualentwicklung bezeichnet man als Differenzierung [884]. Die Kausalanalyse der Differenzierung ist ein Hauptanliegen der Entwicklungsphysiologie. Aus dem Blickwinkel der Genetik betrachtet stellt sich dabei folgendes Problem: Jede Merkmalsbildung und damit auch jeder Differenzierungsschritt ist letztlich genetisch gesteuert. Da nun die Entwicklung der höheren Pflanzen von der Meiosis vor der Bildung der Gametophyten abgesehen auf der Basis der erbgleichen Mitose vonstatten geht, sollten alle Zellen des Sporophyten, also fast die gesamte höhere Pflanze, dieselbe Genausstattung besitzen. Damit steht man vor der Aufgabe, eine Erklärung dafür zu finden, wieso sich die Zellen voneinander differenzieren können, obgleich sie doch über dieselbe genetische Information verfügen.

I. Veränderungen der genetischen Konstitution während der Individualentwicklung

Eine recht einleuchtende, schon am Ende des vorigen Jahrhunderts diskutierte Erklärung für das Phänomen der Differenzierung wäre, daß die Zellen eines Organismus eben nicht erbgleich bleiben, sondern im Laufe der Ontogenese Veränderungen ihrer genetischen Konstitution erfahren. Mutative Ereignisse, die die

Zellen des Sporophyten, die Körper- oder Soma-Zellen betreffen, bezeichnet man als somatische Mutation. Durch somatische Mutationen würden Pflanzen entstehen, die sich aus Zellen mit unterschiedlicher genetischer Konstitution aufbauen. Solche Pflanzen nennt man Chimären (angemerkt sei, daß Chimären auch auf andere Weise, durch Verwachsung genetisch verschiedener Gewebe entstehen können).

Unter somatischer Mutation sei hier jede Veränderung in der genetischen Konstitution der Somazellen verstanden. Einige Beispiele für verschiedene Mechanismen der somatischen Mutation seien gegeben, wobei nur Veränderungen in Qualität und Quantität der chromosomalen Erbfaktoren zur Sprache kommen sollen. Für das Plasmon liegen entsprechende Befunde vor.

1. Somatische Mutationen einzelner chromosomaler Erbfaktoren

a) Periklinal-Chimären von *Euphorbia pulcherrima*

Beim Weihnachtsstern *Euphorbia* (*Poinsettia*) *pulcherrima* kennt man Periklinal-Chimären, die das Ergebnis von somatischen Mutationen sind, die früher einmal an bestimmten Genloci eingetreten waren. Durch vegetative Vermehrung lassen sich diese Periklinal-Chimären erhalten.

Der Weihnachtsstern besitzt auffällige Hochblätter, die die Blütenstände als Schauapparat umgeben. Es handelt sich bei ihnen um die Tragblätter (Brakteen) der einzelnen Blütenstände. Neben Formen mit roten und weißen sind auch solche mit rosa gefärbten Brakteen bekannt. Die genetische Steuerung der Farbstoffbildung ist die folgende: Ist das Gen Wh vorhanden (Wh/Wh oder Wh/wh), so bilden die Brakteen Anthocyane aus und sind infolgedessen rot gefärbt. Die Anthocyane finden sich dabei nicht nur in der Epidermis, sondern auch in den darunter liegenden Schwammparenchym-ähnlichen Zellen (ein Palisadenparenchym fehlt den Brakteen). Ist das Anthocyan-Gen Wh homozygot als rezessives Allel vorhanden (wh/wh), so unterbleibt die Anthocyan-Synthese. Die Brakteen sind dann weiß [885].

Rosa Brakteen können einmal dadurch zustande kommen, daß durch eine Mutation an anderen Genloci die Anthocyan-Synthese abgeschwächt wird. Andere Formen mit rosa gefärbten Brakteen sind dagegen Periklinal-Chimären, die im einzelnen verschieden zusammengestzt sein können [886]. So kann um den rotgefärbten Kern des Schwammparenchyms ein farbloser Mantel liegen, der von einer anthocyanfreien Epidermis gebildet wird. Bei einigen rosa Periklinal-Chimären besitzt der Anthocyan-führende Kern die genetische Konstitution Wh/wh. Man darf annehmen, daß sich die Anthocyan-freie Epidermis solcher Periklinal-Chimären von einer oder mehreren somatischen Zellen herleitet, in denen Wh zu wh mutiert war. Diese Ausgangszellen für die Bildung der farblosen Epidermis hatten also die genetische Konstitution wh/wh ([887], Abb. 103).

In einer Periklinal-Chimäre ist die Epidermis ebenfalls „genetisch weiß", führt aber dennoch etwas Anthocyan. Denn aus dem Anthocyan-führenden Kern diffundieren Genprodukte in die Epidermis, die dort trotz des genetischen Blocks eine Anthocyan-Synthese ermöglichen — einer der wenigen bei höheren Pflanzen bekannten Fälle einer zwischenzelligen Genwirkung ([888], vgl. S. 10).

Eine recht auffällige Merkmalsbildung, rosa anstatt rote Brakteen, kann also bei *Euphorbia pulcherrima* durch ein Zusammenwirken genetisch verschiedener Zellschichten bedingt werden: „genetisch rotes" Schwammparenchym wird von der Deckschicht einer „genetisch weißen" Epidermis überspannt.

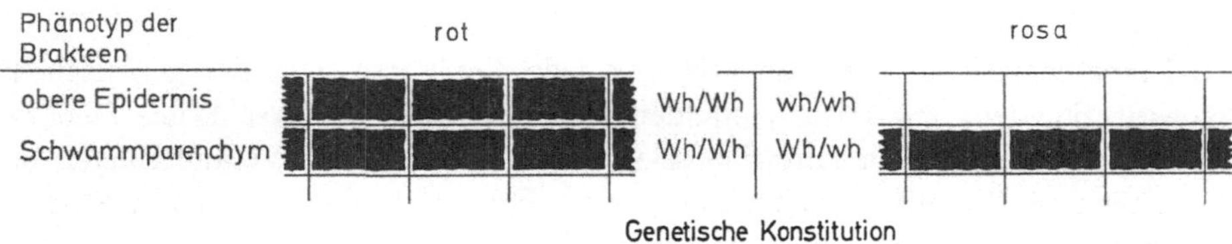

Abb. 103. Eine Periklinalchimäre bei den Brakteen von *Euphorbia pulcherrima*. Vereinfachtes Schema mit der oberen Epidermis und der darunterliegenden ersten Schwammparenchym-ähnlichen Zellschicht. Links Form mit rotgefärbten Brakteen, rechts Periklinalchimäre mit rosa gefärbten Brakteen

b) Mutator-Gene und mutable Gene bei *Zea mays*

Beim Mais steuert ein auf dem Chromosom 3 lokalisiertes Gen A_1 (oder eines seiner Allele aus der A_1-Serie) in Cooperation mit anderen Genen die Synthese von Anthocyan in den verschiedenen Teilen der Pflanze. Wird A_1 durch sein rezessives Allel a_1 ersetzt (a_1/a_1), so unterbleibt die Anthocyan-Bildung. Kombiniert man nun a_1/a_1 mit einem auf dem Chromosom 9 gelegenen dominanten Gen Dt, so wird die Mutationsrate von a_1 zu A_1 (oder einem anderen dominanten Allel der A_1-Serie) stark erhöht. Die Mutationen von a_1 nach A_1 können in allen Teilen der Pflanze ablaufen und werden am Auftreten Anthocyan-führender Flecke oder Streifen sichtbar, die durch wiederholte Teilungen einer mutierten Ausgangszelle entstehen. Findet die Mutation früh genug in der Entwicklung statt, so kann ein ganzer Pflanzenteil von den Abkömmlingen der mutierten Zelle gestellt werden und Anthocyan enthalten. So wurde beobachtet, daß in Blüten von a_1/a_1-Pflanzen in Gegenwart von Dt eine der drei Antheren normal grün, eine halb grün, halb rot, und die dritte vollständig rot war (Abb. 104). Bei der ganz rot gefärbten Anthere ließ sich vermuten, daß auch das sporogene Gewebe von der Mutation erfaßt sein, also ganz oder teilweise die Konstitution A_1/a_1 besitzen könne. Die Pollen sollten dann teils A_1, teils a_1 tragen. Durch Übertragung von Pollen roter Antheren auf a_1/a_1-Pflanzen ließ sich in der Tat beweisen, daß ein Teil des Pollens, und zwar erwartungsgemäß nicht mehr als höchstens 50%, über das Gen A_1 verfügte [889].

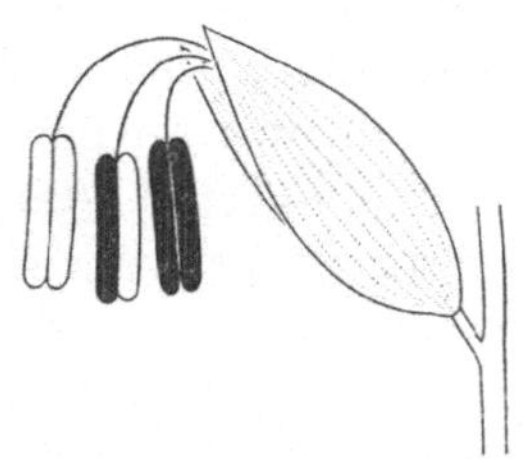

Abb. 104. Mutation des mutablen Gens a_1 zu A_1 bei *Zea mays* unter dem Einfluß des Mutator-Gens Dt. Grüne Pflanzenteile weisen die genetische Konstitution a_1a_1, Anthocyan-führende die genetische Konstitution A_1a_1 auf. Die Antheren können ganz oder teilweise vom mutierten Zellmaterial A_1a_1 gestellt werden. (Aus [889])

Das Beispiel der mutierten Anthere demonstriert, daß das Einwirken eines Mutatorgens (Dt) auf ein mutables Gen (a_1) nicht nur für die Differenzierung während der Ontogenese, sondern auch für das spontane Auftreten von Mutanten in der Abfolge der Generationen von Wichtigkeit sein kann.

2. Erbungleiche Mitosen

Bei Mitosen kann es geschehen, daß sich die beiden Chromatiden eines reduplizierten Chromosoms nicht voneinander trennen und so in dieselbe Tochterzelle gelangen. Diese Tochterzelle besitzt dann ein Chromosom zu viel, die zweite Tochterzelle ein Chromosom zu wenig. Falls die Mutterzelle für auf den betreffenden homologen Chromosomen lokalisierte Allele heterozygot war, resultieren Tochterzellen mit nicht nur quantitativ, sondern auch qualitativ unterschiedlichem Genbestand (Abb. 105). Ähnliche Überlegungen gelten

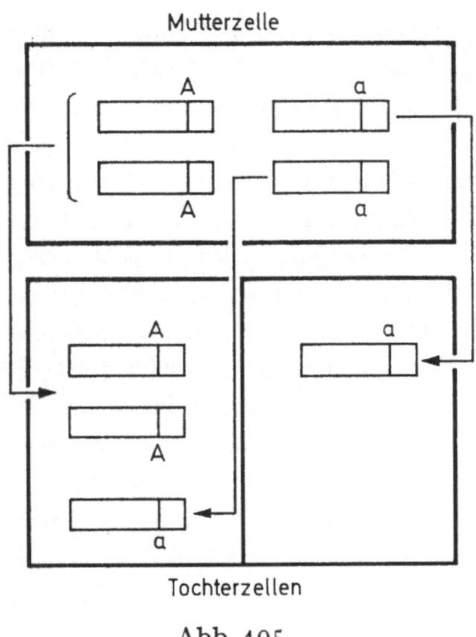

Abb. 105

Abb. 106

Abb. 105. Durch Nicht-Trennen von Chromatiden erbungleiche Mitose. In der Mutterzelle zwei homologe Chromosomen, die bereits redupliziert sind und somit aus je zwei Chromatiden bestehen. Bei der angegebenen Verteilung dieser Chromatiden wird die Mitose erbungleich

Abb. 106. Zwillingsflecken im Aleuron des Maises nach einer für den die Anthocyan-Synthese steuernden Gen-Locus C erbungleichen Mitose. (Aus [890])

für die Verteilung von Chromosomenbruchstücken. Jede der beiden erbungleichen Tochterzellen kann nun der Ausgang für ganze Zelldeszendenzen sein. Indikatoren für erbungleiche Mitosen sind Zwillingsflecken. Die Partner eines solchen Zwillingsflecks bestehen aus den beiden Zelldeszendenzen, die auf die beiden erbungleichen Tochterzellen zurückgehen.

An Hand von Zwillingsflecken ließen sich erbungleiche Mitosen unter anderem im Endosperm des Maises für eine ganze Reihe von Genen aufspüren, die auf die chemische Zusammensetzung des Zellinhalts oder die Wuchsform der Zellen Einfluß nahmen [890—892]. Das Gen C z.B. steuert zusammen mit anderen Genen die Anthocyan-Synthese im Aleuron. Aleuron-Zellen mit der Konstitution Ccc sind leicht rot gefärbt. Durch eine erbungleiche Mitose einer solchen Zelle kann eine farblose Tochterzelle mit der Konstitution c/c und eine tiefrote Tochterzelle mit der Konstitution C/C/c/c angeliefert werden. Teilen sich diese Tochterzellen nun ihrerseits weiter, so entstehen farblos-rote Zwillingsflecke im Aleuron ([890], Abb. 106).

3. Polyploidie [893—896]

Bei den sog. Genom-Mutationen wird die Zahl der Chromosomen pro Zelle verändert. Dabei kann der Chromosomenbestand um nur einzelne Chromosomen vermehrt oder verringert werden. Solche Veränderungen, die nur einzelne Chromosomen betreffen, faßt man unter den Begriff der Aneuploidie. Der Chromosomenbestand kann aber auch um ganze Chromosomensätze vermehrt werden. Dann spricht man von Polyploidie.

Die Ursachen von Genom-Mutationen sind Störungen im Ablauf der Mitose oder Meiosis. Eine erbungleiche Mitose kann zur Aneuploidie führen, wenn in ihr pro Zelle einzelne Chromosomen zugefügt oder abgezogen werden (Abb. 105). Bekannter und für das Entstehen von aneuploiden Organismen wichtiger ist das Nicht-Trennen (non-disjunction) von Chromosomen während der Meiosis. Zur Polyploidie können Endomitosen führen: Die Chromosomen werden redupliziert, die Tochterchromosomen trennen sich auch noch voneinander, aber die Kernteilung unterbleibt. Der derart mutierte Kern führt dann die doppelte Chromosomenzahl. Durch weitere Endomitosen kann es zu einer geometrischen Reihe in der Zahl der Chromosomensätze kommen (also 2n, 4n, 8n etc.). Durch entsprechende Kreuzungen zwischen den Gliedern dieser Reihe kann man auch Zwischenstufen (etwa 3n) erhalten. Mit Hilfe des Colchizins läßt sich eine Art Endomitose und damit eine Polyploidisierung leicht experimentell herbeiführen [897].

Sowohl die spontane als auch die experimentell ausgelöste Polyploidisierung kann die gesamte Pflanze oder auch nur einzelne Zellen bzw. Gewebe betreffen. Im zweiten Fall spricht man von einer somatischen Polyploidie.

a) Polyploidie der gesamten Pflanze

Fragen wir uns nun, welche Folgen eine Polyploidisierung für die Differenzierung haben kann. Dazu vergleichen wir zunächst in allen Zellen polyploide Pflanzen mit den entsprechenden diploiden Ausgangsformen.

Polyploidie führt vielfach zu einer Erhöhung des Kernvolumens und damit verbunden zu einer Vergrößerung der Zellen. Folge wiederum davon kann sein, daß die ganzen Pflanzen größer werden. Die Frage war, ob diese quantitativen Veränderungen auch qualitative Differenzen nach sich ziehen können.

Früher hatte man angenommen, man könne die qualitativen Differenzen zwischen dem haploiden Gametophyten und dem diploiden Sporophyten der Moose und Farne auf den Wechsel in der Kernphase zurückführen. Diese Annahme erwies sich als falsch, denn man konnte experimentell auch di-, tri- und tetraploide Moosgametophyten mit allen Charakteristica von Gametophyten erhalten.

Aber weniger einschneidende qualitative Veränderungen lassen sich doch auf die Vermehrung der Chromosomensätze zurückführen. Mit steigender Polyploidie nimmt bei Blüten von *Antirrhinum*, *Impatiens*, *Lupinus* und *Torenia* die Höhe zugunsten der Breite ab, Farbmuster auf den Blüten verschieben sich, bei *Torenia* ändern sich bestimmte Bildungen im Staubblattkreis und dergleichen mehr [898]. Im großen und ganzen sind jedoch die auf die Polyploidisierung zurückführbaren qualitativen Veränderungen relativ geringfügig.

Polyploide Pflanzen werden in der Pflanzenzüchtung vielfach eingesetzt. Einer der Gründe hierfür ist, daß sie den diploiden Ausgangsformen in quantitativer Hinsicht überlegen sein können. Allerdings ist das keineswegs immer der Fall. Darüber hinaus bietet die Polyploidie aber auch die Möglichkeit zu einer gesteigerten Heterozygotie und damit Anpassungsfähigkeit. Gerade dieser Aspekt mag entscheidend dafür sein, daß die Polyploidie auch unter natürlichen Verhältnissen einen Selektionsvorteil bedeuten kann. Denn in der Natur finden sich Polyploide besonders häufig unter extremen Bedingungen, etwa im Hochgebirge [899] und in arktischen Breiten [900], wo hohe Anforderungen an die Anpassungsfähigkeit der Pflanzen gestellt werden.

b) Polyploidie einzelner Zellen oder Gewebe: somatische Polyploidie

Während der Individual-Entwicklung kommt es vielfach zur Entstehung polyploider Zellen oder Gewebe im sonst diploiden Organismus. Da in allen Zellen polyploide Pflanzen gegenüber diploiden Sonderleistungen aufweisen können, ließ sich vermuten, daß auch diese somatische Polyploidie zu speziellen Differenzierungsleistungen der betroffenen Zellen führen könnte. Diese Vermutung wird dadurch gestützt, daß gerade stoffwechselaktive Zellen wie Drüsenzellen vielfach polyploid sind. Jedoch gibt es Ausnahmen von dieser Regel.

Man hat sogar angenommen, die somatische Polyploidie sei nicht Ursache, sondern Folge einer Differenzierung. Zellen, die bereits eine spezielle Funktion übernommen haben, würden in ihrem Arbeitsrhythmus durch eine Mitose erheblich gestört. Infolgedessen wird die Mitose auf halbem Weg abgestoppt: Es findet nur eine „Endo"-Mitose statt [894]. Damit wird nicht ausgeschlossen, daß die einmal erfolgte Polyploidisierung dann sekundär zur Steigerung von Stoffwechselleistungen ausgenützt wird, so etwa bei der erwähnten Drüsentätigkeit polyploider Zellen [896]. Gegenwärtig läßt sich nur vermuten, aber nicht schlüssig beweisen, daß die somatische Polyploidie eine Rolle bei der Differenzierung spielt.

4. Totipotenz

Wie eben geschildert können somatische Mutationen zu bestimmten speziellen Differenzierungsleistungen führen. Aber bei höheren Pflanzen sind derartige Veränderungen der genetischen Konstitution während der Individualentwicklung offensichtlich nur Randerscheinungen. Denn Regenerationsversuche zeigten, daß isolierte Komplexe auch schon weitgehend differenzierter Zellen wieder embryonal-meristematischen Charakter annehmen und schließlich komplette neue Pflanzen ausbilden können [901]. Besonders eindrucksvoll sind Experimente, in denen aus isolierten Einzelzellen vollständige, fortpflanzungsfähige Pflanzen erhalten wurden: In geeigneten Medien kultivierte Einzelzellen der Mohrrübe ([902], Abb. 107) und des Tabaks [903] wuchsen zu blühenden Pflanzen heran. Damit ist bewiesen, daß diese Zellen noch über die gesamte, unveränderte genetische Information verfügen, also genetisch totipotent sind.

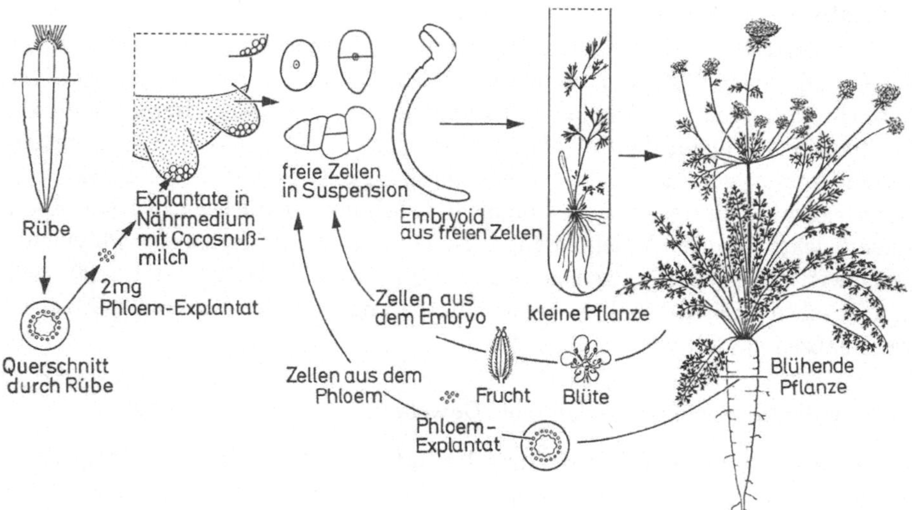

Abb. 107. Entwicklung von fortpflanzungsfähigen Möhren aus isolierten Einzelzellen. Sowohl Einzelzellen aus Phloem-Explantaten als auch aus unreifen Embryonen entwickeln sich zu Embryo-ähnlichen Gebilden (Embryoiden), kleinen Pflanzen und schließlich blühenden und fruchtenden Exemplaren. (Aus [902])

Die mehrfach demonstrierte Totipotenz pflanzlicher Zellen läßt es als unwahrscheinlich erscheinen, daß Veränderungen der genetischen Konstitution die zentrale Triebkraft der Differenzierung sein könnten. Eine Arbeitshypothese zur Erklärung der Differenzierung muß also davon ausgehen, daß von Ausnahmen abgesehen alle Zellen noch die gesamte genetische Information besitzen. Ein besonderer Zensurmechanismus könnte dann dafür sorgen, daß jeweils nur ein Teil der vorhandenen genetischen Information in Merkmalsbildungen umgesetzt wird.

Beispielsweise könnte man sich vorstellen, daß alle Gene in allen Zellen gleichermaßen aktiv sind, ein im Cytoplasma liegender Mechanismus aber je nach dem Gewebe und je nach dem Entwicklungsstadium nur einige Genaktivitäten zur Auswirkung kommen läßt. Auf dieser Basis ließen sich die Differenzierungsleistungen auch unter Berücksichtigung der genetischen Totipotenz erklären. Nun erscheint es aber recht unzweckmäßig, Genaktivitäten erst im Cytoplasma abzubremsen. Es bedeutete das einen ständigen Leerlauf vieler Genaktivitäten auf der einen Seite und einen ebenso stetigen Aufwand zum Abstoppen dieser Aktivitäten auf der anderen Seite. Sinnvoller wäre es, die Regulierung der Genaktivität nicht erst im Cytoplasma, sondern schon am Genlocus auf den Chromosomen vorzunehmen. In der Tat sprechen viele Fakten dafür, daß nicht die

Gesamtheit der Gene, sondern je nach der Gewebeart und nach dem Entwicklungsstadium nur ein Teil der Gene aktiv ist. Man müßte also eine je nach dem Gewebe und je nach dem Entwicklungsstadium differentielle Genaktivität annehmen.

II. Differentielle Genaktivität bei Dipteren [530, 656, 884, 904—909]

1. Definitionen

Primäre Genaktivität. Gene greifen in die Merkmalsbildung über die Produktion Gen-spezifischer m-RNS und m-RNS-spezifischenProteins ein. Die primäre Genaktivität besteht in der Bildung einer Gen-spezifischen m-RNS.

Differentielle Genaktivität. Wenn man *E. coli* Lactose zuführt, bildet das Gen für β-Galaktosidase mehr m-RNS und als Folge davon mehr β-Galaktosidase aus (S. 167). In Anwesenheit von Lactose ist das Gen für β-Galaktosidase also aktiver als in Abwesenheit von Lactose. Diese Aktivitätsdifferenz ist in erster Linie eine Differenz in der primären Genaktivität: In Anwesenheit von Lactose wird mehr m-RNS für β-Galaktosidase pro Zeiteinheit gebildet.

Entsprechendes gilt auch für die Zellen höherer Organismen: Eine differentielle Genaktivität liegt dann vor, wenn bestimmte Genloci eine je nach dem Gewebe und je nach dem Entwicklungsstadium unterschiedliche Syntheserate Locus-spezifischer m-RNS aufweisen. Die differentielle Genaktivität ist also auch hier zunächst eine Differenz in der primären Genaktivität. Alle weiteren Effekte sind sekundärer Natur.

2. Gewebe- und Stadien-spezifische Puffmuster auf Riesenchromosomen

Günstige Objekte zum Studium primärer Genaktivitäten sind die Riesenchromosomen der Dipteren. Riesenchromosomen finden sich in den Kernen somatischer Zellen, vor allem derjenigen der Speicheldrüse. Es handelt sich bei ihnen um polytäne — vielleicht besser polyneme [530] — Bündel aus tausenden von parallel gelagerten, leicht seilartig verdrehten Chromatiden. Daß solche Chromatiden wie schon länger angenommen tatsächlich das gesamte Riesenchromosom längs durchlaufen, ließ sich durch Markierung mit Thymidin-H^3 beweisen [910].

Im Riesenchromosom sind die homologen Strukturen der einzelnen Chromatiden miteinander gepaart. Jede Chromatide gliedert sich in Chromomeren und Interchromomeren. Bei der Paarung tausender von Chromatiden wird deren Längsgliederung in Chromomeren und Interchromomeren als lineare Gliederung des Riesenchromosoms in Querscheiben und Zwischenstücke sichtbar (Abb. 108).

Entgegen älteren Auffassungen findet sich sowohl in den Querscheiben und damit den Chromomeren als auch in den Zwischenstücken und damit Interchromomeren DNS. Nur dürfte die DNS in den Chromomeren stärker aufgeschraubt und deshalb dichter gepackt sein als in den Interchromomeren (Abb. 109).

Einzelne Querscheiben können nun temporäre Strukturmodifikationen aufweisen. Sie schwellen mehr oder weniger stark an und nehmen dabei ein diffuses Aussehen an. Man nennt solche Strukturen „puffs" oder bei besonders starker Ausbildung Balbiani-Ringe. Bei der Bildung eines Puffs entfaltet sich allem Anschein nach die bislang stark aufgeschraubte DNS der betreffenden Chromomeren (Abb. 109).

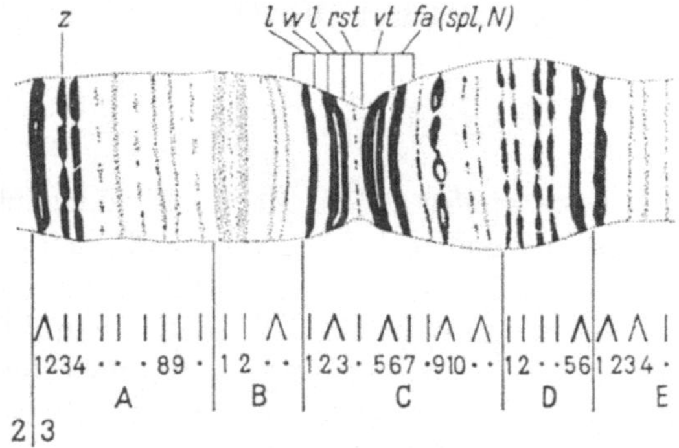

Abb. 108. Gen-Lokalisation in der *white*-Region des X-Chromosoms von *Drosophila melanogaster*. Oben Riesenchromosom mit Gen-Loci auf den Querscheiben, unten Kartierung. z = *zeste*, l = Letalfaktor, w = *white*, rst = *roughest*, vt = *verticals*, fa = *facet*, spl = *split*, N = *notch*. (Aus [908])

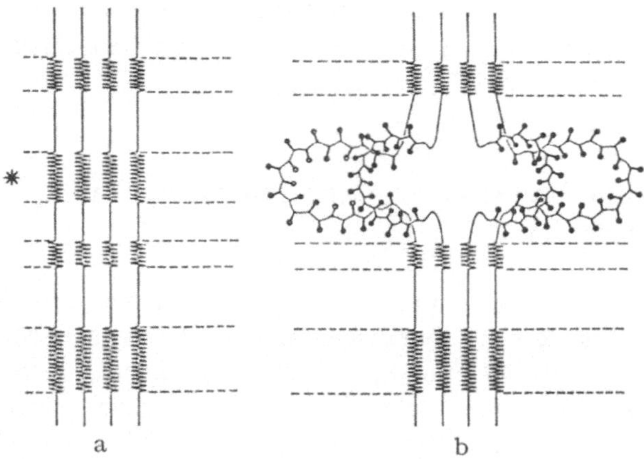

Abb. 109. Schema des mutmaßlichen Baus eines Riesenchromosoms. Von vielen tausend parallel gelagerten Chromatiden wurden nur vier wiedergegeben. Es wurde angenommen, jede dieser Chromatiden enthielte nur eine DNS-Doppelhelix (Einstrang-Hypothese). a = Chromomeren inaktiv, b = ein Chromomer im Zustand primärer Aktivität: Puffbildung durch Entfalten der DNS-Wendeln, Produktion von Ribonucleoprotein in Form feiner Borsten, die dann aus Ribonucleoprotein bestehende Balbiani-Ring-Partikel (BRP) abgeben. (Aus [908])

Je nach dem Gewebe können sich nun jeweils andere Querscheiben ein und desselben Riesenchromosoms im Zustand des „puffing" befinden. So kann das Puffmuster der einzelnen Chromosomen im vierten Larvenstadium der Mücke

Acricotopus sehr verschieden sein, je nachdem in welchem der Lappen der Speicheldrüse sie sich befinden (Abb. 110). Die Puffmuster sind also gewebespezifisch. Darüber hinaus wechselt das Puffmuster eines gegebenen Chromosoms aber auch mit dem Entwicklungsstadium: Im Lauf der Entwicklung werden bestimmte Puffs rückgebildet, andere neu ausgebildet (Abb. 111). Die Puffmuster sind also nicht nur Gewebe-, sondern auch Stadien-spezifisch.

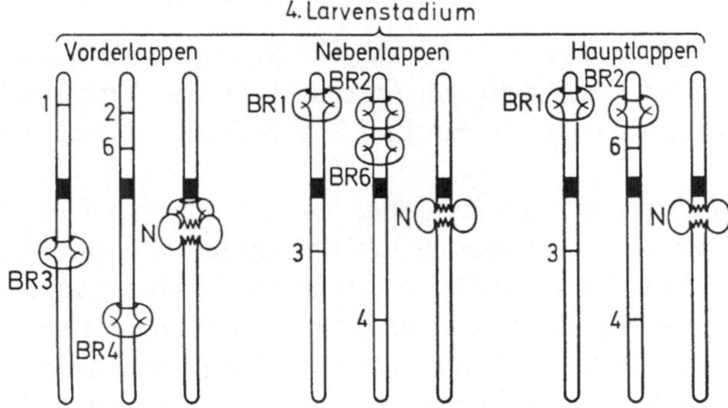

Abb. 110. Gewebespezifische Puffmuster der Chromosomen I—III in den drei Lappen der Speicheldrüse von *Acricotopus lucidus* im vierten Larvenstadium. (Aus [908] nach [905])

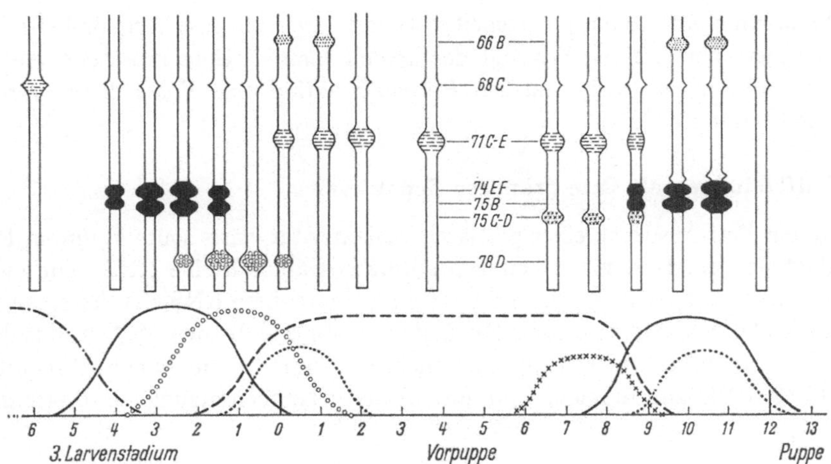

Abb. 111. Stadienspezifische Abfolge der Puffmuster auf einem Abschnitt des Chromosoms III von *Drosophila melanogaster* während der Entwicklung des dritten Larvenstadiums bis zur Puppe. (Aus [1154] nach [1155])

3. Puffs als Orte primärer Genaktivität

a) Querscheiben und Gene

Schon bevor man sich mit den Puffmustern eingehender befaßte, war bekannt, daß auf den Querscheiben Gene lokalisiert sind. Für einige Chromosomenabschnitte von *Drosophila* ist die Analyse inzwischen soweit vorangetrieben worden, daß man nahezu jeder Querscheibe ein Gen zuordnen kann (Abb. 108). Damit ist freilich nicht gesagt, daß jede Querscheibe nur einen Genlocus tragen kann. Doch soll uns dieses Problem nicht weiter beschäftigen. Denn für unseren Zusammenhang genügt es, zu wissen, daß auf den Querscheiben Gene lokalisiert sein können.

b) Korrelation von Gen, Puff und sekundärem Genprodukt

Wenn auf einer Querscheibe ein Gen lokalisiert ist, liegt es nahe, in dem Auftreten eines Puffs an dieser Querscheibe ein Anzeichen für eine Aktivitätsänderung des betreffenden Genlocus zu sehen. Ein Puff könnte Ausdruck einer primären Genaktivität sein.

Die Beweisführung hierfür: Es gelang einen Genlocus, einen Balbiani-Ring und das Auftreten einer bestimmten Proteinfraktion, also eines Sekundär-Produktes der Genaktivität, miteinander zu korrelieren. Im Vorderlappen der Speicheldrüse von *Chironomus pallidivittatus* findet sich im Sekret der sog. Sonderzellen eine Protein-Fraktion, die den Sonderzellen von *Chironomus tentans* fehlt. In den Sonderzellen von *Ch.p.* findet sich auf dem Chromosom IV aber auch ein Balbiani-Ring, der auf dem Chromosom IV aus den Sonderzellen von *Ch.t.* nicht ausgebildet wird. Bei Kreuzungen zwischen den beiden Arten zeigte es sich, daß ein einziges „*pallidivittatus*"-Gen das Auftreten des Balbiani-Ringes und der Protein-Fraktion bedingt — und dieses Gen liegt nun noch außerdem genau in der zum Balbiani-Ring entfalteten Querscheibe. Damit erscheint gesichert, daß der Balbiani-Ring einen aktiven Zustand des „*pallidivittatus*"-Gens repräsentierte und daß die Produktion der speziellen Protein-Fraktion eine Folge dieses aktiven Zustandes war [911].

c) Puffbildungen als Orte primärer Genaktivität

Wenn ein Puff Ausdruck einer primären Genaktivität wäre, sollte in ihm m-RNS gebildet werden. In der Tat ließ sich autoradiographisch eine RNS-Synthese in Puffs nachweisen [912—914]. Actinomycin hemmte diese RNS-Synthese, die sich damit als DNS-abhängig erwies. Mit Hilfe von Mikromethoden [917] war es dann möglich, die an bestimmten Chromosomen und sogar Chromosomen-Abschnitten gebildete RNS zu sammeln und ihre Basenzusammensetzung zu bestimmen.

Tabelle 29. *Basenzusammensetzung der RNS von Riesenchromosomen und Segmenten von Riesenchromosomen aus Chironomus tentans.* (Nach [915])

Chromosom	Basen (%)				% Balbiani-Ring-RNS in der RNS des Segmentes
	Adenin	Guanin	Cytosin	Uracil	
Chromosom IV					
oberes Segment	35,7	20,6	23,2	20,8	75
mittleres Segment	38,0	20,5	24,5	17,1	85
unteres Segment	31,2	22,0	26,4	20,2	—
ganzes Chromosom	36,0	21,0	24,0	19,0	—
Chromosom I	29,4	19,8	27,7	23,1	—

Dabei zeigte es sich zunächst, daß verschiedene Chromosomen auch eine verschiedene RNS produzieren, weiterhin aber auch, daß verschiedene Segmente eines Chromosoms verschiedene RNS ausbilden. Bei einigen dieser Segmente wurde die RNS überwiegend von einem einzigen Balbiani-Ring gestellt, d.h. man kann die RNS des Segmentes ohne allzu großen Fehler mit der RNS des auf dem Segment liegenden Balbiani-Ringes gleichsetzen. Jeder Balbiani-Ring kann also offensichtlich eine ringspezifische RNS bilden (Tabelle 29). Eben das sollte man aber erwarten, wenn an jedem Balbiani-Ring ein Genort läge, der Locus-spezifische m-RNS produzierte [915, 916].

d) Puffbildung als Orte der Verpackung von m-RNS?

Weitere Befunde deuten die Möglichkeit an, daß in den Puffs nicht nur RNS gebildet, sondern auch mit Protein verpackt wird. Bei *Chironomus* ließen sich mit Hilfe des Elektronenmikroskopes in einigen Balbiani-Ringen Ribonucleoproteid-Partikel (Balbiani-Ring-Partikel, BRP, Abb. 109) nachweisen. Möglicherweise bestehen sie aus m-RNS, die an der DNS des Ringes gebildet und dann mit Protein umhüllt wird [908].

Es ist also möglich, daß Puffs nicht nur Orte der Synthese, sondern auch der Überführung von m-RNS in eine Transportform sind. Vielleicht könnte damit ein anderes Faktum verständlich werden. Die Chromomeren führen weitaus mehr DNS als für die Codierung eines Polypeptides notwendig wäre. Die DNS-Menge eines Chromomers würde zur Codierung von 100 verschiedenen Polypeptiden zu je 300 Aminosäuren ausreichen [908]. Es wäre also ein erheblicher DNS-Überschuß selbst dann vorhanden, wenn an einem Chromomer mehr als ein Polypeptid codiert würde. Zur Erklärung wurde die Hypothese aufgestellt, die überschüssige DNS bestünde aus vielfachen Wiederholungen des in der Synthese von m-RNS aktiven DNS-Abschnittes. Die DNS-Wiederholungen hätten die Aufgabe, vom aktiven DNS-Abschnitt produzierte m-RNS nach dem Muster einer DNS-RNS-Hybridisierung vorübergehend zu speichern, bis die Verpackung mit Protein und der Abtransport ins Cytoplasma erfolgt sei [908].

Befunde an Lampenbürsten-Chromosomen (S. 162) lassen sich in der gleichen Richtung interpretieren. Die Schleifen der Lampenbürsten-Chromosomen entsprechen stark ausgezogenen Chromomeren. Auch sie sind Orte lebhafter RNS-Synthese. Im Markierungsversuch findet sich die neu gebildete RNS zuerst an einem Ende der Schleife. Nach und nach belädt sich dann auch die übrige Schleife mit markierter RNS (Abb. 112). Für dieses „Wandern" der RNS auf der Schleife gibt es mehrere Erklärungen. Einmal wäre es denkbar, daß die DNS der Schleife an einem RNS-Syntheseapparat vorbeigespult würde. Dann käme ein DNS-Abschnitt nach dem anderen mit dem Syntheseapparat in Kontakt, die Synthese von m-RNS liefe ab und danach würde der betreffende DNS-Abschnitt mit „seiner" RNS weitergezogen [571]. Eine andere Interpretation wäre, daß nur die DNS am Beginn der Schleife m-RNS ausbildete. Die RNS-Kopien des synthetisch tätigen DNS-Abschnittes würden dann auf der Schleife weitergeschoben. Die übrige DNS der Schleife bestünde ebenso wie bei den Puffs der Riesenchromosomen aus vielfachen Wiederholungen des aktiven DNS-Abschnittes. Sie hätten nur die Funktion, die m-RNS über eine Hybridisierung vor dem Abtransport ins

Cytoplasma vorübergehend zu binden. Die Analyse bestimmter Mutationen, von denen die Gestalt der Schleifen betroffen werden kann, spricht für diese zweite Interpretation [572].

Die Verpackungshypothese ist weder bei den Riesen- noch bei den Lampenbürsten-Chromosomen bewiesen. Sie ist eine von mehreren Hypothesen, den „DNS-Überschuß" höherer Organismen zu erklären (vgl. S. 148). Ein interessanter Aspekt ist, daß die Verpackung ja irgendwie reguliert werden muß. Eine Regulierung der Verpackung würde aber auch eine Regelung der Genaktivität bedeuten. Die Verpackung von m-RNS könnte also einer der Mechanismen zur Regulierung der Genaktivität sein [908].

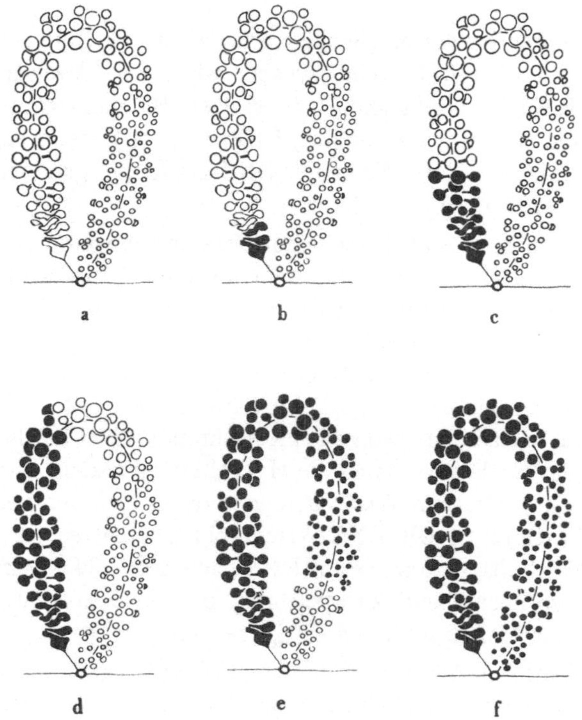

Abb. 112. Das „Wandern" der RNS auf einem Schleifenpaar von *Triturus cristatus*. Die RNS wurde durch Uridin-H^3 markiert (in der Abbildung schwarz). a) vor der Injektion von Uridin-H^3, b) einen Tag, c) 2, d) 4, e) 7, f) 14 Tage nach der Injektion von Uridin-H^3. (Aus [572] nach [571])

Fassen wir zusammen: Auf den Querscheiben der Riesenchromosomen befinden sich Genloci. Wenn diese Genloci aktiv werden, bläht sich die Querscheibe unter Exponierung ihrer DNS-Wendeln zu einem Puff auf. In diesen Puffs wird Puff- und damit Gen-spezifische m-RNS gebildet, anscheinend in Protein abgepackt und ins Cytoplasma abgegeben. Man kann somit nicht mehr daran zweifeln, daß die Puffs Orte einer primären genetischen Aktivität sind. Dann aber sind die Gewebe- und Stadien-spezifischen Puffmuster nichts anderes als Muster einer unterschiedlichen primären Genaktivität. Für die Entwicklung zumindest der Dipteren ist damit das Vorliegen einer differentiellen Genaktivität bewiesen.

III. Differentielle Genaktivität bei höheren Pflanzen

1. Nachweis einer differentiellen Genaktivität bei der Induktion der Anthocyan-Synthese

Höhere Pflanzen besitzen zwar hin und wieder Riesenchromosomen [562], aber eine Bearbeitung wie im Fall der Dipteren ist nicht möglich. Dennoch kann man auch bei höheren Pflanzen mit anderer Methodik den Nachweis einer differentiellen Genaktivität erbringen. Die Voraussetzung hierfür ist ein nachgewiesenermaßen genabhängiger Prozeß, der Gewebe- und/oder Stadien-spezifisch abläuft. Wenn man nun aufzeigt, daß die beobachtete Gewebe- oder Stadien-Spezifität auf einer wechselnden primären Aktivität der steuernden Gene beruht, hat man das Vorliegen einer differentiellen Genaktivität bewiesen.

Die Synthese von Anthocyanen ist ein auch quantitativ leicht faßbarer Prozeß. Eine auf einer differentiellen Genaktivität beruhende gewebe- und stadienspezifische Anthocyan-Synthese wurde für die Keimlinge von *Sinapis* beschrieben [918, 919]. Doch liegen für *Sinapis* keine Kreuzungsanalysen vor, so daß man hier die Anthocyan-Synthese nicht mit definierten steuernden Genen korrelieren kann. In dieser Hinsicht günstigere Voraussetzungen bieten reine Linien von *Petunia hybrida*. In ihren Blüten finden sich jeweils mehrere verschiedene Anthocyane, deren Auftreten von der Anwesenheit bestimmter Gene abhängig ist [389]. Im Verlauf der Blütenentwicklung setzt die Synthese der einzelnen Anthocyane bei *Petunia* [343] ebenso wie bei anderen Arten [920, 921] nicht gleichzeitig, sondern nacheinander ein. Beschränken wir uns auf eine reine Linie von *Petunia*, bei der im Lauf der Blütenentwicklung zuerst die Synthese des Cyanidins, später dann die des Päonidins beginnt. Damit sind gegeben:

1. Zwei nachweislich Gen-abhängige Prozesse, die Synthese des Cyanidins und die des Päonidins.

2. Eine Stadien-Spezifität im Einsetzen der beiden Gen-abhängigen Prozesse, die mit einer Gewebe-Spezifität gekoppelt ist. Denn die Anthocyane werden nur in der Epidermis der Blüten gebildet.

Nun wurden in verschiedenen Stadien der Blütenentwicklung DNS- und RNS-Antimetaboliten zugeführt (Abb. 113). Die Einflußnahme der Antimetaboliten auf die Synthese der beiden Anthocyane hing davon ab, welche Knospenstadien man behandelte. In einer ersten Versuchsreihe wurden sehr junge Blütenknospen verwendet, in denen noch keine der beiden Anthocyan-Synthesen angelaufen war (Stadium A). Führte man ihnen Basenanaloge zu, die über einen Einbau fraudulente DNS entstehen lassen, so unterblieb in bestimmten Bereichen der Blüten auch weiterhin jede Anthocyan-Synthese. Gab man DNS- und RNS-Antimetaboliten erst etwas später, wenn die Synthese des Cyanidins bereits in vollem Gang war, die des Päonidins aber gerade vom genetischen Material her induziert wurde (Stadium B), so wurde ausschließlich oder überwiegend die Synthese des Päonidins beeinträchtigt. Wurden die Antimetaboliten schließlich noch später verabreicht, wenn beide Anthocyan-Synthesen im Gang waren (Stadium C), so blieben sie gänzlich wirkungslos.

Alle für Versuche mit Antimetaboliten postulierten Absicherungen (S. 192) wurden vorgenommen. So läßt sich die Hemmwirkung der Struktur-Analogen durch die entsprechenden natürlichen Bausteine beseitigen oder abschwächen. Eine unspezifisch toxische Wirkung der Antimetaboliten ließ sich durch die selektive Hemmung der Päonidin-Synthese im Stadium B und außerdem noch durch das Ausbleiben jeder Hemmung im Stadium C ausschließen. Durch Zellgifte konnte keine selektive Hemmung der Päonidin-Synthese erzielt werden.

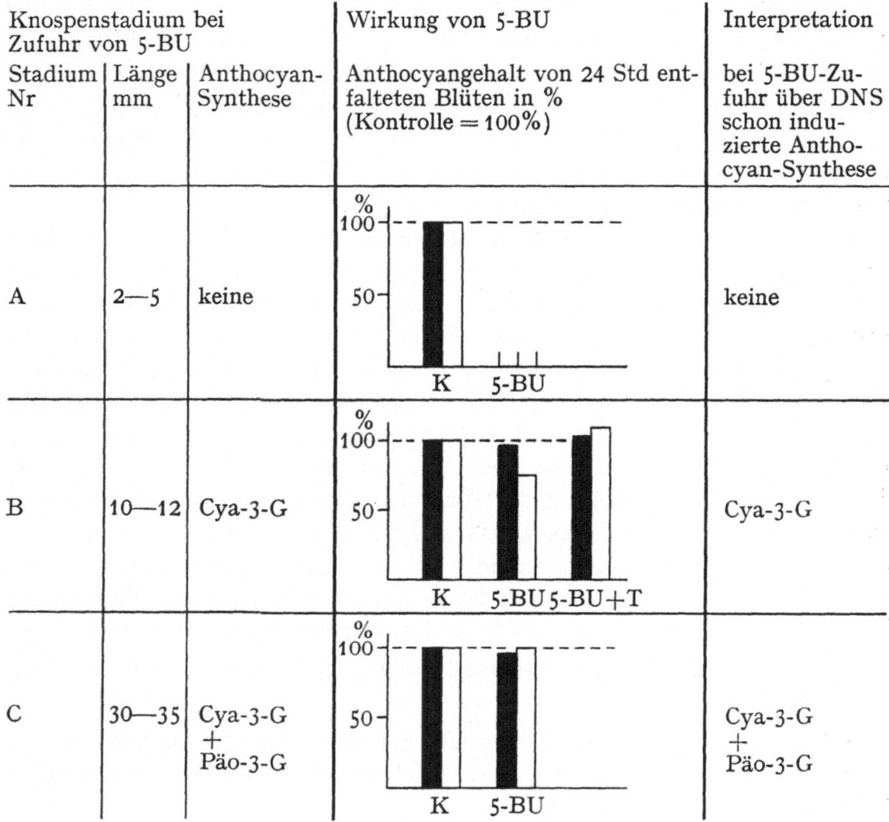

Abb. 113. Nachweis einer differentiellen Gen-Aktivität bei der Induktion der Anthocyan-Synthese in Petunien-Blüten. 5-BU = 5-Bromdesoxy-uridin. Im Stadium B zugeführte RNS-Antimetaboliten hemmen die Päonidin-synthese ebenfalls selektiv, nur stärker als 5-BU. Vgl. den Text

Aus den Versuchsergebnissen konnte man folgende Schlüsse ziehen: Im Stadium A war weder das Gen für die Cyanidin- noch dasjenige für die Päonidin-Synthese aktiv. Wurde nun das genetische Material durch Basenanaloge verfälscht, so mußte auch weiterhin in den von der Verfälschung betroffenen Blütenbereichen jegliche Anthocyan-Synthese unterbleiben. Im Stadium B war das Gen für die Cyanidin-Synthese bereits aktiv geworden. Die Cyanidin-Synthese geht auch nach Zufuhr von Antimetaboliten weiter, wofür stabile Enzyme oder stabile m-RNS für die Cyanidin-Synthese verantwortlich sein könnten, die schon vor der Behandlung mit den Antimetaboliten gebildet worden waren. Das Gen für die Päonidin-Synthese wird dagegen gerade jetzt erst aktiv. Die Antimetaboliten stoppen seine primäre Aktivität, die Synthese des Päonidins wird infolgedessen selektiv gehemmt. Im Stadium C schließlich ist die Synthese beider Anthocyane von den betreffenden Genen her induziert. Was für das Cyanidin schon im Stadium B galt, trifft nun auch für das Päonidin zu: Die Synthese beider Anthocyane geht ohne Störung weiter.

Fassen wir zusammen: In sehr jungen Knospen von *Petunia* war noch keines der Gene für Anthocyan-Synthesen aktiv. Mit fortschreitender Blütenentwicklung wurde zuerst das Gen für die Synthese des Cyanidins, danach dasjenige für die Synthese des Päonidins aktiv. Bei der Induktion der Anthocyan-Synthese von *Petunia* findet sich also eine differentielle Genaktivität [922, 923].

2. Differentielle Synthese von m-RNS

Die Versuche zum Nachweis einer differentiellen Genaktivität bei der Induktion der Anthocyan-Synthese haben uns demonstriert, daß in bestimmten Entwicklungsstadien Gene aktiv werden, die sich zuvor inaktiv verhalten hatten. Jedes Entwicklungsstadium wäre demnach durch ein Stadien-spezifisches Muster aktiver Gene charakterisiert. Da die primäre Aktivität der Gene in der Produktion Gen-spezifischer m-RNS besteht, sollten sich solche Stadien-spezifischen Aktivitätsmuster in der Zusammensetzung der m-RNS widerspiegeln: Die m-RNS verschiedener Entwicklungsstadien sollte qualitative Unterschiede aufweisen. Entsprechende Überlegungen wie für die Stadien-spezifischen Muster gelten auch für Gewebe-spezifische Muster aktiver Gene.

Im Verlauf der Keimung kann es zu einer Intensivierung des Nucleinsäuren-Stoffwechsels kommen (vgl. S. 203). Entsprechende Untersuchungen wurden u.a. an Keimlingen des Maises [774, 924—927], der Erdnuß [758, 759, 761], der Baumwolle [929], der Gerste [930], des Reises [931], des Roggens [932] und der Mimose *Albizzia* [928] durchgeführt. Dabei ließ sich über die Bestimmung der Basenzusammensetzung (z.B. [928]) nachweisen, daß sich die Gesamt-RNS bestimmter Keimlingsstadien voneinander qualitativ unterscheiden kann. Zu dieser Gesamt-RNS gehört, wie Untersuchungen gerade an Keimlingen zeigten (S. 203), auch m-RNS. Greifen wir eine Versuchsreihe an Cotyledonen der Erdnuß heraus, in der qualitative Differenzen in der m-RNS verschiedener Keimlingsstadien aufgedeckt wurden. Sie soll uns auch mit einer weiteren eleganten, an Mikroorganismen ausgearbeiteten Methode, der Doppelmarkierungstechnik [933] bekannt machen.

Das Prinzip dieser Methode: Durch Fütterung mit radioaktiven Vorstufen wird die RNS zweier zu vergleichender Objekte markiert. Beiden Objekten wird dieselbe Vorstufe zugeführt. Nur trägt die Vorstufe eine von Objekt zu Objekt verschiedenartige Markierung. Dem einen Objekt kann man z.B. Uridin-C^{14}, dem anderen Uridin-H^3 als RNS-Vorstufe zuführen. Nach einiger Zeit wird die RNS aus beiden Objekten extrahiert, vermischt und gemeinsam über eine Methylalbumin-Säule im linear ansteigenden NaCl-Gradienten (S. 204) fraktioniert. Mit speziellen Meßgeräten bestimmt man in jeder der Fraktionen die spezifische Aktivität an C^{14} und an H^3. Weisen die Uridin-C^{14}-RNS und die Uridin-H^3-RNS Differenzen in ihrem Elutionsprofil auf, so waren die beiden RNS-Herkünfte voneinander qualitativ verschieden.

Nun zu den Versuchen an den Keimlingen der Erdnuß [934]. In einem Vorversuch wurden die Cotyledonen am zweiten Tag nach der Keimung isoliert. Ein

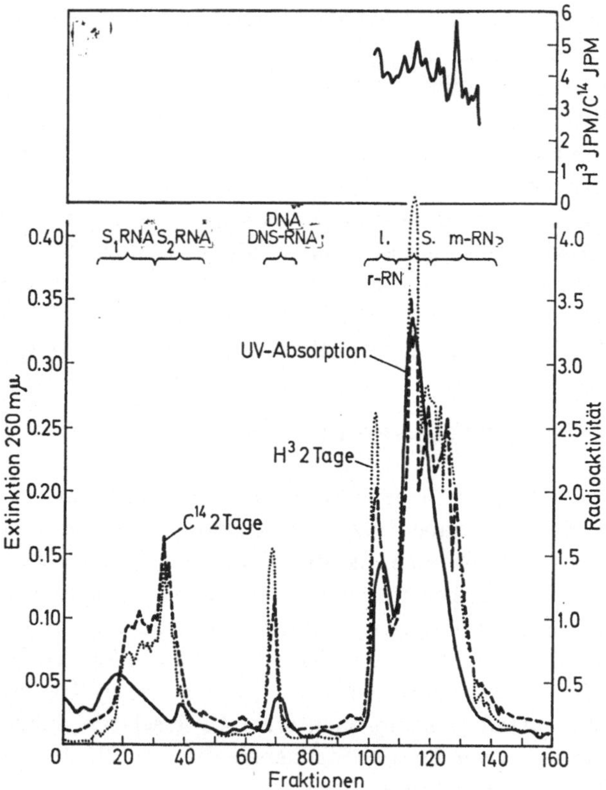

Abb. 114 a u. b. Differentielle Synthese von m-RNS: Vergleich der Elutionsprofile von Nucleinsäuren aus Erdnuß-Cotyledonen in verschiedenen Entwicklungsstadien. a = C¹⁴-RNS und H³-RNS aus 2 Tage alten Cotyledonen. b = H³-RNS aus 2 Tage alten und C¹⁴-RNS aus 14 Tage alten Cotyledonen. IPM = Impulse/min. (Aus [934])

Satz Cotyledonen wurde in Anwesenheit von Uridin-C¹⁴, der andere in Anwesenheit von Uridin-H³ inkubiert. Nach 4,5 Std wurden die Nucleinsäuren aus beiden Ansätzen isoliert, vermischt und über eine Methylalbumin-Säule aufgetrennt. Die Elutionsprofile der Uridin-C¹⁴-RNS und der Uridin-H³-RNS waren nahezu identisch (Abb. 114). Der Vorversuch hatte also gezeigt, daß die Methode insofern verläßlich war, als wie zu erwarten RNS aus Cotyledonen gleicher Entwicklungsstadien auch gleiche Elutionsprofile lieferte.

Daraufhin wurden Cotyledonen in einem ersten Versuch wiederum am zweiten Tag nach der Keimung mit Uridin-H³, im Gegenversuch aber erst 14 Tage nach der Keimung mit Uridin-C¹⁴ inkubiert. Nun zeigten sich deutliche Differenzen in den Elutionsprofilen der 2-Tage-Uridin-H³-RNS und der 14-Tage-Uridin-C¹⁴-RNS. Diese Unterschiede waren in den Fraktionen der r-RNS und der m-RNS (vgl. S. 206) besonders ausgeprägt (Abb. 114). Ähnliche Ergebnisse lieferte auch ein Vergleich von 2-Tage-m-RNS mit 7-Tage-m-RNS. Die m-RNS aus verschieden weit entwickelten Erdnuß-Cotyledonen weist also Stadien-spezifische Unterschiede auf. Eben das war aber bei Vorliegen einer differentiellen Genaktivität zu erwarten.

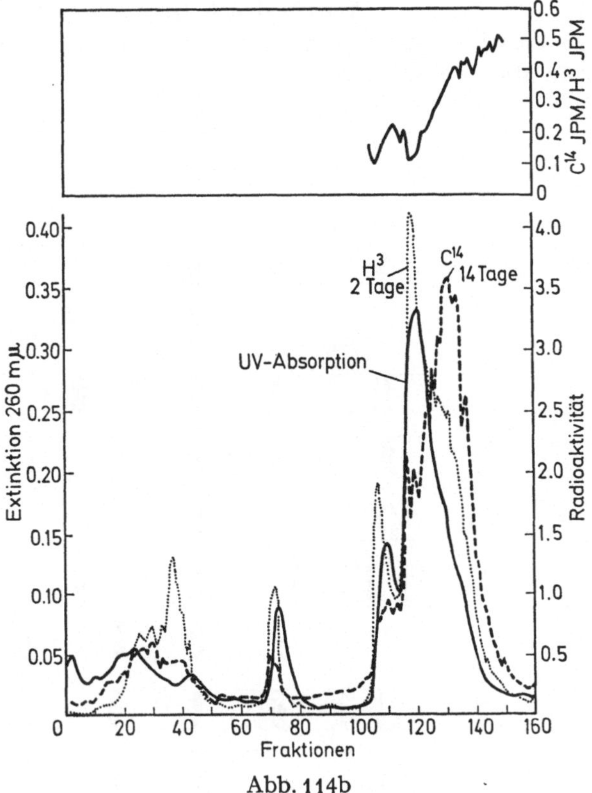

Abb. 114b

3. Differentielle Synthese von Proteinen

a) Differentielle Protein-Muster

Eine differentielle Genaktivität sollte ebenso gut wie an einer qualitativen Veränderung der Produktion an m-RNS auch an einer qualitativen Veränderung der Protein-Produktion und damit des Protein-Bestandes der Zellen erkenntlich sein. Die differentielle Genaktivität sollte sich also nicht nur auf dem Niveau der Transskription, sondern auch auf dem der Translation fassen lassen.

Viele Befunde belegen, daß bestimmte Gewebe und Entwicklungsstadien in der Tat durch eine jeweils spezifische Protein-Ausstattung der Zellen charakterisiert sind. Vergleichende Analysen des Gesamt-Proteins sind weniger aussagekräftig. Es seien deshalb hier nur einige der Untersuchungen erwähnt, in denen Proteine aus verschiedenen Geweben oder Entwicklungsstadien fraktioniert wurden. Zunehmend häufiger werden dabei die verschiedenen Varianten der Zonenelektrophorese (S. 113) eingesetzt. Um einige Beispiele zu nennen: Stadien- bzw. gewebe- oder organspezifische Protein-Muster fanden sich in der Entwicklung von Keimlingen verschiedener Arten [935], etwa der Erbse ([936], Abb. 115), in den Organen der Tulpenzwiebel [937], in Gewebekulturen aus Jugend- und Altersblättern des Efeus [939], in verschiedenen Organen blühender und vegetativer Exemplare von *Pharbitis nil* [940], bei der Pollenentwicklung von Lilien

[941, 942] und Tulpen [942], in verschiedenen Geweben von *Citrus*-Früchten [938] — kurz, in allen Entwicklungsstadien und Geweben kann man auf jeweils spezifische Protein-Muster stoßen.

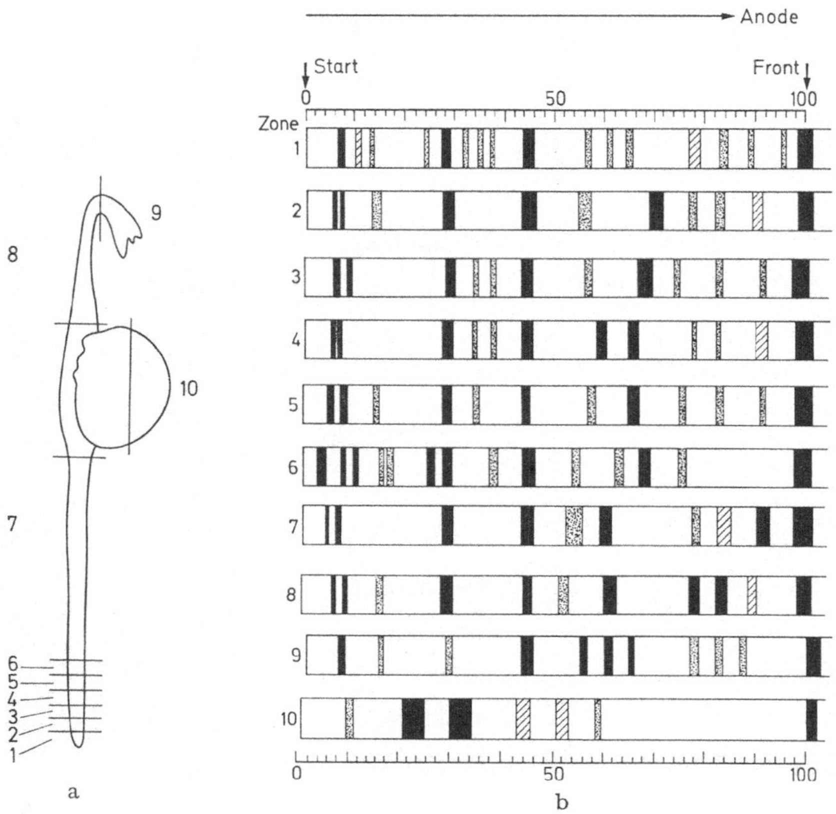

Abb. 115a u. b. Gewebespezifische Protein-Muster in Keimlingen der Erbse. a = Keimling, eingeteilt in 10 Zonen. b = Protein-Muster dieser 10 Zonen nach Polyacrylamid-Gelelektrophorese

b) Differentielle Isozym-Muster

b1. Differentielle Isozym-Muster während der normalen Entwicklung

Nicht nur Proteine generell, sondern auch Enzym-Proteine wurden auf Stadien- und Gewebe-spezifische Veränderungen hin überprüft. In der Regel ging man dabei so vor, daß man die Aktivität des betreffenden Enzyms bestimmte (Fehlermöglichkeit vgl. S. 251). Auch hier war es von Vorteil, nicht nur die Gesamtaktivität zu ermitteln, sondern weiter aufzugliedern. Denn einer Bestimmung der Gesamtaktivität läßt sich nicht entnehmen, welche der möglicherweise multiplen Formen des betreffenden Enzyms zu der Gesamtaktivität beitragen. Gerade Veränderungen im Isozym-Muster können aber Indikatoren für Differenzierungsprozesse sein. Denn es ließ sich zeigen — erstmals an der Lactatdehydrogenase der Säugetiere [471] —, daß sich das Isozym-Muster eines bestimmten Enzyms je nach dem Gewebe und dem Entwicklungszustand ändern kann.

Tabelle 30. *Beispiele für die genetische Kontrolle, die Gewebe- und Stadien-Spezifität von Isozym-Mustern. Untersuchungen ohne Beziehung zu Genetik und Differenzierung wurden nicht erwähnt. S = Gewebe- oder Stadien-Spezifität, G = Genetik geklärt oder Arbeit unter genetischen Aspekten, H = Hybridenzym*

Enzym	Spezies	S	G	H	Literatur
ADPG-glucosyl-transpherase	*Zea mays*	+	+		475
Alkoholdehydrogenase	*Zea mays*		+	+	[1163], [1164]
α-Amylase	*Hordeum vulgare*	+			[944]
	Nicotiana tabacum	+			[945]
	Zea mays	+	+	+	[946]
Esterasen	*Collinsia spec.*	+	+		[947]
	Pisum sativum		+		[948]
	Zea mays	+			[949]
	verschiedene Spezies, vor allem *Cucurbitaceae*	+			[162]
pH 7,5-Esterase	*Zea mays*	+	+	+	[477—483]
Glutaminsäure-dehydrogenase	*Pisum sativum*	+			[950]
Katalase	*Zea mays*	+	+	+	[484, 949]
Lactat-dehydrogenase	*Lilium henryi*	+			[941]
Leucin-aminopeptidase	*Zea mays*	+	+		[476, 943, 949]
Malat-dehydrogenase	*Lilium henryi*	+			[941]
	Phaseolus vulgaris	+			[951]
Peroxydase	*Citrus spec.*	+			[952]
	Lilium henryi	+			[941]
	Lycopersicon esculentum	+	+		[434]
	Nicotiana spec.		+		[470]
	Petunia hybrida	+	+		[375]
	Phaseolus vulgaris	+			[954]
	Pisum sativum	+			[953]
	Zea mays	+	+		[433]
Phenolase	*Petunia hybrida*	+	+		[375]
Phosphatasen alkalisch	*Arachis hypogaea*	+			[955]
sauer	*Arachis hypogaea*	+			[955]
	Collinsia spec.	+	+		[947]
	Lilium henryi	+			[941]
Thiamin-pyrophosphatase	*Lilium henryi*	+			[941]

Auch für höhere Pflanzen wurde in vielen Fällen eine Gewebe- und Stadien-Spezifität von Isozym-Mustern festgestellt (Tabelle 30). Dabei ließen sich Veränderungen nicht nur bei persistenten und umfassenden Differenzierungen, etwa Wurzel-Sproß-Blüte, sondern auch bei zeitlich und räumlich enger umgrenzten

Prozessen wie der Entwicklung des Endosperms [943] oder des Pollens [941, 942] verfolgen. Die Situation bei der Antheren-Entwicklung von *Lilium henryi* mag als Beispiel dienen ([941], Abb. 116). Das Isozym-Muster der Peroxydase verändert sich im heranreifenden Pollen und im Tapetum unabhängig voneinander, ist also sowohl Stadien- als auch Gewebe-spezifisch. Ähnlich verhalten sich auch andere Enzymaktivitäten.

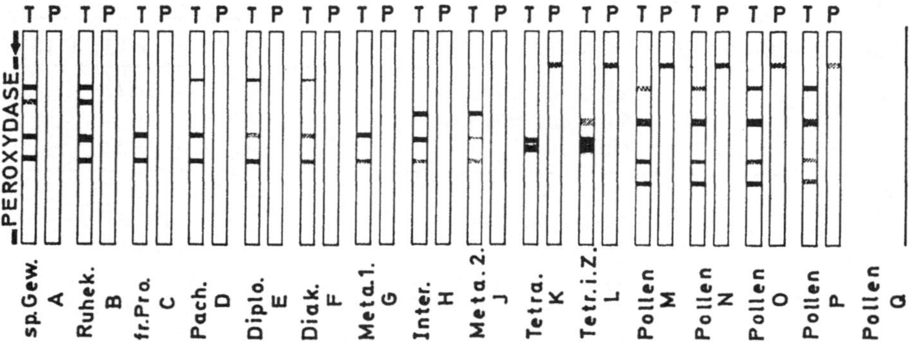

Abb. 116. Gewebe- und Stadien-spezifische Isozym-Muster der Peroxydase während der Pollenentwicklung von *Lilium henryi*. Polyacrylamid-Gelelektrophorese. T = Tapetum-Fraktion, P = Pollenfraktion. A = sporogenes Gewebe in mitotischer Teilung, B = Ruhekern der Mikrosporozyten, C = frühe Prophase (Leptotän-Zygotän), D = Pachytän, E = Diplotän, F = Diakinese, G = Metaphase I, H = Interphase, I = Metaphase II, K = junge Tetraden, L = Tetraden im Zerfall, M = junge Pollen, noch keine Membran sichtbar, N = junge Pollen mit dünner Membran, O = junge Pollen mit deutlicher Membranstruktur, P = Pollen mit ausgeprägter Membran, Q = reifer Pollen (wegen Materialmangel nicht untersucht). (Aus [941])

b2. Differentielle Isozym-Muster während der pathologischen Entwicklung

Bei einer Infektion höherer Pflanzen mit Viren und Mikroorganismen verändert sich die Differenzierungsweise der Zellen in Reaktion auf den pathogenen Reiz. Bei der Auseinandersetzung mit dem Erreger kommt es zu Veränderungen in den Protein-Fraktionen. Ein Beispiel: Wurzelgewebe der Süßkartoffel *Ipomaea batatas* wurde mit dem Erreger der Schwarzfäule *Ceratocystis fimbriata* infiziert und dann mit Hilfe chromatographischer, elektrophoretischer und serologischer Methoden auf Veränderungen in den einzelnen Protein-Fraktionen untersucht. Dabei zeigte es sich, daß in den intakten Zellen um die pilzbefallenen Zonen herum neue Antigene auftraten, die vor der Infektion nicht oder nur in sehr viel geringerer Konzentration vorhanden waren. Die Ausbildung dieser Antigene war bei resistenten Varietäten weit ausgeprägter als bei nicht resistenten. Möglicherweise besteht zwischen der Resistenz und der Fähigkeit zu gesteigerter Ausbildung der Antigene ein kausaler Zusammenhang [956].

Zu den eben erwähnten Antigenen gehören auch Enzyme, darunter Peroxydasen [956—958]. Damit kommen wir wieder von den Proteinen im allgemeinen zu den Enzym-Proteinen im speziellen. Nach Infektionen kommt es zu Aktivitätsänderungen der verschiedensten Enzyme. Im gegebenen Zusammenhang von besonderem Interesse ist das Verhalten der Isozyme. Infektionen durch Viren

[954], Bakterien [959] und Pilze [951, 956—958, 960—962] führen zu quantitativen Veränderungen im Isozym-Muster verschiedener Enzyme.

In manchen Fällen war es recht schwierig, zwischen vom Erreger und von den Wirtszellen gestellten Isozymen zu unterscheiden. Vielfach waren aber Differenzierungen möglich. Dabei wurde auch auf dem Niveau der Isozyme eine wechselseitige Beeinflussung von Erreger und Wirt faßbar. So traten nach einer Infektion von Bohnenblättern mit dem Rostpilz *Uromyces phaseoli* sowohl auf der Seite des Pilzes als auch auf derjenigen der Wirtspflanze Veränderungen im Isozym-Muster der Malatdehydrogenase auf [951].

Gelegenheit, die Reaktionen nur des Wirtes zu verfolgen, bot sich bei manchen Virus-Infektionen, bei denen sich Isozym-Änderungen eindeutig auf die Aktivität der Wirtszellen zurückführen ließen. Eine solche Situation findet sich beim Befall von Bohnenblättern mit dem Südlichen Bohnen-Mosaik-Virus. Junge gesunde Bohnenblätter enthalten nur die Peroxydasen 1 und 4. In alten Blättern taucht noch zusätzlich eine Peroxydase 3 auf. Inoculiert man nun junge Blätter mit dem genannten Virus, so kommt es zu einem generellen Anstieg der Peroxydase-Aktivität. Im Bereich der Isozyme tritt nun auch schon in jungen Blättern außer den normalen Peroxydasen 1 und 4 die Altersperoxydase 3 auf, darüber hinaus aber noch eine weitere Peroxydase 2, die sich im Lauf der normalen Entwicklung nie einstellt. Nun ließe sich einwenden, das Virus könne die Information für diese Peroxydase-Neuerwerbung mit sich bringen. Daß jedoch die Wirtszellen selbst über die genetische Information für die Peroxydase 2 verfügen, wird dadurch belegt, daß sie nicht nur nach einer Virus-Inoculation, sondern auch nach Behandlung mit toxischen Chemikalien die Peroxydasen 3 und 2 ausbilden. Der Wirt reagiert also auf die Virus-Inoculation unter anderem mit der Produktion zweier Peroxydasen, von denen die eine im normalen Entwicklungsgang erst später, die andere überhaupt nicht auftritt [954].

Günstige Voraussetzungen, Umstellungen nur der Wirtszellen zu verfolgen, bieten auch Versuche mit *Agrobacterium tumefaciens*, dem Erreger der Wurzelhalsgallen, also pflanzlicher Tumoren (S. 201). Denn man kann Zellen, die in Anwesenheit der Bakterien erst einmal zum Tumorwachstum umgestimmt worden waren, dann auch in Abwesenheit der Bakterien als Tumorgewebe weiter kultivieren. Derartiges bakterienfreies Tumorgewebe aus *Nicotiana tabacum* zeigte als bleibende Differenzierung eine erhöhte Aktivität in einem der α-Amylase-Isozyme [945].

c) *De novo*-Synthese von Enzymen während der Entwicklung

c1. *Aktivierung oder de novo-Synthese?*

Das Auftreten eines neuen Proteins im Laufe der Entwicklung kann als Indikator für eine *de novo*-Synthese und damit eine neue primäre Genaktivität gelten — wenn auch unter Vorbehalt, weil man stets die Möglichkeit von Artefakten berücksichtigen sollte. Anders steht es mit den Enzymen. Denn hier weist man in der Regel nicht das spezifische Enzym-Protein, sondern die Enzym-Aktivität nach. Das Auftreten einer neuen Enzym-Aktivität kann aber

1. auf einer Aktivierung schon vorhandener, aber bislang inaktiver Enzyme und
2. auf einer *de novo*-Synthese beruhen.

Entsprechendes gilt für das Erlöschen von Enzym-Aktivitäten während der Entwicklung, das

1. auf eine Inaktivierung bei weitergehender Produktion und
2. auf eine Einstellung der Synthese zurückgehen kann.

Nur dann, wenn nachweislich die Gen-gesteuerte Synthese im positiven oder negativen Sinn beeinflußt wird, können Verschiebungen im Muster aktiver Enzyme als Indikatoren für eine differentielle Genaktivität gelten.

Zur Überprüfung dessen, ob das Auftreten neuer Enzym-Aktivitäten auf eine *de novo*-Synthese zurückgeht, werden bevorzugt die nachstehenden Methoden verwendet:

1. Zufuhr von C^{14}-markierten Aminosäuren. Bei einer *de novo*-Synthese müssen dann die Aminosäuren der Enzym-Proteine markiert sein.
2. Zufuhr von schweren Isotopen (H^2, C^{13}, N^{15}, O^{18}) in Form geeigneter Verbindungen [963]. Bei einer *de novo*-Synthese entstehen dann „schwere" Enzym-Proteine, die sich mit entsprechender Technik (CsCl-Gradient, Zonen-Elektrophorese) von den schon zuvor vorhandenen „normalen" Enzym-Proteinen abtrennen lassen.
3. Zufuhr von Hemmstoffen der Transskription und Translation. Die *de novo*-Synthese sollte daraufhin unterbleiben.

Mit Hilfe dieser Verfahren wurde eine *de novo*-Synthese von Enzymen in verschiedenen Entwicklungsstadien, vor allem wiederum bei der Keimung nachgewiesen.

c2. De novo-Synthese von Enzymen bei der Mobilisierung von Reservestoffen während der Keimung

Während der Keimung mobilisiert der Keimling zunächst die von der Mutterpflanze mitgegebenen Reservestoffe, um mit ihnen seinen Aufbau soweit voranzutreiben, bis er seinen Energie- und Baustoff-Bedarf aus eigener Produktion decken kann. Mit dem Übergang zur Autotrophie ist das Keimlingsstadium abgeschlossen. Sowohl bei der Mobilisierung der Reservestoffe als auch bei der Differenzierung des Keimlings selbst treten neue Enzym-Aktivitäten auf. Im folgenden sei auf einige *de novo*-Synthesen von Enzymen bei der Mobilisierung der Reservestoffe eingegangen.

c2.1. Mobilisierung der Fette

Bei Arten mit fettspeichernden Samen werden die Reservefette bei der Keimung zu einem Großteil in Kohlenhydrate umgewandelt. Vermutlich werden die Fette dabei zunächst durch Lipasen zu Glycerin und Fettsäuren hydrolysiert. Ein Teil der benötigten Kohlenhydrate kann dann von Glycerin aus gebildet werden. Der Hauptanteil stammt jedoch aus den Fettsäuren und wird über den Glyoxylsäure-Cyclus angeliefert. Der Glyoxylsäure-Cyclus, zuerst bei Mikroorganismen aufgefunden, ist vor allem in fettspeichernden Samen wie denjenigen von *Ricinus communis* realisiert [964].

Beim Glyoxylsäure-Cyclus handelt es sich um eine Variante des Citronensäure-Cyclus, die die Synthese von Zuckern *via* Oxalessigsäure — Phospho-enol-pyruvat begünstigt (Abb. 117). Im Citronensäure-Cyclus wird zwischen den Stufen der Isocitronensäure und der Äpfelsäure zweimal decarboxyliert und damit das durch

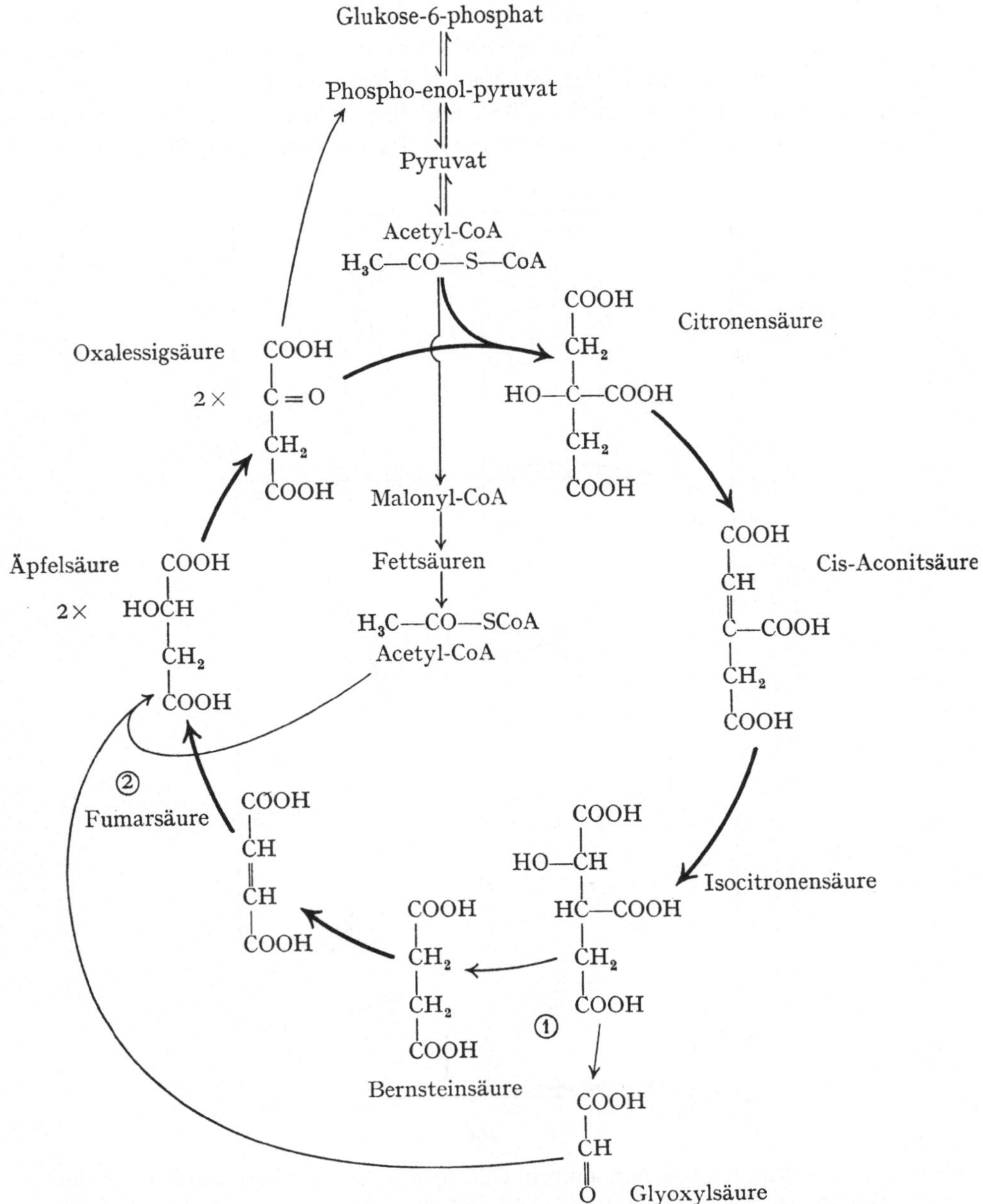

Abb. 117. Der Glyoxylsäure-Cyclus. Schritte des Citronensäure-Cyclus dick ausgezogen 1=Isocitrat-lyase, 2=Malat-synthetase

Kondensation mit Oxalessigsäure in den Cyclus eingeschleuste Acetat bilanzmäßig eliminiert. Im Glyoxylsäure-Cyclus dagegen wird Isocitronensäure durch das Enzym Isocitrat-lyase in Glyoxylsäure und Bernsteinsäure gespalten. Glyoxylsäure wird dann mit aus den Fettsäuren stammendem Acetat zu Äpfelsäure kondensiert. Das hierbei tätige Enzym ist die Malat-Synthetase. Das andere Spaltprodukt der Isocitronensäure, die Bernsteinsäure, wird in den vom Citronensäure-

Cyclus her bekannten Reaktionen ebenfalls in Äpfelsäure überführt. Die so aus zwei Kanälen angelieferte Äpfelsäure wird dann zu Oxylessigsäure dehydriert. Ein Teil der Oxalessigsäure kurbelt über Kondensation mit Acetyl-CoA den Citronensäure-Cyclus weiter an, der Überschuß aber steht für Synthesen zur Verfügung. Er kann über Phospho-enol-pyruvat in Monosaccharide überführt werden.

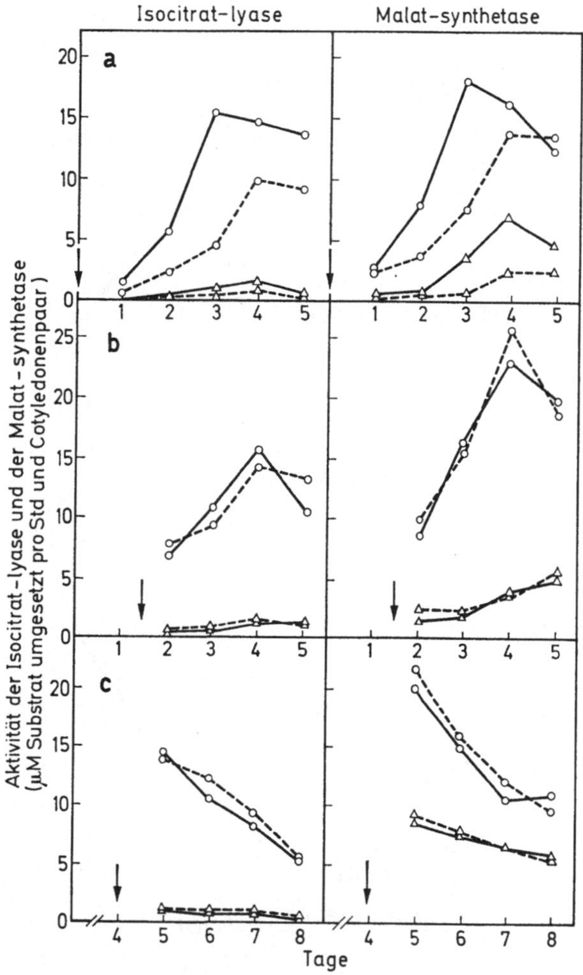

Abb. 118. Die Wirkung von Actinomycin C_1, zugesetzt zu verschiedenen Zeitpunkten nach Beginn der Keimung, auf die Aktivität der Isocitrat-lyase und der Malat-synthetase in Cotyledonen von *Citrullus vulgaris*. ○———○ Überstand der Zentrifugation, ▲———▲ Mitochondrien. ——— Wasser-Kontrolle, ········· Behandlung mit Actinomycin C_1. Beginn der Behandlung 0 (a), 1,5 (b) und 4 Tage (c) nach Einsetzen der Keimung, jeweils durch Pfeile angezeigt. (Aus [969])

Bei der Keimung von fetthaltigen Samen steigt die Aktivität der beiden Schlüsselenzyme des Glyoxylat-Cyclus, der Isocitrat-lyase [965] und der Malat-synthetase [966] stark an und fällt dann nach Erschöpfung des Fettgehaltes ebenso unvermittelt wieder ab. Versuche mit Extrakten aus Erdnuß-Keimlingen [967] und aus dem Endosperm keimender *Ricinus*-Samen [968] lieferten keinerlei

Anhaltspunkte dafür, daß dieser Aktivitätswechsel auf unterschiedliche Mengen an Aktivatoren oder Inhibitoren zurückgehen könnte.

Weitere Klärung brachten Experimente mit Keimlingen der Wassermelone *Citrullus vulgaris*. In ihren Cotyledonen steigt die Aktivität der Isocitrat-lyase und der Malat-Synthetase während der ersten 3—4 Tage nach Beginn der Keimung stark an und fällt dann wieder ab. Die Keimlinge wurden nun zu verschiedenen Zeiten nach Beginn der Keimung mit Actinomycin C_1 und mit Cycloheximid behandelt. Actinomycin C_1 hemmt die Transskription, Cycloheximid die Translation. Bei der Behandlung mit Actinomycin zeigte sich eine ausgeprägte Zeitabhängigkeit (Abb. 118). Das Antibioticum hemmte die Synthese beider Enzyme, aber nur dann, wenn man es während der ersten $1^1/_2$ Tage zuführte. Ein Zusatz nach dieser Zeitspanne blieb wirkungslos. Diese Zeitabhängigkeit gestattete es zunächst, unspezifisch toxische Effekte auszuschließen (vgl. die entsprechend angelegten Versuche zur Hemmung der Anthocyan-Synthese, S. 243). Sie erlaubte aber auch noch den weiteren Schluß, daß die m-RNS für die Synthese der beiden Enzyme während der ersten $1^1/_2$ Tage nach der Keimung ausgebildet wird. Danach ist die Transskription abgeschlossen und Actinomycin mußte deshalb wirkungslos bleiben. Die Translation geht jedoch noch nach diesem Zeitpunkt weiter, denn Cycloheximid hemmte auch nach den ersten $1^1/_2$ Tagen. Die einmal gebildete m-RNS diente also weiterhin bis zum 3. oder 4. Tag als Matrize für die Enzym-Synthesen. Die Versuchsdaten sprechen also 1. für eine *de novo*-Synthese der Isocitrat-lyase und der Malat-Synthetase und 2. für das Vorliegen stabiler m-RNS bei der Synthese der beiden Enzyme [969].

c2.2. Mobilisierung der Stärke

Die Mobilisierung der Stärke erfolgt in einem Zusammenwirken mehrerer Enzyme, u. a. der α-Amylase, der β-Amylase und der Maltase. Die β-Amylase ist zumindest beim Weizen schon im Samen vorhanden und wird bei der Keimung lediglich aktiviert [970]. Dagegen wird die α-Amylase der Gerste während der Keimung unter der induktiven Wirkung von Gibberellinsäure *de novo* gebildet. Dieser bestuntersuchte Fall einer *de novo*-Synthese von Enzymen höherer Pflanzen wird später geschildert (S. 275).

c3. *De novo-Synthese von Isozymen*

Wechsel im Isozym-Muster ließen sich als überaus empfindliche Indikatoren für differentielle Genaktivitäten verwenden. Die Beantwortung der Frage, ob das Stadien- oder Gewebe-spezifischen Auftreten neuer Isozyme auf eine *de novo*-Synthese zurückgehen kann, ist deshalb von besonderem Interesse.

c3.1. Deuterium-Markierung von Peroxydase-Isozymen des Roggens [971]

Roggenkörner wurden in D_2O zur Keimung gebracht. Ihre Wurzeln und diejenigen von H_2O-Kontrollen wurden mit Hilfe der Zonen-Elektrophorese auf multiple Formen der Peroxydase untersucht. D_2O- und H_2O-Wurzeln führten gleichermaßen 6 Peroxydase-Isozyme. Aber 5 Isozyme aus den D_2O-Wurzeln wanderten im elektrischen Feld langsamer als die entsprechenden 5 Isozyme aus H_2O-Wurzeln (Abb. 119). Diese 5 Isozyme führten Deuterium, das ihre höhere Masse und damit geringere Mobilität im elektrischen Feld bedingte. Die Deuterium-Markierung bewies, daß diese Isozyme bei der Keimung *de novo* gebildet worden waren. Die 6. Bande dagegen hatte in beiden Versuchen die gleiche Mobilität.

Sie dürfte in den Samen schon vor der Keimung vorhanden gewesen sein. Über die Schwere-Markierung ließ sich also eine *de novo*-Synthese von Isozymen fassen.

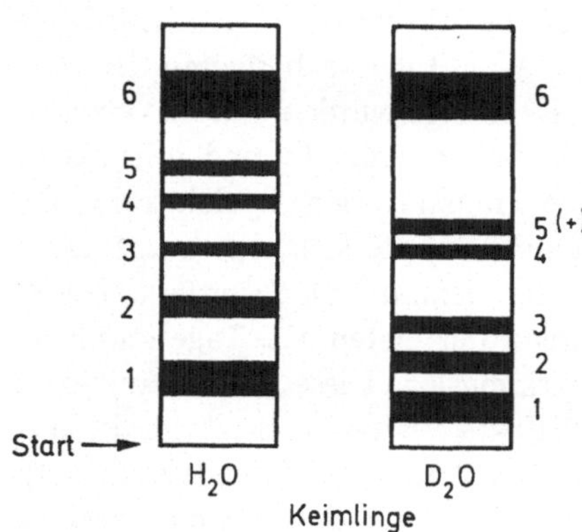

Abb. 119. Peroxydase-Isoenzyme in Wurzeln von Roggen-Keimlingen nach Keimung in H_2O oder D_2O. Stärkegel-Elektrophorese in H_2O-haltigem Gel. (Verändert nach [971])

c3.2. Selektive Hemmung bei Peroxydase-Isozymen der Bohne [954]

Erinnern wir uns daran, daß bei einer Inoculation von Bohnenblättern mit dem Südlichen Bohnen-Mosaik-Virus zwei neue Isozyme der Peroxydase auftraten (Isozym 2 + 3, S. 251). Bei dem Virus handelt es sich um ein RNS-Virus. Die Vermehrung von RNS-Viren wird durch Actinomycin nicht gehemmt. Damit bot

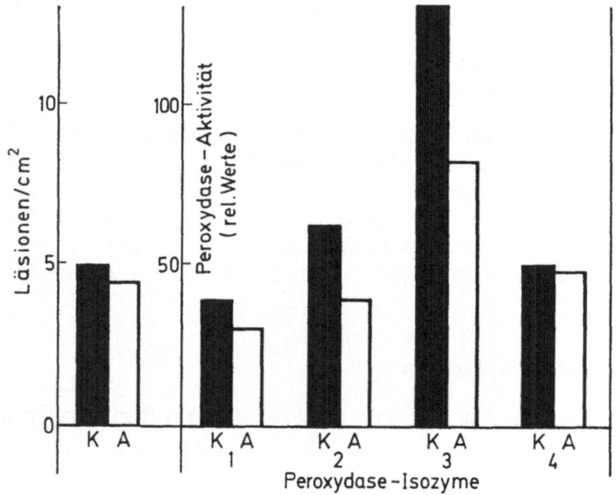

Abb. 120. Selektive Hemmungen mit Actinomycin C_1 zum Nachweis einer *de novo*-Synthese von Peroxydase-Isozymen in Bohnenblättern nach Inoculation mit dem Südlichen Bohnen-Mosaik-Virus. Beginn des Testes 2 Tage nach der Inoculation, Flottieren von inoculierten Blattscheiben auf Wasser (K) oder Actinomycin C_1-Lösung (A) für 3 weitere Tage, dann Aufarbeitung auf Isozyme und Aktivitätsbestimmung

dieses System die Chance, selektive Hemmungen zum Nachweis einer *de novo*-Synthese von Isozymen durchzuführen. Denn wenn man außer dem Virus auch Actinomycin zuführt, so hätte man im Fall einer *de novo*-Synthese von Peroxydase 2 + 3 zu erwarten:

1. Die Vermehrung des Virus wird nicht gehemmt.

2. Die Aktivität der schon vor der Inoculation vorhandenen Peroxydasen 1 + 4 bleibt zumindest erhalten. Sie könnte sogar ansteigen, falls stabile m-RNS die weitere Synthese von Peroxydase 1 + 4 gewährleistete.

3. Das Auftreten der beiden neuen Peroxydasen 2 + 3 sollte beeinträchtigt werden.

Der Ausfall entsprechend durchgeführter Versuche bestätigte diese Erwartung (Abb. 120). Die Virus-Vermehrung, gemessen an der Zahl der Läsionen pro cm² Blattfläche, ging ebenso wie die Produktion der Peroxydasen 1 + 4, gemessen an deren Aktivität, ungestört weiter. Dagegen wurde die Ausbildung der Peroxydasen 2 + 3 stark abgeschwächt. Diese selektive Hemmung gestattete wiederum den Ausschluß unspezifisch toxischer Wirkungen des Antibioticums.

Das Auftreten neuer Isozyme kann also auf einer *de novo*-Synthese beruhen. Freilich wird damit nicht ausgeschlossen, daß zuweilen auch bloße Aktivitätsänderungen eine Rolle spielen könnten. Aber die bislang vorliegenden Ergebnisse zeigen doch, daß man zumindest in einigen Fällen Veränderungen im Isozym-Muster einer Enzym-Aktivität als Indikatoren einer differentiellen Genaktivität werten darf.

4. Aktivitätszustände der Gene

Das Vorliegen einer differentiellen Genaktivität auch bei höheren Pflanzen kann nach dem Vorstehenden als bewiesen betrachtet werden. Die Gene können also in verschiedenen Aktivitätszuständen vorliegen. In einem gegebenen Gewebe und in einem gegebenen Entwicklungsstadium kann man bei Einwirken eines ebenfalls gegebenen Reizes vier solcher Aktivitätszustände unterscheiden [667, 972]:

1. *Aktive Gene* sind in dem gegebenen Gewebe und Entwicklungsstadium schon vor Einwirken des gegebenen Reizes aktiv und bleiben auch weiterhin aktiv.

2. *Inaktive Gene* sind in dem gegebenen Gewebe und Entwicklungsstadium inaktiv und bleiben auch weiterhin inaktiv.

3. *Potentiell aktive* Gene sind in dem gegebenen Gewebe und Entwicklungsstadium zunächst nicht aktiv, werden aber bei Einwirken des gegebenen Reizes aktiviert.

4. *Potentiell inaktive* Gene sind in dem gegebenen Gewebe und Entwicklungsstadium zunächst aktiv, werden aber bei Einwirken des gegebenen Reizes inaktiviert.

Diese Beschränkung auf einen jeweils scharf definierten Ausschnitt aus der Entwicklung gestattet es, ein bislang ungelöstes Problem, das einer irreversiblen Blockierung von Genen, vorläufig zurückzustellen.

Irreversible Blockierungen von Genen könnten ein wichtiges Entwicklungsprinzip darstellen [884]. Denn durch jede irreversible Blockierung eines Gens würde das Muster der aktiven und potentiell aktiven Gene eingeengt. In den verschiedenen Geweben und Entwicklungsstadien könnten nun jeweils andere Gene irreversibel blockiert werden. Damit müßte aber in den einzelnen Geweben und Entwicklungsstadien auch ein entsprechend anderes Muster aktiver und potentiell aktiver Gene resultieren. Solche Gewebe- und Stadien-spezifische Muster könnten stabil eingestellt bleiben, falls keine zusätzlichen irreversiblen Blockierungen eintreten. Dem stabilen Muster aktiver Gene entsprächen dann ebenfalls stabil eingestellte Enzymaktivitäten und damit Gewebe- und Stadien-spezifische Differenzierungsleistungen. Die potentiell aktiven und potentiell inaktiven Gene würden innerhalb des von der irreversiblen Blockierung gesetzten Rahmens eine Adaption an veränderte innere und äußere Bedingungen erlauben.

Die Möglichkeit einer irreversiblen Blockierung von Genen ist umstritten [884, 973, 974 pro; 906, 975—977 contra]. Hauptargumente für irreversible Blockierungen hatten Versuche an dem amerikanischen Grasfrosch *Rana pipiens* geliefert. Man hatte dabei Kerne aus verschiedenen Entwicklungsstadien des Frosches in experimentell kernlose Eizellen von ebenfalls *Rana pipiens* transplantiert. Es zeigte sich, daß zwar Kerne noch aus der Blastula, aber nur selten Kerne aus der Gastrula oder späteren Keimlingsstadien eine normale Kaulquappen-Entwicklung der behandelten Eizellen induzieren konnten. Die negativen Resultate mit Kernen aus schon weiter differenzierten Geweben waren zunächst dahingehend interpretiert worden, daß im Laufe der Entwicklung bestimmte Gene irreversibel blockiert worden seien [973, 974].
Im Gegensatz hierzu stehen nun aber Ergebnisse, die man in ähnlichen Experimenten mit dem südamerikanischen Krallenfrosch *Xenopus laevis* erhielt. Denn hier gelang es, kernlose Eizellen durch eine Implantation von Kernen aus schon recht weit differenzierten Geweben jenseits des Blastula-Stadiums zu normaler Entwicklung zu bringen [975, 977]. Auch bei *Rana pipiens* zeichnen sich andere Möglichkeiten einer Interpretation als irreversible Blockierungen ab [976]. Die Situation bei der Entwicklung der Froschlurche ist nach allem noch nicht völlig geklärt.

Besonders bei höheren Pflanzen spricht die Mehrzahl der Befunde gegen die Möglichkeit von irreversiblen Gen-Blockierungen. Es sei an die Ergebnisse der Regenerationsversuche zum Nachweis der Totipotenz erinnert (S. 235). Denn diese Versuche demonstrierten ja nicht nur, daß in schon weitgehend differenzierten Zellen noch die gesamte genetische Information enthalten ist, sondern auch, daß sie voll und ganz aktivierbar ist. Aber auch hier gibt es keinen klaren Beweis dafür, daß nicht doch irgendwo und irgendwann im Laufe der Entwicklung einmal auch irreversible Blockierungen stattfinden könnten.

Bei der Beschränkung auf eine bestimmte Situation ist in erster Linie der Aktivitätszustand der Gene in eben dieser Situation von Interesse. Deshalb darf es zunächst offen bleiben, ob die potentiell inaktiven Gene bei der Reizeinwirkung irreversibel blockiert werden oder nicht. Es darf des weiteren offen bleiben, ob die inaktiven Gene nur aus Genen bestehen, die sich in einer anderen Situation als potentiell aktiv erweisen könnten, oder ob zu ihnen auch irreversibel blockierte Gene gehören. Allerdings muß das derart in den Hintergrund gerückte Problem der irreversiblen Blockierung früher oder später doch geklärt werden. Bei der vorgeschlagenen Einteilung der Gen-Zustände kann es sich also nur um ein Arbeitsschema bei der Beschäftigung mit der unmittelbar anstehenden Frage handeln, wie ein Aktivitätsmuster von Genen in ein anderes Aktivitätsmuster überführt werden kann.

Jedem Aktivitätsmuster von Genen entspricht ein bestimmtes Muster an Proteinen, darunter Enzym-Proteinen und damit eine bestimmte Differenzierungsleistung. Jede Änderung eines Aktivitätsmusters bedeutet dann auch eine Änderung der Differenzierungsleistung. Die Frage muß nun sein, welche Faktoren den Aktivitätszustand von Genen verändern, d.h. aber die Gen-Aktivität regulieren können.

B. Regulation der Genaktivität

I. Möglichkeiten der Regulation von Stoffwechselprozessen
[978—985]

Die Regulation von Stoffwechselprozessen und damit auch von Merkmalsbildungen kann auf verschiedenen Ebenen erfolgen (Tabelle 31). Zunächst müssen
intrazelluläre Regulationen von interzellulären Wechselwirkungen humoraler oder
neuraler Art unterschieden werden. Eine intrazelluläre Regulation kann in einer
Steuerung der Genaktivität und dadurch auch von Enzym-Synthesen oder in
Veränderungen der Aktivität schon bestehender Enzym-Systeme bestehen. Die
Regulation der Genaktivität kann bei der Transskription oder bei der Translation
erfolgen.

Tabelle 31. *Möglichkeiten der Regulation von Stoffwechselprozessen*

---

1. Intrazelluläre Regulation
    a) Regulation der Genaktivität und damit auch der Enzym-Synthese
    a 1. Regulation der Transskription (Induktion und Repression)
    a 2. Regulation der Translation
    b) Regulation der Enzym-Aktivität
    b 1. Regulation der Aktivität der Enzym-Proteine
        b 1, 1. Allosterische Effekte: Endprodukt-Hemmung und Endprodukt-Akti-
        vierung
        b 1, 2. Isosterische Effekte: kompetitive Hemmungen
    b 2. Regulation der Enzym-Aktivität ausschließlich Aktivität des Enzym-
        Proteins: „Enzymatische Regulation"

---

2. Interzelluläre Regulation

Die Aktivität schon vorhandener Enzym-Systeme kann ebenfalls verschiedenartigen Regulationsmechanismen unterliegen. Einmal kann über allo- oder iso-
sterische Wirkungen die Aktivität der Enzym-Proteine im positiven oder negativen Sinn beeinflußt werden. Es kann aber auch eine „Enzymatische Regulation" vorliegen. Unter diesem Sammelbegriff faßt man eine Reihe von Regulationsmöglichkeiten zusammen, bei denen weder die Synthese noch die Aktivität
des Enzym-Proteins gesteuert, sondern die Leistungsfähigkeit eines Enzyms mit
aktivem Protein vom „zellulären Milieu" bedingt wird.

Schließlich darf in diesem Zusammenhang die Aufteilung der Zelle in einzelne
Reaktionsräume nicht außer acht gelassen werden [986—988]. Denn die Kom-
partmentierung der Zelle schafft die Voraussetzung für zusätzliche Möglichkeiten
der Regulation. Es sei nur auf die bei höheren Organismen erfolgte Lokalisation
des genetischen Materials in bestimmten Organellen hingewiesen. Die Gensubstanz wird dadurch vom übrigen Stoffwechsel abgesetzt. An das genetische
Material herangetragene Einflüsse können selektioniert werden. Weiterhin wird
mit der Kompartimentierung die Übertragung der genetischen Information ins
Cytoplasma komplizierter, wodurch Ansatzpunkte für wieder neue Regulationen
gegeben sind.

Von den genannten Möglichkeiten der Regulation ist hier vor allem die Steuerung der Genaktivität von Interesse. Über die Regulation der Translation ist wenig bekannt. Dagegen konnten an Mikroorganismen zahlreiche Daten zur Regulation der Transskription erbracht werden. Sie lassen sich durch das „Jacob-Monod-Modell" auf einen Nenner bringen.

II. Die intrazelluläre Regulation von Stoffwechselprozessen

a) Regulation der Genaktivität: Regulation der Transskription nach dem Jacob-Monod-Modell [989—991]

a1. Struktur-, Operator- und Regulator-Gene

Nach dem Jacob-Monod-Modell, einer durch viele Fakten gestützten Hypothese zum Mechanismus einer Regulation auf dem Niveau der Transskription lassen sich die Gene in drei Gruppen einteilen, in Struktur-, Operator- und Regulator-Gene.

Struktur-Gene veranlassen über m-RNS die Synthese Gen-spezifischer Proteine. Die bislang in diesem Buch besprochenen Genwirkungen gehen auf solche Struktur-Gene zurück. Zu dieser uns schon bekannten Gruppe kommen nun noch die Operator- und die Regulator-Gene.

Operator-Gene sind den Struktur-Genen unmittelbar übergeordnet. Sie steuern die primäre Aktivität der Struktur-Gene. Einem Operator-Gen ist eine Gruppe von Struktur-Genen funktionell und strukturell zugeordnet. In funktioneller Hinsicht kontrolliert der Operator die Synthese von m-RNS an „seinen" Struktur-Genen. Was die strukturelle Zuordnung anbelangt, so steht der Operator im linear angeordneten Genverband mit den zugehörigen Struktur-Genen in räumlichem Kontakt (Abb. 121, 122). Eine solche funktionelle und strukturelle Einheit aus Operator-Gen und Struktur-Genen nennt man *Operon*. Bei Mikroorganismen können die Struktur-Gene für Enzyme, die die einzelnen Reaktionsschritte eines bestimmten Biosynthese-Weges katalysieren, in einem Operon zusammengeschlossen sein.

Regulator-Gene sind in der Hierarchie der Gene nun wieder den Operator-Genen übergeordnet, denn sie kontrollieren deren Aktivität. Dabei müssen sie nicht unbedingt in räumlichem Kontakt mit dem untergeordneten Operator stehen. Die Einflußnahme auf den Operator erfolgt über *Repressoren*, die von den Regulator-Genen produziert werden (Abb. 121, 122). Vermutlich handelt es sich bei ihnen um über entsprechende m-RNS gebildete Proteine [1106] oder Ribonucleoproteide.

Man postuliert zwei Typen solcher Repressoren. Beiden Formen gemeinsam ist, daß sie in aktivem Zustand den jeweils zugehörigen Operator blockieren und daß ihr Aktivitätszustand von niedermolekularen Metaboliten (*Effektoren*) kontrolliert wird. Je nach der Art der Cooperation zwischen Repressoren und Effektoren kann man zwischen den beiden Regulations-Mechanismen der Induktion und Repression unterscheiden.

a 2. *Induktion* (Abb. 121)

Ein erster Repressor-Typ ist auch ohne Hinzutreten von Effektoren aktiv und blockiert den zugeordneten Operator. Damit wird die Synthese von m-RNS an den Struktur-Genen des betreffenden Operons unterbunden. Diese Repression des Operons kann nun aufgehoben werden, wenn der Repressor durch bestimmte Effektoren inaktiviert wird. Solche Effektoren können die Substrate derjenigen Enzyme sein, die von dem blockierten Operon normalerweise codiert werden. Nach seiner Inaktivierung vermag der Repressor das Operon nicht mehr zu

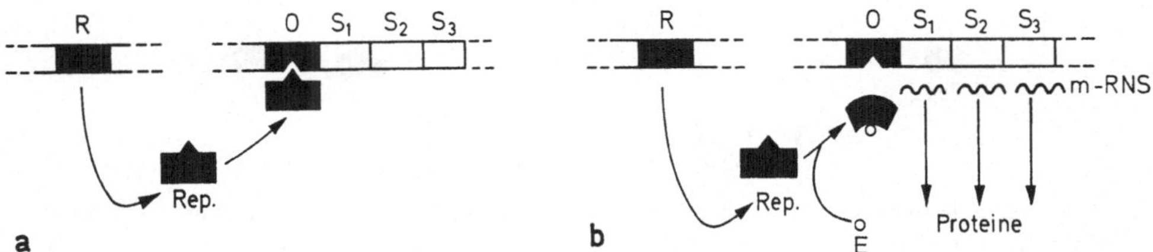

Abb. 121. Schema einer Induktion. Der Operator eines Operons wird durch einen von einem Regulator-Gen aus gebildeten aktiven Repressor blockiert (a). Durch einen Effektor, und zwar das Substrat eines der Enzyme des Operons, kann der Repressor inaktiviert werden. Damit wird die Synthese aller Enzyme des Operons induziert (b). R = Regulator-Gen, O = Operator-Gen, S₁—S₃ = Struktur-Gene, Rep. = Repressor, E = Effektor. Im Falle des Lac-Operons von *E. coli* wäre E = Lactose (oder ein ähnliches Substrat der β-Galaktosidase), S₁ = Struktur-Gen für β-Galaktosidase, S₂ = Struktur-Gen für Galaktosido-permease, S₃ = Struktur-Gen für eine Transacetylase

hemmen. Die Struktur-Gene werden aktiv. Unter den von ihnen codierten Enzymen befinden sich auch solche, die das als Effektor dienende Substrat umsetzen. Meist handelt es sich bei diesem Umsatz um einen Abbau, wenigstens bei Mikroorganismen. Es werden also oft katabolisch wirkende Enzyme induziert. Da die Induktion in Anpassung an eine veränderte Stoffwechselsituation (Zufuhr des Effektors) erfolgt, spricht man von einer adaptiven Enzymbildung, und da sie durch das Substrat von Enzymen des betreffenden Operons ausgelöst wird, von einer Substrat-Induktion.

Ein Beispiel für eine Substrat-Induktion wurde schon erwähnt: Lactose und strukturell ähnliche Substanzen induzieren bei *E. coli* die Synthese der β-Galaktosidase (S. 167). Hier muß noch angefügt werden, daß zu dem sog. Lac-Operon außer dem Gen für β-Galaktosidase noch zwei weitere Gene gehören, die ebenfalls durch Lactose induziert werden. Das Lac-Operon besteht also aus einem Operator-Gen und drei Struktur-Genen.

a 3. *Repression* (Abb. 122)

Ein zweiter Repressor-Typ ist in Abwesenheit bestimmter niedermolekularer Effektoren inaktiv. Der zugeordnete Operator ist nicht blockiert, die Struktur-Gene des Operons produzieren m-RNS. Bei Hinzukommen eines bestimmten Effektors wird der Repressor aktiviert. Als Effektor kann das Endprodukt desjenigen Biosynthese-Weges fungieren, dessen Enzyme von dem betreffenden Operon codiert werden. Der aktivierte Repressor blockiert dieses Operon. Damit wird die Synthese aller Enzyme unterbunden, für die das Operon zuständig ist. Meist handelt es sich um synthetisch, also anabolisch tätige Enzyme, die so reprimiert werden können.

Als Beispiel kann die Repression des Arginin-Operons von *E. coli* dienen. Arginin wirkt als Effektor und aktiviert den Repressor des Arginin-Operons. Der Operator des Operons wird blockiert und als Folge davon wird die Synthese aller Enzyme des Arginin-Operons eingestellt [992].

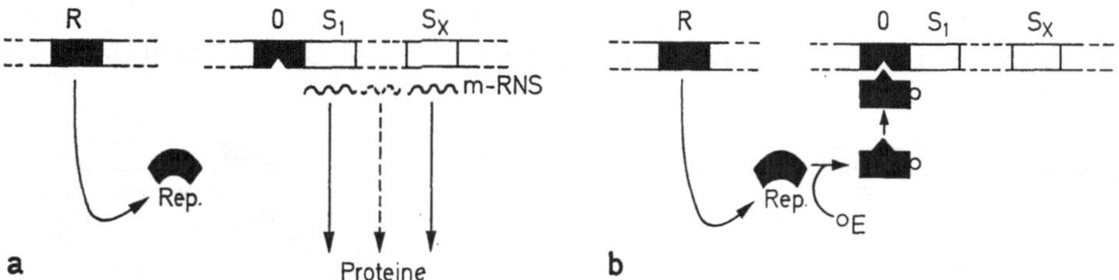

Abb. 122. Schema einer Repression. Der von dem Regulator-Gen gebildete Repressor ist zunächst inaktiv (a). Er kann durch das Endprodukt einer Synthesekette aktiviert werden, deren Enzyme von dem zugehörigen Operon codiert werden. Der aktivierte Repressor blockiert dann das Operator-Gen des zugehörigen Operons und reprimiert damit die Synthese aller Enzyme des Operons (b). Abkürzungen wie Abb. 121. Bei der Repression des Arginin-Operons von *E. coli* wären E = Arginin, S_1 bis S_x die Struktur-Gene des Arginin-Operons, die die einzelnen Enzyme der Arginin-Biosynthese codieren

b) Regulation der Enzym-Aktivität

b1. *Aktivität der Enzym-Proteine*

b1.1. Allosterische Effekte

Die Repression nach dem Jacob-Monod-Modell darf nicht mit der *Endprodukt-Hemmung* verwechselt werden. Denn die Endprodukt-Hemmung kommt (ebenso wie die seltener nachgewiesene Endprodukt-Aktivierung) durch allosterische

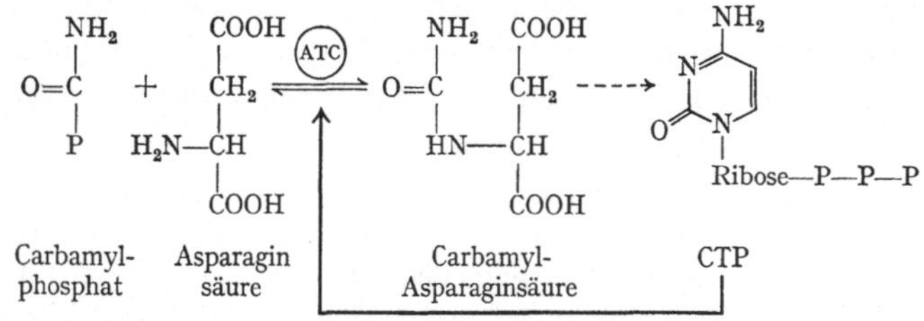

Abb. 123. Endprodukt-Hemmung der Asparaginsäure-transcarbamylase (ATC) durch Cytidin-triphosphat (CTP)

Effekte am Enzym-Protein zustande, durch die die Aktivität des Enzyms, nicht seine Synthese beeinflußt wird. Bei der Endprodukt-Hemmung wird durch das Endprodukt einer Syntheseabfolge im Unterschied zur Repression in der Regel nur das erste Enzym in der zum Endpunkt führenden Enzymsequenz inaktiviert. Den Wirkungsmechanismus denkt man sich so, daß das Endprodukt an einer bestimmten reaktiven Stelle des Enzym-Proteins gebunden wird. Dieser „allosterische Bindungsort" trägt seinen Namen daher, daß er nicht mit dem für die katalytischen Fähigkeiten des Enzyms verantwortlichen aktiven Zentrum identisch ist. Das Substrat dieses ersten Enzyms und das Endprodukt der Syntheseabfolge sind ja auch meist derart verschieden, daß eine Bindung am gleichen Ort recht unwahrscheinlich wird (vgl. z.B. die Strukturen der Asparaginsäure und des Cytidin-triphosphates in Abb. 123). Nach der Fixierung des Endproduktes am allosterischen Bindungsort kommt es dann auf im einzelnen noch unbekannte Weise zu einer Blockierung des katalytisch aktiven Zentrums.

Ein Beispiel für eine Endprodukt-Hemmung ist die Inaktivierung der Asparaginsäure-transcarbamylase von *E. coli* durch Cytidin-triphosphat. Das Enzym katalysiert den am Asparagin ansetzenden ersten Schritt in der Biosynthese von Pyrimidin-Nucleotiden. Von diesen Pyrimidin-Nucleotiden hemmt vor allem das Cytidin-triphosphat die Transcarbamylase ([993], Abb. 123).

b1.2. Isosterische Effekte: kompetitive Hemmung

Im Gegensatz zu der allosterischen Endprodukt-Hemmung wird bei der kompetitiven Hemmung der Hemmstoff an der gleichen Stelle gebunden wie das normale Substrat. Man spricht deshalb auch von isosterischen Effekten. Ein bekanntes Beispiel ist die kompetitive Hemmung der Bernsteinsäure-dehydrogenase durch Malonsäure. Auch die Blockierung der Thymidilat-Synthetase durch 5-Fluor-desoxy-uridin (Abb. 90) gehört hierher. Wie die Beispiele zeigen, konkurriert bei der kompetitiven Hemmung ein Struktur-Analogon mit dem normalen Substrat um die Position am katalytisch aktiven Zentrum.

b2. Enzymatische Regulation

Bei dem intrazellulären Milieu, das bei der Enzymatischen Regulation die Leistungsfähigkeit der Enzyme bestimmt, handelt es sich in der Regel um die Konzentration an bestimmten niedermolekularen Metaboliten. Zur Enzymatischen Regulation zählen Hemmungen von Enzymen oder ganzen Enzymketten, die bei einer Konkurrenz um gemeinsame Substrate oder Coenzyme auftreten können.

Ein Beispiel ist der Pasteur-Effekt, die zuerst von Pasteur beschriebene Einschränkung des Glukose-Verbrauchs unter aeroben Bedingungen. Unter aeroben Bedingungen folgt auf die Glykolyse die Endoxydation im Citronensäure-Cyclus, bei der wesentlich mehr ATP angeliefert wird als bei der Glykolyse allein. Unter anaeroben Bedingungen läuft nur die Glykolyse bzw. Gärung ab. Um die gleiche ATP-Ausbeute zu erzielen, wird demnach unter aeroben Bedingungen weniger Glukose benötigt als unter anaeroben. Die beobachtete Einschränkung des Glukose-Verbrauchs unter aeroben Bedingungen ist also ein ökonomisch sinnvoller Mechanismus zum Einsparen von Glukose. Die Größe, die den Glukose-Verbrauch über eine „enzymatische Regulation" steuert, ist das Adenylsäure-System: Wird unter aeroben Bedingungen viel ATP aus ADP und Orthophosphat gebildet, so steht entsprechend weniger Orthophosphat für die Phosphorylierung der Glukose zur Verfügung. Glukose muß aber vor ihrem Einschleusen in Glykolyse und Citronensäure-Cyclus phosphoryliert werden. Der durch die ATP-Bildung erniedrigte Orthophosphat-Spiegel ist also die unmittelbare Ursache für die Drosselung des Glukose-Verbrauchs [994, 995].

c) Vergleich der intrazellulären Regulations-Mechanismen; konstitutive Enzyme

Bei einem Vergleich der Mechanismen zur intrazellulären Regulation erkennt man, daß der eine der einen, der andere der anderen Stoffwechselsituation besser entspricht.

Induktion und Repression sind besonders ökonomische Mechanismen. Denn bei der Substrat-Induktion werden Enzyme überhaupt erst gebildet, wenn sie auch benötigt werden, und bei der Repression wird die Synthese von Enzymen sofort eingestellt, wenn an ihnen kein Bedarf mehr besteht, weil das betreffende Endprodukt in hinreichender Konzentration vorliegt.

Die Regulation der Aktivität schon vorhandener Enzyme bedeutet in anderer Hinsicht einen Vorteil. Denn eine solche Regulation kann sehr schnell erfolgen. Induktion und Repression dagegen erfordern mehr Zeit, weil entweder Enzym-Synthesen erst anlaufen (Induktion) oder vorhandene Enzym-Systeme erst eliminiert werden müssen (Repression). Ein Negativum kann man darin sehen, daß nur bereits vorhandene Enzym-Systeme erfaßt werden.

Konstitutive Enzyme. Nicht alle Enzyme sind induzierbar oder reprimierbar. Enzyme, für die sich weder eine Induktion noch eine Repression nachweisen läßt, nennt man konstitutive Enzyme. Es handelt sich dabei um Enzyme von zentraler Stellung im Stoffwechsel, die während der gesamten Lebensdauer der Zelle oder doch über lange Zeiträume hinweg unbedingt benötigt werden. Hierher gehören z.B. die Enzyme der Glykolyse und des Citronensäure-Cyclus. Solche konstitutiven Enzyme können aber sehr wohl von allo- und isosterischen Effekten oder von der Enzymatischen Regulation erfaßt werden.

Die verschiedenen Mechanismen der intrazellulären Regulation sind also ungleichwertig. Damit verfügt die Zelle in ihnen über ein Reservoir an Steuerungsmöglichkeiten, die der jeweiligen Stoffwechselsituation entsprechend eingeschaltet werden können.

III. Induktion und Repression bei höheren Pflanzen

1. Induktion

Bei höheren Pflanzen konnte für verschiedene Enzyme ein Aktivitätsanstieg nach Zufuhr der betreffenden Substrate nachgewiesen werden [996, 997]. Dieser Aktivitätsanstieg beruht jedoch nicht in allen Fällen auf einer *de novo*-Synthese.

Das Vorliegen einer *de novo*-Synthese von Enzymen nach Substratzufuhr wurde bei höheren Pflanzen in der Regel unter Einsatz von Hemmstoffen der Transskription und Translation überprüft (Möglichkeit 3 auf S. 252). Dabei wurde jedoch vielfach außer acht gelassen, daß die verwendeten Antimetaboliten lediglich eine unspezifisch toxische Wirkung ausüben und so die Enzym-Synthese nur indirekt beeinflussen können. Im folgenden werden einige Untersuchungen erwähnt, in denen die beim Arbeiten mit Antimetaboliten unerläßlichen Kontrollen in der einen oder anderen Weise durchgeführt wurden.

a) Nitrat-Reduktase

Die Nitrat-Reduktase überführt Nitrat in Nitrit. Diese Reduktion ist der erste Schritt bei der Verwertung des aus dem Boden aufgenommenen Nitrates. Da man annahm, die Reduzierung des Nitrates könne einer der ausschlaggebenden Faktoren für eine gesunde Entwicklung in Monokultur dicht an dicht stehender

Pflanzen sein, zog die Nitrat-Reduktase auch das Interesse der Pflanzenzüchter auf sich. Vom Mais sind Rassen mit hoher und andere mit niedriger Aktivität der Nitrat-Reduktase bekannt. Jedoch ist nicht geklärt, ob der veränderten Aktivität auch eine veränderte Syntheserate des Enzyms entspricht [998—1000].

Bei vielen Kulturpflanzen führt Nitrat-Zufuhr zu einer gesteigerten Aktivität der Reduktase. Für Keimlinge des Maises und für Cotyledonen des Rettichs ließ sich beweisen, daß hierbei eine *de novo*-Synthese stattfindet. Denn der nitrat-bedingte Aktivitätsanstieg der Reduktase ließ sich durch Actinomycin C_1, 8-Azaguanin, Puromycin und Chloramphenicol hemmen. Die notwendige Kontrolle: Chloramphenicol hemmt zwar die Induktion, nicht aber den Einbau von P^{32} in Nucleinsäuren. Es wirkte also nicht unspezifisch toxisch, sondern beeinflußte offensichtlich nur die Translation [997].

b) Zimtsäure-hydroxylase [1001]

Das Enzym katalysiert die Hydroxylierung von Zimtsäure zu p-Cumarsäure. Die Umwandlung kann allem Anschein nach auf der Stufe der Glukose-ester stattfinden, so daß Cinnamoyl-glukose in p-Cumaroyl-glukose überführt wird:

$$\text{Glukose—O—CO—CH=CH—}\bigcirc \longrightarrow \text{Glukose—O—CO—CH=CH—}\bigcirc\text{—OH}$$

In Gewebekulturen des Tabaks wurde die Aktivität des Enzyms an Hand der Bildung von p-Cumaroyl-glukose verfolgt. Zufuhr von Zimtsäure führte zu

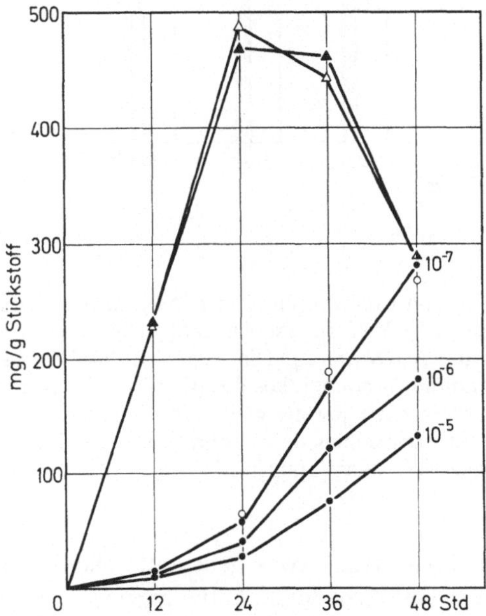

Abb. 124. Die Wirkung von Actinomycin C_1 auf den Cinnamoyl- und p-Cumaroyl-glukose-Gehalt mit Zimtsäure inkubierter Zellen von *Nicotiana tabacum*. Angabe des Cinnamoyl- und p-Cumaroyl-glukose-Gehaltes in mg Zimtsäure bzw. p-Cumarsäure pro g Gesamtstickstoff der Zellen. Zimtsäure Kontrolle ▲——▲——▲, Zimtsäure nach Zufuhr von Actinomycin (10^{-5} g/ml) ▲——▲——▲. p-Cumarsäure Kontrolle ○——○——○, p-Cumarsäure nach Zufuhr von Actinomycin (10^{-5}, 10^{-6}, 10^{-7} g/ml) ●——●——●. (Aus [1001])

einem durch Antimetaboliten der Nucleinsäuren- und Protein-Synthese hemmbaren Aktivitäts-Anstieg. Eine der Kontrollen zum Ausschluß einer unspezifisch toxischen Wirkung der Antimetaboliten: Zugeführte Zimtsäure wird in Zimtsäure-Actinomycin-Ansätzen ebensogut mit Glukose verestert wie in Zimtsäure-Kontrollen. Von einer unspezifisch toxischen Wirkung des Actinomycins hätte auch diese Veresterung betroffen werden müssen. Das ist nicht der Fall. Actinomycin hemmte nur den durch Zimtsäure induzierten Anstieg im Gehalt an p-Cumaroyl-glukose. Die Daten sprachen für eine *de novo*-Synthese der Zimtsäure-hydroxylase (Abb. 124).

c) **Anthocyan-Synthese** [385, 1002]

Substratinduktionen durch Zimtsäuren bei der Anthocyan-Synthese von *Petunia* wurden bereits kurz erwähnt (S. 103). Führt man isolierten Petalen von *Petunia* Ferulasäure zu, so wird die Synthese des entsprechenden substituierten Päonidins stark gefördert. Die Synthese eines „Kontroll-Anthocyans", des Cyanidins, wird

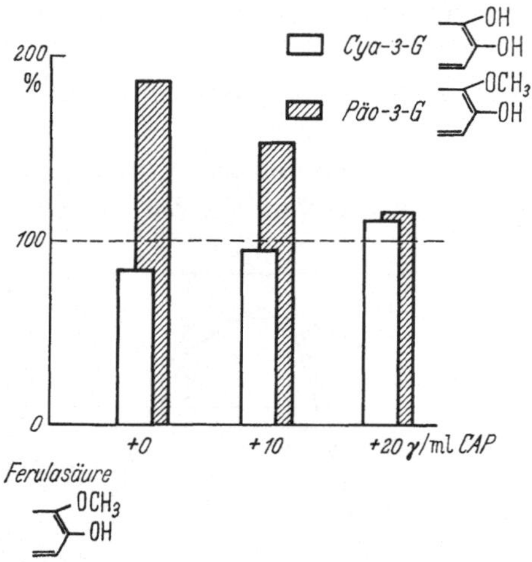

Abb. 125. Die Wirkung von Chloramphenicol (CAP) auf die Ferulasäure-Stimulation der Päonidin-Synthese. Als Maß für die Anthocyan-Synthese diente der Einbau von Acetat-1-C¹⁴ in den Ring A (Ordinate). Die Synthese des Päonidin-3-monoglukosides (Päo-3-G) und des Cyanidin-3-monoglukosides (Cya-3-G) in Kontrollen (··········, weder Ferulasäure noch CAP) wurden jeweils gleich 100% gesetzt und die Versuchswerte darauf bezogen. Die Substitutionen der Ferulasäure und der B-Ringe von Päo-3-G und Cya-3-G sind angegeben. (Aus [1002])

vermutlich auf indirektem Weg etwas gehemmt. Die Ferulasäure-Stimulation der Päonidin-Synthese läßt sich durch Actinomycin C_1, Puromycin und Chloramphenicol fast völlig aufheben. Die notwendige Kontrolle: Die mit der Päonidin-Synthese biochemisch aufs engste verwandte Cyanidin-Synthese wird nicht gehemmt (Abb. 125). Eine unspezifisch toxische Wirkung der Antibiotica läßt sich also wiederum ausschließen. Offensichtlich induziert Ferulasäure ein an der Synthese speziell des Päonidins beteiligtes Enzym-System [1002].

In an der Pflanze belassenen Blütenknospen von *Petunia* steigt der Gehalt an Ferulasäure während der Entwicklung stark an. Dieser Anstieg in der Konzentration an Ferulasäure fällt mit dem Beginn und raschen Anstieg der Päonidin-Synthese und mit dem Zeitpunkt maximaler induktiver Wirkung von außen zugeführter Ferulasäure zusammen. Diese Parallelen sprechen für eine Induktion der Päonidin-Synthese durch Ferulasäure auch unter natürlichen Bedingungen [385].

d) Thymidin-kinase

Die Thymidin-kinase überführt Thymidin in das entsprechende 5′-Phosphat (Abb. 90). Ohne die Tätigkeit der Thymidin-kinase ist keine DNS-Synthese und auch keine Zellteilung möglich. Die Aktivität der Thymidin-kinase ist einer der Faktoren, die für die Regulation der Zellteilung wichtig sind [1003—1005].

Günstige Voraussetzungen für Untersuchungen zur Physiologie der Zellteilungen bietet synchronisiertes Zellmaterial. Ein natürlich synchronisiertes Material ist das Archespor der Antheren bei der Pollenentwicklung. Das hier Wichtigste zum Aufbau der Antheren: Das Archespor ist das Gewebe, das in die

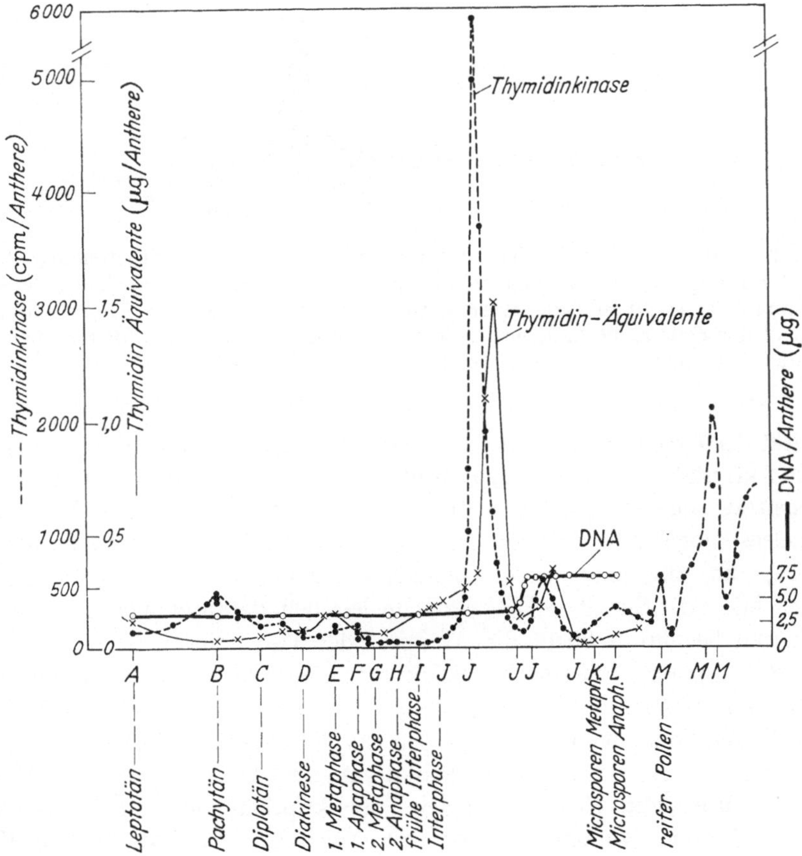

Abb. 126. Der Aktivitätsverlauf der Thymidin-kinase und der DNS-Gehalt der Mikrosporocyten und Mikrosporen sowie die Desoxyribosid-Bildung in den Antheren von *Trillium erectum*. DNA=DNS. (Aus [1004])

Meiosis eintritt und dessen Zellen schließlich die reifen Pollenkörner anliefern. Es wird von einer mehrschichtigen Wandung umgeben. Die innerste Wandschicht, das Tapetum, steuert zur Ernährung des heranreifenden Pollens bei.

In Antheren von *Lilium longiflorum* und in etwas geringerem Maße von *Trillium erectum* wurde die Entwicklung des Pollens verfolgt. Dabei bot besonders die Einleitung der ersten Pollenmitose Ansatzpunkte für eine Kausalanalyse. Vor dieser ersten Pollenmitose kommt es zu einem charakteristischen, kurzfristigen Anstieg in der Aktivität verschiedener Enzyme. So steigt bei *Lilium* die

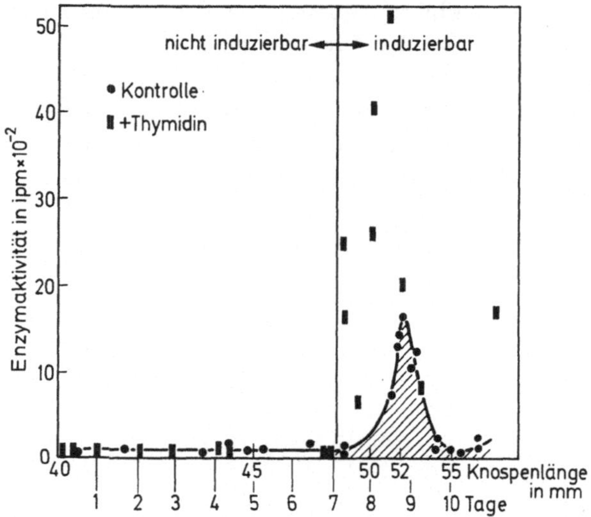

Abb. 127. Induzierbarkeit der Thymidin-kinase während der Antherenentwicklung von *Lilium longiflorum*. Enzymaktivität in Impulsen/min × 10^{-2} in dem Thymidin-5-phosphat, das in 20 min von einer Anthere gebildet wurde. Die Thymidin-kinase ist nur in der Zeitspanne induzierbar, in der auch unter natürlichen Bedingungen die Aktivität des Enzyms ansteigt. (Aus [1009])

Aktivität der Desoxyribonuclease vorübergehend steil an [1006]. Es ist möglich, daß die Aktivität dieses Enzyms zum Entstehen eines Pools an Desoxyribonucleosiden beiträgt, der wenig später auftritt (Abb. 126). Woher die durch die Desoxyribonuclease abgebaute DNS stammen könnte, ist unbekannt. Daß sie nur aus dem Tapetum angeliefert werden könnte, ist zumindest sehr fraglich [1007]. Kurz nachdem der Gehalt an Desoxyribonucleosiden, darunter auch an Thymidin, anzusteigen beginnt, schnellt die Aktivität der Thymidin-kinase in die Höhe. Rund 18 Std später ist sie sowohl bei *Lilium* wie bei *Trillium* wieder auf ungefähr den Ausgangswert zurückgefallen [1008]. Schon diese zeitliche Abfolge ließ vermuten, Thymidin könne die Synthese der Thymidin-kinase induzieren.

Zunächst konnte gezeigt werden, daß der Aktivitäts-Anstieg auf eine *de novo*-Synthese zurückgeht. Hemmstoffe der Transskription und Translation unterbinden die Protein-Synthese und gleichzeitig auch den Aktivitäts-Anstieg. Fraktioniert man die Proteine durch Elektrophorese auf Cellulose-acetat, so findet sich nach Antimetaboliten-Zufuhr eine besonders ausgeprägte Hemmung der Protein-Synthese in der Bande des Pherogramms, die auch die Thymidin-kinase enthält.

Wesentlich ist auch, daß die Antimetaboliten nur dann wirksam werden, wenn sie vor dem Beginn des Aktivitäts-Anstiegs zugeführt werden. Aufgrund dieser Zeitabhängigkeit läßt sich eine unspezifisch toxische Wirkung der Hemmstoffe ausschließen [1009].

Die nächste Frage war, ob Thymidin als Effektor bei der *de novo*-Synthese fungierte. Der entsprechende Beweis wurde parallel an Weizenkeimlingen, also nicht synchronisiertem Material, und an dem synchronisierten reifenden Pollen von *Lilium* erbracht. In beiden Fällen induzierte Thymidin eine *de novo*-Synthese der Kinase. Jedoch ließ sich auch eine Differenz zwischen beiden Systemen fassen: Bei Weizenkeimlingen ließ sich die Thymidin-kinase innerhalb der Versuchsspanne jederzeit, bei dem Pollengewebe dagegen nur zu einem eng umgrenzten Zeitraum der Interphase induzieren. Am synchronisierten Material wurde also deutlich, daß Gene nur zu ganz bestimmten Zeiten potentiell aktiv sind. Für jede einzelne Zelle der Weizenkeimlinge dürfte diese Aussage ebenso gelten. Nur wird die zeitliche Fixierung des potentiell aktiven Zustandes dadurch verschleiert, daß das Zellmaterial nicht synchronisiert war ([1008], Abb. 127).

2. Repression

Über Repressionen nach dem Schema des Jacob-Monod-Modells ist bei höheren Pflanzen nichts Gesichertes bekannt. Einer derartigen Repression am nächsten kommt wohl die Hemmung der Invertase des Zuckerrohrs durch Glukose. Denn Glukose, die durch die Tätigkeit der Invertase aus Saccharose angeliefert wird, greift hier wenigstens im Bereich der m-RNS ein. Allerdings hemmt sie aller Wahrscheinlichkeit nach nicht die Transskription, sondern fördert den Abbau der m-RNS für Invertase [1010, 1011].

IV. Regulation der Enzym-Aktivität bei höheren Pflanzen

Ebenso wie bei der Asparaginsäure-transcarbamylase aus *E. coli* findet sich auch bei der des Salates (*Lactuca sativa*) eine *Endprodukt-Hemmung* durch Pyrimidin-Nucleotide. Nur sind hier im Gegensatz zur Situation bei *E. coli* die Nucleotide des Uridins wirksamer als die des Cytidins [1012]. Vielleicht unterliegt auch die Leucin-Biosynthese des Maises einer Endprodukt-Hemmung: Leucin hemmt bei *Zea mays* nur das erste Enzym der Biosynthese-Kette, das α-Keto-valeriansäure mit Acetyl-CoA zum Kohlenstoffskelett des Leucins zusammenschließt [1013, 1014].

In reifenden Erbsen findet sich ein Enzym, das die Aldolkondensation katalysiert, die zu Beginn der Synthese von Valin und von Isoleucin stattfindet. Das Enzym wird durch die beiden Endprodukte Valin und Isoleucin allem Anschein nach *kompetitiv gehemmt* [1015]. Ein sicherer Fall einer kompetitiven Hemmung findet sich bei der Saccharose-phosphatase des Zuckerrohrs. Sie wird durch Saccharose und einige weitere Disaccharide, nicht aber durch Glukose und andere Monosaccharide blockiert [1016].

Noch ungeklärt ist der Mechanismus, über den verschiedene Aminosäuren die Aktivität der Nitrat-reduktase von Tabakzellen in Flüssigkeitskultur hemmen [1017]. Es handelt sich dabei um eine recht sinnvoll erscheinende Blockade, weil durch sie eine bei ausreichendem Vorrat an Aminosäuren überflüssige weitere Anlieferung von reduziertem Stickstoff abgestoppt werden kann.

Nach dem Vorstehenden beginnt es sich abzuzeichnen, daß auch die höheren Pflanzen über die bei Mikroorganismen aufgefundenen Regulationsmechanismen (Tabelle 31) verfügen. Darüber hinaus finden sich aber bei höheren Pflanzen zusätzliche Regulationsmöglichkeiten. Eine dieser weiteren Möglichkeiten besteht darin, daß als Effektoren der Induktion und Repression nicht nur Substrat bzw. Endprodukt, sondern auch hormonartige Regulatoren fungieren können.

V. Wirkungsmechanismus tierischer Hormone: Ecdyson und primäre Genaktivität [976, 1018—1021]

Bislang war von der intrazellulären Regulation die Rede. Dabei war gezeigt worden, daß die Steuerung der primären Genaktivität einer der Mechanismen der intrazellulären Regulation ist. Bei vielzelligen Organismen kommt nun zu der intrazellulären die interzelluläre Regulation. Kann etwa auch diese interzelluläre Regulation zumindest teilweise auf der Ebene der primären genetischen Aktivität erfolgen? Untersuchungen zum Wirkungsmechanismus von Hormonen führten zu Ergebnissen, die eine Bejahung dieser Frage zulassen. Als Beispiel seien Untersuchungen über den Wirkungsmechanismus des Ecdysons, des Häutungshormons der Insekten, geschildert. Denn in ihnen wurde erstmals demonstriert, daß der Wirkungsmechanismus von Hormonen in der Auslösung einer bestimmten primären Genaktivität bestehen kann.

1. Das Häutungs-Hormon Ecdyson

Hormone sind chemische Sendboten, die in bestimmten Drüsen (glanduläre Hormone) oder Geweben (aglanduläre Hormone) gebildet und dann in Leitungsbahnen an andere Orte transportiert werden, an denen sie zur Wirkung kommen. Syntheseort und Wirkungsort der Hormone sind also räumlich voneinander getrennt. Das Häutungs-Hormon Ecdyson wird in den Prothorax-Drüsen der Insekten gebildet. Unter seinem Einfluß werden Häutungen generell ausgelöst. Kommt zu dem Ecdyson noch das Juvenil-Hormon der *Corpora allata* hinzu, so handelt es sich bei diesen Häutungen um Larven-Häutungen. Ecdyson allein löst die Puppen-Häutung und die Imaginal-Häutung aus, die vom letzten Larvenstadium zur Puppe und von der Puppe zum erwachsenen, fortpflanzungsfähigen Tier hinüberführen.

Seiner chemischen Konstitution nach ist das Ecdyson ebenso wie die Keimdrüsen- und Nebennierenrinden-Hormone der Wirbeltiere ein Steroid-Hormon.

2. Ecdyson und Puffbildung

Den ersten Hinweis darauf, daß Hormone über eine Regulation der primären Genaktivität wirksam werden können, erbrachten Untersuchungen an den Speicheldrüsen-Chromosomen von *Chironomus tentans* [1022]. Erstes Anzeichen der bevorstehenden Puppenhäutung ist hier, daß bestimmte Querscheiben der Riesenchromosomen einen Puff ausbilden. Es handelt sich dabei um die Querscheiben I-18-C und IV-2-B. Man konnte vermuten, daß die Aktivität dieser

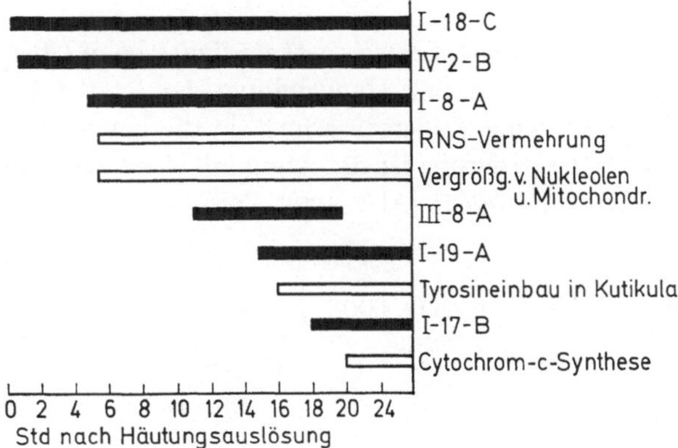

Abb. 128. Die zeitliche Abfolge von Gen-Aktivierungen und bestimmten Stoffwechselveränderungen in den ersten 24 Std nach einer Ecdyson-Injektion bei *Chironomus tetans*. Gen-Aktivierungen schwarz, daneben die Symbole des Puffs. Prozesse im Cytoplasma hell. (Aus [976])

beiden Loci oder zumindest die des zuerst zur Puffbildung übergehenden Locus I-18-C in einem Zusammenhang mit der Auslösung der Puppenhäutung stünde. Diese Vermutung ließ sich bestärken. Injektionen von Ecdyson in Larven des letzten (4.) Larvenstadiums lösten Puppenhäutungen aus — und dabei kam es wie bei einer normalen Häutung zu einer Puffbildung an den genannten Querscheiben. Puffs sind Indikatoren für eine rege primäre Genaktivität. Allem Anschein nach waren also durch Ecdyson bestimmte Gene aktiviert worden.

Für die Einschaltung von Genaktivierungen sprachen auch Versuche mit RNS- und Protein-Antimetaboliten. Kombinierte man z.B. Ecdyson mit Actinomycin C_1, so blieb Ecdyson wirkungslos, solange Actinomycin die RNS-Synthese blockierte.

Nun kann man allerdings mit ziemlicher Sicherheit annehmen, daß irgendwann im Zuge Hormon-gesteuerter Umstellungen im Stoffwechsel schon einmal Genaktivierungen stattfinden werden. Es war also zu klären, ob die beobachteten Genaktivierungen die primären Wirkungen des Ecdysons repräsentierten oder nicht.

Das Auftreten des Puffs I-C-18 ist die erste feststellbare Wirkung des Ecdysons. Später folgen dann bestimmte Stoffwechsel-Veränderungen und offensichtlich als Folge davon weitere Genaktivierungen (Abb. 128). Diese zeitliche Abfolge widerspricht zwar der Annahme nicht, die primäre Wirkung des Ecdysons bestünde in einer Genaktivierung, sie stellt aber auch keinen Beweis dar. Denn man kann nicht ausschließen, daß der erste beobachtete Effekt die Folge vorangegangener, nicht faßbarer Prozesse sein könnte. Um der Lösung des Problems näher zu kommen, wechseln wir von der überwiegend cytologischen zur biochemischen Methodik über.

3. Ecdyson, Synthese von m-RNS und Enzym-Induktion [1019, 1020]

Bei der Schmeißfliege *Calliphora erythrocephala* findet beim Übergang zur Puppe keine Häutung, sondern nur eine Umwandlung der letzten Larvenhaut statt. Diese Haut wird durch eine „Sklerotisierung" in die harte, braune Puppenhaut umgewandelt. Die Sklerotisierung ist der Abschluß einer Reaktionskette, die von der Aminosäure Tyrosin ausgeht (Abb. 129). Tyrosin wird zu Dihydroxy-tyrosin

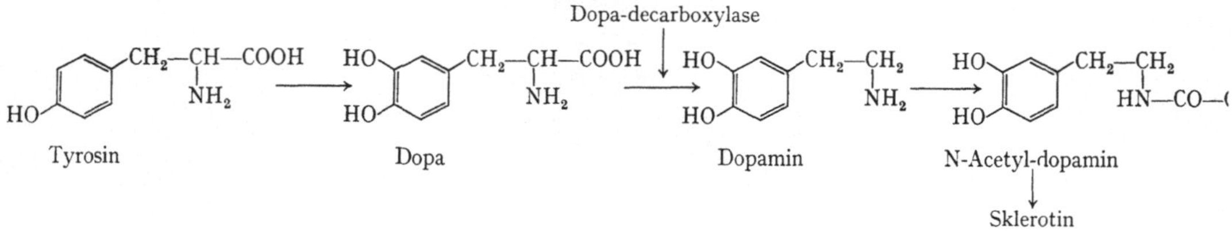

Abb. 129. Die Reaktionsfolge bei der Sklerotisierung der Larvenhaut von *Calliphora*

(Dopa) oxydiert, Dopa zu Dopamin decarboxyliert und dieses zu N-Acetyl-dopamin acetyliert. Wahrscheinlich wird das N-Acetyl-dopamin dann in das entsprechende o-Chinon überführt, das mit den Proteinen der Larvenhaut in einer Art Gerbung reagieren kann.

Das Schlüsselenzym in dieser Reaktionskette scheint die Dopa-decarboxylase zu sein. Sie wird nach einer Ecdyson-Injektion *de novo* gebildet. Auch die Synthese einer entsprechenden m-RNS ließ sich nach einer Ecdyson-Injektion nachweisen. Aus Ecdyson-behandelten Larven und aus unbehandelten Kontroll-Larven wurde die RNS der Kerne extrahiert. Von der Gesamt-Kern-RNS wurde die m-RNS abgetrennt und in ein zellfreies System aus Rattenlebern eingebracht, das die Protein-Synthese gestattete. Nach der Inkubation in diesem System ließ sich in den Ansätzen mit m-RNS aus Ecdyson-Larven, nicht aber in denjenigen mit m-RNS aus Kontroll-Larven Dopa-decarboxylase fassen.

Ecdyson aktiviert also das Gen für Dopa-decarboxylase. Vollkommen wäre die Beweisführung dann, wenn es gelänge, die Dopa-decarboxylase mit einem nach einer Ecdyson-Injektion oder bei der normalen Sklerotisierung auftretenden Puff zu korrelieren. Aber auch ohne diese Abrundung erscheint der Schluß berechtigt, daß der Primäreffekt des Ecdysons eine Genaktivierung ist.

Auch für andere tierische Hormone ist es recht wahrscheinlich, daß sie Gene aktivieren können. Allerdings ist es keineswegs in allen Fällen sicher, daß diese Genaktivierungen Primäreffekte der betreffenden Hormone sind.

4. Hormone als Effektoren bei der Enzym-Induktion [1019]

Der am Ecdyson besonders eingehend analysierte Wirkungsmechanismus eines Hormons läßt sich mit den Prinzipien des Jacob-Monod-Modells vereinbaren (Abb. 130). Denn Hormone könnten Effektoren sein, die die Repressoren bestimmter Genloci inaktivieren. Die Folge davon wäre, daß die nun nicht mehr blockierten Genloci m-RNS produzieren könnten. Die m-RNS wiederum könnte dann die Synthese bestimmter Enzyme steuern. Die Situation entspräche in etwa der Substrat-Induktion von Enzymen nach dem Jacob-Monod-Modell. Nun wäre der Effektor kein Enzym-Substrat, sondern ein Hormon. Möglicherweise ist also die Steuerung der primären Genaktivität durch bestimmte Effektoren einer der Regulationsmechanismen im intrazellulären ebenso wie im interzellulären Bereich.

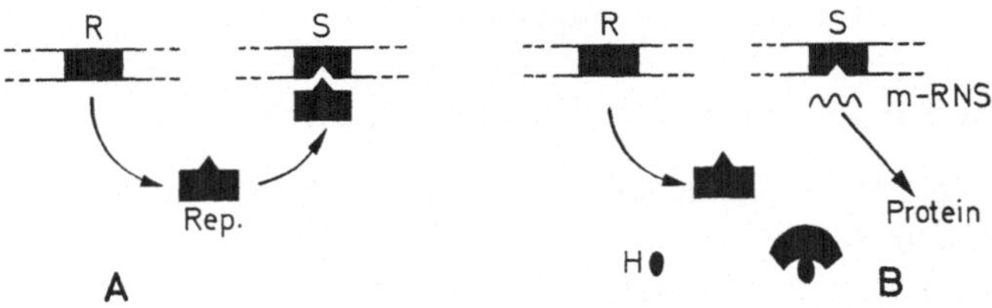

Abb. 130. Hormone als Effektoren bei der Induktion von Enzymen. A = Repression eines Struktur-Gens durch einen von einem Regulator-Gen ausgebildeten Repressor. B = Inaktivierung des Repressors durch ein Hormon H. Sonstige Abkürzungen wie Abb. 121. Die Zwischenschaltung eines Operator-Gens ist weder nachgewiesen noch zur Erklärung der Fakten notwendig. (In Anlehnung an [1019])

VI. Phytohormone und andere Regulatoren als Effektoren bei Induktion und Repression [1023—1031]

1. Phytohormone

In Pflanzen ließen sich Faktoren der interzellulären Regulation nachweisen, die in mancher Beziehung an die Gewebshormone der Tiere erinnern. Sie wurden deshalb Phytohormone genannt. Diese Bezeichnung nimmt nicht nur auf die Herkunft der Substanzen Bezug, sondern kann auch als Hinweis auf ihre Sonderstellung dienen. Denn zunächst einmal sind Synthese- und Wirkungsort der Phytohormone nicht immer so sauber voneinander zu trennen, wie es die Definition eines Hormons verlangt. Es läßt sich nicht ausschließen, daß Phytohormone unter bestimmten Voraussetzungen in denselben Zellen, in denen sie gebildet werden, auch wirksam werden können. Aber für alle Phytohormone, ließ sich zeigen, daß Synthese- und Wirkungsort zumindest voneinander getrennt sein *können*. Damit wäre den Anforderungen an ein Hormon in etwa entsprochen.

Wichtiger erscheint ein anderer Punkt. Während die Hormone der Tiere sich durch eine recht hohe Wirkungsspezifität auszeichnen können — das Ecdyson etwa ist *das* Häutungs-Hormon der Insekten — kann davon bei Phytohormonen

keine Rede sein. Zwar glaubte man zunächst annehmen zu dürfen, die drei
wichtigsten Gruppen der Phytohormone, die Auxine von Indol-Charakter, die
Gibberelline und die Phytokinine könnten verschiedene Wirkungsschwerpunkte
aufweisen. So schienen auf cytologischem Niveau IES und Gibberellinsäure mehr
die Zellstreckung, die Phytokinine mehr die Zellteilung zu fördern. Aber bald
zeigte es sich, daß erst bei einem Zusammenwirken der einzelnen Phytohormon-
Gruppen optimale Effekte zustande kamen. Man darf annehmen, daß es keinen
Prozeß gibt, der nicht von jeder der Phytohormon-Gruppen beeinflußt werden
kann, wenn die Substanzen nur in adäquater Konzentration vorhanden sind.

Der chemischen Konstitution nach kennt man derzeit drei wichtige Gruppen
von Phytohormonen, die Auxine vom Indol-Typ, die Gibberelline und die Phytokinine. Zu ihnen gesellen sich weitere hormonartige Regulatoren, von denen
nach neueren Untersuchungen besonders das Abscissin II oder Dormin als Antagonist der eben erwähnten drei Gruppen von Bedeutung ist.

a) Auxine von Indol-Charakter, Gibberelline, Phytokinine

Das wichtigste native Auxin von Indol-Charakter ist die *β-Indolyl-essigsäure*
(Indol-3-essigsäure, IES), die in den Pflanzen vermutlich in gebundener Form,
z.B. als Ester bestimmter Zuckeralkohole vorliegt.

Gibberelline wurden schon eingehender besprochen (S. 44). Als Beispiel sei
noch einmal die auch in höheren Pflanzen mehrfach nachgewiesene Gibberellinsäure genannt.

Unter den Abbauprodukten von Hefe-DNS wurde eine stark zellteilungs-
fördernde Substanz aufgefunden, die man Kinetin nannte. Kinetin erwies sich
als 6-Furfuryl-amino-purin. Substanzen von ähnlich zellteilungstimulierender
Wirkung konnten mehrfach auch in höheren Pflanzen nachgewiesen werden. Das
erste dieser *Phytokinine,* dessen Struktur ermittelt werden konnte, ist das Zeatin
des Maises, bei dem es sich um ein mit dem Kinetin eng verwandtes Purinderivat
handelt (1032).

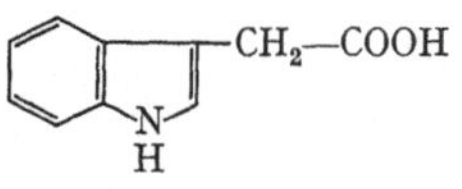

Indol-3-essigsäure 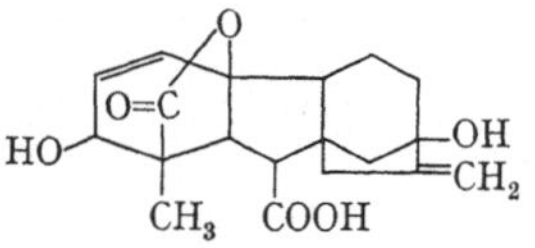   Gibberellinsäure

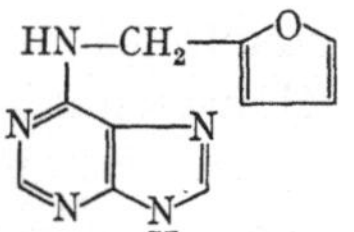

Kinetin 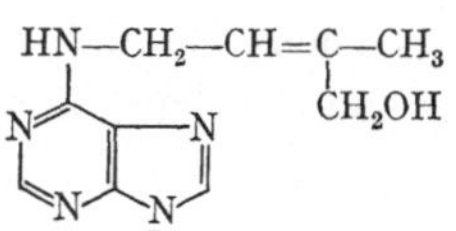   Zeatin 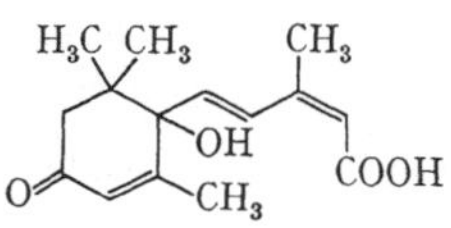   Abscissin II
(Dormin)

b) Abscissine (Dormine)

In höheren Pflanzen kommen Hemmstoffe der verschiedensten Art vor, die als
Antagonisten der Phytohormone fungieren können. Es sei auf die keimungs-
hemmenden Cumarine oder auch auf das Flavanon Naringenin (S. 66) verwiesen,
das bestimmte Gibberellin-Effekte aufhebt [1033]. In letzter Zeit hat von diesen

Antagonisten das Abscissin II oder Dormin besondere Beachtung gefunden, weil sein Angriffspunkt möglicherweise auf derselben molekularen Ebene liegt wie derjenige der Gibberellinsäure.

Schon länger war bekannt, daß bestimmte Inhibitoren das Austreiben von Kartoffel-Augen unterbinden. Hemmstoffe sind auch dafür verantwortlich, daß die Knospen von Laubhölzern zu Winterknospen werden, also in einen Ruhezustand übergehen. Man nannte diese Stoffe Dormine. Des weiteren ließ sich zeigen, daß das Abfallen von Blättern und Früchten durch bestimmte Faktoren gefördert werden kann, die man deshalb als Abscissine bezeichnete.

Von diesen Substanzen am besten untersucht ist das *Abscissin II*, das unter anderem aus jungen Baumwollkapseln gewonnen wurde. Seine Struktur konnte aufgeklärt und durch Synthese bestätigt werden [1034, 1035]. Es handelt sich um ein mit dem Vitamin A verwandtes Terpenoid. Abscissin II ließ sich seitdem in vielen Pflanzen, etwa in Gelben Lupinen [1036], Kartoffelknollen, Avocado-Samen und *Citrus*-Früchten [1037] nachweisen. Auch der Keimungs-Hemmstoff der Hagebutte ist Abscissin II [1038]. Es ist identisch mit dem *Dormin* des Bergahorns [1039] und der Birken [1040]. Abscissin II dürfte das wichtigste der Abscissine bzw. Dormine sein.

2. Phytohormone und Abscissin II: Effektoren bei Induktion und Repression?

a) Gibberellinsäure

Beziehungen zwischen den Phytohormonen und dem Nucleinsäuren-Stoffwechsel wurden schon seit längerer Zeit vermutet [1041—1044]. Nur gingen die Ansichten über den Mechanismus, der den aufgefundenen Relationen zugrunde liegen könnte, weit auseinander. In der letzten Zeit wurden nun Daten erbracht, die einen kausalen Zusammenhang zwischen pflanzlichen Regulatoren und der Induktion bzw. Repression als möglich erscheinen lassen. Der entscheidende Vorstoß in dieser Richtung erfolgte für Gibberellinsäure am Aleuron der Gerste.

Bei der Keimung der Gerste müssen die im Endosperm gespeicherten Reservestoffe, in diesem Fall vor allem Stärke, mobilisiert werden. Das Signal hierzu geht vom Embryo aus. Entfernt man den Embryo, dann unterbleibt die Mobilisierung. Wenn man z.B. ein keimendes Gerstenkorn so halbiert, daß nur die eine Hälfte den Embryo trägt, wird in der Embryo-haltigen Hälfte die Stärke hydrolysiert, in der Embryo-freien dagegen nicht. Der Embryo läßt sich durch Gibberellinsäure ersetzen. Nach Behandlung mit Gibberellinsäure mobilisieren auch Embryo-freie Kornhälften ihre Reservestärke. Nachdem man dann noch nachgewiesen hatte, daß der Embryo Gibberellinsäure enthält, durfte man annehmen, daß der Embryo die Mobilisierung im Endosperm über den Botenstoff Gibberellinsäure veranlaßt. Dabei kommt es zu einem Syndrom von Aktivitätssteigerungen hydrolytisch wirksamer Enzyme: In ihrer Aktivität stark gesteigert oder erstmals nachweisbar sind α-Amylase, β-Amylase, Maltase, Zellwand-hydrolysierende Enzyme, Proteinasen und Ribonucleasen. Eine zentrale Stellung nimmt bei all dem die Aleuronschicht ein. Denn auch ein isoliertes und dann mit Gibberellinsäure behandeltes

Aleuron zeigt die meisten der erwähnten Aktivitätssteigerungen. Demnach liegt folgende Reaktionskette vor (Abb. 131): Der Embryo entläßt Gibberellinsäure in das Aleuron, dort wird die Mehrzahl der hydrolytisch wirksamen Enzyme aktiviert oder *de novo* gebildet und dann in das stärkeführende Endosperm ausgeschüttet [1028—1031, 1045].

Embryo

Gibberellinsäure

Aleuron

Enzym-Synthese und Ausschüttung in das Stärke-Endosperm

α-Amylase Maltase „zellwandhydrolysierende Enzyme" Proteinasen Ribonucleasen

Reservestoffmobilisierung im Stärke-Endosperm

Abb. 131. Schema der Reservestoff-Mobilisierung bei der Keimung der Gerste

Die entscheidende Frage war auch hier: Aktivierung oder *de novo*-Synthese? Die Antwort ist von Enzym zu Enzym verschieden, soweit sie schon gegeben werden kann. Für die α-Amylase ließ sich eine *de novo*-Synthese im Aleuron nachweisen. Auch für die Maltase, die Zellwand-hydrolysierenden Enzyme, die Proteinasen und Ribonucleasen kann man eine *de novo*-Synthese annehmen. Die β-Amylase dagegen liegt im Endosperm schon vor und wird durch die Proteinasen lediglich aktiviert. Am besten untersucht ist die Situation bei der *α-Amylase*, auf die deshalb näher eingegangen sei.

Nach ersten, in die gleiche Richtung weisenden Versuchsergebnissen an embryolosen Kornhälften [1046] ließ sich im isolierten Aleuron eine durch Gibberellinsäure induzierte *de novo*-Synthese der α-Amylase nachweisen [1047]. Nach Zufuhr von C^{14}-markierten Aminosäuren trägt bei Gibberellinsäure-Einwirkung die α-Amylase einen beträchtlichen Teil der insgesamt in Protein inkorporierten Radioaktivität. Um sicher zu sein, daß hierfür nicht nur Verlängerungen von Polypeptidketten oder Austauschvorgänge an den Kettenenden verantwortlich waren, wurde die α-Amylase tryptisch verdaut. Fast alle der dabei anfallenden Peptide trugen Radioaktivität. Nach Zufuhr von Leucin-C^{14} z.B. und anschließender tryptischer Verdauung der gebildeten α-Amylase waren 30 von insgesamt 31 Peptid-Spaltstücken markiert. Damit war bewiesen, daß die α-Amylase in Anwesenheit von Gibberellinsäure *de novo* gebildet werden kann.

Eine Bestätigung brachten Versuche zur Schwere-Markierung (S. 255). Führte man dem Aleuron H_2O^{18} zu, so wurde der schwere O^{18} zunächst zur Synthese von Aminosäuren verwendet und gelangte dabei in deren Carboxylgruppen. Bei der Bildung von Peptiden geht er dann in die Carbonylfunktion der Peptidbindung über. Unter Gibberellinsäure-Einfluß stehendes Aleuron bildete in H_2O^{18} schwere α-Amylase. Das Enzym war also *de novo* synthetisiert worden [1028, 1162].

Von der α-Amylase der Gerste sind mehrere Isozyme bekannt, die in Anwesenheit von Gibberellinsäure im Lauf der Keimung nacheinander auftreten. Doch ist noch nicht bekannt, ob alle oder nur einige dieser Isozyme *de novo* gebildet werden [1048, 1161].

Die nächste Frage mußte dem Wirkungsmechanismus der Gibberellinsäure bei der Auslösung der *de novo*-Synthese gelten. Gibberellinsäure stimulierte die RNS-Synthese im Aleuron und die so induzierte RNS-Bildung ließ sich durch Actinomycin C_1 ebenso hemmen wie parallel dazu die Synthese der α-Amylase [1049]. Von der Gibberellinsäure-Stimulation wurde vor allem eine RNS-Fraktion betroffen, die bei Gradienten-Elution von der Methylalbumin-Säule in der Position der m-RNS lag [1028]. Wenn sich nun noch im zellfreien System zeigen ließe, daß sich unter der Gibberellinsäure-stimulierten m-RNS eine Matrize für α-Amylase befindet, wäre der gleiche Stand wie im Fall des Ecdysons erreicht. Doch dürfte es auch ohnedies schon sicher sein, daß Gibberellinsäure im Aleuron die Synthese von m-RNS für α-Amylase auslösen kann. Gibberellinsäure kann also primäre Genaktivitäten induzieren.

b) IES

IES ist ein wichtiger Regulator des Streckenwachstums. Trotz einer Überfülle an Daten über IES [1024] ist ihr primärer Wirkungsmechanismus noch unbekannt. Es ist mehr als wahrscheinlich, daß IES nicht nur einen, sondern mehrere Angriffspunkte bei der Regulation des Streckungswachstums haben kann. Das Streckungswachstum setzt nun ein Mindestmaß an RNS- und Protein-Synthese voraus. Ein Wirkungsmechanismus der Auxine von Indol-Charakter könnte in der Steuerung dieser RNS- und Protein-Synthese bestehen.

b1. IES und die Synthese von RNS

Wenn man Sektionen aus Haferkoleoptilen, einem der Standardobjekte für biologische Wuchsstoffteste, mit IES behandelt, so wird ihr Streckungswachstum bei bestimmten IES-Konzentrationen stimuliert. Diese IES-Förderung konnte nun durch Actinomycin C_1 aufgehoben werden: Mit IES und Actinomycin behandelte Sektionen streckten sich nicht stärker als unbehandelte Kontrollen. Daß das Actinomycin hierbei nicht unspezifisch toxisch wirkte, zeigte sich daran, daß nur die IES-bedingte Stimulation aufgehoben, das auch ohne IES-Zusatz ablaufende Streckungswachstum dagegen kaum gestört wurde. Offensichtlich bewirkt IES eine Förderung der Transskription, die im Dienste des Streckungswachstums steht (1050).

Zum gleichen Ergebnis führten noch viele andere Untersuchungen. Denn immer wieder ließ sich nachweisen, daß IES oder synthetische Wuchsstoffe in bestimmten Konzentrationsbereichen die RNS-Synthese ebenso wie das Streckungswachstum fördern und in überoptimalen Konzentrationen die RNS-Synthese ebenso wie das Streckungswachstum hemmen können [1029—1031]. Solche Parallelen lassen enge Beziehungen zwischen Auxinen, RNS-Synthese und Streckungswachstum als wahrscheinlich erscheinen.

Auch Untersuchungen über die *Alterungsprozesse* in Bohnenhülsen weisen auf Beziehungen zwischen Auxinen und RNS hin. Wenn man aus Hülsen der Bohne *(Phaseolus vulgaris)* Segmente ausschnitt und auf Filterpapier auslegte, waren nach 15 Std 20% der RNS abgebaut. Zum gleichen Zeitpunkt hatte der Abbau der DNS und der Proteine gerade eben begonnen. Dieser zeitlichen Abfolge nach ist der Abbau der RNS einer der ersten Prozesse der Seneszenz. Nach Zufuhr von α-Naphthyl-essigsäure, einem synthetischen Wuchsstoff, wurde die Seneszenz hinausgezögert. α-Naphthyl-essigsäure stimulierte dabei die RNS-Synthese 2—3mal stärker als die Protein-Synthese. Die Förderung durch den Wuchsstoff ließ sich durch Actinomycin C_1 beseitigen. Die Daten sprechen für einen Angriffspunkt der Auxine bei der Transskription [1053].

Daß IES auch die Protein-Synthese fördern kann, ist bei einer Stimulation der RNS-Synthese nicht weiter verwunderlich. Weiter führten Untersuchungen, in denen nach Auxin-Behandlung die zelluläre RNS fraktioniert wurde. Dabei zeigte es sich, daß die Wuchsstoffe die Synthese aller RNS-Sorten fördern können [1050—1052]. Vor allem die Bildung von r-RNS kann stark stimuliert werden. Die Ribosomen sind nun aber die Orte der Translation. Auxine fördern also die Translation auch über eine verstärkte Produktion von r-RNS.

Verschiedentlich wurde auch über IES-induzierte Enzym-Synthesen berichtet. Des weiteren kann IES offensichtlich auch Enzym-Synthesen reprimieren [953]. Man darf hier weiteren Untersuchungen mit Interesse entgegensehen.

b2. IES und der Abbau von RNS

IES scheint nicht nur die Synthese, sondern auch den Abbau von RNS zu beeinflussen. Zugeführte IES wurde in Sproß-Sektionen aus Erbsen-Keimlingen zum Teil abgebaut, zum Teil in RNS übernommen [1054, 1055]. Dabei wurde die IES an eine t-RNS mit der Sedimentationskonstanten 4S gebunden. Solche IES-RNS-Komplexe waren gegenüber Ribonuclease sehr viel resistenter als RNS allein ([1056, 1057], Abb. 132). Ob immer nur der Abbau von t-RNS gehemmt wird, bliebe noch zu überprüfen. Jedenfalls bedeutet eine Stabilisierung von t-RNS wiederum eine Förderung der Translation.

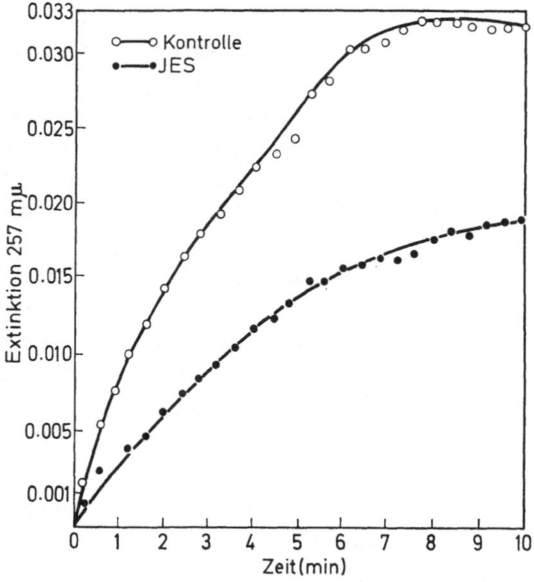

Abb. 132. Hydrolyse von t-RNS aus Sproßsektionen von *Pisum sativum* durch Ribonuclease. •——•——• IES-RNS, o——o——o Kontroll-RNS. Bestimmung des RNS-Abbaus mit Hilfe des hyperchromen Effektes. (Aus [1057])

Weitere Hypothesen: An die Fixierung von IES an t-RNS knüpft eine Hypothese an, derzufolge eine IES-t-RNS bei der Translation als Startzeichen für die Synthese von Polypeptiden fungieren soll [1058]. Eine andere Hyothese läßt IES bzw. ein IES-Derivat nicht bei der Regulation der Enzym-Synthese, sondern der Enzym-Aktivität eingreifen. Ein Abbauprodukt der IES, das 3-Methylen-oxindol, soll bestimmte Enzyme gegenüber einer Endprodukt-Hemmung unempfindlich machen [1059].

Nach all dem dürfte feststehen, daß Auxine wie die IES eine allgemeine Stimulation der Transskription und Translation hervorrufen können. Ihr Wirkungsmechanismus bei dieser Förderung ist jedoch unbekannt.

c) Phytokinine

c1. *Phytokinine und Seneszenz* [1060, 1061]

Phytokinine, im Experiment meist ersetzt durch Kinetin oder durch das synthetische Kinin 6-Benzyl-adenin, lassen sich im biologischen Test über ihre Zellteilungs- und damit Wachstums-fördernde Wirkung nachweisen. Weit auffälliger ist jedoch ein anderer Effekt, der zwar auch von IES (s. oben) und Gibberellinen, besonders ausgeprägt aber von Kininen hervorgerufen wird: die Verzögerung der Seneszenz [1062—1065].

Dazu einige Experimente: Wenn man ein Blatt des Bauerntabaks *Nicotiana rustia* von der Pflanze abtrennt und in einer feuchten Kammer weiterhin am Leben hält, so ist es nach 10 Tagen stark vergilbt. Das Vergilben, das auf einen Chlorophyll-Abbau zurückgeht, ist ein sichtbares Zeichen für Alterungsprozesse im isolierten Blatt. Entsprechende Analysen zeigten, daß in alternden Blättern auch der Gehalt an RNS und Protein absinkt. Besprüht man nun isolierte Blätter mit Kinetin, so sind sie nach 10 Tagen noch ebenso grün wie an der Pflanze belassene Kontroll-blätter. Man kann die Versuchsanordnung auch so variieren, daß man die eine Hälfte eines isolierten Tabakblattes mit Wasser, die andere mit einer wäßrigen Kinetinlösung besprüht. In diesem Fall bleibt nur die mit Kinetin behandelte Spreitenhälfte grün (Abb. 133).

Markierungsversuche zeigen, daß aus den mit Wasser behandelten Kontroll-Hälften solcher Blätter Baustoffe, vor allem Aminosäuren in die mit Kinetin

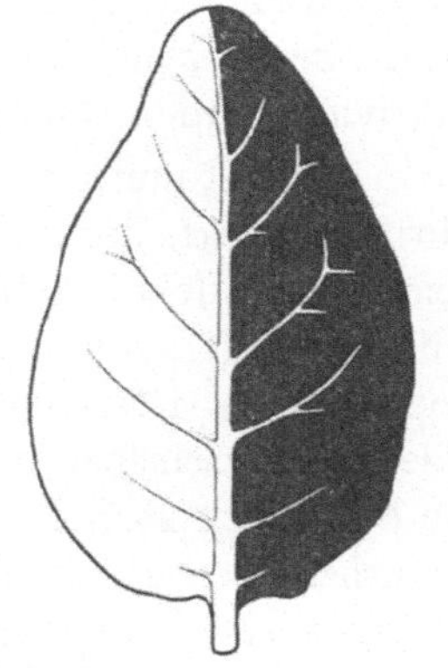

Abb. 133. Die Wirkung von Kinetin auf das Altern isolierter Blätter von *Nicotiana rustica*. Linke Hälfte der Blattspreite mit Wasser, rechte mit wäßriger Kinetin-Lösung (36 mg/l) besprüht. Aussehen des Blattes 10 Tage nach der Isolierung. (Verändert nach [1060])

besprühten Blatthälften abströmen, dort zurückgehalten und zur Synthese von RNS und Proteinen verwendet werden können. Es findet sich also eine Attraktion zum und eine Retention am Ort der Kinetin-Behandlung. Man kann nun fragen, ob die Attraktion die Synthese von RNS und Protein oder ob umgekehrt eine Kinetin-stimulierte Synthese über ihren erhöhten Materialbedarf die Attraktion bedingt. Für einen Vorrang der Attraktion spricht, daß auch α-Amino-butter-säure von Kinetin angezogen wird, obwohl sie gar nicht zur Synthese von Proteinen verwendet wird. Aber die meisten anderen Befunde lassen sich ebenso dadurch erklären, daß Kinetin zunächst die RNS- und Protein-Synthese in Gang hält oder wieder in Gang setzt, was dann einen verstärkten Einstrom an den entsprechenden Vorstufen zur Folge hat.

c2. Kinine, RNS- und Protein-Synthese

Schon die Versuche zur Verzögerung der Seneszenz hatten gezeigt, daß Kinine die RNS- und Protein-Synthese fördern können. Weitere Experimente stützten diese Auffassung. So wurde in Tabakblättern unter dem Einfluß von Kinetin die RNS-Synthese in allen untersuchten subzellulären Fraktionen, den Chloroplasten, Mitochondrien, Ribosomen und dem nach dem Zentrifugieren verbleibenden Überstand stimuliert [1066]. Wie Untersuchungen an *Raphanus* zeigten, können alle RNS-Sorten, m-RNS, r-RNS und t-RNS der Stimulation unterliegen [1067]. Die Förderung kann die Anwesenheit des Zellkernes voraussetzen und DNS-abhängig sein, denn die Entfernung des Zellkerns und Zufuhr von Actinomycin C_1 unterbinden sie [1068, 1069]. Eine durch 6-Benzyl-adenin induzierte Aktivitäts-steigerung einer Protease aus Kürbis-Cotyledonen ließ sich durch Actinomycin und Puromycin unterbinden, beruhte also offensichtlich auf einer *de novo*-Synthese des Enzyms [1070]. Solche Daten sprechen dafür, daß durch Kinine Gene aktiviert werden können.

Damit ist nun noch keinesfalls bewiesen, daß solche Enzymaktivierungen stets Primär-Effekte der Kinin-Behandlung sein müßten. In einigen Fällen wird zuerst ein Kinin-Effekt auf die Protein-Synthese faßbar und erst sehr viel später steigt die Aktivität bestimmter Enzyme an. In dieser Hinsicht gut untersucht sind die Amino-acyl-t-RNS-Synthetasen des Tabaks. Isoliert man aus Tabakblättern kleine Blattscheiben und legt sie in Kinetin-Lösungen ein, so macht sich schon in den ersten 24 Std nach Beginn der Behandlung eine Förderung der Protein-Synthese bemerkbar. Die Aktivität der Amino-acyl-t-RNS-Synthetasen steigt dagegen erst 4 Tage nach Beginn der Kinetin-Behandlung an. Die Aktivitäts-Steigerung dieser Enzyme geht somit auf einen Sekundäreffekt des Kinetins zu-rück [1071, 1072].

Sekundärer Art dürfte auch die Kinetin-Wirkung auf die Dehydrogenasen des Pentosephosphat-Cyclus sein. In isolierten Blättern kommt es zu einer Steigerung der Atmung und damit im Zusammenhang stehend zu einem Aktivitäts-Anstieg der genannten Dehydrogenasen. Zumindest in Gerstenblättern dürfte dieser Aktivitäts-Anstieg auf einer *de novo*-Synthese beruhen [1073]. Kinetin hemmt die Aktivitätssteigerung der Dehydrogenasen in isolierten Gerstenblättern [1073] und auch einen entsprechenden Anstieg, der unter bestimmten Voraussetzungen in Gewebekulturen des Tabaks stattfinden kann (1074). Deswegen muß Kinetin nun noch lange kein Repressor der Gene für die betreffenden Dehydrogenasen sein. Vielmehr vermutet man hier eine indirekte Beeinflussung: Kinetin stimuliert die RNS- und Protein-Synthese und schafft damit eine stoffwechselphysiologische Situation, in der die Atmungssteigerung und damit auch der erhöhte Bedarf an Dehydrogenasen des Pentosephosphat-Cyclus ausblieben.

Man hat auch festgestellt, daß Kinetin in isolierten Gerstenblättern die Aktivität der Desoxyribonucleasen und Ribonucleasen hemmen kann. Es könnte somit die Protein-Synthese über eine Hemmung des Abbaus von DNS und RNS aufrecht erhalten und als Folge davon die Seneszenz verzögern [1075].

Solche Daten zeigen, daß man im Einzelfall mit der Interpretation recht vorsichtig sein muß. Immerhin bleibt der Eindruck erhalten, daß der primäre Wirkungsmechanismus der Kinine irgendwo im Bereich der Transskription und Translation gesucht werden darf. Dafür spricht auch, daß 6-Benzyl-adenin aller Wahrscheinlichkeit nach in Gewebekulturen des Tabaks und der Sojabohne in RNS eingebaut werden kann. Nach Zufuhr von 6-Benzyl-adenin-C^{14} fand sich Radioaktivität vor allem in der t-RNS, aber auch in der m-RNS. Zum Teil stammt diese Radioaktivität daher, daß Abbauprodukte des 6-Benzyl-adenins inkorporiert wurden, zum Teil dürfte sie aber auch auf einen Einbau der intakten Substanz zurückgehen. Denn aus der markierten RNS konnte durch salzsaure Hydrolyse ein Stoff mit den chromatographischen Eigenschaften des 6-Benzyl-adenins freigesetzt werden [1076].

Demnach wäre es denkbar, daß die Kinine erst nach einem Einbau in RNS auf eine im einzelnen noch unbekannte Weise wirksam werden. In diesem Fall müßte sich aber in einem Gewebe mit normalem Teilungswachstum und damit voraussichtlich normalem Kinin-Gehalt Kinine in der RNS auch ohne eine Zufuhr von außen nachweisen lassen. In der Tat ließ sich mit Hilfe eines biologischen Testes nachweisen, daß sich in der RNS tierischer Objekte Kinine befinden können. Entsprechende Untersuchungen an der RNS von Tabakzellen blieben jedoch bislang erfolglos [1077].

d) Abscissin II (Dormin)

Abscissin II ist ein Antagonist der hier genannten Phytohormone. Phytokinine, Auxine [1053] und Gibberelline [1078) verzögern das Altern, Abscissin beschleunigt es; IES hemmt den Blatt- und Fruchtfall, Abscissin fördert ihn; Gibberellinsäure bricht die Knospenruhe, Abscissin fördert sie; IES stimuliert das Streckungswachstum der Haferkoleoptile, Abscissin hemmt es. Schließlich induziert Gibberellinsäure die *de novo*-Synthese von verschiedenen Hydrolasen im Aleuron der Gerste, vor allem der α-Amylase, Abscissin hemmt auch hier. Dieser letzte Hemmeffekt wurde biochemisch genauer analysiert. Dabei ließ sich eine Hemmung der RNS-Synthese nachweisen. Wie diese Hemmung zustande kommt, ist noch ungeklärt [1079].

In Kulturen der Wasserlinse *Lemna minor* hemmt Abscissin die DNS-Synthese. Darüber hinaus wird auch in *Lemna* die RNS-Synthese, und zwar die Synthese aller RNS-Sorten gehemmt. Die Hemmung der DNS-Synthese geht jedoch derjenigen der RNS-Synthese zeitlich voraus und dürfte somit der Primäreffekt sein [1080].

Schon diese wenigen Daten lassen ahnen, daß auch Abscissin II im Bereich der Nucleinsäuren, bei DNS oder vielleicht auch bei RNS eingreifen könnte, nur nicht fördernd wie die drei zuvor erwähnten Phytohormon-Gruppen, sondern hemmend.

Die Wirksamkeit von Phytohormonen führt also ebenso wie diejenigen tierischer Hormone zu Gen-Aktivierungen bzw. im Fall des Abscissins möglicherweise auch zu Gen-Inaktivierungen. Jedoch konnte bislang noch in keinem Fall bewiesen werden, daß die Phytohormone direkt am genetischen Material eingreifen. Es ist also noch offen, ob die beobachteten Veränderungen im Aktivitätszustand von Genen Primär- oder nur Sekundär-Effekte sind.

Da die Phytohormone kaum eine Merkmalsbildung unbeeinflußt lassen, müßten sie im Falle eines direkten Eingriffs in die Transskription sehr unspezifische Effektoren sein. Möglicherweise aktivieren sie alle bei Einwirken des betreffenden Phytohormons im gegebenen Gewebe und Entwicklungsstadium überhaupt potentiell aktiven Gene. Entsprechendes könnte man für das Abscissin annehmen, das alle im gegebenen Gewebe und Entwicklungszustand potentiell inaktiven Gene inaktivieren könnte (Abb. 134). Die Gen-Aktivierung durch Phytohormone stünde damit im Gegensatz zur Substrat-Induktion, bei der nur ganz bestimmte Gene aktiviert werden. Dasselbe würde für einen Vergleich zwischen dem Abscissin und den Effektoren der Repression nach dem Jacob-Monod-Modell gelten.

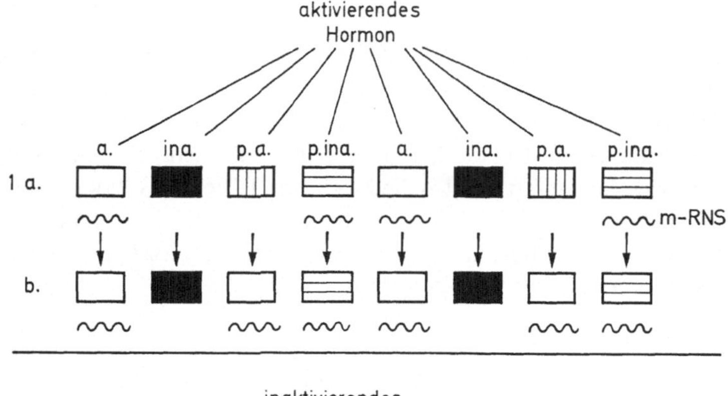

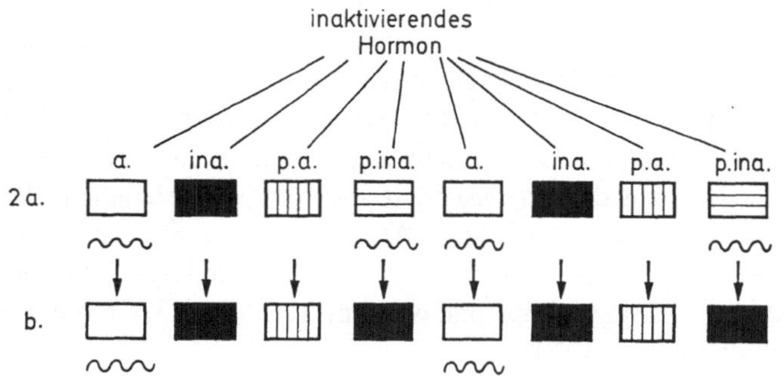

Abb. 134. Hypothese zur Wirkungsweise von Phytohormonen: Phytohormone als unspezifische Effektoren bei der Aktivierung oder Inaktivierung von Genen. 1 = Einwirken eines aktivierenden Hormons, z.B. der Gibberellinsäure bei der Keimung der Gerste; a = Aktivitätszustände der Gene bei Eintreffen des Hormons, b = Aktivitätszustände der Gene nach Einwirken des Hormons. 2 = Einwirken eines inaktivierenden Hormons, z.B. des Abscissins; a = Aktivitätszustände der Gene bei Eintreffen des Hormons, b = Aktivitätszustände der Gene nach Einwirken des Hormons. Sowohl bei der Aktivierung wie bei der Inaktivierung könnten die Hormone über eine Beeinflussung entsprechender Repressoren wirksam werden. a. = aktive Gene, ina. = inaktive Gene, p.a. = potentiell aktive Gene, p.ina. = potentiell inaktive Gene

Weiterhin könnte man die Möglichkeit in Betracht ziehen, daß auch ein Phytohormon zunächst nur ein ganz bestimmtes Gen aktiviert und daß alle anderen Gen-Aktivierungen und -Inaktivierungen lediglich Folgen der durch die erste Aktivierung herbeigeführten Veränderungen sind.

Fassen wir zusammen: Die Wirksamkeit von Phytohormonen und anderen Regulatoren führt zu Veränderungen im Aktivitätszustand von Genen. Ob und inwieweit diese Veränderungen Primär- oder nur Sekundäreffekte sind, bleibt noch zu klären.

VII. Histone und Heterochromatin

1. Histone und Gen-Inaktivierung [537, 575, 1081—1084]

Im Chromosomenverband ist die DNS außer mit etwas RNS vor allem mit Proteinen assoziiert. Diese chromosomalen Proteine gliedern sich in Histone und Nicht-Histon-Proteine (Tabelle 25). Zu den Nicht-Histon-Proteinen gehören begleitende Enzyme wie etwa die RNS-Polymerase und dann vor allem die Residualproteine oder „sauren Kernproteine". Sowohl den Histonen als auch den Residualproteinen könnte eine Rolle bei der Aufrechterhaltung bzw. temporären Veränderung der Chromosomenstruktur zukommen. Schon recht früh hat man vermutet, beide Proteingruppen könnten, möglicherweise im Zusammenhang mit ihrer Funktion als Strukturproteine der Chromosomen, auch eine Rolle bei der Regulation der Gen-Aktivität spielen [1086]. Besonders für Histone liegen inzwischen bestätigende Befunde vor. Denn im zellfreien System gewonnene Ergebnisse sprechen dafür, daß Histone bei Pflanzen [768, 834] und Tieren [1087] Repressoren der genetischen Aktivität sein können.

a) Repression durch Histone im zellfreien System

Hauptobjekt der Untersuchungen an höheren Pflanzen waren Erbsen-Keimlinge. Das untersuchte Merkmal war die Synthese von „Erbsenglobulin". Sie findet fast ausschließlich in den Cotyledonen statt. Alle anderen Organe des Keimlings bilden höchstens Spuren von Erbsenglobulin [834]. Die Gene für die Synthese von Erbsenglobulin sind also offensichtlich nur in den heranreifenden Cotyledonen aktiv, in allen anderen Pflanzenteilen dagegen inaktiv.

Die Bestätigung erbrachten Versuche im zellfreien System. Aus verschiedenen Teilen von Erbsen-Keimlingen wurde Chromatin isoliert und mit der RNS-Polymerase und den Ribosomen aus *E. coli* sowie allen weiteren für die RNS- und Protein-Synthese benötigten Faktoren kombiniert. Lediglich das Chromatin aus den Cotyledonen unterhielt die Globulin-Synthese, solches aus z.B. Sproßmeristem nicht (Tabelle 28).

In den Chromatinpräparaten sind 80% der DNS mit Histon assoziiert, die restlichen 20% der DNS scheinen frei von Histonen zu sein [1088]. Nachdem man nun DNS aus Knospen und aus Cotyledonen experimentell von den begleitenden Histonen befreit hatte, fanden sich keine Unterschiede in der Globulin-Synthese mehr (Tabelle 28). Und wenn man umgekehrt DNS mit Histonen belädt, so kann die Fähigkeit zur Synthese von Erbsenglobulin unterdrückt werden [834, 1089]. Histone können also die Aktivität der Gene für Erbsenglobulin unterbinden. Im Chromatin aus Sproßmeristem ist diese Möglichkeit verwirklicht, im Chromatin aus heranreifenden Cotyledonen ist die DNS für Erbsenglobulin dagegen nicht durch Histone blockiert.

Bei Kartoffelknollen findet sich wahrscheinlich eine vergleichbare Situation. Die Knollen verlangen bei bestimmten Rassen nach der Ernte eine Ruheperiode von mindestens zwei Monaten, bevor sie austreiben. Chromatin aus den Augen ruhender Knollen unterhielt die RNS-Synthese im zellfreien System nicht. War die Ruhe jedoch mit Hilfe von Äthylenchlorhydrin gebrochen worden, so ermöglichte aus den dann treibenden Augen isoliertes Chromatin eine DNS-abhängige RNS-Synthese. Möglicherweise sind es auch in diesem Fall Histone, die die Aktivität der DNS im Chromatin aus ruhenden Augen hemmen [1090].

b) Histon-Muster während der Entwicklung

Wenn Histone als Repressoren fungieren, sollten sich differentielle Gen-Aktivitäten möglicherweise auch auf dem Niveau der Histone widerspiegeln. Im Laufe der Entwicklung müßten Stadien- und Gewebe-spezifische Veränderungen im Histon-Bestand auftreten und vielleicht auch faßbar werden. Einige Befunde weisen in diese Richtung: Nach Abschluß der Blühinduktion ließen sich bei mehreren Pflanzen früher oder später in der nun einsetzenden Blütendifferenzierung Verschiebungen im Verhältnis DNS zu Histon im Sproßmeristem [1091, 1092] oder in jungen Blütenteilen [1085] feststellen. Bei *Chenopodium* etwa nahm im Sproßmeristem die Färbung auf Histone während der Blütendifferenzierung ab [1091]. Gewebekulturen aus alten Blättern des Efeus wiesen mehr basisches histonähnliches Protein auf als solche aus jungen Blättern [939]. Bei der Meiosis von *Lilium* taucht ein neues „meiotisches" Histon auf [942].

Während der Entwicklung können also Veränderungen im Histonbestand auftreten, die sich in den Rahmen der Histon-Hypothese einordnen lassen. Ein Beweis für die Richtigkeit der Hypothese ist damit allerdings nicht erbracht.

c) RNS-Histon-Komplexe als Repressoren?

Die Histone einer gegebenen Art gliedern sich in nur wenige Fraktionen, selbst dann noch, wenn man ein geringes Auflösungsvermögen der verwendeten Methoden in Rechnung stellt. Auch von Art zu Art unterscheiden sich die Histone nur geringfügig. Histone aus so wenig verwandten Quellen wie Erbsenknospen und Kalbsthymus erwiesen sich als sehr ähnlich [1084].

Für eine geringe Spezifität der Histone sprechen auch Versuche, in denen morphogenetische Prozesse bei höheren Pflanzen durch experimentelle Zufuhr artfremden Histons gehemmt werden konnten. Histon aus Kalbsthymus hemmte an Erbsen-Epicotylen die IES-induzierte Wurzelbildung [1093—1095], an *Kalanchoë*-Sprossen die Bildung von Wundphelloderm [1096] und von Tumoren [1097]. Bei der Hemmung der IES-induzierten Wurzelbildung zeigten sich so gut wie keine Unterschiede zwischen arteigenem Histon aus Erbsen-Epicotylen, artfremdem Histon aus Kalbsthymus und den ebenfalls basischen Polypeptiden Protamin und Polylysin [1095].

Die geringe Spezifität der Histone macht es unmöglich, jedem Gen ein Gen-spezifisches Repressor-Histon zuzuordnen. Wenn man dabei bleiben möchte, daß die Histone mit jeweils nur ganz bestimmten Genen in Kontakt kommen, kann man nicht umhin, einen Adaptor zwischen der DNS der Gene und dem unspezifisch blockierenden Histon anzunehmen. Dieser Adaptor könnte RNS sein. Für Erbsen wurden nun mutmaßlich native RNS-Histon-Komplexe nachgewiesen

[1098]. Man könnte spekulieren, es sei die Aufgabe der mit dem Histon assoziierten RNS, nach dem Prinzip der Basenpaarung mit bestimmten DNS-Abschnitten Kontakt herzustellen und so das unspezifische Histon in die richtige Position zu bringen. Gegen diese Auffassung muß nicht unbedingt sprechen, daß die Repressor-Substanz des Lac-Operons von *E. coli* kein Ribonucleoproteid, sondern ein Protein ist [1106]. Denn die Histon-artigen Repressoren könnten sehr wohl nach einem anderen Mechanismus funktionieren als der erwähnte Lac-Repressor.

Einige Befunde sprechen also dafür, daß Histone als Repressoren genetischer Aktivität wirksam sein können. Jedoch wurden alle schlüssigen Befunde im zellfreien System erbracht. Der Einwand, die Situation *in vitro* müsse nicht unbedingt für diejenige *in vivo* repräsentativ sein, läßt sich so nur schwer von der Hand weisen. Die endgültige Klärung des Problems steht trotz vielversprechender Anfänge noch aus.

2. Heterochromatin und Gen-Inaktivierung [503, 1099—1101].

a) Regulation auf dem Niveau des Gens und auf dem des Chromosoms

Schon die komplexe Organisation des genetischen Materials in Form von Chromosomen ließ für höhere Organismen eine kompliziertere Regulation der genetischen Aktivität vermuten als für Bakterien. Das Jacob-Monod-Modell dürfte nur einem von mehreren möglichen Regulationsmechanismen entsprechen. Für einen dem Jacob-Monod-Modell übergeordneten, unbekannten Regulationsmechanismus spricht etwa, daß die Thymidin-Kinase nur zu einem eng umgrenzten Zeitpunkt der Interphase durch ihr Substrat induzierbar ist. Entsprechendes gilt für die Induktion der Päonidinsynthetase von *Petunia* (S. 267). Ein solcher übergeordneter Mechanismus ist die Steuerung des Kondensationszustandes der Chromosomen. Denn wenn die Chromosomen vor einer Teilung durch Aufschraubung in ihre kompakte Transportform übergegangen sind, ist die Aktivität der auf ihnen liegenden Gene weitgehend unterbunden. Sie lebt erst wieder auf, wenn die Chromosomen sich nach Abschluß der Teilung entschrauben. Die Faktoren der Auf- und Entschraubung der Chromosomen sind also auch an der Regulation der Gen-Aktivität beteiligt. Damit haben wir schon inzwischen zwei Gruppen von Regulationsmechanismen zu unterscheiden:

a) Regulation auf dem Niveau des Gens, z.B. nach dem Jacob-Monod-Modell.

b) Regulation auf dem Niveau des Chromosoms, z.B. über den Kondensationszustand.

b) Heterochromatin

Wenn der Aktivitätszustand von Genen tatsächlich vom Kondensationszustand der Chromosomen beeinflußt wird, sollten erstens entschraubte Chromosomenstrukturen nachweislich genetische Aktivität aufweisen. In der Tat sind die Puffs der Riesenchromosomen, also weitgehend aufgelockerte DNS-Strukturen (Abb.109), auch Orte hoher primärer Gen-Aktivität. Zweitens sollten aufgeschraubte Chromosomen oder Chromosomenteile nachweislich höchstens eine begrenzte genetische

Aktivität aufweisen. Untersuchungen am Heterochromatin lieferten hierfür Belege.

Nach einer Mitose können bestimmte Chromosomen oder Chromosomenteile aufgeschraubt bleiben. Infolge ihres hohen Kondensationsgrades sind sie dann auch im Interphase- oder Arbeitskern mit der Feulgen-Reaktion auf DNS leicht anfärbbar und lassen sich dadurch vom übrigen, stark aufgelockerten Chromosomenmaterial unterscheiden. Falls die Zellen noch weitere Teilungen eingehen, entschrauben sich diese Strukturen kurzfristig. Die DNS-Reduplikation findet in ihnen später statt als im restlichen Chromatin. Anschließend gehen diese Zonen früher als das sonstige Chromosomenmaterial in die kompakte Transportform über. Derartiges Chromosomenmaterial, das sich also vor allem über die cytologischen Charakteristika des späten Ent- und frühen Aufschraubens fassen läßt, nennt man *Heterochromatin*. Das sich in dieser Hinsicht normal verhaltende Chromosomenmaterial bezeichnet man als *Euchromatin* [1102].

Diese Nomenklatur darf nicht darüber hinwegtäuschen, daß mit „Heterochromatin" keine besondere Sorte Chromosomenmaterial, sondern eine oft nur vorübergehende Zustandsform der chromosomalen Substanz umschrieben wird. Vielleicht wäre es deshalb angebrachter, von Heterochromasie zu sprechen.

Sowohl ganze Chromosomen wie das Y-Chromosom von *Drosophila* als auch einzelne Chromosomenabschnitte können heterochromatischen Charakter annehmen.

c) Gene auf dem Heterochromatin

Entgegen älteren Auffassungen konnte man auch auf dem Heterochromatin Gene nachweisen, deren Vererbung den Mendelschen Regeln folgt. Ein Beispiel aus dem Tierreich ist das Y-Chromosom von *Drosophila*, auf dem sich trotz seines durchweg heterochromatischen Charakters Gene fassen ließen. Im Pflanzenreich konnte z.B. bei der Tomate ein Gen nv für Chlorophyll-Ausbildung auf einem

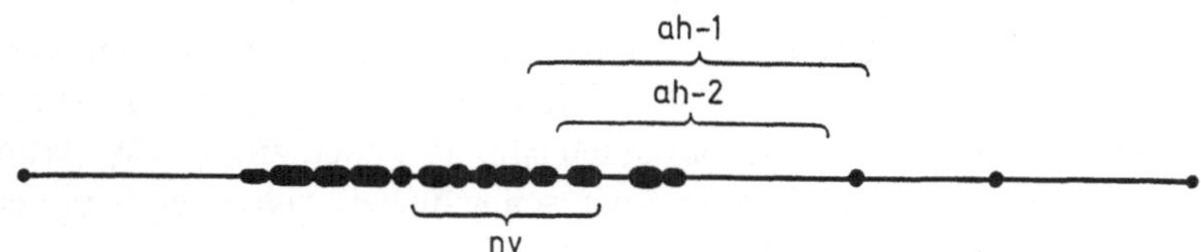

Abb. 135. Lokalisation des Genes nv im heterochromatischen Bereich des Chromosoms 9 der Tomate. (Aus [1103])

heterochromatischen Abschnitt des Chromosoms 9 lokalisiert werden ([1103], Abb. 135). Allerdings könnte man argumentieren, solche Gene befänden sich nicht auf dem Heterochromatin selbst, sondern auf kleinen in das Heterochromatin eingeschobenen euchromatischen Chromosomenabschnitten. Trotz solcher Einwände im Einzelfall ist es erwiesen, daß sich auch auf dem Heterochromatin Gene befinden können. Überzeugende Belege hierfür lieferte auch die fakultative Heterochromatisierung.

d) Heterochromatin und Gen-Inaktivierung

d1. Fakultative Heterochromatisierung [1101, 1104]

Eines der besten Beispiele für Gen-Inaktivierungen durch Heterochromatisierung liefert die Schildlaus *Pseudococcus obscurus*. Bei ihr findet sich eine sog. fakultative Heterochromatisierung, bei der sich die beiden homologen Chromosomensätze verschieden verhalten. Bei einer konstitutiven Heterochromatisierung dagegen verhalten sich die beiden homologen Chromosomensätze gleich. Die Situation bei *Pseudococcus* ist die folgende (Abb. 136): In weiblichen Tieren bleiben

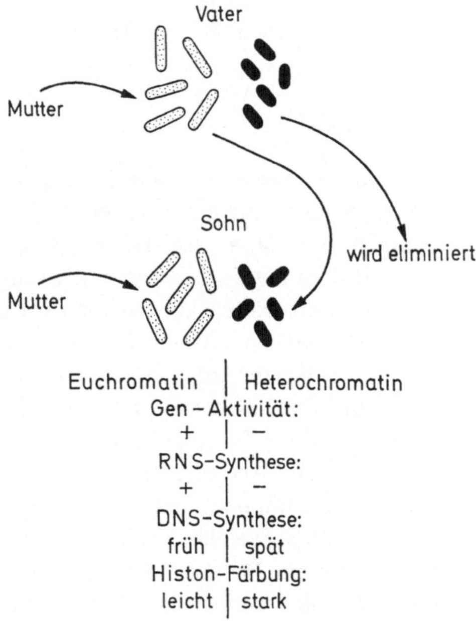

Abb. 136. Fakultative Heterochromatisierung bei der Schildlaus *Pseudococcus obscurus*. Der jeweils väterliche Chromosomensatz wird in männlichen Tieren heterochromatisiert und bei der Spermatogenese eliminiert. (Väterlicher Chromosomensatz schwarz, mütterlicher gepünktelt. Aus [1101])

beide Chromosomensätze euchromatisch. In den Körperzellen der männlichen Tiere dagegen behält nur der mütterliche Chromosomensatz seinen euchromatischen Charakter, der väterliche wird heterochromatisch. In den meisten Körperzellen wird der heterochromatisierte väterliche Chromosomensatz von Mitose zu Mitose mitgeführt. Bei der Spermatogenese wird er jedoch eliminiert. Das Männchen bildet nur Spermatozoiden mit dem mütterlichen Chromosomensatz. In den Söhnen wird dann dieser vom Vater gelieferte Chromosomensatz heterochromatisch und bei der Spermatogenese beseitigt.

Begleitende genetische Untersuchungen zeigten, daß vom Vater beigesteuerte Gene in den Söhnen nicht zur Expression kommen. Sie werden also bei der Heterochromatisierung des väterlichen Chromosomensatzes inaktiviert. In Übereinstimmung damit steht, daß sich am Heterochromatin des väterlichen Satzes keine RNS-Synthese nachweisen ließ [1105].

Ähnliche Befunde über eine Inaktivierung des genetischen Materials bei Heterochromatisierung liegen auch für *Drosophila*, Mäuse und Lymphocyten aus Kalbsthymus vor.

d2. Positionseffekte

Vielfach werden auch „Positionseffekte" als Beweise für eine aktivitätshemmende Wirkung einer Heterochromatisierung angeführt. Wenn ein Gen aus einem euchromatischen in einen heterochromatischen Chromosomenabschnitt transloziert wird, kann seine Aktivität gehemmt werden. Jedoch fanden sich auch bei der umgekehrten Translokation vom Heterochromatin ins Euchromatin Hemmeffekte. Offensichtlich ist es weniger die heterochromatische Zustandsform der chromosomalen Substanz als vielmehr die Veränderung im genetischen Milieu, die zu Funktionsstörungen des translozierten Gens führt.

d3. Heterochromatin und Histone

Möglicherweise spielen Histone bei der Gen-Inaktivierung im Heterochromatin eine Rolle. Günstige Voraussetzungen für entsprechende Untersuchungen boten wiederum Schildläuse. Denn in ihren Männchen kann man in ein und demselben Kern den euchromatischen mit dem heterochromatischen Chromosomensatz vergleichen. Nach Behandlung mit Farbstoffen auf basische Proteine, also auch auf Histone färbte sich das Heterochromatin stärker als das Euchromatin homologer Chromsomenstrukturen. Ursache hierfür könnte ein höherer Histongehalt des Heterochromatins sein. Es kann aber auch an qualitative Differenzen, etwa an Methylierungen und Acetylierungen der Histone im Euchromatin gedacht werden [1107]. Derartige Methylierungen und Acetylierungen setzen nicht nur die Färbbarkeit der Histone herab, sondern können auch ihre aktivitätshemmende Wirkung weitgehend beseitigen [1108]. Welche Erklärungsmöglichkeit nun auch immer zutreffen mag, die Histone im Hetero- und Euchromatin können jedenfalls Unterschiede aufweisen. Damit ist eine erste Voraussetzung für eine eventuelle Beteiligung der Histone an der Gen-Inaktivierung im Heterochromatin gegeben.

Damit zeichnen sich nun aber auch mehrere Möglichkeiten ab, wie Histone die Gen-Aktivität hemmen könnten:

a) Auf dem Niveau der Gene als Gen-spezifische Repressoren im Sinne des Jacob-Monod-Modells, vielleicht in Form von RNS-Histon-Komplexen, die mit ganz bestimmten Genen Kontakt aufnehmen.

b) Auf dem Niveau der Gene als unspezifische Repressoren jeglicher Gen-Aktivität. Diese Möglichkeit leitet zu c) über.

c) Auf dem Niveau des Chromosoms, vielleicht in ihrer Rolle als Strukturelemente, die sich an der Auf- und Entschraubung des Chromosomenmaterials beteiligen.

Fassen wir ein reichlich hypothetisches Kapitel zusammen: Untersuchungen unter anderem am Heterochromatin zeigten, daß eine der Regulationsmöglichkeiten auf dem Niveau des Chromosoms in der Kontrolle der Auf- und Entschraubung des Chromosomenmaterials besteht. Erste Indizien lassen eine Beteiligung von Histonen an dieser Kontrolle als möglich erscheinen.

VIII. Genetische Befunde an höheren Pflanzen und Jacob-Monod-Modell

Bislang hatten wir bestimmte biochemische Fakten daraufhin überprüft, ob sie sich mit einer Realisation des Jacob-Monod-Modells bei höheren Pflanzen in Einklang bringen lassen. Dabei hatte es sich gezeigt, daß eine ganze Reihe von Befunden nach dem genannten Modell interpretierbar ist. Aber es waren immer nur Ausschnitte aus dem möglichen Geschehen faßbar geworden. Ein komplettes Zusammenspiel von Regulator-Genen, Effektoren, Repressoren, Operator- und Struktur-Genen konnte in keinem Fall aufgedeckt werden. Stattdessen wurde deutlich, daß das Jacob-Monod-System nicht der einzige Mechanismus zur Regulation der Gen-Aktivität sein kann. Andere Mechanismen wie die Steuerung des Kontraktionszustandes der Chromosomen scheinen die Induktion und Repression nach dem Jacob-Monod-Modell zu überlagern und erschweren dadurch die Analyse. In Ergänzung der biochemischen Daten sei nun noch herausgestellt, daß sich auch verschiedene genetische Befunde nach dem Jacob-Monod-Modell deuten lassen.

1. Operon?

Bei Mikroorganismen können funktionell verwandte Gene in einem Operon zusammengeschlossen sein. Dem würde entsprechen, daß auch bei höheren Pflanzen funktionell verwandte Gene auf den Chromosomen eng gekoppelt sein können [1109]. Ein Beispiel aus der Genetik der Anthocyane ([1110], Abb. 137): In bestimmten Linien der asiatischen Baumwolle (*Gossypium arboreum* und *G. herbaceum*) tragen die sonst weißen oder gelben Blütenblätter an ihrer Basis einen roten Anthocyanfleck. Dieser Anthocyanfleck findet sich nur dann, wenn zwei eng gekoppelte Gene in ihren dominanten Allelen G und S vorliegen. Ist auch nur eines von ihnen in der rezessiven Form vorhanden, so unterbleibt die Anthocyan-Bildung. Die Gene G und S sind demnach nicht nur eng gekoppelt, sondern sie wirken auch komplementär bei der Anthocyan-Synthese zusammen, sind also funktionell verwandt.

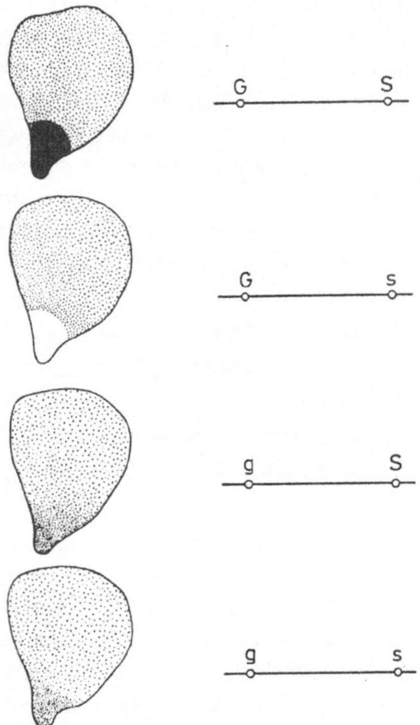

Abb. 137. Die Wirkung zweier komplementärer, eng gekoppelter Gene G und S auf die Anthocyan-Synthese in Petalen der asiatischen Baumwolle. Links der Phänotyp der Petalen, rechts Ausschnitte aus den dazugehörigen Genkarten. (Aus [1109] nach [1110])

Derlei Beispiele ließen sich in größerer Zahl anführen. Aber gerade die Anthocyan-Synthese liefert auch mehr als genug Beispiele dafür, daß funktionell verwandte Gene keinesfalls miteinander gekoppelt sein *müssen*. Unumstößliche Beweise für das Vorliegen eines Operons in höheren Pflanzen stehen noch aus. Es sei erwähnt, daß sich die bislang erarbeiteten biochemisch-genetischen Daten, etwa die zur Substrat-Induktion, auch dann erklären ließen, wenn ein Repressor mit einem Struktur-Gen direkt, ohne Einschaltung eines Operator-Gens in Kontakt stünde. Auch die Gen-Aktivierungen durch Hormone wie z. B. das Ecdyson wären ohne die Zwischeninstanz eines Operator-Gens verständlich ([1019], Abb. 130).

2. Kontrollelemente bei *Zea mays* [1111—1115]: Regulator- und Operator-Gene?

Bestimmte mutable Gene weisen unter dem Einfluß eines Mutator-Gens eine stark erhöhte Mutationsrate auf. So kann bei *Zea mays* das rezessive Allel a_1 in Anwesenheit des Mutator-Gens Dt in sein dominantes Allel A_1 übergehen. Das einmal erhaltene A_1 bleibt stabil, ganz gleich, ob Dt noch weiterhin im Genom vorhanden ist oder nicht (S. 232). Damit ist eine permanente Zustandsänderung, eine Mutation, eingetreten. Ähnliche Systeme wurden beim Mais wiederholt aufgefunden. Dabei zeigte es sich jedoch, daß das „mutierte" Gen die ihm vom Mutator aufgeprägte Zustandsform nach Entfernung des Mutators keineswegs immer unveränderlich beibehielt. In einigen Fällen nahm das „mutierte" Gen wieder den Zustand an, in dem es sich vor der Exposition gegenüber dem Mutator befunden hatte. In anderen Fällen wurde der Ausgangszustand nicht völlig wiederhergestellt, sondern die betreffenden Gene blieben auch nach Entfernung des Mutators mehr oder weniger stark verändert. Die von den Mutatoren induzierten Änderungen waren also nicht permanent, sondern ganz oder teilweise reversibel. Zumindest bei einer vollständigen Reversibilität kann man nicht mehr von einer Mutation, sondern nur von einer vorübergehenden Änderung des Aktivitätszustandes sprechen. Der „Mutator" wäre dann der Regulator dieser Aktivitätsänderung.

Die beim Mais nachgewiesenen Regulatoren der Mutabilität und der Gen-Aktivität bezeichnet man als Kontrollelemente. Man kennt Regulations-Systeme mit einem und mit zwei Kontrollelementen. Insbesondere einige Zwei-Kontrollelement-Systeme weisen Ähnlichkeiten mit dem Jacob-Monod-System auf [1113]: das erste Kontrollelement könnte dem Regulator, das zweite dem Operator entsprechen.

Nun lassen sich allerdings nur wenige Kontrollsysteme ohne größere Schwierigkeiten mit dem Jacob-Monod-System parallelisieren. Die Situation wird schon dadurch kompliziert, daß die Kontrollelemente ja nicht nur reversible Änderungen im Aktivitätszustand von Genen, sondern auch Gen- und Chromosomen-Mutationen bewirken können. Aber selbst wenn man die Kontrolle des Aktivitätszustandes herausgreift und isoliert betrachtet, finden sich Differenzen. Das bestuntersuchte Kontrollelement-System, das Ac-Ds-System, mag dafür als Beispiel dienen.

Bei dem *Ac-Ds-System* handelt es sich um ein Zwei-Kontrollelement-Sytem. Die regulierenden Faktoren sind Ac (activator) und Ds (dissociator). Bei beiden handelt es sich um transponierbare, vermutlich heterochromatische Partikel. Transponierbar bedeutet, daß die Kontrollelemente während der Individualentwicklung nicht auf bestimmten Chromosomenabschnitten fixiert sind, sondern ihren Standort wechseln können. Diese Transposition dürfte so vor sich gehen, daß Ac und Ds aus ihren bisherigen Positionen auf den Chromosomen herausgebrochen und dann an anderen wieder eingefügt werden. Beide Kontrollelemente werden nach den Mendelschen Regeln vererbt.

Ds läßt sich mit einem beweglichen Operator vergleichen. Es kann an die verschiedensten Gen-Loci transponiert und dort auch wirksam werden. Im Unterschied dazu bleibt bei Bakterien der Operator mit den von ihm dirigierten Struktur-Genen in spezifischem Kontakt verbunden. Mit den Prinzipien des Jacob-Monod-Modells stimmt aber wieder überein, daß Ds nur wirkt, wenn es unmittelbar bei dem zu regulierenden Gen-Locus lokalisiert ist.

Ac wäre der zu Ds gehörende Regulator, denn es ist Ds funktionell übergeordnet. Denn Ac kann auch ohne Ds wirksam werden, während Ds ohne Ac wirkungslos bleibt. Ac bestimmt, ob und wann Ds zur Wirkung kommt. Während Ds unspezifisch mit den verschiedensten Gen-Loci reagiert, sind Ac und Ds spezifisch aufeinander abgestimmt. Wie im Jacob-Monod-System ist zur Funktion des Kontrollsystems kein unmittelbarer struktureller Kontakt zwischen dem mutmaßlichen Regulator Ac und dem mutmaßlichen Operator Ds erforderlich.

Aktivitätsänderungen treten an denjenigen Gen-Loci auf, in deren Nähe Ds lokalisiert ist. In seltenen Fällen werden rezessive Allele so beeinflußt, daß sie sich wie ihre dominanten Allele verhalten. In der Regel werden Gen-Aktivitäten unterdrückt. Dominante Gene verhalten sich so, als lägen sie als inaktive, rezessive Allele vor. So benimmt sich Ds-Wx in Anwesenheit von Ac im Genom wie wx (vgl. S. 29). Wird Ds durch eine Transposition von dem 9. Chromosom entfernt, auf dem Wx liegt, so nimmt Wx seine alten Funktionen wieder auf. Die Aktivitätsänderung ist also reversibel und an das Kontrollsystem geknüpft.

Wie erwähnt können im Laufe der Individualentwicklung Transpositionen stattfinden. Es ist also durchaus möglich, daß ein Gen in bestimmten Zelldeszendenzen reprimiert ist, in anderen dagegen nach Entfernung des Kontrollelementes Ds vom Gen-Locus aktiv werden kann. Die Folge sind Flecken und Streifen mit verschiedenen phänotypischen Charakteristika, die auf den betreffenden Organen, etwa auf dem Maiskorn nebeneinander auftreten.

Die hier nur skizzierten cytologischen und genetischen Befunde lassen trotz mancher Unterschiede die Möglichkeit erkennen, daß es sich bei den Kontrollsystemen des Maises um abgewandelte Jacob-Monod-Mechanismen handeln könnte. Eine Klärung sollte in mehr biochemisch orientierten Untersuchungen angestrebt werden.

IX. Außenfaktoren und Gen-Aktivität: das Phytochromsystem

1. Äußere und innere Faktoren

Jeder Entwicklungsprozeß ist das Resultat eines Zusammenspiels innerer und äußerer Faktoren mit dem genetischen Material. Diese Erkenntnis stand wenigstens im Prinzip schon zu Beginn dieses Jahrhunderts fest [1116]. Bislang war hier nur von inneren Faktoren der Gen-Regulation die Rede. Bei einer solchen Simplifizierung darf nicht übersehen werden, daß die inneren Faktoren nicht autonom arbeiten, sondern in enger Wechselbeziehung nicht nur zum genetischen Material, sondern auch zu den Außenfaktoren stehen. Jede Änderung auf Seiten der äußeren Faktoren kann auch im System der inneren Faktoren zu Veränderungen führen. Thema dieses letzten Kapitels ist die Regulation der Gen-Aktivität durch Außenfaktoren.

Zwei für die Entwicklung der Pflanzen überaus wichtige Außenfaktoren sind Temperatur und Licht.

Die kausalen Zusammenhänge zwischen *Temperatur*, Gen-Aktivität und Merkmalsbildung sind noch in keinem Fall auch nur annähernd aufgeklärt. Sicher dürfte sein, daß sich Temperaturveränderungen vielfach nach der Van t'Hofschen Regel über eine Beeinflussung von Reaktionsgeschwindigkeiten auswirken. Reaktionen mit unterschiedlichen Temperaturkoeffizienten müssen von Temperaturveränderungen verschieden stark beeinflußt werden. So könnte es zu Verschiebungen im bisherigen dynamischen Gleichgewicht und damit zu einer veränderten stoffwechselphysiologischen Situation kommen. Folge davon könnten dann Gen-Aktivierungen und -Inaktivierungen sein. Doch handelt es sich hierbei nur um recht allgemeine Erwägungen, die bei der Aufklärung von Kausalketten Bestätigung oder Widerlegung erfahren sollten.

Für eine solche detaillierte Analyse der Temperaturwirkungen könnten nur recht wenige Daten Anhaltspunkte bieten. So weiß man, daß Kältewirkungen an den Chromosomen selbst sichtbar werden können. Bei *Trillium erectum* finden sich nach einer Exposition bei $+3°$ Chromosomensegmente, die eine nur schwache DNS-Färbung nach Feulgen geben. Nach neueren Befunden tritt an solchen Segmenten im Gegensatz zu älteren Auffassungen kein DNS-Verlust ein, sondern es kommt lediglich zu einer Auflockerung der Chromosomenstruktur [1117]. Man hat davon ausgehend schon vermutet, die Kältesegmente könnten wie die Puffs der Dipteren Orte einer erhöhten primären Gen-Aktivität sein, doch fehlt hierfür noch jeder Beweis. Dafür, daß Gene unter dem Einfluß niederer Temperaturen überhaupt aktiviert werden können, legen die Gene der Vernalisation Zeugnis ab. Aber auch in diesem Fall gibt es mehr Hypothesen als gesicherte, zumal biochemische Fakten.

Weit besser als auf dem Gebiet der Temperatureinflüsse steht es mit unserem Wissen um den Mechanismus der *Lichtwirkungen* auf Entwicklungsprozesse. In den letzten Jahren sind beim Studium des Phytochromsystems auch Befunde gemacht worden, die für lichtinduzierte Veränderungen im Aktivitätszustand von Genen sprechen.

2. Phytochrom-abhängige Photomorphosen [1118—1124]

Samen vieler Arten keimen bevorzugt in Dunkelheit, diejenigen anderer Arten bevorzugt im Licht. Dementsprechend spricht man von Dunkel- und Lichtkeimern.

Der Salat (*Lactuca sativa*) gehört zu den Lichtkeimern. Als man an seinen Früchten (Achänen) ein Wirkungsspektrum der Keimungsinduktion aufstellte, fand man ein Wirkungsmaximum im Hellroten (HR) bei 660 mµ. Noch interessanter war aber der weitere Befund, daß die HR-Induktion durch eine anschließende Belichtung mit Dunkelrot (DR) wieder aufgehoben werden konnte. Das Wirkungsmaximum des DR lag bei 730 mµ. Man schaltete nun HR und DR in mehrfachem Wechsel hintereinander. Immer war die Art der letzten Bestrahlung für den Erfolg entscheidend: Zuletzt gegebenes HR förderte, zuletzt gegebenes DR verhinderte die Förderung ([1129], Tabelle 32).

Tabelle 32. *Reversible Keimungsinduktion und Keimungshemmung durch HR und DR bei Lactuca sativa. Achänen wurden 3 Std bei + 20° und Dunkelheit vorgequollen und dann bei + 26° wie angegeben belichtet. HR = 1 min HR, DR = 4 min DR. Nach der Bestrahlung wurden die Achänen bis zur Keimung in Dunkelheit bei + 20° gehalten.* (Nach [1129])

Bestrahlung	Keimung (%)
HR	70
HR-DR	6
HR-DR-HR	74
HR-DR-HR-DR	6
HR-DR-HR-DR-HR	76
HR-DR-HR-DR-HR-DR	7
HR-DR-HR-DR-HR-DR-HR	81
HR-DR-HR-DR-HR-DR-HR-DR	7

Die Interpretation der Versuchsergebnisse war: In den Achänen ist ein Pigmentsystem vorhanden, das in einer aktiven und in einer inaktiven Form vorliegen kann. Die aktive Zustandsform hat ein Adsorptionsmaximum bei 730 mµ und wurde dementsprechend als P_{730} bezeichnet. Bestrahlt man P_{730} mit DR der Wellenlänge 730 mµ, so wird es in eine inaktive Form umgewandelt. Diese inaktive Zustandsform wurde nach ihrem Adsorptionsmaximum P_{660} genannt. Bei Bestrahlung mit HR der Wellenlänge 660 mµ wird P_{660} wieder in P_{730} überführt. Die aktive Zustandsform P_{730} setzt bestimmte Prozesse wie etwa die Samenkeimung in Gang, die inaktive Zustandsform P_{660} ist dazu nicht imstande. Das Pendeln zwischen aktivem und inaktivem Zustand läßt sich bei entsprechender Bestrahlung mehrfach wiederholen. Das variable Pigmentsystem wurde deshalb auch als „reversibles Hellrot-Dunkelrot-Pigmentsystem" bezeichnet, doch hat sich heute die kürzere Bezeichnung Phytochromsystem durchgesetzt.

$$\text{inaktiv } P_{660} \underset{DR}{\overset{HR}{\rightleftharpoons}} P_{730} \text{ aktiv} \dashrightarrow \text{Photomorphosen}$$

Es ist gelungen, das Phytochrom aus Pflanzenmaterial zu extrahieren und den Wechsel zwischen den beiden Zustandsformen im Reagenzglas durchzuführen [1119]. Chemisch gesehen handelt es sich beim Phytochrom um ein Chromoproteid. Seine Farbkomponente gehört zur Gruppe der Bilitriene, ist also mit bestimmten Farbstoffen von Blaualgen, dem C-Phycocyanin und dem Allo-phycocyanin verwandt [1125].

Das Phytochromsystem ist in Pflanzen weit verbreitet, wenn auch in geringen Konzentrationen. Es steuert nicht nur die Samenkeimung, sondern noch eine ganze Reihe weiterer Photomorphogenesen. Als Photomorphogenesen — oder bei einer über das Phytochromsystem erfolgenden Induktion auch als Photomorphosen [1121] — seien hier alle lichtinduzierten Merkmalsbildungen bezeichnet, ganz gleich, ob es sich dabei um einen relativ einfachen chemischen Einzelprozeß oder um einen komplizierten, aus sehr vielen chemischen Einzelprozessen zusammengesetzten morphogenetischen Vorgang im eigentlichen Sinn handelt. Beispiele für Phytochrom-abhängige Photomorphogenesen sind außer der Samenkeimung etwa die Blütenbildung, das Internodienwachstum, die Entfaltung der Blätter, die Differenzierung der Chloroplasten oder die Bildung von Seitenwurzeln. Bei solchen Photomorphogenesen kann P_{730} fördernd wie bei der Samenkeimung, aber auch hemmend wirken. Je nachdem kann man von positiven oder von negativen Photomorphogenesen sprechen. Und schließlich gibt es auch noch komplexe Photomorphogenesen, bei denen man dem P_{730} sowohl einen fördernden als auch einen hemmenden Einfluß zuschreiben kann [1123].

Tabelle 33. *Über P_{730} induzierte Photomorphogenesen des Senfkeimlings.* (Nach [1123], die Liste müßte nach neueren Arbeiten noch erweitert werden)

Hemmung des Hypocotyl-Wachstums
Flächenwachstum der Cotyledonen
Haarbildung am Hypocotyl
Öffnung des Plumula-Hakens
Bildung von Folgeblatt-Primordien
Differenzierung der Primärblätter
Bildung von Xylem-Elementen
Differenzierung der Stomata
Steigerung der negativ geotropischen Reaktionsfähigkeit
Änderung der O_2-Aufnahme
Synthese von Anthocyanen
Steigerung der Proteinsynthese
Steigerung der RNS-Synthese
Steigerung der Protochlorophyll-Synthese
Erhöhung des Ascorbinsäuregehaltes
Intensivierung des Abbaues der Speicherfette
Intensivierung des Abbaues der Speicherproteine

Eine Übersicht über die an einer einzigen intensiv untersuchten Pflanze, dem Senfkeimling (*Sinapsis alba*) aufgefundenen Phytochrom-induzierten Photomorphogenesen gibt Tabelle 33. Wie ersichtlich, ist das Phytochromsystem für die Entwicklung der Pflanzen von zentraler Bedeutung. Um so dringender wird die Frage nach dem Wirkungsmechanismus dieses Pigmentsystems.

3. Phytochromsystem und differentielle Gen-Aktivierung [1123, 1124]

a) Differentielle Gen-Aktivierung bei der Phytochrom-induzierten Anthocyan-Synthese

Wie Untersuchungen zur Anthocyan-Synthese von Senfkeimlingen erstmals zeigten, können bei Phytochrom-induzierten Morphogenesen Gen-Aktivierungen stattfinden. Bei Senfkeimlingen findet sich insofern ein Abweichen von der Norm, als Dauer-DR eine zwar geringe, aber für die Induktion von Photomorphogenesen ausreichende stationäre Konzentration an P_{730} aufrecht erhält [1126—1128]. Bringt man Senfkeimlinge aus Dunkelheit in Dauer-DR, so bilden sie einige Stunden nach Beginn der Belichtung Anthocyan (Abb. 138). Bei Zufuhr von Actinomycin vor oder bei Beginn der Belichtung wird diese Anthocyan-Synthese fast völlig gehemmt, die Anthocyan-Menge überschreitet die geringen Werte der Dunkelkontrolle kaum. Gibt man Actinomycin erst später, z.B. 6 Std nach Beginn der Belichtung, so läuft die Anthocyan-Synthese wie in Lichtkontrollen an

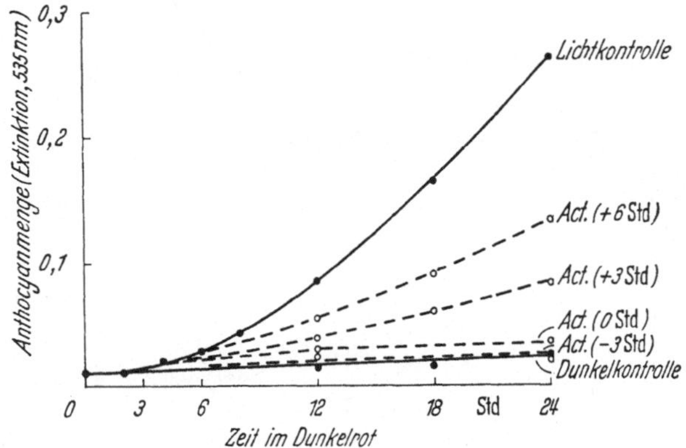

Abb. 138. Anthocyan-Synthese in Keimlingen von *Sinapis alba* im Dauer-Dunkelrot mit und ohne Actinomycin C_1. Zum Zeitpunkt 0 Beginn der Bestrahlung mit Dunkelrot (DR). Act (−3 Std) = Actinomycin C_1 3 Std vor Beginn der Belichtung zugeführt. Act (+3 Std) = Actinomycin C_1 3 Std nach Beginn der Belichtung zugeführt. Übrige Beschriftung entsprechend. Konzentration an Actinomycin C_1 200 γ/ml. (Aus [919])

und ab, nur in vermindertem Ausmaß. Wäre die Actinomycin-Hemmung unspezifischer Art gewesen, hätte sie auch bei der späteren Actinomycin-Zufuhr auftreten müssen. Damit zeigt die Wirksamkeit von Actinomycin C_1 an, daß in Senfkeimlingen bei der Induktion der Anthocyan-Synthese über P_{730} eine Aktivierung von Genmaterial stattfindet [918, 919].

Die Anthocyane werden nun keinesfalls zu beliebigen Zeiten in allen Zellen der Senfkeimlinge gebildet. Eine Anthocyan-Synthese findet sich nur in der Epidermis der Cotyledonen und in der Subepidermis des Hypocotyls. In beiden Geweben ist die Fähigkeit zur Anthocyan-Bildung darüber hinaus noch zeitlich begrenzt. Die Phytochrom-induzierte Gen-Aktivierung ist also räumlich und zeitlich fixiert. Sie beschränkt sich auf in bestimmten Geweben zu einem ebenso bestimmten Zeitpunkt potentiell aktive Gene der Anthocyan-Synthese, ist also *differentiell* [1131].

Welches sind nun die Enzyme der Anthocyan-Synthese, die nach einer Gen-Aktivierung über P_{730} gebildet werden? Eines der Schlüsselenzyme des Phenyl-propanstoffwechsels und damit auch der Anthocyan-Synthese ist die Phenyl-alanin-ammonium-lyase (PAL, auch Phenylalanin-desaminase). Sie liefert Zimtsäure und über die Zimtsäure auch alle weiteren, für die Anthocyan-Synthese notwendigen Zimtsäurederivate an (vgl. S. 95). Zuerst ließ sich an Kartoffelknollen zeigen, daß die Synthese der PAL durch Licht stimuliert werden kann

[1132, 1133]. Bei der Aufstellung von Wirkungsspektren des Lichtes zeigte es sich, daß beim Senfkeimling offensichtlich das Phytochromsystem für die Synthese der PAL verantwortlich ist [1134], während bei der Gurke [1135—1137] und beim Buchweizen [1138, 1139] das Phytochromsystem und ein anderes Pigmentsystem mit einem Adsorptionsmaximum im blauen Spektralbereich zusammenarbeiten müssen, damit es zu einer optimalen Synthese der PAL kommt. Offensichtlich kann also über Phytochrom das genetische Material für die Synthese der PAL aktiviert oder in seiner Tätigkeit stimuliert werden. Folge davon

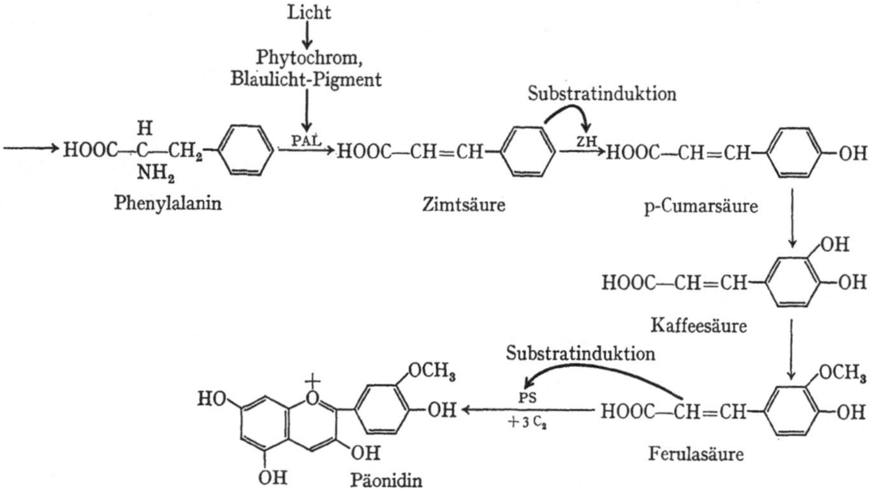

Abb. 139. Hypothese zu einer möglichen lichtinduzierten Reaktionskette bei der Zimtsäuren- und Anthocyan-Synthese. Das Schlüsselenzym PAL ist auch ohne Belichtung in den Pflanzen vorhanden. Jedoch wird seine Aktivität bei Belichtung über die Induktion einer de novo-Synthese wesentlich gesteigert [1132—1139]. Folge davon ist eine erhöhte Konzentration an Zimtsäure, was über eine Substratinduktion zu einer de novo-Synthese von Zimtsäure-Hydroxylase (ZH) führen kann [1001]. Damit werden p-Cumarsäure, Kaffeesäure und schließlich auch Ferulasäure in gesteigerter Menge angeliefert [1135—1137]. Eine Erhöhung der Konzentration an Ferulasäure kann die de novo-Synthese einer Päonidin-Synthetase (PS) induzieren [1002]. Eine letztlich lichtbedingte Konzentrationssteigerung an Zimtsäurederivaten könnte also an der Einleitung der Anthocyan-Synthese beteiligt sein

ist eine verstärkte Produktion von Zimtsäurederivaten, die schließlich zur Anthocyan-Synthese führen kann. Daß ein erhöhtes Angebot an Zimtsäuren Enzyme der Anthocyan-Synthese induzieren kann, wurde schon erwähnt (S. 103 und 266). Damit erscheint es nicht ausgeschlossen, daß zwischen dem Außenfaktor Licht einerseits und dem Merkmal Anthocyan-Synthese andererseits der in Abb. 139 wiedergegebene Kausalzusammenhang besteht.

b) Hypothesen zum Mechanismus der Phytochrom-induzierten Gen-Aktivierungen bzw. -Inaktivierungen

Auch bei einigen weiteren Phytochrom-induzierten Photomorphogenesen finden Gen-Aktivierungen statt (z.B. 1140—1142). Es kann also kaum daran gezweifelt werden, daß im Zug Phytochrom-induzierter Merkmalsbildungen Gen-Aktivitäten verändert werden können. Völlig ungeklärt ist aber noch, wie man sich den Weg von P_{730} zum Gen vorzustellen hat. Vor allem zwei Hypothesen kommen in Betracht (Abb. 140):

1. P_{730} wirkt über eine biochemische Sequenz, eine „Signalkette" direkt auf die Gen-Loci ein [1123, 1143].

2. P_{730} wirkt über die Steuerung einer zentralen Stoffwechselreaktion. Indirekt werden weitere Stoffwechselreaktionen und über entsprechende Effektoren schließlich auch das Genmaterial beeinflußt.

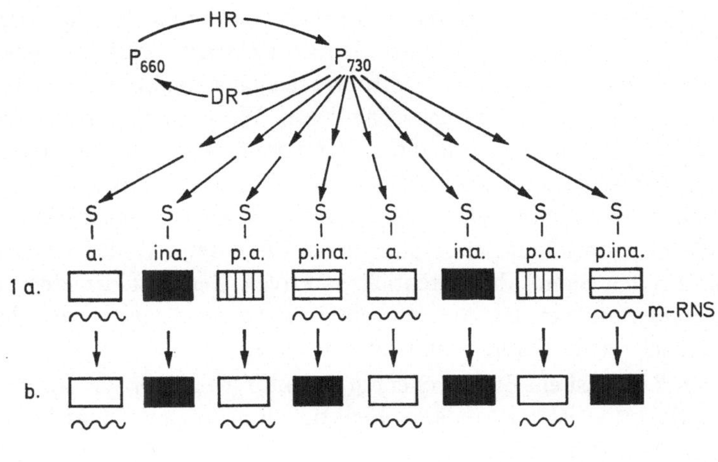

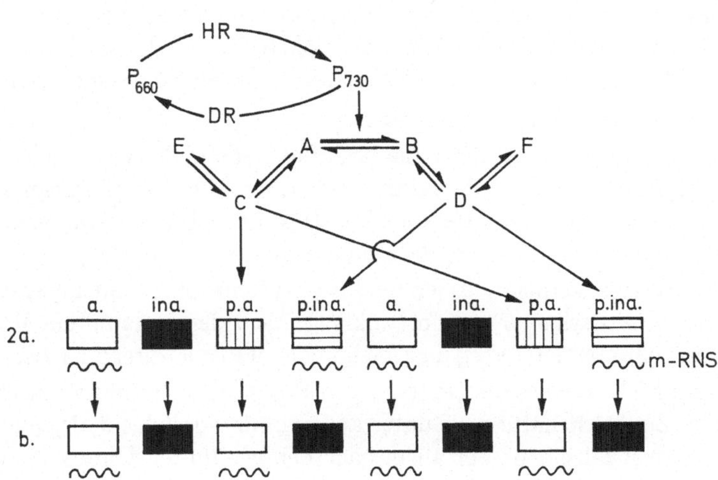

Abb. 140. Hypothesen zum Wirkungsmechanismus des Phytochroms bei Beeinflussungen der Gen-Aktivität. 1 = direkte Wirkung von P_{730} über eine biochemische Signalkette; a = Aktivitätszustände der Gene bei Eintreffen des jeweils gleichen Signals S, b = Aktivitätszustände der Gene nach Einwirken des Signals S. 2 = indirekte Wirkung von P_{730} über die Steuerung einer zentralen Reaktion, mit der weitere Reaktionen vernetzt sind; a = Aktivitätszustände der Gene bei Eintreffen der fallweise verschiedenen Effektoren, b = Aktivitätszustände der Gene nach dem Einwirken der fallweise verschiedenen Effektoren. Abkürzungen wie Abb. 121

Hypothese 1. P_{730} löst eine Kettenreaktion aus, die direkt zu den potentiell aktiven bzw. inaktiven Genen führt. Alle in der gegebenen Situation potentiell aktiven Gene werden aktiviert, alle potentiell inaktiven Gene werden inaktiviert. Welche Gene potentiell aktiv und welche potentiell inaktiv sind, wird durch den bereits erreichten Entwicklungszustand festgelegt.

Diese Hypothese erscheint sehr plausibel, solange man nur Aktivierungen von Genen, also positive Photomorphogenesen, ins Auge faßt. Aber bei den negativen und komplexen Photomorphogenesen kommen auch Hemmungen, das bedeutet — wenn man nicht komplizierte Zusatzhypothesen aufstellen will — Inaktivierungen von Genen ins Spiel. Und damit tauchen Schwierigkeiten auf. Denn wenn das gleiche „Signal" an den einzelnen Gen-Loci eintrifft, und die Gene darauf dennoch verschieden, nämlich mit Aktivwerden oder Inaktivwerden reagieren, so muß die Differenz auf Seiten der Gene liegen. Worin diese Differenz bestehen könnte, ist völlig offen. Die Annahme, der bereits erreichte Differenzierungszustand entscheide darüber, welche Gene potentiell aktiv und welche potentiell inaktiv seien, wäre akzeptabel, wenn es sich um jeweils verschiedene Signale handelte. Denn dann könnte ein erstes Signal die potentiell aktiven Gene aktivieren, ein zweites Signal die potentiell inaktiven Gene inaktivieren. Im vorliegenden Sonderfall, bei dem nur ein einziges Signal gegeben wäre, hat diese Annahme jedoch wenig Wahrscheinlichkeit für sich.

Hypothese 2. P_{730} ist ein Enzym oder ein Cofaktor in einer enzymatischen Reaktion. Diese Reaktion ist mit anderen Reaktionen gekoppelt. Wird in Anwesenheit von P_{730} A in B überführt, so zieht diese erste Reaktion Gleichgewichtsverschiebungen in allen gekoppelten Reaktionen nach sich. Die Folge davon müßte sein, daß Effektoren ganz verschiedener Art teils nicht mehr oder in nur geringer Konzentration, teils erstmalig oder in erhöhter Konzentration zur Verfügung stünden. Folge wiederum davon könnten je nach der Art der im Einzelfall wirksamen Effektoren Aktivierungen oder Inaktivierungen von Genen sein.

Die Vorteile dieser Hypothese wären:

a) Auch hier würden nur die Gene beeinflußt, die in der gegebenen Situation potentiell aktiv oder potentiell inaktiv sind. Aber mit den einzelnen Gen-Loci treten jeweils verschiedene Effektoren in Reaktion. Damit wird verständlich, warum die einen Gene aktiviert, die anderen inaktiviert werden.

b) Die allseitige Vernetzung der Reaktionssysteme steht mit unseren Kenntnissen von der Situation *in vivo* in Einklang, nach denen kaum ein Prozeß ablaufen kann, ohne andere Vorgänge mehr oder weniger direkt zu beeinflussen.

Unbekannt ist, welches die zentrale, von P_{730} gesteuerte Stoffwechselreaktion sein könnte. Zunächst hatte man unter anderem daran gedacht, P_{730} im Acetatstoffwechsel zu lokalisieren. Vor allem nach den erwähnten Untersuchungen zur Phytochrom-abhängigen Synthese der PAL neigt man heute mehr dazu, den Ansatzpunkt von P_{730} im Phenylpropanstoffwechsel zu suchen.

Beachtet werden muß auch, daß das Phytochrom keinesfalls das einzige Pigmentsystem ist, über das Photomorphogenesen induziert werden können. So verläuft die Synthese der $NADP^+$-abhängigen Glycerinaldehyd-3-phosphat-dehydrogenase unter Einschaltung des Chlorophylls, und zwar nicht auf dem Umweg über die Photosynthese [1144—1146]. Solche Pigmentsysteme können mit dem Phytochrom in Cooperation treten. Daß außer dem Phytochrom auch ein blau-adsorbierendes Pigment auf die Synthese der PAL Einfluß nehmen kann, wurde schon erwähnt. Möglicherweise ist das Phytochrom bei bestimmten Objekten dem Blaulicht-Pigment sogar nur nachgeschaltet [1138, 1139]. In anderen Fällen, so bei der Bildung bestimmter Photosynthese-Enzyme in Keimlingen, steht es jedenfalls fest, daß unter Steuerung durch das Phytochrom nur weitergeführt und vollendet wird, was schon ohne Einflußnahme durch das Phytochrom begonnen hatte [1130]. Derartige Verschachtelungen, die für die Situation *in vivo* nur allzu charakteristisch sind, können die Analyse ganz erheblich erschweren.

Welche der beiden genannten Hypothesen zum Wirkungsmechanismus des Phytochroms zutrifft, werden weitere Untersuchungen zeigen müssen. Am Ende dieses Buches steht also ein Fragezeichen und kein Schlußpunkt, womit die derzeitige Situation in vielen Bereichen der biochemischen Genetik höherer Pflanzen recht treffend charakterisiert wird. Fragezeichen sind jedoch Kennzeichen junger, zukunftsreicher Forschungsgebiete. So mag das Fragezeichen an dieser Stelle eine Einladung darstellen, an der Klärung der ungelösten Probleme mitzuarbeiten.

Literatur

* Bücher und Übersichtsreferate

1.* PAECH, K.: Biochemie und Physiologie der sekundären Pflanzenstoffe. Berlin-Göttingen-Heidelberg: Springer 1950.
2.* SCHWARZE, P.: I. Einführung. In: Handbuch der Pflanzenphysiologie, Bd. 10, S. 1—23. Berlin-Göttingen-Heidelberg: Springer 1958.
3.* REZNIK, H.: Vergleichende Biochemie der Phenylpropane. Ergebn. Biol. **23**, 14—46 (1960).
4.* DAVIS, B. D.: Intermediates in amino acid biosynthesis. Advanc. Enzymol. **16**, 247—312 (1955).
5.* GRISEBACH, H.: Darstellung isotop markierter Verbindungen. In: H. SCHWIEGK u. F. TURBA, Künstliche radioaktive Isotope in Physiologie, Diagnostik und Therapie. Berlin-Göttingen-Heidelberg: Springer 1961.
6.* SWAIN, T.: Methods used in the study of biosynthesis. In: J. B. PRIDHAM and T. SWAIN, Biosynthetic pathways in higher plants, p. 9—36. London and New York: Academic Press 1965.
7. BERGANN, F.: Flora (Jena) **143**, 219 (1956).
8. BERGFELD, R.: Z. Vererbungsl. **90**, 476 (1959).
9. WETTSTEIN, F. v., u. K. PIRSCHLE: Biol. Zbl. **58**, 123 (1938).
10. HESS, D.: Z. Bot. **51**, 142 (1963).
11. GUSTAFSSON, A.: Lunds Univ. Årsskr., N.F. **36**, 1 (1940).
12. SMITH, D. H., and J. E. CASTLE: Plant Physiol. **35**, 809 (1960).
13.* KRIBBEN, F.: Arabidopsis thaliana (L.) Heynh. eine botanische Drosophila. Naturwiss. Rdsch. **17**, 139—145 (1964).
14. FEENSTRA, W. J.: Genetica **35**, 259 (1964).
15.* GOTTSCHALK, W.: Die Mutationsforschung in der modernen Pflanzenzüchtung. Umschau **65**, 693—697 (1965).
16. WALLES, B.: Hereditas (Lund) **50**, 327 (1963).
17.* ERIKSON, G., A. KAHN, B. WALLES u. D. v. WETTSTEIN: Zur makromolekularen Physiologie der Chloroplasten. III. Ber. dtsch. bot. Ges. **74**, 221—232 (1961).
18.* WALLES, B.: Use of biochemical mutants in analyses of chloroplast morphogenesis. In: T. W. GOODWIN, Biochemistry of chloroplasts, vol. 2, p. 633—653. London and New York: Academic Press 1967.
19. LANGRIDGE, J.: Nature (Lond.) **176**, 260 (1955).
20. — Aust. J. biol. Sci. **11**, 58 (1958).
21. REDEI, G. P.: Amer. J. Bot. **52**, 834 (1965).
22. BOYNTON, J. E.: Hereditas (Lund) **56**, 171 (1966).
23. LANGRIDGE, J., and R. D. BROCK: Aust. J. biol. Sci. **14**, 66 (1961).
24. — Aust. J. biol. Sci. **18**, 311 (1965).
25.* LASCELLES, J.: The biosynthesis of chlorophyll. In: J. B. PRIDHAM and T. SWAIN, Biosynthetic pathway in higher plants, p. 163—177. London and New York: Academic Press 1965.
26.* BOGORAD, L.: Chlorophyll biosynthesis. In: T. W. GOODWIN, Chemistry and biochemistry of plant pigments, p. 29—74. New York and London: Academic Press 1965.
27.* — Porphyrins and bile pigments. In: J. BONNER and J. E. VARNER, Plant biochemistry, p. 717—760. New York and London: Academic Press 1966.
28.* VERNON, L. P., and G. R. SEELEY: The chlorophylls. New York and London: Academic Press 1966.

29.* Granick, S.: The heme and chlorophyll biosynthetic chain. In: T. W. Goodwin, Biochemistry of chloroplasts, vol. 2, p. 373—410. London and New York: Academic Press 1967.
30. Wettstein, D. v.: Carnegie Inst. Wash. Yearbook **58**, 338 (1959).
31. Röbbelen, G.: Planta (Berl.) **47**, 532 (1956).
32. Eyster, W. H.: Bot. Gaz. **78**, 446 (1924).
33. Schwartz, D.: Bot. Gaz. **111**, 123 (1949).
34. Highkin, H. R.: Plant Physiol. **25**, 294 (1950).
35. —, and H. W. Frenkel: Plant Physiol. **37**, 814 (1962).
36.* Gottschalk, W.: Die Wirkung mutierter Gene auf die Morphologie und Funktion pflanzlicher Organe. Bot. Stud. H. **14**, 1—359 (1964).
37. —, u. F. Müller: Planta (Berl.) **61**, 259 (1964).
38. — — Planta (Berl.) **62**, 1 (1964).
39. Müller, F.: Planta (Berl.) **63**, 65 (1964).
40. Röbbelen, G.: Naturwissenschaften **44**, 288 (1957).
41. Seybold, A.: Bot. Arch. **42**, 254 (1941).
42.* Egle, K.: Menge und Verhältnisse der Pigmente. In: Handbuch der Pflanzenphysiologie, Bd. 5, Teil 1, S. 444—496. Berlin-Göttingen-Heidelberg: Springer 1960.
43. Hirono, Y., and G. P. Redei: Nature (Lond.) **197**, 1324 (1963).
44.* Menke, W.: The structure of the chloroplasts. In: T. W. Goodwin, Biochemistry of chloroplasts, vol. 1, p. 1—18. London and New York: Academic Press 1966.
45.* — Structure and chemistry of plastids. Ann. Rev. Plant Physiol. **13**, 27—44 (1962).
46.* — Feinbau und Entwicklung der Plastiden. Ber. dtsch. bot. Ges. **77**, 340—354 (1964).
47.* Granick, S.: The chloroplasts: inheritance, structure and function. In: J. Brachet and A. E. Mirsky, The cell, vol. 2, p. 489—602. New York and London: Academic Press 1961.
48.* Wehrmeyer, W.: Morphologie und Morphogenese der Plastiden (Chloroplasten). In: P. Sitte, Probleme der biologischen Reduplikation, S. 203—224. Berlin-Heidelberg-New York: Springer 1966.
49.* Bogorad, L.: Biosynthesis and morphogenesis in plastids. In: T. W. Goodwin, Biochemistry of chloroplasts, vol. 2, p. 616—631. London and New York: Academic Press 1967.
50. Walles, B.: Hereditas (Lund) **50**, 317 (1963).
51. — Hereditas (Lund) **53**, 247 (1965).
52. — Hereditas (Lund) **56**, 131 (1966).
53. Redei, G. P.: Science **139**, 767 (1963).
54. Wijewantha, R. T., and G. L. Stebbins: Genetics **50**, 65 (1964).
55. Nickell, L. G., and H. P. Kortschak: Hawaiian Planters Record **57**, 230 (1964).
56. Bell, W. D., L. Bogorad, and W. J. McIlrath: Bot. Gaz. **120**, 36 (1958).
57. Wallace, A.: Soil Sci. Soc. Amer. Proc. **27**, 176 (1963).
58. Bell, W. D., L. Bogorad, and W. J. McIlrath: Bot. Gaz. **124**, 1 (1962).
59. Böhme, H., u. G. Scholz: Kulturpflanze **8**, 93 (1960).
60. Scholz, G., u. H. Böhme: Kulturpflanze **9**, 181 (1961).
61. — Kulturpflanze **13**, 239 (1965).
62. — Flora (Jena) **154**, 589 (1964).
63.* Porter, H. K.: Synthesis of polysaccharides of higher plants. Ann. Rev. Plant Physiol. **13**, 303—328 (1962).
64.* Badenhuizen, N. P.: Formation and distribution of amylose and amylopectin in the starch granule. Nature (Lond.) **197**, 464—467 (1963).
65.* Whelan, W. J.: Recent advances in starch metabolism. Stärke **15**, 247—251 (1963).
66.* Davies, D. D., J. Giovanni, and T. Ap. Rees: Plant biochemistry. Oxford: Blackwell 1964.

67.* AKAZAWA, T.: Starch, inuline and other reserve polysaccharides. In: J. BONNER
and J. E. VARNER, Plant biochemistry, p. 258—297. New York and London:
Academic Press 1966.

68.* BADENHUIZEN, N. P.: The growth of starch grains in relation to genotype and
environment. S. Afr. J. Sci. **51**, 41—47 (1954).

69.* — — Handbuch der Pflanzenphysiologie, Bd. 6, S. 152—153. Berlin-Göttingen-
Heidelberg: Springer 1958.

70.* LYNEN, F.: Der Weg von der „aktivierten Essigsäure" zu den Terpenen und
Fettsäuren. Angew. Chem. **77**, 929—944 (1965).

71.* HALDANE, J. B. S.: The biochemistry of genetics, 3. ed., p. 59. London: George
Allen & Unwin Ltd 1960.

72. KAPPERT, H.: Z. indukt. Abstamm. u. Vererb.-L. **13**, 1 (1915).

73.* CREECH, R. G., F. J. MCARDLE, and H. H. KRAMER: Genetic control of carbohydrate type and quantity in maize kernels. Maize Genet. Coop. News Letter
37, 111—120 (1963).

74.* — Genetic control of carbohydrate synthesis in maize endosperm. Genetics **52**,
1175—1186 (1965).

75. —, and F. J. MCARDLE: Crop Sci. **6**, 192 (1966).

76. ZUBER, M. S., C. O. GROGAN, W. L. DEATHERAGE, J. E. HUBBARD, W. E.
SCHULZE, and M. M. MCMASTERS: Agronomy J. **50**, 9 (1958).

77. LAUGHNAN, J. R.: Genetics **38**, 485 (1953).

78. TSAI, C. Y., and O. E. NELSON: Science **151**, 341 (1966).

79. NELSON, O. E., and H. W. RINES: Biochem. biophys. Res. Commun. **9**, 297
(1962).

80. —, and C. Y. TSAI: Science **145**, 1194 (1964).

81.* MEARA, M. L.: The fats of higher plants. In: Handbuch der Pflanzenphysiologie,
Bd. 7, S. 10—49. Berlin-Göttingen-Heidelberg: Springer 1957.

82.* ANDERSSON, G., u. G. OLSSON: Cruciferen-Ölpflanzen. In: Handbuch der
Pflanzenzüchtung 5, S. 1—66. Berlin u. Hamburg: Paul Parey 1961.

83.* SCHMALFUSS, K.: Die wirtschaftliche Bedeutung der Pflanzenfette und Fett-
pflanzen. In: Handbuch der Pflanzenphysiologie, Bd. 7, S. 354—375.
Berlin-Göttingen-Heidelberg: Springer 1957.

84.* LYNEN, F.: Von der „Aktivierten Essigsäure" zu den Terpenen und Fettsäuren.
Umschau **65**, 321—326 (1965).

85.* — Aufbau der Fettsäuren in der Zelle. Naturwiss. Rdsch. **20**, 231—239 (1967).

86.* STUMPF, P. K.: Lipid metabolism. In: J. BONNER and J. E. VARNER, Plant
biochemistry, p. 322—345. New York and London: Academic Press 1966.

87. VELLIS, J. DE, L. M. SHANNON, and J. Y. LEW: Plant Physiol. **38**, 686 (1963).

88. PATTEE, H. E., and L. M. SHANNON: Bot. Gaz. **126**, 179 (1965).

89.* ERWIN, J., and K. BLOCH: Biosynthesis of unsaturated fatty acids in micro-
organisms. Science **143**, 1006—1012 (1964).

90.* ZELLER, A.: Handbuch der Pflanzenphysiologie, Bd. 7, S. 282—284. Berlin-
Göttingen-Heidelberg: Springer 1957.

91. JAMES, A. T.: Biochim. biophys. Acta (Amst.) **70**, 9 (1963).

92. PONELEIT, C. G., and D. E. ALEXANDER: Science **147**, 1585 (1965).

93. HOROWITZ, B., and G. WINTER: Nature (Lond.) **179**, 582 (1957).

94. DOWNEY, R. K.: J. Amer. Oil Chemists Soc. **41**, 475 (1964).

95. HARVEY, B. L., and R. K. DOWNEY: Canad. J. Plant Sci. **44**, 104 (1963).

96. LYNEN, F., H. EGGERER, U. HENNING u. J. KESSEL: Angew. Chem. **70**, 738
(1958).

97. CHAYKIN, S., J. LAW, A. H. PHILLIPS, T. T. TCHEN, and K. BLOCH: Proc. nat.
Acad. Sci. (Wash.) **44**, 998 (1958).

98.* BONNER, J.: The isoprenoids. In: J. BONNER and J. E. VARNER, Plant biochemistry, p. 665—692. New York and London: Academic Press 1966.

99.* GRANT, J. K.: Lipids: Steroid metabolism. In: M. FLORKIN and H. S. MASON,
Comparative biochemistry, vol. 3, p. 163—202. New York and London:
Academic Press 1962.

100.* SANDERMANN, W.: Terpenoids: metabolism. In: M. FLORKIN and H. S. MASON, Comparative biochemistry vol. 3, p. 591—630. New York and London: Academic Press 1962.

101.* — Biosynthetische Untersuchungen an verschiedenen Kiefernarten. Holzforsch. **16**, 67—74 (1962).

102.* — Holzinhaltsstoffe, ihre Chemie und Biochemie. Naturwissenschaften **53**, 513—525 (1966).

103.* WAGNER, A. F., and K. FOLKERS: Discovery and chemistry of mevalonic acid. Advanc. Enzymol. **23**, 471—483 (1961).

104.* —, and K. FOLKERS: The organic and biological chemistry of mevalonic acid. Endeavour **20**, 177—187 (1961).

105.* LYNEN, F., u. U. HENNING: Über den biologischen Weg zum Naturkautschuk. Angew. Chem. **72**, 820—829 (1960).

106. POLLARD, C. J., J. BONNER, A. J. HAAGEN-SMITH, and C. C. NIMMO: Plant Physiol. **41**, 66 (1966).

107. SANDERMANN, W., u. W. SCHWEERS: Chem. Ber. **93**, 2266 (1960).

108. GILDEMEISTER, E., u. F. HOFFMANN: Die ätherischen Öle, 4. Aufl., Bd. 1, S. 268. Berlin: Akademie-Verlag 1956.

109. HÖRHAMMER, L., u. H. WAGNER: Dtsch. Apoth.-Ztg **103**, 1737 (1963).

110. PRYOR, L. D., and L. H. BRYANT: Proc. Linnean Soc. N. S. Wales **83**, 55 (1958).

111.* MORITZ, O.: Einführung in die Pharmazeutische Biologie, 4. Aufl. Stuttgart: Gustav Fischer 1967.

112.* SCHICK, E.-R., u. R. REIMANN-PHILIPP: Die Züchtung von Heilpflanzen. Züchter **27**, 300—332 (1957).

113. MURRAY, M. J.: Genetics **45**, 931 (1960).

114. — Genetics **45**, 925 (1960).

115. REITSEMA, R. H.: J. Amer. pharm. Ass. **47**, 267 (1958).

116. HEFENDEHL, F. W., E. W. UNDERHILL, and E. v. RUDLOFF: Phytochemistry **6**, 823 (1967).

117. HANOVER, J. W.: Heredity **21**, part 1, 73 (1966).

118.* MIROV, N. T.: Distribution of turpentine components among species of the genus Pinus. In: K. F. THIMANN, The physiology of forest trees, p. 251—268. New York: Ronald Press 1958.

119. Zit. nach 267* S. 314.

120.* BRIAN, P. W., and J. F. GROVE: Gibberellinsäure. Endeavour **16**, 161—171 (1957).

121.* STOWE, B. R., and T. YAMAKI: The history and physiological action of the gibberellins. Ann. Rev. Plant Physiol. **8**, 181—216 (1957).

122.* KNAPP, R.: Die Gibberelline und ihre Bedeutung für die Pflanzenphysiologie. Naturwissenschaften **45**, 408—413 (1958).

123.* PHINNEY, B. O., and C. A. WEST: Gibberellins as native plant growth substances. Ann. Rev. Plant Physiol. **11**, 411—436 (1960).

124.* — — Gibberellins and plant growth. In: Handbuch der Pflanzenphysiologie, Bd. 14, S. 1185—1227. Berlin-Göttingen-Heidelberg: Springer 1961.

125.* STUART, N. W., and H. M. CATHEY: Applied aspects of the gibberellins. Ann. Rev. Plant Physiol. **12**, 369—394 (1961).

126.* KNAPP, R.: Eigenschaften und Wirkungen der Gibberelline. Symp. der Oberhess. Ges. für Natur- und Heilkunde 1960. Berlin-Göttingen-Heidelberg: Springer 1962.

127.* PALEG, L. G.: Physiological effects of gibberellins. Ann. Rev. Plant Physiol. **16**, 291—322 (1965).

128.* BRIAN, P. W.: The gibberellins as hormones. Int. Rev. Cytol. **19**, 229—266 (1966).

129.* SCHNEIDER, G., G. SEMBDNER u. K. SCHREIBER: Gibberelline — ihre Derivate und Abbauprodukte. Berlin: Akademie-Verlag 1966.

130. MICHNIEWICZ, M., and A. LANG: Planta (Berl.) **58**, 549 (1962).

131. — — Naturwissenschaften **49**, 211 (1962).

132. WEST, C. A., and B. O. PHINNEY: Plant Physiol., Suppl. 31, XX (1956).

133. RUDDAT, M., A. LANG u. E. MOSETTIG: Naturwissenschaften 50, 23 (1963).

134. GRAEBE, J. E., D. T. DENNIS, C. D. UPPER, and C. A. WEST: J. biol. Chem. 240, 1847 (1965).

135. MUROFUSHI, N., S. IRIUCHIJIMA, N. TAKAHASHI, S. TAMURA, J. KATO, Y. WADA, E. WATANABE, and T. AOYAMA: Agricult. Biol. Chem. 30, 917 (1966).

136. JONES, D. F., J. MACMILLAN, and M. RADLEY: Phytochemistry 2, 307 (1963).

137. ELSON, G. W., D. F. JONES, J. MACMILLAN, and P. J. SUTER: Phytochemistry 3, 93 (1964).

138. SEMBDNER, G., and K. SCHREIBER: Phytochemistry 4, 49 (1965).

139. PETRIDIS, C., R. VERBEEK, u. C. MASSART: Naturwissenschaften 53, 331 (1966).

140. SITTON, D., A. RICHMOND, and Y. VAADIA: Phytochemistry 6, 1101 (1967).

141. MARGARA, J.: Ann. Physiol. vég. 5, 249 (1963).

142. KÖHLER, D.: Plant Physiol. 38, 555 (1963).

143.* PHINNEY, B. O.: Dwarfing genes in Zea mays and their relation to the gibberellins. In: R. M. KLEIN, Plant growth regulation, p. 489—501. Ames: Iowa State University Press 1961.

144.* —, and C. A. WEST: Gibberellins and the growth of flowering plants. In: D. RUDNICK, XVIII. Growth Symposium, p. 71—92. New York: Ronald Press 1960.

145. BRIAN, P. W.: Proc. X. Int. Bot. Congr. 1964, p. 81.

146.* BLOCH, K.: Die Biosynthese des Cholesterins. Angew. Chem. 77, 944—954 (1965).

147.* SANDERMANN, W.: Terpenoids: structure and distribution. In: M. FLORKIN and H. S. MASON, Comparative biochemistry, vol. 3, p. 503—590. New York and London: Academic Press 1962.

148.* HEFTMANN, E.: Biochemistry of plant steroids. Ann. Rev. Plant Physiol. 14, 225—248 (1963).

149.* KUHN, R., u. A. GAUHE: Über die Bedeutung des Demissins für die Resistenz von Solanum demissum gegen die Larven des Kartoffelkäfers. Z. Naturforsch. 2b, 407—409 (1947).

150.* SCHREIBER, K.: Natürliche pflanzliche Resistenzstoffe gegen den Kartoffelkäfer und ihr möglicher Wirkungsmechanismus. Züchter 27, 289—299 (1957).

151.* — U. HAMMER, E. ITHAL, H. RIPPERGER, W. RUDOLPH u. A. WEISSENBORN: Über das Alkaloid-Vorkommen verschiedener Solanum-Arten. In: Chemie und Biochemie der Solanum-Alkaloide, S. 47—73. Berlin: Deutsche Akademie der Landwirtschaftswissenschaften 1961.

152.* SCHRATZ, E.: Arzneipflanzen. In: Handbuch der Pflanzenzüchtung, Bd. 5, S. 382—474. Berlin u. Hamburg: Paul Parey 1961.

153.* RUDORF, W., u. M. L. BAERECKE: Handbuch der Pflanzenzüchtung, Bd. 3, S. 149—150. Berlin u. Hamburg: Paul Parey 1958.

154. SCHWARZE, P.: Züchter 33, 275 (1963).

155.* ADAMS, R., T. A. GEISSMAN, and J. D. EDWARDS: Gossypol, a pigment of cottonseed. Chem. Rev. 60, 555—574 (1960).

156.* MARKS, G. S.: The biosynthesis of heme and chlorophyll. Bot. Rev. 32, 56—94 (1966).

157. HEINSTEIN, P. F., F. H. SMITH, and S. B. TOVE: Fed. Proc. 21, 399 (1962).

158. SMITH, F. H.: Nature (Lond.) 192, 888 (1962).

159. LEE, J. L.: Genetics 47, 131 (1962).

160. RHYNE, C. L., and F. H. SMITH: Crop Sci. 5, 419 (1965).

161. REHM, S.: Die Bitterstoffe der Cucurbitaceen. Ergebn. Biol. 22, 108—136 (1960).

162. SCHWARTZ, H. M., S. J. BIEDRON, M. M. VAN HOLDT, and S. REHM: Phytochemistry 3, 189 (1964).

163.* HEFTMANN, E.: Steroids. In: J. BONNER and J. E. VARNER, Plant biochemistry, p. 693—716. New York and London: Academic Press 1966.

164.* WEEDON, B. C. L.: Chemistry of the carotenoids. In: T. W. GOODWIN, Chemistry and biochemistry of plant pigments, p. 75—125. London and New York: Academic Press 1965.

165.* GOODWIN, T. W.: The biosynthesis of carotenoids. In: T. W. GOODWIN, Chemistry and biochemistry of plant pigments, p. 143—173. London and New York: Academic Press 1965.

166. RABOURN, W. J., and F. W. QUACKENBUSH: Arch. Biochem. 44, 159 (1959).

167. DECKER, K., u. H. UEHLEKE: Hoppe-Seylers Z. physiol. Chem. 323, 61 (1961).

168. WELLS, L. W., W. J. SCHELBLE, and J. W. PORTER: Fed. Proc. 23, 426 (1964).

169. COSTES, C.: Ann. Physiol. vég. 7, 105 (1965).

170. — Ann. Physiol. vég. 7, 25 (1965).

171. LE ROSEN, A. L., F. W. WENT, and L. ZECHMEISTER: Proc. nat. Acad. Sci. (Wash.) 27, 236 (1941).

172. MACKINNEY, G., and J. A. JENKINS: Proc. nat. Acad. (Wash.) Sci. 35, 284 (1949).

173. TOMES, M. L., F. W. QUACKENBUSH, O. E. NELSON, and B. NORTH: Genetics 38, 117 (1953).

174. MACKINNEY, G., C. M. RICK, and J. A. JENKINS: Proc. nat. Acad. Sci. (Wash.) 42, 404 (1956).

175. JENKINS, J. A., and G. MACKINNEY: Genetics 40, 715 (1955).

176. TOMES, M. L., F. W. QUACKENBUSH, and T. E. KARGL: Bot. Gaz. 119, 250 (1958).

177. THOMPSON, A. E.: Science 121, 896 (1955).

178. RAMIREZ, D. A., and M. L. TOMES: Bot. Gaz. 125, 221 (1964).

179. THOMPSON, A. E., R. W. HEPLER, and A. E. KERR: Proc. Amer. Soc. Horticult. Sci. 81, 434 (1962).

180. ZECHMEISTER, L., A. L. LE ROSEN, F. W. WENT, and L. PAULING: Proc. nat. Acad. Sci. (Wash.) 27, 468 (1941).

181. —, and F. W. WENT: Nature (Lond.) 162, 847 (1948).

182. MACKINNEY, G., and J. A. JENKINS: Proc. nat. Acad. Sci. (Wash.) 38, 48 (1952).

183. LINCOLN, R. E., and J. W. PORTER: Genetics 35, 206 (1950).

184. TOMES, M. L., F. W. QUACKENBUSH, and T. E. KARGL: Bot. Gaz. 117, 248 (1956).

185. MACKINNEY, G., C. M. RICK, and J. A. JENKINS: Proc. nat. Acad. Sci. (Wash.) 40, 695 (1954).

186. TOMES, M. L., F. W. QUACKENBUSH, and M. McQUISTAN: Genetics 39, 810 (1954).

187. BAKER, L. R., and M. L. TOMES: Proc. Amer. Soc. Horticult. Sci. 85, 507 (1964).

188. KARGL, T. E., F. W. QUACKENBUSH, and M. L. TOMES: Proc. Amer. Soc. Horticult. Sci. 75, 574 (1960).

189. TOMES, M. L.: Genetics 56, 227 (1967).

190.* RICK, C. H. M., and L. BUTLER: Cytogenetics of the tomato. Advanc. Genetics 8, 267—382 (1956).

191. FALUDI-DANIEL, A., and F. LANG: Ann. Univ. Sci. budapest., Sec. biol. 7, 77 (1964).

192. FALUDI, B., A. F. DANIEL, and G. KELEMEN: Physiol. Plantarum (Kbh.) 13, 227 (1960).

193. FALUDI-DANIEL, A., and G. KELEMEN: Ann. Univ. Sci. budapest., Sec. biol. 3, 179 (1960).

194. — B. FALUDI, I. GYURJAN, and I. SZARAZ: Ann. Univ. Sci. budapest., Sec. biol. 5, 69 (1962).

195. KOSKI, V. M., and J. H. C. SMITH: Arch. Biochem. 34, 189 (1951).

196. ANDERSON, I. C., and D. S. ROBERTSON: Plant Physiol. 35, 531 (1960).

197. SMITH, J. H., L. J. DURHAM, and C. F. WURSTER: Plant Physiol. 34, 340 (1959).

198. WALLACE, R. H., and A. E. SCHWARTING: Plant Physiol. 29, 431 (1954).

199. —, and H. M. HABERMANN: Amer. J. Bot. 46, 157 (1959).

200. CHICHESTER, C. O., H. YOKOHAMA, T. O. M. NAKAYAMA, A. LUKTON, and G. MACKINNEY: J. biol. Chem. 234, 598 (1959).

201. FALUDI-DANIEL, A.: Ann. Univ. Sci. budapest., Sec. biol. **6**, 83 (1963).
202. FUJI, T., and J. ONO: Proc. Jap. Acad. Sci. **36**, 609 (1960).
203.* KRINSKY, N. J.: The role of carotenoid pigments as protective agents against photosensitized oxydations in chloroplasts. In: T. W. GOODWIN, Biochemistry of chloroplasts, vol. 1, p. 423—430. London and New York: Academic Press 1966.
204. KANDLER, O., u. F. SCHÖTZ: Z. Naturforsch. **11**b, 708 (1956).
205. CLAES, H.: Z. Naturforsch. **12**b, 401 (1957).
206. SIRONVAL, O., and O. KANDLER: Biochim. biophys. Acta (Amst.) **29**, 258 (1958).
207. WILDMAN, S. G., F. A. ABEGG, J. A. ELDER, and S. B. HENDRIKS: Arch. Biochem. **10**, 141 (1946).
208.* WEISSMANN, G.: The distribution of terpenoids. In: T. SWAIN, Comparative phytochemistry, p. 97—120. London and New York: Academic Press 1966.
209.* GOODWIN, T.: The carotenoids. In: T. SWAIN, Comparative phytochemistry, p. 121—137. London and New York: Academic Press 1966.
210.* HARBORNE, J. B.: Biochemistry of phenolic compounds. London and New York: Academic Press 1964.
211.* OLLIS, W. D., and I. O. SUTHERLAND: Isoprenoid units in natural phenolic compounds. In: W. D. OLLIS, Recent developments in the chemistry of natural phenolic compounds, p. 74—118. New York-Oxford-London-Paris: Pergamon Press 1961.
212.* HARBORNE, J. B., and N. W. SIMMONDS: The natural distribution of the phenolic aglycones. In 210.*, p. 77—127.
213.* — Phenolic glycosides and their natural distribution. In 210.*, p. 129—169.
214.* SONDHEIMER, E.: Chlorogenic acids and related depsides. Bot. Rev. **30**, 667—712 (1964).
215. RUDORF, W., u. P. SCHWARZE: Z. Pflanzenzüchtung **39**, 245 (1958).
216. KOSUGE, T.: Arch. Biochem. **95**, 211 (1961).
217. HASKINS, F. A., and H. J. GORZ: Crop Sci. **1**, 320 (1961).
218. KAHNT, G., u. W. J. SCHÖN: Angew. Bot. **36**, 33 (1962).
219.* FREUDENBERG, K.: Forschungen am Lignin. Fortschr. Chem. organ. Naturstoffe **20**, 41—72 (1962).
220.* — Entwurf eines Konstitutionsschemas für das Lignin der Fichte. Holzforsch. **18**, 3—9 (1964).
221. —, u. J. M. HARKIN: Holzforsch. **18**, 166 (1964).
222.* — Lignin; its constitution and formation from p-hydroxycinnamoyl alcohols. Science **148**, 595—600 (1965).
223.* SCHUBERT, W. J.: Lignin biochemistry. New York and London: Academic Press 1965.
224.* BROWN, S. A.: Lignins. Ann. Rev. Plant Physiol. **17**, 223—244 (1966).
225.* SWAIN, T., and E. C. BATE-SMITH: Flavonoid compounds. In: M. FLORKIN and H. S. MASON, Comparative biochemistry, vol. 3, p. 755—809. New York and London: Academic Press 1962.
226.* GEISSMAN, T. A.: The chemistry of flavonoid compounds. Oxford-London-New York-Paris: Pergamon Press 1962.
227.* SWAIN, T.: Nature and properties of flavonoids. In: T. W. GOODWIN, Chemistry and biochemistry of plant pigments, p. 211—245. London and New York: Academic Press 1965.
228.* HARBORNE, J. B.: The evolution of flavonoid pigments in plants. In: T. SWAIN, Comparative biochemistry, p. 271—295. London and New York: Academic Press 1966.
229.* — Comparative biochemistry of flavonoids. London and New York: Academic Press 1967.
230.* FREUDENBERG, K.: Catechine und Hydroxy-flavandiole als Gerbstoffbildner. Experientia (Basel) **16**, 101—105 (1960).
231. CREASY, L. L., and T. SWAIN: Nature (Lond.) **208**, 556 (1965).
232.* BAYER, E.: Komplexbildung und Blütenfarben. Angew. Chem. **78**, 834—841 (1966).

233. Molisch, H.: Ber. dtsch. bot. Ges. **46**, 311 (1928).
234. McWilliam, J. R., and C. J. Shepherd: Austr. J. biol. Sci. **17**, 601 (1964).
235. Harborne, J. B.: Phytochemistry **3**, 151 (1964).
236. Stroh, H.-H., u. H. Seidel: Z. Naturforsch. **20**b, 39 (1965).
237. Birkofer, L., C. Kaiser, M. Donike u. W. Koch: Z. Naturforsch. **20**b, 424 (1965).
238.* Neish, A. C.: Biosynthetic pathways of aromatic compounds. Ann. Rev. Plant Physiol. **11**, 55—80 (1960).
239.* Rickards, R. W.: The biosynthesis of phenolic compounds from activated acetic units. In: W. D. Ollis, Recent developments in the chemistry of natural phenolic compounds, p. 1—19. New York-Oxford-London-Paris: Pergamon Press 1961.
240.* Schmidt, H.: Biosynthese phenolischer Pflanzeninhaltsstoffe. Pharmazie **18**, 445—456 (1963).
241.* Neish, A. C.: Major pathways of biosynthesis of phenols. In 210.*, p. 295—359.
242.* Bu'Lock, J. D.: The biosynthesis of natural products. London-New York-Toronto-Sydney: Mc Graw-Hill Book Co. 1965.
243.* Lynen, F., u. M. Tada: Die biochemischen Grundlagen der „Polyacetatregel". Angew. Chem. **73**, 513—519 (1961).
244. Gross, G. G., u. M. H. Zenk: Z. Naturforsch. **21**b, 683 (1966).
245. Balinsky, D., and D. D. Davies: J. exp. Bot. **13**, 414 (1962).
246. Gamborg, O. L., and F. J. Simpson: Canad. J. Biochem. **42**, 583 (1964).
247. — Canad. J. Biochem. **44**, 781 (1966).
248. — Biochim. biophys. Acta (Amst.) **128**, 483 (1966).
249. — Phytochemistry **6**, 1067 (1967).
250. Nair, P. M., and L. C. Vining: Phytochemistry **4**, 401 (1965).
251. Coukol, J., and E. E. Conn: J. biol. Chem. **236**, 2692 (1961).
252. Neish, A. C.: Phytochemistry **1**, 1 (1961).
253. Zenk, M. H., u. G. Müller: Z. Naturforsch. **19**b, 398 (1964).
254. Zucker, M.: Plant Physiol. **40**, 779 (1965).
255. Durst, H., u. H. Mohr: Naturwissenschaften **53**, 531 (1966).
256. Scherf, H., u. M. H. Zenk: Z. Pflanzenphysiol. **56**, 203 (1967).
257. Young, M. R., and A. C. Neish: Phytochemistry **5**, 1121 (1966).
258. Bergmann, L.: Ber. dtsch. bot. Ges. **78**, (30) (1965).
259. Hanson, K. R., and J. Zucker: J. biol. Chem. **238**, 1105 (1963).
260. Finkle, B. J., and R. F. Nelson: Biochim. biophys. Acta (Amst.) **78**, 747 (1963).
261. —, and M. S. Masri: Biochim. biophys. Acta (Amst.) **85**, 167 (1964).
262. Hess, D.: Z. Naturforsch. **19**b, 447 (1964).
263. — Z. Pflanzenphysiol. **53**, 460 (1965).
264. Ribéreau-Gayon, P.: Ann. Physiol. vég. **6**, 119, 211, 259 (1964).
265. Yap, F., u. A. Reichardt: Züchter **34**, 143 (1964).
266. Pecket, R. C.: In: J. B. Pridham, Phenolics in plants in health and disease, p. 119. Oxford-London-New York-Paris: Pergamon Press 1960.
267.* Alston, R. E., and B. L. Turner: Biochemical systematics. Englewood Cliffs: Prentice Hall 1963.
268. Stahl, E., u. H. Jork: Arch. Pharm. (Weinheim) **297**, 273 (1964).
269.* Williams, A. H.: Dihydrochalcones. In: T. Swain, Comparative phytochemistry, p. 297—307. London and New York: Academic Press 1966.
270. — In: J. B. Pridham, Phenolics in plants in health and disease. Oxford-London-New York-Paris: Pergamon Press 1960.
271. Woese, C. R.: The present status of the genetic code. Progr. Nucleic Acid. Res. **7**, 107—172 (1967).
272.* Swain, T.: The tannins. In: J. Bonner and J. E. Varner, Plant biochemistry, p. 552—580. New York and London: Academic Press 1966.
273.* Zenk, M. H.: Biosynthesis of C_6-C_1-compounds. Proc. 2nd. Meeting Europ. Biochem. Soc. **3**, 45—60 (1966).

274. Vollmer, K.-O., u. H. Grisebach: Z. Naturforsch. 21b, 435 (1966).
275. Zenk, M. H.: Z. Naturforsch. 19b, 856 (1964).
276. Yamake, T., and C. E. Cardini: Arch. Biochem. 86, 127 (1960).
277. Hutchinson, A., C. D. Taper, and G. H. Towers: Canad. J. Biochem. 37, 901 (1959).
278. Avadhani, P. N., and G. H. N. Towers: Canad. J. Biochem. 37, 1605 (1961).
279. Grisebach, H., u. L. Patschke: Z. Naturforsch. 17b, 875 (1962).
280. Williams, A. H.: Nature (Lond.) 175, 213 (1955).
281.* Brown, S. A.: Recent studies on the formation of natural coumarins. Lloydia 26, 211—222 (1963).
282.* Conn, E. E.: Enzymology of phenolic biosynthesis. In 210.*, p. 399—435.
283.* Towers, G. H. N.: Metabolism of phenolics in higher plants and micro-organisms. In 210.*, p. 249—294.
284.* Neish, A. C.: Coumarins, phenylpropans, and lignin. In: J. Bonner and J. E. Varner, Plant biochemistry, p. 581—617. New York and London: Academic Press 1966.
285. Shimokoriyama, M.: J. Amer. chem. Soc. 79, 4199 (1957).
286. Kosuge, F., and E. E. Conn: J. biol. Chem. 234, 2133 (1959).
287. Haskins, F. A., and H. J. Gorz: Biochem. biophys. Res. Commun. 6, 298 (1961).
288. Kahnt, G.: Naturwissenschaften 49, 207 (1962).
289. Haskins, F. A., L. G. Williams, and H. J. Gorz: Plant Physiol. 39, 777 (1964)
290. Edwards, K. G., and J. R. Stoker: Phytochemistry 6, 655 (1967).
291. Kosuge, T., and E. E. Conn: J. biol. Chem. 236, 1617 (1961).
292. Reznik, H., u. R. Urban: Naturwissenschaften 44, 13, 592 (1957).
293. Brown, S. A.: Phytochemistry 2, 137 (1963).
294. — G. H. N. Towers, and D. Chen: Phytochemistry 3, 469 (1964).
295. Austin, D. J., and M. B. Myers: Phytochemistry 4, 245 (1965).
296. — — Phytochemistry 4, 255 (1965).
297. Akeson, W. R., F. A. Haskins, and H. J. Gorz: Crop. Sci. 2, 525 (1962).
298. Kosuge, T., and E. E. Conn: J. biol. Chem. 234, 2133 (1959).
299. — — J. biol. Chem. 237, 1653 (1962).
300. Bellis, D. M.: Nature (Lond.) 182, 806 (1958).
301. Davies, E. G., and W. M. Ashton: J. Sci. Food Agr. 15, 733 (1964).
302. Smith, W. K.: Genetics 33, 124 (1948).
303. Goplen, B. P., J. E. R. Greenshields, and H. Baenziger: Canad. J. Bot. 35, 583 (1957).
304. Haskins, F. A., and H. J. Gorz: J. Heredity 51, 74 (1960).
305. Micke, A.: Z. Pflanzenzüchtung 48, 1 (1962).
306. Haskins, F. A., and T. Kosuge: Genetics 52, 1059 (1965).
307. Schaeffer, G. W., F. A. Haskins, and H. J. Gorz: Biochem. biophys. Res. Commun. 3, 268 (1960).
308. Haskins, F. A., and H. J. Gorz: Genetics 51, 733 (1965).
309. Akeson, W. R., H. J. Gorz, and F. A. Haskins: Crop Sci. 3, 167 (1963).
310.* Reznik, H.: Beiträge zur Physiologie der Verholzung. Planta (Berl.) 54, 333—364 (1959).
311.* Brown, S. A.: Chemistry of lignification. Science 134, 305—313 (1961).
312.* Schenk, W.: Die Biosynthese des Lignins. Pharmazie 12, 586—594 (1961).
313.* Nord, F. F., and W. J. Schubert: The biochemistry of lignin formation. In: M. Florkin and H. S. Mason, Comparative biochemistry, vol. 4, p. 65—106. New York and London: Academic Press 1962.
314.* Freudenberg, K.: The formation of lignin in the tissue and in vitro. In: M. H. Zimmermann, The formation of wood in forest trees, p. 203—218. New York and London: Academic Press 1964.
315.* Brown, S. A.: Lignin and tannin biosynthesis. In 210.*, p. 361—398.
316.* Isherwood, F. A.: Biosynthesis of lignin. In: J. B. Pridham and T. Swain, Biosynthetic pathways in higher plants, p. 133—146. London and New York: Academic Press 1966.

317. Moustafa, E., and E. Wong: Phytochemistry **6**, 625 (1967).

318. Kuc, J., and O. E. Nelson: Arch. Biochem. **105**, 103 (1964).

319.* Porter, J. W., and D. G. Anderson: Biosynthesis of carotenes. Ann. Rev. Plant Physiol. **18**, 197—252 (1967).

320.* Bogorad, L.: The biogenesis of flavonoids. Ann. Rev. Plant Physiol. **9**, 417—448 (1958).

321.* Grisebach, H.: The biosynthesis of isoflavones. In: W. D. Ollis, Recent developments in the chemistry of natural phenolic compounds, p. 59—73. New York-London-Oxford-Paris: Pergamon Press 1961.

322.* —, and W. D. Ollis: Biogenetic relationships between coumarins, flavonoids, isoflavonoids, and rotenoids. Experientia (Basel) **17**, 4—12 (1961).

323.* — Die Biosynthese der Flavonoide. Planta med. (Stuttg.) **10**, 385—397 (1962).

324.* Birch, A.: Biosynthesis of flavonoids and anthocyanins. In 226.*, p. 618—625.

325.* Grisebach, H.: Biosynthesis of flavonoids. In: T. W. Goodwin, Chemistry and biochemistry of plant pigments, p. 279—308. London and New York: Academic Press 1965.

326.* Harborne, J. B.: Flavonoid pigments. In: J. Bonner and J. E. Varner, Plant biochemistry, p. 618—640. New York and London: Academic Press 1966.

327.* Hassid, W. Z.: Transformation of sugars in plants. Ann. Rev. Plant Physiol. **18**, 253—280 (1967).

328.* Mudd, J. B.: Fat metabolism in plants. Ann. Rev. Plant Physiol. **18**, 229—252 (1967).

329. Hänsel, R., G. Ranft u. P. Bähr: Z. Naturforsch. **18**b, 370 (1963).

330. Barber, G. A.: Biochem. biophys. Res. Commun. **8**, 204 (1962).

331. — Nucleotide and carbohydrate metabolism. In: J. B. Pridham and T. Swain, Biosynthetic pathways in higher plants, p. 117—121. London and New York: Academic Press 1965.

332.* Harborne, J. B.: The genetic variation of anthocyanin pigments in plant tissues. In: J. B. Pridham, Phenolics in plants in health and disease, p. 109—117. Oxford-London-New York-Paris: Pergamon Press 1960.

333.* — Chemogenetical studies of flavonoid pigments. In 226.*, p. 593—617.

334.* Feenstra, W. J.: The genetics of flavonoid formation. Planta med. (Stuttg.) **10**, 412—420 (1962).

335.* Alston, R. E.: The genetics of phenolic compounds. In 210.*, p. 171—204.

336.* Hess, D.: Blütenfarbstoffe als Modelle für die Wirkungsweise von Genen. Umschau **64**, 758—762; **65**, 49—53, 139—143 (1964/65).

337.* Leete, E.: Alkaloid biosynthesis. Ann. Rev. Plant Physiol. **18**, 179—196 (1967).

338. Wheldale, M.: Proc. roy. Soc. B **89**, 288 (1907).

339. Garrod, A. E.: Inborn errors of metabolism, 1st edition. London: Oxford University Press 1909.

340.* Lawrence, W. J. C., and J. R. Price: The genetics and chemistry of flower colour variation. Biol. Rev. **15**, 35—58 (1940).

341.* Scott-Moncrieff, R.: The genetics and biochemistry of flower colour variation. Ergebn. Enzymforsch. **8**, 277—306 (1939).

342. Schmidt, H.: Biol. Zbl. **81**, 213 (1962).

343. Hess, D.: Planta (Berl.) **59**, 567 (1963).

344.* Seybold, A.: Untersuchungen über den Farbwechsel von Blumenblättern, Früchten und Samenschalen. S.-B. Heidelberg. Akad. Wiss., math.-nat. Kl. 1953/54, S. 31—123.

345. Riley, H. P.: Bull. Torrey bot. Club **72**, 435 (1945).

346. Harborne, J. B.: Phytochemistry **4**, 647 (1965).

347. Hess, D.: In Vorbereitung.

348. Geissman, T. A., and J. B. Harborne: Arch. Biochem. **55**, 447 (1955).

349. Böhme, H., u. H. R. Schütte: Biol. Zbl. **75**, 597 (1956).

350. Harborne, J. B., and J. J. Corner: Arch. Biochem. **92**, 192 (1961).

351. Lawrence, W. J. C., and R. Scott-Moncrieff: J. Genet. **30**, 155 (1935).

352. STRAUS, J.: Plant Physiol. **34**, 536 (1959).

353. REDDY, G. M., and E. H. COE: Science **138**, 149 (1962).

354. SCOTT-MONCRIEFF, R.: J. Genet. **32**, 117 (1936).

355. PIJL, L. VAN DER: Evolution (Lawrence, Kansas) **15**, 44 (1961).

356. ALSTON, R. E., and C. W. HAGEN: Genetics **43**, 35 (1958).

357. BEALE, G. H., J. R. PRICE, and R. SCOTT-MONCRIEFF: J. Genet. **41**, 65 (1941).

358.* FRISCH, K. V.: Aus dem Leben der Bienen, 5. Aufl. Berlin-Göttingen-Heidelberg: Springer 1953.

359.* KNOLL, FR.: Die Biologie der Blüte. Berlin-Göttingen-Heidelberg: Springer 1956.

360. BRAGT, J. VAN: Meded. Landb. Hogesch. Wageningen **62**, 1 (1962).

361. HESS, D.: Z. Pflanzenphysiol. **56**, 12 (1967).

362. LAWRENCE, W. J. C., and V. C. STURGESS: Heredity **11**, 303 (1957).

363. HESS, D.: In Vorbereitung.

364. —, u. C. MEYER: Z. Naturforsch. **17**b, 853 (1962).

365. HARBORNE, J. B., and H. S. A. SHERRATT: Nature (Lond.) **181**, 25 (1958).

366. FEENSTRA, W. J.: Meded. Landb. Hogesch. Wageningen **60**, 1 (1960).

367. HENDRYCHOVÁ-TOMKOVÁ, J.: Preslia **36**, 217 (1964).

368. GEISSMAN, T. A., E. C. JORGENSEN, and B. L. JOHNSON: Arch. Biochem. **49**, 368 (1954).

369. SHERRATT, H. S. A.: J. Genet. **56**, 28 (1958).

370. FEENSTRA, W. J.: In: J. B. PRIDHAM, Phenolics in plants in health and disease, p. 127. Oxford-London-New York-Paris: Pergamon Press 1960.

371. PATSCHKE, L., u. H. GRISEBACH: Z. Naturforsch. **20**b, 1039 (1965).

372. — W. BARZ u. H. GRISEBACH: Z. Naturforsch. **19**b, 1110 (1964).

373. — D. HESS u. H. GRISEBACH: Z. Naturforsch. **19**b, 1114 (1964).

374. PARKS, C. R.: Amer. J. Bot. **52**, 309 (1965).

375. HESS, D.: Z. Pflanzenphysiol. **56**, 295 (1967).

376. — Z. Pflanzenphysiol. **53**, 1 (1965).

377. — Z. Pflanzenphysiol. **55**, 374 (1966).

378. MANSELL, R. L., and C. W. HAGEN: Amer. J. Bot. **53**, 875 (1966).

379. PATSCHKE, L., and H. GRISEBACH: Phytochemistry 7, 235 (1968).

380. SCHWIMMER, S.: Phytochemistry 5, 791 (1966).

381. BARZ, W., u. H. GRISEBACH: Z. Naturforsch. **22**b, 627 (1967).

382. MEIER, H., u. M. H. ZENK: Z. Pflanzenphysiol. **53**, 415 (1965).

383. PLA, J., A. VILLE et H. PACHÉCO: Bull. Soc. Chim. Biol. (Paris) **49**, 395 (1967).

384. HESS, D.: Planta (Berl.) **60**, 568 (1964).

385. — Z. Pflanzenphysiol. **59**, 293 (1968).

386. GOULIAN, A., A. KORNBERG, and R. L. SINSHEIMER: Proc. nat. Acad. Sci. (Wash.) **58**, 2321 (1967).

387. ABE, Y., and K. GOTOH: Nat. Inst. Genetics Jap. Ann. Rept. **6**, 75 (1956).

388. HARBORNE, J. B.: Biochem. J. **74**, 262 (1960).

389. MEYER, C.: Z. Vererbungsl. **95**, 171 (1964).

390.* MOTHES, K., u. H. R. SCHÜTTE: Über sekundäre Pflanzenstoffe mit Exkretcharakter. In: B. FLASCHENTRÄGER u. E. LEHNARTZ, Physiologische Chemie, Bd. 2, Teil 2, Bandteil d/β, S. 1151—1221. Berlin-Heidelberg-New York: Springer 1966.

391.* LEETE, E.: Biosynthesis of alkaloids. Science **147**, 1000—1006 (1965).

392.* MOTHES, K., u. A. ROMEIKE: Die Alkaloide. In: Handbuch der Pflanzenphysiologie, Bd. 8, S. 989—1049. Berlin-Göttingen-Heidelberg: Springer 1958.

393.* —, u. H. R. SCHÜTTE: Die Biosynthese der Alkaloide. Angew. Chem. **75**, 265—281, 357—374 (1963).

394.* RICHARDS, J. H.: Alkaloid biosynthesis. In: J. BONNER and J. E. VARNER, Plant biochemistry, p. 526—551. New York and London: Academic Press 1966.

395.* SCHÜTTE, H. R.: Die Biosynthese der Chinolizidinalkaloide. In: Beiträge zur Biochemie und Physiologie von Naturstoffen. Festschrift KURT MOTHES zum 65. Geburtstag, S. 435—450. Jena: VEB Gustav Fischer 1965.

396. NOWACKI, E.: Genetica Polonica **5**, 189 (1964).

397. —, and D. B. DUNN: Genetica pol. **5**, 47 (1964).

398. — M. BRAGDO, A. DUDA u. T. KAZIMIRSKI: Flora (Jena) **151**, 120 (1961).

399.* SENGBUSCH, R. v.: Süßlupine und Öllupine. Landw. Jb. **91**, 719—780 (1942).

400.* — Ein Beitrag zur Entstehungsgeschichte unserer Nahrungskulturpflanzen unter besonderer Berücksichtigung der Individualauslese. Züchter **23**, 353—364 (1953).

401.* HACKBARTH, J., u. H.-J. TROLL: Lupinen als Körnerleguminosen und Futterpflanzen. In: Handbuch der Pflanzenzüchtung, Bd. 4, S. 1—51. Berlin u. Hamburg: Paul Parey 1959.

402. SCHWARZE, P.: Züchter **13**, 195 (1941).

403.* KIRBY, W.: Biosynthesis of the morphine alkaloids. Science **155**, 170—173 (1967).

404.* PFEIFER, S.: Mohn — Arzneipflanze seit mehr als zweitausend Jahren. Pharmazie **17**, 467—479, 536—554 (1962).

405. NEUBAUER, D.: Planta med. (Stuttg.) **12**, 43 (1964).

406.* DÁNOS, B.: Wirkung der vegetativen Hybridisierung auf die Gestaltung des Alkaloidgehaltes des Mohns. Pharmazie **20**, 727—730 (1965).

407. NEUBAUER, D., u. K. MOTHES: Planta med. (Stuttg.) **11**, 387 (1963).

408. BÖHM, H.: Planta med. (Stuttg.) **13**, 234 (1965).

409.* SCHRÖTER, H. B.: Zur Biosynthese der Nicotiana-Alkaloide. Wiss. Z. Martin-Luther-Univ. Halle-Wittenberg, math.-nat. Reihe **10**, 1135—1138 (1961).

410. —, and D. NEUMANN: Tetrahedron Letters **12**, 1279 (1966).

411 KOELLE, G.: Züchter **35**, 222 (1965).

412. — Z. Pflanzenzüchtung **55**, 375 (1966).

413.* BEADLE, G. W.: Biochemical genetics. Chem. Rev. **37**, 15—96 (1945).

414.* — Genetics and metabolism in Neurospora. Physiol. Rev. **25**, 643—663 (1945).

415.* HOROWITZ, N. H.: Biochemical genetics of Neurospora. Advanc. Genet. **3**, 33—71 (1950).

416.* WESTPHAL, O.: Neuere Ergebnisse und Probleme der Immunbiologie. Jb. Max-Planck-Ges. **1965**, 37—65 (1965).

417.* MORITZ, O.: Die Serologie pflanzlicher Eiweißkörper. In: Handbuch der Pflanzenphysiologie, Bd. 8, S. 356—414. Berlin-Göttingen-Heidelberg: Springer 1958.

418. MEZ, C., u. H. ZIEGENSPECK: Bot. Arch. **13**, 483 (1926).

419.* BLOEMENDAL, H.: Zone electrophoresis in blocks and in columns. Amsterdam-London-New York: Elsevier Publ. Co. 1963.

420.* WIEME, R. J.: Agar gel electrophoresis. Amsterdam-London-New York: Elsevier Publ. Co. 1965.

421.* VEHEN, J. A. VAN DER, D. H. M. VAN SLOGTEREN, and J. P. H. VAN DER WANT: Immunological methods. Mod. Meth. Pflanzenanalyse **5**, 422—463 (1962).

422. BUTLER, G.W., R.W. BAILEY, and L. D. KENNEDY: Phytochemistry **4**, 369 (1965).

423. ATWOOD, S. S., and J. T. SULLIVAN: J. Hered. **34**, 311 (1943).

424. WILLIAMS, R. D.: J. Genet. **38**, 357 (1939).

425. GALSTON, A. W., J. BONNER, and R. S. BAKER: Arch. Biochem. **42**, 456 (1953).

426.* BURRIS, R. H.: Hydroperoxidases (peroxidase and catalase). In: Handbuch der Pflanzenphysiologie, Bd. 12, S. 365—400. Berlin-Göttingen-Heidelberg: Springer 1960.

427.* PRIDHAM, J. B.: Enzyme chemistry of phenolic compounds. Oxford-London-New York-Paris: Pergamon Press 1963.

428.* SIZER, I. W.: Oxidation of proteins by tyrosinase and peroxidase. Advanc. Enzymol. **14**, 129—161 (1953).

429. SCHWARZE, P.: Planta (Berl.) **55**, 630 (1960).

430. — Planta (Berl.) **56**, 691 (1961).

431. OVERBECK, J. VAN: Proc. nat. Acad. (Wash.) **42**, 185 (1935).

432. McCUNE, D. C., and A. W. GALSTON: Plant Physiol. **34**, 416 (1959).

433. — Ann. N.Y. Acad. Sci. **94**, 723 (1961).

434. Evans, J. J., and N. A. Alldridge: Phytochemistry **4**, 499 (1965).

435. Tyson, H.: Züchter **34**, 302 (1964).

436. —, and P. Y. Jui: Ann. Bot. **31**, 489 (1967).

437. Thimann, K. V., and F. Skoog: Proc. roy. Soc. B **114**, 317 (1934).

438. Mathan, D. S., and J. A. Jenkins: Amer. J. Bot. **49**, 504 (1962).

439. —, and R. D. Cole: Amer. J. Bot. **51**, 560 (1964).

440. Euler, H. v.: Ark. Kemi. Mineral. Geol. A **24**, 13 (1946).

441. Mitchell, R. L., and I. C. Anderson: Science **150**, 74 (1965).

442. Eyster, H. C.: Plant Physiol. **25**, 630 (1950).

443. Michell, R. L., and I. C. Anderson: Crop Sci. **5**, 588 (1965).

444.* Paul, K. G.: Peroxidase. In: P. D. Boyer, H. Lardy, and K. Myrbäck, The enzymes, vol. 8, p. 227—274. New York and London: Academic Press 1963.

445. Mertz, E. T., L. S. Bates, and O. E. Nelson: Science **145**, 279 (1964).

446. — O. A. Vernon, L. S. Bates, and O. E. Nelson: Science **148**, 1741 (1965).

447. Nelson, O. E., E. T. Mertz, and L. S. Bates: Science **150**, 1469 (1965).

448.* Linskens, H. F.: Pollen physiology. Ann. Rev. Plant Physiol. **15**, 255—270 (1964).

449.* —, u. M. Kroh: Inkompatibilität der Phanerogamen. In: Handbuch der Pflanzenphysiologie, Bd. 18, S. 506—530. Berlin-Heidelberg-New York: Springer 1967.

450. Lundquist, A.: Hereditas (Lund) **48**, 153 (1962).

451. Emerson, St.: Bot. Gaz. **101**, 890 (1939/40).

452. Williams, W.: J. Genet. **48**, 69 (1947).

453. Kroh, M.: In: H. F. Linskens, Pollen physiology and fertilization, p. 221. Amsterdam: North Holland Publ. Co. 1964.

454. — Züchter **36**, 185 (1966).

455.* Straub, J.: Neue Ergebnisse der Selbststerilitätsforschung. Naturwissenschaften **35**, 23—26 (1948).

456.* Kroh, M., u. H. F. Linskens: Biochemie der Befruchtungs-,,Incompatibilität''. Umschau **63**, 266—269, 313—314 (1963).

457.* Linskens, H. F.: Biochemistry of incompatibility. Genetics today **3**, 629—635 (1965).

458. — Biol. Jaarboek **33**, 35 (1965).

459. Jost, L.: Bot. Ztg **65**, 77 (1907).

460. East, M.: Bibliogr. genet. **5**, 331 (1929).

461. Linskens, H. F.: Z. Bot. **48**, 126 (1960).

462. — Naturwissenschaften **40**, 28 (1953).

463. — Z. Bot. **43**, 1 (1955).

464. — Ber. dtsch. bot. Ges. **71**, 3 (1958).

465. — Ber. dtsch. bot. Ges. **72**, 84 (1959).

466. Mäkinen, Y. L. A., and D. Lewis: Genet. Res. **3**, 352 (1962).

467. Stanley, R. G., and H. F. Linskens: Physiol. Plantarum (Kbh.) **18**, 47 (1965).

468. Lewis, D.: Proc. roy. Soc. B **140**, 127 (1952).

469. — Genetics today **3**, 657 (1965).

470. Pandey, K. K.: Nature (Lond.) **213**, 669 (1967).

471.* Markert, C. L.: Epigenetic control of protein synthesis. In: M. Locke, Cytodifferentiation and macromolecular synthesis, p. 65—84, second printing. New York and London: Academic Press 1964.

472.* Shaw, C. R.: Electrophoretic variation in enzymes. Science **149**, 936—943 (1965).

473.* Wieland, Th., u. G. Pfleiderer: Ein molekularbiologischer Kalender der Evolution? In: Th. Wieland u. G. Pfleiderer, Molekularbiologie, S. 119—134. Frankfurt: Umschau-Verlag 1967.

474. Webb, E. C.: Nature (Lond.) **203**, 821 (1964).

475. Akatsuka, T., and O. E. Nelson: Genetics **52**, 425 (1965).

476. Beckman, L., J. G. Scandalios, and J. L. Brewbaker: Genetics **50**, 899 (1964).

477. Schwartz, D.: Proc. nat. Acad. Sci. (Wash.) **46**, 1210 (1960).
478. — Proc. nat. Acad. Sci. (Wash.) **48**, 750 (1962).
479. — Genetics **47**, 1609 (1962).
480. — Genetics **49**, 373 (1964).
481. — Proc. nat. Acad. Sci. (Wash.) **52**, 222 (1964).
482. — Proc. nat. Acad. Sci. (Wash.) **51**, 602 (1964).
483. — L. Fuchsman, and K. H. McGrath: Genetics **52**, 1265 (1965).
484. Beckman, L., J. G. Scandalios, and J. L. Brewbaker: Science **146**, 1174 (1964).
485.* Chargaff, E., and J. N. Davidson: The nucleic acids, vol. I + II. New York and London: Academic Press 1955.
486.* Steiner, R. F.: Polynucleotides. Amsterdam: Elsevier Publ. Co. 1961.
487.* Harbers, E., G. F. Domagk u. W. Müller: Die Nucleinsäuren. Stuttgart: Georg Thieme 1964.
488.* Hofschneider, P. H., D. S. Ray, H. P. Bscheider u. U. Stegen: Fadenförmige Phagen — ein neues Experimentalmodell der Virusforschung. Umschau **66**, 405—410 (1966).
489. Watson, J. D., and F. H. Crick: Nature (Lond.) **171**, 737 (1953).
490. — — Nature (Lond.) **171**, 964 (1953).
491. Benoit, J., P. Leroy, C. Vendrely et R. Vendrely: C. R. Acad. Sci. (Paris) **244**, 2320 (1957).
492. — — — — Trans. N.Y. Acad. Sci. **22**, 494 (1960).
493. Avery, O. T., C. M. Macleod, and M. McCarty: J. exp. Med. **79**, 137 (1944).
494. Hershey, A. D., and M. Chase: J. gen. Physiol. **36**, 39 (1952).
495.* Trautner, T. A.: Infektiöse Nucleinsäure aus Bakteriophagen. Umschau **66**, 394—399 (1966).
496. Zinder, N. D., and J. Lederberg: J. Bact. **64**, 679 (1952).
497. Lederberg, J., and E. L. Tatum: Cold Spr. Harb. Symp. quant. Biol. **11**, 113 (1946).
498. Jacob, F., et E. A. Adelberg: C. R. Acad. Sci. (Paris) **249**, 189 (1959).
499. Gierer, A., u. G. Schramm: Z. Naturforsch. **11b**, 138 (1956).
500. Fraenkel-Conrat, H., and B. Singer: Biochim. biophys. Acta (Amst.) **24**, 570 (1957).
501.* Esser, K., u. R. Kuenen: Genetik der Pilze, S. 300. Berlin-Heidelberg-New York: Springer 1965.
502. Fox, A. S., and S. B. Yoon: Genetics **53**, 897 (1966).
503.* Swanson, C. P.: Cytologie und Cytogenetik. Stuttgart: Gustav Fischer 1960.
504.* Oehlkers, F.: Das Leben der Gewächse. Bd. 1. Berlin-Göttingen-Heidelberg: Springer 1955.
505. Delbrück, M., and G. S. Stent: In: W. D. McElroy, and B. Glaas, The chemical basis of heredity, p. 699. Baltimore: John Hopkins Press 1957.
506. Meselson, M. S., and F. W. Stahl: Proc. nat. Acad. Sci. (Wash.) **44**, 671 (1958).
507. Meselson, M., and J. J. Weigle: Proc. nat. Acad. Sci. (Wash.) **47**, 857 (1961).
508. Sueoka, N.: Proc. nat. Acad. Sci. (Wash.) **46**, 83 (1960).
509. Chun, E. H. L., and J. W. Littlefield: J. molec. Biol. **3**, 668 (1961).
510. Djodjeric, B., and W. Szybalski: J. exp. Med. **112**, 509 (1960).
511. Simon, E. H.: J. molec. Biol. **3**, 101 (1961).
512. Cairns, J.: Cold Spr. Harb. Symp. quant. Biol. **28**, 43 (1963).
513.* Kornberg, A.: Biological synthesis of deoxyribonucleic acid. Science **131**, 1503—1508 (1960).
514.* Grunberg-Manago, M.: Enzymatic synthesis of nucleic acids. Progr. Biophys. molec. Biol. **13**, 175—239 (1963).
515.* Richardson, Ch. C., C. L. Schildkraut, and A. Kornberg: Studies on the replication of DNA by DNA polymerase. Cold Spr. Harb. Symp. quant. Biol. **28**, 9—19 (1963).

516.* Bollum, F.: „Primer" in DNA polymerase reactions. Progr. Nucleic Acid Res. 1, 1—26 (1963).

517.* Bessman, M. J.: The replication of DNA in cell-free systems. In: J. H. Taylor, Molecular genetics, vol. I, p. 1—64. New York and London: Academic Press 1963.

518.* Schaller, H.: Probleme der Reduplikation von Nucleinsäuren. In: P.Sitte, Probleme der biologischen Reduplikation, S. 1—8. Berlin-Heidelberg-New York: Springer 1966.

519.* Winkler, U.: Mutation. Fortschr. Bot. 28, 172—188 (1966).

520.* Hanawalt, P. C., u. R. H. Haynes: Reparatur schadhafter Deoxyribonuclein-säure. Umschau 67, 553—559 (1967).

521.* Swift, H.: Quantitative aspects of nuclear nucleoproteins. Int. Rev. Cytol. 2, 1—76 (1953).

522.* Allfrey, V. G., A. E. Mirsky, and H. Stern: The chemistry of the cell nucleus. Advanc. Enzymol. 16, 411—500 (1955).

523.* Theorell, B.: Nucleic acids in chromosomes and mitotic divisions. In 485, vol. II, p. 181—198.

524.* Vendrely, R.: The deoxyribonucleic acid content of the nucleus. In 485, vol. II, p. 155—180.

525.* Brachet, J.: Biochemical cytology. New York and London: Academic Press 1958.

526.* Mazia, D.: Mitosis and the physiology of cell division. In: J. Brachet and A. E. Mirsky, The cell, vol. III, p. 77—412. New York and London: Academic Press 1961.

527.* Mirsky, A. E., and S. Osawa: The interphase nucleus. In: J. Brachet and A. E. Mirsky, The cell, vol. II, p. 677—770. New York and London: Academic Press 1961.

528.* Brawerman, G., and H. S. Shapiro: Nucleic acids. In: M. Florkin and H. S. Mason, Comparative biochemistry, vol. IV, p. 107—183. New York and London: Academic Press 1962.

529.* Stebbins, G. L.: Chromosomal variation and evolution. Science 152, 1463—1469 (1966).

530.* Beermann, W.: Operative Gliederung der Chromosomen. Naturwissenschaften 52, 365—375 (1965).

531. Granick, S.: In: M. Locke, Reproduction: molecular, subcellular, and cellular, p. 213. New York and London: Academic Press 1965.

532. Boivin, A., R. Vendrely et C. Vendrely: C. R. Acad. Sci. (Paris) 226, 1061 (1948).

533. Howard, A., and S. R. Pelc: Heredity 6, Suppl., 261 (1953).

534. Taylor, J. H., and R. D. McMaster: Chromosoma (Berl.) 6, 489 (1954).

535. Woodward, J., E. Rasch, and H. Swift: J. biophys. biochem. Cytol. 9, 445 (1961).

536.* Bonner, J.: The nucleus. In: J. Bonner and E. Varner, Plant biochemistry, p. 38—63. New York and London: Academic Press 1966.

537.* — Development. In: J. Bonner and E. Varner: Plant biochemistry, p. 850—866. New York and London: Academic Press 1966.

538.* Marmur, J., R. Rownd, and C. L. Schildkraut: Denaturation and renaturation of deoxyribonucleic acid. Progr. Nucleic Acid Res. 1, 232—300 (1963).

539. Astier-Manifacier, S., et P. Cornuet: C. R. Acad. Sci. (Paris) 258, 2231 (1964).

540.* Hoyer, B. H., B. J. McCarthy, and E. T. Bolton: A molecular approach in the systematics of higher organisms. Science 144, 959—967 (1964).

541. Dutta, S. K., W. P. McWorter, and V. W. Woodward: Genetics 52, 441 (1965).

542. Filner, P.: Exp. Cell Res. 39, 33 (1965).

543.* Taylor, J. H.: The duplication of chromosomes. In: P. Sitte, Probleme der biologischen Reduplikation, S. 9—28. Berlin-Heidelberg-New York: Springer 1966.

544. Schwimmer, S., and J. Bonner: Biochim. biophys. Acta (Amst.) **108**, 67 (1965).
545. Taylor, J. H., P. S. Woods, and W. L. Hughes: Proc. nat. Acad. Sci. (Wash.) **43**, 122 (1957).
546. — Exp. Cell Res. **15**, 350 (1958).
547. — Genetics **43**, 515 (1958).
548.* Stahl, F. W.: The mechanics of inheritance, p. 80. Englewood Cliffs: Prentice Hall 1964.
549.* Swanson, C. P., and W. J. Young: Chromosome reproduction in mitosis and meiosis. In: M. Locke, Reproduction: Molecular, subcellular and cellular, p. 107—129. New York and London: Academic Press 1965.
550. Evans, H. J., and D. Scott: Genetics **49**, 17 (1964).
551.* Hsu, T. G., W. Schmid, and E. Stubblefield: DNA replication sequences in higher animals. In: M. Locke, The role of chromosomes in development, p. 83—112. New York and London: Academic Press 1964.
552.* Taylor, J. H.: The replication and organisation of DNA in chromosomes. In: J. H. Taylor, Molecular genetics, vol. I, p. 65—111. New York and London: Academic Press 1963.
553.* Plaut, W., and D. Nash: Localized DNA synthesis in polytene chromosomes and its implications. In: M. Locke, The role of chromosomes in development, p. 113—115. New York and London: Academic Press 1964.
554.* Keyl, H. G.: Lokale DNS-Reduplikation in Riesenchromosomen. In: P. Sitte, Probleme der biologischen Reduplikation, S. 55—69. Berlin-Heidelberg-New York: Springer 1966.
555. Wimber, D. E.: Exp. Cell Res. **23**, 402 (1961).
556. Darlington, C. D., and A. Hagne: Chromosomes today **1**, 102 (1966).
557. Smith, H. H., C. P. Fussel, and B. H. Kugelman: Science **142**, 595 (1963).
558. Prensky, W., and H. H. Smith: Exp. Cell Res. **34**, 525 (1964).
559.* Moses, M. J., and J. R. Coleman: Structural patterns and the functional organization of chromosomes. In: M. Locke, The role of chromosomes in development, p. 11—49. New York and London: Academic Press 1964.
560.* Hyde, B. B.: Ultrastructure in chromatin. Progr. Biophys. molec. Biol. **15**, 131—148 (1965).
561.* Peacocke, A. R., and R. B. Drysdale: The molecular basis of heredity. London: Butterworth & Co. 1965.
562.* Sitte, P.: Bau und Feinbau der Pflanzenzelle, S. 57—82. Stuttgart: Gustav Fischer 1965.
563.* Hess, O.: Strukturelle und funktionelle Organisation der Chromosomen vielzelliger Organismen. Naturwiss. Rdsch. **19**, 176—184 (1966).
564.* Kaufman, B. P., and D. N. De: Fine structure of chromosomes. J. biophys. biochem. Cytol. **2**, Suppl., 419—423 (1956).
565.* Steffensen, D.: A comparative view of the chromosome. Brookhaven Symp. Biol. **12**, 103—124 (1959).
566.* — Chromosome structure with special reference to the role of metal ions. Int. Rev. Cytol. **12**, 163—197 (1961).
567.* Ris, H.: Ultrastructure and molecular organization of genetic systems. Canad. J. Genet. Cytol. **3**, 95—120 (1961).
568.* —, and B. L. Chandler: The ultrastructure of genetic systems in prokaryotes and eukaryotes. Cold Spr. Harb. Symp. quant. Biol. **28**, 1—8 (1963).
569.* Gall, J. G.: Chromosomal differentiation. In: W. D. McElroy and B. Glass, The chemical basis of heredity, p. 103—135. Baltimore: John Hopkins Press 1957.
570.* — Chromosomes and cytodifferentiation. In: M. Locke, Cytodifferentiation and macromolecular synthesis, p. 119—143. New York and London: Academic Press 1963.
571.* Callan, H. G.: The nature of lampbrush chromosomes. Int. Rev. Cytol. **15**, 1—34 (1963).

572.* Hess, O.: Funktionelle und strukturelle Organisation der Lampenbürstenchromosomen. In: P. Sitte, Probleme der biologischen Reduplikation, S. 29—52. Berlin-Heidelberg-New York: Springer 1966.

573. Gall, J. P.: Nature (Lond.) **198**, 36 (1963).

574. Grun, P.: Exp. Cell Res. **14**, 619 (1958).

575.* Busch, H., W. C. Starbuck, E. J. Singh, and T. S. Ro: Chromosomal proteins. In: M. Locke, The role of chromosomes in development, p. 51—71. New York and London: Academic Press 1964.

576. Aus 562, S. 59.

577. Jacob, F., and J. Monod: J. molec. Biol. **3**, 318 (1961).

578.* Schweiger, H. G.: Proteinsynthese und Ribonucleinsäure in kernlosen Reticulocyten. Naturwissenschaften **51**, 521—523 (1964).

579.* Spiegelman, S.: Hybridnucleinsäuren. Die Informationsübertragung in der lebenden Zelle. Umschau **65**, 366—372 (1965).

580.* —, and M. Hayashi: Cold Spr. Harb. Symp. quant. Biol. **28**, 161 (1963).

581.* Volkin, E.: Biosynthesis of RNA in relation to genetic coding problems. In: J. H. Taylor, Molecular genetics, vol. I, p. 271—289. New York and London: Academic Press 1963.

582.* Schweet, R., and J. Bishop: Protein synthesis in relation to gene action. In: J. H. Taylor, Molecular genetics, vol. I, p. 353—404. New York and London: Academic Press 1963.

583.* Wittmann, H. G.: Übertragung der genetischen Information. Naturwissenschaften, **50**, 76—88 (1963).

584.* Smellie, R. M. S.: The biosynthesis of ribonucleic acid in animal systems. Progr. Nucleic Acid Res. **1**, 27—58 (1963).

585.* Hurwitz, J., and J. T. August: The role of DNA in RNA synthesis. Progr. Nucleic Acid Res. **1**, 59—92 (1963).

586.* Grunberg-Manago, M.: Polynucleotide-phosphorylase. Progr. Nucleic Acid Res. **1**, 93—133 (1963).

587.* Lipmann, F.: Messenger ribonucleic acid. Progr. Nucleic Acid Res. **1**, 135—161 (1963).

588.* Yanofsky, C.: Genetic control of protein structure. In: M. Locke, Cytodifferentiation and macromolecular synthesis, p. 15—29. New York and London: Academic Press 1963.

589.* Hultin, T.: Ribosomal function related to protein synthesis. Int. Rev. Cytol. **16**, 1—36 (1964).

590.* Nisman, B., and J. Pelmont: De novo protein synthesis in vitro. Progr. Nucleic Acid. Res. **3**, 236—297 (1964).

591.* Campbell, P. N.: The biosynthesis of protein. Progr. Biophys. molec. Biol. **15**, 1—38 (1965).

592.* Hartman, P. E., and S. R. Suskind: Gene action, second printing. Englewood Cliffs: Prentice Hall 1965.

593.* Atwood, K. C.: Transscription and translation of genes. In: M. Locke, Reproduction: molecular, subcellular and cellular, p. 17—38. New York and London: Academic Press 1965.

594.* Moldave, K.: Nucleic acids and protein synthesis. Ann. Rev. Biochem. **34**, 419—448 (1965).

595.* Elson, D.: Metabolism of nucleic acids. Ann. Rev. Biochem. **34**, 449—486 (1965).

596.* Schweet, R., and R. Heintz: Protein synthesis. Ann. Rev. Biochem. **35**, 723—758 (1966).

597.* Singer, M. F., and P. Leder: Messenger RNA: an evaluation. Ann. Rev. Biochem. **35**, 195—230 (1966).

598. Goodman, H. M., and A. Rich: Proc. nat. Acad. Sci. (Wash.) **48**, 2101 (1961).

599. Oishi, M., A. Vishi, and N. Sueoka: Proc. nat. Acad. Sci. (Wash.) **55**, 1095 (1966).

600. Spiegelman, S., B. D. Hall, and R. Stork: Proc. nat. Acad. Sci. (Wash.) **47**, 1135 (1961).

601. Schulman, H. M., and D. M. Bonner: Proc. nat. Acad. Sci. (Wash.) **48**, 53 (1962).

602. Richter, G., and H. Senger: Biochim. biophys. Acta (Amst.) **95**, 362 (1965).

603. Hall, B. D., and S. Spiegelman: Proc. nat. Acad. Sci. (Wash.) **47**, 137 (1961).

604. Bussard, A., S. Naono, F. Gros et J. Monod: C. R. Acad. Sci. (Paris) **250**, 4049 (1960).

605. Gros, F., H. Hiatt, W. Gibbert, C. G. Kurland, R. W. Riseborough, and J. D. Watson: Nature (Lond.) **190**, 581 (1961).

606. Hayashi, M., and S. Spiegelman: Proc. nat. Acad. Sci. (Wash.) **47**, 1564 (1961).

607. Novelli, G. D., T. Kameyana, and J. M. Eisenstadt: J. cell. comp. Physiol., Suppl. 1, **58**, 225 (1961).

608. Tsugita, H., H. Fraenkel-Conrat, M. W. Nirenberg, and J. H. Matthaei: Proc. nat. Acad. Sci. (Wash.) **48**, 846 (1962).

609. Nathans, D., G. Notani, J. A. Schwartz, and N. D. Zinder: Proc. nat. Acad. Sci. (Wash.) **48**, 1424 (1962).

610. Hardesty, B., R. Arlinghaus, J. Schaeffer, and R. Schweet: Cold Spr. Harb. Symp. quant. Biol. **28**, 219 (1963).

611. Arnstein, H. R. V., R. A. Cox, and J. A. Hunt: Biochem. J. **92**, 648 (1964).

612. Weisberger, A. S., S. Wolfe, and S. Armentrut: J. exp. Med. **120**, 161 (1964).

613. Kruh, J., J. C. Dreyfus, and G. Schapira: Biochim. biophys. Acta (Amst.) **87**, 253 (1964).

614. — G. Schapira, J. Lareau, and J. C. Dreyfus: Biochim. biophys. Acta (Amst.) **87**, 669 (1964).

615. Nirenberg, M. W., and J. H. Matthaei: Proc. nat. Acad. Sci. (Wash.) **47**, 1588 (1961).

616.* Roberts, R. B., R. J. Britten, and B. J. McCarthy: Kinetic studies of the synthesis of RNA and ribosomes. In: J. H. Taylor, Molecular genetics, vol. I, p. 291—352. New York and London: Academic Press 1963.

617.* Brown, G. L.: Preparation, fractionation and properties of sRNA. Progr. Nucleic Acid Res. **2**, 259—310 (1963).

618.* Holley, R. W.: Strukturaufklärung einer Ribonucleinsäure gelungen! Umschau **65**, 677—679 (1965).

619.* Sibatani, A.: Genetic transscription or DNA-dependent RNA synthesis. Progr. Biophys. molec. Biol. **16**, 17—88 (1967).

620. Yankofsky, G. A., and S. Spiegelman: Proc. nat. Acad. Sci. (Wash.) **48**, 1069 (1962).

621. — — Proc. nat. Acad. Sci. (Wash.) **48**, 1466 (1962).

622. — — Proc. nat. Acad. Sci. (Wash.) **49**, 538 (1963).

623.* Hämmerling, J.: Nucleo-cytoplasmic interactions in Acetabularia and other cells. Ann. Rev. Plant Physiol. **14**, 65—92 (1963).

624.* Brachet, J.: Acetabularia. Endeavour **24**, 155—161 (1965).

625. Brenner, S., F. Jacob, and M. Meselson: Nature (Lond.) **190**, 576 (1961).

626. Holley, R. W., J. Apgar, G. A. Everett, J. T. Madison, M. Marguisec, S. H. Merill, J. R. Penswick, and A. Zamir: Science **147**, 1462 (1965).

627. Zachau, H. G., D. Dütting u. H. Feldmann: Angew. Chem. **78**, 392 (1966).

628. Madison, J. T., G. A. Everett, and H. Kung: Science **153**, 531 (1966).

629. Pelc, M. R., and M. G. E. Welton: Nature (Lond.) **209**, 868 (1966).

630. Chapeville, F., F. Lipmann, G. v. Ehrenstein, B. Weisblum, W. J. Ray, and S. Benzer: Proc. nat. Acad. Sci. (Wasch.) **48**, 1086 (1962).

631. Ehrenstein, G. v., B. Weisblum, and S. Benzer: Proc. nat. Acad. Sci. (Wash.) **49**, 669 (1963).

632. Chapeville, F., G. Cartouzou, and S. Lissitzky: Biochim. biophys. Acta (Amst.) **68**, 496 (1963).

633. Allende, J. E., R. Monro, and F. Lipmann: Proc. nat. Acad. Sci. (Wash.) **51**, 1215 (1964).

634. Lucas-Lenard, J., and F. Lipmann: Proc. nat. Acad. Sci. (Wash.) **55**, 1562 (1966).

635. Levinthal, C., A. Keyman, and A. Higa: Proc. nat. Acad. Sci. (Wash.) **48**, 1631 (1962).

636. Dintzis, H. M.: Proc. nat. Acad. Sci. (Wash.) **47**, 247 (1961).

637. Schwartz, J. H.: Proc. nat. Acad. Sci. (Wasch.), **53** 1133 (1965).

638. Sarabhai, A. S., A. O. W. Stretten, S. Brenner, and A. Bolle: Nature (Lond.) **201**, 13 (1964).

639.* Braunitzer, G.: Die Primärstruktur der Eiweißstoffe. Naturwissenschaften **54**, 407—417 (1967).

640. Yanofsky, C., B. C. Carlton, J. R. Guest, D. R. Helinski, and U. Henning: Proc. nat. Acad. Sci. (Wash.) **51**, 266 (1964).

641. — G. R. Drapeau, J. R. Guest, and B. C. Carlton: Proc. nat. Acad. Sci. (Wash.) **56**, 296 (1967).

642. Guest, J. R., and C. Yanofsky: J. biol. Chem. **240**, 679 (1965).

643. Nishimura, S., D. S. Jones, and H. G. Khorana: J. molec. Biol. **13**, 302 (1965).

644. Khorana, H. G.: Fed. Proc. **24**, 1473 (1965).

645. Crick, F. H. C., L. Barnett, S. Brenner, and R. J. Watts-Tobin: Nature (Lond.) **192**, 1227 (1961).

646. Mundry, K. W., u. A. Gierer: Z. Vererbungsl. **89**, 614 (1958).

647. Brimacombe, R., J. Trupin, M. Nirenberg, P. Leder, M. Bernfield, and T. Jaonni: Proc. nat. Acad. Sci. (Wash.) **54**, 954 (1965).

648.* Baglioni, C.: Correlation between genetics and chemistry of human hemoglobin. In: J. H. Taylor, Molecular genetics, vol. I, p. 405—475. New York and London: Academic Press 1963.

649.* Crick, H. F. C.: The recent excitement in the coding problem. Progr. Nucleic Acid Res. **1**, 164—217 (1963).

650.* Tsugita, A., and H. Fraenkel-Conrat: Contributions from TMV-studies to the problem of genetic information transfer and coding. In: J. H. Taylor, Molecular genetics, vol. I, p. 477—520. New York and London: Academic Press 1963.

651.* Wittmann, H. G., and B. Wittmann-Liebold: Tobacco mosaic virus mutants and the genetic coding problem. Cold Spr. Harb. Symp. quant. Biol. **28**, 589—595 (1963).

652.* Yanofsky, C.: Amino acid replacements associated with mutation and recombination in the A gene and their relationship to in vitro coding data. Cold Spr. Harb. Symp. quant. Biol. **28**, 581—595 (1963).

653.* — Genetic control of protein structure. In: M. Locke, Cytodifferentiation and macromolecular synthesis, p. 15—29. New York and London: Academic Press 1963.

654.* Bennet, J. C., and W. J. Dreyer: Genetic coding for protein structure. Ann. Rev. Biochem. **33**, 205—234 (1964).

655.* Lanni, F.: The biological coding problem. Advanc. Genet. **12**, 1—141 (1964).

656.* Pelling, C., u. C. Scholtissek: Die Funktion der Ribonucleinsäuren im Organismus. Angew. Chem. **76**, 881—888 (1964).

657.* The genetic code. Cold Spr. Harb. Symp. quant. Biol. **31** (1966).

658.* Jockusch, H., u. H. G. Wittmann: Entschlüsselung des genetischen Code. Umschau **66**, 49—55 (1966).

659.* Ochoa, S.: Der genetische Code 1966. Naturwiss. Rdsch. **19**, 483—493 (1966).

660.* Wittmann, H. G.: Der genetische Code. In: Th. Wieland u. G. Pfleiderer, Molekularbiologie, S. 49—66. Frankfurt: Umschau Verlag 1967.

661. Terzaghi, E., Y. Okada, G. Streisinger, J. Emrich, M. Inouye, and A. Tsugita: Proc. nat. Acad. Sci. (Wash.) **56**, 500 (1966).

662. Nishimura, S., D. S. Jones, E. Ohtsuka, H. Hayatsu, T. M. Jacob, and H. G. Khorana: J. molec. Biol. **13**, 283 (1965).

663. Weinstein, J. B.: Cold Spr. Harb. Symp. quant. Biol. **28**, 579 (1963).

664. Basilio, C. M. Bravo, and J. E. Allende: J. biol. Chem. **241**, 1917 (1966).

665.* Oota, Y.: RNA in developing plant cells. Ann. Rev. Plant Physiol. **15**, 17—36 (1964).

666.* HOLLEY, R. W.: Protein metabolism. In: J. BONNER and J. E. VARNER, Plant biochemistry, p. 346—360. New York and London: Academic Press 1965.

667.* HESS, D.: Funktion. Fortschr. Bot. **29**, 214—236 (1967).

668.* MANS, R. J.: Protein synthesis in higher plants. Ann. Rev. Plant Physiol. **18**, 127—146 (1967).

669.* BROCKMANN, H.: Die Actinomycine. Angew. Chem. **24**, 939—947 (1960).

670.* HANDSCHUMACHER, R. E., and A. D. WELCH: Agents which influence nucleic acid metabolism. In: E. CHARGAFF and J. N. DAVIDSON, The nucleic acids, vol. 3, p. 453—526. New York and London: Academic Press 1960.

671.* SKODA, J.: Mechanism of action and application of azapyrimidines. Progr. Nucleic Acid Res. **2**, 197—219 (1963).

672.* KRÖGER, H.: Wirkungsmechanismus von Carcinostatica. Naturwiss. Rdsch. **17**, 305—309 (1964).

673.* REICH, E.: Binding of actinomycin as a model for the complex-forming capacity of DNA. In: M. LOCKE, The role of chromosome in development, p. 73—81. New York and London: Academic Press 1964.

674.* —, and J. GOLDBERG: Actinomycin and nucleic acid function. Progr. Nucleic Acid. Res. **3**, 184—234 (1964).

675.* HEIDELBERGER, C.: Fluorinated pyrimidines. Progr. Nucleic Acid Res. **4**, 1—50 (1965).

676.* PARTHIER, B.: Wirkungsmechanismen und Wirkungsspektren der Antibiotica im Protein- und Nucleinsäurestoffwechsel. Pharmazie **20**, 465—490 (1965).

677.* ZÄHNER, H.: Biologie der Antibiotica. Berlin-Heidelberg-New York: Springer 1965.

678.* FOX, J. J., K. A. WATANABE, and A. BLOCH: Nucleoside antibiotics. Progr. Nucleic Acid Res. **5**, 251—313 (1966).

679. BOLL, W. G.: Plant Physiol. **35**, 115 (1960).

680. GRISEBACH, H., u. S. KELLNER: Z. Naturforsch. **19**b, 125 (1964).

681. GUROFF, G., and S. UDENFRIEND: In: J. T. HOLDEN, Amino acid pools, p. 545. New York and London: Academic Press 1961.

682. MILLER, J., and C. ROSS: Plant Physiol. **41**, 1185 (1966).

683. HESS, D.: Planta (Berl.) **54**, 74 (1959).

684. MATTHEWS, R. E. F.: Biochim. biophys. Acta (Amst.) **19**, 559 (1956).

685. HESLOP-HARRISON, J., and M. P. JAGOE: Proc. Symp. Differentiation of Apical Meristems etc. Prag 1964, p. 105.

686. BONNER, J., and J. A. D. ZEEVAART: Plant Physiol. **37**, 43 (1962).

687. SMITH, H. H., B. H. KUGELMAN, S. L. SOMMERFORD, and W. SYBALSKI: Proc. nat. Acad. Sci. (Wash.) **49**, 451 (1963).

688. FUCIK, V., and J. KARAS: Biol. Plantarum **6**, 232 (1964).

689. SMITH, H. H., and B. H. KUGELMAN: Radiat. Res. **14**, 504 (1961).

690. HEYES, J. K.: Proc. roy. Soc. B **158**, 208 (1963).

691. SCOTT-MONCRIEFF, R.: Nature (Lond.) **127**, 947 (1931).

692.* RÖBBELEN, G.: 15 Jahre Mutationsauslösung durch Chemikalien. Züchter **29**, 92—95 (1959).

693.* — Cytogenetik. Fortschr. Bot. **25**, 401—417 (1963).

694.* — Cytogenetik. Fortschr. Bot. **27**, 291—308 (1965).

695.* — Mutation. Fortschr. Bot. **29**, 187—213 (1967).

696.* FREESE, E.: Molecular mechanism of mutations. In: J. H. TAYLOR, Molecular genetics, vol. I, p. 207—269. New York and London: Academic Press 1963.

697.* KRIEG, D. R.: Specifity of chemical mutagenesis. Progr. Nucleic Acid Res. **2**, 125—168 (1963).

698.* ZAMENHOF, S.: Mutations. Amer. J. Med. **34**, 609—626 (1963).

699.* HESLOT, H.: Les mécanismes moléculaires de la mutagenèse et la nature des mutations. Ann. Amélior. Plantes **15**, 111—157 (1965).

700.* ORGEL, L. E.: The chemical basis of mutation. Advanc. Enzymol. **27**, 289—346 (1965).

701.* LAWLEY, P. D.: Effects of some chemical mutagens and carcinogens on nucleic acids. Progr. Nucleic Acid Res. **5**, 89—131 (1966).
702. OEHLKERS, F.: Z. indukt. Abstamm.- u. Vererb.-L. **81**, 313 (1943).
703. AUERBACH, C.: Dros. Inf. Service **17**, 48 (1943).
704. OEHLKERS, F.: S.-B. Heidelberg. Akad. Wiss., math.-nat. Kl., 9. Abh. (1949).
705. BROWN, J. A. M., and H. H. SMITH: Mutat. Res. **1**, 45 (1964).
706. KRAMER, G., H. G. WITTMANN u. H. SCHUSTER: Z. Naturforsch. **19**b, 46 (1964).
707. KIHLMAN, B. A.: Caryologia **15**, 261 (1962).
708.* — Deoxyribonucleotide synthesis and chromosome breakage. Chromosomes today **1**, 108—117 (1966).
709. TAYLOR, J. H., W. F. HAUT, and J. TUNG: Proc. nat. Acad. Sci. (Wash.) **48**, 190 (1962).
710. BELL, S., and S. WOLFF: Exp. Cell Res. **42**, 408 (1966).
711.* KAUDEWITZ, F.: Molekulare Grundlagen der Vererbung. In: H. METZNER, Die Zelle, S. 354—374. Stuttgart: Wiss. Verlagsges. 1966.
712. RÖBBELEN, G.: Naturwissenschaften **49**, 65 (1962).
713. GAUL, H.: Naturwissenschaften **49**, 431 (1962).
714. HENTRICH, W.: Atompraxis **10**, 315 (1964).
715. OEHLKERS, F., u. H. BERGFELD-GAERTNER: Z. Vererbungsl. **93**, 264 (1962).
716.* SALISBURY, F. B.: Photoperiodism and the flowering process. Ann. Rev. Plant Physiol. **12**, 293—326 (1961).
717.* ZEEVAART, J. A. D.: Physiology of flowering. Science **137**, 723—731 (1962).
718.* SALISBURY, F. B.: The flowering process. London-Paris-Oxford-New York: Pergamon Press 1963.
719.* LANG, A.: Physiology of flower initiation. In: Handbuch der Pflanzenphysiologie, Bd. 15, S. 1380—1536. Berlin-Heidelberg-New York: Springer 1965.
720.* WHALEY, W. G.: The interaction of genotype and environment in plant development. In: Handbuch der Pflanzenphysiologie, Bd. 15, S. 74—99. Berlin-Heidelberg-New York: Springer 1965.
721.* MELCHERS, G.: Handbuch der Pflanzenphysiologie, Bd. 16. Berlin-Göttingen-Heidelberg: Springer 1961.
722. ZEEVAART, J. A. D.: Plant Physiol. **37**, 296 (1962).
723.* OEHLKERS, F.: Cytoplasmic inheritance in the genus Streptocarpus. Advanc. Genetic. **12**, 329—370 (1964).
724. HESS, D.: Planta (Berl.) **57**, 29 (1961).
725. — Planta (Berl.) **57**, 13 (1961).
726. EVANS, L. T.: Aust. J. biol. Sci. **17**, 24 (1964).
727. SALISBURY, F. B., and J. BONNER: Plant Physiol. **35**, 173 (1960).
728. HESLOP-HARRISON, J.: Science **132**, 1943 (1960).
729. MARUSHIGE, K., and Y. MARUSHIGE: Bot. Mag. (Tokyo) **75**, 270 (1962).
730. COLLINS, W. F., F. B. SALISBURY, and C. W. ROSS: Planta (Berl.) **60**, 131 (1963).
731. BERNIER, G., et R. BRONCHART: Bull. Soc. roy. bot. Belg. **98**, 35 (1964).
732. SUGE, H., and N. YAMADA: Proc. Crop Sci. Soc. Jap. **39**, 324 (1965).
733.* BRUCKER, W.: Neue Ergebnisse und Probleme der Tumorforschung an Pflanzen. Wiss. Z. Ernst-Moritz-Arndt-Universität Greifswald meth.-nat. Reihe **11**, 21—36 (1962).
734.* BOPP, M.: Wurzelhalsgallen und Zelldifferenzierung. Naturwiss. Rdsch. **16**, 349—359 (1963).
735.* BERGMANN, L.: Pflanzliche Tumoren und das Krebsproblem. Naturwissenschaften **51**, 325—332 (1964).
736. MARTIN, P. G.: Exp. Cell Res. **44**, 84 (1966).
737. BOPP, M.: Planta (Berl.) **54**, 221 (1960).
738. — Z. Naturforsch. **16**b, 336 (1961).
739. — Z. Naturforsch. **19**b, 64 (1964).
740. — Nature (Lond.) **207**, 83 (1965).
741.* — Die Wirkung von Nucleinsäurehemmstoffen auf die Morphogenese von Pflanzen. Biol. Rdsch. **4**, 25—36 (1966).

742. Mitchison, J. M., and R. P. Gross: Expt. Cell Res. 37, 259 (1965).
743. Bellamy, A. R.: Biochim. biophys. Acta (Amst.) 123, 102 (1966).
744. Cherry, J. H., and R. B. van Huystee: Science 150, 1450 (1965).
745. Marcus, A., and J. Feeley: Proc. nat. Acad. Sci. (Wash.) 51, 1075 (1964).
746. — — J. biol. Chem. 240, 1675 (1965).
747. — —, and T. Volcani: Plant Physiol. 41, 167 (1966).
748. Allende, J. E., and M. Bravo: J. biol. Chem. 241, 5813 (1966).
749. Loening, U. E.: Nature (Lond.) 195, 467 (1962).
750. — Biochem. J. 97, 125 (1965).
751. — Proc. roy. Soc. B 162, 121 (1965).
752. Key, J. L., and J. Ingle: Proc. nat. Acad. Sci. (Wash.) 52, 1382 (1964).
753.* — — Role of RNA metabolism in the regulation of growth of higher plants. In: A symposium on plant growth (Genes to genus), p. 23—44. Skokie: Int. Minerals and Chemical Corporation Administrative Centre 1965.
754. Mandel, J. D., and A. D. Hershey: Analyt. Biochem. 1, 66 (1960).
755. Ingle, J., J. L. Key, and R. E. Holm: J. molec. Biol. 11, 730 (1965).
756. Lin, C. Y., J. L. Key, and C. E. Bracker: Plant Physiol. 41, 976 (1966).
757. Cherry, J. H.: Plant Physiol. 38, 440 (1963).
758. Marcus, A., and J. Feeley: Biochim. biophys. Acta (Amst.) 61, 830 (1962).
759. Cherry, J. H.: Biochim. biophys. Acta (Amst.) 68, 193 (1962).
760. — Science 146, 1066 (1964).
761. — H. Chroboczek, W. J. G. Carpenter, and A. Richmond: Plant Physiol. 40, 582 (1965).
762. Huystee, R. B. van, and J. H. Cherry: Biochem. biophys. Res. Commun. 23, 835 (1966).
763. Morton, R. K., and J. K. Raison: Nature (Lond.) 200, 429 (1963).
764. Neumann, S., u. R. Wollgiehn: Z. Naturforsch. 19b, 1066 (1964).
765. Glasziou, K. T., J. C. Waldron, and T. A. Bull: Plant Physiol. 41, 282 (1966).
766. Durst, F., u. H. Mohr: Naturwissenschaften 53, 707 (1966).
767. Dure, L., and L. Waters: Science 147, 410 (1965).
768. Huang, R. C., and J. Bonner: Proc. nat. Acad. Sci. (Wash.) 48, 1216 (1962).
769. Mans, R. J., and G. D. Novelli: Biochim. biophys. Acta (Amst.) 91, 186 (1964).
770. Huang, R. C., N. Maheshwari, and J. Bonner: Biochem. biophys. Res. Commun. 3, 689 (1960).
771. Stout, E. R., and R. J. Mans: Biochim. biophys. Acta (Amst.) 134, 327 (1967).
772. Reddi, K. K.: Science 133, 1367 (1961).
773. Key, J. L., and J. B. Hanson: Plant Physiol. 36, 145 (1961).
774. West, C. H.: Plant Physiol. 37, 565 (1962).
775. Kessler, B., and J. Frank-Tishel: Nature (Lond.) 196, 542 (1962).
776. Kessler, D., and D. Chen: Biochim. biophys. Acta (Amst.) 80, 533 (1964).
777. Moustafa, E., Biochim. biophys. Acta (Amst.) 76, 280 (1963).
778. — Biochim. biophys. Acta (Amst.) 91, 421 (1964).
779. Peterson, P. J., and L. Fowden: Biochem. J. 97, 112 (1965).
780. Reuter, G.: Flora (Jena) 145, 326 (1957).
781. Fowden, L., and F. C. Steward: Ann. Bot. 21, 53 (1957).
782. — J. exp. Bot. 14, 387 (1963).
783. Moustafa, E., and J. W. Lyttleton: Biochim. biophys. Acta (Amst.) 68, 45 (1963).
784. Philips, M.: Biochim. biophys. Acta (Amst.) 91, 350 (1964).
785. Ku, L., and R. J. Romani: Science 154, 408 (1966).
786. Mans, R. J., and G. D. Novelli: Biochim. biophys. Acta (Amst.) 80, 127 (1964).
787. Hsiao, T. C.: Biochim. biophys. Acta (Amst.) 91, 588 (1964).
788. Lyttleton, J. W.: Nature (Lond.) 187, 1026 (1960).
789. Wright, S. T. C.: Nature (Lond.) 185, 82 (1960).
790.* Ts'O, P. O. P.: The ribosomes — ribonucleoprotein particles. Ann. Rev. Plant Physiol. 13, 45—80 (1962).

Literatur

791.* BONNER, J.: Ribosomes. In: J. BONNER and J. E. VARNER, Plant biochemistry, p. 21—37. New York and London: Academic Press 1966.
792. HERSH, R. T., and M. PHILIPS: Biochim. biophys. Acta (Amst.) **87**, 351 (1964).
793. BARKER, G. R., and J. A. HOLLINSHEAD: Biochim. biophys. Acta (Amst.) **108**, 323 (1965).
794. HALL, T. C., and E. C. COCKING: Biochim. biophys. Acta (Amst.) **123**, 163 (1966).
795. CLARK, M. F., R. E. F. MATTHEWS, and R. K. RALPH: Biochim. biophys. Acta (Amst.) **91**, 289 (1964).
796. McMULLEN, A. J.: Biochem. J. **85**, 491 (1962).
797. MEISSNER, L.: Flora (Jena), Abt. A **156**, 634 (1966).
798. ROSEN, W. G., S. R. GAWLIK, W. V. DASHEK, and K. A. SIEGESMUND: Amer. J. Bot. **51**, 61 (1964).
799. LARSON, D. A.: Amer. J. Bot. **52**, 139 (1965).
800. LINSKENS, H. F.: Planta (Berl.) **73**, 194 (1967).
801.* PARTHIER, B., u. R. WOLLGIEHN: Nucleinsäuren und Proteinsynthese in Plastiden. In: P. SITTE, Probleme der biologischen Reduplikation, S. 244—272. Berlin-Heidelberg-New York: Springer 1966.
802. CHIPCHASE, M. J. H., and M. L. BIRNSTIEL: Proc. nat. Acad. Sci. (Wash.) **50**, 1101 (1963).
803. ODINTSOVA, M. S., E. V. GOLUBEVA, and N. M. SISSAKIAN: Nature (Lond.) **204**, 1090 (1964).
804. RUPPEL, H. G.: Biochim. biophys. Acta (Amst.) **80**, 63 (1964).
805. WOLLGIEHN, R., M. RUESS u. D. MUNSCHE: Flora (Jena), Abt. A **157**, 92 (1966).
806. POLLARD, C. J.: Biochem. biophys. Res. Commun. **17**, 171 (1964).
807. — A. STEMLER, and D. F. BLAYDES: Plant Physiol. **41**, 1323 (1966).
808.* SWIFT, H.: Nucleic acids of mitochondria and chloroplasts. Amer. Naturalist **99**, 201—227 (1965).
809. KISLEV, H., H. SWIFT, and L. BOGORAD: J. Cell Biol. **25**, 327 (1965).
810. NICOLSON, M. O., and W. G. FLAMM: Biochim. biophys. Acta (Amst.) **108**, 266 (1965).
811. BIRNSTIEL, M., M. CHIPCHASE, and J. BONNER: Biochem. biophys. Res. Commun. **6**, 161 (1961).
812. — —, and B. B. HYDE: Biochim. biophys. Acta (Amst.) **76**, 454 (1963).
813. —, and B. HYDE: J. Cell Biol. **18**, 41 (1963).
814. FLAMM, W. G., and M. L. BIRNSTIEL: Exp. Cell Res. **33**, 616 (1964).
815. CHIPCHASE, M. J. H., and M. L. BIRNSTIEL: Proc. nat. Acad. Sci. (Wash.) **49**, 692 (1963).
816. EHRING, R.: Z. Naturforsch. **17**b, 837 (1962).
817. Ts'O, P. O. P., J. BONNER, and H. DINTZIS: Arch. Biochem. **76**, 225 (1958).
818. KESSEN, G., u. F. AMELUNXEN: Z. Naturforsch. **19**b, 346 (1964).
819. BAYLEY, S. T.: J. molec. Biol. **8**, 231 (1964).
820. Ts'O, P. O. P., and S. S. SATO: J. biophys. biochem. Cytol. **5**, part 1, 59 (1959).
821. BANDURSKI, R., and S. C. MAHESHWARI: Plant Physiol. **37**, 55 (1962).
822. HUDSON, W., Y. T. KIM, R. SMITH, and S. WILDMAN: Biochim. biophys. Acta (Amst.) **76**, 257 (1963).
823. SEMAL, J., D. SPENCER, Y. KIM, and S. WILDMAN: Biochim. biophys. Acta (Amst.) **91**, 205 (1964).
824. MOYER, R. H., R. A. SMITH, J. SEMAL, and Y. T. KIM: Biochim. biophys. Acta (Amst.) **91**, 217 (1964).
825. KUEHL, R.: Z. Vererbungsl. **96**, 93 (1965).
826. RHO, J. H., and J. BONNER: Proc. nat. Acad. Sci. (Amst.) **47**, 1611 (1961).
827. —, and M. J. CHIPCHASE: J. Cell Biol. **14**, 183 (1962).
828. HUANG, R. C.: Fed. Proc. **23**, 382 (1964).
829. BIRNSTIEL, M. L., M. J. CHIPCHASE, and R. J. HAYES: Biochim. biophys. Acta (Amst.) **55**, 728 (1962).
830. FLAMM, W. G., M. L. BIRNSTIEL, and P. FILNER: Biochim. biophys. Acta (Amst.) **76**, 110 (1963).

831. Heber, U.: Planta (Berl.) **59**, 600 (1963).

832. Baltus, E., and J. Brachet: Biochim. biophys. Acta (Amst.) **76**, 490 (1963).

833.* Birnstiel, M.: The nucleolus in cell metabolism. Ann. Rev. Plant Physiol. **18**, 25—58 (1967).

834. Bonner, J., R. Huang, and R. Gilden: Proc. nat. Acad. Sci. (Wash.) **50**, 893 (1963).

835. — —, and N. Maheshwari: Proc. nat. Acad. Sci. (Wash.) **47**, 1548 (1961).

836. Gibor, A., and M. Izawa: Proc. nat. Acad. Sci. (Wash.) **50**, 1164 (1963).

837.* Granick, S.: The plastids; their morphological and chemical differentiation. In: M. Locke, Cytodifferentiation and macromolecular synthesis, p. 144—174. New York and London: Academic Press 1963.

838.* Gibor, A., and S. Granick: Plastids and mitochondria: inheritable systems. Science **145**, 890—897 (1964).

839.* — Chloroplast heredity and nucleic acids. Amer. Naturalist **99**, 229—239 (1965).

840.* Schiff, A. J., and H. T. Epstein: The continuity of the chloroplasts in Euglena. In: M. Locke, Reproduction: molecular, subcellular and cellular, p. 131—189. New York and London: Academic Press 1965.

841.* Hagemann, R.: Extrachromosomale Vererbung. Fortschr. Bot. **28**, 202—216 (1966).

842.* Iwamura, T.: Nucleic acids in chloroplasts and metabolic DNA. Progr. Nucleic Acid Res. **5**, 133—155 (1966).

843.* Kirk, J. T. O.: Nature and function of chloroplast DNA. In: T. W. Goodwin, Biochemistry of chloroplasts, vol. 1, p. 319—340. New York and London: Academic Press 1966.

844.* Schötz, F.: Extrachromosomale Vererbung. Ber. dtsch. bot. Ges. **80**, 523—538 (1967).

845. Green, B., and M. P. Gordon: Science **152**, 1071 (1966).

846. Sampson, M., A. Katok, Y. Hotta, and H. Stern: Proc. nat. Acad. Sci. (Wash.) **50**, 459 (1963).

847. Šebesta, K., J. Bavveravá, and Z. Šormová: Biochem. biophys. Res. Commun. **19**, 54 (1965).

848. Kirk, J. T. O.: Biochem. biophys. Res. Commun. **14**, 393 (1964).

849. — Biochem. biophys. Res. Commun. **16**, 233 (1964).

850.* Luck, D. J. L.: Formation of mitochondria in Neurospora crassa. Amer. Naturalist **99**, 241—253 (1965).

851.* — The biogenesis of mitochondria in Neurospora. In: P. Sitte, Probleme der biologischen Reduplikation, S. 314—324. Berlin-Heidelberg-New York: Springer 1966.

852.* Tuppy, H., u. E. Wintersberger: Mitochondrien als Träger genetischer Information. In: P. Sitte, Probleme der biologischen Reduplikation, S. 325—335. Berlin-Heidelberg-New York: Springer 1966.

853. Luck, D. J. L., and E. Reich: Proc. nat. Acad. Sci. (Wash.) **52**, 931 (1964).

854. Suyama, Y., and W. D. Bonner: Plant Physiol. **41**, 383 (1966).

855. Chatterjee, S. K., H. K. Das, and S. C. Roy: Biochim. biophys. Acta (Amst.) **114**, 349 (1966).

856.* Oehlkers, F.: Außerkaryotische Vererbung. Naturwissenschaften **40**, 78—85 (1952).

857.* Bhan, K. C.: Cytoplasmic inheritance. Bot. Rev. **30**, 312—336 (1964).

858.* Jinks, J. L.: Extrachromosomal inheritance. Englewood Cliffs: Prentice Hall 1964.

859.* Hagemann, R.: Plasmatische Vererbung. Jena: VEB Gustav Fischer 1964.

860.* Wilkie, D.: The cytoplasm in heredity. London: Methuen 1964.

861.* Stubbe, W.: Die Plastiden als Erbträger. In: P. Sitte, Probleme der biologischen Reduplikation, S. 273—288. Berlin-Heidelberg-New York: Springer 1966.

862.* Duvick, D. N.: Cytoplasmic pollen sterility in corn. Advanc. Genet. **13**, 2—56 (1965).

863. CORRENS, C.: Z. indukt. Abstamm.- u. Vererb.-L. **1**, 291 (1909).
864. DIERS, L.: In: P. SITTE, Probleme der biologischen Reduplikation, S. 227. Berlin-Heidelberg-New York: Springer 1966.
865.* HEITZ, E.: Vermehrung anderer Zellorganellen. In: Handbuch der Pflanzenphysiologie, Bd. 14, S. 263—270. Berlin-Göttingen-Heidelberg: Springer 1961.
866. MÜHLETHALER, K., u. P. R. BELL: Naturwissenschaften **49**, 63 (1962).
867. BELL, P. R., and K. MÜHLETHALER: J. Ultrastruct. Res. **7**, 452 (1962).
868. MENKE, W., u. B. FRICKE: Z. Naturforsch. **19**b, 520 (1964).
869.* WOHLFARTH-BOTTERMANN, K. E.: Morphologische Aspekte der Mitochondrien-Vermehrung. In: P. SITTE, Probleme der biologischen Reduplikation, S. 289—310. Berlin-Heidelberg-New York: Springer 1966.
870. RENNER, O.: Flora (Jena) **30**, 218 (1936).
871.* RHOADES, M. M.: Interaction of genic and non-genic hereditary units and the physiology of non-genic inheritance. In: Handbuch der Pflanzenphysiol., Bd. 1, S. 19—57. Berlin-Göttingen-Heidelberg: Springer 1955.
872.* CLELAND, R. E.: The cytogenetics of Oenothera. Advanc. Genet. **11**, 147—237 (1962).
873.* MICHAELIS, P.: Cytoplasmic inheritance in Epilobium and its theoretical significance. Advanc. Genet. **6**, 287—401 (1954).
874. RICHARDS, O. C.: Proc. nat. Acad. Sci. (Wash.) **57**, 156 (1967).
875. BOPP, M., u. M. BOLL: Naturwissenschaften **47**, 159 (1960).
876. OEHLKERS, F.: Z. Vererbungsl. **98**, 127 (1966).
877. HEBER, U., u. W. GOTTSCHALK: Z. Naturforsch. **18**b, 36 (1963).
878. — La photosynthèse. Coll. int. Centre nat. Recherche Sci. **119**, 491 (1963).
879. MIFLIN, B. J., and R. H. HAGEMAN: Crop Sci. **6**, 185 (1966).
880.* SCHNEPF, E.: Organellen-Reduplikation und Zellkompartimentierung. In: P. SITTE, Probleme der biologischen Reduplikation, S. 372—390. Berlin-Heidelberg-New York: Springer 1966.
881.* RHOADES, M.: Plastid mutations. Cold Spr. Harb. Symp. quant. Biol. **11**, 202—207 (1946).
882. RÖBBELEN, G.: Z. Pflanzenphysiol. **55**, 387 (1966).
883.* BRESCH, C.: Klassische und Molekulare Genetik, S. 261 u. 296. Berlin-Heidelberg-New York: Springer 1965.
884.* BECKER, H. J.: Die genetischen Grundlagen der Zelldifferenzierung. Naturwissenschaften **51**, 205—211, 230—235 (1964).
885. STEWART, R. N.: J. Hered. **51**, 175 (1960).
886.* BERGANN, F.: Mutations-Chimären: Rohmaterial züchterischer Weiterbehandlung. Umschau **67**, 791—797 (1967).
887. STEWART, R. N., and T. ARISUMI: J. Hered. **57**, 212 (1966).
888. BERGANN, F.: Biol. Zbl. **81**, 469 (1962).
889. RHOADES, M. M.: Genetics **23**, 377 (1938).
890. JONES, D. F.: Genetics **22**, 484 (1937).
891. — Amer. J. Bot. **27**, 149 (1940).
892. — Genetics **29**, 420 (1944).
893.* D'AMATO, F.: Polyploidie in the differentiation and function of tissues in cells and plants. Caryologia **4**, 311—358 (1952).
894.* GEITLER, L.: Endomitose und endomitotische Polyploidisierung. In: Protoplasmatologia, VI, C. Wien: Springer 1953.
895.* MARQUARDT, H.: Natürliche und künstliche Erbänderungen. Hamburg: Rowohlt 1957.
896.* PARTANEN, C. R.: On the chromosomal basis for cellular differentiation. Amer. J. Bot. **52**, 204—209 (1965).
897.* STRAUB, J.: Wege zur Polyploidie. Berlin: Gebrüder Bornträger 1941.
898. — Biol. Zbl. **60**, 659 (1940).
899.* BORGMANN, E.: Anteil der Polyploiden in der Flora des Bismarckgebirges von Ostneuguinea. Z. Bot. **52**, 118—172 (1964).

900.* Johnson, A. W., and J. G. Parker: Polyploidie and environment in arctic Alaska. Science **148**, 237—239 (1965).

901.* Maheshwari, P., and N. S. Rangaswami: Embryology in relation to physiology and genetics. Advanc. Bot. Res. **2**, 219—321 (1965).

902. Stewart, F. C., M. O. Mapes, A. E. Kent, and R. D. Holsten: Science **143**, 20 (1964).

903. Vasil, V., and A. C. Hildebrandt: Science **150**, 889 (1965).

904.* Beermann, W.: Riesenchromosomen. Protoplasmatologia VI, D. Wien u. New York: Springer 1962.

905.* Mechelke, Spezielle Funktionszustände des genetischen Materials. In: Funktionelle und morphologische Organisation der Zelle, S. 15—29. Berlin-Göttingen-Heidelberg: Springer 1963.

906.* Clever, U.: Genaktivitäten und ihre Kontrolle in der tierischen Entwicklung. Naturwissenschaften **51**, 449—459 (1964).

907.* Beermann, W.: Differentiation at the level of the chromosomes. In: Cell differentiation and morphogenesis, p. 24—54. Amsterdam: North-Holland Publ. Co. 1966.

908.* — Genregulation in Chromosomen höherer Organismen. Jahrbuch Max-Planck-Ges. 1966, S. 69—87.

909.* Mechelke, F.: Biologische Grundfragen aus der Sicht der Genetik. Landw. Hochschule Hohenheim, Reden und Abhandlungen **21**, S. 10—48. 1967.

910. Beermann, W., u. C. Pelling: Chromosoma (Berl.) **16**, 1 (1965).

911. — Chromosoma (Berl.) **12**, 1 (1961).

912. Rudkin, G. T., and P. S. Woods: Proc. nat. Acad. Sci. (Wash.) **45**, 997 (1959).

913. Pelling, C.: Nature (Lond.) **184**, 655 (1959).

914. — Chromosoma (Berl.) **15**, 71 (1964).

915. Edström, J.-E., and W. Beermann: J. Cell Biol. **14**, 371 (1962).

916.* — Chromosomal RNA and other nuclear RNA fractions. In: M. Locke, The role of chromosomes in development, p. 137—152. New York and London: Academic Press 1964.

917. — J. biophys. biochem. Cytol. **8**, 39 (1960).

918. Mohr, H., u. H. Lange: Naturwissenschaften **52**, 261 (1965).

919. Lange, H., u. H. Mohr: Planta (Berl.) **67**, 107 (1965).

920. Reznik, H.: Flora (Jena) **150**, 454 (1961).

921. Hagen, C. W.: Amer. J. Bot. **53**, 55 (1966).

922. Hess, D.: Planta (Berl.) **61**, 73 (1964).

923. — Z. Pflanzenphysiol. **54**, 356 (1966).

924. Cherry, J. H., and R. Hageman: Plant Physiol. **36**, 163 (1961).

925. Stein, O. L., and H. Quastler: Amer. J. Bot. **50**, 1006 (1963).

926. Volkin, E., and D. Schwarz: Bull. Res. Coun. Israel A4 **11**, 387 (1963).

927. Ingle, J., and R. Hageman: Plant Physiol. **40**, 48 (1965).

928. Brown, G. N., and A. W. Naylor: Bot. Gaz. **126**, 167 (1965).

929. Yoo, B., and W. A. Jensen: Exp. Cell Res. **42**, 447 (1966).

930. Ledoux, L., P. Galand, and R. Huart: Biochim. biophys. Acta (Amst.) **55**, 97 (1962).

931. Matsuhita, S.: Mem. Res. Inst. Food Sci. Kyoto University **14**, 30 (1958).

932. Holdgate, D. P., and T. W. Goodwin: Phytochemistry **4**, 845 (1965).

933. Kano-Sueoka, T., and S. Spiegelman: Proc. nat. Acad. Sci. (Wash.) **48**, 1942 (1962).

934. Chroboczek, H., and J. H. Cherry: Biochem. biophys. Res. Commun. **20**, 774 (1965).

935.* Stahmann, M. A.: Plant proteins. Ann. Rev. Plant Physiol. **14**, 137—158 (1963).

936. Steward, F. C., R. F. Lyndon, and J. T. Barber: Amer. J. Bot. **52**, 155 (1965).

937.* —, and D. B. Durzan: In: F. C. Steward, Plant physiology, vol. IV A, p. 547. New York and London: Academic Press 1966.

938. CLEMENTS, R. L.: Phytochemistry **5**, 243 (1966).
939. FUKASAWA, H.: Nature (Lond.) **212**, 516 (1966).
940. MARUSHIGE, K., and Y. MARUSHIGE: Plant and Cell Physiol. **3**, 319 (1962).
941. LINSKENS, H. F.: Planta (Berl.) **69**, 79 (1966).
942. SHERIDAN, W. F., and H. STERN: Exp. Cell Res. **45**, 23 (1967).
943. SCANDALIOS, J. G.: J. Hered. **56**, 177 (1965).
944. FRYDENBERG, O., and G. NIELSEN: Hereditas (Lund.) **54**, 123 (1965).
945. JASPARS, E. M., and H. VELDSTRA: Physiol. Plantarum (Kbh.) **18**, 604 (1965).
946. SCANDALIOS, J. G.: Planta (Berl.) **69**, 244 (1966).
947. WENNSTROM, J. I., and E. D. GARBER: Bot. Gaz. **126**, 223 (1965).
948. FRANKEL, T. N., and E. D. GARBER: Bot. Gaz. **126**, 221 (1965).
949. SCANDALIOS, J. G.: J. Hered. **55**, 281 (1964).
950. THURMAN, D. A., C. PALIN, and M. V. LAYCOCK: Nature (Lond.) **207**, 193 (1965).
951. STAPLES, R. C., and M. A. STAHMANN: Science **140**, 1320 (1963).
952. GOREN, R., and E. E. GOLDSCHMIDT: Phytochemistry **5**, 153 (1966).
953. OCKERSE, R., B. Z. SIEGEL, and A. W. GALSTON: Science **151**, 452 (1966).
954. FARKAS, G. L., and M. A. STAHMANN: Phytopathology **56**, 669 (1966).
955. DUDA, C. T., A. E. RICHMOND, and J. H. CHERRY: Phytochemistry **6**, 171 (1967).
956. URITANI, J., and M. A. STAHMANN: Plant Physiol. **36**, 770 (1961).
957. KAWASHIMA, N., H. HYODO, and J. URITANI: Phytopathology **54**, 1086 (1964).
958. WEBER, D. J., and M. A. STAHMANN: Science **146**, 929 (1966).
959. RUDOLPH, K., and M. A. STAHMANN: Plant Physiol. **41**, 389 (1966).
960. STAPLES, R. C., and M. A. STAHMANN: Phytopathology **54**, 760 (1964).
961. YU, L. M., and R. E. HAMPTON: Phytochemistry **3**, 499 (1964).
962. JOHNSON, L. B., B. L. BRANNAMAN, and F. P. ZSCHEILE: Phytopathology **56**, 1405 (1966).
963. HU, A. S., R. M. BOCK, and H. O. HALVORSON: Analyt. Biochem. **4**, 489 (1962).
964.* BUTT, V. S., and H. BEEVERS: The plant lipids. In: F. C. STEWARD, Plant physiology, vol. IV B, p. 265—414. New York and London: Academic Press 1966.
965. CARPENTER, W. D., and H. BEEVERS: Plant Physiol. **34**, 403 (1959).
966. YAMAMOTO, Y., and H. BEEVERS: Plant Physiol. **35**, 102 (1960).
967. MARCUS, A., and J. VELASCO: J. biol. Chem. **235**, 563 (1960).
968. TANNER, W., u. H. BEEVERS: Z. Pflanzenphysiol. **53**, 72 (1965).
969. HOCK, B., u. H. BEEVERS: Z. Pflanzenphysiol. **55**, 405 (1966).
970. ROSWELL, E. V., and L. J. GOAD: Biochem. J. **84**, 73 (1962).
971. SIEGEL, B. Z., and A. W. GALSTON: Proc. nat. Acad. Sci. (Wash.) **56**, 1040 (1966).
972. SCHOPFER, P.: Planta (Berl.) **72**, 306 (1967).
973.* KING, T. J., and R. BRIGGS: Serial transplantation of embryonic nuclei. Cold Spr. Harb. Symp. quant. Biol. **21**, 271—290 (1956).
974.* BRIGGS, R. W., and J. T. KING: Nucleo-cytoplasmic interactions in eggs and embryos. In: J. BRACHET and E. MIRSKY, The cell, vol. I, p. 537—617. New York and London: Academic Press 1959.
975.* GURDON, J. B.: Nuclear transplantation in amphibia and the importance of stable nuclear changes in promoting cellular differentiation. Quart. Rev. Biol. **38**, 54—78 (1963).
976.* CLEVER, U.: Mechanismen der Zelldifferenzierung. In: H. METZNER, Die Zelle, S. 107—123. Stuttgart: Wiss. Verlagsges. 1966.
977.* GURDON, J. B.: Die cytoplasmatische Kontrolle der Genaktivität. Endeavour **25**, 95—99 (1966).
978.* BONNER, D. M.: Control mechanisms in cellular processes. New York: Ronald Press 1962.
979.* Cellular regulatory mechanisms. Cold Spr. Harb. Symp. quant. Biol. **26**, Cold Spring Harbour Biology Laboratory 1961.
980.* UMBARGER, H. E.: Intracellular regulatory mechanisms. Science **145**, 674—679 (1964).

981.* Wilson, A. C., and A. B. Pardee: Comparative aspects of metabolic control. In: M. Florkin and H. S. Mason, Comparative biochemistry, vol. 6, p. 73—118. New York and London: Academic Press 1964.

982.* Holzer, H.: Intrazelluläre Regulation des Stoffwechsels. Naturwissenschaften 50, 260—270 (1963).

983.* Holldorf, A., u. E. Förster: Biochemie der Zelle. In: H. Metzner, Die Zelle, S. 186—247. Stuttgart: Wiss. Verlagsges. 1966.

984.* Gierer, A.: Über die Funktion von Desoxyribonucleinsäuren und die Theorie der Regulation der Genwirkung. Naturwissenschaften 54, 389—396 (1967).

985.* Fuhrmann, W.: Die Regulation der Genaktivität. Naturwiss. Rdsch. 21, 1—8 (1968).

986.* Moses, V.: Aufgliederung des Stoffwechsels auf verschiedene Reaktionsräume. In: H. Metzner, Die Zelle, S. 248—260. Stuttgart: Wiss. Verlagsges. 1966.

987.* Siebert, G.: Subzelluläre Strukturen und ihre biologischen Funktionen. In: Th. Wieland u. G. Pfleiderer, Molekularbiologie, S. 13—25. Frankfurt: Umschau-Verlag 1967.

988.* — Biochemische Leistungen des Zellkerns. In: Th. Wieland und G. Pfleiderer, Molekularbiologie, S. 27—38. Frankfurt: Umschau-Verlag 1967.

989.* Jacob, F., and J. Monod: Genetic regulatory mechanisms in the synthesis of proteins. J. molec. Biol. 3, 318—356 (1961).

990.* — — Genetic repression, allosteric inhibition and cellular differentiation. In: M. Locke, Cytodifferentiation and macromolecular synthesis, p. 30—64. New York and London: Academic Press 1963.

991.* Wallenfels, K., u. R. Weil: Die Regulation der Proteinbiosynthese. In: Th. Wieland u. G. Pfleiderer, Molekularbiologie, S. 67—82. Frankfurt: Umschau-Verlag 1967.

992.* Vogel, H. J.: Aspects of repression in the regulation of enzyme synthesis: pathway-wide control and enzyme-specific response. In 979*, S. 163—172 (1961).

993.* Gerhart, J. C., and A. B. Pardee: The enzymology of control by feedback inhibition. J. biol. Chem. 237, 891—896 (1962).

994. Lynen, F.: Justus Liebigs Ann. Chem. 546, 120 (1941).

995. —, u. R. Koenigsberger: Justus Liebigs Ann. Chem. 573, 60 (1951).

996.* Wilson, A. C., and A. B. Pardee: Comparative aspects of metabolic control. In: M. Florkin and H. S. Mason: Comparative biochemistry, vol. 6, p. 73—118. New York and London: Academic Press 1964.

997. Beevers, L., L. E. Schrader, D. Flesher, and R. H. Hageman: Plant Physiol. 40, 691 (1965).

998. Zieserl, J. F., and R. H. Hageman: Crop Sci. 2, 512 (1962).

999. — W. L. Rivenbark, and R. H. Hageman: Crop Sci. 3, 27 (1963).

1000. Schrader, L. E., D. M. Peterson, E. R. Leng, and R. H. Hageman: Crop Sci. 6, 169 (1966).

1001. Bergmann, L.: Ber. dtsch. bot. Ges. 78, (30) (1965).

1002. Hess, D.: Naturwissenschaften 54, 289 (1967).

1003.* Stern, H.: The regulation of cell division. Ann. Rev. Plant Physiol. 17, 345—378 (1966).

1004.* Duspiva, F.: Enzymatische Aspekte der Mitose. In: P. Sitte, Probleme der biologischen Reduplikation, S. 120—138. Berlin-Heidelberg-New York: Springer 1966.

1005.* Sachsenmaier, W.: Analyse des Zellzyklus durch Eingriffe in die Makromolekül-Biosynthese. In: P. Sitte, Probleme der biologischen Reduplikation, S. 139—159. Berlin-Heidelberg-New York: Springer 1966.

1006. Hotta, Y., and H. Stern: J. biophys. biochem. Cytol. 9, 279 (1961).

1007. Takats, S.: Amer. J. Bot. 49, 748 (1962).

1008. Hotta, Y., and H. Stern: J. Cell Biol. 25, 99 (1965).

1009. — — Proc. nat. Acad. Sci. (Wash.) 49, 648 (1963).

1010. Glasziou, K. T., J. C. Waldron, and T. A. Bull: Plant Physiol. 41, 282 (1966).

Literatur

1011. GLASZIOU, K. T., J. C. WALDRON, and B. H. MOST: Phytochemistry **6**, 769 (1967).
1012. NEUMANN, J., and M. E. JONES: Nature (Lond.) **195**, 709 (1962).
1013. OAKS, A.: Plant Physiol. **40**, 149 (1965).
1014. — Biochim. biophys. Acta (Amst.) **111**, 79 (1965).
1015. DAVIES, M. E.: Plant Physiol. **39**, 53 (1964).
1016. HAWKER, I. S.: Biochem. J. **102**, 401 (1967).
1017. FILNER, P.: Biochim. biophys. Acta (Amst.) **118**, 299 (1966).
1018. Symp. on hormonal control of protein biosynthesis (Oak Ridge Nat. Lab.). J. cell. comp. Physiol. **66**, Suppl. 1 (1965).
1019.* KARLSON, P.: Ecdyson, das Häutungshormon der Insekten. Naturwissenschaften **53**, 445—453 (1966).
1020.* — Wirkungsmechanismen der Hormone. 18. Coll. Ges. Physiol. Chemie. Berlin-Heidelberg-New York: Springer 1967.
1021.* PANITZ, R.: Hormonkontrollierte Genaktivitäten in den Riesenchromosomen von Acricotopus lucidus. Biol. Zbl. **83**, 197—230 (1964).
1022. CLEVER, U., and P. KARLSON: Exp. Cell Res. **20**, 623 (1960).
1023.* SÖDING, H.: Die Wuchsstofflehre. Stuttgart: Georg Thieme 1952.
1024.* BURSTRÖM, H.: Handbuch der Pflanzenphysiologie, Bd. 14. Berlin-Göttingen-Heidelberg: Springer 1961.
1025.* LINSER, H.: Das hormonale System der Pflanzen. Angew. Chem. **78**, 895—904 (1966).
1026.* OVERBECK, J. VAN: Plant hormones and regulators. Science **152**, 721—731 (1966).
1027.* SHANTZ, E. M.: Ann. Rev. Plant Physiol. **17**, 409—438 (1966).
1028.* LANG, A.: Intercellular regulation in plants. In: Major problems in developmental biology, p. 251—278. New York: Academic Press 1967.
1029.* ZENK, M.: Wachstum. Fortschritte Bot. **27**, 148—162 (1965).
1030.* — Wachstum. Fortschritte Bot. **28**, 86—98 (1966).
1031.* — Wachstum. Fortschritte Bot. **29**, 128—143 (1967).
1032. LETHAM, D. S., J. S. SHANNON, and I. R. MCDONALD: Proc. chem. Soc. **1964**, 230.
1033. PHILLIPS, I. D. J.: J. exp. Bot. **13**, 213 (1962).
1034. OHKUMA, K., F. T. ADDICOTT, O. E. SMITH, and W. E. THIENEN: Tetrahedron Letters **1965**, 2529.
1035. CORNFORTH, J. W., B. V. MILBORROW, and G. RYBACK: Nature (Lond.) **206**, 715 (1965).
1036. — — — K. ROTHWELL, and R. L. WAIN: Nature (Lond.) **211**, 742 (1966).
1037. — — — Nature (Lond.) **210**, 627 (1966).
1038. JACKSON, G. A. D., and J. B. BLUNDELL: J. Horticult. Sci. **38**, 310 (1963).
1039. CORNFORTH, J. W., B. V. MILBORROW, G. RYBACK, and P. F. WAREING: Nature (Lond.) **205**, 1269 (1965).
1040. EAGLES, C. F., and P. F. WAREING: Nature (Lond.) **199**, 874 (1963).
1041. BER, A.: Experientia (Basel) **5**, 455 (1949).
1042. HÖHN, K.: Naturwissenschaften **41**, 536 (1954).
1043. SILBERGER, J., and F. SKOOG: Science **118**, 443 (1953).
1044. MASUDA, Y.: Physiol. Plantarum (Kbh.) **12**, 324 (1959).
1045.* PALEG, L. G.: Physiological effects of gibberellins. Ann. Rev. Plant Physiol. **16**, 291—322 (1965).
1046. VARNER, J. E.: Plant Physiol. **39**, 413 (1964).
1047. —, and G. R. CHANDRA: Proc. nat. Acad. Sci. (Wash.) **52**, 100 (1964).
1048. MOMOTANI, J., and J. KATO: Plant Physiol. **41**, 1395 (1966).
1049. CHANDRA, G. R., and J. E. VARNER: Biochim. biophys. Acta (Amst.) **108**, 583 (1965).
1050. HAMILTON, T. H., R. J. MOORE, A. F. RUMSEY, A. R. MEANS, and A. R. SCHRANK: Nature (Lond.) **208**, 1180 (1965).
1051. CARPENTER, W. J. G., and J. H. CHERRY: Plant Physiol. **41**, 919 (1966).
1052. KEY, J. L., N. M. BARNETT, and C. Y. LIN: Proc. N.Y. Acad. Sci. (in press).

1053. Sacher, J. A.: Amer. J. Bot. **52**, 841 (1965).
1054. Galston, A. W., P. Jackson, R. Kaur-Sawhney, N. P. Kefford et W. J. Meudt: Reg. naturels d. l. croissance végétale. Edition d. l. CNRS 1964, p. 251.
1055. Kefford, N. P., R. Kaur-Sawhney, and A. W. Galston: Acta chem. scand. **17**, 313 (1963).
1056. Bendaña, F. E., A. W. Galston, R. Kaur-Sawhney, and P. J. Penny: Plant Physiol. **40**, 977 (1965).
1057. — — Science **150**, 69 (1965).
1058. Armstrong, D. J.: Proc. nat. Acad. Sci. (Wash.) **56**, 64 (1966).
1059. Tuli, V., and H. S. Moyed: J. biol. Chem. **241**, 4564 (1966).
1060.* Mothes, K.: Über das Altern der Blätter und die Möglichkeit ihrer Wiederergrünung. Naturwissenschaften **47**, 337—351 (1960).
1061.* Engelbrecht, L.: Kinetin und das Altern der Blätter. Umschau **64**, 594—599 (1964).
1062. Richmond, A. E., and A. Lang: Science **125**, 650 (1957).
1063. Mothes, K., L. Engelbrecht u. O. N. Kulayeva: Flora (Jena) **147**, 445 (1959).
1064. Osborne, D.: Plant Physiol. **37**, 595 (1962).
1065. Sugiuva, M., K. Umemura, and Y. Oota: Physiol. Plantarum (Kbh.) **15**, 457 (1965).
1066. Wollgiehn, R.: Flora (Jena), Abt. A **156**, 291 (1965).
1067. Burdett, A. N., u. P. F. Wareing: Planta (Berl.) **71**, 20 (1966).
1068. Roychoudhury, R., A. Datta, and S. P. Sen: Biochim. biophys. Acta (Amst.) **107**, 346 (1965).
1069. Datta, A., and S. P. Sen: Biochim. biophys. Acta (Amst.) **107**, 352 (1965).
1070. Penner, D., and F. M. Ashton: Nature (Lond.) **212**, 935 (1966).
1071. Anderson, J. W., and K. S. Rowan: Biochem. J. **98**, 401 (1966).
1072. — — Biochem. J. **101**, 15 (1966).
1073. Udvardy, J., M. Horvath, K. Kisban, L. Dezsi, and G. L. Farkas: Experientia (Basel) **20**, 214 (1964).
1074. Scott, K. J., J. Daly, and H. H. Smith: Plant Physiol. **39**, 709 (1964).
1075. Srivastava, B. J. S., and G. Ware: Plant Physiol. **40**, 62 (1965).
1076. Fox, J. E.: Plant Physiol. **41**, 75 (1966).
1077. Bellamy, A. R.: Nature (Lond.) **211**, 1093 (1966).
1078. Fletcher, R. A., and D. J. Osborne: Nature (Lond.) **207**, 1176 (1965).
1079. Chrispeels, M. J., and J. E. Varner: Nature (Lond.) **212**, 1066 (1966).
1080. Overbeek, J. van, J. E. Loeffler, and M. J. R. Mason: Science **156**, 1497 (1967).
1081.* Bonner, J., and P. Ts'o: The nucleohistones. San Francisco: Holden Day Inc. 1964.
1082.* — The molecular biology of development. Oxford and New York: Oxford University Press 1965.
1083.* Heslop-Harrison, J.: Differentiation. Ann. Rev. Plant Physiol. **18**, 325—348 (1967).
1084.* Ursprung, H., and R. C. Huang: Genes and cellular differentiation. Progr. Biophys. molec. Biol. **17**, 151—177 (1967).
1085. Knox, R. B., and L. T. Evans: Aust. J. biol. Sci. **19**, 233 (1966).
1086. Stedman, F., and E. Stedman: Nature (Lond.) **166**, 780 (1950).
1087. Allfrey, V., and A. Mirsky: Proc. nat. Acad. Sci. (Wash.) **49**, 414 (1963).
1088. Bonner, J., and R. C. Huang: J. molec. Biol. **6**, 169 (1963).
1089. Huang, R. C., J. Bonner, and K. Murray: J. molec. Biol. **8**, 54 (1964).
1090. Tuan, D. Y. H., and J. Bonner: Plant Physiol. **39**, 768 (1964).
1091. Gifford, E. M., and H. B. Tepper: Amer. J. Bot. **49**, 706 (1962).
1092.* — Developmental studies of vegetative and floral meristems. Brookhaven Symp. Biol. **16**, 126—137 (1963).
1093. Fellenberg, G.: Planta (Berl.) **64**, 287 (1965).

Literatur

1094. FELLENBERG G.: Planta (Berl.) **71**, 27 (1966).
1095. — Planta (Berl.) **76**, 252 (1967).
1096. —, u. M. BOPP: Z. Pflanzenphysiol. **55**, 337 (1966).
1097. — Z. Pflanzenphysiol. **56**, 446 (1967).
1098. HUANG, R. C., and J. BONNER: Proc. nat. Acad. Sci. (Wash.) **54**, 960 (1965).
1099.* HANNAH, A.: Localization and function of heterochromatin in Drosophila melanogaster. Advanc. Genet. **4**, 87—125 (1951).
1100.* BRINK, R. A.: Genetic repression in multicellular organisms. Amer. Naturalist **98**, 193—211 (1964).
1101.* BROWN, S. A.: Heterochromatin. Science **151**, 417—425 (1966).
1102. HEITZ, E.: Ber. dtsch. bot. Ges. **47**, 274 (1929).
1103. KUSH, G. S., C. M. RICK, and R. W. ROBINSON: Science **145**, 1432 (1963).
1104.* BROWN, S., and U. NUR: Heterochromatic chromosomes in the coccids. Science **145**, 130—136 (1964).
1105. BERLOWITZ, L.: Proc. nat. Acad. Sci. (Wash.) **53**, 68 (1965).
1106. GILBERT, W., and B. MÜLLER-HILL: Proc. nat. Acad. Sci. (Wash.) **56**, 1891 (1966).
1107. BERLOWITZ, L.: Proc. nat. Acad. Sci. (Wash.) **54**, 476 (1965).
1108. ALLFREY, V. G., R. FAULKNER, and A. E. MIRSKY: Proc. nat. Acad. Sci. (Wash.) **51**, 786 (1964).
1109.* GRANT, V.: The architecture of the germplasm. New York-London-Sydney: John Wiley & Sons 1964.
1110. STEPHENS, S. G.: Genetics **33**, 191 (1948).
1111.* McCLINTOCK, B.: Chromosome organization and genic expression. Cold Spr. Harb. Symp. quant. Biol. **16**, 13—47 (1951).
1112.* — Controlling elements and the gene. Cold Spr. Harb. Symp. quant. Biol. **21**, 197—216 (1956).
1113.* — Some parallels between gene control systems in maize and in bacteria. Amer. Naturalist **95**, 265—277 (1961).
1114.* BRINK, A.: Genetic repression in multicellular organisms. Amer. Naturalist **98**, 193—211 (1964).
1115.* MARQUARDT, H.: Die Deutung eines Falles plasmatischer Vererbung bei Streptocarpus als Kern-Plasma-Operonsystem. Biol. Zbl. **83**, 1—18 (1964).
1116.* KLEBS, G.: Willkürliche Entwicklungsänderungen bei Pflanzen. Jena: Gustav Fischer 1903.
1117. WOODWARD, J., M. GOROVSKY, and H. SWIFT: Science **151**, 215 (1966).
1118.* SIEGELMAN, H. W., and B. S. HENDRICKS: Phytochrome and its control of plant growth and development. Advanc. Enzymol. **26**, 1—33 (1964).
1119.* BUTLER, W. L., S. B. HENDRICKS, and H. W. SIEGELMAN: Purification and properties of phytochrome. In: T. W. GOODWIN, Chemistry and biochemistry of plant pigments, p. 197—210. London and New York: Academic Press 1965.
1120.* HENDRICKS, S. B., and H. A. BORTHWICK: The physiological functions of phytochrome. In: T. W. GOODWIN, Chemistry and biochemistry of plant pigments, p. 405—436. London and New York: Academic Press 1965.
1121.* MOHR, H.: Steuerung der pflanzlichen Entwicklung durch Licht. Naturwiss. Rdsch. **18**, 101—108 (1965).
1122.* SIEGELMAN, H. W., and W. L. BUTLER: Properties of phytochrome. Ann. Rev. Plant Physiol. **16**, 383—392 (1965).
1123.* MOHR, H.: Untersuchungen zur phytochrominduzierten Photomorphogenese des Senfkeimlings (Sinapis alba L.). Z. Pflanzenphysiol. **54**, 63—83 (1966).
1124.* — Differential gene activation as a mode of action of phytochrome 730. Photochem. Photobiol. **5**, 469—483 (1966).
1125. SIEGELMAN, H. W., R. C. TURNER, and S. B. HENDRICKS: Plant Physiol. **41**, 1289 (1966).
1126. HARTMANN, K. M.: Photochem. Photobiol. **5**, 349 (1966).

1127. WAGNER, E., u. H. MOHR: Photochem. Photobiol. **5**, 397 (1966).

1128. — — Planta (Berl.) **70**, 34 (1966).

1129. BORTHWICK, H. A., S. B. HENDRICKS, E. H. TOOLE, and V. K. TOOLE: Bot. Gaz. **115**, 205 (1954).

1130. FEIERABEND, J., u. A. PIRSON: Z. Pflanzenphysiol. **55**, 235 (1966).

1131. WAGNER, E., u. H. MOHR: Planta (Berl.) **71**, 204 (1966).

1132. ZUCKER, M.: Plant Physiol. **38**, 575 (1963).

1133. — Plant Physiol. **40**, 779 (1965).

1134. DURST, H., u. H. MOHR: Naturwissenschaften **53**, 531 (1966).

1135.* ENGELSMA, G.: Phenol synthesis and photomorphogenesis. Philips Technical Rev. **28**, 101—110 (1967).

1136. — Planta (Berl.) **75**, 207 (1967).

1137. — Naturwissenschaften **54**, 319 (1967).

1138. SCHERF, H., u. M. H. ZENK: Z. Pflanzenphysiol. **56**, 531 (1966).

1139. — — Z. Pflanzenphysiol. **57**, 401 (1967).

1140. MOHR, H., I. SCHLICKEWEI u. H. LANGE: Z. Naturforsch. **20**b, 819 (1965).

1141. SCHOPFER, P.: Planta (Berl.) **72**, 297 (1967).

1142. CARR, D. J., u. D. M. REICH: Planta (Berl.) **69**, 70 (1966).

1143. HOCK, B., u. H. MOHR: Planta (Berl.) **61**, 209 (1964).

1144. ZIEGLER, H., u. I. ZIEGLER: Planta (Berl.) **65**, 369 (1965).

1145. — — u. H. J. SCHMIDT-CLAUSEN: Planta (Berl.) **67**, 344 (1965).

1146. — — Planta (Berl.) **69**, 111 (1966).

1147. RUPPEL, H. G., u. D. VAN WYK: Z. Pflanzenphysiol. **53**, 32 (1965).

1148. THOMAS, J.: Arch. Biochem. **79**, 162 (1959).

1149. KUPILA-AHVENNIEMI, S., and S. PIHAKASKI: Ann. Bot. Fenn. **3**, 117 (1966).

1150. ISHIDA, M. R.: Mem. Coll. Sci. Univ. Kyoto, Ser. B **28**, 73 (1961).

1151.* KIRK, J. T. O., and R. A. E. TILNEY-BASSET: The plastids. London and San Francisco: Freeman 1967.

1152.* WAGNER, R. P., and H. K. MICHELL: Genetics and metabolism, 2. ed. New York-London-Sydney: John Wiley & Sons 1964.

1153.* NULTSCH, W.: Allgemeine Botanik, 3. Aufl. Stuttgart: Georg Thieme 1968.

1154.* KÜHN, A.: Vorlesungen über Entwicklungsphysiologie, 2. Aufl. Berlin-Heidelberg-New York: Springer 1965.

1155. BECKER, H. J.: Chromosoma (Berl.) **10**, 654 (1959).

1156.* MAURER, H. R.: Disk-Elektrophorese. Berlin: W. de Gruyter & Co. 1968.

1157.* CZYGAN, F.-C.: Biosynthese der Carotinoide. Ber. dtsch. bot. Ges. **80**, 627—644 (1967).

1158.* KLEINSCHMIDT, A. K.: Nucleinsäuren. Architektur und Wandlungsfähigkeit im molekularen Bild. Naturwissenschaften **54**, 417—428 (1967).

1159.* HASLAM, E.: Chemistry of vegetable tannins. London and New York: Academic Press 1966.

1160. SPIEGELMAN, S., I. HARUNA, I. B. HOLLAND, G. BEAUDREAU, and D. MILLS: Proc. nat. Acad. Sci. (Wash.) **54**, 919 (1965).

1161. MOMOTANI, Y., and J. KATO: Plant and Cell Physiol. (Tokyo) **8**, 439 (1967).

1162. FILNER, P., and J. E. VARNER: Proc. nat. Acad. Sci. (Wash.) **58**, 1520 (1967).

1163. SCANDALIOS, J. G.: Biochem. Genetics **1**, 1 (1967).

1164. SCHWARTZ, D., and T. ENDO: Genetics **53**, 709 (1966).

1165.* WILKINSON, J. H.: Isoenzymes. London: Spon Ltd. 1965.

1166. BATTAILE, J., B. J. BURBOTT, and W. D. LOOMIS: Phytochemistry **7**, 1159 (1968).

1167. Lyttleton, J. W.: Biochem. J. **74**, 82 (1960).

Verzeichnis der Familien, Gattungen und Arten

Sachverzeichnis